21世纪高等学校数学系列教材

高等数学学习指导

- 主编　阎国辉
- 参编　沈小芳　徐　彬　龙　松　朱祥和
  　　　李春桃　张文钢　柯　玲

武汉大学出版社

图书在版编目(CIP)数据

高等数学学习指导/阎国辉主编.—武汉:武汉大学出版社,2014.6(2021.8重印)
ISBN 978-7-307-13454-6

Ⅰ.高… Ⅱ.阎… Ⅲ.高等数学—高等学校—教学参考资料 Ⅳ.O13

中国版本图书馆 CIP 数据核字(2014)第 114128 号

责任编辑:李汉保　　　责任校对:汪欣怡　　　版式设计:马　佳

出版发行:**武汉大学出版社**　(430072　武昌　珞珈山)
（电子邮箱:cbs22@whu.edu.cn 网址:www.wdp.com.cn）
印刷:武汉中科兴业印务有限公司
开本:787×1092　1/16　印张:25.5　字数:651 千字　插页:1
版次:2014 年 6 月第 1 版　　2021 年 8 月第 7 次印刷
ISBN 978-7-307-13454-6　　定价:40.00 元

版权所有,不得翻印;凡购买我社的图书,如有质量问题,请与当地图书销售部门联系调换。

序

数学是研究现实世界中数量关系和空间形式的科学。长期以来，人们在认识世界和改造世界的过程中，数学作为一种精确的语言和一个有力的工具，在人类文明的进步和发展中，甚至在文化的层面上，一直发挥着重要的作用。作为各门科学的重要基础，作为人类文明的重要支柱，数学科学在很多重要的领域中已起到关键性、甚至决定性的作用。数学在当代科技、文化、社会、经济和国防等诸多领域中的特殊地位是不可忽视的。发展数学科学，是推进我国科学研究和技术发展，保障我国在各个重要领域中可持续发展的战略需要。高等学校作为人才培养的摇篮和基地，对大学生的数学教育，是所有的专业教育和文化教育中非常基础、非常重要的一个方面，而教材建设是课程建设的重要内容，是教学思想与教学内容的重要载体，因此显得尤为重要。

为了提高高等学校数学课程教材建设水平，由武汉大学数学与统计学院与武汉大学出版社联合倡议、策划，组建21世纪高等学校数学课程系列教材编委会，在一定范围内，联合多所高校合作编写数学课程系列教材，为高等学校从事数学教学和科研的教师，特别是长期从事教学且具有丰富教学经验的广大教师搭建一个交流和编写数学教材的平台。通过该平台，联合编写教材，交流教学经验，确保教材的编写质量，同时提高教材的编写与出版速度，有利于教材的不断更新，极力打造精品教材。

本着上述指导思想，我们组织编撰出版了这套21世纪高等学校数学课程系列教材，旨在提高高等学校数学课程的教育质量和教材建设水平。

参加21世纪高等学校数学课程系列教材编委会的高校有：武汉大学、华中科技大学、云南大学、云南民族大学、云南师范大学、昆明理工大学、武汉理工大学、湖南师范大学、重庆三峡学院、襄樊学院、华中农业大学、福州大学、长江大学、咸宁学院、中国地质大学、孝感学院、湖北第二师范学院、武汉工业学院、武汉科技学院、武汉科技大学、仰恩大学（福建泉州）、华中师范大学、湖北工业大学、湖北科技职业学院等20余所院校。

武汉大学出版社是中共中央宣传部与国家新闻出版署联合授予的全国优秀出版社之一。在国内有较高的知名度和社会影响力、武汉大学出版社愿尽其所能为国内高校的教学与科研服务。我们愿与各位朋友真诚合作、力争将该系列教材打造成为国内同类教材中的精品教材，为高等教育的发展贡献力量！

21世纪高等学校数学系列教材编委会
2007年7月

前　言

高等数学是大学工科、经济学、管理学等各学科专业学生必修的基础课，也是硕士研究生入学考试的必考科目。高等数学的应用几乎遍及所有学科领域，也是大学生学习后续专业课程必不可少的数学基础。

近年来，一方面，由于高等学校教学改革的实施，高等数学授课时间有所减少，受到时间的限制，概念的深入探讨，知识点的融会贯通，知识面的拓展势必受到一定影响；另一方面，后续课程的学习以及研究生的入学考试对高等数学的要求在教学大纲范围内有深化的趋势。如何解决这一新的矛盾，为了帮助学生领会高等数学的精髓，更好地学习好高等数学，我们根据长期的教学实践，参考了多种相关资料，精心编写了这本《高等数学学习指导》。本书紧扣教学大纲的要求，并与现行教材完全同步。我们期望这本《高等数学学习指导》能对广大读者在高等数学学习和复习过程中达到节约时间，加强理解基本概念，拓宽解题思路和提高分析问题及解决问题能力的目的。

全书共12章，与同济大学数学系编写的《高等数学》（第六版）教材同步配套，对于经管类学生，除去第11章曲线积分与曲面积分部分不作要求外，其他各章均是适宜的。

全书每章都有以下七个部分：

1. 大纲基本要求：列出了教学大纲对本章内容的基本要求，一目了然，简明扼要，使学生明白通过本章学习后必须掌握的数学概念和相关知识。

2. 内容提要：体系完整，系统归纳了本章所学习的全部内容，帮助学生理解基本概念，理清思路，抓住主要矛盾。

3. 解难释疑：抓住要害，突出重点、难点，逐一加以剖析，帮助读者消化好本章所学知识，举一反三。

4. 典型例题选讲：每章精选了大量的各种例题，题型典型灵活，解题方法富于技巧，开阔解题思路，内容覆盖全面。

5. 错解分析：根据教师们长期的教学经验，搜集了大量典型的初学者易犯的解题错误，析理透彻，一针见血。

6. 考研真题选解：精选了历届考研试题中涉及本章内容的试题，开阔了学生的视野，"一步到位"，使准备报考硕士研究生的学生更加明了考研的题型和难度，做到有的放矢。

7. 自测题：每章都给出了适量的自测题，并附有自测题参考答案，便于学生在学习完本章后自我检查掌握本章所学知识的情况，复习巩固所学内容。

相信读者通过对本书系统阅读，对学习好高等数学会有极大帮助。

本书第1章由徐彬编写，第2章由李春桃编写，第3章由沈小芳编写，第4章～第6

章由朱祥和编写,第 7 章由柯玲编写,第 9 章由阎国辉编写,第 8 章、第 12 章由龙松编写,第 10 章、第 11 章由张文钢编写。

限于编者的水平,错漏不当在所难免,诚恳期望同行和读者不吝批评指正。

编 者
2014 年 5 月

目 录

第1章 函数与极限 ... 1
- 1.1 大纲基本要求 ... 1
- 1.2 内容提要 ... 1
- 1.3 解难释疑 ... 7
- 1.4 典型例题选讲 ... 12
- 1.5 错解分析 ... 25
- 1.6 考研真题选解 ... 30
- 1.7 自测题 ... 35

第2章 导数与微分 ... 39
- 2.1 大纲基本要求 ... 39
- 2.2 内容提要 ... 39
- 2.3 解难释疑 ... 43
- 2.4 典型例题选讲 ... 44
- 2.5 错解分析 ... 59
- 2.6 考研真题选解 ... 64
- 2.7 自测题 ... 69

第3章 微分中值定理与导数的应用 ... 72
- 3.1 大纲基本要求 ... 72
- 3.2 内容提要 ... 72
- 3.3 解难释疑 ... 77
- 3.4 典型例题选讲 ... 80
- 3.5 错解分析 ... 101
- 3.6 考研真题选解 ... 102
- 3.7 自测题 ... 110

第4章 不定积分 ... 113
- 4.1 大纲基本要求 ... 113
- 4.2 内容提要 ... 113
- 4.3 解难释疑 ... 115
- 4.4 典型例题选讲 ... 117

4.5　错解分析 ··· 129
　　4.6　考研真题选解 ·· 131
　　4.7　自测题 ··· 133

第5章　定积分 ··· 138
　　5.1　大纲基本要求 ·· 138
　　5.2　内容提要 ··· 138
　　5.3　解难释疑 ··· 142
　　5.4　典型例题选讲 ·· 144
　　5.5　错解分析 ··· 159
　　5.6　考研真题选解 ·· 161
　　5.7　自测题 ··· 172

第6章　定积分的应用 ·· 175
　　6.1　大纲基本要求 ·· 175
　　6.2　内容提要 ··· 175
　　6.3　解难释疑 ··· 176
　　6.4　典型例题选讲 ·· 176
　　6.5　错解分析 ··· 183
　　6.6　考研真题选解 ·· 186
　　6.7　自测题 ··· 192

第7章　常微分方程 ·· 194
　　7.1　大纲基本要求 ·· 194
　　7.2　内容提要 ··· 194
　　7.3　解难释疑 ··· 196
　　7.4　典型例题选讲 ·· 198
　　7.5　错解分析 ··· 211
　　7.6　考研真题选解 ·· 215
　　7.7　自测题 ··· 221

第8章　空间解析几何与向量代数 ·· 225
　　8.1　大纲基本要求 ·· 225
　　8.2　内容提要 ··· 225
　　8.3　解难释疑 ··· 231
　　8.4　典型例题选讲 ·· 232
　　8.5　错解分析 ··· 242
　　8.6　考研真题选解 ·· 245
　　8.7　自测题 ··· 246

第9章 多元函数微分法及其应用 ········ 249
- 9.1 大纲基本要求 ········ 249
- 9.2 内容提要 ········ 249
- 9.3 解难释疑 ········ 255
- 9.4 典型例题选讲 ········ 259
- 9.5 错解分析 ········ 270
- 9.6 考研真题选解 ········ 276
- 9.7 自测题 ········ 282

第10章 重积分 ········ 287
- 10.1 大纲基本要求 ········ 287
- 10.2 内容提要 ········ 287
- 10.3 解难释疑 ········ 292
- 10.4 典型例题选讲 ········ 294
- 10.5 错解分析 ········ 313
- 10.6 考研真题选解 ········ 317
- 10.7 自测题 ········ 324

第11章 曲线积分与曲面积分 ········ 330
- 11.1 大纲基本要求 ········ 330
- 11.2 内容提要 ········ 330
- 11.3 解难释疑 ········ 339
- 11.4 典型例题选讲 ········ 341
- 11.5 错解分析 ········ 354
- 11.6 考研真题选解 ········ 358
- 11.7 自测题 ········ 363

第12章 无穷级数 ········ 368
- 12.1 大纲基本要求 ········ 368
- 12.2 内容提要 ········ 368
- 12.3 解难释疑 ········ 373
- 12.4 典型例题选讲 ········ 374
- 12.5 错解分析 ········ 383
- 12.6 考研真题选解 ········ 387
- 12.7 自测题 ········ 396

参考文献 ········ 399

第 1 章　函数与极限

1.1　大纲基本要求

(1) 理解函数的概念,掌握函数的表示法,会建立应用问题的函数关系.

(2) 了解函数的有界性、单调性、周期性和奇偶性.

(3) 了解反函数的概念,掌握由直接函数求反函数的方法;理解复合函数的概念,会进行函数的复合运算和复合步骤的分解.

(4) 掌握基本初等函数的性质及其图形,了解初等函数的概念.

(5) 了解数列极限和函数极限的概念,掌握函数极限存在与左极限、右极限之间的关系.

(6) 了解极限的性质和存在准则,记住并会运用两个重要极限公式.

(7) 理解无穷小量的概念和基本性质,掌握无穷小的比较方法,了解无穷大量的概念及其与无穷小量的关系,会用等价无穷小量求极限.

(8) 掌握极限的四则运算法则,并熟练地用来求数列及函数的各类极限,会用变量代换的方法求某些简单复合函数的极限.

(9) 理解函数连续性的概念,会判别函数间断点的类型.

(10) 了解连续函数的性质和初等函数的连续性,理解闭区间上连续函数的性质,并会运用这些性质.

1.2　内　容　提　要

1.2.1　集合

1. 集合概念

具有某种特定性质的事物的总体称为集合,组成这个集合的事物称为该集合的元素. 通常用大写字母 $A,B,C,\cdots$ 表示集合,用小写字母 $a,b,c,\cdots$ 表示集合的元素.

表示集合的方法有两种:一种是列举法,另一种是描述法.

2. 集合的运算

(1) 集合的基本运算有以下几种:

并集 $A \cup B$,交集 $A \cap B$,差集 $A-B$,补集 A^c.

(2) 集合的运算法则:

交换律:$A \cup B = B \cup A, A \cap B = B \cap A.$

结合律：$(A \cup B) \cup C = A \cup (B \cup C), (A \cap B) \cap C = A \cap (B \cap C)$.
分配律：$(A \cup B) \cap C = (A \cap C) \cup (B \cap C), (A \cap B) \cup C = (A \cup C) \cap (B \cup C)$.
对偶律：$(A \cup B)^c = A^c \cap B^c, (A \cap B)^c = A^c \cup B^c$.

3. 区间和邻域

介于某两个实数之间的全体实数称为区间，区间有闭区间与开区间、有限区间与无限区间之分，区间是有关数集的一种常用表示方法.

邻域是一种特殊的开区间.

a 的 δ 邻域就是开区间 $(a-\delta, a+\delta)$，记为 $U(a,\delta)$，即
$$U(a,\delta) = \{x \mid a-\delta < x < a+\delta\}$$

a 的去心 δ 邻域就是两个开区间的并集 $(a-\delta,a) \cup (a,a+\delta)$，记为 $\mathring{U}(a,\delta)$，即
$$\mathring{U}(a,\delta) = \{x \mid 0 < |x-a| < \delta\}.$$

1.2.2 映射

1. 映射的概念

设 X, Y 是两个非空集合，如果存在一个法则 f，使得对 X 中每个元素 x，按法则 f，在 Y 中有唯一确定的元素 y 与之对应，则称 f 为从 X 到 Y 的映射，记为 $f: X \to Y$. 集合 X 称为映射 f 的定义域，记为 D_f，X 中所有元素的像所组成的集合称为映射 f 的值域，记为 R_f 或 $f(X)$.

映射又称为算子. 根据集合 X、Y 的不同情形，在不同的数学分支中，映射又有不同的惯用名称. 从实数集（或其子集）X 到实数集 Y 的映射通常称为定义在 X 上的函数.

2. 逆映射与复合映射

设 f 是 X 到 Y 的单射，对每个 $y \in R_f$，有唯一的 $x \in X$，适合 $f(x) = y$. 定义一个从 R_f 到 X 的新映射 g，即 $g: R_f \to X$，对每个 $y \in R_f$，规定 $g(y) = x$，这里 x 满足 $f(x) = y$. 这个映射 g 称为 f 的逆映射，记为 f^{-1}，其定义域 $D_f^{-1} = R_f$，值域 $R_f^{-1} = X$.

设有两个映射 $g: X \to Y_1, f: Y_2 \to Z$，其中 $Y_1 \subset Y_2$，则由映射 g 和 f 可以定义一个从 X 到 Z 的对应法则，该法则将每个 $x \in Z$ 映射成 $f[g(x)] \in Z$，这个对应法则确定了一个从 X 到 Z 的映射，这个映射称为由映射 g 和 f 构成的复合映射，记为 $f \circ g$.

1.2.3 函数

1. 函数的概念

设数集 $D \subset \mathbf{R}$，则称映射 $f: D \to \mathbf{R}$ 为定义在 D 上的函数，通常简记为 $y = f(x), x \in D$，其中 x 称为自变量，y 称为因变量，D 称为定义域，记为 D_f，即 $D_f = D$. 对每个 $x \in D$，按照对应法则 f，总有唯一确定的值 y 与之对应，这个值称为函数 f 在 x 处的函数值，记为 $f(x)$，即 $y = f(x)$. 函数值 $f(x)$ 的全体所构成的集合称为函数 f 的值域，记为 R_f 或 $f(D)$，即
$$R_f = f(D) = \{y \mid y = f(x), x \in D\}.$$

2. 函数的几种特性

(1) 有界性：设函数 $f(x)$ 在区间 X 上有定义，如果存在正常 M，使得任意 $x \in X$，恒有 $|f(x)| \leqslant M$，则称 $f(x)$ 在区间 X 上是有界的；否则，就是无界的.

(2) 单调性：设函数 $f(x)$ 的定义域为 D，区间 $I \subset D$，如果对于区间 I 上任意两点 x_1 及

x_2,当 $x_1 < x_2$ 时,恒有 $f(x_1) < f(x_2)$,则称函数 $f(x)$ 在区间 I 上是单调增加的;如果对于区间 I 上任意两点 x_1 及 x_2,当 $x_1 < x_2$ 时,恒有 $f(x_1) > f(x_2)$,则称函数 $f(x)$ 在区间 I 上是单调减少的.

(3) 奇偶性:设函数 $f(x)$ 的定义域 D 关于原点对称,如果对于任一 $x \in D, f(-x) = f(x)$ 恒成立,则称 $f(x)$ 为偶函数.如果对于任一 $x \in D, f(-x) = -f(x)$ 恒成立,则称 $f(x)$ 为奇函数.

偶函数的图像关于 y 轴对称,奇函数的图像关于原点对称.

(4) 周期性:设函数 $f(x)$ 的定义域为 D,如果存在一个正数 l,使得对于任一 $x \in D$ 有 $(x \pm l) \in D$,且 $f(x+l) = f(x)$ 恒成立,则称 $f(x)$ 为周期函数,l 称为 $f(x)$ 的周期,通常我们说周期函数的周期是指最小正周期.

3. 反函数

设函数 $y = f(x)$ 的值域为 R_f,如果对于 R_f 中任意一 y,从关系式 $y = f(x)$ 中可以确定唯一的一个 x 与之对应,则称变量 x 为变量 y 的反函数,记为 $x = f^{-1}(y)$.

由于习惯上自变量用 x 表示,因变量用 y 表示,一般地,$y = f(x), x \in D$ 的反函数记为 $y = f^{-1}(x)$.

4. 复合函数

设函数 $y = f(u)$ 的定义域为 D_f,函数 $u = g(x)$ 的定义域为 D_g,且其值域 $R_g \subset D_f$,则 $y = f[g(x)], x \in D_g$ 称为由函数 $u = g(x)$ 与函数 $y = f(u)$ 构成的复合函数,其定义域为 D_g,变量 u 称为中间变量.

5. 函数的运算

设函数 $f(x), g(x)$ 的定义域依次为 $D_1, D_2, D = D_1 \cap D_2 \neq \varnothing$,则定义这两个函数的下列运算:

和(差)$f \pm g$:$(f \pm g)(x) = f(x) \pm g(x), x \in D$.

积 $f \cdot g$:$(f \cdot g)(x) = f(x) \cdot g(x), x \in D$.

商 $\dfrac{f}{g}$:$\left(\dfrac{f}{g}\right)(x) = \dfrac{f(x)}{g(x)}, x \in D \setminus \{x \mid g(x) = 0, x \in D\}$.

6. 初等函数

(1) 基本初等函数.

幂函数:$y = x^\mu (\mu \in \mathbf{R}$ 为常数$)$.

指数函数:$y = a^x (a > 0$ 且 $a \neq 1)$.

对数函数:$y = \log_a x (a > 0$ 且 $a \neq 1$,特别地,当 $a = \mathrm{e}$ 时,记为 $y = \ln x)$.

三角函数:如 $y = \sin x, y = \cos x, y = \tan x$ 等.

反三角函数:如 $y = \arcsin x, y = \arccos x, y = \arctan x$ 等.

以上这五类函数统称为基本初等函数.

(2) 初等函数.

由常数和基本初等函数经过有限次的四则运算和有限次的函数复合步骤所构成并可以用一个式子表示的函数,称为初等函数.

7. 分段函数

如果在不同的自变量变化范围内,函数有着不同的表达形式,这类函数称为分段函数.

常见的分段函数有

(1) 符号函数 $y = \mathrm{sgn}\, x = \begin{cases} 1, & x > 0 \\ 0, & x = 0 \\ -1, & x < 0 \end{cases}$.

(2) 取整函数 $y = [x]$,即 $[x]$ 是不超过 x 的最大整数.

1.2.4 极限

1. 极限的定义

极限的 $\varepsilon\text{-}N$、$\varepsilon\text{-}\delta$ 定义如表 1.1 所示.

表 1.1　　　　　　　　　　　极限的 $\varepsilon\text{-}N$、$\varepsilon\text{-}\delta$ 定义

记号	定义				常数 A 的意义	
$\lim\limits_{n\to\infty} a_n = A$	$\forall \varepsilon > 0$	$\exists N > 0$	当 $n > N$ 时	总有 $\lvert a_n - A \rvert < \varepsilon$	$n \to \infty$ 时数列 $\{a_n\}$ 的极限	
$\lim\limits_{x\to +\infty} f(x) = A$	$\forall \varepsilon > 0$	$\exists N > 0$	当 $x > N$ 时	总有 $\lvert f(x) - A \rvert < \varepsilon$	$x > 0$	x 趋于无穷大时函数 $f(x)$ 的极限
$\lim\limits_{x\to -\infty} f(x) = A$			当 $x < -N$ 时		$x < 0$	
$\lim\limits_{x\to \infty} f(x) = A$			当 $\lvert x \rvert > N$ 时		$\lvert x \rvert > 0$	
$\lim\limits_{x\to x_0} f(x) = A$	$\forall \varepsilon > 0$	$\exists \delta > 0$	当 $0 < \lvert x - x_0 \rvert < \delta$ 时	总有 $\lvert f(x) - A \rvert < \varepsilon$	双边极限	x 趋于有限值 x_0 时函数 $f(x)$ 的极限
$\lim\limits_{x\to x_0^-} f(x) = A$			当 $x_0 - \delta < x < x_0$ 时		左极限	
$\lim\limits_{x\to x_0^+} f(x) = A$			当 $x_0 < x < x_0 + \delta$ 时		右极限	
$\lim u = A$			u 在其变化过程中的某个时刻后	总有 $\lvert u - A \rvert < \varepsilon$	变量在其变化过程中的极限	

注:极限值 A 为常数;ε、δ、N 均为正数.

2. 极限的性质

(1) 唯一性:若 $\lim u = A$,则 A 值是唯一的.

(2) 有界性:若 $\lim u = A$,则 u 在其变化过程中必有界.

(3) 保号性:若 $\lim\limits_{x\to x_0} f(x) = A$,且 $A > 0$(或 $A < 0$),那么存在常数 $\delta > 0$,使得当

$$0 < \lvert x - x_0 \rvert < \delta$$

时,有 $f(x) > 0$(或 $f(x) < 0$).

以函数极限 $\lim\limits_{x\to x_0} f(x) = A$ 为例,其余几种可以类比得到.

3. 极限的运算法则

(1) 极限的四则运算.

设 $\lim u = A$,$\lim v = B$(A,B 均为常数),则:

$\lim(u \pm v) = \lim u \pm \lim v = A \pm B$(可以推广到有限个的情形);

$\lim(uv) = \lim u \cdot \lim v = AB$(可以推广到有限个的情形);

$\lim(cu) = c \cdot \lim u = cA$($c$ 为常数);

$\lim \dfrac{u}{v} = \dfrac{\lim u}{\lim v} = \dfrac{A}{B}$($B \neq 0$).

(2) 极限的复合运算.

设函数 $y = f[g(x)]$ 是由函数 $u = g(x)$ 与函数 $y = f(u)$ 复合而成，$f[g(x)]$ 在点 x_0 的某去心邻域内有定义，若 $\lim\limits_{x \to x_0} g(x) = u_0$，$\lim\limits_{u \to u_0} f(u) = A$，且存在 $\delta_0 > 0$，当 $x \in \mathring{U}(x_0, \delta_0)$ 时，有 $g(x) \neq u_0$，则 $\lim\limits_{x \to x_0} f[g(x)] = \lim\limits_{u \to u_0} f(u) = A$.

4. 极限存在准则

(1) 夹逼准则：若 $u \leqslant w \leqslant v$，且 $\lim u = \lim v = A$，则 $\lim w = A$.

(2) 单调有界数列必有极限.

5. 左右极限

左右极限的定义见表 1.1.

$$\lim_{x \to x_0} f(x) = A \Leftrightarrow \lim_{x \to x_0^-} f(x) = \lim_{x \to x_0^+} f(x) = A.$$

6. 两个重要极限

(1) $\lim\limits_{x \to 0} \dfrac{\sin x}{x} = 1$；

(2) $\lim\limits_{x \to \infty} \left(1 + \dfrac{1}{x}\right)^x = e$，$\lim\limits_{x \to 0} (1 + x)^{\frac{1}{x}} = e$.

1.2.5 无穷大与无穷小

1. 基本概念

(1) 无穷大量是绝对值无限增大的变量.

(2) 无穷小量是绝对值无限缩小的变量，或者称极限为零的变量为无穷小量.

2. 无穷小的运算性质

(1) 有限个无穷小的代数和仍然是无穷小；

(2) 有限个无穷小的乘积仍然是无穷小；

(3) 无穷小与有界变量的乘积仍然是无穷小.

3. 无穷小与无穷大的关系

在自变量的同一变化过程中，如果 $f(x)$ 为无穷大，则 $\dfrac{1}{f(x)}$ 为无穷小；如果 $f(x)$ 为无穷小且 $f(x) \neq 0$，则 $\dfrac{1}{f(x)}$ 为无穷大.

4. 无穷小的比较

设 α 与 β 均为无穷小量

若 $\dfrac{\alpha}{\beta} \to 0$，则称 α 是比 β 高阶的无穷小（或称 β 是比 α 低阶的无穷小），记为 $\alpha = o(\beta)$；

若 $\dfrac{\alpha}{\beta} \to c \neq 0$（$c$ 为常数），则称 α 与 β 是同阶无穷小；

若 $\dfrac{\alpha}{\beta} \to 1$，则称 α 与 β 是等价无穷小，记为 $\alpha \sim \beta$；

若 $\dfrac{\alpha}{\beta^k} \to c \neq 0$，则称 α 是 β 的 k 阶无穷小（$k > 0$）.

5. 等价无穷小替换定理

(1) 常见的等价无穷小. 当 $\alpha \to 0$ 时,$\alpha \sim \sin\alpha \sim \tan\alpha \sim \arcsin\alpha \sim \arctan\alpha \sim e^{\alpha}-1 \sim \ln(1+\alpha), 1-\cos\alpha \sim \dfrac{1}{2}\alpha^2, (1+\alpha)^k-1 \sim k\alpha(k$ 为常数$)$

(2) 等价无穷小替换定理. 设在自变量的某一变化过程中 $\alpha \sim \alpha', \beta \sim \beta'$,且在同一自变量变化过程中 $\lim \dfrac{\beta'}{\alpha'}$ 存在,则

$$\lim \dfrac{\alpha}{\beta} = \lim \dfrac{\alpha'}{\beta'}$$

1.2.6 函数的连续性与间断点

1. 函数的连续性

定义 1.1 设函数 $f(x)$ 在点 x_0 的某一邻域内有定义,如果 $\lim\limits_{\Delta x \to 0}\Delta y = 0$,其中 Δx 是在 x_0 处自变量的增量,$\Delta y = f(x_0+\Delta x)-f(x_0)$ 是相应的函数的增量,则称函数 $f(x)$ 在点 x_0 处连续.

定义 1.2 如果函数 $f(x)$ 满足:

(1) $f(x)$ 在点 x_0 的某一邻域内有定义;

(2) $\lim\limits_{x \to x_0} f(x)$ 存在;

(3) $\lim\limits_{x \to x_0} f(x) = f(x_0)$,

则称函数 $f(x)$ 在点 x_0 处连续.

定义 1.3 如果函数 $f(x)$ 在区间 (a,b) 内任意一点均连续,则称函数 $f(x)$ 在区间 (a,b) 内连续;如果函数 $f(x)$ 在区间 (a,b) 内连续,且在 a 点右连续,在 b 点左连续,则称函数 $f(x)$ 在区间 $[a,b]$ 上连续.

2. 函数的间断点

(1) 函数的间断点即函数的不连续点.

(2) 间断点的分类.

函数的间断点分为两类:

第一类间断点:左、右极限都存在的间断点称为第一类间断点,第一类间断点包括跳跃间断点(左、右极限都存在但不相等的间断点)与可去间断点(左、右极限都存在且相等的间断点).

第二类间断点:非第一类间断点称为第二类间断点,常见的第二类间断点有无穷间断点与振荡间断点.

3. 初等函数的连续性

(1) 连续函数的和(差)、积、商(分母非零)仍为连续函数;

(2) 连续函数的复合函数仍为连续函数;

(3) 单调连续函数的反函数仍为连续函数;

(4) 基本初等函数在其定义域内必连续;

(5) 初等函数在其定义区间上必连续.

4. 闭区间上连续函数的性质

(1) 有界性与最大值最小值定理：在闭区间上连续的函数，在该区间上有界且一定能取得该函数的最大值和最小值.

(2) 零点定理：设函数 $f(x)$ 在区间 $[a,b]$ 上连续，且 $f(a)f(b)<0$，则在区间 (a,b) 内至少存在一点 ξ，使得 $f(\xi)=0$.

(3) 介值定理：设函数 $f(x)$ 在区间 $[a,b]$ 上连续，则对于介于 $f(a)$ 与 $f(b)$（或介于最大值 M 与最小值 m）之间的任意一实数 C，在区间 $[a,b]$ 上至少存在一点 ξ，使得 $f(\xi)=C$.

1.3 解难释疑

(1) 学习函数概念时，要注意函数关系式的确定只取决于函数的定义域和对应法则这两个要素，这两个要素确定之后，用什么样的字母和符号来表示因变量、自变量及对应法则是无关紧要的，例如 $y=f(x), y=f(t), u=f(v), y=y(x)$ 等在定义域和对应法则相同的条件下都表示同一个函数.

(2) 求函数 $y=f(x)$ 的反函数时，要注意 $x=f^{-1}(y)$ 与 $y=f^{-1}(x)$ 虽然都表示同一个函数的反函数，但 $x=f^{-1}(y)$ 与 $y=f(x)$ 的图形重合，而 $y=f^{-1}(x)$ 与 $y=f(x)$ 的图形却关于直线 $y=x$ 对称. 若无特别说明，则求函数 $y=f(x)$ 的反函数一般是指求 $y=f^{-1}(x)$. 所以求反函数的步骤是：第一步，从 $y=f(x)$ 中解出 $x=f^{-1}(y)$ 来；第二步，再将 $x=f^{-1}(y)$ 改写成 $y=f^{-1}(x)$.

(3) 在分析初等函数时，分清构造函数的复合运算和四则运算是非常必要的，例如，在将函数 $y=\log_a(x+\sqrt{1+x^2})$ 分解为 $y=\log_a u, u=x+v^{\frac{1}{2}}, v=1+x^2$ 时，y 与 u 有外层函数与内层函数的复合关系，v 与 x 也有外层函数与内层函数的复合关系，而 u 与 v 之间则是四则运算关系而不是复合运算关系. 如果把复合关系当成四则运算关系来看待，或者把四则运算关系当成复合关系来看待，必然会得出错误的结果.

(4) 初等函数是指由常数及基本初等函数经过有限次四则运算及复合步骤所得到的，且能用"一个式子"表示的函数. 分段函数是指在自变量的不同变化范围中，对应法则用不同式子来表示的函数. 分段函数虽然用若干个表达式表示，但并不能肯定地说该函数不能用一个表达式表示，因此，不能说分段函数一定不是初等函数.

例如，$f(x)=|x|$，通常写成分段函数的形式为

$$f(x)=|x|=\begin{cases} x, & x\geqslant 0 \\ -x, & x<0 \end{cases}$$

但也可以写成一个表达式 $|x|=\sqrt{x^2}$，因此，函数 $f(x)=|x|$ 是初等函数.

虽然有些分段函数是初等函数，但把该函数写成一个表达式时，无助于人们讨论其性质，相反，常会给人们增加麻烦. 因此，对于分段函数，除特殊需要外，一般情况下并不去鉴别该函数是不是初等函数，而将其当做非初等函数对待.

(5) 学习极限概念时，应在理解极限是描述变量的变化趋势这个本质上下工夫，重点要关注以下三个要点：

① 所讨论的变量是在什么样的变化过程中变化的?这个变化过程是讨论变量的变化趋

势的前提条件. 对于数列 $\{a_n\}$，其变化过程就是 $n \to \infty$；对于函数 $f(x)$，其变化过程就是 $x \to +\infty$、$x \to -\infty$、$x \to \infty$ 或 $x \to x_0^+$、$x \to x_0^-$、$x \to x_0$ 等.

② 在上述变化过程中，变量的变化趋势是怎样的？是否有一个确定的变化趋势？如果有确定的变化趋势，则有极限；如果没有确定的变化趋势，则没有极限（又称极限不存在）.

③ 如何定量地、精确地来描述这种确定的变化趋势？只有用"ε-N"、"ε-δ"语言才能做到这一点.

a. 引入 ε 与 N 或 ε 与 δ 来定量分析变量的某个变化过程，以及在此过程中的确定的变化趋势.

b. 变量在其变化过程中变到"某个时刻之后"是用不等式 $n > N$，$|x| > N$，$0 < |x - x_0| < \delta$ 来描述的. 不等式 $n > N$ 或 $|x| > N$ 刻画的是 n 或 $|x|$ 无限地增大到"要多么大就有多么大"这样一种无限趋近的程度，即 $n \to \infty$ 或 $x \to \infty$ 的意义；不等式 $0 < |x - x_0| < \delta$ 则刻画的是 x 趋近于 x_0 达到 x 与 x_0 之间的距离"要多么小就有多么小"这样一种无限趋近的程度，即 $x \to x_0$ 的意义.

c. 在前述变化过程中，不等式 $|a_n - A| < \varepsilon$，$|f(x) - A| < \varepsilon$ 定量地刻画了 a_n 或 $f(x)$ 的值趋近于常数 A 达到了它们之间的距离"要多么小就有多么小"这样一种无限趋近的程度，即 $a_n \to A$ 或 $f(x) \to A$ 的意义.

由此可见，ε-N、ε-δ 语言完整而准确地描述了变量在其变化过程中无限趋近于常数 A 这样一种确定的变化趋势.

(6) 在讨论函数的极限时，有时也需要考虑左、右极限. 一般地，讨论函数 $f(x)$ 在点 x_0 处的极限，都应先看一看单侧极限的情况. 如果当 $x \to x_0$ 时 $f(x)$ 在 x_0 的两侧变化趋势一致，则不必分开研究；如果两侧变化趋势可能有差别，就应分别研究左、右极限. 常见的有以下几种情况：

① 求分段函数在分段点处的极限时，若函数在分段点左、右两侧的表达式不一样，则必须研究左、右极限.

② 有些反三角函数、指数函数、三角函数在特殊点处的左、右极限不一样. 例如，$\arctan \frac{1}{x}$，$e^{\frac{1}{x}}$ 在 $x \to 0$ 时左、右极限不一样，$[x]$ 在 $x \to n$（n 为整数）时左、右极限不一样等.

(7) 学习无穷大与无穷小问题，是为学习极限的计算作准备、打基础的，特别是无穷小分析法是极限方法，也是整个微积分的核心.

① 理解无穷大的概念时，要注意无穷大量与无界变量的区别. 无穷大在其变化过程中能把绝对值无限增大的这个趋势永远保持下去，而无界变量却不一定能把绝对值无限增大这种情况一直保持下去. 因此，无穷大量是无界变量，而无界变量却不一定是无穷大量. 例如，$x \to 0$ 时，$\frac{1}{x}$ 是无穷大量，也是无界变量；而 $\frac{1}{x} \sin \frac{1}{x}$ 是无界变量，却不是无穷大量. 另外，无穷大量是在某个变化过程中来讨论的，而无界变量是在某个范围内来讨论的.

② 学习无穷小的概念和运算时，要注意以下几点：

a. 无穷小是以常数 0 为极限的变量，因而无穷小是有界变量，但有界变量不一定是无穷小.

b. 常数 0 符合无穷小的定义,因而是一个特殊的无穷小,但无穷小不一定是常数 0.

c. 如果 α 是无穷小,则 $\frac{1}{\alpha}$ 不一定是无穷大. 因为当 $\alpha = 0$ 时,$\frac{1}{\alpha}$ 无意义,所以正确的说法是:如果 α 是无穷小,且 $\alpha \neq 0$,则 $\frac{1}{\alpha}$ 为无穷大.

d. 无穷大的极限是不存在的,无穷小的极限是存在的且为 0,由此在求相关极限的运算中,常运用无穷大和无穷小的关系,将无穷大问题转化成无穷小问题来处理(例如,求 $\frac{\infty}{\infty}$ 型极限时所用的无穷小量分出法).

e. 在极限运算过程中运用等价无穷小替代往往可以使计算大大简化,从而提高计算的速度和准确性. 但应注意的是,只有当一个无穷小在算式中处于因子地位(与其他部分是相乘或相除的关系)时,才能够用该无穷小的某个等价无穷小来代替,否则就不能用其等价无穷小来代替. 而且,这种代替只能用简单的来代替复杂的,不要用复杂的来代替简单的,否则就失去了等价无穷小替代的实际意义.

(8) 在求解极限的过程中,往往要综合运用各种方法来进行计算,但对一些基本类型,一般是按照"先判型,后定法"的思路来求解.

① 用极限的四则运算法则求极限时,只有完全符合法则所规定的条件时才能直接使用法则,否则是不能直接使用该法则的.

a. 对 $\frac{A}{B}(B \neq 0)$ 型,可以直接使用法则(即代入法)计算;

b. 对 $\frac{\infty}{\infty}$ 型,可以用无穷小量分出法计算(即将无穷大问题转化为无穷小来处理);

c. 对 $\frac{0}{0}$ 型,可以先消去零因子后再使用法则计算;

d. 对 $0 \cdot \infty$ 型或 $\infty - \infty$ 型,可以先经过恒等变形化为 $\frac{0}{0}$ 型或 $\frac{\infty}{\infty}$ 型后再计算;

e. 对于 1^∞ 型、0^0 型、∞^0 型,可以先取对数化为 $0 \cdot \infty$ 型后再计算,最后再用对数与指数的关系得出所求结果.

② 用两个重要极限公式求极限时,只有完全符合公式的形式才能应用公式,当不符合公式形式时,若有可能也要经过变量代换化为完全符合公式的形式后才能应用公式计算.

a. $\lim\limits_{x \to 0} \frac{\sin x}{x} = 1$,可以推广为 $\lim\limits_{u \to 0} \frac{\sin u}{u} = 1$. 这是一种含三角函数式的 $\frac{0}{0}$ 型极限,由于分子、分母中的零因子不便消去,所以一般用这个重要极限公式来求解. 应用公式前必须使极限式子完全符合公式的形式.

例如: $\lim\limits_{x \to 0} \frac{\sin(2x)}{x} = \lim\limits_{x \to 0} \frac{\sin(2x)}{2x} \cdot 2 = 2 \lim\limits_{2x \to 0} \frac{\sin(2x)}{2x} = 2 \times 1 = 2.$

(不符合公式形式)　　　　　(符合公式形式)

又如: $\lim\limits_{x \to 0} \frac{1 - \cos(2x)}{2x^2} = \lim\limits_{x \to 0} \frac{\sin^2 x}{x^2} = \left(\lim\limits_{x \to 0} \frac{\sin x}{x} \right)^2 = 1^2 = 1.$

(不符合公式形式)　　　　(符合公式形式)

b. $\lim\limits_{n\to\infty}\left(1+\dfrac{1}{n}\right)^n = \mathrm{e}$ 及 $\lim\limits_{x\to\infty}\left(1+\dfrac{1}{x}\right)^x = \mathrm{e}$ 和 $\lim\limits_{x\to 0}(1+x)^{\frac{1}{x}} = \mathrm{e}$ 可以推广为 $\lim\limits_{u\to\infty}\left(1+\dfrac{1}{u}\right)^u$ $= \mathrm{e}$ 和 $\lim\limits_{u\to 0}(1+u)^{\frac{1}{u}} = \mathrm{e}$. 这是 1^∞ 型极限, 其为幂指函数的极限, 其公式特点是: 底数极限为 1(注意: 底不是常数 1), 指数极限为 ∞, 且底数中的无穷小量与指数中的无穷大量必须互为倒数形式. 当所求极限式完全符合这种形式时, 才能应用这个公式, 或者经变量代换完全变成了这种形式后再应用这个公式计算.

例如: $\lim\limits_{x\to 0}\dfrac{\mathrm{e}^x-1}{x}\xlongequal{\mathrm{e}^x-1=t}\lim\limits_{t\to 0}\dfrac{t}{\ln(1+t)} = \dfrac{1}{\lim\limits_{t\to 0}\ln(1+t)^{\frac{1}{t}}} = \dfrac{1}{\ln \mathrm{e}} = 1.$

(不符合公式形式)　　　　　　　　　(符合公式形式)

又如: $\lim\limits_{x\to 1}x^{\frac{1}{1-x}} = \lim\limits_{x\to 1}\left\{[1+(x-1)]^{\frac{1}{x-1}}\right\}^{-1}\xlongequal{x-1=t}\left[\lim\limits_{t\to 0}(1+t)^{\frac{1}{t}}\right]^{-1} = \mathrm{e}^{-1}.$

(不符合公式形式)　　　　　　　　　(符合公式形式)

③ 求极限的运算有较大的灵活性和技巧性, 一定要具体问题具体分析.

a. 对 $\dfrac{A}{0}$ 型或 $\dfrac{A}{\infty}$ 型, 用无穷大和无穷小的关系来求解.

b. 对无穷小与有界函数的乘积, 用其相关性质来求解.

c. 当数列的极限式是无穷多项的四则运算式时, 应先经恒等变形化为有限项的四则运算式后再进行计算.

d. 对常规方法不便求解的极限, 可以考虑用夹逼准则或单调有界准则来求解.

e. 在极限运算中要充分注意到当 $x \to x_0$ 时 $x \neq x_0$, 当 $u \to 0$ 时 $u \neq 0$, 这样就可以在分子与分母中消去共同的零因子, 然后就可以应用四则运算法则求解了.

f. 在对一个极限式求解的过程中, 各部分应同步进行, 不能先求某些部分的极限值后再求另一些部分的极限. 例如

$$\lim_{x\to 0}(1+x)^{\frac{1}{\sin x}} = \lim_{x\to 0}\left[(1+x)^{\frac{1}{x}}\right]^{\frac{x}{\sin x}} = \left[\lim_{x\to 0}(1+x)^{\frac{1}{x}}\right]^{\lim\limits_{x\to 0}\frac{x}{\sin x}} = \mathrm{e}^1 = \mathrm{e}$$

不能写成 $\lim\limits_{x\to 0}\left[(1+x)^{\frac{1}{x}}\right]^{\frac{x}{\sin x}} = \mathrm{e}^{\lim\limits_{x\to 0}\frac{x}{\sin x}}$ (不能先求底的极限后再求指数的极限), 如果写成

$$\lim_{x\to 0}(1+x)^{\frac{1}{\sin x}} = \left[\lim_{x\to 0}(1+x)\right]^{\frac{1}{\sin x}} = 1^{\frac{1}{\sin x}} = 1$$

就更不对了.

g. 求解 $\dfrac{0}{0}, \dfrac{\infty}{\infty}, 0 \cdot \infty, \infty-\infty, 1^\infty, 0^0, \infty^0$ 等 7 种不定型极限的主要方法将在第 3 章中应用洛必达法则求解, 本章中仅作一些介绍及方法训练.

h. 除两个重要极限公式外, 下列极限常常也可以当做公式来运用:

1° $\lim C = C$ (C 为常数).

2° $\lim\limits_{x\to x_0} x = x_0.$

3° $\lim\limits_{n\to 0}\dfrac{1}{n} = \infty, \lim\limits_{x\to\infty}\dfrac{1}{x} = 0, \lim\limits_{x\to 0}\dfrac{1}{x} = \infty.$

4° $\lim\limits_{x\to +\infty} a^{-x} = 0\ (a>1),\ \lim\limits_{x\to -\infty} a^x = 0\ (a>1),$
$\lim\limits_{x\to -\infty} a^{-x} = 0\ (0<a<1),\ \lim\limits_{x\to +\infty} a^x = 0\ (0<a<1).$

5° $\lim\limits_{x\to\infty} a^x$ 不存在，$\lim\limits_{x\to 0} e^{\frac{1}{x}}$ 不存在.

6° $\lim\limits_{x\to 0} \dfrac{e^x - 1}{x} = 1$，$\lim\limits_{x\to 0} \dfrac{\ln(1+x)}{x} = 1$.

7° $\lim\limits_{x\to x_0} \sin x = \sin x_0$，$\lim\limits_{x\to x_0} \cos x = \cos x_0$.

8° $\lim\limits_{x\to +\infty} \arctan x = \dfrac{\pi}{2}$，$\lim\limits_{x\to -\infty} \arctan x = -\dfrac{\pi}{2}$，$\lim\limits_{x\to\infty} \arctan x$ 不存在.

(9) 讨论函数的连续性时，应注意以下几点：

① 由于函数在某点处连续是用极限来定义的，所以会求极限是讨论连续性的基本要求。若所给函数是抽象的记号而不是具体函数式，往往是用 $\lim\limits_{\Delta x\to 0} \Delta y = 0$ 是否成立来讨论函数的连续性；若所给函数有具体函数关系式，往往是用 $\lim\limits_{x\to x_0} f(x) = f(x_0)$ 是否成立来讨论函数的连续性。

② 函数在某点处连续的三个条件是判定函数连续或间断的主要依据。

a. 函数 $f(x)$ 在点 $x = x_0$ 处连续的三个条件是：

1° 函数 $f(x)$ 在点 $x = x_0$ 处有定义；

2° $\lim\limits_{x\to x_0} f(x)$ 存在；

3° $\lim\limits_{x\to x_0} f(x) = f(x_0)$.

b. 无论是初等函数还是分段函数，判断其在某点处的连续性的一般步骤如下：

1° 若函数 $f(x)$ 在点 $x = x_0$ 处无定义，则点 x_0 为间断点；

若函数 $f(x)$ 在点 $x = x_0$ 处有定义，则进入下一步讨论。

2° 若 $\lim\limits_{x\to x_0} f(x)$ 不存在，则点 x_0 为间断点；

若 $\lim\limits_{x\to x_0} f(x)$ 存在，则进入下一步讨论。

3° 若 $\lim\limits_{x\to x_0} f(x) \neq f(x_0)$，则点 x_0 为间断点；

若 $\lim\limits_{x\to x_0} f(x) = f(x_0)$，则点 x_0 为连续点。

c. 要注意初等函数是在其"定义区间上连续"的这一提法，亦即，如果初等函数的定义域能够构成区间，那么该函数在这样的定义区间上是连续的。但是并不是每个初等函数的定义域都能构成区间，所以初等函数在其定义域上连续是不确切的。例如，当某个初等函数的定义域是某些离散的点集时，该函数在这样的定义域上必然是不连续的。

d. 讨论分段函数的连续性时，应分为两种情况来讨论，一是在某段上，按该段上的初等函数式来讨论；二是在相邻两段的分界点处，应用极限存在的充要条件来讨论，即应用左极限、右极限是否存在、是否相等来确定函数是连续还是间断。

③ 学习闭区间上连续函数的性质时，应注意"闭区间"和"连续"这两个条件都满足时则相关结论成立，所以同时成立的这两个条件是充分而非必要的条件。如果两个条件不同时成立，则相关结论不一定不成立；如果相关结论不成立，则这两个条件必不同时成立。另外，在讨论方程在某区间内的根的存在性时，只应用零介值定理就可以了；如果要讨论方程在某区间上根的唯一性，则不仅要应用零介值定理，还要用到函数的单调性，因而前者解决的是"至少"的问题，后者解决的是"至多"的问题，二者结合起来就能解决唯一性的问题。

(10) 应用介值定理及相关结论时,应当注意以下问题:

列出描述闭区间上连续函数性质的零点定理,介值定理及其推论的条件、结论,如表 1.2 所示.

表 1.2

定理名称	定理条件	定理结论	
		ξ 所在位置	中值公式
介值定理	函数 $f(x)$ 在区间 $[a,b]$ 上连续,$f(a) \neq f(b)$,C 介于 $f(a)$ 与 $f(b)$ 之间.	$\xi \in (a,b)$	$f(\xi) = C$
介值定理推论	函数 $f(x)$ 在区间 $[a,b]$ 上连续,$\min f(x) \leqslant C \leqslant \max f(x)$.	$\xi \in [a,b]$	$f(\xi) = C$
零点定理	函数 $f(x)$ 在区间 $[a,b]$ 上连续,$f(a)f(b) < 0$.	$\xi \in (a,b)$	$f(\xi) = 0$

需要提醒读者注意的是,上述这三个定理中 ξ 所在的位置不同.若应用零点定理或介值定理,则结论中的 ξ 位于开区间 (a,b) 内;若应用介值定理推论,则 ξ 位于闭区间 $[a,b]$ 内.由于有这一点不同,就使得在利用介值定理推论证明相关的结论时,一定应注意闭区间的选择.

1.4 典型例题选讲

例 1.4.1 判断下列各题中 f 与 g 是否为同一函数.

(1) $f(x) = \lg x^2, g(x) = 2\lg x$;

(2) $f(x) = 1, g(x) = \sin^2 x + \cos^2 x$;

(3) $f(x) = \dfrac{\sqrt{x-1}}{\sqrt{x-2}}, g(x) = \sqrt{\dfrac{x-1}{x-2}}$.

分析 当且仅当给定的两个函数,其定义域和对应法则完全相同时,才表示同一函数,否则就是两个不同的函数.

解 (1) 不同.因为 f 的定义域 D_f 为除零外的所有实数,而 g 的定义域 D_g 为全体正实数.

(2) 相同.因为 f 与 g 的定义域和对应法则都相同.

(3) 不同.因为 $D_f = (2, +\infty)$,而 $D_g = (-\infty, 1] \cup (2, +\infty)$.

例 1.4.2 求下列函数的定义域.

(1) $f(x) = \lg(1 - \lg x)$;

(2) $f(x) = \arcsin \dfrac{2x-1}{7} + \dfrac{\sqrt{2x - x^2}}{\lg(2x-1)}$;

(3) $f(x) = \arccos \dfrac{x}{[x]}$,$[x]$ 表示不超过 x 的最大整数.

分析 求复杂函数的定义域,就是求解简单函数的定义域所构成的不等式组的解集.若

$f(x)$ 中含有 $\dfrac{1}{\varphi_1(x)}, \sqrt[2n]{\varphi_2(x)}(n \in \mathbf{N}), \log_a \varphi_3(x), \arcsin\varphi_4(x), \arccos\varphi_5(x)$ 时,则 $f(x)$ 中的 x 必须满足下列不等式组

$$\begin{cases} \varphi_1(x) \neq 0, \varphi_2(x) \geqslant 0 \\ \varphi_3(x) > 0, |\varphi_4(x)| \leqslant 1. \\ |\varphi_5(x)| \leqslant 1 \end{cases}$$

解 (1) 要使函数 $f(x)$ 有意义, x 应满足 $\begin{cases} x > 0 \\ 1-\lg x > 0 \end{cases}$, 即 $0 < x < 10$. 故 $D_f = (0,10)$.

(2) 要使函数 $f(x)$ 有意义, x 应满足

$$\begin{cases} \left|\dfrac{2x-1}{7}\right| \leqslant 1, \\ 2x - x^2 \geqslant 0, \\ 2x - 1 > 0, \\ 2x - 1 \neq 1, \end{cases} \Rightarrow \begin{cases} -6 \leqslant 2x \leqslant 8, \\ x(x-2) \leqslant 0, \\ 2x - 1 > 0, \\ x \neq 1, \end{cases} \Rightarrow \begin{cases} -3 \leqslant x \leqslant 4, \\ 0 \leqslant x \leqslant 2, \\ x > \dfrac{1}{2}, \\ x \neq 1, \end{cases} \Rightarrow \dfrac{1}{2} < x < 1 \text{ 或 } 1 < x \leqslant 2$$

$D_f = \left(\dfrac{1}{2}, 1\right) \bigcup (1, 2]$.

(3) 要使函数 $f(x)$ 有意义, x 应满足

$$-1 \leqslant \dfrac{x}{[x]} \leqslant 1$$

且

$$[x] \neq 0$$

而

$$x - 1 < [x] \leqslant x.$$

当 $x < 0$ 时, $0 < \dfrac{x}{[x]} \leqslant 1$; 当 $0 \leqslant x < 1$ 时, $\dfrac{x}{[x]}$ 无意义;

当 $x \geqslant 1$ 时, $1 \leqslant \dfrac{x}{[x]}$ (当 $x \in N$ 时, 等号成立). 故

$$D_f = \{x \mid x < 0 \text{ 或 } x = 1, 2, 3, \cdots\}.$$

例 1.4.3 设函数 $f(x)$ 满足 $af(x) + bf\left(\dfrac{1}{x}\right) = \dfrac{c}{x}$, 其中 a、b、c 为常数, 且 $|a| \neq |b|$, 求函数 $f(x)$ 的表达式.

分析 这是一道函数关系的运算题, 可以应用 x 与 $\dfrac{1}{x}$ 的倒数关系来解答.

解 因为 $\qquad af(x) + bf\left(\dfrac{1}{x}\right) = \dfrac{c}{x}$ ①

所以 $\qquad af\left(\dfrac{1}{x}\right) + bf(x) = cx$ ②

解式 ① 与式 ② 联立的方程组, 并注意利用 $|a| \neq |b|$, 即 $a^2 \neq b^2$, 得

$$f(x) = \dfrac{1}{a^2 - b^2}\left(\dfrac{ac}{x} - bcx\right).$$

例 1.4.4 已知 $f\left(\sin\dfrac{x}{2}\right) = \cos x + 1$,求 $f\left(\cos\dfrac{x}{2}\right)$.

分析 求解本题的关键是将 $f\left(\sin\dfrac{x}{2}\right) = \cos x + 1$ 进行变形.

解法 1 由 $f\left(\sin\dfrac{x}{2}\right) = \cos x + 1 = 2\cos^2\dfrac{x}{2} = 2\left(1 - \sin^2\dfrac{x}{2}\right)$

得 $$f(x) = 2(1-x^2)$$

所以 $$f\left(\cos\dfrac{x}{2}\right) = 2\left(1 - \cos^2\dfrac{x}{2}\right) = 2\sin^2\dfrac{x}{2} = 1 - \cos x.$$

事实上,用变形解题是一种基本方法,可以从各个不同的角度进行变形.

解法 2 $f\left(\cos\dfrac{x}{2}\right) = f\left(\sin\left(\dfrac{\pi}{2} - \dfrac{x}{2}\right)\right) = \cos(\pi - x) + 1 = 1 - \cos x.$

例 1.4.5 设 $f(x) = \dfrac{1}{2}(x + |x|)$,$\varphi(x) = \begin{cases} x & x < 0, \\ x^2 & x \geq 0, \end{cases}$ 求 $f[\varphi(x)]$.

分析 对于分段函数的复合应注意自变量的变化范围,弄清在不同分段内的复合过程.

解 (1) 当 $x < 0$ 时,$\varphi(x) = x$,则
$$f[\varphi(x)] = f(x) = \dfrac{1}{2}(x + |x|) = \dfrac{1}{2}(x - x) = 0.$$

(2) 当 $x \geq 0$ 时,$\varphi(x) = x^2$,则
$$f[\varphi(x)] = f(x^2) = \dfrac{1}{2}(x^2 + x^2) = x^2.$$

故 $$f[\varphi(x)] = \begin{cases} 0, & x < 0 \\ x^2, & x \geq 0 \end{cases}.$$

例 1.4.6 试指出函数 $f(x) = \arctan^2\left(\dfrac{2x}{1-x^2}\right)$ 是由哪些简单函数复合而成的.

解 该函数可以看成由以下几个简单函数复合而成:
$$y = u^2, \quad u = \arctan v, \quad v = \dfrac{2x}{1-x^2}.$$

注 一般地,将某函数看成由若干个简单函数复合而成,其目的是通过对函数复合层次的分析,为对函数的各种性质(包括极限、导数、单调性、连续性、可导性等)的研究及计算提供方便. 所以,如果分解到某个层次,该层次函数形式对于研究上述性质已较为简单(例如多项式),则可以不继续分解;或者,到了某层次,该层次函数形式不必或不便看成复合结构,这时,也可以不继续分解. 此例中,没有将 $\dfrac{2x}{1-x^2}$ 再分解,是因为它可以看成是两个多项式相除得到的函数(称为有理函数),不必要也不便再看成复合函数. 又如,对于函数 $y = \ln(x + \sqrt{1+x^2})$,可以将其看成由 $y = \ln u$ 与 $u = x + \sqrt{1+x^2}$ 这两个函数复合而成,而对于函数 $u = x + \sqrt{1+x^2}$,该函数虽不是基本初等函数,但其可以看成是由基本初等函数 x 与复合函数 $\sqrt{1+x^2}$ 相加得到,分解到此可以结束.

例 1.4.7 设函数 $f(x)$ 的定义域为 $(-\infty, +\infty)$,且对任意的 x 与 y 都有等式
$$f(x+y) + f(x-y) = 2f(x)f(y),$$
且 $f(x) \neq 0$.试证明 $f(x)$ 为偶函数.

分析 要证明函数 $f(x)$ 为偶函数,即要证明等式 $f(-x)=f(x)$ 成立,而这是可以由已知等式推导出来的.

证明 因为
$$f(x+y)+f(x-y)=2f(x)f(y)$$
所以
$$f(x-y)+f(x+y)=2f(x)f(-y)$$
得
$$2f(x)f(y)=2f(x)f(-y)$$
又
$$f(x)\neq 0$$
因此 $f(-y)=f(y)$,即 $f(-x)=f(x)$,所以 $f(x)$ 为偶数.

例 1.4.8 设函数 $\varphi(x)$ 是偶函数,证明 $f(x)=\varphi(x)\left(\dfrac{1}{a^{x}-1}+\dfrac{1}{2}\right)$ 为奇函数.

分析 与例 1.4.7 类似,只要由已知条件推出 $f(-x)=-f(x)$ 即可.

证明 因为
$$\varphi(-x)=\varphi(x)$$
所以
$$f(-x)=\varphi(-x)\left(\frac{1}{a^{-x}-1}+\frac{1}{2}\right)=\varphi(x)\frac{2+a^{-x}-1}{2(a^{-x}-1)}$$
$$=\varphi(x)\frac{a^{x}+1}{2(1-a^{x})}=\varphi(x)\frac{2+(a^{x}-1)}{-2(a^{x}-1)}$$
$$=-\varphi(x)\left(\frac{1}{a^{x}-1}+\frac{1}{2}\right)=-f(x)$$

即 $f(x)$ 为奇函数.

例 1.4.9 证明:任意一个定义在关于原点对称的集合 $D(\forall x\in D\Rightarrow -x\in D)$ 上的函数可以唯一地表示为一个奇函数与一个偶函数之和.

分析 在数学中存在性的证明是一个难点,这里给出一种常用的证明存在性的方法:首先假设要找的函数已经存在,然后根据题设看要找的函数需要满足什么条件(一般是列出该函数所满足的方程),最后根据条件解出要找的函数,并验证该函数确实满足题目的要求.

证明 设 $f(x)=f_{1}(x)+f_{2}(x)$,其中 $f_{1}(x)$ 是奇函数,$f_{2}(x)$ 是偶函数.因此
$$f(-x)=f_{1}(-x)+f_{2}(-x)=-f_{1}(x)+f_{2}(x)$$
将 $f_{1}(x),f_{2}(x)$ 看做未知数,$f(x),f(-x)$ 看做已知数,解方程组
$$\begin{cases}f_{1}(x)+f_{2}(x)=f(x)\\ -f_{1}(x)+f_{2}(x)=f(-x)\end{cases}$$
得
$$f_{1}(x)=\frac{1}{2}[f(x)-f(-x)],\quad f_{2}(x)=\frac{1}{2}[f(x)+f(-x)]$$
经检验知,$f_{1}(x)$ 为奇函数,$f_{2}(x)$ 为偶函数,$f(x)=f_{1}(x)+f_{2}(x)$.且由上述推理可知满足题设条件的 $f_{1}(x),f_{2}(x)$ 是唯一的.

例 1.4.10 设函数 $f(x)$ 是以 T 为周期的周期函数,试证明 $f(ax)(a>0)$ 是以 $\dfrac{T}{a}$ 为周期的周期函数.

分析 在证明过程中,紧紧扣住周期函数的定义即可.

证明 因为
$$f(x+T)=f(x)$$
所以
$$f\left[a\left(x+\frac{T}{a}\right)\right]=f(ax+T)=f(ax)$$

即 $f(ax)$ 是以 $\dfrac{T}{a}$ 为周期的周期函数.

注意 要证明 $f(ax)$ 以 $\dfrac{T}{a}$ 为周期,即要证明 $f\left[a\left(x+\dfrac{T}{a}\right)\right]=f(ax)$,而不是要证明 $f\left(ax+\dfrac{T}{a}\right)=f(ax)$.

例 1.4.11 试证定义在区间 $(-\infty,+\infty)$ 上且周期是可以通约的(即两周期的比是有理数)两周期函数的和也是周期函数,并求 $f(x)=5\tan\dfrac{x}{4}+7\tan\dfrac{x}{6}$ 的周期.

解 设 $f_1(x),f_2(x)$ 的周期分别为 T_1,T_2,$\dfrac{T_1}{T_2}=\dfrac{m}{n}(m,n\in N,$ 且 m,n 互质). 令
$$T=nT_1=mT_2\neq 0, \quad F(x)=f_1(x)+f_2(x)$$
则
$$F(x+T)=f_1(x+nT_1)+f_2(x+mT_2)=f_1(x)+f_2(x)=F(x)$$
所以 $f_1(x)+f_2(x)=F(x)$ 也是周期函数,其周期为 T.

对于 $f(x)=5\tan\dfrac{x}{4}+7\tan\dfrac{x}{6}$,因为 $\tan x$ 的周期为 π,所以 $\tan\dfrac{x}{4}$ 的周期为 $T_1=\dfrac{\pi}{\frac{1}{4}}=4\pi$,$\tan\dfrac{x}{6}$ 的周期为 $T_2=\dfrac{\pi}{\frac{1}{6}}=6\pi$,故 $f(x)$ 的周期为 4π 与 6π 的最小公倍数 12π.

例 1.4.12 求下列函数的反函数:

(1) $y=\dfrac{ax+b}{cx+d}(a,b,c,d$ 均非零$)$;

(2) $y=\begin{cases} x, & x<1 \\ x^3, & 1\leqslant x\leqslant 2. \\ 3^x, & x>2 \end{cases}$

解 (1)
$$y=\dfrac{ax+b}{cx+d}$$
所以
$$y(cx+d)=ax+b, \quad (a-cy)x=dy-b$$
即
$$x=\dfrac{dy-b}{a-cy}$$
故 $y=\dfrac{ax+b}{cx+d}$ 的反函数为 $y=\dfrac{dx-b}{a-cx}$.

注意 通常要求的 $y=f(x)$ 的反函数不是 $x=f^{-1}(y)$ 而是 $y=f^{-1}(x)$.

(2) 当 $x<1$ 时,$y=x$,故反函数为 $y=x,x\in(-\infty,1)$.

当 $1\leqslant x\leqslant 2$ 时,$y=x^3$,故反函数为 $y=\sqrt[3]{x},x\in[1,8]$. 当 $x>2$ 时,$y=3^x$,故反函数为 $y=\log_3 x,x\in(9,+\infty)$. 综上所述,所求反函数为
$$y=\begin{cases} x, & x<1 \\ \sqrt[3]{x}, & 1\leqslant x\leqslant 8. \\ \log_3 x, & x>9 \end{cases}$$

例 1.4.13 拟建一个容积为 V 的长方体水池,设水池的底为正方形,如果池底所用材

料单位面积的造价是四周单位面积造价的 2 倍,试将总造价表示成底边长的函数,并确定此函数的定义域.

解 如图 1.1 所示,设底边长为 x,深为 y,四周单位面积造价为 a(常数).由题意:$v = x^2 y$,所以 $y = \dfrac{v}{x^2}$.

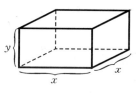

图 1.1

长方体的四周的面积 $S_1 = 4xy = \dfrac{4v}{x}$;长方体的底面积 $S_2 = x^2$,故总造价为

$$f(x) = aS_1 + 2aS_2 = \dfrac{4av}{x} + 2ax^2,$$

即

$$f(x) = \dfrac{4av}{x} + 2ax^2, \quad x \in (0, +\infty).$$

例 1.4.14 某饭店现有高级客房 60 套,目前租金每天每套 200 元则基本客满,若提高租金,预计每套租金每提高 10 元均有一套房间空出来,试问租金定义多少时,饭店房租收入最大?收入为多少元?这时饭店将空出多少套高级客房?

解 设每套租金为 x 元,此时租出客房 y 套.由题意知 y 是 x 的一次函数,故设 $y = ax + b$,且当 $x = 200$ 时,$y = 60$;当 $x = 210$ 时,$y = 59$.故有

$$\begin{cases} 60 = 200a + b \\ 59 = 210a + b \end{cases} \Rightarrow \begin{cases} a = -0.1 \\ b = 80 \end{cases}$$

故 $y = -0.1x + 80$.租金为 x 元 / 套时,饭店房租收入为

$$R(x) = xy = -0.1x^2 + 80x = -0.1(x - 400)^2 + 16\,000$$

所以租金为 400 元 / 套时,房租收入最大,为 16 000 元.当 $x = 400$ 时,$y = 40$,此时饭店将空出 20 套高级客房.

例 1.4.15 求下列极限

(1) $\lim\limits_{x \to \frac{\pi}{4}} \dfrac{x^2 + x \ln(\pi + x)}{\sin x}$; (2) $\lim\limits_{x \to 0}(1 + \cos x)^x$.

分析 这都是初等函数的极限,并且在所讨论点处都连续,所以可以直接用代入法计算.

解 (1) 原式 $= \dfrac{\left[\left(\dfrac{\pi}{4}\right)^2 + \dfrac{\pi}{4}\ln\left(\pi + \dfrac{\pi}{4}\right)\right]}{\sin \dfrac{\pi}{4}} = \dfrac{\sqrt{2}\pi}{4}\left(\dfrac{\pi}{4} + \ln \dfrac{5\pi}{4}\right).$

(2) 原式 $= (1+1)^0 = 2^0 = 1.$

例 1.4.16 求下列极限

(1) $\lim\limits_{x \to 3} \dfrac{x^3 - 27}{x - 3}$；　(2) $\lim\limits_{x \to 1} \dfrac{x^m - 1}{x^n - 1}$；　(3) $\lim\limits_{x \to \pi} \dfrac{\sin^2 x}{1 + \cos^3 x}$.

分析　这都是 $\dfrac{0}{0}$ 型的极限，分子与分母中的零因子要先消去再计算．

解　(1) 原式 $= \lim\limits_{x \to 3} \dfrac{(x - 3)(x^2 + 3x + 9)}{x - 3} = \lim\limits_{x \to 3}(x^2 + 3x + 9) = 27$.

(2) 原式 $= \lim\limits_{x \to 1} \dfrac{(x - 1)(x^{m-1} + x^{m-2} + \cdots + x + 1)}{(x - 1)(x^{n-1} + x^{n-2} + \cdots + x + 1)}$

$= \lim\limits_{x \to 1} \dfrac{x^{m-1} + x^{m-2} + \cdots + x + 1}{x^{n-1} + x^{n-2} + \cdots + x + 1} = \dfrac{m}{n}$.

(3) 原式 $= \lim\limits_{x \to \pi} \dfrac{1 - \cos^2 x}{(1 + \cos x)(1 - \cos x + \cos^2 x)}$

$= \lim\limits_{x \to \pi} \dfrac{1 - \cos x}{1 - \cos x + \cos^2 x} = \dfrac{1 + 1}{1 + 1 + 1} = \dfrac{2}{3}$.

注意：当 $x \to \pi$ 时，$1 - \cos x$ 与 $\dfrac{1}{2}x^2$ 都不是无穷小，更不是等价无穷小，故 $1 - \cos x$ 不能用 $\dfrac{1}{2}x^2$ 来代替．

例 1.4.17　求下列极限

(1) $\lim\limits_{x \to 1} \dfrac{\sqrt[m]{x} - 1}{\sqrt[n]{x} - 1}$（其中 m, n 为正整数）；

(2) $\lim\limits_{x \to \infty}(\sqrt{x^2 + 1} - \sqrt{x^2 - 1})$；

(3) $\lim\limits_{x \to -\infty} x(\sqrt{x^2 + 1} + x)$.

分析　这些都是含根式的极限，应先将根式有理化，再求解．

解　(1) 令 $t = x^{\frac{1}{mn}}$，则当 $x \to 1$ 时，$t \to 1$.

原式 $= \lim\limits_{t \to 1} \dfrac{t^n - 1}{t^m - 1} = \lim\limits_{t \to 1} \dfrac{(t - 1)(t^{n-1} + t^{n-2} + \cdots + 1)}{(t - 1)(t^{m-1} + t^{m-2} + \cdots + 1)}$

$= \lim\limits_{t \to 1} \dfrac{t^{n-1} + t^{n-2} + \cdots + 1}{t^{m-1} + t^{m-2} + \cdots + 1} = \dfrac{n}{m}$.

(2) 原式 $= \lim\limits_{x \to \infty} \dfrac{(x^2 + 1) - (x^2 - 1)}{\sqrt{x^2 + 1} + \sqrt{x^2 - 1}} = \lim\limits_{x \to \infty} \dfrac{2}{\sqrt{x^2 + 1} + \sqrt{x^2 - 1}}$

$= \lim\limits_{x \to \infty} \dfrac{\dfrac{2}{|x|}}{\sqrt{1 + \dfrac{1}{x^2}} + \sqrt{1 - \dfrac{1}{x^2}}} = 0$.

(3) 原式 $= \lim\limits_{x \to -\infty} \dfrac{x}{\sqrt{x^2 + 1} - x} = \lim\limits_{x \to -\infty} \dfrac{-1}{\sqrt{1 + \dfrac{1}{x^2}} + 1} = -\dfrac{1}{2}$.

这里，应当注意的是当函数中含有偶次根式时，若要将 x 放入根式中，就要留意 $x > 0$ 还是 $x < 0$．

例 1.4.18　求下列极限

(1) $\lim\limits_{n\to\infty}\left(\dfrac{1}{1\cdot 2}+\dfrac{1}{2\cdot 3}+\cdots+\dfrac{1}{n(n+1)}\right)$;

(2) $\lim\limits_{n\to\infty}\left(\dfrac{1}{n^2}+\dfrac{3}{n^2}+\cdots+\dfrac{2n-1}{n^2}\right)$.

分析 这些都是无穷多项和的极限,应先将无穷多项和变为有限和,再进一步求解.

解 (1) 原式 $=\lim\limits_{n\to\infty}\left[\left(1-\dfrac{1}{2}\right)+\left(\dfrac{1}{2}-\dfrac{1}{3}\right)+\cdots+\left(\dfrac{1}{n}-\dfrac{1}{n+1}\right)\right]$

$=\lim\limits_{n\to\infty}\left[1-\dfrac{1}{n+1}\right]=1.$

值得说明的是本例中求 $\dfrac{1}{1\cdot 2}+\dfrac{1}{2\cdot 3}+\cdots+\dfrac{1}{n(n+1)}$ 所用的方法称为"裂项求和",这是高等数学中常用的一种求和方法.

(2) 原式 $=\lim\limits_{n\to\infty}\dfrac{1+3+\cdots+(2n-1)}{n^2}=\lim\limits_{n\to\infty}\dfrac{1}{n^2}\cdot\dfrac{n[1+(2n-1)]}{2}=\lim\limits_{n\to\infty}1=1.$

例 1.4.19 求下列极限

(1) $\lim\limits_{x\to 0}\dfrac{\sin(\sin x)}{x}$; (2) $\lim\limits_{x\to \pi}\dfrac{\sin x}{x-\pi}$; (3) $\lim\limits_{x\to \pi}\dfrac{\sin(3x)}{\sin(2x)}$;

(4) $\lim\limits_{x\to 0}\dfrac{\sin 5x-\sin 2x}{\sin 2x}$; (5) $\lim\limits_{x\to 0}\dfrac{\tan x-\sin x}{x^3}$; (6) $\lim\limits_{x\to -1^+}\dfrac{(\pi-\arccos x)^2}{1+x}$.

分析 这些都是含三角函数式的极限,可以应用第一个重要极限公式计算.

解 (1) 原式 $=\lim\limits_{x\to 0}\left[\dfrac{\sin(\sin x)}{\sin x}\cdot\dfrac{\sin x}{x}\right]=1\times 1=1.$

(2) 原式 $=\lim\limits_{x\to\pi}\dfrac{\sin(\pi-x)}{-(\pi-x)}=-\lim\limits_{x\to\pi}\dfrac{\sin(\pi-x)}{\pi-x}=-1.$

(3) 原式 $=-\lim\limits_{x\to\pi}\dfrac{\sin(3\pi-3x)}{\sin(2\pi-2x)}=-\lim\limits_{x\to\pi}\left\{\dfrac{\sin[3(\pi-x)]}{3(\pi-x)}\cdot\dfrac{2(\pi-x)}{\sin[2(\pi-x)]}\cdot\dfrac{3}{2}\right\}=-\dfrac{3}{2}.$

(4) 原式 $=\lim\limits_{x\to 0}\dfrac{2\cos\dfrac{7x}{2}\sin\dfrac{3x}{2}}{\sin 2x}=2\lim\limits_{x\to 0}\left(\dfrac{\sin\dfrac{3x}{2}}{\dfrac{3}{2}x}\cdot\dfrac{1}{\dfrac{\sin 2x}{2x}}\cdot\dfrac{\dfrac{3x}{2}}{2x}\right)=\dfrac{3}{2}.$

(5) 原式 $=\lim\limits_{x\to 0}\dfrac{1}{\cos x}\cdot\dfrac{\sin x\cdot(1-\cos x)}{x^3}=\lim\limits_{x\to 0}\left(\dfrac{\sin x}{x}\cdot\dfrac{2\sin^2\dfrac{x}{2}}{x^2}\right)=\dfrac{1}{2}\lim\limits_{x\to 0}\left(\dfrac{\sin\dfrac{x}{2}}{\dfrac{x}{2}}\right)=\dfrac{1}{2}.$

(6) 令 $\arccos x=t$,则 $x=\cos t$.

原式 $=\lim\limits_{t\to\pi^-}\dfrac{(\pi-t)^2}{1+\cos t}=\lim\limits_{t\to\pi^-}\dfrac{(\pi-t)^2}{1-\cos^2 t}\cdot(1-\cos t)$

$=2\lim\limits_{t\to\pi^-}\dfrac{(\pi-t)^2}{\sin^2 t}=2\lim\limits_{t\to\pi^-}\left[\dfrac{1}{\dfrac{\sin(\pi-t)}{\pi-t}}\right]^2=2.$

例 1.4.20 求下列极限

(1) $\lim\limits_{x\to 1}(3-2x)^{\frac{3}{x-1}}$; (2) $\lim\limits_{x\to\infty}\left(\dfrac{x^2-1}{x^2+2}\right)^{x^2}$; (3) $\lim\limits_{x\to\frac{\pi}{4}}(\tan x)^{\tan(2x)}$.

分析 这些都是 1^∞ 型极限,可以应用第二个重要极限公式计算.

解 (1) 原式 $=\lim\limits_{x\to 1}[1+2(1-x)]^{\frac{3}{x-1}}=\lim\limits_{x\to 1}\{[1+2(1-x)]^{\frac{1}{2(1-x)}}\}^{-6}$

$=\lim\limits_{x\to 1}\dfrac{1}{\{[1+2(1-x)]^{\frac{1}{2(1-x)}}\}^6}=\dfrac{1}{e^6}=e^{-6}.$

(2) 原式 $=\lim\limits_{x\to\infty}\left(1-\dfrac{3}{x^2+2}\right)^{x^2}=\lim\limits_{x\to\infty}\left[\left(1+\dfrac{1}{\frac{x^2+2}{-3}}\right)^{\frac{x^2+2}{-3}}\right]^{-3}\cdot\left(1+\dfrac{-3}{x^2+2}\right)^{-2}=e^{-3}.$

(3) 原式 $=\lim\limits_{x\to\frac{\pi}{4}}[1+(\tan x-1)]^{\tan(2x)}=\lim\limits_{x\to\frac{\pi}{4}}[1+(\tan x-1)]^{\frac{2\tan x}{1-\tan^2 x}}$

$=\lim\limits_{x\to\frac{\pi}{4}}\{[1+(\tan x-1)]^{\frac{1}{\tan x-1}}\}^{\frac{-2\tan x}{1+\tan x}}=e^{-\frac{2}{1+1}}=e^{-1}.$

例 1.4.21 求极限 $\lim\limits_{n\to\infty}\left(\dfrac{1}{\sqrt{n^6+n}}+\dfrac{2^2}{\sqrt{n^6+2n}}+\cdots+\dfrac{n^2}{\sqrt{n^6+n^2}}\right).$

分析 若无法把无穷多项的和变为有限项,可以考虑使用夹逼准则:$y_k\leqslant x_k\leqslant z_k$,而 $\sum\limits_{k=1}^{n}y_k$ 及 $\sum\limits_{k=1}^{n}z_k$ 易于求和.

解 因为
$$\dfrac{1}{\sqrt{n^6+n^2}}\leqslant\dfrac{1}{\sqrt{n^6+kn}}\leqslant\dfrac{1}{\sqrt{n^6+n}},\quad k=1,2,\cdots,n$$

所以
$$y_n=\dfrac{1}{\sqrt{n^6+n^2}}+\dfrac{2^2}{\sqrt{n^6+n^2}}+\cdots+\dfrac{n^2}{\sqrt{n^6+n^2}}$$
$$\leqslant x_n=\dfrac{1}{\sqrt{n^6+n}}+\dfrac{2^2}{\sqrt{n^6+2n}}+\cdots+\dfrac{n^2}{\sqrt{n^6+n^2}}$$
$$\leqslant\dfrac{1}{\sqrt{n^6+n}}+\dfrac{2^2}{\sqrt{n^6+n}}+\cdots+\dfrac{n^2}{\sqrt{n^6+n}}=z_n$$

而
$$\lim\limits_{n\to\infty}y_n=\lim\limits_{n\to\infty}\dfrac{1}{\sqrt{n^6+n^2}}(1+2^2+\cdots+n^2)$$
$$=\lim\limits_{n\to\infty}\dfrac{1}{\sqrt{n^6+n^2}}\cdot\dfrac{n(n+1)(2n+1)}{6}=\dfrac{1}{3}$$
$$\lim\limits_{n\to\infty}z_n=\lim\limits_{n\to\infty}\dfrac{1}{\sqrt{n^6+n}}(1+2^2+\cdots+n^2)$$
$$=\lim\limits_{n\to\infty}\dfrac{1}{\sqrt{n^6+n}}\cdot\dfrac{n(n+1)(2n+1)}{6}=\dfrac{1}{3}$$

由夹逼准则,得
$$\lim\limits_{n\to\infty}\left(\dfrac{1}{\sqrt{n^6+n}}+\dfrac{2^2}{\sqrt{n^6+2n}}+\cdots+\dfrac{n^2}{\sqrt{n^6+n^2}}\right)=\dfrac{1}{3}.$$

例 1.4.22 求 $\lim\limits_{n\to\infty}\sqrt{2\sqrt{2\sqrt{2\cdots\sqrt{2}}}}$ (n 个根号).

解 先证明极限存在. 设 $a_1=\sqrt{2}, a_2=\sqrt{2\sqrt{2}}=\sqrt{2a_1},\cdots, a_n=\sqrt{2a_{n-1}}.$

显然,$a_1 < 2$,设 $a_{n-1} < 2$,则 $a_n = \sqrt{2a_{n-1}} < \sqrt{2 \cdot 2} = 2$,所以数列 $\{a_n\}$ 有上界.

显然,$a_n > 0$,又由 $a_n = \sqrt{2a_{n-1}}$ 可得 $a_n^2 = 2a_{n-1}$,所以
$$a_n^2 - a_{n-1}a_n = 2a_{n-1} - a_{n-1}a_n = a_{n-1}(2 - a_n) > 0$$

即
$$a_n^2 - a_{n-1}a_n > 0$$

亦即
$$a_n - a_{n-1} > 0, a_n > a_{n-1}, n = 2, 3, \cdots$$

故数列 $\{a_n\}$ 单调增. 从而数列有极限. 设 $\lim\limits_{n\to\infty} a_n = A$,有
$$\lim_{n\to\infty} a_n^2 = \lim_{n\to\infty} 2a_{n-1}$$
$$A^2 = 2A$$

解得
$$A = 0, \quad A = 2$$

因数列 $\{a_n\}$ 为正数列,且递增,$a_1 = \sqrt{2} > 0$,所以 $A = 0$ 不合题意. 因而
$$\lim_{n\to\infty} a_n = 2.$$

注 (1) 讨论数列的单调性和有界性时,数学归纳法是一种简洁且有效的方法.

(2) 如果数列 x_n 的上界(或下界)不易直观地看出时,则可以先假定数列 x_n 的极限存在并求出极限值 A,据此即可找到数列 x_n 的上界(或下界),再进一步证明其确实是上界(或下界).

例 1.4.23 求下列极限

(1) $\lim\limits_{x\to e} \dfrac{\ln x - 1}{x - e}$;

(2) $\lim\limits_{x\to 0} \dfrac{e^x - e^{\sin x}}{x - \sin x}$;

(3) $\lim\limits_{t\to 1}(1 - t)\tan\left(\dfrac{\pi}{2}t\right)$;

(4) $\lim\limits_{x\to 0}\left(\dfrac{\pi}{4} - x\right)\csc\left(\dfrac{3\pi}{4} + x\right)$;

(5) $\lim\limits_{x\to -\infty} x\left(\dfrac{\pi}{2} + \arctan x\right)$

分析 这些题都可以用变量代换及等价无穷小替代来简化计算.

解 (1) 令 $x - e = t$,则 $x = t + e$,故

$$\text{原式} = \lim_{t\to 0} \frac{\ln(e + t) - 1}{t} = \lim_{t\to 0} \frac{\ln e\left(1 + \dfrac{t}{e}\right) - 1}{t}$$

$$= \lim_{t\to 0} \frac{\ln\left(1 + \dfrac{t}{e}\right)}{t} = \lim_{t\to 0} \frac{\dfrac{t}{e}}{t} = \frac{1}{e} \quad \left(\text{当 } t \to 0 \text{ 时}, \ln\left(1 + \dfrac{t}{e}\right) \sim \dfrac{t}{e}\right).$$

(2) 原式 $= \lim\limits_{x\to 0} \dfrac{e^{\sin x}(e^{x - \sin x} - 1)}{x - \sin x} = \lim\limits_{x\to 0} \dfrac{e^{\sin x}(x - \sin x)}{x - \sin x}$

$= e^0 = 1$ (当 $x \to 0$ 时,$e^{x - \sin x} - 1 \sim x - \sin x$).

(3) 令 $1 - t = x$,则 $t = 1 - x$,故

$$\text{原式} = \lim_{x\to 0} x \tan\left[\frac{\pi}{2}(1 - x)\right] = \lim_{x\to 0} x \cot\left(\frac{\pi}{2}x\right)$$

$$= \lim_{x\to 0} \frac{\dfrac{\pi}{2}x}{\sin\left(\dfrac{\pi}{2}x\right)} \cdot \frac{2}{\pi} \cdot \cos\left(\frac{\pi}{2}x\right) = \frac{2}{\pi}.$$

(4) 令 $\frac{\pi}{4} - x = t$，则 $x = \frac{\pi}{4} - t$，故

$$\text{原式} = \lim_{t \to 0} t\csc(\pi - t) = \lim_{t \to 0} \frac{t}{\sin(\pi - t)} = \lim_{t \to 0} \frac{t}{\sin t} = 1.$$

注意：$t \to 0$ 时，$\pi - t$ 不是无穷小，故 $\sin(\pi - t)$ 与 $\pi - t$ 不等价.

(5) 令 $\arctan x = t$，则 $x = \tan t$，故

$$\text{原式} = \lim_{t \to -\frac{\pi}{2}} \left(\frac{\pi}{2} + t \right) \tan t = \lim_{t \to -\frac{\pi}{2}} \left(\frac{\pi}{2} + t \right) \frac{\sin t}{\cos t}$$

$$= \lim_{t \to -\frac{\pi}{2}} \sin t \cdot \frac{\frac{\pi}{2} + t}{\sin\left(\frac{\pi}{2} + t \right)} = -1.$$

另解：原式 $\xrightarrow{\frac{\pi}{2} + \arctan x = t} \lim_{t \to 0} \tan\left(t - \frac{\pi}{2} \right) t = -\lim_{t \to 0} \cos t \cdot \frac{t}{\sin t} = -1.$

例 1.4.24 已知 $f(x) = \begin{cases} x \sin \frac{1}{x}, & x > 0 \\ \dfrac{1 - \cos x - x \sin \frac{x}{2}}{x^2}, & x < 0 \end{cases}$，求 $\lim\limits_{x \to 0} f(x)$.

分析 讨论分段函数在分界点处的左极限、右极限，继而得到在分界点处的极限情况.

解
$$\lim_{x \to 0^+} f(x) = \lim_{x \to 0^+} x \sin \frac{1}{x} = 0$$

$$\lim_{x \to 0^-} f(x) = \lim_{x \to 0^-} \frac{1 - \cos x - x \sin \frac{x}{2}}{x^2} = \lim_{x \to 0^-} \frac{1 - \cos x}{x^2} - \lim_{x \to 0^-} \frac{x \sin \frac{x}{2}}{x^2} = \frac{1}{2} - \frac{1}{2} = 0$$

由于 $\lim\limits_{x \to 0^+} f(x) = \lim\limits_{x \to 0^-} f(x) = 0$，所以 $\lim\limits_{x \to 0} f(x) = 0$.

例 1.4.25 设 $f(x) = \dfrac{4x^2 + 3}{x - 1} + ax + b$，若已知 (1) $\lim\limits_{x \to \infty} f(x) = 0$；(2) $\lim\limits_{x \to \infty} f(x) = 2$；(3) $\lim\limits_{x \to \infty} f(x) = \infty$，试在这三种情况下求 a 与 b 的值.

分析 根据有理分式当 $x \to \infty$ 时的极限的三种情况分别列出各自的方程组或不等式组，然后解之即得到 a 与 b 的值.

解 由于 $f(x) = \dfrac{4x^2 + 3 + (ax + b)(x - 1)}{x - 1} = \dfrac{(4 + a)x^2 + (b - a)x + 3 - b}{x - 1}$

所以 (1) 当 $\lim\limits_{x \to \infty} f(x) = 0$ 时，分子的二次项和一次项的系数均为 0，

即 $\begin{cases} 4 + a = 0 \\ b - a = 0 \end{cases}$，解得 $\begin{cases} a = -4 \\ b = -4 \end{cases}$.

(2) 当 $\lim\limits_{x \to \infty} f(x) = 2$ 时，分子的二次项系数为 0，一次项系数为 2，

即 $\begin{cases} 4 + a = 0 \\ b - a = 2 \end{cases}$，解得 $\begin{cases} a = -4 \\ b = -2 \end{cases}$.

(3) 当 $\lim\limits_{x \to \infty} f(x) = \infty$ 时，分子的二次项系数必不等于零，即 $4 + a \neq 0$，解得 $a \neq -4$，此时 b 为任意实数.

例 1.4.26 设 $b = \lim\limits_{x \to -1} \dfrac{ax^2 - x - 3}{x + 1}$，求常数 a 与 b 的值.

分析 由 $\dfrac{0}{0}$ 型极限存在(此时分子与分母的极限均为 0)的条件，先求出分子的极限为 0 时 a 的值，再求此极限得 b 的值.

解 因为 $\lim\limits_{x \to -1}(x+1) = 0$ 且 $\lim\limits_{x \to -1} \dfrac{ax^2 - x - 3}{x+1}$ 存在，所以必有
$$\lim_{x \to -1}(ax^2 - x - 3) = a + 1 - 3 = a - 2 = 0$$
解得
$$a = 2$$
$$b = \lim_{x \to -1} \frac{2x^2 - x - 3}{x+1} = \lim_{x \to -1} \frac{(x+1)(2x-3)}{x+1} = \lim_{x \to -1}(2x-3) = -5.$$

例 1.4.27 设 $f(x) = \sin^2 x - \sin^2 x \cos 4x$，$g(x) = Ax^n$，试求 A 和 n，使得当 $x \to 0$ 时，$f(x)$ 与 $g(x)$ 是等价无穷小.

分析 要使 $f(x)$ 与 $g(x)$ 是等价无穷小，就要选取 A 和 n，使
$$\lim_{x \to 0} \frac{f(x)}{g(x)} = 1.$$
可以通过这个极限等式来分析 A 和 n 的取值.

解 要使
$$\begin{aligned}
1 &= \lim_{x \to 0} \frac{f(x)}{g(x)} = \lim_{x \to 0} \frac{\sin^2 x - \sin^2 x \cos 4x}{Ax^n} \\
&= \lim_{x \to 0} \frac{\sin^2 x (1 - \cos 4x)}{Ax^n} = \lim_{x \to 0} \frac{\sin^2 x \cdot 2\sin^2 2x}{Ax^n} \\
&= \lim_{x \to 0} \frac{x^2 \cdot 2(2x)^2}{Ax^n} = \frac{8}{A} \lim_{x \to 0} \frac{x^4}{x^n}
\end{aligned}$$
成立，显然应当取 $A = 8$，$n = 4$.

例 1.4.28 设 $f(x) = \dfrac{5x^2 - 20}{2 + x}$，在 (1) $x \to -2$；(2) $x \to 0$ 时，将 $f(x)$ 表示成一个常数和一个无穷小之和的形式.

分析 可以应用当 $\lim\limits_{x \to x_0} f(x) = A$ 时，$f(x) = A + \alpha$ ($\alpha \to 0$) 的定理求解.

解法 1 (1) $f(x) = \dfrac{5(x^2 + 4x + 4) - 20x - 40}{x + 2}$
$$= \frac{5(x+2)^2 - 20(x+2)}{x+2}$$
$$= -20 + 5(x+2) \quad (x \to -2 \text{ 时}, 5(x+2) \to 0).$$

(2) $f(x) = \dfrac{5x^2 + 10x - 10x - 20}{x+2} = -10 + 5x \quad (x \to 0 \text{ 时}, 5x \to 0).$

解法 2 (1) 因为 $\lim\limits_{x \to -2} \dfrac{5x^2 - 20}{x+2} = \lim\limits_{x \to -2} \dfrac{5(x^2 - 4)}{x+2} = \lim\limits_{x \to -2} \dfrac{5(x+2)(x-2)}{x+2}$
$$= \lim_{x \to -2} 5(x-2) = -20$$
而
$$\frac{5x^2 - 20}{x+2} - (-20) = \frac{5x^2 - 20 + 20x + 40}{x+2} = 5(x+2)$$

所以 $f(x) = \dfrac{5x^2 - 20}{x+2} = -20 + 5(x+2)$ （$x \to -2$ 时,$5(x+2) \to 0$）.

(2) 因为 $\lim\limits_{x \to 0} \dfrac{5x^2 - 20}{x+2} = -10$,

而 $\dfrac{5x^2-20}{x+2} - (-10) = \dfrac{5x^2 - 20 + 10x + 20}{x+2} = 5x$

所以 $f(x) = \dfrac{5x^2 - 20}{x+2} = -10 + 5x$ （$x \to 0$ 时,$5x \to 0$）.

例 1.4.29 研究函数 $f(x) = \begin{cases} \dfrac{1-e^{\frac{1}{x}}}{1+e^{\frac{1}{x}}}, & x \neq 0 \\ 1, & x = 0 \end{cases}$ 在 $x = 0$ 处的连续性.

分析 讨论分段函数 $f(x)$ 在两段的交接点 x_0 处的连续性,必须验证式子
$$\lim_{x \to x_0^-} f(x) = \lim_{x \to x_0^+} f(x) = f(x_0)$$
是否成立. 本例中 $f(x)$ 在 $x = 0$ 的两侧虽有相同的表达式,但
$$\lim_{x \to 0^+} e^{\frac{1}{x}} = +\infty, \quad \lim_{x \to 0^-} e^{\frac{1}{x}} = 0$$
所以也必须考虑 $f(x)$ 在 $x = 0$ 处的左极限、右极限.

解 $\lim\limits_{x \to 0^-} f(x) = \lim\limits_{x \to 0^-} \dfrac{1-e^{\frac{1}{x}}}{1+e^{\frac{1}{x}}} = 1$

$\lim\limits_{x \to 0^+} f(x) = \lim\limits_{x \to 0^+} \dfrac{1-e^{\frac{1}{x}}}{1+e^{\frac{1}{x}}} = \lim\limits_{x \to 0^+} \dfrac{e^{-\frac{1}{x}} - 1}{e^{-\frac{1}{x}} + 1} = -1$

$\lim\limits_{x \to 0^-} f(x) \neq \lim\limits_{x \to 0^+} f(x)$

所以 $f(x)$ 在 $x = 0$ 处不连续.

例 1.4.30 讨论函数 $f(x) = \dfrac{x^2 - x}{|x|(x^2-1)}$ 的连续性,若有间断点,指出其类型,若是可去间断点,则补充定义,使其在该点连续.

解 函数 $f(x) = \dfrac{x^2-x}{|x|(x^2-1)}$ 在点 $x = 0, \pm 1$ 处没有定义,所以点 $x = 0, \pm 1$ 是间断点. 显然,除 $x = 0, \pm 1$ 外,$f(x)$ 处处连续,函数 $f(x)$ 的连续区间是
$$(-\infty, -1) \cup (-1, 0) \cup (0, 1) \cup (1, +\infty).$$

因为 $\lim\limits_{x \to 0^-} f(x) = \lim\limits_{x \to 0^-} \dfrac{x^2 - x}{|x|(x^2-1)} = \lim\limits_{x \to 0^-} \dfrac{x(x-1)}{-x(x+1)(x-1)} = \lim\limits_{x \to 0^-} -\dfrac{1}{x+1} = -1$

$\lim\limits_{x \to 0^+} f(x) = \lim\limits_{x \to 0^+} \dfrac{x^2-x}{|x|(x^2-1)} = \lim\limits_{x \to 0^+} \dfrac{x(x-1)}{x(x+1)(x-1)} = \lim\limits_{x \to 0^+} \dfrac{1}{x+1} = 1$

所以点 $x = 0$ 是第一类间断点中的跳跃间断点.

因为 $\lim\limits_{x \to 1} f(x) = \lim\limits_{x \to 1} \dfrac{x^2-x}{|x|(x^2-1)} = \lim\limits_{x \to 1} \dfrac{x(x-1)}{|x|(x-1)(x+1)}$

$= \lim\limits_{x \to 1} \dfrac{x}{|x|(x+1)} = \dfrac{1}{2}$

所以点 $x = 1$ 是可去间断点,补充定义 $f(1) = \dfrac{1}{2}$ 后,$f(x)$ 在点 $x = 1$ 处就连续了.

因为
$$\lim_{x \to -1} f(x) = \lim_{x \to -1} \frac{x^2 - x}{|x|(x^2-1)} = \lim_{x \to -1} \frac{x(x-1)}{|x|(x-1)(x+1)} = \infty$$
所以点 $x = -1$ 是第二类间断点中的无穷间断点.

例 1.4.31 设函数 $f(x)$ 在区间 $[a,b]$ 上连续,x_1 与 x_2 是区间 $[a,b]$ 上任意两点. 证明:存在 $\xi \in [a,b]$,使 $f(\xi) = \frac{1}{2}[f(x_1) + f(x_2)]$.

分析 要使 $f(\xi) = \frac{1}{2}[f(x_1) + f(x_2)]$,即 $f(\xi) - \frac{1}{2}[f(x_1) + f(x_2)] = 0$,需应用零点定理来证明.

证明 引进辅助函数 $g(x) = f(x) - \frac{1}{2}[f(x_1) + f(x_2)]$. 由已知条件知 $g(x)$ 在区间 $[a,b]$ 上连续,故在区间 $[x_1, x_2]$ 上也连续.

因为 $g(x_1) = \frac{1}{2}[f(x_1) - f(x_2)], \quad g(x_2) = \frac{1}{2}[f(x_2) - f(x_1)]$

所以 $$g(x_1) g(x_2) \leqslant 0.$$

当 $g(x_1) g(x_2) < 0$ 时,由零点定理知,存在 $\xi \in (x_1, x_2)$,使 $g(\xi) = 0$;

当 $g(x_1) g(x_2) = 0$ 时,即存在 $\xi = x_1$ 或 $\xi = x_2$,使 $g(\xi) = 0$.

因此存在 $\xi \in [x_1, x_2]$,使 $g(\xi) = 0$.

而 $[x_1, x_2] \subseteq [a,b]$,故存在 $\xi \in [a,b]$,使 $g(\xi) = 0$,即
$$f(\xi) = \frac{1}{2}[f(x_1) + f(x_2)].$$

1.5 错 解 分 析

例 1.5.1 已知 $f\left(\frac{1}{x}\right) = x + \sqrt{1+x^2}$,求 $f(x)$.

错解 因为 $f\left(\frac{1}{x}\right) = x + \sqrt{1+x^2} = x + x\sqrt{1 + \frac{1}{x^2}} = \frac{1}{\frac{1}{x}} + \frac{1}{\frac{1}{x}}\sqrt{1 + \left(\frac{1}{x}\right)^2}$

所以 $$f(x) = \frac{1}{x} + \frac{1}{x}\sqrt{1 + x^2} = \frac{1}{x}(1 + \sqrt{1+x^2}).$$

分析 错将 $\sqrt{x^2} = |x|$ 当成 $\sqrt{x^2} = x$.

正确解答 因为 $f\left(\frac{1}{x}\right) = x + \sqrt{1+x^2} = x + |x|\sqrt{1 + \frac{1}{x^2}}$
$$= \frac{1}{\frac{1}{x}} + \frac{1}{\frac{1}{|x|}}\sqrt{1 + \left(\frac{1}{x}\right)^2},$$

所以 $$f(x) = \frac{1}{x} + \frac{1}{|x|}\sqrt{1+x^2}.$$

例 1.5.2 试分解 $y = 2^{x^2}$ 的复合步骤.

错解 1 $y = 2^{x^2}$,由 $y = u^2, u = 2^x$ 复合而成.

错解 2 $y = 2^{x^2}$,由 $y = u^v, u = 2^x, v = x^2$ 复合而成.

错解 3 $y = 2^{x^2}$,由 $y = 2^u, u = v^2, v = x$ 复合而成.

分析 1 由 $y = u^2, u = 2^x$ 复合而成的是 $y = (2^x)^2 = 2^{2x} = 4^x \neq 2^{x^2}$.

分析 2 由 $y = u^v, u = 2^x, v = x^2$ 复合而成的是 $y = (2^x)^{x^2} = 2^{x^3} \neq 2^{x^2}$.

分析 3 $u = x^2$ 没有必要分解成 $u = v^2, v = x$(中间变量 v 多余).

正确解答 $y = 2^{x^2}$ 是由 $y = 2^u, u = x^2$ 复合而成的.

例 1.5.3 求下列极限

(1) $\lim\limits_{x \to -3} \dfrac{x^2 - 2x - 15}{x + 3}$

错解 因为当 $x \to -3$ 时,分母 $x + 3 \to 0$,所以 $\lim\limits_{x \to -3} \dfrac{x^2 - 2x - 15}{x + 3}$ 不存在.

分析 分母极限为 0 时,不能断定极限不存在,还必须看分子的极限情况:若分子极限不为 0,则可以判定极限不存在;若分子极限为 0,则极限为 $\dfrac{0}{0}$ 型,不一定不存在.

正确解答 $\lim\limits_{x \to -3} \dfrac{x^2 - 2x - 15}{x + 3} = \lim\limits_{x \to -3} \dfrac{(x+3)(x-5)}{x+3} = \lim\limits_{x \to -3}(x-5) = -8.$

(2) $\lim\limits_{x \to -\infty} \dfrac{\sqrt{x^2 - 1}}{x}$

错解 $\lim\limits_{x \to -\infty} \dfrac{\sqrt{x^2 - 1}}{x} = \lim\limits_{x \to -\infty} \sqrt{1 - \dfrac{1}{x^2}} = \sqrt{1 - 0} = 1.$

分析 当 $x \to -\infty$ 时,$\dfrac{1}{x} = -\sqrt{\dfrac{1}{x^2}} \neq \sqrt{\dfrac{1}{x^2}}$ $(x < 0).$

正确解答 $\lim\limits_{x \to -\infty} \dfrac{\sqrt{x^2 - 1}}{x} = \lim\limits_{x \to -\infty}\left(-\sqrt{1 - \dfrac{1}{x^2}}\right) = -1.$

(3) $\lim\limits_{x \to 1}\left(\dfrac{1}{1-x} - \dfrac{3}{1-x^3}\right)$

错解 $\lim\limits_{x \to 1}\left(\dfrac{1}{1-x} - \dfrac{3}{1-x^3}\right) = \infty - \infty = 0.$

分析 一是相减的两项的极限均为 ∞,即不存在,不能用减法法则;二是 ∞ 不是一个数,不能用数的加减法来运算.

正确解答 这是一个 $\infty - \infty$ 型的不定式极限,应先化为 $\dfrac{0}{0}$ 型或 $\dfrac{\infty}{\infty}$ 型再进行计算.

$$\lim_{x \to 1}\left(\dfrac{1}{1-x} - \dfrac{3}{1-x^3}\right) = \lim_{x \to 1}\dfrac{1 + x + x^2 - 3}{(1-x)(1+x+x^2)} = \lim_{x \to 1}\dfrac{(x-1)(x+2)}{(1-x)(1+x+x^2)}$$

$$= -\lim_{x \to 1}\dfrac{x+2}{1+x+x^2} = -1.$$

(4) $\lim\limits_{x \to 0} x \sin \dfrac{1}{x}$

错解 $\lim\limits_{x \to 0} x \sin \dfrac{1}{x} = \lim\limits_{x \to 0} x \cdot \lim\limits_{x \to 0}\sin \dfrac{1}{x} = 0 \cdot \sin\infty = 0.$

分析 一是当 $x \to 0$ 时，$\sin\dfrac{1}{x}$ 的极限不存在，故不能用乘法法则；二是 $\lim\limits_{x \to 0}\sin\dfrac{1}{x} = \sin\infty$ 的写法不对 $\left(\text{只能说}\lim\limits_{x \to 0}\sin\dfrac{1}{x}\text{ 是振荡型的，不存在}\right)$.

正确解答 因为当 $x \to 0$ 时，$\left|\sin\dfrac{1}{x}\right| \leqslant 1$ $\left(\text{即 }\sin\dfrac{1}{x}\text{ 是有界函数}\right)$，所以

$$\lim_{x \to 0} x \sin\dfrac{1}{x} = 0 \quad (\text{有界函数与无穷小之积仍为无穷小}).$$

(5) $\lim\limits_{x \to \infty}\dfrac{5\cos\dfrac{1}{x}}{x}$

错解
$$\lim_{x \to \infty}\dfrac{5\cos\dfrac{1}{x}}{x} = \dfrac{5\cos 0}{\infty} = \dfrac{5}{\infty} = 0.$$

分析 分子极限为 5，分母极限为 ∞，不能用除法法则，并且 $\dfrac{5\cos 0}{\infty}$ 及 $\dfrac{5}{\infty}$ 的写法无意义.

正确解答 $\lim\limits_{x \to \infty}\dfrac{5\cos\dfrac{1}{x}}{x} = \lim\limits_{x \to \infty}\dfrac{1}{x} \cdot \lim\limits_{x \to \infty} 5\cos\dfrac{1}{x} = 0 \cdot 5\cos 0 = 0.$

(6) $\lim\limits_{n \to \infty}\left(\dfrac{1}{n^2} + \dfrac{2}{n^2} + \cdots + \dfrac{n}{n^2}\right)$

错解 原式 $= \lim\limits_{n \to \infty}\dfrac{1}{n^2} + \lim\limits_{n \to \infty}\dfrac{2}{n^2} + \cdots + \lim\limits_{n \to \infty}\dfrac{n}{n^2} = 0 + 0 + \cdots + 0 = 0.$

分析 无穷多项相加时不能用加法法则.

正确解答 原式 $= \lim\limits_{n \to \infty}\dfrac{1}{n^2}(1 + 2 + \cdots + n) = \lim\limits_{n \to \infty}\dfrac{\dfrac{1}{2}n(n+1)}{n^2}$

$$= \dfrac{1}{2}\lim_{n \to \infty}\left(1 + \dfrac{1}{n}\right) = \dfrac{1}{2} \times (1 + 0) = \dfrac{1}{2}.$$

(7) $\lim\limits_{n \to \infty}[(1+x)(1+x^2)(1+x^4)\cdots(1+x^{2^n})] \quad (|x| < 1)$

错解 原式 $= (1+x)(1+x^2)(1+x^4) \cdot \cdots \cdot 1.$

分析 无穷多项的乘积不能用乘法法则，并且当 $n \to \infty$ 时，到底哪些项的极限为 1 也不能确定.

正确解答 原式 $= \lim\limits_{n \to \infty}\dfrac{(1-x)(1+x)(1+x^2)(1+x^4)\cdots(1+x^{2^n})}{1-x}$

$$= \lim_{n \to \infty}\dfrac{1-x^{2^{n+1}}}{1-x} = \dfrac{1}{1-x} \ (\text{当 }|x|<1\text{ 时}, \lim_{n \to \infty}x^{2^{n+1}} = 0).$$

(8) $\lim\limits_{n \to \infty} n(\sqrt{n^2+1} - n)$

错解
$$\lim_{n \to \infty} n(\sqrt{n^2+1} - n) = \infty(\infty - \infty) = \infty \cdot 0 = 0.$$

分析 在极限不存在的情况下错误地用了极限四则运算法则，且 $\infty - \infty$ 型及 $\infty \cdot 0$ 型均为不定式，不一定等于常数 0.

正确解答 原式 $= \lim\limits_{n \to \infty}\dfrac{n(\sqrt{n^2+1} - n)(\sqrt{n^2+1} + n)}{\sqrt{n^2+1} + n} = \lim\limits_{n \to \infty}\dfrac{n}{\sqrt{n^2+1} + n}$

$$= \lim_{n\to\infty} \frac{1}{\sqrt{1+\frac{1}{n^2}}+1} = \frac{1}{2}.$$

(9) $\lim\limits_{n\to\infty} \dfrac{\sin x}{2^n \sin \dfrac{x}{2^n}}$

错解   原式 $= \lim\limits_{n\to\infty} \dfrac{\sin x}{2^n \cdot \dfrac{x}{2^n}}$ $\left(\text{当 } n\to\infty \text{ 时,} \dfrac{x}{2^n}\to 0, \sin\dfrac{x}{2^n} \sim \dfrac{x}{2^n}\right)$

$$= \lim_{n\to\infty} \frac{\sin x}{x} = 1.$$

分析   当 $n\to\infty$ 时,$\dfrac{\sin x}{x}$ 是常数,$\lim\limits_{n\to\infty} \dfrac{\sin x}{x}$ 不是重要极限公式.

正确解答   原式 $= \lim\limits_{n\to\infty} \dfrac{\dfrac{\sin x}{x}}{\dfrac{2^n}{x} \cdot \sin\dfrac{x}{2^n}} = \dfrac{\sin x}{x}.$

(10) $\lim\limits_{n\to\infty} \left(1+\dfrac{1}{n}\right)^{n+3}$

错解   原式 $= \lim\limits_{n\to\infty} \left[\left(1+\dfrac{1}{n}\right)^n \left(1+\dfrac{1}{n}\right)^n \left(1+\dfrac{1}{n}\right)^n\right] = 1^n \cdot 1^n \cdot 1^n = 1.$

分析   ① $\left(1+\dfrac{1}{n}\right)^{n+3} \neq \left(1+\dfrac{1}{n}\right)^n \left(1+\dfrac{1}{n}\right)^n \left(1+\dfrac{1}{n}\right)^n$

② $\lim\limits_{n\to\infty} \left(1+\dfrac{1}{n}\right)^n = e \neq 1^n = 1$

③ 无穷多项的积不能应用乘法法则.

正确解答   原式 $= \lim\limits_{n\to\infty}\left(1+\dfrac{1}{n}\right)^n \lim\limits_{n\to\infty}\left(1+\dfrac{1}{n}\right)^3 = e \times 1^3 = e.$

(11) $\lim\limits_{x\to 0} \dfrac{\tan x - \sin x}{x(1-\cos x)}$

错解   因为当 $x\to 0$ 时,$x \sim \tan x \sim \sin x, 1-\cos x \sim \dfrac{1}{2}x^2.$

所以,原式 $= \lim\limits_{x\to 0} \dfrac{x-x}{x \cdot \dfrac{1}{2}x^2} = \lim\limits_{x\to 0} \dfrac{0}{\dfrac{1}{2}x^3} = 0.$

分析 $\tan x$ 与 $\sin x$ 在极限式中不处于因子地位,所以不能用它们的等价无穷小来代替.

正确解答   原式 $= \lim\limits_{x\to 0} \dfrac{\sin x(1-\cos x)}{x(1-\cos x)\cos x} = \lim\limits_{x\to 0} \dfrac{\sin x}{x} \cdot \lim\limits_{x\to 0} \dfrac{1}{\cos x} = 1 \times 1 = 1.$

(12) $\lim\limits_{x\to 0} \dfrac{a^x - b^x}{x}$

错解   原式 $= \lim\limits_{x\to 0} \dfrac{a^0 - b^0}{x} = \lim\limits_{x\to 0} \dfrac{1-1}{x} = 0.$

分析   ① 错误地先求分子极限,而不是各部分一起求极限;② 错误地用了四则运算法则.

正确解答   原式 $= \lim\limits_{x \to 0} \dfrac{a^x - b^x}{x} = \lim\limits_{x \to 0} \dfrac{(a^x - 1) - (b^x - 1)}{x}$

而
$$\lim\limits_{x \to 0} \dfrac{a^x - 1}{x} \xlongequal{a^x - 1 = t} \lim\limits_{t \to 0} \dfrac{t}{\log_a(1+t)} = \dfrac{1}{\log_a e} = \ln a$$

$$\lim\limits_{x \to 0} \dfrac{b^x - 1}{x} \xlongequal{b^x - 1 = u} \lim\limits_{u \to 0} \dfrac{u}{\log_b(1+u)} = \dfrac{1}{\log_b e} = \ln b$$

所以
$$\text{原式} = \lim\limits_{x \to 0} \dfrac{a^x - 1}{x} - \lim\limits_{x \to 0} \dfrac{b^x - 1}{x} = \ln a - \ln b$$

例 1.5.4   试讨论函数 $f(x) = \begin{cases} x, & 0 \leqslant x \leqslant 1 \\ 2 - x, & x > 1 \end{cases}$ 在点 $x = 1$ 处的连续性.

错解   因为 $f(1^-) = \lim\limits_{x \to 1^-} x = 1, f(1^+) = \lim\limits_{x \to 1^+}(2-x) = 1$, 所以, 函数在点 $x = 1$ 处连续.

分析   教材上用三个条件定义函数 $y = f(x)$ 在点 x_0 处连续,即:

(1) 函数 $y = f(x)$ 在点 x_0 的某邻域内有定义;

(2) 极限 $\lim\limits_{x \to x_0} f(x)$ 存在;

(3) 极限值等于函数值: $\lim\limits_{x \to x_0} f(x) = f(x_0)$.

而上述解答中只说明了函数满足第(2)个条件,故理由不完整.

正确解答   显然函数 $f(x)$ 在点 $x = 1$ 的邻域内有定义,且
$$f(1^-) = \lim\limits_{x \to 1^-} x = 1, \quad f(1^+) = \lim\limits_{x \to 1^+}(2-x) = 1, \quad f(1) = 1,$$
故 $f(1^-) = f(1^+) = f(1)$,因而函数在点 $x = 1$ 处连续.

例 1.5.5 $\lim\limits_{x \to 1}(x-1)\varphi(x)$ 存在,试讨论函数 $\varphi(x)$ 在点 $x = 1$ 处的连续性.

错解   因为 $\lim\limits_{x \to 1}(x-1)\varphi(x)$ 存在,而 $\lim\limits_{x \to 1}(x-1)$ 存在,所以 $\lim\limits_{x \to 1}\varphi(x)$ 存在,且
$$\lim\limits_{x \to 1}\varphi(x) = \varphi(1)$$
即 $\varphi(x)$ 在点 $x = 1$ 处连续.

分析   第一, 两个函数积的极限存在时, 不一定每个函数的极限都存在(极限积的运算法则不能反过来应用);

第二, 因函数 $\varphi(x)$ 在点 $x = 1$ 处连续时才有 $\lim\limits_{x \to 1}\varphi(x) = \varphi(1)$, 故不知道函数 $\varphi(x)$ 在点 $x = 1$ 处连续时不能得到 $\lim\limits_{x \to 1}\varphi(x) = \varphi(1)$.

正确解答   因 $\lim\limits_{x \to 1}(x-1)\varphi(x)$ 存在, 设 $\lim\limits_{x \to 1}(x-1)\varphi(x) = A$, 故 $\lim\limits_{x \to 1}\varphi(x)$ 存在时
$$\lim\limits_{x \to 1}(x-1)\varphi(x) = 0 \cdot \lim\limits_{x \to 1}\varphi(x) = A = 0.$$

此时,若 $\lim\limits_{x \to 1}\varphi(x) = \varphi(1)$,则函数 $\varphi(x)$ 在点 $x = 1$ 处连续;

若 $\lim\limits_{x \to 1}\varphi(x) \neq \varphi(1)$,则函数 $\varphi(x)$ 在点 $x = 1$ 处不连续;

当 $\lim\limits_{x \to 1}\varphi(x)$ 不存在时,显然函数 $\varphi(x)$ 在点 $x = 1$ 处不连续.

(由于 $\lim\limits_{x \to 1}(x-1) = 0$,且 $\lim\limits_{x \to 1}(x-1)\varphi(x)$ 存在,所以此时必有 $\lim\limits_{x \to 1}\varphi(x) = \infty$ 或 $\varphi(x)$ 有界.)

1.6 考研真题选解

例 1.6.1 设 $g(x) = \begin{cases} 2-x, x \leqslant 0 \\ x+2, x > 0 \end{cases}, f(x) = \begin{cases} x^2, x < 0 \\ -x, x \geqslant 0 \end{cases}$,则 $g[f(x)]$ 为( ).

(1997 年考研数学试题)

(A) $\begin{cases} 2+x^2, x < 0 \\ 2-x, x \geqslant 0 \end{cases}$ (B) $\begin{cases} 2-x^2, x < 0 \\ 2+x, x \geqslant 0 \end{cases}$

(C) $\begin{cases} 2-x^2, x < 0 \\ 2-x, x \geqslant 0 \end{cases}$ (D) $\begin{cases} 2+x^2, x < 0 \\ 2+x, x \geqslant 0 \end{cases}$

解 当 $x < 0$ 时,$f(x) = x^2 > 0$,则 $g[f(x)] = f(x) + 2 = x^2 + 2$;

当 $x \geqslant 0$ 时,$f(x) = -x \leqslant 0$,则 $g[f(x)] = 2 - f(x) = 2 - (-x) = 2 + x$. 故 $g[f(x)] = \begin{cases} x^2 + 2, x < 0, \\ x + 2, x \geqslant 0. \end{cases}$ 仅(D) 入选.

例 1.6.2 设 $f(x) = \begin{cases} 1, |x| \leqslant 1 \\ 0, |x| > 1 \end{cases}$,则 $f\{f[f(x)]\}$ 等于( ).

(2001 年考研数学试题)

(A) 0   (B) 1   (C) $\begin{cases} 1, |x| \leqslant 1 \\ 0, |x| > 1 \end{cases}$ (D) $\begin{cases} 0, |x| \leqslant 1 \\ 1, |x| > 1 \end{cases}$

解 先求 $f[f(x)]$. 由于当 $x \leqslant 1$ 时,$f(x) = 1$,从而 $f[f(x)] = 1$;当 $x > 1$ 时,$f(x) = 0$,则 $f[f(x)] = 1$. 因 $f[f(x)] = 1(-\infty < x < +\infty)$,故 $f\{[f(x)]\} = 1$. 仅(B) 入选.

例 1.6.3 设函数 $f(x) = \begin{cases} 1-2x^2, & x < -1, \\ x^3, & -1 \leqslant x \leqslant 2, \\ 12x - 16, & x > 2, \end{cases}$ 试写出 $f(x)$ 的反函数的表达式.

(1996 年考研数学试题)

解 (1) 当 $x < -1$ 时,$y = 1 - 2x^2 < -1$,在 $y = 1 - 2x^2$ 中解出 x,得到 $x = -\sqrt{(1-y)/2}$. 交换 x 与 y 的位置,得到反函数 $y = -\sqrt{(1-x)/2}, x < -1$.

(2) 当 $-1 \leqslant x \leqslant 2$ 时,$-1 \leqslant y = x^3 \leqslant 8$. 从 $y = x^3$ 中解出 x,得到 $x = \sqrt[3]{y}$. 交换 x 与 y 的位置,得到反函数 $y = \sqrt[3]{x}, -1 \leqslant x \leqslant 8$.

(3) 当 $x > 2$ 时,$y = 12x - 16 > 8$,从 $y = 12x - 16$ 中解出 x,得到 $x = (y+16)/12$, $x > 8$. 交换 x 与 y 的位置,得到反函数为 $y = (x+16)/12, x > 8$.

综上所述,得到 $f(x)$ 的反函数 $g(x)$ 的表达式为

$$g(x) = f^{-1}(x) = \begin{cases} -\sqrt{(1-x)/2}, x < -1, \\ \sqrt[3]{x}, & -1 \leqslant x \leqslant 8, \\ (x+16)/12, & x > 8. \end{cases}$$

例 1.6.4 设函数 $f(x)$ 连续,且 $f'(0) > 0$,则存在 $\delta > 0$,使得( ).

(2004 年考研数学试题)

(A) $f(x)$ 在 $(0, \delta)$ 内单调增加

(B) $f(x)$ 在 $(-\delta,0)$ 内单调减少

(C) 对任意 $x \in (0,\delta)$ 有 $f(x) > f(0)$

(D) 对任意 $x \in (-\delta,0)$ 有 $f(x) > f(0)$

解 由 $f'(0) > 0$ 知,$f'_+(0) = \lim\limits_{x \to 0^+} \dfrac{f(x)-f(0)}{x-0} = \lim\limits_{x \to 0^+} \dfrac{f(x)-f(0)}{x} > 0$,又由极限的保号性知,在点 $x = 0$ 的某个去心邻域内必有 $\dfrac{f(x)-f(0)}{x} > 0$,即存在某个 $\delta > 0$,使 $x \in (0,\delta)$,有 $\dfrac{f(x)-f(0)}{x} > 0$. 而 $x > 0$,从而 $f(x) - f(0) > 0$,即 $f(x) > f(0)$. 仅(C)入选.

例 1.6.5 设 $\{a_n\},\{b_n\},\{c_n\}$ 为非负数列,且 $\lim\limits_{n\to\infty} b_n = 1, \lim\limits_{n\to\infty} a_n = 0, \lim\limits_{n\to\infty} c_n = \infty$,则必有( ).

(2003 年考研数学试题)

(A) $a_n < b_n$ 对任意 n 成立 (B) $b_n < c_n$ 对任意 n 成立

(C) 极限 $\lim\limits_{n\to\infty} a_n c_n$ 不存在 (D) 极限 $\lim\limits_{n\to\infty} b_n c_n$ 不存在

解 用排错法求之. 极限存在与数列前面有限项的大小无关,即排错(A)、(B). 而极限 $\lim\limits_{n\to\infty} a_n c_n$ 是 "$0 \cdot \infty$" 型未定式,该极限可能存在,也可能不存在.

例如,取 $a_n = \dfrac{2}{n}, b_n = 1, c_n = \dfrac{2}{n}(n = 1,2,\cdots)$,则 $\lim\limits_{n\to\infty} a_n c_n = 1$. 选项(C)也不正确. 故仅(D)入选.

例 1.6.6 设 $a_n > 0 (n = 1,2,3,\cdots), S_n = a_1 + a_2 + a_3 + \cdots + a_n$,则数列 $\{S_n\}$ 有界是数列 $\{a_n\}$ 收敛的( ).

(2012 年考研数学试题)

(A) 充分必要条件 (B) 充分非必要条件

(C) 必要非充分条件 (D) 非充分也非必要条件

解 因 $a_n > 0$,故 $\{S_n\}$ 单调不减. 若 $\{S_n\}$ 有界,则 $\lim\limits_{n\to\infty} S_n$ 存在. 因而 $\lim\limits_{n\to\infty} a_n = \lim\limits_{n\to\infty}(S_n - S_{n-1}) = 0$ 即 $\{a_n\}$ 收敛,故 $\{S_n\}$ 有界为数列 $\{a_n\}$ 收敛的充分条件,但不是必要的. 例如取 $a_n = 1$,则 $\{a_n\}$ 收敛,但 $S_n = n$ 无上界. 仅(B)入选.

例 1.6.7 $\lim\limits_{x\to\infty} x \sin \dfrac{2x}{x^2+1} = $ _____.

(2005 年考研数学试题)

解 原式 $= \lim\limits_{x\to\infty} x \cdot \dfrac{2x}{x^2+1} = \lim\limits_{x\to\infty} \dfrac{2}{1+\frac{1}{x^2}} = 2 \left(x \to \infty \text{ 时},\sin\dfrac{2x}{x^2+1} \sim \dfrac{2x}{1+x^2}\right).$

例 1.6.8 $\lim\limits_{x\to 0} \dfrac{x \ln(1+x)}{1-\cos x} = $ _____.

(2006 年考研数学试题)

解 $\lim\limits_{x\to 0} \dfrac{x \ln(1+x)}{1-\cos x} = \lim\limits_{x\to 0} \dfrac{x \cdot x}{\frac{1}{2}x^2} = 2.$

例 1.6.9 设常数 $a \neq \dfrac{1}{2}$,则 $\lim\limits_{n\to\infty} \ln \left[\dfrac{n-2an+1}{n(1-2a)}\right]^n = $ _____.

(2002 年考研数学试题)

解 $\lim\limits_{n\to\infty} \ln\left[\dfrac{n-2an+1}{n(1-2a)}\right]^n = \lim\limits_{n\to\infty} \ln\left\{\left[1+\dfrac{1}{(1-2a)n}\right]^{n(1-2a)}\right\}^{\frac{1}{1-2a}} = \ln e^{\frac{1}{1-2a}} = \dfrac{1}{1-2a}$

例 1.6.10 $\lim\limits_{n\to\infty}\left(\dfrac{n+1}{n}\right)^{(-1)^n} = $ _____ . （2006 年考研数学试题）

解 $\lim\limits_{n\to\infty}\left(\dfrac{n+1}{n}\right)^{(-1)^n} = \lim\limits_{n\to\infty} e^{\ln\left(\frac{n+1}{n}\right)^{(-1)^n}} = e^{\lim\limits_{n\to\infty}(-1)^n \ln\frac{n+1}{n}}$,

而数列 $\{(-1)^n\}$ 有界, $\lim\limits_{n\to\infty}\ln\left(\dfrac{n+1}{n}\right) = 0$. 所以

$$\lim_{n\to\infty}(-1)^n \ln\left(\dfrac{n+1}{n}\right) = 0. \text{ 故 } \lim_{n\to\infty}\left(\dfrac{n+1}{n}\right)^{(-1)^n} = e^0 = 1.$$

例 1.6.11 $\lim\limits_{x\to+\infty}\dfrac{x^3+x^2+1}{2^x+x^3}(\sin x + \cos x) = $ _____ . （2007 年考研数学试题）

解 因为 $\lim\limits_{x\to+\infty}\dfrac{x^3+x^2+1}{2^x+x^3} = \lim\limits_{x\to+\infty}\dfrac{\frac{x^3}{2^x}+\frac{x^2}{2^x}+\frac{1}{2^x}}{1+\frac{x^3}{2^x}} = \dfrac{0}{1} = 0$, $|\sin x + \cos x| \leqslant 2$

所以 $\lim\limits_{x\to+\infty}\dfrac{x^3+x^2+1}{2^x+x^3}(\sin x + \cos x) = 0.$

例 1.6.12 设 $f(x) = \ln^{10} x$, $g(x) = x$, $h(x) = e^{\frac{x}{10}}$, 则当 x 充分大时有（　　）.

（2010 年考研数学试题）

(A) $g(x) < h(x) < f(x)$ (B) $h(x) < g(x) < f(x)$
(C) $f(x) < g(x) < h(x)$ (D) $g(x) < f(x) < h(x)$

解 当 $x \to +\infty$ 时,无穷大由低阶到高阶的排列顺序为 $\ln^{10} x$, x, $e^{\frac{x}{10}}$, 因为 $\lim\limits_{x\to+\infty}\left(\dfrac{\ln^{10} x}{x}\right) = 0$, 于是当 x 充分大时有 $x > \ln^{10} x$, 又因为 $\lim\limits_{x\to+\infty}\left(\dfrac{e^{\frac{x}{10}}}{x}\right) = +\infty$, 因而当 x 充分大时, 有 $e^{\frac{x}{10}} > x$, 故当 x 充分大时有 $f(x) = \ln^{10} x < g(x) = x < h(x) = e^{x/10}$. 仅 (C) 入选.

例 1.6.13 设函数 $f(x)$ 在 $(-\infty, +\infty)$ 内单调有界, $\{x_n\}$ 单调, 下列命题正确的是（　　）.
（2008 年考研数学试题）

(A) 若 $\{x_n\}$ 收敛, 则 $\{f(x_n)\}$ 收敛   (B) 若 $\{x_n\}$ 单调, 则 $\{f(x_n)\}$ 收敛
(C) 若 $\{f(x_n)\}$ 收敛, 则 $\{x_n\}$ 收敛   (D) 若 $\{f(x_n)\}$ 单调, 则 $\{x_n\}$ 收敛

解 若 $\{x_n\}$ 单调, 则由函数 $f(x)$ 在 $(-\infty, +\infty)$ 内单调有界知, $\{f(x_n)\}$ 单调有界, 因此 $\{f(x_n)\}$ 收敛, 故应选 (B).

例 1.6.14 $\lim\limits_{x\to 0}(\cos x)^{\frac{1}{\ln(1+x^2)}} = $ _____ . （2003 年考研数学试题）

解 原式 $= \lim\limits_{x\to 0}\{[1+(\cos x - 1)]^{\frac{1}{\cos x - 1}}\}^{\frac{\cos x - 1}{\ln(1+x^2)}}$

由于 $\lim\limits_{x\to 0}[1+(\cos x - 1)]^{\frac{1}{\cos x - 1}} = e$

$$\lim_{x\to 0}\dfrac{\cos x - 1}{\ln(1+x^2)} = \lim_{x\to 0}\dfrac{-\frac{1}{2}x^2}{x^2} = -\dfrac{1}{2}$$

所以 原式 $= e^{-\frac{1}{2}}$.

例 1.6.15 当 $x \to 0^+$ 时, 与 $\sqrt{x}$ 等价的无穷小量是（　　）. （2007 年考研数学试题）

(A) $1-e^{\sqrt{x}}$ (B) $\ln\dfrac{1+x}{1-\sqrt{x}}$ (C) $\sqrt{1+\sqrt{x}}-1$ (D) $1-\cos\sqrt{x}$

解 使用等价无穷小定义,用排错法确定正确选项.

因当 $x\to 0^+$ 时,有 $1-e^{\sqrt{x}}=-(e^{\sqrt{x}}-1)\sim-\sqrt{x}$,排除(A);$\sqrt{1+\sqrt{x}}-1\sim\dfrac{\sqrt{x}}{2}$,排除(C);$1-\cos\sqrt{x}\sim\dfrac{(\sqrt{x})^2}{2}=\dfrac{x}{2}$,排除(D). 因而仅(B)入选.

例 1.6.16 设 $f(x)=\lim\limits_{n\to\infty}\dfrac{(n-1)x}{nx^2+1}$,则 $f(x)$ 的间断点为 $x=$ _____.

(2004 年考研数学试题)

解 当 $x=0$ 时,$f(x)=0$;当 $x\neq 0$ 时

$$f(x)=\lim_{n\to\infty}\dfrac{(n-1)x}{nx^2+1}=\dfrac{x}{x^2}=\dfrac{1}{x} \quad (n\text{ 为自变量},x\text{ 是常数})$$

$$f(x)=\lim_{n\to\infty}\dfrac{(n-1)x}{nx^2+1}=\lim_{n\to\infty}\dfrac{(1-1/n)x}{x^2+1/n}\cdot\dfrac{x}{x^2}=\dfrac{1}{x},$$

$$f(x)=\begin{cases}0, & x=0\\ 1/x, & x\neq 0\end{cases}$$

$\lim\limits_{x\to 0}f(x)=\lim\limits_{x\to 0}(1/x)=\infty\neq f(0)$,故 $x=0$ 为 $f(x)$ 的第二类间断点.

例 1.6.17 设函数 $f(x)=\dfrac{1}{e^{\frac{x}{x-1}}-1}$,则( ). (2005 年考研数学试题)

(A) $x=0$,$x=1$ 都是 $f(x)$ 的第一类间断点

(B) $x=0$,$x=1$ 都是 $f(x)$ 的第二类间断点

(C) $x=0$ 是 $f(x)$ 的第一类间断点,$x=1$ 是 $f(x)$ 的第二类间断点

(D) $x=0$ 是 $f(x)$ 的第二类间断点,$x=1$ 是 $f(x)$ 的第一类间断点

解 由于函数 $f(x)$ 在点 $x=0$,$x=1$ 处无定义,这些点为 $f(x)$ 的间断点,因 $\lim\limits_{x\to 0}(e^{\frac{x}{x-1}}-1)=0$,故 $\lim\limits_{x\to 0}f(x)=\infty$,因而 $x=0$ 为 $f(x)$ 的第二类间断点(无穷间断点).

又因 $\lim\limits_{x\to 1^+}\dfrac{x}{x-1}=+\infty$,$\lim\limits_{x\to 1^-}\dfrac{x}{x-1}=-\infty$,所以

$$\lim_{x\to 1^+}e^{\frac{x}{x-1}}=+\infty,\ \lim_{x\to 1^-}e^{\frac{x}{x-1}}=0,\ \text{即}\lim_{x\to 1^+}f(x)=0,\ \lim_{x\to 1^-}f(x)=-1,$$

因而 $x=1$ 为 $f(x)$ 的第一类间断点(跳跃间断点). 仅(D)入选.

例 1.6.18 设函数 $f(x)=\dfrac{\ln|x|}{|x-1|}\sin x$,则 $f(x)$ 有( ).

(2008 年考研数学试题)

(A) 1 个可去间断点,1 个跳跃间断点 (B) 2 个跳跃间断点

(C) 1 个可去间断点,1 个无穷间断点 (D) 2 个无穷间断点

解 函数 $f(x)$ 的间断点为 $x=0,1$,其中 $x=0$ 为可去间断点,$x=1$ 为函数 $f(x)$ 的跳跃间断点. 这是因为

$$\lim_{x\to 0^-}f(x)=\lim_{x\to 0^-}(\sin x\cdot\ln|x|)=\lim_{x\to 0^-}x\ln|x|=0,\ \lim_{x\to 0^+}f(x)=\lim_{x\to 0^+}x\ln x=0.$$

$$\lim_{x\to 1^-}f(x)=\sin 1\lim_{x\to 1^-}\frac{\ln x}{1-x}=\sin 1\lim_{x\to 1^-}\frac{\ln[1+(x-1)]}{1-x}=\sin 1\lim_{x\to 0^-}\frac{x-1}{1-x}=-\sin 1,$$

$$\lim_{x\to 1^+}f(x)=\sin 1\lim_{x\to 1^+}\frac{\ln(1+x-1)}{x-1}=\sin 1\lim_{x\to 1^+}\frac{x-1}{x-1}=\sin 1.$$

仅(A)入选.

例 1.6.19 设函数 $f(x)=\begin{cases}(1-e^{\tan x})/\arcsin(x/2), & x>0\\ ae^{2x}, & x\leqslant 0\end{cases}$ 在点 $x=0$ 处连续,则 $a=$ _____.

(2002 年考研数学试题)

解 因 $\lim\limits_{x\to 0^+}f(x)=f(0^+)=\lim\limits_{x\to 0^+}\frac{1-e^{\tan x}}{\arcsin(x/2)}=\lim\limits_{x\to 0^+}\frac{-\tan x}{x/2}=\lim\limits_{x\to 0^+}\frac{-x}{x/2}=-2$

$$\lim_{x\to 0^-}f(x)=f(0^-)=\lim_{x\to 0^-}ae^{2x}=a$$

由函数 $f(x)$ 在点 $x=0$ 处连续,有 $f(0^+)=f(0^-)$.因而 $-2=a$,即 $a=-2$.

例 1.6.20 证明方程 $x^n+x^{n-1}+\cdots+x=1(n>1$ 的整数),在区间 $\left(\frac{1}{2},1\right)$ 内有且仅有一个实根.

(2012 年考研数学试题)

证明 令 $F_n(x)=x^n+x^{n-1}+\cdots+x-1, f_n(x)=x^n+x^{n-1}+\cdots+x$.显然 $F_n(x)$ 在 $\left[\frac{1}{2},1\right]$ 上连续,又 $F_n(1)=n-1>0$(因 $n>1$).

$$F_n\left(\frac{1}{2}\right)=\left(\frac{1}{2}\right)^n+\left(\frac{1}{2}\right)^{n-1}+\cdots+\frac{1}{2}-1=\frac{1}{2}\left[\left(\frac{1}{2}\right)^{n-1}+\left(\frac{1}{2}\right)^{n-2}+\cdots+1\right]-1$$

$$=f_n\left(\frac{1}{2}\right)-1=\frac{1}{2}\cdot\frac{1-\left(\frac{1}{2}\right)^n}{1-\frac{1}{2}}-1=1-\left(\frac{1}{2}\right)^n-1=-\left(\frac{1}{2}\right)^n<0.$$

由闭区间上连续函数的零点定理知,在开区间 $\left(\frac{1}{2},1\right)$ 内,方程 $F_n(x)=0$ 即 $f_n(x)=1$ 至少存在一实根.又因

$$F'_n(x)=nx^{n-1}+(n-1)x^{n-2}+\cdots+1>0$$

其中 $x\in\left(\frac{1}{2},1\right)$,故 $F_n(x)=f_n(x)-1$ 在区间 $\left(\frac{1}{2},1\right)$ 内单调.故方程 $F_n(x)=0$,即 $f_n(x)=1$ 在区间 $\left(\frac{1}{2},1\right)$ 内仅存在一个实根 x_n.因而 $f_n(x_n)=1$.

例 1.6.21 设数列 $\{x_n\}$ 满足 $0<x_1<\pi, x_{n+1}=\sin x_n (n=1,2,\cdots)$,证明 $\lim\limits_{n\to\infty}x_n$ 存在,并求该极限.

(2006 年考研数学试题)

证明 因为 $0<x_1<\pi$,则 $0<x_2=\sin x_1\leqslant 1<\pi$.由此可推知 $0<x_{n+1}=\sin x_n\leqslant 1<\pi(n=1,2,\cdots)$,故数列 $\{x_n\}$ 有界.又 $\frac{x_{n+1}}{x_n}=\frac{\sin x_n}{x_n}<1$(当 $x>0$ 时,$\sin x<x$),则有 $x_{n+1}<x_n$,因此数列 $\{x_n\}$ 单调减少.从而由单调减少有下界数列必有极限知,极限 $\lim\limits_{n\to\infty}x_n$ 存在.设 $\lim\limits_{n\to\infty}x_n=A$.让 $n\to\infty$,在 $x_{n+1}=\sin x_n$ 两边取极限得 $A=\sin A$,解得 $A=0$,即 $\lim\limits_{n\to\infty}x_n=0$.

例 1.6.22 设函数 $f'(x)$ 在区间 $[a,b]$ 上连续,且 $f'(a)>0, f'(b)<0$,则下列结论中错误的是( ).

(2004 年考研数学试题)

(A) 至少存在一点 $x_0 \in (a,b)$，使得 $f(x_0) > f(a)$

(B) 至少存在一点 $x_0 \in (a,b)$，使得 $f(x_0) > f(b)$

(C) 至少存在一点 $x_0 \in (a,b)$，使得 $f'(x_0) = 0$

(D) 至少存在一点 $x_0 \in (a,b)$，使得 $f(x_0) = 0$

解 由题设知，函数 $f'(x)$ 在区间 $[a,b]$ 上连续且 $f'(a) > 0, f'(b) < 0$. 对 $f'(x)$ 在区间 $[a,b]$ 上使用零点定理知，至少存在一点 $x_0 \in (a,b)$，使 $f'(x_0) = 0$. (C) 正确.

另外，由 $f'(a) = \lim\limits_{x \to a^+} \dfrac{f(x)-f(a)}{x-a} > 0$ 及极限的保号性知，至少存在一点 $x_0 \in (a,b)$，使 $\dfrac{f(x_0)-f(a)}{x_0-a} > 0$，而 $x_0 - a > 0$，故必有 $f(x_0) > f(a)$.

同理可知，至少存在一点 $x_0 \in (a,b)$，满足 $\dfrac{f(x_0)-f(b)}{x_0-b} < 0$，故 $f(x_0) > f(b)$. (A)、(B) 均正确. 仅 (D) 入选.

1.7 自 测 题

1. 选择题

(1) 设 $f(x) = \begin{cases} 1, & x < 0 \\ \cos x + 1, & x > 1 \end{cases}$，则 $f(x)$ 在 $x = 0$ 处（　　）.

(A) 等于 1　　(B) 等于 2　　(C) 没定义　　(D) 等于 $\dfrac{\pi}{2}+1$

(2) $y = x \cdot \sin x$，则以下正确的是（　　）.

(A) $x \to \infty$ 时为无穷大　　(B) 在 $(-\infty, +\infty)$ 内为有界函数

(C) 在 $(-\infty, +\infty)$ 内为单调函数　(D) 在 $(-\infty, +\infty)$ 内为无界函数

(3) 设 $f(x) = \sqrt{1-x^2}, \varphi(x) = x-1$，则 $f[\varphi(x)]$ 的定义区间为（　　）.

(A) $[-1,1]$　　　　　　　　(B) $(-\infty,-1] \cup [1,+\infty)$

(C) $[0,2]$　　　　　　　　(D) $(-\infty,+\infty)$

(4) 函数 $y = e^{\frac{1}{x-1}}$ 在定义域内是（　　）.

(A) 单调增函数　　　　　　(B) 单调减函数

(C) 有界函数　　　　　　　(D) 无界函数

(5) 下列函数中，（　　）不是基本初等函数.

(A) $y = \sum\limits_{k=1}^{10} x^k$　　　　　　(B) $y = \sum\limits_{k=10}^{1000} x^k$

(C) $y = \sum\limits_{k=1}^{\infty} x^k (1 < x < 2)$　　(D) $y = \sum\limits_{k=1}^{n} x^k$ (n 为正整数)

(6) 当 $x \to 0$ 时，下列各函数都是无穷小，其中为 x 的高阶无穷小的是（　　）.

(A) $\sin 2x$　　(B) $2\sin^2 x$　　(C) $x + \sin x$　　(D) x

(7) $\lim\limits_{x \to 1} e^{\frac{1}{x-1}} = ($　　$)$.

(A) 0   (B) 1   (C) ∞   (D) 不存在但不是 ∞

(8) 设 $f(x), g(x)$ 在 x_0 的某空心邻域内有定义, 常数 $a \neq 0$, $\lim\limits_{x \to x_0} f(x)$ 存在且不为 0, 则 (　　).

    (A) $\lim\limits_{x \to x_0} [af(x)g(x)]$ 一定存在

    (B) $\lim\limits_{x \to x_0} g(x)$ 存在时, $\lim\limits_{x \to x_0} [af(x)g(x)]$ 一定存在

    (C) $\lim\limits_{x \to x_0} [af(x)g(x)]$ 一定不存在

    (D) $\lim\limits_{x \to x_0} [af(x)g(x)]$ 的存在性仅与 a 相关

(9) 设 $f(x)$ 在 (a, b) 内连续, 且 $\lim\limits_{x \to a^+} f(x) = -\infty$, $\lim\limits_{x \to b^-} f(x) = +\infty$, 则在 (a, b) 内, $f(x)$ 必然(　　).

    (A) 没有零点   (B) 只有一个零点

    (C) 至少有一个零点   (D) 只有两个零点

(10) 设 $\lim\limits_{x \to x_0} f(x) = A > 0$, 则一定存在 x_0 的一个去心邻域, 在此邻域内(　　).

    (A) $f(x) < 0$ (B) $f(x) > 0$

    (C) $f(x) \leqslant 0$ (D) $f(x) = 0$

2. 填空题

(1) $f(x)$ 的定义域是 $[-1, 1)$, 则函数 $f(1-2x) + f(3x)$ 的定义域为_____;

(2) 设 $f(3x) = 2x + 1$, $f(a) = 5$, 则 $a = $_____;

(3) $y = \sin \dfrac{x}{2}$ 的周期是_____;

(4) $y = f(x)$ 与 $y = f^{-1}(x)$ 的图形关于_____对称;

(5) 若 $f(x)$ 是奇函数, 当 $x \geqslant 0$ 时, $f(x) = 1 - |x-1|$, 则 $x < 0$ 时, $f(x) = $_____;

(6) 若 $\lim\limits_{x \to x_0} f(x) = A$, 则 $f(x) = $_____;

(7) 若 $\lim\limits_{x \to 2} \dfrac{x^2 + ax + 8}{x^2 - x - 2} = 2$, 则有 $a = $_____;

(8) 若 u 与 v 是等价无穷小, 则 $\lim \dfrac{u}{v} = $_____;

(9) 若 $f(x) = \begin{cases} e^x & (x < 0) \\ a + x & (x \geqslant 0) \end{cases}$ 在 $x = 0$ 处连续, 则 $a = $_____;

(10) $x = 1$ 是 $f(x) = \dfrac{x^2 - 1}{x - 1}$ 的_____间断点.

3. 计算题

(1) 设 $2f(x) + f(1-x) = x^2$, 求 $f(x)$ 的表达式.

(2) 判断 $f(x) = x(x-1)(x+1)$ 的奇偶性.

(3) 判断 $f(x) = x \cdot \cos x$ 在 $(-\infty, +\infty)$ 内是否有界.

(4) 在半径为 R 的球形容器里, 液体深度为 h, 液面的面积为 A, 试求函数关系 $A = $

$A(h)$.

(5) 求下列极限

① $\lim\limits_{x \to 1} \dfrac{\ln x}{x^2 - 1}$； ② $\lim\limits_{x \to 0} \dfrac{e^{2x} - e^x}{\sin x}$； ③ $\lim\limits_{x \to \infty} \dfrac{e^x - e^{-x}}{e^x + e^{-x}}$；

④ $\lim\limits_{n \to \infty} \dfrac{1}{n^2} \ln[f(1) f(2) \cdots f(n)]$ $(f(x) = a^x, a > 0, a \neq 1)$；

⑤ $\lim\limits_{x \to 0} \dfrac{\sin(\tan x) - \tan(\tan x)}{x^3}$； ⑥ $\lim\limits_{x \to 0} \left(\dfrac{\sin x}{x} \right)^{\frac{x}{\sin x - x}}$；

⑦ $\lim\limits_{x \to 0} \dfrac{\ln 2 + x - \ln(e^x + 1)}{e^x - 1/e^x + 1}$； ⑧ $\lim\limits_{x \to a} \dfrac{\sin x - \sin a}{x - a}$；

⑨ $\lim\limits_{n \to \infty} \sqrt[n]{2^n + 4^n + \cdots + 20^n}$； ⑩ $\lim\limits_{x \to 0} \dfrac{\tan x - \sin x}{\sin^3 x}$.

(6) 试确定常数 a 与 b，使 $\lim\limits_{x \to +\infty}(\sqrt{x^2 - x + 1} - ax - b) = 0$.

(7) 设 $f(x) = \begin{cases} -\dfrac{1}{\cos \pi x}, & x < 1 \\ 0, & x = 1 \\ \dfrac{x - 1}{\sqrt{x} - 1}, & x > 1 \end{cases}$，问 $f(x)$ 在 $x = 1$ 处是否连续，若间断，指出其间断点的类型.

4. 证明题

(1) 若 $f(x)$ 存在反函数，且 $f[f(x)] = f(x)$，证明 $f(x) = x$；

(2) 证明方程 $x = e^{x-3} + 1$ 至少有一个根在 $(0, 2)$ 中；

(3) 设 $f(x)$ 在 $[a, b]$ 上连续，$a < x_1 < x_2 < \cdots < x_n < b$，则至少存在一点 $\xi \in (a, b)$，使

$$f(\xi) = \dfrac{f(x_1) + f(x_2) + \cdots + f(x_n)}{n}$$

自测题参考答案

1. (1) (C)； (2) (D)； (3) (C)； (4) (D)； (5) (C)； (6) (B)；
(7) (D)； (8) (B)； (9) (C)； (10) (B).

2. (1) $\left(0, \dfrac{1}{3}\right)$； (2) 6   (3) 4π； (4) 直线 $y = x$；

(5) $f(x) = \begin{cases} -x - 2, & x \leqslant -1 \\ x, & -1 < x \leqslant 0 \end{cases}$； (6) $A + \alpha(x \to 0$ 时，$\alpha \to 0)$；

(7) 2； (8) 1； (9) 1； (10) 可去.

3. (1) $f(x) = \dfrac{1}{3}(x^2 + 2x + 1)$； (2) 奇函数； (3) 无界； (4) $A = \pi h(2R - h)$；

(5) ① $\dfrac{1}{2}$； ② 1； ③ $\lim\limits_{x \to \infty} \dfrac{e^x - e^{-x}}{e^x + e^{-x}}$ 不存在； ④ $\dfrac{1}{2} \ln a$； ⑤ $-\dfrac{1}{2}$； ⑥ e；

⑦1； ⑧$\cos\alpha$； ⑨20； ⑩$\dfrac{1}{2}$.

(6) $\begin{cases} a = 1 \\ b = -\dfrac{1}{2} \end{cases}$

(7) $x = 1$ 处间断,是跳跃间断点.

4. 略.

第 2 章 导数与微分

2.1 大纲基本要求

(1) 了解导数的概念及其几何意义,理解函数的可导性与连续性之间的关系.
(2) 了解导数作为函数变化率的实际意义,会用导数表达科学技术中一些量的变化率.
(3) 掌握导数的四则运算法则和复合函数的求导法则,掌握基本初等函数的导数公式.
(4) 了解高阶导数的概念,掌握初等函数一阶导数、二阶导数的求法,会求简单函数的 n 阶导数.
(5) 会求隐函数和由参数方程所确定的函数的一阶导数以及这两类函数中比较简单的二阶导数,会解一些简单实际问题中的相关变化率问题.
(6) 了解微分的四则运算法则和一阶微分的形式不变性,会求函数的微分.

2.2 内 容 提 要

2.2.1 导数的概念

1. 函数 $f(x)$ 在点 x_0 的导数的定义

设函数 $y=f(x)$ 在点 x_0 的某邻域内有定义,对应于自变量的任一改变量 Δx,函数的改变量为 $\Delta y=f(x_0+\Delta x)-f(x_0)$,如果极限

$$\lim_{\Delta x \to 0} \frac{\Delta y}{\Delta x} = \lim_{\Delta x \to 0} \frac{f(x_0+\Delta x)-f(x_0)}{\Delta x} \tag{2.1}$$

存在,则称函数在点 x_0 处可导. 该极限值称为函数在点 x_0 处的导数,记为 $f'(x_0), y'(x_0)$, $\left.\dfrac{\mathrm{d}y}{\mathrm{d}x}\right|_{x=x_0}, \left.\dfrac{\mathrm{d}f}{\mathrm{d}x}\right|_{x=x_0}$,即 $f'(x_0) = \lim\limits_{\Delta x \to 0} \dfrac{\Delta y}{\Delta x} = \lim\limits_{\Delta x \to 0} \dfrac{f(x_0+\Delta x)-f(x_0)}{\Delta x}$.

令 $x_0+\Delta x=x$,则由式(2.1)得

$$f'(x_0) = \lim_{x \to x_0} \frac{f(x)-f(x_0)}{x-x_0} \tag{2.2}$$

注意:用导数定义求某点的导数,尤其是分段函数在分界点处的导数,通常用式(2.2)更简便.

2. 左导数、右导数

左导数 $f'_-(x_0) = \lim\limits_{\Delta x \to 0^-} \dfrac{f(x_0+\Delta x)-f(x_0)}{\Delta x} = \lim\limits_{x \to x_0^-} \dfrac{f(x)-f(x_0)}{x-x_0}$.

右导数 $f'_+(x_0) = \lim\limits_{\Delta x \to 0^+} \dfrac{f(x_0 + \Delta x) - f(x_0)}{\Delta x} = \lim\limits_{x \to x_0^+} \dfrac{f(x) - f(x_0)}{x - x_0}$.

函数 $f(x)$ 在点 x_0 可导的充要条件是 $f'_-(x_0)$ 与 $f'_+(x_0)$ 都存在且相等.

3. 导函数的定义

若函数 $f(x)$ 在区间 (a,b) 内每一点都可导,则称函数 $f(x)$ 在区间 (a,b) 内可导,其在点 x 处的导数 $f'(x)$ 也是 x 的函数,称为 $f(x)$ 的导函数,简称导数,记为 $f'(x), y', \dfrac{\mathrm{d}y}{\mathrm{d}x}, \dfrac{\mathrm{d}f}{\mathrm{d}x}$.

显然,函数 $f(x)$ 在点 x_0 的导数 $f'(x_0)$ 等于导函数 $f'(x)$ 在点 x_0 处的函数值.

4. 导数的几何意义

函数 $y = f(x)$ 在点 x_0 处的导数 $f'(x_0)$ 表示曲线 $y = f(x)$ 在点 $(x_0, f(x_0))$ 处的切线斜率,即 $k = f'(x_0)$.

曲线 $y = f(x)$ 在点 $(x_0, f(x_0))$ 处的切线方程为
$$y - f(x_0) = f'(x_0)(x - x_0)$$

法线方程为 $$y - f(x_0) = -\dfrac{1}{f'(x_0)}(x - x_0) \quad (f'(x_0) \neq 0)$$

5. 可导性与连续性的关系

函数的可导性是连续性的充分条件.讨论函数在某点 x_0 处的连续性和可导性时,一旦根据导数定义验证了函数导数存在,则该函数一定在该点连续.反之若函数在点 x_0 处是间断的,则函数必不可导,但若函数连续,未必可导.

2.2.2 导数的求导法则

1. 用定义求导

(1) 分段函数分界点的导数,需用定义求导;

(2) 抽象函数在某点的可导性未知时,需用定义求导.

2. 基本求导公式

$(c)' = 0;$ $\qquad\qquad (x^\alpha)' = \alpha x^{\alpha - 1};$

$(\log_a x)' = \dfrac{1}{x \ln a};$ $\qquad (\ln x)' = \dfrac{1}{x};$

$(a^x)' = a^x \ln a;$ $\qquad (\mathrm{e}^x)' = \mathrm{e}^x;$

$(\sin x)' = \cos x;$ $\qquad (\cos x)' = -\sin x;$

$(\tan x)' = \sec^2 x;$ $\qquad (\cot x)' = -\csc^2 x;$

$(\sec x)' = \sec x \tan x;$ $\qquad (\csc x)' = -\csc x \cot x;$

$(\arcsin x)' = \dfrac{1}{\sqrt{1 - x^2}};$ $\qquad (\arccos x)' = -\dfrac{1}{\sqrt{1 - x^2}};$

$(\arctan x)' = \dfrac{1}{1 + x^2};$ $\qquad (\mathrm{arccot}\, x)' = \dfrac{1}{1 + x^2}.$

3. 导数的四则运算

设 $u = u(x), v = v(x)$ 都可导,则

$$(u \pm v)' = u' \pm v' \tag{2.3}$$

$$(cu)' = cu' \quad (c \text{ 为常数}) \tag{2.4}$$

第 2 章 导数与微分

$$(uv)' = u'v + uv' \tag{2.5}$$

$$\left(\frac{u}{v}\right)' = \frac{u'v - uv'}{v^2} \quad (v \neq 0) \tag{2.6}$$

推广
$$(u_1 \pm u_2 \pm \cdots \pm u_n)' = u_1' \pm u_2' \pm \cdots \pm u_n' \tag{2.7}$$

$$(u_1 u_2 \cdots u_n)' = u_1' u_2 \cdots u_n + u_1 u_2' \cdots u_n + \cdots + u_1 u_2 \cdots u_n' \tag{2.8}$$

4. 反函数的求导法则

设函数 $x = f(y)$ 在区间 I_y 内单调、可导且 $f'(y) \neq 0$,则该函数的反函数 $y = f^{-1}(x)$ 在 $I_x = f(I_y)$ 内也可导,且

$$[f^{-1}(x)]^{-1} = \frac{1}{f'(y)} \tag{2.9}$$

或
$$\frac{dy}{dx} = \frac{1}{\dfrac{dx}{dy}} \tag{2.10}$$

5. 复合函数的求导法则

设 $y = f(u)$,而 $u = g(x)$ 且 $f(u)$ 及 $g(x)$ 都可导,则复合函数 $y = f[g(x)]$ 的导数为

$$\frac{dy}{dx} = \frac{dy}{du} \cdot \frac{du}{dx} \tag{2.11}$$

或
$$y'(x) = f'(u) \cdot g'(x) \tag{2.12}$$

2.2.3 高阶导数

若函数 $y = f(x)$ 的导数 $y' = f'(x)$ 在点 x 处可导,则称 $f'(x)$ 在点 x 处的导数为函数 $y = f(x)$ 在点 x 处的二阶导数,记为 $f''(x)$、y'' 或 $\dfrac{d^2 y}{dx^2}$,即

$$f''(x) = \lim_{\Delta x \to 0} \frac{f'(x + \Delta x) - f'(x)}{\Delta x} \tag{2.13}$$

二阶导数的导数称为三阶导数.

函数 $y = f(x)$ 的 $n-1$ 阶导数的导数称为函数 $y = f(x)$ 的 n 阶导数,记为 $y^{(n)}$,$f^{(n)}(x)$,$\dfrac{d^n y}{dx^n}$,$\dfrac{d^n f}{dx^n}$.

二阶或二阶以上的导数称为高阶导数.

n 阶导数的求法:对函数 $f(x)$ 连续逐阶地求 n 次导数.

函数 $y = f(x)$ 在点 $x = x_0$ 处的 n 阶导数记为 $f^{(n)}(x_0)$,$y^{(n)} \big|_{x = x_0}$,$\dfrac{d^n y}{dx^n} \bigg|_{x = x_0}$,$\dfrac{d^n f}{dx^n} \bigg|_{x = x_0}$.

莱布尼兹公式:

$$(uv)^{(n)} = uv^{(n)} + C_n^1 u' v^{(n-1)} + \cdots + C_n^i u^{(i)} v^{(n-i)} + \cdots + u^{(n)} v \tag{2.14}$$

2.2.4 隐函数及由参数方程所确定的函数的导数相关变化率

1. 对数求导法

先两边取对数,然后两边对自变量 x 求导数,最后把 y' 解出来.

(1) 幂指函数的导数,若 $y = f(x)^{g(x)}$ $(f(x) > 0)$,两边取对数得 $\ln y = g(x) \ln f(x)$.

两边分别对 x 求导
$$\frac{y'}{y} = g'(x) \ln f(x) + g(x) \frac{f'(x)}{f(x)}$$

故
$$y' = f(x)^{g(x)}\left[g'(x)\ln f(x) + g(x)\frac{f'(x)}{f(x)}\right]$$

(2) 含有若干个因子的乘、除、乘方、开方形式的函数的导数通过用对数求导法可以简化求导的计算.

2. 隐函数的导数

设由方程 $F(x,y)=0$ 确定的可导隐函数为 $y=f(x)$,则对恒等式 $F(x,f(x))=0$ 的两边关于 x 求导,即可解得 $f'(x)$.

3. 参数方程所确定的函数求导法则

函数 $y=f(x)$ 由参数方程 $\begin{cases}x=\varphi(t)\\y=\psi(t)\end{cases}, (\alpha<t<\beta)$ 给出时,其中 $\varphi(t),\psi(t)$ 都在 (α,β) 内可导,且 $\varphi'(t)\neq 0$,则

$$\frac{\mathrm{d}y}{\mathrm{d}x} = \frac{\frac{\mathrm{d}y}{\mathrm{d}t}}{\frac{\mathrm{d}x}{\mathrm{d}t}} = \frac{\psi'(t)}{\varphi'(t)} \tag{2.15}$$

$$\frac{\mathrm{d}^2 y}{\mathrm{d}x^2} = \frac{\psi''(t)\varphi'(t) - \psi'(t)\varphi''(t)}{[\varphi'(t)]^3} \tag{2.16}$$

2.2.5 函数的微分

1. 微分的定义

(1) 函数改变量的线性主部是函数的微分.

(2) 若函数 $y=f(x)$ 在点 x 处有导数 $f'(x)$,则
$$\Delta y = f(x+\Delta x) - f(x) = f'(x)\Delta x + o(\Delta x)$$
对自变量 x 有 $\mathrm{d}x = \Delta x$,所以 $\mathrm{d}y = f'(x)\mathrm{d}x$.

(3) 由于 $f'(x) = \dfrac{\mathrm{d}y}{\mathrm{d}x}$,可以看成两个微分之商,故导数又称为微商,这与第 9 章中将要学习的偏导数符号 $\dfrac{\partial y}{\partial x}$ 不一样,$\dfrac{\partial y}{\partial x}$ 是一个整体不能拆开,而 $\dfrac{\mathrm{d}y}{\mathrm{d}x}$ 的分子、分母都是有意义的.

(4) 导数 $f'(x)$ 只与 f 和点 x 有关,而与 Δx 无关.

微分 $\mathrm{d}y$ 不仅与 $f'(x)$ 有关,而且与 Δx 有关.

由于函数在点 x 可微必可导,反之亦然,故二者是等价的.

2. 微分的几何意义

函数 $y=f(x)$ 在点 x 的微分 $\mathrm{d}y = f'(x)\mathrm{d}x$ 表示曲线 $y=f(x)$ 在点 $M(x,f(x))$ 处切线的纵坐标的改变量.

3. 微分的计算

(1) 微分的基本公式
$$\mathrm{d}y = f'(x)\mathrm{d}x \tag{2.17}$$

(2) 微分的四则运算
$$\mathrm{d}(u \pm v) = \mathrm{d}u \pm \mathrm{d}v \tag{2.18}$$
$$\mathrm{d}(uv) = v\mathrm{d}u + u\mathrm{d}v \tag{2.19}$$
$$\mathrm{d}(cu) = c\mathrm{d}u \tag{2.20}$$

$$d\left(\frac{u}{v}\right) = \frac{vdu - udv}{v^2} \quad (v \neq 0) \tag{2.21}$$

（3）微分形式不变性

设 $y = f(u)$，则无论 u 是自变量还是中间变量，其微分形式 $dy = f'(u)du$ 恒成立．

4．可微、可导及连续之间的关系

$f(x)$ 在 x_0 处可导 $\Leftrightarrow f(x)$ 在 x_0 处可微 $\Rightarrow f(x)$ 在 $x = x_0$ 处连续．

5．微分在近似计算中的应用

（1）计算函数增量的近似值

$$\Delta y \approx dy = f'(x_0) \Delta x \tag{2.22}$$

（2）计算函数的近似值

$$f(x_0 + \Delta x) \approx f(x_0) + f'(x_0) \Delta x \tag{2.23}$$

利用式(2.23)，当 $f(x_0)$ 已知时，可以计算点 x_0 附近点的函数值的近似值．

2.3 解难释疑

导数与微分是微积分中微分学的核心部分，深刻理解导数与微分的概念及熟练掌握求导数与求微分的方法，既有利于后面多元函数的求导运算，又对学习积分带来方便．

（1）函数在一点可导与可微是两个不同的概念，前者是函数增量与自变量增量之比的极限，是函数的变化率；后者是函数增量的线性主部，是函数增量的近似值．由于函数在一点可导的充分必要条件是函数在该点可微，故可导必可微，可微必可导．

（2）应熟记基本初等函数求导公式与导数的四则运算法则．

（3）利用链式法则求复合函数的导数时，首先应对函数的复合关系做到心中有数，在具体计算时不要遗漏或重复复合函数的复合步骤，特别是对参数方程确定的函数和反函数求二阶导数时更要注意．

（4）对于幂指函数及多因子连乘(除)的函数，一般是先取对数再求导，这样可以达到化繁为简的目的．

（5）对于分段函数和绝对值函数，在分界点处的导数必须要用导数定义求，且注意：若函数 $y = f(x)$ 在点 $x = x_0$ 处可导，则不能保证 $y = |f(x)|$ 在点 $x = x_0$ 处也可导．例如 $f(x) = |x|$ 在点 $x = 0$ 处由导数定义知 $f'_+(0) = 1, f'_-(0) = -1$，则 $f(x) = |x|$ 在点 $x = 0$ 处不可导，但 $f(x) = x$ 在点 $x = 0$ 处可导．

（6）从导数几何意义知道，若函数 $f(x)$ 的导数 $f'(x_0)$ 存在，则其值等于曲线 $y = f(x)$ 在点 $P_0(x_0, f(x_0))$ 处的切线斜率．但要注意，若 $y = f(x)$ 在点 $x = x_0$ 处不可导，不能说明在点 P_0 处无切线．例如，$f(x) = \sqrt[3]{x}$ 在 $x = 0$ 处连续，但 $f(x)$ 在 $x = 0$ 处不可导，而从割线的极限位置来看，曲线在 $x = 0$ 所对应的点处切线是存在的，其切线为 y 轴．

（7）求函数 $f(x)$ 的 n 阶导数时，往往要先利用初等数学方法将函数 $f(x)$ 化简，然后再利用已知函数的 n 阶导数公式去求．

（8）反映变量变化率之间连带关系的变化率称为相关变化率．例如，链式规则 $y'_x = y'_u \cdot u'_x$（其中 $y = y(u), u = u(x)$ 均为可导函数）可以视为未知变化率的公式，即 y'_x, y'_u, u'_x 中任意两个为已知时就可以由 $y'_x = y'_u \cdot u'_x$ 求出另一未知的变化率．

2.4 典型例题选讲

例 2.4.1 下列各题中均假定 $f'(x_0)$ 存在,按照导数定义观察下列极限,指出 A 表示什么.

(1) $\lim\limits_{\Delta x \to 0} \dfrac{f(x_0 - \Delta x) - f(x_0)}{\Delta x} = A$;

(2) $\lim\limits_{x \to 0} \dfrac{f(x)}{x} = A$,其中 $f(0) = 0$,且 $f'(0)$ 存在;

(3) $\lim\limits_{h \to 0} \dfrac{f(x_0 + h) - f(x_0 - h)}{h} = A$.

分析 在导数定义 $y' = \lim\limits_{\Delta x \to 0} \dfrac{\Delta y}{\Delta x}$ 中,Δy 是函数 $y = f(x)$ 对应于自变量改变量 Δx 所产生的改变量,因此

$y'(x_0) = \lim\limits_{\Delta x \to 0} \dfrac{f(x_0 - \Delta x) - f(x_0)}{(-\Delta x)}$ 和 $y'(x_0) = \lim\limits_{\Delta x \to 0} \dfrac{f(x_0 + 2\Delta x) - f(x_0)}{2\Delta x}$ 都是对的,

而 $y'(x_0) = \lim\limits_{\Delta x \to 0} \dfrac{f(x_0 - \Delta x) - f(x_0)}{\Delta x}$ 和 $y'(x_0) = \lim\limits_{\Delta x \to 0} \dfrac{f(x_0 + 2\Delta x) - f(x_0)}{\Delta x}$ 是错误的.

用公式 $\lim\limits_{\Delta x \to 0} \dfrac{f(x_0 + k\Delta x) - f(x_0 + l\Delta x)}{(k-l)\Delta x} = f'(x_0)$ 来做上面的问题非常方便,要注意分母 $(k-l)\Delta x$ 恰为 $x_0 + k\Delta x$ 与 $x_0 + l\Delta x$ 的差,例如:

$$\lim\limits_{\Delta x \to 0} \dfrac{f(x_0 - 2\Delta x) - f(x_0 + 3\Delta x)}{2\Delta x} = \lim\limits_{\Delta x \to 0} \dfrac{f(x_0 - 2\Delta x) - f(x_0 + 3\Delta x)}{-5\Delta x} \left(-\dfrac{5}{2}\right)$$

$$= -\dfrac{5}{2} f'(x_0)$$

解 (1) 因为 $\lim\limits_{\Delta x \to 0} \dfrac{f(x_0 - \Delta x) - f(x_0)}{\Delta x} = -\lim\limits_{\Delta x \to 0} \dfrac{f[x_0 + (-\Delta x)] - f(x_0)}{(-\Delta x)} = A$,又

$f'(x_0)$ 存在,即 $\lim\limits_{-\Delta x \to 0} \dfrac{f[x_0 + (-\Delta x)] - f(x_0)}{(-\Delta x)} = f'(x_0)$,所以

$$A = -f'(x_0)$$

(2) 因为 $f(0) = 0$,所以 $\lim\limits_{x \to 0} \dfrac{f(x)}{x} = \lim\limits_{x \to 0} \dfrac{f(0+x) - f(0)}{x} = A$;

因为 $f'(0)$ 存在,所以 $\lim\limits_{x \to 0} \dfrac{f(0+x) - f(0)}{x} = f'(0)$. 所以

$$A = f'(0)$$

(3) 因为 $\lim\limits_{h \to 0} \dfrac{f(x_0 + h) - f(x_0 - h)}{h} = \lim\limits_{h \to 0} \left[\dfrac{f(x_0 + h) - f(x_0)}{h} - \dfrac{f(x_0 - h) - f(x_0)}{h} \right]$,又

因为 $f'(x)$ 存在,所以 $\lim\limits_{h \to 0} \dfrac{f(x_0 + h) - f(x_0)}{h} = f'(x_0)$.

$$\lim\limits_{h \to 0} \dfrac{f(x_0 - h) - f(x_0)}{h} = -f'(x_0)$$

所以
$$A = \lim_{h \to 0} \frac{f(x_0+h) - f(x_0-h)}{h} = 2f'(x_0)$$

例 2.4.2 设函数 $f(x)$ 存在一阶导数,求极限 $\lim\limits_{x \to 0} \frac{1}{x}\left[f\left(t+\frac{x}{a}\right) - f\left(t-\frac{x}{a}\right)\right]$,其中 t、a 与 x 无关.

分析 例 2.4.2 是用导数的定义式来解题的,而在利用导数的定义式时,一定要注意其中关于自变量增量的形式的统一.

解
$$\lim_{x \to 0} \frac{1}{x}\left[f\left(t+\frac{x}{a}\right) - f\left(t-\frac{x}{a}\right)\right]$$
$$= \lim_{x \to 0} \left[\frac{f\left(t+\frac{x}{a}\right) - f(t) + f(t) - f\left(t-\frac{x}{a}\right)}{x}\right]$$
$$= \lim_{x \to 0} \left[\frac{f\left(t+\frac{x}{a}\right) - f(t)}{a \cdot \frac{x}{a}} + \frac{f\left(t-\frac{x}{a}\right) - f(t)}{a\left(-\frac{x}{a}\right)}\right]$$
$$= \frac{1}{a}[f'(t) + f'(t)] = \frac{2}{a}f'(t).$$

例 2.4.3 求函数 $f(x) = (x^2 - x - 2)|x^3 - x|$ 有几个不可导点.

分析 当函数中出现带绝对值号的因子时,不可导的点就有可能出现在绝对值因子为零的点,因此需要分别考察函数在点 $x_0 = 0, x_1 = 1, x_2 = -1$ 处的导数的存在性.

解 将 $f(x)$ 写成分段函数,即
$$f(x) = \begin{cases} x(1-x^2)(x^2-x-2), & x < -1 \\ x(x^2-1)(x^2-x-2), & -1 \leqslant x < 0 \\ x(1-x^2)(x^2-x-2), & 0 \leqslant x < 1 \\ x(x^2-1)(x^2-x-2), & x \geqslant 1 \end{cases}.$$

(1) 在 $x_0 = 0$ 附近,将 $f(x)$ 写成分段函数
$$f(x) = (x^2-x-2)|x^3-x| = \begin{cases} x(x^2-x-2)(x^2-1), & -1 < x < 0 \\ x(x^2-x-2)(1-x^2), & 0 \leqslant x < 1 \end{cases}$$

容易得到
$$f'_-(0) = \lim_{x \to 0^-} \frac{f(x) - f(0)}{x} = \lim_{x \to 0^-} (x^2-x-2)(x^2-1) = 2$$
$$f'_+(0) = \lim_{x \to 0^+} \frac{f(x) - f(0)}{x} = \lim_{x \to 0^+} (x^2-x-2)(1-x^2) = -2$$

由于 $f'_+(0) \neq f'_-(0)$,所以 $f'(0)$ 不存在.

(2) 在 $x_1 = 1$ 附近,将 $f(x)$ 写成分段函数
$$f(x) = (x^2-x-2)|x^3-x| = \begin{cases} x(1+x)(x^2-x-2)(1-x), & 0 < x < 1 \\ x(1+x)(x^2-x-2)(x-1), & x \geqslant 1 \end{cases}$$
$$f'_-(1) = \lim_{x \to 1^-} \frac{f(x) - f(1)}{x-1} = -\lim_{x \to 1^-} x(1+x)(x^2-x-2) = 4$$
$$f'_+(1) = \lim_{x \to 1^+} \frac{f(x) - f(1)}{x-1} = \lim_{x \to 1^+} x(1+x)(x^2-x-2) = -4$$

由于 $f'_-(1) \neq f'_+(1)$，所以 $f'(1)$ 不存在.

(3) 在 $x_2 = -1$ 附近，将 $f(x)$ 写成分段函数

$$f(x) = (x^2 - x - 2)|x^3 - x| = \begin{cases} x(1-x)(x^2-x-2)(x+1), & x < -1 \\ x(1+x)(x^2-x-2)(x-1), & -1 \leqslant x < 0 \end{cases}$$

$$f'_-(-1) = \lim_{x \to -1^-} \frac{f(x) - f(-1)}{x+1} = -\lim_{x \to -1^-} x(x-1)(x^2-x-2) = 0$$

$$f'_+(-1) = \lim_{x \to -1^+} \frac{f(x) - f(-1)}{x+1} = \lim_{x \to -1^+} x(x-1)(x^2-x-2) = 0$$

由于 $f'_-(-1) = f'_+(-1) = 0$，所以 $f'(-1)$ 存在.

综合上述分析，函数 $f(x)$ 有两个不可导的点，它们分别是 $x = 0$ 和 $x = 1$.

例 2.4.4 确定函数 $f(x)$ 在点 $x = 0$ 处的连续性与可导性.

(1) $f(x) = \begin{cases} \dfrac{1 - \cos(2x)}{x}, & x \neq 0 \\ 0, & x = 0 \end{cases}$；　(2) $f(x) = \begin{cases} x^2, & x \leqslant 0 \\ \cos x, & x > 0 \end{cases}$.

解 (1) $\lim\limits_{x \to 0} f(x) = \lim\limits_{x \to 0} \dfrac{1 - \cos(2x)}{x} = \lim\limits_{x \to 0} \dfrac{2x^2}{x} = 0 = f(0)$

$$f'(0) = \lim_{\Delta x \to 0} \frac{f(0 + \Delta x) - f(0)}{\Delta x} = \lim_{\Delta x \to 0} \frac{1 - \cos(2\Delta x)}{(\Delta x)^2} = \lim_{\Delta x \to 0} \frac{2(\Delta x)^2}{(\Delta x)^2} = 2$$

由此可知，函数 $f(x)$ 在点 $x = 0$ 处连续且可导.

(2) $\lim\limits_{x \to 0^-} f(x) = \lim\limits_{x \to 0^-} x^2 = 0, \quad \lim\limits_{x \to 0^+} f(x) = \lim\limits_{x \to 0^+} \cos x = 1$,

从而，函数 $f(x)$ 在点 $x = 0$ 处间断，$x = 0$ 是跳跃间断点，又由于函数 $f(x)$ 在点 $x = 0$ 处不连续，则函数 $f(x)$ 在点 $x = 0$ 也不可导.

例 2.4.5 求 a、b 的值，使函数 $f(x) = \begin{cases} x^2 + 2x + 3, & x \leqslant 0 \\ ax + b, & x > 0 \end{cases}$ 在区间 $(-\infty, +\infty)$ 内连续，可导.

解 由题设可知，$f(x)$ 为多项式，因此 $f(x)$ 在 $(-\infty, 0) \cup (0, +\infty)$ 上连续，可导.

要使 $f(x)$ 在点 $x = 0$ 处连续，则应有 $f(0) = \lim\limits_{x \to 0^-} f(x) = \lim\limits_{x \to 0^+} (ax + b) = b$，而 $f(0) = 3$，从而 $b = 3$.

要使 $f(x)$ 在点 $x = 0$ 处可导，则应有 $f'_-(0) = f'_+(0)$，而

$$f'_-(0) = (x^2 + 2x + 3)'|_{x=0} = 2$$

$$f'_+(0) = \lim_{x \to 0^+} \frac{f(x) - f(0)}{x} = \lim_{x \to 0^+} \frac{ax + b - 3}{x} = a$$

所以 $a = 2.$

当 $a = 2, b = 3$ 时，函数 $f(x)$ 在区间 $(-\infty, +\infty)$ 内连续，可导.

例 2.4.6 设函数 $f(x) = \lim\limits_{n \to \infty} \dfrac{x^2 e^{n(x-1)} + ax + b}{1 + e^{n(x-1)}}$，讨论在点 $x = 1$ 处的连续性和可导性.

分析 这类极限表示的函数的定义域即为极限存在的区域，其具体对应关系，也由极限确定.

第 2 章 导数与微分

解 由极限
$$f(x) = \begin{cases} ax+b, & x<1 \\ \dfrac{1+a+b}{2}, & x=1 \\ x^2, & x>1 \end{cases}$$

易见除点 $x=1$ 外,函数 $f(x)$ 的连续性没有任何问题,当且仅当 $f(1^-)=f(1^+)=f(1)$ 时,函数 $f(x)$ 在点 $x=1$ 处连续,即 $a+b=1=\dfrac{1}{2}(a+b+1)$,故当且仅当 $a+b=1$ 时,函数 $f(x)$ 在点 $x=1$ 处连续.

同样,只需讨论点 $x=1$ 的可导性(由连续性知 $f(1)=a+b=1$).

由于
$$f'_-(1) = \lim_{\Delta x \to 0^-} \frac{a(1+\Delta x)+b-1}{\Delta x} = a$$
$$f'_+(1) = \lim_{\Delta x \to 0^+} \frac{(1+\Delta x)^2 - 1}{\Delta x} = \lim_{\Delta x \to 0^+} \frac{2(\Delta x)+(\Delta x)^2}{\Delta x} = 2$$

当 $a=2, b=-1$ 时,函数 $f(x)$ 在点 $x=1$ 处可导,否则就不可导.

例 2.4.7 证明:

(1) 可导的偶函数的导数为奇函数;

(2) 可导的奇函数的导数为偶函数.

证明 (1) 设 $f(-x)=f(x)$,且 $\lim\limits_{\Delta x \to 0} \dfrac{f(x+\Delta x)-f(x)}{\Delta x}=f'(x)$,因为

$$f'(-x) = \lim_{\Delta x \to 0} \frac{f(-x+\Delta x)-f(-x)}{\Delta x} = \lim_{\Delta x \to 0} \frac{f(x-\Delta x)-f(x)}{\Delta x}$$
$$= -\lim_{\Delta x \to 0} \frac{f(x-\Delta x)-f(x)}{-\Delta x} = -f'(x)$$

所以 $f'(-x)=-f'(x)$. $f'(x)$ 是奇函数.

(2) 设 $f(-x)=-f(x)$,且 $\lim\limits_{\Delta x \to 0} \dfrac{f(x+\Delta x)-f(x)}{\Delta x}=f'(x)$,因为

$$f'(-x) = \lim_{\Delta x \to 0} \frac{f(-x+\Delta x)-f(-x)}{\Delta x} = \lim_{\Delta x \to 0} \frac{-f(x-\Delta x)+f(x)}{\Delta x}$$
$$= \lim_{\Delta x \to 0} \frac{f(x-\Delta x)-f(x)}{-\Delta x} = f'(x)$$

所以 $f'(-x)=f'(x)$. $f'(x)$ 是偶函数.

例 2.4.8 求下列函数的导数.

(1) $y = x^a + a^x + a^a$(a 是常数);

(2) $y = e^x \cdot \sin x \cdot \lg x$;

(3) $y = \sec^2 x$;

(4) $y = \cot \dfrac{1}{x}$;

(5) $y = \sqrt{\dfrac{1+t}{1-t}}$;

(6) $y = \dfrac{1}{\sqrt{\tan x}}$;

(7) $y = \ln[\ln(\ln x)]$;

(8) $y = \dfrac{\sin^2 x}{\sin(x^2)}$;

(9) $y = x^{10} + 10^{2x+1}$;

(10) $y = 2^{\frac{x}{\ln x}}$.

解 (1) $\qquad\qquad\qquad y' = ax^{a-1} + a^x \ln a.$

(2) $$y' = e^x \sin x \lg x + e^x \cos x \lg x + e^x \sin x \frac{1}{x \ln 10}$$
$$= e^x \left(\sin x \lg x + \cos x \lg x + \sin x \frac{1}{x \ln 10} \right).$$

(3) $y' = (\sec^2 x)' = 2\sec x \cdot \sec x \tan x = 2\sec^2 x \tan x.$

(4) $y' = -\csc^2 \frac{1}{x} \cdot \left(-\frac{1}{x^2} \right) = \frac{1}{x^2} \csc^2 \frac{1}{x}.$

(5) $$y' = \left(\sqrt{\frac{1+t}{1-t}} \right)' = \frac{1}{2\sqrt{\frac{1+t}{1-t}}} \times \frac{1 \times (1-t) - (1+t)(-1)}{(1-t)^2}$$
$$= \frac{1}{2}\sqrt{\frac{1-t}{1+t}} \cdot \frac{2}{(1-t)^2} = \frac{\sqrt{1-t^2}}{(1+t)(1-t)^2}.$$

(6) **解法 1** $$y' = \left[(\tan x)^{-\frac{1}{2}} \right]' = -\frac{1}{2}(\tan x)^{-\frac{3}{2}} \cdot \sec^2 x$$
$$= -\frac{\sec^2 x}{2\tan x \sqrt{\tan x}} = -\frac{\sqrt{\cot x}}{\sin(2x)}.$$

解法 2 $y' = \left(\frac{1}{\sqrt{\tan x}} \right)' = -\frac{\sec^2 x}{2\tan x \sqrt{\tan x}} = -\frac{\sqrt{\cot x}}{\sin(2x)}.$

解法 3 $y' = \left(\frac{1}{\sqrt{\tan x}} \right)' = (\sqrt{\cot x})' = -\frac{\csc^2 x}{2\sqrt{\cot x}} = -\frac{\sqrt{\cot x}}{\sin(2x)}.$

(7) $y' = \frac{1}{\ln(\ln x)} \cdot [\ln(\ln x)]' = \frac{1}{\ln(\ln x)} \cdot \frac{1}{\ln x} \cdot (\ln x)' = \frac{1}{x \ln x \cdot \ln(\ln x)}.$

(8) $$y' = \left[\frac{\sin^2 x}{\sin(x^2)} \right]' = \frac{2\sin x \cos x \cdot \sin(x^2) - \sin^2 x \cos(x^2) \cdot 2x}{\sin^2(x^2)}$$
$$= \frac{1}{\sin^2(x^2)} [\sin(2x) \sin(x^2) - 2x \sin^2 x \cos(x^2)].$$

(9) $y' = 10x^9 + 10^{2x+1} \times 2\ln 10 = 10x^9 + 2\ln 10 \times 10^{2x+1}.$

(10) $y' = (2^{\frac{x}{\ln x}})' = 2^{\frac{x}{\ln x}} \cdot \ln 2 \cdot \frac{\ln x - x \cdot \frac{1}{x}}{(\ln x)^2} = 2^{\frac{x}{\ln x}} \frac{\ln 2 (\ln x - 1)}{(\ln x)^2}.$

例 2.4.9 试求曲线 $y = -\sqrt{x} + 2$ 在它与直线 $y = x$ 的交点处的切线方程和法线方程.

分析 切线方程为 $y - f(x_0) = f'(x_0)(x - x_0)$

法线方程为 $y - f(x_0) = -\frac{1}{f'(x_0)}(x - x_0) \quad (f'(x_0) \neq 0).$

解 解方程组 $\begin{cases} y = -\sqrt{x} + 2, \\ y = x, \end{cases}$ 求得交点 $(1,1).$

曲线 $y = -\sqrt{x} + 2$ 在点 $(1,1)$ 处的切线斜率为

$$y'|_{x=1} = -\frac{1}{2\sqrt{x}} \bigg|_{x=1} = -\frac{1}{2}$$

所以切线方程为 $y - 1 = -\frac{1}{2}(x-1)$, 即 $x + 2y - 3 = 0.$

法线方程为 $y-1=2(x-1)$,即 $2x-y-1=0$.

例 2.4.10 确定 a、b 的值,使曲线 $y=x^2+ax+b$ 与直线 $y=2x$ 相切于点 $(2,4)$.

分析 利用导数的几何意义. 由题意,曲线 $y=x^2+ax+b$ 在点 $(2,4)$ 处的切线斜率等于直线 $y=2x$ 的斜率.

解 对 $y=x^2+ax+b$ 求导,得 $y'=2x+a$.

由已知条件,知 $y'|_{x=2}=2\times 2+a=2$,所以 $a=-2$.

又点 $(2,4)$ 在曲线 $y=x^2+ax+b$ 上,所以 $4=2^2-2\times 2+b$,故 $b=4$.

例 2.4.11 设 $x=g(y)$ 是 $f(x)=\ln x+\arctan x$ 的反函数,求 $g'\left(\dfrac{\pi}{4}\right)$.

解 当 $x=1$ 时,$y=f(1)=\dfrac{\pi}{4}$,又

$$f'(x)=(\ln x+\arctan x)'=\frac{1}{x}+\frac{1}{1+x^2}.$$

得 $f'(1)=\dfrac{3}{2}$,所以 $g'\left(\dfrac{\pi}{4}\right)=\dfrac{1}{f'(1)}=\dfrac{2}{3}$.

例 2.4.12 设 $y=x^{a^a}+a^{x^a}+a^{a^x}(a>0)$,求 y'.

分析 对于复合函数,一定要注意一层层的复合结构,不能遗漏. 熟练后,可以不写中间变量.

解
$$\begin{aligned}
y' &= (x^{a^a})'+(a^{x^a})'+(a^{a^x})' \\
&= a^a\cdot x^{a^a-1}+a^{x^a}\cdot \ln a\cdot (x^a)'+a^{a^x}\cdot \ln a\cdot (a^x)' \\
&= a^a\cdot x^{a^a-1}+a^{x^a}\cdot \ln a\cdot ax^{a-1}+a^{a^x}\cdot \ln a\cdot a^x\ln a \\
&= a^a\cdot x^{a^a-1}+a\ln a\cdot x^{a-1}\cdot a^{x^a}+\ln^2 a\cdot a^x\cdot a^{a^x}.
\end{aligned}$$

注意 不要把 a^x 与 x^a 的导数混淆.

例 2.4.13 设 $y=\sqrt{x+\sqrt{x+\sqrt{x}}}$,求 y'.

解
$$\begin{aligned}
y' &= (\sqrt{x+\sqrt{x+\sqrt{x}}})' = \frac{1}{2}(x+\sqrt{x+\sqrt{x}})^{-\frac{1}{2}}(x+\sqrt{x+\sqrt{x}})' \\
&= \frac{1}{2}(x+\sqrt{x+\sqrt{x}})^{-\frac{1}{2}}[x'+(\sqrt{x+\sqrt{x}})'] \\
&= \frac{1}{2}(x+\sqrt{x+\sqrt{x}})^{-\frac{1}{2}}\left[1+\frac{1}{2}(x+\sqrt{x})^{-\frac{1}{2}}(x+\sqrt{x})'\right] \\
&= \frac{1}{2}(x+\sqrt{x+\sqrt{x}})^{-\frac{1}{2}}\left[1+\frac{1}{2}(x+\sqrt{x})^{-\frac{1}{2}}(x'+(\sqrt{x})')\right] \\
&= \frac{1}{2}(x+\sqrt{x+\sqrt{x}})^{-\frac{1}{2}}\left[1+\frac{1}{2}(x+\sqrt{x})^{-\frac{1}{2}}\left(1+\frac{1}{2\sqrt{x}}\right)\right].
\end{aligned}$$

例 2.4.14 设 $f(x)$ 是可导函数,求 $y=f(\mathrm{e}^x)\mathrm{e}^{f(x)}$ 的导数.

分析 这是抽象函数与具体的函数相结合的导数,综合运用导数的四则运算以及复合函数的求导法则.

解
$$\begin{aligned}
y' &= [f(\mathrm{e}^x)\mathrm{e}^{f(x)}]' = [f(\mathrm{e}^x)]'\cdot \mathrm{e}^{f(x)}+f(\mathrm{e}^x)\cdot [\mathrm{e}^{f(x)}]' \\
&= f'(\mathrm{e}^x)\cdot \mathrm{e}^x\cdot \mathrm{e}^{f(x)}+f(\mathrm{e}^x)\cdot \mathrm{e}^{f(x)}\cdot f'(x) \\
&= \mathrm{e}^{f(x)}[\mathrm{e}^x f'(\mathrm{e}^x)+f(\mathrm{e}^x)f'(x)].
\end{aligned}$$

注意：有些读者可能不会区分$[f(e^x)]'$与$f'(e^x)$的不同含义.$[f(e^x)]'$是$f(e^x)$对x求导数,即$[f(e^x)]' = \dfrac{d}{dx}[f(e^x)]$；而$f'(e^x)$是$f(e^x)$对中间变量$u = e^x$求导数.运用复合函数微分法可以得到$[f(e^x)]' = \dfrac{d}{dx}[f(e^x)] = f'(u)u'(x) = f'(e^x)e^x$,而$f'(e^x) = f'(u)$.所以$[f(e^x)]'$与$f'(e^x)$是不同的.

例 2.4.15 设$f(x)$是可导函数,$y = f\{f[f(x)]\}$,求$\dfrac{dy}{dx}$.

分析 运用复合函数求导法则求解.

解 令$u = f[f(x)]$,则$y = f(u)$,于是根据复合函数微分法得到
$$\frac{dy}{dx} = \frac{dy}{du} \cdot \frac{du}{dx} = f'(u)u'(x)$$

又令$v = f(x)$,同样可以得到
$$u'(x) = \frac{du}{dx} = \frac{du}{dv} \cdot \frac{dv}{dx} = f'(v)v'(x) = f'(v)f'(x)$$

所以
$$\frac{dy}{dx} = f'(u)f'(v)f'(x) = f'\{f[f(x)]\}f'[f(x)]f'(x).$$

例 2.4.16 设$y = (\sin x)^{\cos^2 x}$,求y'.

解 **解法 1** $y = (\sin x)^{\cos^2 x} = e^{\cos^2 x \ln(\sin x)}$

$$y' = (e^{\cos^2 x \ln(\sin x)})' = e^{\cos^2 x \ln(\sin x)}[\cos^2 x \ln(\sin x)]'$$
$$= (\sin x)^{\cos^2 x}\left[2\cos x(-\sin x)\ln(\sin x) + \cos^2 x \cdot \frac{\cos x}{\sin x}\right]$$
$$= (\sin x)^{\cos^2 x}\left[-\sin 2x \ln(\sin x) + \frac{\cos^3 x}{\sin x}\right].$$

解法 2 易知$\ln y = \cos^2 x \ln(\sin x)$,两边同时对$x$求导得
$$\frac{y'}{y} = 2\cos x(-\sin x)\ln(\sin x) + \cos^2 x \cdot \frac{\cos x}{\sin x} = -\sin 2x \ln(\sin x) + \frac{\cos^3 x}{\sin x}$$

所以
$$y' = (\sin x)^{\cos^2 x}\left[-\sin 2x \ln(\sin x) + \frac{\cos^3 x}{\sin x}\right].$$

例 2.4.17 求$f(x) = \ln\dfrac{|1-x^2|}{e^x \sin^2 x}$的导数.

解
$$f(x) = \ln|1-x^2| - x - 2\ln|\sin x|$$
$$f'(x) = \frac{-2x}{1-x^2} - 1 - 2\frac{\cos x}{\sin x}$$

即
$$f'(x) = \frac{2x}{x^2-1} - 1 - 2\cot x.$$

例 2.4.18 设函数$y = f(x)$在点x_0有1到3阶导数$f'(x_0) = a$,$f''(x_0) = b$,$f'''(x_0) = c$,其中$a \neq 0$,设$y = f(x)$有反函数$x = g(y)$,且$y_0 = f(x_0)$,试求$g'''(y_0)$.

分析 运用反函数求导法则与复合函数求导法则.

解 根据反函数求导法则,$g'(y) = \dfrac{1}{f'(x)}$.

又利用复合函数求导法则得到

$$g''(y) = \frac{\mathrm{d}}{\mathrm{d}y}\left(\frac{1}{f'(x)}\right) = \frac{\mathrm{d}}{\mathrm{d}x}\left(\frac{1}{f'(x)}\right)\frac{\mathrm{d}x}{\mathrm{d}y}$$

$$= \left\{-\frac{f''(x)}{[f'(x)]^2}\right\}\frac{1}{f'(x)} = -\frac{f''(x)}{[f'(x)]^3}$$

$$g'''(y) = \frac{\mathrm{d}}{\mathrm{d}y}(g''(y)) = -\frac{\mathrm{d}}{\mathrm{d}y}\left\{\frac{f''(x)}{[f'(x)]^3}\right\} = -\frac{\mathrm{d}}{\mathrm{d}x}\left\{\frac{f''(x)}{[f'(x)]^3}\right\}\frac{\mathrm{d}x}{\mathrm{d}y}$$

$$= -\frac{f'''(x)[f'(x)]^3 - 3[f'(x)]^2[f''(x)]^2}{[f'(x)]^6} \cdot \frac{1}{f(x)}$$

$$= -\frac{f'''(x)[f'(x)]^3 - 3[f'(x)]^2[f''(x)]^2}{[f'(x)]^7}$$

于是
$$g'''(y_0) = -\frac{f'''(x_0)[f'(x_0)]^3 - 3[f'(x_0)]^2[f''(x_0)]^2}{[f'(x_0)]^7}$$

$$= \frac{3a^2b^2 - a^3c}{a^7} = \frac{3b^2 - ac}{a^5}.$$

例 2.4.19 设 $x^y = y^x$,求 $\mathrm{d}y\ (x>0, y>0, x\neq 1, y\neq 1)$.

解 在方程两边取对数 $y\ln x = x\ln y$,则

$$\mathrm{d}(y\ln x) = \mathrm{d}(x\ln y)$$

$$\ln x\,\mathrm{d}y + \frac{y}{x}\mathrm{d}x = \ln y\,\mathrm{d}x + \frac{x}{y}\mathrm{d}y$$

$$\mathrm{d}y = \frac{\dfrac{y}{x} - \ln y}{\dfrac{x}{y} - \ln x}\mathrm{d}x = \frac{y(y - x\ln y)}{x(x - y\ln x)}\mathrm{d}x.$$

例 2.4.20 设 $x^2 y - \mathrm{e}^{x^2} = \sin y$,求 $\dfrac{\mathrm{d}y}{\mathrm{d}x}$.

解 解法 1 此为隐函数的求导问题.

在方程两边对 x 求导,注意 y 是 x 的函数,由复合函数求导法,有

$$2xy + x^2\frac{\mathrm{d}y}{\mathrm{d}x} - \mathrm{e}^{x^2}\cdot 2x = \cos y\cdot\frac{\mathrm{d}y}{\mathrm{d}x}$$

$$\frac{\mathrm{d}y}{\mathrm{d}x} = \frac{2x(y - \mathrm{e}^{x^2})}{\cos y - x^2}.$$

解法 2 方程两边求微分,即

$$\mathrm{d}(x^2 y - \mathrm{e}^{x^2}) = \mathrm{d}(\sin y)$$

$$2xy\,\mathrm{d}x + x^2\,\mathrm{d}y - \mathrm{e}^{x^2}\cdot 2x\,\mathrm{d}x = \cos y\,\mathrm{d}y$$

$$(\cos y - x^2)\,\mathrm{d}y = (2xy - 2x\,\mathrm{e}^{x^2})\,\mathrm{d}x$$

所以
$$\frac{\mathrm{d}y}{\mathrm{d}x} = \frac{2x(y - \mathrm{e}^{x^2})}{\cos y - x^2}.$$

注意:对隐函数求导时,应用方程两边求微分的方式去解题相对较简单,因为此时不需考虑 y 是 x 的函数.

例 2.4.21 设 $\mathrm{e}^{x+y} - xy = 1 + x$,求 $y''(0)$.

解 当 $x=0$ 时,由方程得 $\mathrm{e}^y = 1$,则 $y(0) = 0$.

在方程两边对 x 求导得

$$e^{x+y}(1+y') - y - xy' = 1 \qquad (1)$$

将 $x=0, y=0$ 代入式(1)，得 $y'(0)+1=1$，即 $y'(0)=0$.

式(1) 两边对 x 求导得

$$e^{x+y}(1+y')^2 + e^{x+y} \cdot y'' - 2y' - xy'' = 0$$

将 $y(0)=0, y'(0)=0$ 代入上式，得 $1+y''(0)=0$，则 $y''(0)=-1$.

注意：例 2.4.21 中若从关于一阶导数的方程中解出一阶导数 $y' = \dfrac{1+y-e^{x+y}}{e^{x+y}-x}$，再求二阶导数，则计算会很复杂. 一般来说，对隐函数方程表示的函数求高阶导数时，应用方程两边求导数的方法（不解出低一阶的导数的表达式，而在关于它的方程的两边继续求导）会使计算简便一些.

例 2.4.22 设 $\begin{cases} x = \dfrac{2at}{1+t^2} \\ y = \dfrac{a(1-t^2)}{1+t^2} \end{cases}$，求 $\dfrac{\mathrm{d}y}{\mathrm{d}x}$.

解
$$\frac{\mathrm{d}x}{\mathrm{d}t} = \frac{2a(1+t^2) - 2t \cdot 2at}{(1+t^2)^2} = \frac{2a(1-t^2)}{(1+t^2)^2}$$

$$\frac{\mathrm{d}y}{\mathrm{d}t} = \frac{-2at(1+t^2) - 2t \cdot a(1-t^2)}{(1+t^2)^2} = \frac{-4at}{(1+t^2)^2}$$

$$\frac{\mathrm{d}y}{\mathrm{d}x} = \frac{\dfrac{\mathrm{d}y}{\mathrm{d}t}}{\dfrac{\mathrm{d}x}{\mathrm{d}t}} = \frac{2t}{t^2-1}.$$

例 2.4.23 设 $\begin{cases} x = \ln \tan t \\ y = \ln \tan \dfrac{t}{2} \end{cases}$，求 $\dfrac{\mathrm{d}^2 y}{\mathrm{d}x^2}$.

解
$$\frac{\mathrm{d}x}{\mathrm{d}t} = \frac{1}{\tan t} \cdot \frac{1}{\cos^2 t} = \frac{1}{\sin t \cos t} = \frac{2}{\sin(2t)}$$

$$\frac{\mathrm{d}y}{\mathrm{d}t} = \frac{1}{\tan \dfrac{t}{2} \times 2\cos^2 \dfrac{t}{2}} = \frac{1}{2\sin \dfrac{t}{2} \cos \dfrac{t}{2}} = \frac{1}{\sin t}$$

$$\frac{\mathrm{d}y}{\mathrm{d}x} = \frac{\dfrac{\mathrm{d}y}{\mathrm{d}t}}{\dfrac{\mathrm{d}x}{\mathrm{d}t}} = \frac{\dfrac{1}{\sin t}}{\dfrac{2}{\sin(2t)}} = \cos t$$

$$\frac{\mathrm{d}^2 y}{\mathrm{d}x^2} = \frac{\mathrm{d}}{\mathrm{d}x}\left(\frac{\mathrm{d}y}{\mathrm{d}x}\right) = \frac{\mathrm{d}}{\mathrm{d}t}(\cos t) \frac{\mathrm{d}t}{\mathrm{d}x} = -\sin t \cdot \frac{1}{\dfrac{\mathrm{d}x}{\mathrm{d}t}} = -\sin t \cdot \frac{\sin(2t)}{2} = -\sin^2 t \cdot \cos t.$$

例 2.4.24 设 $\begin{cases} x = (t^2+1)e^t \\ y = t^2 e^{2t} \end{cases}$，求 $\dfrac{\mathrm{d}^2 y}{\mathrm{d}x^2}\bigg|_{x=1}$.

解 由 $x = (t^2+1)e^t$ 知，当 $t=0$ 时 $x=1$.

$$\frac{\mathrm{d}x}{\mathrm{d}t} = e^t(t^2+1+2t), \quad \frac{\mathrm{d}y}{\mathrm{d}t} = e^{2t}(2t^2+2t)$$

$$\frac{\mathrm{d}y}{\mathrm{d}x} = \frac{2t \cdot e^{2t}(1+t)}{e^t(1+t)^2} = \frac{2te^t}{1+t}$$

$$\frac{d^2y}{dx^2} = \frac{d}{dx}\left(\frac{2te^t}{1+t}\right) = \frac{d}{dt}\left(\frac{2te^t}{1+t}\right) \cdot \frac{dt}{dx}$$

$$= \frac{2e^t(1+t)^2 - 2te^t}{(1+t)^2} \cdot \frac{1}{e^t(1+t)^2} = \frac{2(t^2+t+1)}{(1+t)^4}$$

则

$$\left.\frac{d^2y}{dx^2}\right|_{x=1} = \left.\frac{2(t^2+t+1)}{(1+t)^4}\right|_{t=0} = 2.$$

注意：求由参数方程 $\begin{cases} x = \varphi(t) \\ y = \psi(t) \end{cases}$ ($\varphi''(t)$、$\psi''(t)$ 存在，且 $\psi'(t) \neq 0$) 确定的函数 $y = y(x)$ 的二阶导数时，应注意 $\frac{d^2y}{dx^2}$ 是一阶导数 $\frac{dy}{dx}$ 对 x 再一次求导，而此时 $\frac{dy}{dx} = \frac{\psi'(t)}{\varphi'(t)}$ 是 $t = \varphi^{-1}(x)$ 的复合函数，故由复合函数的求导法则 $\frac{d^2y}{dx^2} = \frac{d}{dx}\left(\frac{\psi'(t)}{\varphi'(t)}\right) = \frac{d}{dt}\left(\frac{\psi'(t)}{\varphi'(t)}\right)\frac{dt}{dx}$.

例 2.4.25 设隐函数 $y = y(x)$ 由方程组 $\begin{cases} x = 3t^2 + 2t + 1 \\ e^y \sin t - 2y + 1 = 0 \end{cases}$ ($t \geq 0$) 确定，求 $\left.\frac{d^2y}{dx^2}\right|_{x=1}$.

解 由 $x = 3t^2 + 2t + 1 (t \geq 0)$ 知，当 $t = 0$ 时，$x = 1$，此时由方程组第二式知 $y = \frac{1}{2}$，

$$\frac{dx}{dt} = 6t + 2$$

方程组中第二式两边关于 t 求导，得

$$e^y \cdot \sin t \frac{dy}{dt} + e^y \cos t - 2\frac{dy}{dt} = 0$$

则有

$$\left.\frac{dy}{dt}\right|_{t=0} = \left.\frac{-e^y \cos t}{e^y \sin t - 2}\right|_{t=0} = \frac{\sqrt{e}}{2}$$

$$\frac{dy}{dx} = \frac{\frac{dy}{dt}}{\frac{dx}{dt}} = \frac{-e^y \cos t}{(6t+2)(e^y \sin t - 2)} = \frac{e^y \cos t}{(6t+2)(3-2y)},$$

$$\frac{d^2y}{dx^2} = \frac{d}{dt}\left(\frac{e^y \cos t}{(6t+2)(3-2y)}\right) \cdot \frac{dt}{dx}$$

$$= \left\{\frac{e^y\left(-\sin t + \cos t \cdot \frac{dy}{dt}\right)(6t+2)(3-2y)}{(6t+2)^2 \cdot (2y-3)^2} - \right.$$

$$\left.\frac{\left[6(3-2y) - 2\frac{dy}{dt}(6t+2)\right]e^y \cos t}{(6t+2)^2(3-2y)^2}\right\} \cdot \frac{1}{(6t+2)}$$

则

$$\left.\frac{d^2y}{dx^2}\right|_{x=1} = \frac{\sqrt{e}\left(\frac{\sqrt{e}}{2}\right) \times 4}{32} - \frac{\sqrt{e}\left(12 - 2 \times \frac{\sqrt{e}}{2} \times 2\right)}{32} = \frac{e - 3\sqrt{e}}{8}$$

例 2.4.26 用对数求导法，求下列函数的导数 $\frac{dy}{dx}$.

(1) $y = \sqrt{e^{\frac{1}{x}}\sqrt{x \sin x}}$； (2) $y = (1+x^2)^{\sin x}$.

解 (1) 将 $y=\sqrt{e^{\frac{1}{x}}\sqrt{x\sin x}}$ 两边取对数，得
$$\ln y = \frac{1}{2x} + \frac{1}{4}\ln x + \frac{1}{4}\ln\sin x.$$

在上式两边对 x 求导，得
$$\frac{1}{y} \cdot y' = -\frac{1}{2x^2} + \frac{1}{4x} + \frac{\cos x}{4\sin x}$$
$$y' = y\left(-\frac{1}{2x^2} + \frac{1}{4x} + \frac{\cos x}{4\sin x}\right) = \sqrt{e^{\frac{1}{x}}\sqrt{x\sin x}}\left(-\frac{1}{2x^2} + \frac{1}{4x} + \frac{1}{4}\cot x\right).$$

(2) 此题 y 是幂指函数 $u(x)^{v(x)}$.

两边取对数得 $\ln y = \sin x \ln(1+x^2)$

两边对 x 求导，得 $\frac{1}{y}y' = \cos x \cdot \ln(1+x^2) + \frac{2x\sin x}{1+x^2}$，即
$$y' = (1+x^2)^{\sin x}\left[\cos x \cdot \ln(1+x^2) + \frac{2x\sin x}{1+x^2}\right].$$

例 2.4.27 设 $u=f[\varphi(x)+y^2]$，其中 x、y 满足方程 $y+e^y=x$，且 $f(x)$、$\varphi(x)$ 均二阶可导，试求 $\dfrac{du}{dx}$ 及 $\dfrac{d^2u}{dx^2}$.

分析 此题涉及复合函数和隐函数的求导问题.

解
$$\frac{du}{dx} = f'[\varphi(x)+y^2] \cdot [\varphi'(x)+2yy']$$

而由方程 $y+e^y=x$ 两边对 x 求导得 $y'+e^y \cdot y'=1$，解得 $y'=\dfrac{1}{1+e^y}=(1+e^y)^{-1}$.

而 $y''=-(1+e^y)^{-2} \cdot e^y \cdot y'$，得 $y''=\dfrac{-e^y}{(1+e^y)^3}$.

$$\frac{d^2u}{dx^2} = f''[\varphi(x)+y^2][\varphi'(x)+2yy']^2 + f'[\varphi(x)+y^2][\varphi''(x)+2(y')^2+2yy'']$$
$$= f''[\varphi(x)+y^2]\left[\varphi'(x)+\frac{2y}{1+e^y}\right]^2 +$$
$$\quad f'[\varphi(x)+y^2]\left[\varphi''(x)+\frac{2}{(1+e^y)^2}-\frac{2ye^y}{(1+e^y)^3}\right].$$

例 2.4.28 求心形线 $r=2(1-\cos\theta)$ 在对应点 $\theta=\dfrac{\pi}{2}$ 处的切线方程（见图 2.1）.

分析 当曲线以极坐标形式给出时，一般利用直角坐标与极坐标之间的关系化为参数方程，再求斜率. 特别要注意的是 $r'(\theta_0)$ 并不是曲线在对应点 $\theta=\theta_0$ 处的切线斜率.

解 将曲线的极坐标方程转换为参数方程
$$\begin{cases} x=r(\theta)\cos\theta = 2(1-\cos\theta)\cos\theta \\ y=r(\theta)\sin\theta = 2(1-\cos\theta)\sin\theta \end{cases} \text{（其中 } \theta \text{ 为参数）}$$

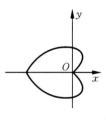

图 2.1

则曲线在点 $\theta=\dfrac{\pi}{2}$ 处的切线斜率为
$$\left.\frac{dy}{dx}\right|_{\theta=\frac{\pi}{2}} = \left.\frac{2\cos\theta(1-\cos\theta)+2\sin^2\theta}{-2\sin\theta(1-\cos\theta)+2\cos\theta\sin\theta}\right|_{\theta=\frac{\pi}{2}} = -1$$

切点为
$$x\left(\frac{\pi}{2}\right)=0, \quad y\left(\frac{\pi}{2}\right)=2$$
故切线方程为 $y-2=-(x-0)$,即 $x+y-2=0$.

例 2.4.29(劳动者与产量问题) 设某产品一周的产量为 $\varphi(x)=200x+6x^2$,其中 x 是装配线上劳动者的人数,如果现在有 60 人在装配线上工作,则:

(1) 计算 $\varphi(61)-\varphi(60)$,看看一周产量的实际变化;

(2) 求 $\varphi'(60)$,并解释一下,由于增加一个人一周产量的变化情况.

解 (1) $\varphi(61)-\varphi(60)=(200\times 61+6\times 61^2)-(200\times 60+6\times 60^2)=926$.

(2) 因为
$$\varphi'(x)=(200x+6x^2)'=200+12x$$
所以
$$\varphi'(60)=200+12\times 60=920.$$
此结果说明:在 60 人基础上再增加 1 人时,一周产量增加 920,显然,(2) 的计算比(1) 的计算简单许多而误差并不大.

例 2.4.30(需求问题) 设对某种产品的需求是由价格 P 决定的,$Q(P)=\dfrac{50\,000}{P^2}-\dfrac{1}{2}$,$P>0(P$ 以元计),试求:当(1) $P=50$;(2) $P=100$ 时,需求关于价格的变化率.

解 需求关于价格的变化率 $Q'(P)=\left(\dfrac{50\,000}{P^2}-\dfrac{1}{2}\right)'=-2\times\dfrac{50\,000}{P^3}=-\dfrac{100\,000}{P^3}$.

(1) $Q'(50)=-\dfrac{100\,000}{50^3}=-0.8$.

(2) $Q'(100)=-\dfrac{100\,000}{100^3}=-0.1$.

例 2.4.31(广告和销售问题) 由于广告活动,每日销售额(按万元计)由下式给出
$$s(t)=1+\frac{3}{t+3}-\frac{18}{(t+3)^2}$$
其中,t 是活动进行的周数.

(1) 试求在任意时间 t 销售额的变化率;

(2) 试用二阶微商求在 $t=15$ 时这个变化率是如何变化的.

解 (1) 在任意时间 t 销售额的变化率为
$$\frac{\mathrm{d}s}{\mathrm{d}t}=-\frac{3}{(t+3)^2}-\frac{18\times(-2)}{(t+3)^3}=\frac{-3}{(t+3)^2}+\frac{36}{(t+3)^3}.$$

(2) 销售额的变化率为
$$\frac{\mathrm{d}^2 s}{\mathrm{d}t^2}=\frac{6}{(t+3)^3}-\frac{108}{(t+3)^4}$$
当 $t=15$ 时,$\left.\dfrac{\mathrm{d}^2 s}{\mathrm{d}t^2}\right|_{t=15}=\dfrac{6}{(15+3)^3}-\dfrac{108}{(15+3)^4}=0$.

例 2.4.32 求二阶导数.

(1) $y=x\mathrm{e}^{x^2}$;

(2) $y=\sin x \cdot \sin(2x) \cdot \sin(3x)$.

解 (1)
$$y'=x'\mathrm{e}^{x^2}+x(\mathrm{e}^{x^2})'=\mathrm{e}^{x^2}(1+2x^2)$$
$$y''=(\mathrm{e}^{x^2})'(1+2x^2)+\mathrm{e}^{x^2}(1+2x^2)'=\mathrm{e}^{x^2}(4x^3+6x).$$

(2) 解题思路:利用三角函数和、差与积的互化公式,将 y 化简得

$$y = \sin x \cdot \sin(2x) \cdot \sin(3x) = \frac{1}{4}\sin(4x) - \frac{1}{4}\sin(6x) + \frac{1}{4}\sin(2x)$$

则
$$y' = \cos(4x) - \frac{3}{2}\cos(6x) + \frac{1}{2}\cos(2x)$$

$$y'' = -4\sin(4x) + 9\sin(6x) - \sin(2x) = 9\sin(6x) - 4\sin(4x) - \sin(2x).$$

例 2.4.33 设 $y = (x+2)(2x+3)^2(3x+4)^3$,求 $y^{(6)}$.

分析 注意此函数是 6 次多项式,又是求 6 阶导数,故不需将函数各因式的乘积全求出来.

解 因为 $y = x(2x)^2(3x)^3 + P_5(x) = 108x^6 + P_5(x)$(其中 $P_5(x)$ 为 x 的 5 次多项式),所以
$$y^{(6)} = 108 \times 6!.$$

例 2.4.34 设 $y = \sin^4 x - \cos^4 x$,求 $y^{(n)}$.

分析 求函数的高阶导数时,应尽量利用已知的 n 阶导数公式.为此,需要首先将函数进行恒等变形,使其成为最简形式,以便利用已有的公式求解.

解 $y = \sin^4 x - \cos^4 x = (\sin^2 x + \cos^2 x)(\sin^2 x - \cos^2 x) = -\cos(2x)$

因为 $(\cos x)^{(n)} = \cos\left(x + \frac{n}{2}\pi\right)$

所以 $y^{(n)} = -2^n \cos\left(2x + \frac{n}{2}\pi\right).$

例 2.4.35 求函数 $y = \ln(1-2x)$ 在点 $x=0$ 处的 n 阶导数 $y^{(n)}(0)$.

解 由 $y' = \dfrac{-2}{1-2x} = -2(1-2x)^{-1}$

$y'' = -2 \cdot (-1) \cdot (1-2x)^{-2} \cdot (-2) = -2^2(1-2x)^{-2}$

$y''' = -2^3 \cdot 2(1-2x)^{-3}$

$\vdots$

$y^{(n)} = -2^n(n-1)!(1-2x)^{-n}$,则 $y^{(n)}(0) = -2^n(n-1)!.$

例 2.4.36 设 $y = \dfrac{1}{x^2 - 3x + 2}$,求 $y^{(n)}$.

分析 若直接求 n 阶导数,则随着导数阶数的增高,越来越麻烦,而且不易寻找规律,故首先将 $y = \dfrac{1}{x^2-3x+2}$ 分解成最简分式之和.

解
$$y = \frac{1}{x^2-3x+2} = \frac{1}{x-2} - \frac{1}{x-1}$$

$$y' = -\frac{1}{(x-2)^2} + \frac{1}{(x-1)^2}$$

$$y'' = \frac{2!}{(x-2)^3} - \frac{2!}{(x-1)^3}$$

$$y''' = -\frac{3!}{(x-2)^4} + \frac{3!}{(x-1)^4}$$

$$\vdots$$

$$y^{(n)} = \left(\frac{1}{x-2}\right)^{(n)} - \left(\frac{1}{x-1}\right)^{(n)}$$

$$= (-1)^n n! \left[\frac{1}{(x-2)^{n+1}} - \frac{1}{(x-1)^{n+1}} \right] \quad (x \neq 1, x \neq 2).$$

例 2.4.37 设 $y = x^3 e^x$, 求 $y^{(5)}$.

分析 一般对于乘积的高阶导数用莱布尼兹公式可以简便地求出.

莱布尼兹公式: $(u \cdot v)^{(n)} = u^{(n)} v + n u^{(n-1)} v' + \frac{n(n-1)}{2!} u^{(n-2)} v'' + \cdots +$
$$\frac{n(n-1) \cdots (n-k+1)}{k!} u^{(n-k)} v^{(k)} + \cdots + u v^{(n)}.$$

解 设 $u = e^x, v = x^3$, 则 $u^{(k)} = e^x \ (k = 1, 2, 3, 4, 5)$.
$$v' = 3x^2, \quad v'' = 6x, \quad v''' = 6, \quad v^{(4)} = v^{(5)} = 0$$

代入莱布尼兹公式得
$$y^{(5)} = (x^3 e^x)^{(5)} = (e^x x^3)^{(5)}$$
$$= (e^x)^{(5)} \cdot x^3 + 5 \cdot (e^x)^{(4)} \cdot (x^3)' + \frac{5(5-1)}{2!} \cdot (e^x)''' \cdot (x^3)'' +$$
$$\frac{5(5-1)(5-2)}{3!} \cdot (e^x)'' \cdot (x^3)''' + 0$$
$$= e^x \cdot x^3 + 5 \cdot e^x \cdot 3x^2 + \frac{5 \cdot 4}{2!} \cdot e^x \cdot 6x + \frac{5 \cdot 4 \cdot 3}{3!} \cdot e^x \cdot 6$$
$$= (x^3 + 15x^2 + 60x + 60) e^x.$$

例 2.4.38 求函数 $y = \ln(1+x^2)$, 当 $x = 1, \Delta x = 0.1$ 时的微分.

分析 利用 $dy = y' \Delta x$.

解 $dy = [\ln(1+x^2)]' \Delta x = \frac{2x}{1+x^2} \Delta x$, 当 $x = 1, \Delta x = 0.1$ 时
$$dy = \frac{2 \times 1}{1+1^2} \times 0.1 = 0.1.$$

例 2.4.39 设方程 $x = y^y$ 所确定 y 是 x 的函数, 求 dy.

解 方程两边关于 x 求导, 得 $1 = e^{y \ln y} [y' \ln y + y \frac{1}{y} y']$

则
$$y' = \frac{1}{y^y (1 + \ln y)} = \frac{1}{x(1 + \ln y)}$$
$$dy = y' dx = \frac{1}{x(1 + \ln y)} dx.$$

例 2.4.40 设函数 $y = f(x)$ 在某点处自变量的增量 $\Delta x = 0.2$, 对应的函数增量的线性主部等于 0.8, 试求 $y = f(x)$ 在该点处的导数.

分析 函数 $f(x)$ 的增量的线性主部就是 $df(x)$.

解 因为 $df(x) = f'(x) \Delta x$, 当 $\Delta x = 0.2$ 时, $df'(x) = 0.8$
所以 $\qquad 0.8 = f'(x) \times 0.2, \quad f'(x) = 4.$

例 2.4.41 求下列各函数的微分.

(1) $y = \frac{1}{3} \tan^3 x + \tan x$; \qquad (2) $y = f\left(\arctan \frac{1}{x}\right)$, 其中 $f(x)$ 可导.

分析 一般有两种方法:

(1) 计算简单函数的微分, 可以先计算导数 y', 再利用 $dy = y' dx$, 求得 dy;

(2) 计算复杂函数的微分,可以利用微分法则.

解 (1) $dy = d\left(\dfrac{1}{3}\tan^3 x\right) + d(\tan x) = \tan^2 x\, d(\tan x) + d(\tan x)$

$= (\tan^2 x + 1)\, d(\tan x) = \sec^2 x \cdot \sec^2 x\, dx = \sec^4 x\, dx.$

(2) $dy = f'\left(\arctan\dfrac{1}{x}\right) d\left(\arctan\dfrac{1}{x}\right) = f'\left(\arctan\dfrac{1}{x}\right) \dfrac{1}{1+\left(\dfrac{1}{x}\right)^2} d\left(\dfrac{1}{x}\right)$

$= f'\left(\arctan\dfrac{1}{x}\right) \dfrac{1}{1+\left(\dfrac{1}{x}\right)^2}\left(-\dfrac{1}{x^2}\right) dx = -f'\left(\arctan\dfrac{1}{x}\right)\dfrac{1}{x^2+1}dx.$

例 2.4.42 设 $e^{x+y} - y\sin x = 0$,求 dy.

分析 利用一阶微分形式的不变性.

解 方程两边取微分,有 $d(e^{x+y}) - d(y\sin x) = 0$,即

$$e^{x+y}d(x+y) - (\sin x\, dy + y\, d\sin x) = 0$$

$$e^{x+y}(dx + dy) - (\sin x\, dy + y\cos x\, dx) = 0$$

整理后得 $\quad dy = \dfrac{y\cos x - e^{x+y}}{e^{x+y} - \sin x}dx = \dfrac{y(\cos x - \sin x)}{(y-1)\sin x}dx$

注意: 例 2.4.39 也可以先求出 $y(x)$,再利用 $dy = y'(x)dx$,求得 dy.

例 2.4.43 求 $\sqrt{8.9}$ 的近似值.

分析 要近似计算一个数值 A,首先把 A 化为一个函数在某点的函数值,即合理选择好 $f(x)$ 以及 x_0、Δx,使 $A = f(x_0 + \Delta x)$,而选取 x_0 和 Δx 应注意两个原则:

(1) 使 $f(x_0)$、$f'(x_0)$ 易计算;

(2) $|\Delta x|$ 应充分小.

解 **解法1** 设 $f(x) = \sqrt{x}$,取 $x_0 = 9$,$\Delta x = -0.1$,根据公式

$$f(x_0 + \Delta x) \approx f(x_0) + f'(x_0)\Delta x$$

$f(8.9) \approx f(9) + f'(9) \cdot (-0.1) = 3 - \dfrac{1}{6} \times 0.1 = 2.98.$

$\left(f(9) = \sqrt{9} = 3, f'(9) = \dfrac{1}{2\sqrt{x}}\bigg|_{x=9} = \dfrac{1}{6}.\right)$

解法2 将 $\sqrt{8.9}$ 改写成 $\sqrt{8.9} = \sqrt{9 - 0.1} = \sqrt{9\left(1 - \dfrac{0.1}{9}\right)} = 3 \times \sqrt{1 - \dfrac{0.1}{9}}.$

根据公式 $\sqrt[n]{1+x} \approx 1 + \dfrac{x}{n}$($|x|$ 是较小的数值),可得 $\sqrt{1+x} \approx 1 + \dfrac{x}{2}.$

令 $x = -\dfrac{0.1}{9}$,则 $3\sqrt{1 - \dfrac{0.1}{9}} \approx 3\left(1 - \dfrac{0.1}{18}\right) = 3 - \dfrac{0.1}{6} = 2.98.$

例 2.4.44(**收益的相对误差**) 某公司的月收益由下式确定: $R(q) = 25q - 0.001q^2$,其中 q 是一个月的销售数. 已知下月销售数为 5 000 时最大相对误差为 0.01,试估计下月的收益是多少? 相对误差是多少?

解 当 $q = 5\,000$ 时,$R(5\,000) = 25 \times 5\,000 - 0.001 \times 5\,000^2 = 100\,000$,即估计下月的收益是 100 000.

因为 $R(q) = 25q - 0.001q^2$ 两边取对数,得

$$\ln R = \ln(25q - 0.001q^2)$$

两边求微分,得
$$\frac{\mathrm{d}R}{R} = \frac{25 - 0.002q}{25q - 0.001q^2}\mathrm{d}q = \frac{25 - 0.002q}{25 - 0.001q} \cdot \frac{\mathrm{d}q}{q}$$

因为 $q = 5\,000$ 时,最大相对误差为 $\dfrac{\mathrm{d}q}{q} = 0.01$,故 R 的最大相对误差为

$$\frac{\mathrm{d}R}{R} = \frac{25 - 0.002 \times 5\,000}{25 - 0.001 \times 5\,000} \times 0.01 = 0.0075$$

即估计下月收益的相对误差是 0.0075.

2.5 错解分析

例 2.5.1 设函数 $f(x)$ 在点 x_0 处可导,求极限 $\lim\limits_{h \to 0}\dfrac{f(x_0 + h) - f(x_0 - h)}{h}$.

错解 $\lim\limits_{h \to 0}\dfrac{f(x_0 + h) - f(x_0 - h)}{h} \xlongequal{\text{令}x = x_0 - h} \lim\limits_{h \to 0}\dfrac{f(x + 2h) - f(x)}{h}$

$$= 2\lim_{h \to 0}\frac{f(x + 2h) - f(x)}{2h} = 2\lim_{h \to 0}f'(x) = 2\lim_{h \to 0}f'(x_0 - h) = 2f'(x_0).$$

分析 尽管结果正确,但解答过程中有两处发生概念性错误.

(1) 由题设条件仅知 $f(x)$ 在 x_0 处可导,在 $x = x_0 - h$ 处是否可导无从知晓,因此

$$\lim_{h \to 0}\frac{f(x + 2h) - f(x)}{2h} = \lim_{h \to 0}f'(x)$$

是没有根据的,另外,算式也是错误的,即使 $f(x)$ 在 x 处可导,也应当是

$$\lim_{h \to 0}\frac{f(x + 2h) - f(x)}{2h} = f'(x)$$

而不是 $\lim\limits_{h \to 0}f'(x)$.

(2) 错误还发生在运算的最后一步,即
$$2\lim_{h \to 0}f'(x_0 - h) = 2f'(x_0).$$

这一极限运算需要导函数 $f'(x)$ 在点 x_0 处连续的条件才能得到,但题中没有给出这样的条件.

正确解答 $\lim\limits_{h \to 0}\dfrac{f(x_0 + h) - f(x_0 - h)}{h}$

$$= \lim_{h \to 0}\frac{[f(x_0 + h) - f(x_0)] - [f(x_0 - h) - f(x_0)]}{h}$$

$$= \lim_{h \to 0}\frac{f(x_0 + h) - f(x_0)}{h} + \lim_{h \to 0}\frac{f(x_0 - h) - f(x_0)}{-h}$$

$$= f'(x_0) + f'(x_0) = 2f'(x_0).$$

例 2.5.2 设 $f(x) = (x^{100} - 1)g(x)$,其中 $g(x)$ 在点 $x = 1$ 处连续,且 $g(1) = 1$,求 $f'(1)$.

错解 $f'(x) = (x^{100} - 1)'g(x) + (x^{100} - 1)g'(x)$ ①

$$= 100x^{99}g(x) + (x^{100} - 1)g'(x)$$

故 $f'(1) = 100 \times 1 \times g(1) + (1 - 1) \times g'(1) = 100.$

分析 根据题目条件,只知 $g(x)$ 在 $x=1$ 处连续,因此 $g'(x)$ 是否存在无法保证,应用积的求导法则时要求每一个因子都可导,故式 ① 是错误的.

正确解答
$$f'(1) = \lim_{x\to 1}\frac{(x^{100}-1)g(x)-0}{x-1} \quad (f(1)=0)$$
$$= \lim_{x\to 1}(x^{99}+x^{98}+\cdots+x+1)g(x).$$

由 $g(x)$ 在 $x=1$ 处连续知,$\lim\limits_{x\to 1}g(x)=g(1)=1$,故
$$f'(1) = 100g(1) = 100.$$

例 2.5.2 说明,对于含抽象函数的求导问题,应特别注意题目中给出的抽象函数是否符合可导条件,如此例中 $g(x)$ 不符合可导条件.

例 2.5.3 设函数 $f(x)=\begin{cases}\dfrac{2}{3}x^3, & x\geqslant 1,\\ x^2, & x<1,\end{cases}$ 求 $f'(x)$.

错解 当 $x\geqslant 1$ 时,$f'(x)=\left(\dfrac{2}{3}x^3\right)'=2x^2$;

当 $x<1$ 时,$f'(x)=(x^2)'=2x$.

又因 $f'_+(1)=2x^2\big|_{x=1}=2$ 与 $f'_-(1)=2x\big|_{x=1}=2$ 相等,故导函数为
$$f'(x)=\begin{cases}2x^2, & x\geqslant 1\\ 2x, & x<1\end{cases}.$$

分析 问题出在分界点 $x=1$ 的导数,稍微细心一些,便会发现函数 $f(x)$ 在 $x=1$ 处是不连续的,当然 $f'(1)$ 不存在!造成错误的原因是求 $x=1$ 处的单侧导数的方法不对,对于分段函数在分界点处的单侧导数应该用导数定义来求.

正确解答 当 $x>1$ 时,$f'(x)=\left(\dfrac{2}{3}x^3\right)'=2x^2$;

当 $x<1$ 时,$f'(x)=(x^2)'=2x$.

又因 $f(1-0)=1, f(1+0)=\dfrac{2}{3}$ 显然函数在 $x=1$ 处不连续,故在 $x=1$ 处不可导,

从而
$$f'(x)=\begin{cases}2x^2, & x>1\\ 2x, & x<1\end{cases}.$$

事实上,用导数定义也可知函数在 $x=1$ 处不可导.

$$f'_+(1)=\lim_{\Delta x\to 0^+}\frac{\dfrac{2}{3}(1+\Delta x)^3-\dfrac{2}{3}}{\Delta x}=\lim_{\Delta x\to 0^+}\left[2+2\Delta x+\dfrac{2}{3}(\Delta x)^2\right]=2,$$

而
$$\lim_{\Delta x\to 0^-}\frac{(1+\Delta x)^2-\dfrac{2}{3}}{\Delta x}=\lim_{\Delta x\to 0^-}\left[\frac{1}{3\Delta x}+2+\Delta x\right]$$

不存在,故 $f'_-(1)$ 不存在,从而函数在点 $x=1$ 处不可导.

例 2.5.4 设 $y=e^{\sin x}\cos(\sin x)$,求 $y(0), y'(0)$.

错解 $y(0)=1, \quad y'(0)=1'=0.$

分析 错误是由于误认为 $y'(0)=[y(0)]'$ 所致. 事实上,一般情况下,$y'(0)\neq [y(0)]'$,因为 $y'(0)$ 表示函数 y 在点 $x=0$ 处的导数即导函数 $y'(x)$ 在点 $x=0$ 处的值,而 $[y(0)]'$ 表示常数 $y(0)$ 的导数,故 $[y(0)]'=0$,但 $y'(0)$ 却未必是零,例如,对于函数 $y=$

$e^x, y'(x) = e^x, y'(0) = 1.$

正确解答
$$y(0) = 1$$
$$y'(x) = e^{\sin x}\cos x\cos(\sin x) - e^{\sin x}\sin(\sin x)\cos x$$
$$y'(0) = 1.$$

例 2.5.5 求下列函数的导数.

(1) $y = e^{-|x^3|}$； (2) $y = x^2 \tan x$；

(3) $y = e^x \arctan x$； (4) $y = \arccos\sqrt{1-3x}$；

(5) $y = e^{\sin^2(1-x)}$； (6) $y = \ln(x+\sqrt{x^2+a^2})$.

错解 (1) $y' = (e^{-|x^3|})' = e^{-|x^3|}(-|x^3|)' = -3|x|^2 e^{-|x^3|} = -3x^2 e^{-|x^3|}.$

(2) $y' = (x^2)'\tan x + x^2(\tan x)' = 2x\tan x + \dfrac{x^2}{1+x^2}.$

(3) $y' = (e^x)'\arctan x + e^x(\arctan x)' = e^x \arctan x + e^x \sec^2 x.$

(4) $y' = (\arccos\sqrt{1-3x})' = \dfrac{-1}{\sqrt{1-(\sqrt{1-3x})^2}}(1-3x)'$

$= \dfrac{-1}{\sqrt{1-(1-3x)}} \cdot (-3) = \dfrac{3}{\sqrt{3x}}.$

(5) $y' = [e^{\sin^2(1-x)}]' = e^{\sin^2(1-x)}[\sin^2(1-x)]' = e^{\sin^2(1-x)} 2\sin(1-x)[\sin(1-x)]'$

$= e^{\sin^2(1-x)} \cdot 2\sin(1-x)\cos(1-x) = e^{\sin^2(1-x)} \cdot \sin[2(1-x)].$

(6) $y' = [\ln(x+\sqrt{x^2+a^2})]' = \dfrac{1}{x+\sqrt{x^2+a^2}}(x+\sqrt{x^2+a^2})'$

$= \dfrac{1}{x+\sqrt{x^2+a^2}}\left(1+\dfrac{1}{2\sqrt{x^2+a^2}}\right)(x^2+a^2)'$

$= \dfrac{1}{x+\sqrt{x^2+a^2}}\left(1+\dfrac{1}{2\sqrt{x^2+a^2}}\right)(2x).$

分析 对含绝对值的函数不变形而直接求导,是初学导数的读者常犯的错误之一,对含绝对值的函数应先变形为不含绝对值的函数(一般是分段函数),然后再求导.

如 $e^{-|x^3|} = \begin{cases} e^{-x^3}, & x \geqslant 0, \\ e^{x^3}, & x < 0, \end{cases}$ 然后再求导.

把 $\tan x$ 的导数公式与 $\arctan x$ 的导数公式相混淆也是初学导数的读者常犯的错误之一,切记 $(\tan x)' = \sec^2 x, (\arctan x)' = \dfrac{1}{1+x^2}.$

求复合函数的导数时,遗漏了对某一中间变量的导数,是初学导数的读者常犯的又一错误,如求 $\arccos\sqrt{1-3x}$ 的导数时,漏求了对 $\sqrt{v}(v=1-3x)$ 的导数 $\dfrac{1}{2\sqrt{v}}$；求 $e^{\sin^2(1-x)}$ 的导数时,漏求了 $1-x$ 的导数 $(1-x)' = -1.$

第(6)小题的错误则在于把函数的复合关系搞错了,$y = \ln(x+\sqrt{x^2+a^2})$ 是由 $y = \ln u, u = x+\sqrt{v}, v = x^2+a^2$ 复合而成的,而解题中实际上误认为由 $y = \ln u, u = v+\sqrt{v}, v = x^2+a^2$ 复合而成.

正确解答

(1) $$e^{-|x^3|} = \begin{cases} e^{-x^3}, & x \geqslant 0 \\ e^{x^3}, & x < 0 \end{cases}$$

故 $x > 0$ 时,$(e^{-x^3})' = -3x^2 e^{-x^3}$;$x < 0$ 时,$(e^{x^3})' = 3x^2 e^{x^3}$.

在 $x = 0$ 处, $y'_+(0) = \lim\limits_{x \to +0} \dfrac{e^{-x^3} - 1}{x} = \lim\limits_{x \to +0} \dfrac{-x^3}{x} = 0$,

$$y'_-(0) = \lim\limits_{x \to -0} \dfrac{e^{x^3} - 1}{x} = \lim\limits_{x \to -0} \dfrac{x^3}{x} = 0,$$

故 $y'(0) = 0$,综上所述,有

$$y' = \begin{cases} -3x^2 e^{-x^3}, & x \geqslant 0 \\ 3x^2 e^{x^3}, & x < 0 \end{cases}.$$

(2) $\quad y' = 2x \tan x + x^2 \sec^2 x.$

(3) $\quad y' = e^x \arctan x + \dfrac{e^x}{1+x^2}.$

(4) $\quad y' = \dfrac{-1}{\sqrt{1-(1-3x)^2}} \cdot \dfrac{-3}{2\sqrt{1-3x}} = \dfrac{3}{2\sqrt{3x-9x^2}}.$

(5) $y' = e^{\sin^2(1-x)} \cdot 2\sin(1-x) \cdot \cos(1-x) \cdot (-1) = -e^{\sin^2(1-x)} \cdot \sin 2(1-x).$

(6) $\quad y' = \dfrac{1}{x+\sqrt{x^2+a^2}}\left(1 + \dfrac{1}{2\sqrt{x^2+a^2}} \cdot 2x\right) = \dfrac{1}{\sqrt{x^2+a^2}}.$

例 2.5.6 求函数 $y = x^{2x}$ 的导数.

错解 (1) $\quad y' = 2x \cdot x^{2x-1} \cdot 2 = 4x^{2x}.$

(2) $\quad y' = x^{2x} \ln x \cdot 2 = 2x^{2x} \ln x.$

分析 (1) 错在把函数 x^{2x} 当成幂函数了,实际上函数 x^{2x} 是幂指函数,即幂底 x 和幂指数 $2x$ 都是 x 的函数,而幂函数 x^2 仅仅幂底是 x 的函数,幂指数是常数.

(2) 错在把函数 x^{2x} 当成指数函数了,必须注意指数函数 a^x 仅仅幂指数是 x 的函数,幂底是常数.

正确解答 把幂指函数化为以 e 为底的指数函数,然后用复合函数求导法.

$$y' = (x^{2x})' = (e^{2x \ln x})' = e^{2x \ln x}\left(2\ln x + 2x \dfrac{1}{x}\right) = 2x^{2x}(\ln x + 1).$$

例 2.5.7 设 $y = f(x^3)$,其中 $f(u)$ 具有二阶导数,求 $\dfrac{d^2 y}{dx^2}$.

错解 $\quad \dfrac{dy}{dx} = \dfrac{dy}{du} \cdot \dfrac{du}{dx} = f'(x^3) \cdot 3x^2 = 3x^2 f'(x^3)$

$$\dfrac{d^2 y}{dx^2} = 6x f'(x^3) + 3x^2 f''(x^3).$$

分析 二阶导数求错,函数 $y = f(x^3)$ 的复合关系是 $f \to u \to x$,即 f 是 u 的函数,u 是 x 的函数,$f'(x^3)$ 的复合关系与 $f(x^3)$ 的复合关系一样,也是 f' 是 u 的函数,u 是 x 的函数,即 $f' \to u \to x$,故对 $f'(x^3)$ 关于 x 求导数时,有

$$\dfrac{d}{dx}[f'(x^3)] = \dfrac{d}{du}[f'(u)] \cdot \dfrac{du}{dx} = f''(u) \cdot 3x^2 = 3x^2 f''(x^3).$$

正确解答 $\dfrac{d^2 y}{d x^2} = \dfrac{d}{d x}[3x^2 f'(x^3)] = f'(x^3) \dfrac{d}{d x}(3x^2) + 3x^2 \dfrac{d}{d x}[f'(x^3)]$
$= 6xf'(x^3) + 3x^2 \cdot 3x^2 f''(x^3) = 6xf'(x^3) + 9x^4 f''(x^3).$

例 2.5.8 求由方程 $y = 1 + x\,e^y$ 所确定的隐函数 $y = y(x)$ 的二阶导数 $\dfrac{d^2 y}{d x^2}$.

错解 对方程 $y = 1 + x\,e^y$ 两边关于 x 求导, 得
$$y' = e^y + x\,e^y \cdot y'$$
故
$$y' = \dfrac{e^y}{1 - x\,e^y}$$
$$y'' = \dfrac{e^y(1 - x\,e^y) - e^y(-e^y - x\,e^y)}{(1 - x\,e^y)^2} = \dfrac{e^y + e^{2y}}{(1 - x\,e^y)^2}.$$

分析 二阶导数求错, 对表达式 $\dfrac{e^y}{1 - x\,e^y}$ 关于 x 求导数时, 其中的 y 仍是 x 的函数, 故
$$\dfrac{d}{d x}(e^y) = \dfrac{d}{d y}(e^y) \cdot \dfrac{d y}{d x} = e^y \cdot y'$$

正确解答 $y'' = \dfrac{e^y y'(1 - x\,e^y) - e^y(-e^y - x\,e^y y')}{(1 - x\,e^y)^2} = \dfrac{e^y \cdot y' + e^{2y}}{(1 - x\,e^y)^2} = \dfrac{2e^{2y} - x\,e^{3y}}{(1 - x\,e^y)^3}.$

利用原方程 $y = 1 + x\,e^y$, 可以将上式化简为 $y'' = \dfrac{e^{2y}(3 - y)}{(2 - y)^3}.$

例 2.5.9 求由参数方程 $\begin{cases} x = a(\cos t + t\sin t) \\ y = a(\sin t - t\cos t) \end{cases}$ 确定的函数 $y = g(x)$ 的导数 $\dfrac{d y}{d x}$ 及二阶导数 $\dfrac{d^2 y}{d x^2}$.

错解
$$y' = \dfrac{\dfrac{d y}{d t}}{\dfrac{d x}{d t}} = \dfrac{a(\sin t - t\cos t)'}{a(\cos t + t\sin t)'} = \dfrac{t\sin t}{t\cos t} = \tan t$$
$$y'' = (y')' = (\tan t)' = \sec^2 t.$$

分析 二阶导数的解法是错误的, 二阶导数 $y'' = \dfrac{d^2 y}{d x^2}$ 是一阶导数 $\dfrac{d y}{d x}$ 再对 x 求导, 而不是 $\dfrac{d y}{d x}$ 对 t 求导, 注意到 $\dfrac{d y}{d x} = \tan t$ 是 t 的函数.

正确解答 $\dfrac{d^2 y}{d x^2} = \dfrac{d}{d x}\left(\dfrac{d y}{d x}\right) = \dfrac{d}{d x}(\tan t) = \dfrac{d}{d t}(\tan t) \dfrac{d t}{d x}$
$= \dfrac{\dfrac{d}{d t}(\tan t)}{\dfrac{d x}{d t}} = \dfrac{\sec^2 t}{\dfrac{d}{d t}a(\cos t + t\sin t)} = \dfrac{\sec^2 t}{at\cos t} = \dfrac{1}{at}\sec^3 t.$

读者必须注意, 由参数 $\begin{cases} x = x(t) \\ y = y(t) \end{cases}$ 所确定的变量 y 与 x 之间的函数关系是通过参数 t 来联系的, 要求的是 y 对 x 的导数, 而不是 y 对 t 的导数, 这在求高阶导数时最容易被疏忽, 尤其采用 y'、y'' 等导数记号时, 更容易忘记, 从而造成错误.

2.6 考研真题选解

例 2.6.1 设 $f(0)=0$,则函数 $f(x)$ 在点 $x=0$ 可导的充要条件为( ).

(2001年考研数学试题)

(A) $\lim\limits_{h\to 0}\dfrac{1}{h^2}f(1-\cosh)$ 存在 (B) $\lim\limits_{h\to 0}\dfrac{1}{h}f(1-e^h)$ 存在

(C) $\lim\limits_{h\to 0}\dfrac{1}{h^2}f(h-\sinh)$ 存在 (D) $\lim\limits_{h\to 0}\dfrac{1}{h}[f(2h)-f(h)]$ 存在

解法 1 当 $f(0)=0$ 时,$f'(0)=\lim\limits_{x\to 0}\dfrac{f(x)}{x}$ 存在 $\Leftrightarrow \lim\limits_{x\to 0^+}\dfrac{f(x)}{x}=\lim\limits_{x\to 0^-}\dfrac{f(x)}{x}$ 存在.

关于(A):$\lim\limits_{h\to 0}\dfrac{1}{h^2}f(1-\cosh)=\lim\limits_{h\to 0}\dfrac{f(1-\cosh)}{1-\cosh}\cdot\dfrac{1-\cosh}{h^2}\xrightarrow{t=1-\cosh}\dfrac{1}{2}\lim\limits_{t\to 0^+}\dfrac{f(t)}{t}$,由此可知 $\lim\limits_{h\to 0}\dfrac{1}{h^2}f(1-\cosh)$ 存在 $\Leftrightarrow f'_+(0)$ 存在.

若 $f(x)$ 在 $x=0$ 可导 $\Rightarrow$ (A)成立,反之若(A)成立 $\Rightarrow f'_+(0)$ 存在 $\nRightarrow f'(0)$ 存在. 如 $f(x)=|x|$ 满足(A),但 $f'(0)$ 不存在.

关于(D):若 $f(x)$ 在 $x=0$ 可导 $\Rightarrow$

$$\lim_{h\to 0}\dfrac{1}{h}[f(2h)-f(h)]=\lim_{h\to 0}\left[2\dfrac{f(2h)}{2h}-\dfrac{f(h)}{h}\right]=2f'(0)-f'(0)$$

$\Rightarrow$ (D) 成立. 反之(D) 成立 $\Rightarrow \lim\limits_{h\to 0}[f(2h)-f(h)]=0\nRightarrow f(x)$ 在 $x=0$ 连续 $\nRightarrow f(x)$ 在 $x=0$ 可导,若 $f(x)=\begin{cases}2x+1,x\neq 0\\ 0,\quad x=0\end{cases}$ 满足(D),但 $f(x)$ 在 $x=0$ 处不连续,因而 $f'(0)$ 也不存在.

再看(C):$\lim\limits_{h\to 0}\dfrac{1}{h^2}f(h-\sinh)=\lim\limits_{h\to 0}\dfrac{h-\sinh}{h^2}\cdot\dfrac{f(h-\sinh)}{h-\sinh}$

$$=\lim_{h\to 0}\dfrac{h-\sinh}{h^2}\lim_{t\to 0}\dfrac{f(t)}{t}(当它们都存在时).$$

注意,易求得 $\lim\limits_{h\to 0}\dfrac{h-\sinh}{h^2}=0$,因此,若 $f'(0)$ 存在 $\Rightarrow$ (C) 成立,反之,若(C) 成立 $\nRightarrow \lim\limits_{t\to 0}\dfrac{f(t)}{t}$ 存在(即 $f'(0)$ 存在). 因为只要 $\dfrac{f(t)}{t}$ 有界,仍有(C) 成立,如 $f(x)=|x|$ 满足(C),但 $f'(0)$ 不存在.

因此,只能选(B).

解法 2 直接考查(B).

$$\lim_{h\to 0}\dfrac{f(1-e^h)}{h}\xrightarrow{x=1-e^h}\lim_{x\to 0}\dfrac{x}{\ln(1-x)}\lim_{x\to 0}\dfrac{f(x)}{x}.$$

因此,$\lim\limits_{h\to 0}\dfrac{1}{h}f(1-e^h)$ 存在 $\Leftrightarrow \lim\limits_{x\to 0}\dfrac{f(x)}{x}$ 存在 $\Leftrightarrow f'(0)$ 存在. 应选(B).

评注 由 $1-\cosh\geqslant 0$ 即知(A) 不对,由 $h-\sinh=0(h^2)$ 知(C) 不对. 由 $f(2h)-f(h)=f(2h)-f(0)-[f(h)-f(0)]$ 知(D) 不对,由 $1-e^h\sim(-h)$ 知(B) 正确.

例 2.6.2 设函数 $f(x)$ 连续,且 $f'(0)>0$,则存在 $\delta>0$,使得( ).

(2004 年考研数学试题)

(A) $f(x)$ 在 $(0,\delta)$ 内单调增加

(B) $f(x)$ 在 $(-\delta,0)$ 内单调减少

(C) 对任意的 $x\in(0,\delta)$ 有 $f(x)>f(0)$

(D) 对任意的 $x\in(-\delta,0)$ 有 $f(x)>f(0)$

解 由导数定义知 $f'(0)=\lim\limits_{x\to 0}\dfrac{f(x)-f(0)}{x}>0$. 再由极限的不等式性质 $\Rightarrow$ 存在 $\delta>0$, 当 $x\ne 0, x\in(-\delta,\delta)$ 时, $\dfrac{f(x)-f(0)}{x}>0 \Rightarrow$ 当 $x\in(0,\delta)(x\in(-\delta,0)$ 时, $f(x)-f(0)>0(<0)$. 因此应选(C).

评注 (1) 由 $f'(a)>0$, 同上可证: 存在 $\delta>0$, 当 $x\in(a,a+\delta)$ 时 $f(x)>f(a)$, 当 $x\in(a-\delta,a)$ 时 $f(x)<f(a)$. 但不能得出存在 a 点的某邻域使得 $f(x)$ 在该邻域单调增加.

(2) 若 $f'(a)>0$, 又设 $f'(x)$ 在 $x=a$ 连续, 则存在 $\delta>0$, $f'(x)>0(x\in(a-\delta,a+\delta))$, 从而 $f(x)$ 在 $(a-\delta,a+\delta)$ 内单调上升.

例如,设 $f(x)=\begin{cases} x+2x^2\sin\dfrac{1}{x}, & x\ne 0 \\ 0, & x=0 \end{cases}$ 则

$$f'(0)=\lim_{x\to 0}\dfrac{f(x)-f(0)}{x}=1+\lim_{x\to 0}2x\sin\dfrac{1}{x}=1>0.$$

$$f'(x)=1+4x\sin\dfrac{1}{x}-2\cos\dfrac{1}{x}, x\ne 0$$

于是任取整数 n, $f'\left(\dfrac{1}{n\pi}\right)=[1-2(-1)^n]\begin{cases} <0, & |n| \text{ 为偶数} \\ >0, & |n| \text{ 为奇数} \end{cases}$.

任取 $\delta>0$, $|n|$ 充分大后, $\dfrac{1}{n\pi}\in(0,\delta)(n>0)$, $\dfrac{1}{n\pi}\in(-\delta,0)(n<0)$, 因此, $\forall \delta>0$, 在区间 $(0,\delta)$ 及 $(-\delta,0)$ 内 $f'(x)$ 总是变号无穷多次, 从而 $f(x)$ 在这样的区间内不单调.

例 2.6.3 设函数 $f(x)$ 在点 $x=0$ 处连续,下列命题错误的是( ).

(2007 年考研数学试题)

(A) 若 $\lim\limits_{x\to 0}\dfrac{f(x)}{x}$ 存在, 则 $f(0)=0$

(B) 若 $\lim\limits_{x\to 0}\dfrac{f(x)+f(-x)}{x}$ 存在, 则 $f(0)=0$

(C) 若 $\lim\limits_{x\to 0}\dfrac{f(x)}{x}$ 存在, 则 $f'(0)$ 存在

(D) 若 $\lim\limits_{x\to 0}\dfrac{f(x)-f(-x)}{x}$ 存在, 则 $f'(0)$ 存在

解法 1 由(A)的条件 $\Rightarrow \lim\limits_{x\to 0}f(x)=0$, 又 $\lim\limits_{x\to 0}f(x)=f(0) \Rightarrow f(0)=0$.

由(B)的条件 $\Rightarrow \lim\limits_{x\to 0}[f(x)+f(-x)]=f(0)+f(0)=0 \Rightarrow f(0)=0$.

由(C)的条件 $\Rightarrow \lim\limits_{x\to 0}f(x)=f(0)=0 \Rightarrow \lim\limits_{x\to 0}\dfrac{f(x)}{x}=\lim\limits_{x\to 0}\dfrac{f(x)-f(0)}{x}=f'(0)$ 存在.

由此(A)(B)(C) 正确. 选(D).

解法 2 设 $f(x)=|x|$，则 $\lim\limits_{x\to 0}\dfrac{f(x)-f(-x)}{x}=\lim\limits_{x\to 0}\dfrac{|x|-|-x|}{x}=0$ (存在)，但 $f'(0)$ 不存在. 因此(D) 是错误的，选(D).

例 2.6.4 设函数 $f(x)=(e^x-1)(e^{2x}-2)\cdots(e^{nx}-n)$，其中 n 为正整数，则 $f'(0)=$ ( ).

(2012 年考研数学试题)

(A) $(-1)^{n-1}(n-1)!$ (B) $(-1)^n(n-1)!$
(C) $(-1)^{n-1}n!$ (D) $(-1)^n n!$

解法 1 按定义

$$f'(0)=\lim_{x\to 0}\dfrac{f(x)-f(0)}{x}=\lim_{x\to 0}\dfrac{(e^x-1)(e^{2x}-2)\cdots(e^{nx}-n)}{x}$$
$$=(-1)\times(-2)\times\cdots\times[-(n-1)]$$
$$=(-1)^{n-1}(n-1)!$$

故选(A).

解法 2 用乘积求导公式，含因子 e^x-1 项在 $x=0$ 为 0，故只留下一项，于是

$$f'(0)=[e^x(e^{2x}-2)\cdots(e^{nx}-n)]|_{x=0}$$
$$=(-1)\times(-2)\times\cdots\times[-(n-1)]$$
$$=(-1)^{n-1}(n-1)!$$

故选(A).

例 2.6.5 已知函数 $y=y(x)$ 由方程 $e^y+6xy+x^2-1=0$ 确定，则 $y''(0)=$ _____.

(2002 年考研数学试题)

解 方程两边对 x 两次求导得

$$e^y y'+6xy'+6y+2x=0 \quad \text{①}$$
$$e^y y''+e^y y'^2+6xy''+12y'+2=0 \quad \text{②}$$

以 $x=0$ 代入原方程得 $y=0$，以 $x=y=0$ 代入式 ① 得 $y'=0$，再以 $x=y=y'=0$ 代入式 ② 得 $y''(0)=-2$.

例 2.6.6 设 $\begin{cases}x=e^{-t}\\ y=\displaystyle\int_0^t\ln(1+u^2)\,du\end{cases}$ 则 $\dfrac{d^2y}{dx^2}\bigg|_{t=0}=$ _____. (2010 年考研数学试题)

解 先求 $\dfrac{dy}{dx}=\dfrac{y'_t}{x'_t}=\dfrac{\ln(1+t^2)}{-e^{-t}}=-e^t\ln(1+t^2)$

再求 $\dfrac{d^2y}{dx^2}=\dfrac{d}{dt}[-e^t\ln(1+t^2)]\dfrac{dt}{dx}=\left[-e^t\ln(1+t^2)-\dfrac{2te^t}{1+t^2}\right](1-e^t)\Rightarrow\dfrac{d^2y}{dx^2}\bigg|_{t=0}=0.$

例 2.6.7 设 $\begin{cases}x=\sin t\\ y=t\sin t+\cos t\end{cases}$ (t 为参数)，则 $\dfrac{d^2y}{dx^2}\bigg|_{t=\frac{\pi}{4}}=$ _____.

(2013 年考研数学试题)

解 先求

$$\dfrac{dy}{dx}=\dfrac{y'_t}{x'_t}=\dfrac{t\cos t+\sin t-\sin t}{\cos t}=t$$

$$\dfrac{d^2y}{dx^2}=\dfrac{d}{dx}(t)=\dfrac{d}{dt}(t)\cdot\dfrac{dt}{dx}=\dfrac{1}{x'_t}=\dfrac{1}{\cos t},$$

于是
$$\left.\frac{d^2 y}{dx^2}\right|_{t=\frac{\pi}{4}} = \left.\frac{1}{\cos t}\right|_{t=\frac{\pi}{4}} = \sqrt{2}.$$

例 2.6.8 设函数 $y = y(x)$ 在区间 $(-\infty, +\infty)$ 内具有二阶导数，且 $y' \neq 0$，$x = x(y)$ 是 $y = y(x)$ 的反函数．

(2003 年考研数学试题)

(1) 试将 $x = x(y)$ 所满足的微分方程 $\dfrac{d^2 x}{dy^2} + (y + \sin x)\left(\dfrac{dx}{dy}\right)^3 = 0$ 变换为 $y = y(x)$ 满足的微分方程；

(2) 试求变换后的微分方程满足初始条件 $y(0) = 0, y'(0) = \dfrac{3}{2}$ 的解.

解 (1) 实质上是求反函数的一阶、二阶导数的问题．由反函数求导公式知

$$\frac{dx}{dy} = \frac{1}{y'}, \frac{d^2 x}{dy^2} = \left(\frac{dx}{dy}\right)'_y = \left(\frac{1}{y'}\right)'_y = \left(\frac{1}{y'}\right)'_x \cdot \frac{dx}{dy} = -\frac{y''}{y'^3} = -y''\left(\frac{dx}{dy}\right)^3.$$

代入原微分方程，便得常系数的二阶线性微分方程

$$y'' - y = \sin x. \tag{1}$$

(2) 特征方程 $r^2 - 1 = 0$ 的两个根为 $r_{1,2} = \pm 1$；由于非齐次项 $f(x) = \sin x = e^{\alpha x}\sin\beta x$，$\alpha = 0, \beta = 1, \alpha \pm i\beta = \pm i$ 不是特征根，则设式(1)的特解 $y^* = a\cos x + b\sin x$，代入式(1)求得 $a = 0, b = -\dfrac{1}{2}$，故 $y^* = -\dfrac{1}{2}\sin x$，于是式(1)的通解为 $y(x) = C_1 e^x + C_2 e^{-x} - \dfrac{1}{2}\sin x$.

又由初始条件得 $C_1 = 1, C_2 = -1$，所求初值问题的解为 $y(x) = e^x - e^{-x} - \dfrac{1}{2}\sin x$.

例 2.6.9 设函数 $f(x) = \lim\limits_{n\to\infty}\sqrt[n]{1 + |x|^{3n}}$，则 $f(x)$ 在区间 $(-\infty, +\infty)$ 内( ).

(2005 年考研数学试题)

(A) 处处可导 (B) 恰有一个不可导点
(C) 恰有两个不可导点 (D) 至少有三个不可导点

解 先求 $f(x)$ 的表达式.

$$\lim_{n\to+\infty}\sqrt[n]{1 + |x|^{3n}} = \lim_{n\to+\infty}(1 + |x|^{3n})^{\frac{1}{n}} = 1^0 = 1 \quad (|x| < 1)$$

$$\lim_{n\to+\infty}\sqrt[n]{1 + |x|^{3n}} = \lim_{n\to+\infty}(1 + 1)^{\frac{1}{n}} = 2^0 = 1 \quad (|x| = 1)$$

$$\lim_{n\to+\infty}\sqrt[n]{1 + |x|^{3n}} = |x|^3 \lim_{n\to+\infty}\left(1 + \frac{1}{|x|^{3n}}\right)^{\frac{1}{n}} = |x|^3 \quad (|x| > 1)$$

因此
$$f(x) = \begin{cases} 1, & |x| \leqslant 1 \\ |x|^3, & |x| > 1 \end{cases}.$$

由 $y = f(x)$ 的表达式及它的函数图形(见图 2.2)可知，$f(x)$ 在 $x = \pm 1$ 处不可导(图形是尖点).其余点 $f(x)$ 均可导，因此选(C).

评注 本题求出 $f(x)$ 的表达式后，也可以根据导数与左导数、右导数的关系进行判断：由于

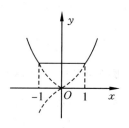

图 2.2

$$f'_-(-1) = \lim_{x \to 1^-} \frac{-x^3 - 1}{x+1} = -3$$

$$f'_+(-1) = \lim_{x \to -1^+} \frac{1-1}{x+1} = 0$$

$$f'_-(1) = \lim_{x \to 1^-} \frac{1-1}{x-1} = 0$$

$$f'_+(1) = \lim_{x \to 1^+} \frac{x^3-1}{x-1} = 3.$$

所以函数 $f(x)$ 在 $x = \pm 1$ 处均不可导,即有两个不可导点,故(C)正确.

例 2.6.10 求函数 $f(x) = x^2 \ln(1+x)$ 在点 $x = 0$ 处的 n 阶导数 $f^{(n)}(0)$ $(n \geqslant 3)$.

(2000 年考研数学试题)

解法 1 应用泰勒公式,由

$$f(x) = x^2 \left[x - \frac{x^2}{2} + \cdots + (-1)^{n+1} \frac{x^{n-2}}{n-2} + o(x^{n-1}) \right]$$

$$= x^3 - \frac{x^4}{2} + \cdots + (-1)^{n+1} \frac{x^n}{n-2} + o(x^n) \quad (n \geqslant 3)$$

可得 $\dfrac{f^{(n)}(0)}{n!} = (-1)^{n+1} \dfrac{1}{n-2}$,从而 $f^{(n)}(0) = (-1)^{n+1} \dfrac{n!}{n-2} (n \geqslant 3)$.

解法 2 用莱布尼兹公式. 注意, $(x^2)^{(k)} = 0 (k \geqslant 3)$, $(x^2)^{(k)}|_{x=0} = 0 (k = 0,1)$,于是

$$f^{(n)}(0) = \left[\sum_{k=0}^{n} C_n^k (x^2)^{(k)} \ln^{(n-k)}(1+x) \right]\bigg|_{x=0} = C_n^2 (x^2)^{(2)} \ln^{(n-2)}(1+x)\big|_{x=0}$$

$$= n(n-1) \ln^{(n-2)}(1+x)\big|_{x=0}.$$

下求 $[\ln(1+x)]^{(k)}$: $[\ln(1+x)]' = (1+x)^{-1}$, $[\ln(1+x)]'' = (-1)(1+x)^{-2}$,

$$[\ln(1+x)]''' = (-1)^2 2!(1+x)^{-3}, \cdots,$$

$$[\ln(1+x)]^{(k)} = (-1)^{k-1}(k-1)!(1+x)^{-k}.$$

$$\Rightarrow \ln^{(n-2)}(1+x)\big|_{x=0} = (-1)^{n-3}(n-3)!$$

代入得 $f^{(n)}(0) = (-1)^{n-1} n(n-1) \cdot (n-3)! = (-1)^{n-1} \dfrac{n!}{n-2}$.

评注 应该注意泰勒公式的系数——"泰勒系数"与 n 阶导数的关系:
$(x - x_0)^n$ 的系数 $a_n = \dfrac{f^{(n)}(x_0)}{n!}$,或 x^n 的系数 $a_n = \dfrac{f^{(n)}(0)}{n!}$.

莱布尼兹公式

$$(uv)^{(n)} = u^{(n)} v + n u^{(n-1)} v' + \cdots + \frac{n(n-1) \cdots (n-k+1)}{k!} u^{(n-k)} v^{(k)} + \cdots + u v^{(n)}.$$

可以与二项展开式比较,即

$$(u+v)^{(n)} = u^n v^0 + n u^{n-1} v + \cdots + \frac{n(n-1) \cdots (n-k+1)}{k!} u^{n-k} v^k + \cdots + u^0 v^n.$$

例 2.6.11 设函数 $y = \dfrac{1}{2x+3}$,则 $y^{(n)}(0) = $ _____. (2007 年考研数学试题)

解 应用数学归纳法求解.

$y' = -2(2x+3)^{-2}$, $y'' = 2^2(-1)^2 2(2x+3)^{-3}$, $y^{(3)} = 2^3(-1)^3 3!(2x+3)^{-4}$. 易归纳证得 $y^{(n)} = 2^n(-1)^n n!(2x+3)^{-(n+1)}$. 因此

$$y^{(n)}(0) = (-1)^n \left(\frac{2}{3}\right)^n \cdot \frac{1}{3} n!.$$

例 2.6.12 曲线 $y = \ln x$ 上与直线 $x + y = 1$ 垂直的切线方程为_____.

(2004 年考研数学试题)

解 即求曲线 $y = \ln x$ 上斜率为 1 的切线方程. 由

$$y' = (\ln x)' = \frac{1}{x} = 1$$

得 $x = 1$,因此所求切线方程为 $y = x - 1$.

例 2.6.13 曲线 $\sin(xy) + \ln(y - x) = x$ 在点 $(0,1)$ 处的切线方程是_____.

(2008 年考研数学试题)

解 点 $(0,1)$ 在曲线上,先求 $y'(0)$,方程两边对 x 求导得

$$\cos(xy) \cdot (y + xy') + \frac{1}{y-x}(y' - 1) = 1$$

令 $x = 0, y = 1$ 得 $1 + y'(0) - 1 = 1$,即 $y'(0) = 1$.
曲线在 $(0,1)$ 点的切线方程是 $y = x + 1$.

例 2.6.14 曲线 $\begin{cases} x = \cos t + \cos^2 t \\ y = 1 + \sin t \end{cases}$ 上对应于 $t = \frac{\pi}{4}$ 的点处的法线斜率为_____.

(2007 年考研数学试题)

解 先求切线斜率

$$k = \frac{\mathrm{d}y}{\mathrm{d}x} = \frac{y'_t}{x'_t} = \frac{\cos t}{-\sin t - 2\cos t \sin t} = \frac{-1}{\tan t + 2\sin t}$$

于是 $k = \frac{\mathrm{d}y}{\mathrm{d}x}\bigg|_{t=\frac{\pi}{4}} = \frac{-1}{1+\sqrt{2}}$. 因此法线斜率为 $1 + \sqrt{2}$.

例 2.6.15 已知一个长方形的长 l 以 2cm/s 的速率增加,宽 w 以 3cm/s 的速率增加,则当 $l = 12\text{cm}, w = 5\text{cm}$ 时,该长方形的对角线增加的速率为_____.

(2010 年考研数学试题)

解 长方形为 l,宽为 w,它们随时间 t 而变化,依题意设 l, w 的变化速率分别为

$$\frac{\mathrm{d}l}{\mathrm{d}t} = 2 \text{ cm/s}, \quad \frac{\mathrm{d}w}{\mathrm{d}t} = 3 \text{ cm/s}$$

对角线长记为 $A, A = \sqrt{l^2 + w^2}$,即 $A^2 = l^2 + w^2$,两边分别对 t 求导得

$$2A \frac{\mathrm{d}A}{\mathrm{d}t} = 2l \frac{\mathrm{d}l}{\mathrm{d}t} + 2w \frac{\mathrm{d}w}{\mathrm{d}t}$$

当 $l = 12(\text{cm}), w = 5(\text{cm})$ 时,

$A = \sqrt{l^2 + w^2} = \sqrt{169} = 13(\text{cm}) \Rightarrow \frac{\mathrm{d}A}{\mathrm{d}t} = (12 \times 2 + 5 \times 3)/13 = 3(\text{cm/s})$.

因此对角线增加的速率为 $3(\text{cm/s})$.

2.7 自 测 题

1. 选择题

(1) 设可导函数 $f(x)$ 是奇函数,则 $f'(x)$ 是( ).

(A) 偶函数   (B) 奇函数   (C) 非奇非偶函数   (D) 不确定

(2) 函数 $f(x) = \begin{cases} \frac{2}{3}x^3, & x \leq 1 \\ x^2, & x > 1 \end{cases}$ 在点 $x = 1$ 处(   ).

    (A) 左、右导数均存在   (B) 左导数存在,右导数不存在

    (C) 右导数存在,左导数不存在   (D) 左、右导数均不存在

(3) 设 $f(x)$ 可微,则 $df(e^x) = ($ $)$.

    (A) $f'(x)e^x\,dx$ (B) $f'(e^x)\,dx$ (C) $f'(e^x)e^x\,dx$ (D) $f'(e^x)e x$

(4) 曲线 $y = \frac{1}{3}x^3 + \frac{1}{2}x^2 + 6x + 1$ 上点 $(0,1)$ 处的切线与 x 轴的交点为(   ).

    (A) $\left(-\frac{1}{6}, 0\right)$ (B) $\left(\frac{1}{6}, 0\right)$ (C) $(-1, 0)$ (D) $(1, 0)$

(5) 设 $f(x) = a_0 x^n + a_1 x^{n-1} + \cdots + a_n$,则 $f^{(n)}(0) = ($ $)$.

    (A) a_n (B) a_0 (C) $a_0 n!$ (D) 0

2. 填空题

(1) 设 $f'(x_0) = -1$,则 $\lim\limits_{x \to 0} \dfrac{x}{f(x_0 - 2x) - f(x_0 - x)} = $ _____.

(2) 设 $y = (x + e^{-\frac{x}{2}})^{\frac{2}{3}}$,则 $y'|_{x=0} = $ _____.

(3) 曲线 $y = \ln x$ 的与直线 $x + y = 1$ 垂直的切线方程为 _____.

(4) 设 $x + y = \tan y$,则 $dy = $ _____.

(5) 设 $y = \ln \sqrt{\dfrac{1-x}{1+x^2}}$,则 $y''(0) = $ _____.

3. 计算题

(1) 设函数 $F(x)$ 在点 $x = 0$ 处可导且 $F(0) = 0$,求 $\lim\limits_{x \to 0} \dfrac{F(1-\cos x)}{\tan(x^2)}$.

(2) 求 a, b 的值,使函数 $f(x) = \begin{cases} x^2 + 2x + 3, & x \leq 0 \\ ax + b, & x > 0 \end{cases}$ 在区间 $(-\infty, +\infty)$ 内连续、可导.

(3) 设 $\begin{cases} x = 1 + t^2 \\ y = \cos t \end{cases}$,求 $\dfrac{d^2 y}{dx^2}$.

(4) 两曲线 $y = x^2 + ax + b$ 与 $2y = -1 + xy^3$ 相切于点 $(1, -1)$,求 a, b 的值.

(5) 设 $F(x) = \max\{f_1(x), f_2(x)\}$ 的定义域为 $(-1, 1)$,其中 $f_1(x) = x + 1$,$f_2(x) = (x+1)^2$. 在定义域内求 $\dfrac{dF(x)}{dx}$.

自测题参考答案

1. (1) (A); (2) (B); (3) (C); (4) (A); (5) (C).

2. (1) 1;   (2) $\dfrac{1}{3}$;   (3) $y = x - 1$;   (4) $dy = \cot^2 y\,dx$;   (5) $y''(0) = -\dfrac{3}{2}$

3. (1) 解：原式 $= \lim\limits_{x \to 0} \dfrac{F(1-\cos x)}{1-\cos x} \cdot \dfrac{1-\cos x}{\tan^2 x} = \lim\limits_{t \to 0} \dfrac{F(t)}{t} \cdot \lim\limits_{x \to 0} \dfrac{\frac{1}{2}x^2}{x^2}$

$= \dfrac{1}{2} \lim\limits_{t \to 0} \dfrac{F(t) - F(0)}{t} = \dfrac{1}{2} F'(0).$

(2) 解：因为当 $x > 0$ 或 $x < 0$ 时，$f(x)$ 均为多项式，所以 $f(x)$ 在 $(-\infty, 0)$、$(0, +\infty)$ 上连续、可导．

欲使 $f(x)$ 在 $x = 0$ 处连续，则应有 $f(0) = \lim\limits_{x \to 0^+} f(x) = \lim\limits_{x \to 0^+}(ax + b) = b$，但 $f(0) = 3$，所以 $b = 3$．

欲使 $f(x)$ 在 $x = 0$ 处可导，则应有 $f'_-(0) = f'_+(0)$，又因 $f'_+(0) = \lim\limits_{x \to 0^+} \dfrac{f(x) - f(0)}{x}$

$= \lim\limits_{x \to 0^+} \dfrac{ax + b - 3}{x} = a$，所以 $a = 2$．

故当 $a = 2, b = 3$ 时，$f(x)$ 在 $(-\infty, +\infty)$ 内连续、可导．

(3) 解：由 $\begin{cases} x = 1 + t^2 \\ y = \cos t \end{cases}$，得 $\dfrac{\mathrm{d}y}{\mathrm{d}x} = \dfrac{y'_t}{x'_t} = \dfrac{(\cos t)'}{(1+t^2)'} = -\dfrac{\sin t}{2t}$

$$\dfrac{\mathrm{d}^2 y}{\mathrm{d}x^2} = \dfrac{\sin t - t\cos t}{4t^3}$$

(4) 解：$y = x^2 + ax + b$ 过点 $(1, -1)$，故 $a + b = -2$，$y' = 2x + a$．

则 $y'(1) = 2 + a$ 由 $2y = 1 + xy^3$ 得 $\dfrac{\mathrm{d}y}{\mathrm{d}x} = \dfrac{y^3}{2 - 3xy^2}$ 且 $\dfrac{\mathrm{d}y}{\mathrm{d}x}\bigg|_{(1,-1)} = 1$．

按题意 $2 + a = 1$，故由 $\begin{cases} a + b = -2 \\ 2 + a = 1 \end{cases}$ 得 $a = -1, b = -1$．

(5) 解：当 $-1 < x \leqslant 0$ 时，$x + 1 \geqslant (x+1)^2$；

当 $0 < x < 1$ 时，$(x+1)^2 > x + 1$．

所以 $F(x) = \begin{cases} x + 1, & -1 < x \leqslant 0 \\ (x+1)^2, & 0 < x < 1 \end{cases}$,

$F'(x) = \begin{cases} 1, & -1 < x < 0 \\ 2(x+1), & 0 < x < 1 \end{cases}$.

而在分段点 $x = 0$ 处，

$\lim\limits_{x \to 0^-} \dfrac{F(x) - F(0)}{x - 0} = \lim\limits_{x \to 0^-} \dfrac{(x+1) - 1}{x} = 1$,

$\lim\limits_{x \to 0^+} \dfrac{F(x) - F(0)}{x - 0} = \lim\limits_{x \to 0^+} \dfrac{(x+1)^2 - 1}{x} = 2$.

故 $F(x)$ 在 $x = 0$ 处不可导，

所以 $\dfrac{\mathrm{d}F(x)}{\mathrm{d}x} = \begin{cases} 1, & -1 < x < 0, \\ 2(x+1), & 0 < x < 1. \end{cases}$

第 3 章 微分中值定理与导数的应用

3.1 大纲基本要求

(1) 理解罗尔(Rolle)定理、拉格朗日(Lagrange)中值定理,了解柯西(Cauchy)中值定理,会用这三个定理证明某些命题及简单的不等式.

(2) 熟练掌握洛必达(L'Hospital)法则及利用该法则求不定式的极限.

(3) 了解泰勒(Taylor)定理,会用泰勒定理(多项式逼近函数的思想).

(4) 理解函数的极值概念,掌握求函数极值的方法,会用导数求解一些简单最值应用问题.

(5) 掌握函数单调性的判别法、函数图形凹凸性的判别法以及求函数图形的拐点的方法.

(6) 能利用导数研究函数的变化性质,会求函数曲线的渐近线,能够描绘简单函数的图形.

(7) 了解曲率、曲率半径、弧微分的概念,会计算曲率和曲率半径(经济管理类学生不作要求).

(8) 能应用导数和微分知识对经济量进行边际分析和弹性分析(工科类学生不作要求).

3.2 内 容 提 要

3.2.1 微分中值定理(见表 3.1)

表 3.1 微分中值定理

名 称	定 理	简 图	几何意义
定理 3.1 (罗尔定理)	若函数 $f(x)$ 满足: (1) 在闭区间 $[a,b]$ 上连续; (2) 在开区间 (a,b) 内可导; (3) $f(a)=f(b)$. 则存在 $\xi\in(a,b)$,使 $f'(\xi)=0$.		若连接曲线端点的弦是水平的,则曲线上必存在一点,该点的切线是水平的.
定理 3.2 (拉格朗日中值定理)	若函数 $f(x)$ 满足: (1) 在闭区间 $[a,b]$ 上连续; (2) 在开区间 (a,b) 内可导. 则存在 $\xi\in(a,b)$,使 $f(b)-f(a)=f'(\xi)(b-a)$;或者 $f(a+h)-f(a)=f'(a+\theta h)h(0<\theta<1, h=b-a)$.		曲线上总存在一点,该点的切线与连接曲线端点的弦平行.

推论 3.1 如果函数 $f(x)$ 在区间 I 上的导数恒为零,那么 $f(x)$ 在区间 I 上是一个常数.

推论 3.2 若 $f(x)$、$g(x)$ 都满足拉格朗日中值定理条件,且 $f'(x) = g'(x)$,则 $f(x) = g(x) + c$(c 为常数).

定理 3.3(柯西中值定理) 若函数 $f(x)$、$F(x)$ 满足:

(1) 在闭区间 $[a,b]$ 上连续;

(2) 在开区间 (a,b) 内可导;

(3) 对任一 $x \in (a,b)$,$F(x) \neq 0$.

则在区间 (a,b) 内至少有一点 ξ,使

$$\frac{f(b)-f(a)}{F(b)-F(a)} = \frac{f'(\xi)}{F'(\xi)} \tag{3.1}$$

说明:三个定理关系为

$$\text{罗尔定理} \underset{(f(b)=f(a))}{\overset{\text{推广}}{\rightleftarrows}} \text{拉格朗日中值定理} \underset{(F(x)=x)}{\overset{\text{推广}}{\rightleftarrows}} \text{柯西中值定理}.$$

3.2.2 洛必达法则

定理 3.4(洛必达法则) 设(1) $\lim\limits_{x \to a} f(x) = \lim\limits_{x \to a} g(x) = 0$(或 ∞);

(2) $f(x)$、$g(x)$ 在 a 的某邻域可导,且 $g'(x) \neq 0$;

(3) $\lim\limits_{x \to a} \dfrac{f'(x)}{g'(x)}$ 存在(或为无穷大).

那么

$$\lim_{x \to a} \frac{f(x)}{g(x)} = \lim_{x \to a} \frac{f'(x)}{g'(x)} \tag{3.2}$$

注 1 将结论中的 $x \to a$ 换成 $x \to a^+$,$x \to a^-$,$x \to +\infty$,$x \to -\infty$,$x \to \infty$,且条件亦作相应变动,结论仍成立.

注 2 其他未定式转化为 $\dfrac{0}{0}$ 型或 $\dfrac{\infty}{\infty}$ 型的框图(见图 3.1).

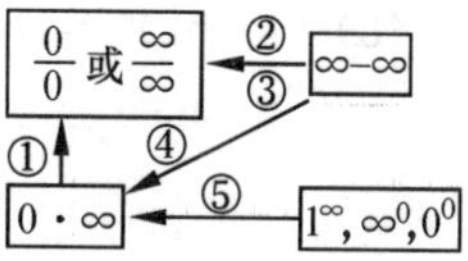

(1) 利用"0"与"∞"之间的转换关系: $\dfrac{1}{\text{"}0\text{"}} = $"$\infty$",$\dfrac{1}{\text{"}\infty\text{"}} = $"$0$".

图 3.1

(2) 通分;

(3) 有理化;

(4) 提取"∞"因子;

(5) 取对数再取指数,$u(x)^{v(x)} = e^{v(x)\ln u(x)}$.

3.2.3 泰勒中值定理

定理 3.5(泰勒中值定理) 如果函数 $f(x)$ 在含有 x_0 的某个开区间 (a,b) 内具有直到 $(n+1)$ 阶的导数,则对任一 $x \in (a,b)$,有

$$f(x) = f(x_0) + f'(x_0)(x-x_0) + \frac{f''(x_0)}{2!}(x-x_0)^2 + \cdots +$$

$$\frac{f^{(n)}(x_0)}{n!}(x-x_0)^n + R_n(x) \tag{3.3}$$

其中,$R_n(x) = \frac{f^{(n+1)}(\xi)}{(n+1)!}(x-x_0)^{n+1}$($\xi$ 为 x 与 x_0 之间某个值)称为 $f(x)$ 在点 x_0 处的拉格朗日余项.

特别地,$x_0 = 0$,得

$$f(x) = f(0) + f'(0)x + \frac{f''(0)}{2!}x^2 + \cdots + \frac{f^{(n)}(0)}{n!}x^n + \frac{f^{(n+1)}(\theta x)}{(n+1)!}x^{n+1},\ (0 < \theta < 1). \tag{3.4}$$

式(3.4)称为麦克劳林公式.

1. 带有皮亚诺余项的泰勒公式

$$f(x) = f(x_0) + f'(x_0)(x-x_0) + \frac{f''(x_0)}{2!}(x-x_0)^2 + \cdots + \frac{f^{(n)}(x_0)}{n!}(x-x_0)^n + o[(x-x_0)^n] \tag{3.5}$$

2. 带有皮亚诺余项的麦克劳林公式

$$f(x) = f(0) + f'(0)x + \frac{f''(0)}{2!}x^2 + \cdots + \frac{f^{(n)}(0)}{n!}x^n + o(x^n) \tag{3.6}$$

3. 五个常用公式($0 < \theta < 1$):

(1) $e^x = 1 + x + \frac{x^2}{2!} + \cdots + \frac{x^n}{n!} + \frac{x^{n+1}}{(n+1)!}e^{\theta x}$;

(2) $\sin x = x - \frac{x^3}{3!} + \frac{x^5}{5!} + \cdots + (-1)^{n-1}\frac{x^{2n-1}}{(2n-1)!} + (-1)^n \frac{x^{2n+1}}{(2n+1)!}\sin(\theta x)$;

(3) $\cos x = 1 - \frac{x^2}{2!} + \frac{x^4}{4!} + \cdots + (-1)^n \frac{x^{2n}}{(2n)!} + (-1)^{n+1}\frac{x^{2n+2}}{(2n+2)!}\cos(\theta x)$;

(4) $\ln(1+x) = x - \frac{x^2}{2} + \frac{x^3}{3} + \cdots + (-1)^{n-1}\frac{x^n}{n} + (-1)^n \frac{x^{n+1}}{(n+1)(1+\theta x)^{n+1}}$;

(5) $(1+x)^\alpha = 1 + \alpha x + \frac{\alpha(\alpha-1)}{2!}x^2 + \cdots + \frac{\alpha(\alpha-1)\cdots(\alpha-n+1)}{n!}x^n + \frac{\alpha(\alpha-1)\cdots(\alpha-n)}{(n+1)!}(1+\theta x)^{\alpha-n-1}x^{n+1}$.

3.2.4 函数的性质

1. 单调性

定理 3.6 设函数 $f(x)$ 在闭区间 $[a,b]$ 上连续,在开区间 (a,b) 内可微.

(1) 如果在 (a,b) 内 $f'(x) > 0$,那么函数 $y = f(x)$ 在 $[a,b]$ 上单调增加;

(2) 如果在 (a,b) 内 $f'(x) < 0$,那么函数 $y = f(x)$ 在 $[a,b]$ 上单调减少.

2. 曲线的凹凸性与拐点

定义 3.1 若连续曲线 $y = f(x)$ 上任意两点 A、B 的弦 AB 恒在曲线段 $\stackrel{\frown}{AB}$ 的上方(或下方),则称曲线 $f(x)$ 是凹(或凸)的(见图 3.2).

定义 3.2 设 $y = f(x)$ 在区间 I 上连续,如果对 I 上任意两点 x_1、x_2,恒有

$$f\left(\frac{x_1+x_2}{2}\right) < \frac{f(x_1)+f(x_2)}{2} \left(\text{或 } f\left(\frac{x_1+x_2}{2}\right) > \frac{f(x_1)+f(x_2)}{2} \right) \tag{3.7}$$

则称 $f(x)$ 在 I 上的图形是凹弧(凸弧).

定理 3.7 设函数 $f(x)$ 在闭区间 $[a,b]$ 上连续,在开区间 (a,b) 内具有一阶和二阶导数,那么

(1) 若在 (a,b) 内 $f''(x)>0$,则 $f(x)$ 在 $[a,b]$ 上的图形是凹的;

(2) 若在 (a,b) 内 $f''(x)<0$,则 $f(x)$ 在 $[a,b]$ 上的图形是凸的.

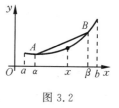

图 3.2

定义 3.3 连续曲线上凸弧和凹弧的分界点称为曲线的拐点.

注意 在拐点 $(x_0,f(x_0))$ 处 $f''(x_0)=0$ 或 $f''(x_0)$ 不存在,但当 $f''(x)=0$ 和 $f''(x)$ 不存在的点为 x_0 时,点 $(x_0,f(x_0))$ 不一定就是拐点.

3. 极值(见表 3.2)

表 3.2　　　　　　　　　　极值的定义及条件

	内　容	说　明
定义	设函数 $f(x)$ 在区间 (a,b) 内有定义,x_0 是 (a,b) 内的一个点,如果对于 x_0 的某一去心邻域中的任意 x,有 $f(x)<f(x_0)$(或 $f(x)>f(x_0)$),则称 $f(x_0)$ 为函数 $f(x)$ 的一个极大(或极小)值,称 x_0 为函数 $f(x)$ 的极大(或极小)值点	极值是一个局部性概念,在 x_0 的 δ 邻域内 $f(x_0)$ 是最大值或最小值,但在 (a,b) 内,$f(x_0)$ 未必是最大值或最小值
必要条件	如果函数 $f(x)$ 在点 x_0 处取得极值,则 $f'(x_0)=0$(称使 $f'(x)=0$ 的点为驻点)或 $f'(x_0)$ 不存在	驻点和 $f'(x)$ 不存在的点不一定是极值点
第一充分条件	设 x_0 是 $f(x)$ 的驻点或导数不存在的点,若 $f'(x)$ 在点 x_0 的两侧异号,则 x_0 是 $f(x)$ 的极值点;否则 x_0 不是极值点 若 $\begin{cases} f'(x)>0, x\in(x_0-\delta,x_0), \\ f'(x)<0, x\in(x_0,x_0+\delta), \end{cases}$ 则 x_0 是 $f(x)$ 的极大值点 若 $\begin{cases} f'(x)<0, x\in(x_0-\delta,x_0), \\ f'(x)>0, x\in(x_0,x_0+\delta), \end{cases}$ 则 x_0 是 $f(x)$ 的极小值点	函数 $f(x)$ 在点 x_0 处不一定连续
第二充分条件	如果 $f(x)$ 在 x_0 处二阶导数存在且 $f'(x_0)=0$,$f''(x_0)\neq 0$,则当 $f''(x_0)<0$ 时,x_0 是 $f(x)$ 的极大值点;当 $f''(x_0)>0$ 时,x_0 是 $f(x)$ 的极小值点	当 $f''(x_0)=0$ 时,第二充分条件失效,用第一充分条件判断

4. 函数最大值、最小值的求法

首先,由闭区间上连续函数的性质,可知函数 $f(x)$ 在区间 $[a,b]$ 上的最大值和最小值一定存在.

若 $f(x)$ 在 $[a,b]$ 上连续,则可以用以下方法求最值:

(1) 先求出 $f(x)$ 在 (a,b) 内的驻点 $x_1,x_2,\cdots,x_m$ 及不可导点 $x'_1,x'_2,\cdots,x'_n$;

(2) 计算 $f(x_i)(i=1,2,\cdots,m)$,$f(x'_j)(j=1,2,\cdots,n)$ 及 $f(a),f(b)$;

(3) 比较(2)中诸值的大小,其中最大的便是 $f(x)$ 在 $[a,b]$ 上的最大值,最小的便是 $f(x)$ 在 $[a,b]$ 上的最小值.

若所考虑的区间是开区间或无穷区间,则应先判断区间两端或无穷远处 $f(x)$ 的变化趋势,再考虑从所有极值中找最值.若在开区间或无穷区间只有一个驻点,则最大值(或最小值)就在这个驻点处取得.

若问题的实际意义可以确定可微函数存在最值,又函数只有一个驻点,则该点的函数值就是最值.

5. 曲线的渐近线

定义 3.4 当曲线上一动点沿曲线向无限远处延伸时,若该点到某一直线的距离趋于 0,则称该直线为曲线的渐近线.

渐近线的求法如表 3.3 所示.

表 3.3　　　　　　　　　　斜渐近线的求法

水平渐近线	若 $\lim\limits_{\substack{x\to\infty\\(x\to\pm\infty)}} f(x) = c$,则直线 $y=c$ 称为曲线 $y=f(x)$ 的水平渐近线
铅直渐近线	若 $\lim\limits_{\substack{x\to x_0\\(x\to x_0^{\pm})}} f(x) = \infty$,则直线 $x=x_0$ 称为曲线 $y=f(x)$ 的铅直渐近线
斜渐近线	$\lim\limits_{\substack{x\to\infty\\(x\to\pm\infty)}}\dfrac{f(x)}{x}=a$, $\lim\limits_{x\to\infty}[f(x)-ax]=b$,则直线 $y=ax+b\,(a\neq 0)$ 称为曲线 $y=f(x)$ 的斜渐近线

6. 函数的作图步骤

(1) 求出函数的定义域.
(2) 考查函数的奇偶性、周期性等特性以及图形的对称性等.
(3) 求出方程 $f'(x)=0$ 的根,列表判别函数的单调区间与极值点.
(4) 求出方程 $f''(x)=0$ 的根,列表确定函数图形的凸凹性与拐点.
(5) 求出函数图形的渐近线.
(6) 计算几个对作图有帮助的点的函数值,描点连线,绘制出图形.

3.2.5　曲线的曲率(见表 3.4)

表 3.4　　　　　　　　　　曲率的定义及计算

	曲线方程	弧微分	曲率	曲率半径	曲率圆
定义或几何意义		切线段 MT 的长度 $ds=\sqrt{(dx)^2+(dy)^2}$	$K=\lim\limits_{\Delta s\to 0}\left\|\dfrac{\Delta\alpha}{\Delta s}\right\|=\dfrac{d\alpha}{ds}$ 表示曲线在某点的弯曲程度	曲率圆的半径	以 $D\left(\|DM\|=\dfrac{1}{K}\right)$ 为圆心、$\rho=\dfrac{1}{K}$ 为半径的圆
计算公式	$y=f(x)$	$ds=\sqrt{1+y'^2}\,dx$	$K=\dfrac{\|y''\|}{(1+y'^2)^{3/2}}$	$\rho=\dfrac{1}{K}$	曲率中心(圆心)坐标(α,β): $\alpha=x-\dfrac{y'(1+y'^2)}{y''}$ $\beta=y+\dfrac{1+y'^2}{y''}$
	$\begin{cases}x=\varphi(t)\\y=\psi(t)\end{cases}$	$ds=\sqrt{\varphi'^2+\psi'^2}\,dt$	$K=\dfrac{\|\varphi'\psi''-\varphi''\psi'\|}{(\varphi'^2+\psi'^2)^{3/2}}$		
	$r=r(\theta)$	$ds=\sqrt{r^2+r'^2}\,d\theta$	$K=\dfrac{\|r^2+2r'^2-rr''\|}{(r^2+r'^2)^{3/2}}$		

3.2.6 边际与弹性

边际与弹性是经济学中的两个重要概念.

1. 边际及其相关概念

设函数 $y=f(x)$ 在 x 处可导,则称导数 $f'(x)$ 为 $f(x)$ 的边际函数, $f'(x)$ 在 x_0 处的值 $f'(x_0)$ 为 $f(x)$ 在 x_0 处的边际函数值,即当 $x=x_0$ 时,若 x 改变一个单位,则 y 改变 $f'(x_0)$ 个单位.

在经济学中,边际成本定义为产量增加一个单位时所增加的总成本,边际收益定义为多销售一个单位产品时所增加的销售总收入,等等.

设某产品的产量为 x 单位时所需的总成本为 $C=C(x)$,则称 $C(x)$ 为总成本函数.设某产品的销售量为 x 单位时的总收入为 $R=R(x)$,则称 $R(x)$ 为总收益函数.当 $C(x)$ 和 $R(x)$ 可导时,其导函数 $C'(x)$ 和 $R'(x)$ 分别称为边际成本和边际收益,记为 $\mathrm{MC}=C'(x)$ 和 $\mathrm{MR}=R'(x)$.

因为总利润函数 $L(x)=R(x)-C(x)$,所以边际利润
$$\mathrm{ML}=L'(x)=\mathrm{MR}-\mathrm{MC}=R'(x)-C'(x),$$
即边际利润为边际收益与边际成本之差.

2. 弹性及其相关概念

弹性用于定量地描述一个经济变量对另一个经济变量变化的反应程度,即当一个经济变量变动百分之一时会使另一经济变量变动百分之几.设 x 和 y 是两个变量, y 对 x 的弹性记为 $\dfrac{\mathrm{E}x}{\mathrm{E}y}$,当 $y=f(x)$ 可导时,其计算公式为

$$\frac{\mathrm{E}x}{\mathrm{E}y}=\frac{x}{y}\cdot\frac{\mathrm{d}y}{\mathrm{d}x} \tag{3.8}$$

设某商品的市场需求量为 Q,价格为 P,需求函数 $Q=Q(P)$ 可导,又因需求量 Q 是价格 P 的单调减函数, $\dfrac{\mathrm{d}Q}{\mathrm{d}P}<0$,为用正数表示需求量对价格 P 的弹性有

$$\eta=\frac{\mathrm{E}Q}{\mathrm{E}P}=\frac{P}{Q}\cdot\left(-\frac{\mathrm{d}Q}{\mathrm{d}P}\right)=-\frac{P}{Q}\cdot\frac{\mathrm{d}Q}{\mathrm{d}P} \tag{3.9}$$

除需求对价格的弹性外,还有收益对价格的弹性,即

$$\frac{\mathrm{E}R}{\mathrm{E}P}=\frac{P}{R}\cdot\frac{\mathrm{d}R}{\mathrm{d}P} \tag{3.10}$$

因为 $R=PQ$,于是有

$$\frac{\mathrm{E}R}{\mathrm{E}P}=\frac{1}{Q}\cdot\frac{\mathrm{d}(PQ)}{\mathrm{d}P}=\frac{1}{Q}\left(Q+P\frac{\mathrm{d}Q}{\mathrm{d}P}\right)=1+\frac{P}{Q}\cdot\frac{\mathrm{d}Q}{\mathrm{d}P}=1-\frac{\mathrm{E}Q}{\mathrm{E}P}=1-\eta \tag{3.11}$$

上式为收益对价格弹性与需求对价格弹性两者之间的关系.

3.3 解难释疑

1.由于罗尔定理、拉格朗日中值定理和柯西中值定理都拥有一个"微分中值点 ξ",故统称为微分中值定理.该定理系列在微分学的理论中起着极为重要的作用,故也称为微分学基

本定理系列.在应用这些定理时要特别注意以下几点.

(1) 中值定理的条件仅是充分条件,而非必要条件,下面以罗尔定理为例来加以说明.

如图 3.3 所示,其中函数 $f(x)$ 对罗尔定理中的条件(1)、(2)、(3) 均不满足,但有 $f'\left(\dfrac{\pi}{2}\right) = 0$,即结论成立.

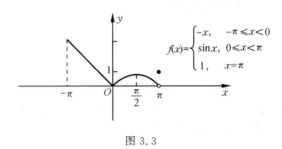

图 3.3

又如图 3.4 所示,说明三个条件不满足时,结论也有不成立的情形.可见这三个条件都不是必要条件.

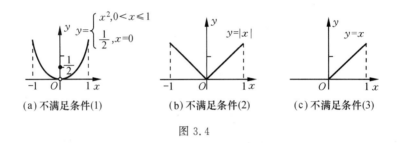

图 3.4

(2) 定理中"点 ξ"只告诉了我们 ξ 的存在范围,并未指出 ξ 的确切位置.

(3) 拉格朗日中值定理的结论根据证题的需要,常用以下几种形式:

① $f'(\xi) = \dfrac{f(b) - f(a)}{b - a}, \xi \in (a, b)$;

② $f(b) - f(a) = (b - a)f'(\xi), \xi \in (a, b)$;

③ $f(b) - f(a) = (b - a)f'[a + (b - a)\theta], 0 < \theta < 1$;

④ $f(x + \Delta x) - f(x) = f'(\xi)\Delta x, \xi$ 在 x 与 $x + \Delta x$ 之间;

⑤ $\Delta y = f'(x + \theta \Delta x)\Delta x, 0 < \theta < 1$;

⑥ $f(x + h) - f(x) = h f'(x + \theta h), 0 < \theta < 1$.

2.洛必达法则是求未定式极限的一种有效方法,读者在使用过程中应注意以下几个问题.

(1) 如果极限式在运用洛必达法则后仍是"$\dfrac{0}{0}$"型或"$\dfrac{\infty}{\infty}$"型未定式,只要符合洛必达法则的条件,就可以继续应用洛必达法则,直到极限式不为未定式为止.

(2) 洛必达法则是求极限的一种有效方法,但不可将其视为万灵药方,从而忽视了其他一些行之有效的极限运算方法. 运用洛必达法则时, 注意综合运用求极限的方法, 尤其是利用等价无穷小代换, 能使计算简便.

(3) 洛必达法则的条件是充分条件, 亦即, 如果 $\dfrac{f'(x)}{g'(x)} \to L$(或 ∞), 则 $\dfrac{f(x)}{g(x)} \to L$(或 ∞). 但是如果 $\dfrac{f'(x)}{g'(x)}$ 的极限不存在也不为 ∞, $\dfrac{f(x)}{g(x)}$ 仍可有极限. 例如

$$\lim_{x \to \infty} \frac{x - \sin x}{x + \sin x}$$

这是 "$\dfrac{\infty}{\infty}$" 型未定式, 但是由于

$$\frac{(x - \sin x)'}{(x + \sin x)'} = \frac{1 - \cos x}{1 + \cos x}$$

当 $x \to \infty$ 时振荡发散, 故不能应用洛必达法则运算, 而应按下面方法计算, 即

$$\lim_{x \to \infty} \frac{x - \sin x}{x + \sin x} = \lim_{x \to \infty} \frac{1 - \dfrac{\sin x}{x}}{1 + \dfrac{\sin x}{x}} = 1$$

(4) 数列极限不能直接运用洛必达法则, 但在某些情况下可以间接应用. 显然, 若应用洛必达法则求得 $\lim\limits_{x \to +\infty} f(x) = L$, 则 $\lim\limits_{n \to \infty} f(n) = L$, 但也要注意, 前者极限不存在, 后者极限可能存在.

3. 极值与最值的区别与联系. 以极大值、最大值为例, 其区别与联系如表 3.5 所示. 同理可以讨论极小值与最小值的关系.

表 3.5　　　　　　　　极大值与最大值的区别与联系

	极　大　值	最　大　值
区别	局部概念	整体概念
	可以不唯一(可能在多个点处取得不同的极大值)	一定唯一(可能在多个点处取得相同的最大值)
	不一定大于极小值	一定不小于最小值
	只能在驻点或导数不存在的点取得	除在驻点或导数不存在的点取得外, 还可能在区间端点取得
联系	极大值不一定是最大值 区间内可微函数唯一的极大值一定是最大值	

4. 若 $f'(x_0) = 0$, 则 x_0 必为 $f(x)$ 的极值点. 此结论不正确. 例如, 函数 $f(x) = x^3$, 显然 $f'(0) = 0$, 但 $x = 0$ 不是 $f(x) = x^3$ 的极值点. 此例说明驻点不一定是极值点.

反过来, 若 x_0 为 $f(x)$ 的极值点, $f'(x_0)$ 是否必为零呢?答案是不一定. 例如函数 $f(x) = |x|$, 易知 $x = 0$ 是 $f(x)$ 的极小值点, 但 $f'(0)$ 不存在.

综上所述, 欲求极值点, 除了要求驻点外, 还要求出导数不存在的点, 再利用充分条件判

定是否为极值点.

5.判别极值的第二充分条件中,当 $f''(x_0)=0$ 时,第二判别法失效,可以应用更高阶导数来判断,其定理如下:

定理3.8 若函数 $f(x)$ 在 x_0 处具有二阶以上的 n 阶导数,且 $f'(x_0)=f''(x_0)=\cdots=f^{(n-1)}(x_0)=0$,但 $f^{(n)}(x_0)\neq 0$,则:

(1) n 为偶数且 $f^{(n)}(x_0)<0(>0)$ 时,$f(x)$ 在 x_0 处取得极大(极小)值;

(2) n 为奇数时,$f(x)$ 在 x_0 处无极值.

3.4 典型例题选讲

3.4.1 微分中值定理

例3.4.1 设函数 $f(x)$、$g(x)$ 在区间 (a,b) 内可微,$g(x)\neq 0$,且 $f(x)g'(x)-f'(x)g(x)\equiv 0, x\in(a,b)$.证明:存在常数 k,使得 $f(x)=kg(x)$,任取 $x\in(a,b)$.

分析 要证 $f(x)=kg(x)$,即要证 $\dfrac{f(x)}{g(x)}=k$,亦即要证 $\left(\dfrac{f(x)}{g(x)}\right)'=0$.

证明 构造函数 $F(x)=\dfrac{f(x)}{g(x)}(g(x)\neq 0)$,则

$$F'(x)=\frac{f'(x)g(x)-f(x)g'(x)}{g^2(x)}=0, \quad x\in(a,b)$$

由拉格朗日中值定理推论知,$F(x)=$ 常数(记为 k),

$$F(x)=k\Rightarrow f(x)=kg(x), \quad \forall x\in(a,b)$$

例3.4.2 设函数 $f(x)$、$g(x)$ 在闭区间 $[a,b]$ 上连续,在开区间 (a,b) 内可导,且 $f(a)=f(b)=0$,证明至少存在一点 $\xi\in(a,b)$,使 $f'(\xi)+g'(\xi)f(\xi)=0$.

分析 应用罗尔定理证明本题时,须运用原函数辅助函数法构造辅助函数 $F(x)$,使

$$F'(x)=f'(x)+f(x)g'(x).$$

这样的函数不容易找到,所以我们可以先尝试利用恒等变形改变一下结论形式,化成

$$\frac{f'(\xi)}{f(\xi)}+g'(\xi)=0$$

这样我们所要找的辅助函数可以由

$$F'(x)=\frac{f'(x)}{f(x)}+g'(x)$$

确定出

$$F(x)=\ln f(x)+g(x)$$

由于函数 $f(x)$ 在区间 $[a,b]$ 上可能取不大于 0 的值,所以我们不能直接将 $F(x)$ 取做辅助函数,而应取

$$\varphi(x)=\mathrm{e}^{F(x)}=\mathrm{e}^{g(x)}f(x)$$

为辅助函数.

证明 设 $\varphi(x)=\mathrm{e}^{g(x)}f(x)$,则函数 $\varphi(x)$ 在闭区间 $[a,b]$ 上连续,在开区间 (a,b) 内可导,且

$$\varphi(a) = f(a)e^{g(a)} = 0, \quad \varphi(b) = f(b)e^{g(b)} = 0$$

由罗尔定理可知:存在 $\xi \in (a,b)$,使 $\varphi'(\xi) = 0$,即
$$f'(\xi)e^{g(\xi)} + f(\xi)e^{g(\xi)}g'(\xi) = 0$$

由于 $e^{g(\xi)} \neq 0$,所以 $f'(\xi) + f(\xi)g'(\xi) = 0$.

例 3.4.3 设函数 $f(x)$、$g(x)$ 在闭区间 $[a,b]$ 上连续,在开区间 (a,b) 内可导,且 $g'(x) \neq 0$,证明:至少存在一点 $\xi \in (a,b)$,使
$$\frac{f(a)-f(\xi)}{g(\xi)-g(b)} = \frac{f'(\xi)}{g'(\xi)}$$

分析 将结论等式改写为 $[f(a)-f(\xi)]g'(\xi) = [g(\xi)-g(b)]f'(\xi)$,即
$$f(a)g'(\xi) + g(b)f'(\xi) - [f(\xi)g'(\xi) + f'(\xi)g(\xi)] = 0$$

用"原函数辅助函数法"可以找到辅助函数
$$\varphi(x) = f(a)g(x) + g(b)f(x) - f(x)g(x)$$

证明 令 $\varphi(x) = f(a)g(x) + g(b)f(x) - f(x)g(x)$,显然 $\varphi(x)$ 在 $[a,b]$ 上连续,在 (a,b) 内可导,且 $\varphi(a) = f(a)g(b), \varphi(b) = f(a)g(b)$.

所以由罗尔定理可知存在 $\xi \in (a,b)$,使 $\varphi'(\xi) = 0$,即
$$f(a)g'(\xi) + g(b)f'(\xi) - [f(\xi)g'(\xi) + f'(\xi)g(\xi)] = 0$$

或
$$[f(a)-f(\xi)]g'(\xi) = [g(\xi)-g(b)]f'(\xi)$$

由于 $g'(x) \neq 0$,可知当 $\xi \in (a,b)$ 时,$g'(\xi) \neq 0, g(\xi) - g(b) \neq 0$,所以有
$$\frac{f(a)-f(\xi)}{g(\xi)-g(b)} = \frac{f'(\xi)}{g'(\xi)}$$

注 本题的辅助函数还可以作成
$$F(x) = [f(a) - f(x)][g(x) - g(b)].$$
容易看出,$F(x)$ 与证明过程中所作辅助函数 $\varphi(x)$ 仅差一个常数
$$\varphi(x) - F(x) = f(a)g(b).$$

例 3.4.4 设函数 $f(x)$ 在闭区间 $[a,b]$ ($0 < a < b$) 上连续,在开区间 (a,b) 内可导,证明:在 (a,b) 内存在 ξ、η,使 $f'(\xi) = \frac{a+b}{2\eta}f'(\eta)$.

证明 据题设 $f(x)$ 在 $[a,b]$ 上满足拉格朗日中值定理条件,从而有
$$f(b) - f(a) = f'(\xi)(b-a) \quad (a < \xi < b) \tag{1}$$
再令 $F(x) = f(x), G(x) = x^2$,显然 $F(x)、G(x)$ 满足柯西中值定理条件,从而有
$$\frac{f(b)-f(a)}{b^2-a^2} = \frac{f'(\eta)}{2\eta} \quad (a < \eta < b) \tag{2}$$
将式(1)代入式(2),得
$$\frac{f'(\xi)(b-a)}{b^2-a^2} = \frac{f'(\eta)}{2\eta}$$
即
$$f'(\xi) = \frac{a+b}{2\eta}f'(\eta)$$

例 3.4.5 设函数 $f(x)$ 在区间 $[a,b]$ 上可导,且 $ab > 0$.证明:至少存在一点 $\xi \in (a,b)$,使
$$\frac{1}{b-a}\begin{vmatrix} a & b \\ f(a) & f(b) \end{vmatrix} = \xi f'(\xi) - f(\xi)$$

分析 （1）由于上式左端为

$$\frac{af(b)-bf(a)}{b-a} = \frac{\dfrac{f(b)}{b}-\dfrac{f(a)}{a}}{\dfrac{1}{a}-\dfrac{1}{b}} = -\frac{\dfrac{f(b)}{b}-\dfrac{f(a)}{a}}{\dfrac{1}{b}-\dfrac{1}{a}}$$

是两个函数 $F(x)=\dfrac{f(x)}{x}$ 及 $G(x)=\dfrac{1}{x}$ 在 $[a,b]$ 上的"差商" $\dfrac{F(b)-F(a)}{G(b)-G(a)}$，所以可以试着用柯西中值定理来证明.

（2）也可以将等式改写为 $\dfrac{\xi f'(\xi)-f(\xi)}{\xi^2} - \dfrac{1}{\xi^2}\left(\dfrac{1}{b-a}\begin{vmatrix} a & b \\ f(a) & f(b) \end{vmatrix}\right)=0$，利用"原函数辅助函数法"，可以作辅助函数 $F(x)=\dfrac{f(x)}{x}+\dfrac{1}{x}\left(\dfrac{1}{b-a}\begin{vmatrix} a & b \\ f(a) & f(b) \end{vmatrix}\right)$. 试着用罗尔定理证明.

证明1 设 $F(x)=\dfrac{f(x)}{x}$，$G(x)=\dfrac{1}{x}$，因 $ab>0$，故在 (a,b) 内 $G'(x)=-\dfrac{1}{x^2}\neq 0$. 又 $F(x)$、$G(x)$ 在 $[a,b]$ 上连续，在 (a,b) 内可导，由柯西中值定理，存在 $\xi\in(a,b)$，使 $\dfrac{F(b)-F(a)}{G(b)-G(a)}=\dfrac{F'(\xi)}{G'(\xi)}$，即

$$\frac{\dfrac{f(b)}{b}-\dfrac{f(a)}{a}}{\dfrac{1}{b}-\dfrac{1}{a}} = \frac{\dfrac{\xi f'(\xi)-f(\xi)}{\xi^2}}{-\dfrac{1}{\xi^2}} = -[\xi f'(\xi)-f(\xi)]$$

可得结论 $\quad\dfrac{af(b)-bf(a)}{b-a} = \xi f'(\xi)-f(\xi)$.

证明2 设 $F(x)=\dfrac{f(x)}{x}+\dfrac{k}{x}$，其中 $k=\dfrac{1}{b-a}\begin{vmatrix} a & b \\ f(a) & f(b) \end{vmatrix} = \dfrac{af(b)-bf(a)}{b-a}$. 因 $ab>0$，故 $F(x)$ 在 $[a,b]$ 上连续，在 (a,b) 内可导，且

$$F(a) = \frac{f(a)}{a}+\frac{1}{a}\cdot\frac{af(b)-bf(a)}{b-a} = \frac{f(b)-f(a)}{b-a}$$

$$F(b) = \frac{f(b)}{b}+\frac{1}{b}\cdot\frac{af(b)-bf(a)}{b-a} = \frac{f(b)-f(a)}{b-a}$$

即 $F(a)=F(b)$，由罗尔定理，存在 $\xi\in(a,b)$，使得 $F'(\xi)=0$，即

$$\frac{f'(\xi)\xi-f(\xi)}{\xi^2}-\frac{k}{\xi^2}=0$$

即 $\quad f'(\xi)\xi-f(\xi)=\dfrac{1}{b-a}\begin{vmatrix} a & b \\ f(a) & f(b) \end{vmatrix}$.

例 3.4.6 求极限 $\lim\limits_{x\to 0}\dfrac{e^{\arcsin 3x}-e^{3\arcsin x}}{\sqrt{9+\arcsin 3x}-\sqrt{9+3\arcsin x}}$.

分析 显然分子、分母分别是函数 e^t，$\sqrt{9+t}$ 在 $\arcsin 3x$ 与 $3\arcsin x$ 处的函数值之差. 因此利用中值定理求解比较方便.

解 $f(t)=e^t$ 与 $g(t)=\sqrt{9+t}$ 在 $\left[\arcsin 3x, 3\arcsin x\right]\left(0<x<\dfrac{1}{3}\right)$ 或 $[3\arcsin 3x,$

$\arcsin 3x]\left(-\dfrac{1}{3}<x<0\right)$ 上满足柯西中值定理的条件,则有

$$\text{原式} = \lim_{x\to 0}\dfrac{\mathrm{e}^{\xi}}{\dfrac{1}{2\sqrt{9+\xi}}}$$

其中,ξ 在 $\arcsin 3x$ 与 $3\arcsin x$ 之间,当 $x\to 0$ 时,显然有 $\xi\to 0$,所以

$$\text{原式} = \lim_{\xi\to 0}\dfrac{\mathrm{e}^{\xi}}{\dfrac{1}{2\sqrt{9+\xi}}} = 6$$

3.4.2 泰勒公式

例 3.4.7 若函数 $f(x)$ 在区间 $[0,1]$ 上有三阶导数,且 $f(0)=f(1)=0$. 设 $F(x)=(x-1)^3 f(x)$,试证在区间 $(0,1)$ 内至少存在一点 ξ,使 $F'''(\xi)=0$.

分析 证明至少存在一点 $\xi\in(a,b)$,使 $f^{(n)}(\xi)=0$ 的命题证法一般有以下三种:

(1) 验证 $f^{(n-1)}(x)$ 在区间 $[a,b]$ 上满足罗尔定理的条件.
(2) 证明 $f^{(n-1)}(x)$ 在区间 (a,b) 内有最值或极值点.
(3) 利用泰勒展开式.

证明1 因 $F(x)$ 在 $[0,1]$ 上连续,$(0,1)$ 内可导,且 $F(0)=F(1)=0$,由罗尔定理知存在 $\xi_1\in(0,1)$,使 $F'(\xi_1)=0$.

又 $F'(x)=3(x-1)^2 f(x)+(x-1)^3 f'(x)$,$F'(1)=0$,可知 $F'(x)$ 在 $[\xi_1,1]$ 上满足罗尔定理的条件,存在 $\xi_2\in(\xi_1,1)$,使 $F''(\xi_2)=0$.

又 $F''(x)=6(x-1)f(x)+6(x-1)^2 f'(x)+(x-1)^3 f''(x)$,$F''(1)=0$,可知 $F''(x)$ 在 $[\xi_2,1]$ 上满足罗尔定理的条件,存在 $\xi\in(\xi_2,1)\subset(0,1)$,使 $F'''(\xi)=0$.

证明2 已知 $F(0)=F(1)=0$,容易得 $F'(1)=F''(1)=0$(见证明1). $F(x)$ 在区间 $[0,1]$ 上有三阶导数,则其泰勒展开式

$$F(x)=F(1)+F'(1)(x-1)+\dfrac{1}{2!}F''(1)(x-1)^2+\dfrac{1}{3!}F'''(\xi)(x-1)^3$$
$$=\dfrac{1}{6}F'''(\xi)(x-1)^3,\quad (x<\xi<1)$$

又因 $F(0)=0$,于是由上式得

$$F(0)=-\dfrac{1}{6}F'''(\xi)=0,\text{即 } F'''(\xi)=0.$$

例 3.4.8 设函数 $f(x)$ 在闭区间 $[-1,1]$ 上具有三阶连续导数,且 $f(-1)=0$,$f(1)=1$,$f'(0)=0$,证明:在开区间 $(-1,1)$ 内至少存在一点 ξ,使 $f'''(\xi)=3$.

分析 由题设条件及要证明的等式,可以用泰勒公式和闭区间上连续函数的介值定理来证明.

证明 由麦克劳林公式得

$$f(x)=f(0)+f'(0)x+\dfrac{1}{2!}f''(0)x^2+\dfrac{1}{3!}f'''(\eta)x^3$$

其中,η 介于 0 与 x 之间,$x\in[-1,1]$.

分别令 $x=-1$ 和 $x=1$,并结合已知条件,得

$$0 = f(-1) = f(0) + \frac{1}{2!}f''(0) - \frac{1}{6}f'''(\eta_1), \quad -1 < \eta_1 < 0$$

$$1 = f(1) = f(0) + \frac{1}{2!}f''(0) + \frac{1}{6}f'''(\eta_2), \quad 0 < \eta_2 < 1$$

将以上两式相减,得 $f'''(\eta_1) + f'''(\eta_2) = 6.$

由 $f'''(x)$ 的连续性知,$f'''(x)$ 在闭区间 $[\eta_1, \eta_2]$ 上有最大值 M 和最小值 m,则

$$m \leqslant \frac{1}{2}[f'''(\eta_1) + f'''(\eta_2)] \leqslant M$$

再由连续函数的介值定理知,至少存在一点 $\xi \in [\eta_1, \eta_2] \subset (-1, 1)$,使

$$f'''(\xi) = \frac{1}{2}[f'''(\eta_1) + f'''(\eta_2)] = 3.$$

例 3.4.9 设函数 $f(x)$ 在闭区间 $[a,b]$ 上连续,在开区间 (a,b) 内有二阶连续导数,试证明:

(1) 至少存在一点 $\xi \in (a,b)$,使

$$f(b) - 2f\left(\frac{a+b}{2}\right) + f(a) = \frac{(b-a)^2}{4}f''(\xi);$$

(2) 若 $f'\left(\frac{a+b}{2}\right) = 0$,则至少存在一点 $\xi \in (a,b)$,使

$$\frac{4|f(b) - f(a)|}{|b-a|^2} \leqslant |f''(\xi)|.$$

分析 此类问题一般可以用泰勒公式来证明,由于所给函数有二阶连续导数,所以 $f(x)$ 只能展开为带有含二阶导数值 $f''(\xi)$ 的拉格朗日余项的一阶泰勒公式,展开基点可以取为 $x_0 = \frac{a+b}{2}$.

证明 (1) 由于 $f(x)$ 在 (a,b) 内有二阶连续导数,则有

$$f(b) = f\left(\frac{a+b}{2}\right) + f'\left(\frac{a+b}{2}\right)\left(b - \frac{a+b}{2}\right) + \frac{1}{2!}f''(\xi_1)\left(b - \frac{a+b}{2}\right)^2, \frac{a+b}{2} < \xi_1 < b \quad ①$$

$$f(a) = f\left(\frac{a+b}{2}\right) + f'\left(\frac{a+b}{2}\right)\left(a - \frac{a+b}{2}\right) + \frac{1}{2!}f''(\xi_2)\left(a - \frac{a+b}{2}\right)^2, a < \xi_2 < \frac{a+b}{2} \quad ②$$

将式(1)、式(2)相加得

$$f(a) + f(b) - 2f\left(\frac{a+b}{2}\right) = \frac{(b-a)^2}{4} \cdot \frac{1}{2}[f''(\xi_1) + f''(\xi_2)]$$

由于 $f''(x)$ 在 (a,b) 内连续,即在 $[\xi_2, \xi_1]$ 上连续,从而存在最大值 M 及最小值 m,有

$$m \leqslant \frac{1}{2}[f''(\xi_1) + f''(\xi_2)] \leqslant M$$

再由连续函数的介值定理可知,存在 $\xi \in (\xi_2, \xi_1) \subset (a,b)$,使

$$f''(\xi) = \frac{1}{2}[f''(\xi_1) + f''(\xi_2)]$$

从而

$$f(b) - 2f\left(\frac{a+b}{2}\right) + f(a) = \frac{(b-a)^2}{4}f''(\xi).$$

(2) 将(1)中式①、式②两式相减,得

$$f(b) - f(a) = \frac{(b-a)^2}{8}[f''(\xi_1) - f''(\xi_2)]$$

$$|f(b)-f(a)| \leqslant \frac{(b-a)^2}{8}[|f''(\xi_1)|+|f''(\xi_2)|]$$
$$\leqslant \frac{(b-a)^2}{4}\max(|f''(\xi_1)|,|f''(\xi_2)|)$$

不妨设 $|f''(\xi_1)| \leqslant |f''(\xi_2)|$，即 ξ_2 即为所要证明存在的点 ξ，即 $\xi = \xi_2 \in (a,b)$ 时，有
$$\frac{4|f(b)-f(a)|}{|b-a|^2} \leqslant |f''(\xi)|.$$

例 3.4.10 求极限
$$\lim_{x \to 0} \frac{1+\frac{x^2}{2}-\sqrt{1+x^2}}{(\cos x - e^{x^2})(1-\cos x)}.$$

解 原式 $= \lim_{x \to 0} \dfrac{1+\dfrac{x^2}{2}-\left[1+\dfrac{x^2}{2}-\dfrac{x^4}{8}+o(x^4)\right]}{\left[1-\dfrac{x^2}{2}+\dfrac{x^4}{4!}+o(x^4)-1+x^2+\dfrac{x^4}{2!}+o(x^4)\right]\cdot \dfrac{1}{2}x^2}$

$= \lim_{x \to 0} \dfrac{\dfrac{1}{8}x^4+o(x^4)}{\left[-\dfrac{3}{2}x^2-\dfrac{11}{24}x^4+o(x^4)\right]\cdot \dfrac{1}{2}x^2}$

$= \lim_{x \to 0} \dfrac{\dfrac{1}{8}x^4+o(x^4)}{-\dfrac{3}{4}x^4+o(x^4)} = -\dfrac{1}{6}.$

3.4.3 洛必达法则

例 3.4.11 求下列极限

(1) $\lim\limits_{\alpha \to \beta} \dfrac{e^{\alpha\beta x}-e^{\beta^2 x}}{\alpha^2-\alpha\beta}$;

(2) $\lim\limits_{x \to 0} \dfrac{(1-x^3)^{\sqrt{2}}-1}{x\ln(\cos x)}$;

(3) $\lim\limits_{x \to 0} \dfrac{2^x-2^{\sin x}}{x-\sin x}$;

(4) $\lim\limits_{x \to \pi} \dfrac{\pi^x-x^\pi}{x^x-\pi^\pi}$;

(5) $\lim\limits_{x \to 0} \dfrac{\ln(1+4x+6x^2)+\ln(1-4x+6x^2)}{\sqrt{\cos 4x+3\cos 2x-2}}.$

分析 1) 在求极限时，首先要确认哪些字母是常量，哪个字母是变量，否则会导致荒谬的结论．本例(1)中只有字母 α 是变量，其余字母均是常量．

2) 洛必达法则是求极限最常用的方法，但若使用之前能对函数先进行恒等变形（包括通分、约分，分子或分母有理化，和差化积，换底，等等），极限为零的因子约分或用等价无穷小替代，极限为非零的因子及时提出，或利用带皮亚诺型余项的泰勒展开式等，也许比直接使用洛必达法则更有效、简捷．

3) 有时洛必达法则要使用多次，每次只要验证洛必达法则的前两个条件就行了，第三个条件可以在最后一次加以验证．若第三个条件得不到满足，则应放弃该方法，另寻其他方法．

解 (1) 原式 $\xlongequal{\frac{0}{0}} \lim\limits_{\alpha \to \beta} \dfrac{\beta x \, e^{\alpha\beta x}}{2\alpha-\beta} = x \, e^{\beta^2 x}.$

也可以利用等价无穷小关系，$e^u - 1 \sim u(u \to 0$ 时$)$，可得另一解法，即

$$\text{原式} = \lim_{\alpha \to \beta} \frac{e^{\beta^2 x}(e^{\beta x(\alpha-\beta)} - 1)}{\alpha(\alpha-\beta)} = \lim_{\alpha \to \beta} \frac{e^{\beta^2 x} \beta x(\alpha-\beta)}{\alpha(\alpha-\beta)} = x\, e^{\beta^2 x}.$$

注 这里在求极限过程中 β 与 x 都是常量，只有 α 才是"极限变量".

(2) 利用 $x \to 0$ 时，有 $(1-x^3)^{\sqrt{2}} - 1 \sim -\sqrt{2} x^3$ 及

$$\ln(\cos x) = \ln[1 + (\cos x - 1)] \sim \cos x - 1 \sim -\frac{1}{2} x^2$$

得

$$\text{原式} = \lim_{x \to 0} \frac{-\sqrt{2} x^3}{x\left(-\dfrac{1}{2} x^2\right)} = 2\sqrt{2}.$$

(3) 原式 $= \lim\limits_{x \to 0} \dfrac{2^{\sin x}(2^{x-\sin x} - 1)}{x - \sin x}$ （因为 $a^u - 1 \sim u \ln a (u \to 0)$）

$$= \lim_{x \to 0} \frac{x - \sin x}{x - \sin x} 2^{\sin x} \ln 2 = \ln 2.$$

(4) 原式 $= \lim\limits_{x \to \pi} \dfrac{\pi^x \ln\pi - \pi x^{\pi-1}}{x x^{x-1} + x^x \ln x} = \dfrac{\ln\pi - 1}{1 + \ln\pi}.$

(5) 原式 $= \lim\limits_{x \to 0} \dfrac{(\sqrt{\cos 4x + 3\cos 2x} + 2)\ln[(1 + 6x^2)^2 - 16x^2]}{\cos 4x + 3\cos 2x - 4}$

$$= 4 \lim_{x \to 0} \frac{\ln(1 - 4x^2 + 36x^4)}{2\cos^2 2x + 3\cos 2x - 5}$$

$$= 4 \lim_{x \to 0} \frac{(-4x^2 + 36x^4)}{(\cos 2x - 1)(2\cos 2x + 5)}$$

$$= \frac{4}{7} \lim_{x \to 0} \frac{-4x^2}{-\dfrac{1}{2}(2x)^2} = \frac{8}{7}.$$

例 3.4.12 求下列极限

(1) $\lim\limits_{x \to +\infty} (\sqrt{x + \sqrt{x}} - \sqrt{x - \sqrt{x}})$;   (2) $\lim\limits_{x \to 1}\left(\dfrac{x}{x-1} - \dfrac{1}{\ln x}\right)$;

(3) $\lim\limits_{x \to \infty}[(2+x)e^{\frac{1}{x}} - x].$

解 (1) $\lim\limits_{x \to +\infty} (\sqrt{x + \sqrt{x}} - \sqrt{x - \sqrt{x}}) = \lim\limits_{x \to +\infty} \dfrac{x + \sqrt{x} - (x - \sqrt{x})}{\sqrt{x + \sqrt{x}} + \sqrt{x - \sqrt{x}}}$

$$= \lim_{x \to +\infty} \frac{2\sqrt{x}}{\sqrt{x + \sqrt{x}} + \sqrt{x - \sqrt{x}}} \quad \left(\frac{\infty}{\infty}\right)$$

$$= \lim_{x \to +\infty} \frac{2}{\sqrt{1 + \dfrac{1}{\sqrt{x}}} + \sqrt{1 - \dfrac{1}{\sqrt{x}}}} = 1.$$

(2) $\lim\limits_{x \to 1}\left(\dfrac{x}{x-1} - \dfrac{1}{\ln x}\right) = \lim\limits_{x \to 1} \dfrac{x \ln x - x + 1}{(x-1)\ln x} \quad \left(\dfrac{0}{0}\right) = \lim\limits_{x \to 1} \dfrac{\ln x + 1 - 1}{\ln x + \dfrac{x-1}{x}}$

$$= \lim_{x \to 1} \frac{\ln x}{\ln x + 1 - \frac{1}{x}} = \lim_{x \to 1} \frac{\frac{1}{x}}{\frac{1}{x} + \frac{1}{x^2}} = \frac{1}{2}.$$

(3) $\lim\limits_{x \to \infty}[(2+x)\mathrm{e}^{\frac{1}{x}} - x] = \lim\limits_{x \to \infty} x\left[\left(\frac{2}{x}+1\right)\mathrm{e}^{\frac{1}{x}} - 1\right] = \lim\limits_{x \to \infty} \frac{\left(\frac{2}{x}+1\right)\mathrm{e}^{\frac{1}{x}} - 1}{\frac{1}{x}} \quad \left(\frac{0}{0}\right).$

直接利用洛必达法则，计算量较大. 为此，令 $t = \frac{1}{x}$，则当 $x \to \infty$ 时，$t \to 0$.

$$\text{原式} = \lim_{t \to 0} \frac{(2t+1)\mathrm{e}^t - 1}{t} = \lim_{t \to 0} \frac{(2t+3)\mathrm{e}^t}{1} = 3.$$

注意：(1) 例 3.4.12 中的三个极限都属于 $\infty - \infty$ 型未定式，求解时通常采用分子、分母有理化、通分或提取 ∞ 因子将 $\infty - \infty$ 型转化为 $\frac{\infty}{\infty}$ 型或 $\frac{0}{0}$ 型未定式，然后利用洛必达法则求解.

(2) 为了使计算简便，有时需在应用洛必达法则之前使用等价无穷小量代换或变量代换，使计算简化；有时则不需用洛必达法则(上面例 3.4.12(1) 用的是无穷小量分出法).

例 3.4.13 求下列极限

(1) $\lim\limits_{x \to 0}[\cos(\pi x)]^{\frac{1}{x^2}}$； (2) $\lim\limits_{x \to 0}(\arcsin x)^{\tan x}$； (3) $\lim\limits_{x \to +\infty}(\ln x)^{\frac{1}{x-1}}$.

解 (1) $\lim\limits_{x \to 0}[\cos(\pi x)]^{\frac{1}{x^2}} = \lim\limits_{x \to 0}\mathrm{e}^{\frac{\ln\cos(\pi x)}{x^2}} = \mathrm{e}^{\lim\limits_{x \to 0}\frac{\ln\cos(\pi x)}{x^2}} = \mathrm{e}^{\lim\limits_{x \to 0}\frac{-\pi\sin(\pi x)}{2x\cos(\pi x)}} = \mathrm{e}^{-\frac{\pi^2}{2}}.$

(2) $\lim\limits_{x \to 0}(\arcsin x)^{\tan x} = \lim\limits_{x \to 0}\mathrm{e}^{\tan x \ln(\arcsin x)} = \mathrm{e}^{\lim\limits_{x \to 0}\tan x \ln(\arcsin x)}.$

由于 $\lim\limits_{x \to 0} \tan x \ln(\arcsin x) = \lim\limits_{x \to 0} x \ln(\arcsin x) = \lim\limits_{x \to 0} \frac{\ln(\arcsin x)}{\frac{1}{x}} \quad \left(\frac{\infty}{\infty}\right)$

$$= \lim_{x \to 0} \frac{\frac{1}{\arcsin x} \cdot \frac{1}{\sqrt{1-x^2}}}{-\frac{1}{x^2}} = -\lim_{x \to 0} \frac{x^2}{\arcsin x}$$

$$\xrightarrow{t = \arcsin x} -\lim_{t \to 0} \frac{\sin^2 t}{t} = 0$$

因此 $\lim\limits_{x \to 0}(\arcsin x)^{\tan x} = \mathrm{e}^0 = 1.$

(3) $\lim\limits_{x \to +\infty}(\ln x)^{\frac{1}{x-1}} = \lim\limits_{x \to +\infty}\mathrm{e}^{\frac{\ln(\ln x)}{x-1}} = \mathrm{e}^{\lim\limits_{x \to +\infty}\frac{\ln(\ln x)}{x-1}} = \mathrm{e}^{\lim\limits_{x \to +\infty}\frac{1}{x\ln x}} = \mathrm{e}^0 = 1.$

注意 例 3.4.13 属于 1^∞ 型、0^0 型和 ∞^0 型的未定式，求这类未定式常将 $\lim f(x)^{g(x)}$ 变形为 $\mathrm{e}^{\lim[g(x)\ln f(x)]}$，从而转化为 $\mathrm{e}^{\frac{0}{0}}$ 型或 $\mathrm{e}^{\frac{\infty}{\infty}}$ 型未定式，然后利用洛必达法则求解.

例 3.4.14 设函数 $f''(x)$ 在 $x = 0$ 的某邻域内连续，且 $\lim\limits_{x \to 0}\frac{f(x)}{x} = 0, f''(0) = 4$，求 $\lim\limits_{x \to 0}\left[1 + \frac{f(x)}{x}\right]^{\frac{1}{x}}.$

分析 由题设条件 $\lim\limits_{x \to 0}\frac{f(x)}{x} = 0$，显然有 $\lim\limits_{x \to 0} f(x) = f(0) = 0$，则

$$\lim_{x\to 0}\frac{f(x)-f(0)}{x-0}=f'(0)=\lim_{x\to 0}\frac{f(x)}{x}=\lim_{x\to 0}f'(x)=0$$

这是题中隐含的重要条件,然后利用洛必达法则和函数的连续性求解.

解 利用恒等变形: $\left[1+\frac{f(x)}{x}\right]^{\frac{1}{x}}=\left\{\left[1+\frac{f(x)}{x}\right]^{\frac{x}{f(x)}}\right\}^{\frac{f(x)}{x^2}}$. 由题意得

$$\lim_{x\to 0}\frac{f(x)}{x^2}=\lim_{x\to 0}\frac{f'(x)}{2x}=\lim_{x\to 0}\frac{f''(x)}{2}=\frac{f''(0)}{2}=\frac{4}{2}=2$$

故
$$\lim_{x\to 0}\left[1+\frac{f(x)}{x}\right]^{\frac{1}{x}}=e^2.$$

例 3.4.15 (1) 已知函数 $f(x)$ 在区间 $(-\infty,+\infty)$ 内二阶可导,且 $f(0)=f'(0)=0$, $f''(0)=4$,求 $\lim_{x\to 0}\frac{f(x)}{x^2}$;

(2) 已知函数 $f(x)$ 在区间 $(-\infty,+\infty)$ 内有二阶导数,求

$$\lim_{x\to 0}\frac{f(x+\Delta x)+f(x+\Delta x)-2f(x)}{(\Delta x)^2}$$

解 (1) $\lim_{x\to 0}\frac{f(x)}{x^2}=\lim_{x\to 0}\frac{f'(x)}{2x}=\frac{1}{2}\lim_{x\to 0}\frac{f'(x)-f'(0)}{x-0}=\frac{1}{2}f''(0)=2.$

(2) $\lim_{\Delta x\to 0}\frac{f(x+\Delta x)-f(x-\Delta x)-2f(x)}{(\Delta x)^2}=\lim_{\Delta x\to 0}\frac{f'(x+\Delta x)-f'(x-\Delta x)}{2\Delta x}$

$=\lim_{\Delta x\to 0}\frac{1}{2}\left[\frac{f'(x+\Delta x)-f'(x)}{\Delta x}-\frac{f'(x-\Delta x)-f'(x)}{\Delta x}\right]=f''(x).$

注 对含有抽象函数的极限,使用洛必达法则时一定要注意题设条件. 若不注意,可能会得到错误的解法. 对本例(1)来说,通常会出现

$$\lim_{x\to 0}\frac{f(x)}{x^2}=\lim_{x\to 0}\frac{f'(x)}{2x}=\lim_{x\to 0}\frac{f''(x)}{2}=\frac{1}{2}f''(0)=2$$

或利用

$$f(x)=f(0)+f'(0)\,x+\frac{1}{2!}f''(0)\,x^2+o(x^2)$$

由于题中未给出二阶导数连续的条件,所以 $\lim_{x\to 0}f''(x)=f''(0)$ 或写出带皮亚诺余项的二阶泰勒展开式都是毫无根据的. 对于(2)亦需注意不要出现类似的错误.

3.4.4 函数的性态

例 3.4.16 试证明函数 $f(x)=\left(1+\frac{1}{x}\right)^x$ 在区间 $(0,+\infty)$ 内单调增加.

证明 1 $f'(x)=\left[e^{x\ln\left(1+\frac{1}{x}\right)}\right]'=\left(1+\frac{1}{x}\right)^x\left[\ln\left(1+\frac{1}{x}\right)-\frac{1}{1+x}\right]$

令 $g(x)=\ln\left(1+\frac{1}{x}\right)-\frac{1}{1+x}$, $g'(x)=\frac{-1}{x(1+x)}+\frac{1}{(1+x)^2}=\frac{-1}{x(1+x)^2}$

当 $x>0$ 时,$g'(x)<0$,所以 $g(x)$ 单调下降,由于

$$g(+\infty)=\lim_{x\to\infty}\left[\ln\left(1+\frac{1}{x}\right)-\frac{1}{1+x}\right]=0$$

所以当 $x>0$ 时,有 $g(x)>g(+\infty)=0$,从而可知 $f'(x)>0$,故函数 $f(x)$ 在区间 $(0,+\infty)$

内单调增加.

证明 2 设 $g(t) = \ln t$, 在区间 $[x, 1+x]$ 上使用拉格朗日中值定理, 得

$$\ln(1+x) - \ln x = \frac{1}{\xi}[(1+x) - x] = \frac{1}{\xi}, x < \xi < 1 + 1x$$

从而有 $\ln(1+x) - \ln x > \frac{1}{1+x}$, 即 $\ln\left(1+\frac{1}{x}\right) > \frac{1}{1+x}$, 故当 $x > 0$ 时, $f'(x) > 0$, $f(x)$ 在区间 $(0, +\infty)$ 内单调增加.

例 3.4.17 试证当 $0 < x < \frac{\pi}{2}$ 时, $\frac{\sin x}{x} > \sqrt[3]{\cos x}$.

分析 利用函数单调性来证明不等式时, 通常先作类似于证明等式时所作的恒等变形来进行移项, 使不等式一边为零, 另一边设为辅助函数 $f(x)$, 再设法证得 $f(x)$ 的单调性.

本题中, 不能直接设 $f(x) = \frac{\sin x}{x} - \sqrt[3]{\cos x}$ 为辅助函数, 由于这里分母为变量, 故 $f'(x)$ 的形式较为复杂, 不易判定 $f'(x)$ 的符号. 于是可以把题中的不等式进行适当变形, 化为 $(\cos x)^{-\frac{1}{3}} \sin x - x > 0$.

证明 设 $f(x) = (\cos x)^{-\frac{1}{3}} \sin x - x$, 则 $f(0) = 0$.

$$f'(x) = \frac{1}{3}(\cos x)^{-\frac{4}{3}} \sin^2 x + (\cos x)^{\frac{2}{3}} - 1$$

$$f''(x) = -\frac{4}{9}(\cos x)^{-\frac{7}{3}}(-\sin x)\sin^2 x + \frac{2}{3}(\cos x)^{-\frac{4}{3}} \sin x \cos x - \frac{2}{3}(\cos x)^{-\frac{1}{3}} \sin x$$

$$= \frac{4}{9}(\cos x)^{-\frac{7}{3}} \sin^3 x > 0, x \in \left(0, \frac{\pi}{2}\right)$$

则 $f'(x)$ 在 $\left(0, \frac{\pi}{2}\right)$ 内单调递增, 又 $f'(0) = 0$, 所以 $f'(x) > f'(0) = 0, x \in \left(0, \frac{\pi}{2}\right)$, 即 $f(x)$ 在 $\left(0, \frac{\pi}{2}\right)$ 内单调递增, 因为 $f(x)$ 在 $\left[0, \frac{\pi}{2}\right)$ 内连续, 从而 $0 < x < \frac{\pi}{2}$ 时, $f(x) > f(0)$, 即

$$(\cos x)^{-\frac{1}{3}} \sin x - x > 0$$

亦即

$$\frac{\sin x}{x} > \sqrt[3]{\cos x}.$$

注 (1) 也可以将 $f'(x)$ 分解成

$$f'(x) = \frac{1}{3} \cos^{-\frac{4}{3}} x (1 - \cos^{\frac{2}{3}} x)^2 (1 + 2\cos^{\frac{2}{3}} x)$$

来断定 $f'(x) \geqslant 0$.

(2) 当得到 $f(x)$ 是单调函数的结论后, 为了证明 $f(x) > 0$(或 < 0), 需要与端点处函数值作比较(包括 ∞), 这时必须要说明一下: $f(x)$ 在包括端点内的闭区间(或半开半闭区间)上连续.

例 3.4.18 证明不等式 (1) $1 + x\ln(x + \sqrt{1+x^2}) \geqslant \sqrt{1+x^2}, x \in (-\infty, +\infty)$;

(2) $x < \sin\frac{\pi}{2}x, x \in (0, 1)$.

(1) 证明 1 设 $f(x) = 1 + x\ln(x + \sqrt{1+x^2}) - \sqrt{1+x^2}$

$$f'(x) = \ln(x+\sqrt{1+x^2}) + x\frac{1+\frac{x}{\sqrt{1+x^2}}}{x+\sqrt{1+x^2}} - \frac{x}{\sqrt{1+x^2}}$$

$$= \ln(x+\sqrt{1+x^2})$$

$$f''(x) = \frac{1}{\sqrt{1+x^2}} > 0$$

则 $f'(x)$ 单调递增,$f'(0)=0$,所以 $x>0$ 时,$f'(x)>f'(0)=0$,从而 $f(x)$ 在 $[0,+\infty)$ 内单调递增;$x<0$ 时,$f'(x)<f'(0)=0$,从而 $f(x)$ 在 $(-\infty,0)$ 内单调递减,所以在 $(-\infty,+\infty)$ 内 $f(x)$ 有最小值 $f(0)=0$,即 $1+x\ln(x+\sqrt{1+x^2})-\sqrt{1+x^2}\geqslant 0$,故

$$1+x\ln(x+\sqrt{1+x^2})\geqslant \sqrt{1+x^2},\quad x\in(-\infty,+\infty).$$

证明 2 当 $x=0$ 时结论显然成立.

当 $x>0$ 时,设 $f(t)=\ln(t+\sqrt{1+t^2}),g(t)=\sqrt{1+t^2}$,显然在区间 $[0,x]$ 上满足柯西中值定理条件,所以存在 $\xi\in(0,x)$,使

$$\frac{\ln(x+\sqrt{1+x^2})}{\sqrt{1+x^2}-1} = \frac{f(x)-f(0)}{g(x)-g(0)} = \frac{1}{\xi} > \frac{1}{x}$$

即有

$$1+x\ln(x+\sqrt{1+x^2})\geqslant \sqrt{1+x^2}.$$

当 $x<0$ 时,类似地可证明此结论.

(2) **证明 1** 利用函数的凹凸性来进行证明. 令 $f(x)=x-\sin\frac{\pi}{2}x$,则

$$f'(x)=1-\frac{\pi}{2}\cos\frac{\pi}{2}x,f''(x)=\left(\frac{\pi}{2}\right)^2\sin\frac{\pi}{2}x>0$$

所以 $f(x)$ 是凸函数,其图形是下凸的.

又 $f(0)=0,f(1)=1-\sin\frac{\pi}{2}=0$,根据凸函数曲线在弦下方的性质,可知在 $(0,1)$ 内有

$$x<\sin\frac{\pi}{2}x.$$

证明 2 利用函数的最值来进行证明.

令 $f(x)=x-\sin\frac{\pi}{2}x$,则 $f'(x)=1-\frac{\pi}{2}\cos\frac{\pi}{2}x$. 令 $f'(x)=0$,得唯一驻点 $x_0=\frac{2}{\pi}\arccos\frac{2}{\pi}$,且 $f''(x)=\left(\frac{\pi}{2}\right)^2\sin\frac{\pi}{2}x>0$,即有 $f''(x_0)>0$,说明 $f(x)$ 在 x_0 取极小值. 又由于 $f(x)$ 在 $[0,1]$ 上连续,在 $(0,1)$ 内可导,且 x_0 是 $f(x)$ 在 $(0,1)$ 内的唯一驻点,从而 x_0 也是 $f(x)$ 的最小值点,并且

$$f(0)=0, f(1)=1-\sin\frac{\pi}{2}=0$$

必是 $f(x)$ 在 $[0,1]$ 上的最大值,所以在 $[0,1]$ 上有 $f(x)\leqslant 0$,则当 $0<x<1$ 时,有 $f(x)<1$,即

$$x<\sin\frac{\pi}{2}x.$$

证明 3　利用函数的单调性进行证明. 设 $g(x) = \dfrac{\sin\dfrac{\pi}{2}x}{x}$,则

$$g'(x) = \frac{x\dfrac{\pi}{2}\cos\dfrac{\pi}{2}x - \sin\dfrac{\pi}{2}x}{x^2} = \frac{\cos\dfrac{\pi}{2}x}{x^2}\left(\dfrac{\pi}{2}x - \tan\dfrac{\pi}{2}x\right)$$

所以,在 $(0,1)$ 内,$g'(x) < 0$,故 $g(x)$ 在 $(0,1)$ 内单调减少,由此可知,$g(x) > g(1) = \sin\dfrac{\pi}{2} = 1$,即

$$x < \sin\dfrac{\pi}{2}x.$$

注　通常所说的凸函数,其图形是一条向下凸的曲线,这类函数具有两个重要性质:

(1) $f(x) \geqslant f(x_0) + f'(x_0)(x - x_0)$;

(2) $f(x) \leqslant \dfrac{x_2 - x}{x_2 - x_1}f(x_1) + \dfrac{x - x_1}{x_2 - x_1}f(x_2)$,$x$ 在 x_1 与 x_2 之间.

其几何意义分别为切线在曲线下方,弦在曲线上方.

例 3.4.19　证明当 $x > 1$ 时有 $\mathrm{e}^x > \dfrac{\mathrm{e}}{2}(x^2 + 1)$.

证明 1　设 $f(x) = \mathrm{e}^x - \dfrac{\mathrm{e}}{2}(x^2 + 1)$,显然 $f(x)$ 在 $[1, +\infty)$ 内连续且可导,即

$$f'(x) = \mathrm{e}^x - \mathrm{e}x,$$

在 $[1, +\infty)$ 内连续且可导,在 $[1, +\infty)$ 内有

$$f''(x) = \mathrm{e}^x - \mathrm{e} > 0$$

所以 $f'(x)$ 单调递增,当 $x > 1$ 时,$f'(x) > f'(1) = 0$,从而有 $f(x)$ 单调递增,所以当 $x > 1$ 时,$f(x) > f(1) = 0$,即

$$\mathrm{e}^x > \dfrac{\mathrm{e}}{2}(x^2 + 1).$$

证明 2　设 $f(t) = \mathrm{e}^t, g(t) = t^2$,显然它们在 $[1, x]$ 上满足柯西中值定理条件,所以有

$$\dfrac{\mathrm{e}^x - \mathrm{e}}{x^2 - 1} = \dfrac{f(x) - f(1)}{g(x) - g(1)} = \dfrac{f'(\xi)}{g'(\xi)} = \dfrac{\mathrm{e}^\xi}{2\xi}, \quad 1 < \xi < x$$

再令 $\varphi(x) = \dfrac{\mathrm{e}^x}{x}$,显然 $\varphi(x)$ 在 $[1, +\infty]$ 上连续且可导,即

$$\varphi'(x) = \dfrac{(x-1)\mathrm{e}^x}{x^2} \geqslant 0$$

所以 $\varphi(x)$ 在 $[1, +\infty]$ 上单调递增,当 $x > 1$ 时,$\varphi(x) > \varphi(1) = \mathrm{e}$. 故当 $\xi > 1$ 时有

$$\dfrac{\mathrm{e}^\xi}{\xi} = \varphi(\xi) > \mathrm{e}, 即 \dfrac{\mathrm{e}^x - \mathrm{e}}{x^2 - 1} > \dfrac{\mathrm{e}}{2}$$

从而结论得证.

证明 3　展开 $f(x) = \mathrm{e}^x$ 为 $x = 1$ 点处带拉格朗日余项的二阶泰勒公式

$$\mathrm{e}^x = \mathrm{e} + \mathrm{e}(x-1) + \dfrac{\mathrm{e}}{2!}(x-1)^2 + \dfrac{\mathrm{e}^\xi}{3!}(x-1)^3, \quad 1 < \xi < x$$

$$> \mathrm{e} + \mathrm{e}(x-1) + \dfrac{\mathrm{e}}{2}(x-1)^2 = \dfrac{\mathrm{e}}{2}(x^2 + 1).$$

注 从本题三种证法来看,第三种证明方法最为简洁. 下面来说明一下是如何想到在"$x_0 = 1$"点处展开为"二阶"泰勒公式的:(1) 注意到所需证明的不等式中有一个函数 e^x 及一个常数 e,即想到应取 $x_0 = 1$,再经仔细观察,会发现 $x_0 = 1$ 是使不等式成为等式的一个特殊点;(2) 注意不等式的一边是一个二次多项式.

例 3.4.20 求下列曲线的渐近线

(1) $y = \dfrac{x^2}{\sqrt{x^2-1}}$;   (2) $x = \dfrac{y}{y^2-4}$.

解 (1) 函数在 $x = \pm 1$ 处无定义,于是

$$\lim_{x \to \pm 1} y = \lim_{x \to \pm 1} \frac{x^2}{\sqrt{x^2-1}} = +\infty$$

所以 $x = \pm 1$ 是垂直渐近线.

因为 $\lim\limits_{x \to \infty} \dfrac{x^2}{\sqrt{x^2-1}} = \infty$,所以没有水平渐近线. 又

$$a_1 = \lim_{x \to +\infty} \frac{y}{x} = \lim_{x \to +\infty} \frac{x^2}{x\sqrt{x^2-1}} = 1$$

$$b_1 = \lim_{x \to +\infty} (y - a_1 x) = \lim_{x \to +\infty} \left(\frac{x^2}{\sqrt{x^2-1}} - x \right) = \lim_{x \to +\infty} \frac{x^2 - x\sqrt{x^2-1}}{\sqrt{x^2-1}} = 0$$

$$a_2 = \lim_{x \to -\infty} \frac{y}{x} = \lim_{x \to -\infty} \frac{x^2}{x\sqrt{x^2-1}} = -1$$

$$b_2 = \lim_{x \to -\infty} (y - a_2 x) = \lim_{x \to -\infty} \left(\frac{x^2}{\sqrt{x^2-1}} + x \right) = \lim_{x \to -\infty} \frac{x^2 + x\sqrt{x^2-1}}{\sqrt{x^2-1}} = 0$$

所以 $y = \pm x$ 是两条斜渐近线.

(2) 记 $\varphi(y) = \dfrac{y}{y^2-4}$,由于 $\lim\limits_{y \to \infty} \dfrac{y}{y^2-4} = 0$,所以 $x = 0$ 是函数 $y = f(x)$ 的反函数 $x = \varphi(y)$ 图形的水平渐近线,从而是函数 $y = f(x)$ 图形的垂直渐近线. 而

$$\lim_{y \to 2} \varphi(y) = \lim_{y \to 2} \frac{y}{y^2-4} = \infty$$

$$\lim_{y \to -2} \varphi(y) = \lim_{y \to -2} \frac{y}{y^2-4} = \infty$$

所以直线 $y = \pm 2$ 是函数 $y = f(x)$ 的反函数 $x = \varphi(y)$ 的两条垂直渐近线,从而是函数 $y = f(x)$ 图形的水平渐近线.

注 一般情况下,如果是偶函数,则相应曲线的渐近线(若渐近线存在),必定关于 y 轴对称(如本例(1));如果是奇函数,则相应曲线的渐近线(若渐近线存在),必定关于原点对称.

例 3.4.21 求函数 $y = x - 2\arctan x$ 的单调增减区间、凹凸区间与拐点,以及渐近线方程,并描绘该函数的图形.

解 $y = f(x) = x - 2\arctan x$ 的连续区间为 $(-\infty, +\infty)$. 因为

$$f(-x) = -x - 2\arctan(-x) = -x + 2\arctan x = -f(x)$$

所以 $f(x)$ 是奇函数. 又

$$y' = f'(x) = 1 - \frac{2}{1+x^2} = \frac{x^2-1}{x^2+1}$$

令 $y' = 0$，得 $x = \pm 1$. 而

$$y'' = f''(x) = \frac{4x}{(1+x^2)^2}$$

令 $y'' = 0$，得 $x = 0$.

现在区间 $(-\infty, 0)$ 内列表讨论函数的增减性、拐点等. 如表 3.6 所示.

表 3.6

x	0	(0,1)	1	$(1, +\infty)$
y'	$-$	$-$	0	$+$
y''	0	$+$	$+$	$+$
y	0	↘	$1 - \frac{\pi}{2}$	↗

函数的单调增加区间为 $(-\infty, -1]$，$[1, +\infty)$，单调减少区间为 $[-1,1]$；

极大值 $f(-1) = \frac{\pi}{2} - 1$，极小值 $f(1) = 1 - \frac{\pi}{2}$；

函数的下凹区间为 $[0, +\infty)$，上凸区间为 $(-\infty, 0]$，拐点为 $(0,0)$.

下面求函数曲线 $y = f(x) = x - 2\arctan x$ 的渐近线，即

$$k = \lim_{x \to \pm\infty} \frac{f(x)}{x} = \lim_{x \to \pm\infty} \left(1 - \frac{2\arctan x}{x}\right) = 1$$

$$b_1 = \lim_{x \to +\infty} [f(x) - kx] = \lim_{x \to +\infty} (-2\arctan x) = -\pi$$

$$b_2 = \lim_{x \to -\infty} [f(x) - kx] = \lim_{x \to -\infty} (-2\arctan x) = \pi$$

渐近线方程为 $y = x - \pi$，$y = x + \pi$. 函数曲线如图 3.5 所示.

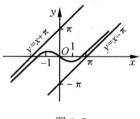

图 3.5

例 3.4.22 描绘函数 $y = \frac{x^3}{(1+x)^2}$ 的图形.

解 函数 y 的连续区间为 $(-\infty, -1) \cup (-1, +\infty)$. 又

$$y' = \frac{3x^2(1+x)^2 - 2x^3(1+x)}{(1+x)^4} = \frac{x^2(x+3)}{(1+x)^3}$$

$$y'' = \frac{(3x^2+6x)(1+x)^3 - 3x^2(x+3)(1+x)^2}{(1+x)^6} = \frac{6x}{(1+x)^4}$$

令 $y'=0$，得驻点 $x=0$ 及 $x=-3$；令 $y''=0$，得 $x=0$. 把函数 y 的连续区间划分为 $(-\infty,-3),(-3,-1),(-1,0),(0,+\infty)$，列表讨论如表 3.7 所示.

表 3.7

x	$(-\infty,-3)$	-3	$(-3,-1)$	-1	$(-1,0)$	0	$(0,+\infty)$
y'	$+$	0	$-$	不存在	$+$	0	$+$
y''	$-$	$-$	$-$	不存在	$-$	0	$+$
y	↗	$-\frac{27}{4}$ 极大	↘	不存在	↗	拐点$(0,0)$	↗

下面求渐近线方程. 因为 $\lim\limits_{x \to -1} y = \lim\limits_{x \to -1} \frac{x^3}{(1+x)^2} = \infty$，所以 $x=-1$ 是铅直渐近线. 又因为

$$\lim_{x \to \infty} \frac{y}{x} = \lim_{x \to \infty} \frac{x^2}{(1+x)^2} = 1$$

$$\lim_{x \to \infty}(y-x) = \lim_{x \to \infty}\left[\frac{x^3}{(1+x)^2} - x\right] = \lim_{x \to \infty} \frac{-2x^2-x}{(1+x)^2} = -2$$

所以 $y=x-2$ 是斜渐近线. 描点连线作图，如图 3.6 所示.

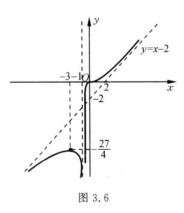

图 3.6

例 3.4.23 求内摆线 $x^{\frac{2}{3}} + y^{\frac{2}{3}} = a^{\frac{2}{3}}$ 的曲率半径和曲率圆心坐标.

解 对 $x^{\frac{2}{3}} + y^{\frac{2}{3}} = a^{\frac{2}{3}}$ 进行隐函数求导，得

$$\frac{2}{3}x^{-\frac{1}{3}} + \frac{2}{3}y^{-\frac{1}{3}}y' = 0 \Rightarrow y' = -\left(\frac{y}{x}\right)^{\frac{1}{3}}$$

$$y'' = -\frac{1}{3}\left(\frac{y}{x}\right)^{-\frac{2}{3}} \frac{y'x - y}{x^2} = -\frac{1}{3}\left(\frac{x}{y}\right)^{\frac{2}{3}} \frac{y'x - y}{x^2}$$

$$= \frac{1}{3} \cdot \frac{(yx)^{\frac{1}{3}}(x^{\frac{2}{3}}+y^{\frac{2}{3}})}{y^{\frac{2}{3}}x^{\frac{5}{3}}} = \frac{1}{3}\frac{a^{\frac{2}{3}}}{x(xy)^{\frac{1}{3}}}.$$

曲率为

$$K = \frac{|y''|}{(1+y'^2)^{\frac{3}{2}}} = \frac{\frac{1}{3}a^{\frac{2}{3}} \cdot \left|\frac{1}{x(xy)^{\frac{1}{3}}}\right|}{\left[1+\left(\frac{y}{x}\right)^{\frac{2}{3}}\right]^{\frac{3}{2}}} = \frac{1}{3|axy|^{\frac{1}{3}}}$$

故曲率半径为 $\rho = \frac{1}{K} = 3|axy|^{\frac{1}{3}}$. 记曲率圆心的坐标为 (α,β), 则

$$\alpha = x - \frac{y'(1+y'^2)}{y''} = x - \frac{-\left(\frac{y}{x}\right)^{\frac{1}{3}}\left[1+\left(\frac{y}{x}\right)^{\frac{2}{3}}\right]}{\frac{1}{3}\frac{a^{\frac{2}{3}}}{x(xy)^{\frac{1}{3}}}} = x^{\frac{1}{3}}(a^{\frac{2}{3}}+2y^{\frac{2}{3}})$$

$$\beta = y + \frac{1+y'^2}{y''} = y + \frac{1+\left(\frac{y}{x}\right)^{\frac{2}{3}}}{\frac{1}{3}\frac{a^{\frac{2}{3}}}{x(xy)^{\frac{1}{3}}}} = y^{\frac{1}{3}}(a^{\frac{2}{3}}+2x^{\frac{2}{3}}).$$

3.4.5 函数的极值与最值

例 3.4.24 求函数 $f(x) = 3(1+x)^{\frac{2}{3}} + 6(1-x)^{\frac{1}{3}}$ 的极值.

解 $f'(x) = 2[(1+x)^{-\frac{1}{3}} - (1-x)^{-\frac{2}{3}}]$

$$= \frac{2[(1+x)^{-1} - (1-x)^{-2}]}{(1+x)^{-\frac{2}{3}} + (1+x)^{-\frac{1}{3}}(1-x)^{-\frac{2}{3}} + (1-x)^{-\frac{4}{3}}}$$

$$= \frac{2(1+x)^{-1} - (1-x)^{-2}[(1-x)^2 - (1+x)]}{(1+x)^{-\frac{2}{3}} + (1+x)^{-\frac{1}{3}}(1-x)^{-\frac{2}{3}} + (1-x)^{-\frac{4}{3}}}$$

$$= \frac{2(1+x)^{-1} - (1-x)^{-2}(x-3)x}{(1+x)^{-\frac{2}{3}} + (1+x)^{-\frac{1}{3}}(1-x)^{-\frac{2}{3}} + (1-x)^{-\frac{4}{3}}}.$$

可知函数 $f(x)$ 有驻点 $x = 0, x = 3$ 及不可导点 $x = 1, x = -1$, 列表如表 3.8 所示.

表 3.8

x	$(-\infty,-1)$	-1	$(-1,0)$	0	$(0,1)$	1	$(1,3)$	3	$(3,+\infty)$
$f'(x)$	$-$	/	$+$	0	$-$	/	$-$	0	$+$
$f(x)$	↓	极小	↑	极大	↓	/	↓	极小	↑

所以函数 $f(x)$ 有极小值, $f(-1) = -6\sqrt[3]{2}, f(3) = 0$, 极大值 $f(0) = 9$.

注 (1) 在求函数极值时, 千万不能漏掉不可导点.

(2) 记号 $f_{\max}$ 表示 f 的最大值, 极大值和最大值是两个不同的概念, 所以不能将 $f_{极大}$ 记为 $f_{\max}$, 同样也不能将 $f_{极小}$ 记为 $f_{\min}$.

例 3.4.25 设 $f(x) = 3x^2 + Ax^{-3}$, 且当 $x > 0$ 时, 均有 $f(x) \geqslant 20$, 求正数 A 的最小值.

分析 设法将原问题的目标转化成"如何使 $f(x)$ 在区间 $(0,+\infty)$ 内有最小值 20"的新目标.

解 $f'(x) = 3(2x - Ax^{-4})$,令 $f'(x) = 0$,得 $x = \sqrt[5]{\dfrac{A}{2}}$.

在 $\left(0, \sqrt[5]{\dfrac{A}{2}}\right)$ 内,$f'(x) < 0$;在 $\left(\sqrt[5]{\dfrac{A}{2}}, +\infty\right)$ 内,$f'(x) > 0$.

故 $x = \sqrt[5]{\dfrac{A}{2}}$ 是 $f(x)$ 在 $(0, +\infty)$ 上的最小值点.

即当 $x > 0$ 时,$f(x) \geqslant f\left(\sqrt[5]{\dfrac{A}{2}}\right) = 5\left(\dfrac{A}{2}\right)^{\frac{2}{5}}$. 令 $5\left(\dfrac{A}{2}\right)^{\frac{2}{5}} = 20$,即 $A = 64$. 即 A 至少应为 64,便有 $f(x) \geqslant 20 (x \in (0, +\infty))$,所以 A 的最小值为 64.

例 3.4.26 如图 3.7 所示,由直线 $y = 0$, $x = 0$, $x = 1$ 及 $y = e^x$ 围成一个曲边梯形,在曲边 $y = e^x$ 上求一点 $P(x, y)(0 < x < 1)$,使曲线在点 P 处的切线与直线 $y = 0$, $x = 0$, $x = 1$ 所围成的梯形面积最大.

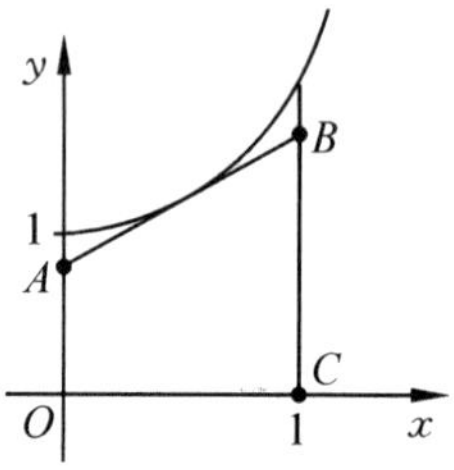

解 $y = e^x$ 在点 $P(x, y)$ 处的切线方程为
$$Y - y = e^x(X - x)$$
令 $X = 0$,得 $Y = y - xe^x = e^x - xe^x$,
即切线与直线 $x = 0$ 的交点为 $A(0, e^x(1-x))$.

图 3.7

令 $X = 1$,得 $Y = y + e^x(1-x) = e^x(2-x)$,即切线与直线 $x = 1$ 的交点为 $B(1, e^x(2-x))$. 于是梯形 $OABC$ 的面积为

$$S = \dfrac{1}{2}[e^x(1-x) + e^x(2-x)] \cdot 1 = \dfrac{1}{2}e^x(3-2x), (0 < x < 1)$$

$$S'(x) = \dfrac{1}{2}e^x(1-2x)$$

令 $S'(x) = 0$,得唯一驻点 $x = \dfrac{1}{2}$. 又当 $0 < x < \dfrac{1}{2}$ 时,$S'(x) > 0$;当 $\dfrac{1}{2} < x < 1$ 时,$S'(x) < 0$. 从而 $x = \dfrac{1}{2}$ 是极大值点也是最大值点. 此时 $y = e^{\frac{1}{2}}$,故所求点为 $P\left(\dfrac{1}{2}, e^{\frac{1}{2}}\right)$.

注 求实际问题的最值时,经常利用到一个明显的事实:若可微函数 $y = f(x)$ 在所讨论的区间内仅有一个可能的极值点,并且该问题确实具有最大值或最小值,则可以判断出该极值点就是最大值点或最小值点.

例 3.4.27 为了向宽为 64 m 的河修建一条与之垂直的运河航道,以通过长为 125 m 的船只(船只的宽不计),试问航道需至少开挖多宽方可使船只通过?

解 如图 3.8 所示,实际问题可以理解为当 a、b 为定值时,求以 A 为支点的直线段 $\overline{BC}$ 长度 l 的最小值.

$l = \dfrac{a}{\sin\theta} + \dfrac{b}{\cos\theta} \quad \left(0 < \theta < \dfrac{\pi}{2}\right), \dfrac{dl}{d\theta} = \dfrac{b\sin^3\theta - a\cos^3\theta}{\cos^2\theta \sin^2\theta}$.

令 $\dfrac{dl}{d\theta} = 0$,即 $b\sin^3\theta - a\cos^3\theta = 0$,解得驻点 $\theta_0 = $

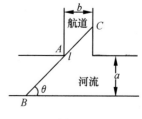

图 3.8

$\arctan\left(\dfrac{a}{b}\right)^{\frac{1}{3}}$.

$$\dfrac{d^2 l}{d\theta^2} = \dfrac{d(b\tan\theta\sec\theta - a\cot\theta\csc\theta)}{d\theta}$$
$$= b(\sec^3\theta + \tan^2\theta\sec\theta) + a(\csc^3\theta + \cot^2\theta\csc\theta)$$
$$= b\sec\theta(1 + 2\tan^2\theta) + a\csc\theta(1 + 2\cot^2\theta)$$

因为 $0 < \theta < \dfrac{\pi}{2}$,所以 $\dfrac{d^2 l}{d\theta^2} > 0$. 因此 $\theta = \theta_0$ 是极小值点,又由驻点的唯一性可知,当 $\theta = \theta_0$ 时,l 取得最小值.

$$l_{\min} = \dfrac{a}{\sin\theta_0} + \dfrac{b}{\cos\theta_0} = \dfrac{a\sqrt{1+\tan^2\theta_0}}{\tan\theta_0} + b\sqrt{1+\tan^2\theta_0}$$
$$= \sqrt{1+\tan^2\theta_0}\left(\dfrac{a}{\tan\theta_0} + b\right) = (a^{\frac{2}{3}} + b^{\frac{2}{3}})^{\frac{3}{2}}$$

依题意,设 $l = 125$ m,$a = 64$ m,则有
$$125 = (16 + b^{\frac{2}{3}})^{\frac{3}{2}}$$
解得
$$b = 27 \text{ m}.$$
因此,航道至少开挖 27 m 宽方可使船只通过.

例 3.4.28 把一页长方形纸 $ABCD$ 折起来,使顶角 B 落在对边 AD 上,如图 3.9 所示. 假定纸的长度 BC 足够长,不会使折痕 EF 的一端 F 越过点 C. 如果纸的宽度为 20cm,试问最短的折痕长度是多少? 这个最短折痕与 BC 形成的角度是多少?

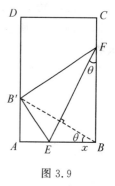

图 3.9

解 设 $BE = x$,EF 与 BC 边的夹角为 θ,因为 B' 是 B 关于 EF 的对称点,$BB' \perp EF$,又 $AB \perp BF$,所以 $\angle ABB' = \angle BFE = \theta$. 于是
$$20 = AB = BB'\cos\theta = 2x\cos\theta \cdot \cos\theta = 2x\cos^2\theta$$
所以
$$x = 10\sec^2\theta$$
此时
$$EF = x\csc\theta = 10\sec^2\theta\csc\theta = \dfrac{10}{\cos^2\theta\sin\theta}$$

当 $\cos^2\theta\sin\theta$ 取最大值时,折痕 EF 最短.

设 $f(\theta) = \cos^2\theta\sin\theta$,按题意 $0 < \theta < \dfrac{\pi}{2}$. 由
$$f'(\theta) = (\sin\theta - \sin^3\theta)' = \cos\theta(1 - 3\sin^2\theta) = 0$$
解得
$$\theta = \arcsin\dfrac{1}{\sqrt{3}}$$
易知这是所求的解,此时折痕长
$$EF = \dfrac{10}{\cos^2\theta\sin\theta} = \dfrac{10}{\dfrac{2}{3} \cdot \dfrac{1}{\sqrt{3}}} = 15\sqrt{3}.$$

例 3.4.29 一艘停泊在海中的军舰,离海岸 9km,离海岸上的兵营 $3\sqrt{34}$km. 今欲从舰上送信到兵营,已知送信人步行速度是 5km/h,划船速度是 4km/h,试问送信人应在何处上岸,才能在最短时间内到达兵营(假定海岸线是直的)?

解 如图 3.10 所示,设军舰位于 y 轴上点 A 处,兵营位于 x 轴上的点 B 处.设送信人划船到 C,再步行到 B,记 $OC = x$.

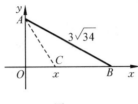

图 3.10

已知 $OA = 9, AB = 3\sqrt{34}$,则
$$OB = \sqrt{AB^2 - OA^2} = \sqrt{306 - 81} = 15.$$

送信时间
$$t = \frac{\sqrt{9 + x^2}}{4} + \frac{15 - x}{5}.$$

由 $t' = \dfrac{x}{4\sqrt{9 + x^2}} - \dfrac{1}{5} = 0$,解得 $x = 4$.

例 3.4.30 一正圆锥台形的木材,长为 12cm,上、下底的直径分别为 $4 + h(h > 0)$ 与 4cm,如图 3.11 所示.今欲从该木材割出体积最大的正圆柱体.试将其最大体积表示为 h 的函数.

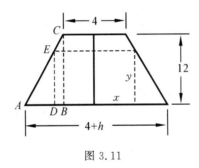

图 3.11

解 设所求圆柱半径为 $x\left(2 \leqslant x \leqslant 2 + \dfrac{h}{2}\right)$.

由相似比:$\dfrac{AD}{AB} = \dfrac{DE}{BC}$,即
$$\frac{2 + \dfrac{h}{2} - x}{\dfrac{h}{2}} = \frac{y}{12}$$

解得
$$y = 12\left(1 + \frac{4}{h} - \frac{2x}{h}\right)$$

所求圆柱体体积为
$$V(x) = \pi x^2 y = \frac{12\pi}{h} x^2 (h + 4 - 2x)$$

由
$$V'(x) = \frac{24\pi}{h}(h+4-3x) = 0$$
得
$$x = \frac{4+h}{3}, \quad y = 4\left(1+\frac{4}{h}\right).$$

注意到,若 $h < 2$,显然取 $x = 2$ 将得到最大圆柱体体积 48π,故最大圆柱体体积表达式为

$$\begin{cases} \pi \cdot 2^2 \cdot 12 = 48\pi, & 0 < h < 2 \\ \pi\left(\dfrac{4+h}{3}\right)^2 \cdot 4\left(1+\dfrac{4}{h}\right) = \dfrac{4\pi}{9h}(4+h)^3, & h \geqslant 2 \end{cases}.$$

例 3.4.31 把半径为 R 的圆形铁片,从中心剪去一扇形后,围成一无底圆锥,试问剪去的扇形的中心角多大时,该圆锥的容积为最大?

解 如图 3.12 所示,设剪去的扇形的中心角为 θ,围成的圆锥底半径为 r,高为 h.

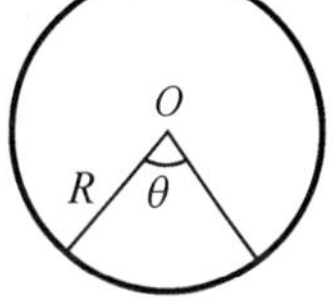

由"剩余扇形的圆弧长 = 围成圆锥底圆周长",得 $2\pi R \dfrac{2\pi - \theta}{2\pi} = 2\pi r$,

故 $r = R\left(1 - \dfrac{\theta}{2\pi}\right)$,圆锥体积为

图 3.12

$$V(\theta) = \frac{1}{3}\pi r^2 h = \frac{1}{3}\pi R^3 \left(1-\frac{\theta}{2\pi}\right)^2 \sqrt{1-\left(1-\frac{\theta}{2\pi}\right)^2}$$

为求体积的最大值,记 $t = 1 - \dfrac{\theta}{2\pi}$,则

$$V(\theta) = \frac{\pi}{3}R^3 t^2 \sqrt{1-t^2}$$

注意到 $V(t)$ 的最大值与 $f(t) = t^4(1-t^2)$ 的最大值对应. 由 $f'(t) = 4t^3 - 6t^5$,解得 $t = 0$, $\pm\dfrac{2}{\sqrt{6}}$.

当 $t = 0$ 时 $\theta = 2\pi$(不是解),当 $t = -\dfrac{2}{\sqrt{6}}$ 时 $\theta = \left(1+\dfrac{2}{\sqrt{6}}\right) \cdot 2\pi > 2\pi$(也不是解),故

$$t = \frac{2}{\sqrt{6}}, \quad \theta = 2\left(1 - \frac{2}{\sqrt{6}}\right)\pi \approx 66°.$$

这时圆锥容积为

$$V\bigg|_{t=\frac{2}{\sqrt{6}}} = \frac{\pi}{3}R^3 \cdot \frac{4}{6}\sqrt{1-\frac{4}{6}} = \frac{2\pi R^3}{9\sqrt{3}}.$$

3.4.6 边际与弹性

例 3.4.32 某厂生产某种产品,每年的销售量为 1 000 000 件,每批生产准备费为 1 000 元,而每件每年的库存费为 0.2 元,如果均匀销售,试问一年内应分几批生产,才能使生产准备费与库存费之和 T 为最少?

解 均匀销售表示库存量是批量的一半. 由题意可知,设一年内分 x 批生产,则

$$T(x) = \frac{1\,000\,000 \times 0.2}{2x} + 1\,000x = \frac{100\,000}{x} + 1\,000x$$

令 $T'(x) = -\dfrac{100\,000}{x^2} + 1\,000 = 0$，得到唯一驻点 $x = 10$（负值不合实际已舍去）．

又因 $T''(10) = \dfrac{200\,000}{10^3} = 200 > 0$，故 $x = 10$ 是 $T(x)$ 取得最小值的点，即一年分 10 批生产才能使生产准备费与库存费之和 T 为最少．

例 3.4.33 求 $y = x^a \mathrm{e}^{-b(x+c)}$ 的弹性函数．

解 边际函数为
$$y' = \alpha x^{\alpha-1} \mathrm{e}^{-b(x+c)} + x^\alpha \mathrm{e}^{-b(x+c)}(-b) = x^{\alpha-1} \mathrm{e}^{-b(x+c)} \cdot (\alpha - bx)$$

弹性函数为 $\dfrac{\mathrm{E}y}{\mathrm{E}x} = y' \cdot \dfrac{x}{y} = x^{\alpha-1} \mathrm{e}^{-b(x+c)}(\alpha-bx) \dfrac{x}{y} = \alpha - bx$．

例 3.4.34 某公司年销售某产品 5 000 台，每次进货费用 40 元，单价为 200 元，年保管费用率为 20%，试求最优订购批量．

解 设该公司一年分 x 批进货，由题意可知，年保管费为单价的 20%，即每件商品保管费用为 40 元，则该公司进货费与保管费之和为
$$T(x) = \dfrac{5\,000 \times 40}{2x} + \left(40 + 200 \times \dfrac{5\,000}{x}\right)x. \quad \text{（假设商品均匀销售）}$$

要使 $T(x)$ 最小，才是最优的进货批次．

令 $T'(x) = 0$，得到唯一驻点 $x = 50$（次）．

因 $T''(x) > 0$，故分 50 次进货时该公司的年进货费用和保管费用才最省，即该公司的最优进货批量为 $\dfrac{5\,000}{50} = 100$（件）．

例 3.4.35 设某产品的需求函数 $Q = Q(P)$ 是单调减少的，收益函数 $R = PQ$，当价格为 P_0 且对应的需求量为 Q_0 时，边际收益 $R'(Q_0) = 2$，而 $R'(P_0) = -150$，需求对价格的弹性 EP 满足 $|\text{EP}| = \dfrac{3}{2}$．试求 P_0、Q_0．

分析 为了求解本题，必须建立 $R'(Q)$、$R'(P)$ 与 EP 之间的关系．

因 $R = PQ = PQ(P)$，于是
$$R'(P) = Q(P) + P\dfrac{\mathrm{d}Q}{\mathrm{d}P} = Q\left(1 + \dfrac{P}{Q}\dfrac{\mathrm{d}Q}{\mathrm{d}P}\right) = Q(1 + \text{EP})$$

设 $P = P(Q)$ 是需求函数 $Q = Q(P)$ 的反函数，则 $R = PQ = QP(Q)$，于是
$$R'(Q) = P(Q) + Q\dfrac{\mathrm{d}P}{\mathrm{d}Q} = P\left(1 + \dfrac{Q}{P}\dfrac{\mathrm{d}P}{\mathrm{d}Q}\right) = P\left(1 + \dfrac{1}{\dfrac{P}{Q} \cdot \dfrac{\mathrm{d}Q}{\mathrm{d}P}}\right) = P\left(1 + \dfrac{1}{\text{EP}}\right).$$

解 因需求函数 $Q = Q(P)$ 单调减少，故需求对价格的弹性 $\text{EP} < 0$，且反函数 $P = P(Q)$ 存在．由题设知 $Q_0 = Q(P_0)$，$P_0 = P(Q_0)$，且 $\text{EP}|_{P=P_0} = -\dfrac{3}{2}$，把它们代入分析中得到的关系式中，于是有

$$R'(Q_0) = P_0\left(1 - \dfrac{2}{3}\right) = 2, \quad \text{即} \quad P_0 = 6.$$

$$R'(P_0) = Q_0\left(1 - \dfrac{3}{2}\right) = -150, \quad \text{即} \quad Q_0 = 300.$$

例 3.4.36 一商家销售某种商品的价格满足关系
$$P(x) = 7 - 0.2x \,(万元/吨).$$
其中，x 为销售量(单位:吨).商品的成本函数是 $C(x) = 3x + 1$(万元).

(1) 若每销售 1 吨商品,政府要征税 t(万元),试求该商家获最大利润时商品的销售量;

(2) t 为何值时,政府税收总额最大.

解 (1) 该商家销售商品的总收益函数为
$$R(x) = P(x) \cdot x = 7x - 0.2x^2$$
政府征收的总税额为
$$T(x) = tx$$
从而商家的总利润函数为
$$L(x) = R(x) - C(x) - T(x) = -0.2x^2 + (4-t)x - 1.$$

令 $L'(x) = -0.4x + 4 - t = 0$ 可以求得唯一驻点 $x = \dfrac{5}{2}(4-t)$(注意:应设 $0 < t < 4$ 才能使该点在定义域中).

又因 $L''(x) = -0.4 < 0$,从而 $L(x)$ 在该驻点 $x = \dfrac{5}{2}(4-t)$ 取得最大值,即 $x = \dfrac{5}{2}(4-t)$ 是使商家获得最大利润时销售量.

(2) 政府税收总额 $T(x) = tx = \dfrac{5}{2}t(4-t).$

令 $T'(x) = 10 - 5t = 0$,可得唯一驻点 $t = 2$,又因 $T''(x) < 0$,故当 $t = 2$ 时政府税收总额最大.

3.5 错 解 分 析

例 3.5.1 求下列极限

(1) $\lim\limits_{x \to 1} \dfrac{x^3 - 3x + 2}{2x^3 - x^2 - 4x + 3}$; (2) $\lim\limits_{x \to \infty} x\, e^{\frac{1}{x^2}}$; (3) $\lim\limits_{x \to 1}(1-x)\tan\left(\dfrac{\pi}{2}x\right)$.

错解

(1) $\lim\limits_{x \to 1} \dfrac{x^3 - 3x + 2}{2x^3 - x^2 - 4x + 3} = \lim\limits_{x \to 1} \dfrac{3x^2 - 3}{6x^2 - 2x - 4} = \lim\limits_{x \to 1} \dfrac{6x}{12x - 2} = \lim\limits_{x \to 1} \dfrac{6}{12} = \dfrac{1}{2}.$

(2) $\lim\limits_{x \to \infty} x\, e^{\frac{1}{x^2}} = \lim\limits_{x \to \infty} \dfrac{e^{\frac{1}{x^2}}}{\frac{1}{x}} = \lim\limits_{x \to \infty} \dfrac{-\frac{2}{x^3} e^{\frac{1}{x^2}}}{-\frac{1}{x^2}} = \lim\limits_{x \to \infty} \dfrac{2 e^{\frac{1}{x^2}}}{x} = 0.$

(3) $\lim\limits_{x \to 1}(1-x)\tan\left(\dfrac{\pi}{2}x\right) = \lim\limits_{x \to 1}(1-x)'\left[\tan\left(\dfrac{\pi}{2}x\right)\right]' = \lim\limits_{x \to 1}(-1) \cdot \dfrac{\pi}{2} \cdot \sec^2\left(\dfrac{\pi}{2}x\right) = \infty.$

分析 (1) 错误发生在连续两次使用洛必达法则后,得到的表达式 $\lim\limits_{x \to 1} \dfrac{6x}{12x - 2}$ 已经不是未定式了,因而不能对它继续使用洛必达法则.

使用洛必达法则求极限必须对每一次使用后得到的表达式进行整理、化简、判别,若仍是未定式,且满足洛必达法则成立的三个条件,方可继续使用洛必达法则.

(2) 因为 $\lim\limits_{x \to \infty} e^{\frac{1}{x^2}} = e^0 = 1$,故 $\lim\limits_{x \to \infty} x\, e^{\frac{1}{x^2}}$ 不是未定式,误认为是未定式就应用洛必达法则

去求解,从而导致错误.

(3) 此题当 $x \to 1$ 时是 $0 \cdot \infty$ 型未定式,不属于 $\dfrac{0}{0}$ 型或 $\dfrac{\infty}{\infty}$ 型两种基本未定式,若要应用洛必达法则,必须先加以转换,变为 $\dfrac{0}{0}$ 型或 $\dfrac{\infty}{\infty}$ 型未定式.

正确解答

(1) $\lim\limits_{x \to 1} \dfrac{x^3 - 3x + 2}{2x^3 - x^2 - 4x + 3} = \lim\limits_{x \to 1} \dfrac{3x^2 - 3}{6x^2 - 2x - 4} = \lim\limits_{x \to 1} \dfrac{6x}{12x - 2} = \dfrac{3}{5}$.

(2) 因为 $\lim\limits_{x \to \infty} e^{\frac{1}{x^2}} = 1$,故 $\lim\limits_{x \to \infty} x \cdot e^{\frac{1}{x^2}} = \infty$.

(3) $\lim\limits_{x \to 1}(1 - x)\tan\left(\dfrac{\pi}{2}x\right) = \lim\limits_{x \to 1} \dfrac{(1-x) \cdot \sin\left(\dfrac{\pi}{2}x\right)}{\cos\left(\dfrac{\pi}{2}x\right)} = \lim\limits_{x \to 1}\sin\left(\dfrac{\pi}{2}x\right) \cdot \lim\limits_{x \to 1} \dfrac{1-x}{\cos\left(\dfrac{\pi}{2}x\right)}$

$= 1 \cdot \lim\limits_{x \to 1} \dfrac{-1}{-\dfrac{\pi}{2} \cdot \sin\left(\dfrac{\pi}{2}x\right)} = \dfrac{2}{\pi}$.

3.6 考研真题选解

例 3.6.1 设函数 $f(x), g(x)$ 在闭区间 $[a,b]$ 上连续,在开区间 (a,b) 内二阶可导且有相等的最大值,又 $f(a) = g(a), f(b) = g(b)$,证明:存在 $\xi \in (a,b)$,使得 $f''(\xi) = g''(\xi)$.

(2007 年考研数学试题)

证题思路 由所证结论 $f''(\xi) = g''(\xi)$ 易想到构造辅助函数 $F(x) = f(x) - g(x)$,且要对 $F(x)$ 两次使用罗尔定理.为此,要找出 $F(x)$ 的三个不同的零点.

证 因 $f(x), g(x)$ 在 (a,b) 上连续,不妨设存在 $x_1 \leqslant x_2 (x_1, x_2 \in [a,b])$,使 $f(x_1) = M = g(x_2)$,其中 M 为 $f(x), g(x)$ 在 $[a,b]$ 上相等的最大值,令 $F(x) = f(x) - g(x)$,若 $x_1 = x_2$,令 $\eta = x_1$,则 $F(\eta) = f(x_1) - f(x_2) = M - M = 0$;若 $x_1 < x_2$,则

$$F(x_1) = f(x_1) - g(x_1) = M - g(x_1) \geqslant 0$$
$$F(x_2) = f(x_2) - g(x_2) = f(x_2) - M \leqslant 0$$

又 $F(x)$ 在 $[a,b]$ 上连续,由介值定理知,存在 $\eta \in (x_1, x_2) \subset (a,b)$ 使 $F(\eta) = 0$.由题设,有 $F(a) = f(a) - g(a) = 0, F(b) = f(b) - g(b) = 0$.对 $F(x)$ 分别在 $[a, \eta]$、$[\eta, b]$ 上使用罗尔定理得到:存在 $\xi_1 \in (a, \eta), \xi_2 \in (\eta, b)$,使 $F'(\xi_1) = 0, F'(\xi_2) = 0$,又因 $F'(x)$ 可导,对 $F'(x)$ 在 $[\xi_1, \xi_2]$ 上使用罗尔定理得到:存在 $\xi \in (\xi_1, \xi_2) \subset (a,b)$ 使得

$$F''(\xi) = 0, \text{即 } f''(\xi) = g''(\xi).$$

例 3.6.2 已知函数 $f(x)$ 在闭区间 $[0,1]$ 上连续,在开区间 $(0,1)$ 内可导,且 $f(0) = 0$,$f(1) = 1$.证明:

(1) 存在 $\xi \in (0,1)$,使得 $f(\xi) = 1 - \xi$;

(2) 存在两个不同的点 $\eta, \zeta \in (0,1)$,使得 $f'(\eta)f'(\zeta) = 1$. (2005 年考研数学试题)

证题思路 已给多点函数值,构造辅助函数,用零点定理证明(1).利用(1)的结果,在 $[0, \xi], [\xi, 1]$ 上两次使用拉格朗日中值定理证明(2).

证 (1) 令 $g(x) = f(x) + x - 1$, 则 $g(x)$ 在 $[0,1]$ 上连续, 且 $g(0) = -1 < 0$, $g(1) = 1 > 0$.

由零点定理知,存在 $\xi \in (0,1)$, 使得 $g(\xi) = f(\xi) + \xi - 1 = 0$, 即 $f(\xi) = 1 - \xi$.

(2) 根据拉格朗日中值定理知,存在 $\eta \in (0, \xi)$, $\zeta \in (\xi, 1)$, 使得

$$f'(\eta) = \frac{f(\xi) - f(0)}{\xi} = \frac{1-\xi}{\xi}, \quad f'(\zeta) = \frac{f(1) - f(\xi)}{1-\xi} = \frac{1-(1-\xi)}{1-\xi} = \frac{\xi}{1-\xi}$$

从而

$$f'(\eta) f'(\zeta) = \frac{1-\xi}{\xi} \cdot \frac{\xi}{1-\xi} = 1.$$

方法小结 证明两个函数在两不同中值处的函数值所满足的中值等式. 其证法一般需用两次(或两个)微分中值定理.

例 3.6.3 设函数 $y = f(x)$ 具有二阶导数, 且 $f'(x) > 0$, $f''(x) > 0$, Δx 为自变量 x 在点 x_0 处的增量, Δy 与 dy 分别为 $f(x)$ 在点 x_0 处对应的增量与微分. 若 $\Delta x > 0$, 则(　　).

(2006 年考研数学试题)

(A) $0 < dy < \Delta y$ (B) $0 > \Delta y < dy$

(C) $\Delta y < dy < 0$ (D) $dy < \Delta y < 0$

解题思路 题设条件有明显的几何意义, 可以用图示法求解.

解法 1 仅(A)入选, 由 $f'(x) > 0$, $f''(x) > 0$ 知,函数 $f(x)$ 单调增加,曲线 $y = f(x)$ 是凹向的. 作出函数 $y = f(x)$ 的图形, 如图 3.13 所示. 由图中易看出当 $\Delta x > 0$ 时,有

$$\Delta y > dy = f'(x_0) dx = f'(x_0) \Delta x > 0.$$

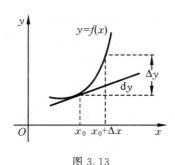

图 3.13

解法 2 仅(A)入选. 因 $\Delta y = f(x_0 + \Delta x) - f(x_0)$ 为函数差的形式, 这启示我们可以用拉格朗日中值定理 $\Delta y = f(x_0 + \Delta x) - f(x_0) = f'(\xi) \Delta x$, $x_0 < \xi < x_0 + \Delta x$ 求之. 因 $f''(x) > 0$, 故 $f'(x)$ 单调增加, 有 $f'(\xi) > f'(x_0)$, 又 $\Delta x > 0$, 则

$$\Delta y = f'(\xi) \Delta x > f'(x_0) \Delta x = dy > 0, \text{即 } 0 < dy < \Delta y.$$

解法 3 题设给出 $f'(x) > 0$, $f''(x) > 0$, 可以用泰勒公式求之:

$$f(x_0 + \Delta x) = f(x_0) + f'(x_0) \Delta x + \frac{1}{2} f''(\xi) \Delta x^2 > f(x_0) + f'(x_0) \Delta x$$

即 $f(x_0 + \Delta x) - f(x_0) = \Delta y > f'(x_0) \Delta x = dy$. 又 $\Delta x > 0$, $f'(x) > 0$, 有 $dy > 0$, 故仅(A)入选.

注意 对于题设中有明显的几何意义或所给函数图形容易绘出时, 图示法是求解此类问题的首选方法, 特别是求解选择题的常用方法.

例 3.6.4 已知函数 $f(x)$ 在区间 $(-\infty,+\infty)$ 内可导,且 $\lim\limits_{x\to\infty}f'(x)=\mathrm{e}$,$\lim\limits_{x\to\infty}\left(\dfrac{x+c}{x-c}\right)^x$ $=\lim\limits_{x\to\infty}[f(x)-f(x-1)]$.求 c 的值.

(2001 年考研数学试题)

解题思路 所给等式右端为两点上函数值之差,且 $f(x)$ 可导,还给出 $f'(x)$ 的极限,自然想到利用拉格朗日中值定理求之.

解 因为 $\lim\limits_{x\to\infty}\left(\dfrac{x+c}{x-c}\right)^x=\lim\limits_{x\to\infty}\left(1+\dfrac{2c}{x-c}\right)^x=\mathrm{e}^{\lim\limits_{x\to\infty}\frac{2c}{x-c}\cdot x}=\mathrm{e}^{2c}$.

由拉格朗日中值定理知,存在 $\xi\in(x-1,x)$,使
$$f(x)-f(x-1)=f'(\xi)[x-(x-1)]=f'(\xi)$$
由 $\lim\limits_{x\to\infty}f'(x)=\mathrm{e}$ 有 $\lim\limits_{\xi\to\infty}f'(\xi)=\mathrm{e}$.因而有 $\mathrm{e}^{2c}=\mathrm{e}$,即 $2c=1$,$c=\dfrac{1}{2}$.

例 3.6.5 证明方程 $4\arctan x-x+\dfrac{4\pi}{3}-\sqrt{3}=0$ 恰有两个实根.

(2011 年考研数学试题)

证题思路 先求函数 $f(x)$ 的单调区间及极值,然后利用零点定理及单调性证明实根的个数.

证明 1 设 $f(x)=4\arctan x-x+\dfrac{4\pi}{3}-\sqrt{3}$,显然 $f(x)$ 在 $(-\infty,+\infty)$ 内可导,且
$$f'(x)=\dfrac{4}{1+x^2}-1=\dfrac{3-x^2}{1+x^2}=\dfrac{(\sqrt{3}-x)(\sqrt{3}+x)}{1+x^2}$$

令 $f'(x)=0$,得其驻点 $x_1=-\sqrt{3}$,$x_2=\sqrt{3}$.易看出:

当 $-\infty<x\leqslant-\sqrt{3}$ 时,$f'(x)\leqslant0$,$f(x)$ 在 $(-\infty,-\sqrt{3}]$ 内单调减少;

当 $-\sqrt{3}\leqslant x\leqslant\sqrt{3}$ 时,$f'(x)\geqslant0$,$f(x)$ 在 $[-\sqrt{3},\sqrt{3}]$ 上单调增加;

当 $\sqrt{3}\leqslant x<+\infty$ 时,$f'(x)\leqslant0$,$f(x)$ 在 $[\sqrt{3},+\infty)$ 内单调减少.

综上所述,在区间 $(-\infty,\sqrt{3}]$ 内,$f(x)$ 在 $x=-\sqrt{3}$ 处取极(最)小值,且
$$m=f(-\sqrt{3})=4\arctan(-\sqrt{3})+\sqrt{3}+\dfrac{4\pi}{3}-\sqrt{3}=-4\times\dfrac{\pi}{3}+\sqrt{3}+\dfrac{4\pi}{3}-\sqrt{3}=0.$$

由函数极值性质知,$x=-\sqrt{3}$ 是函数 $f(x)$ 在 $(-\infty,\sqrt{3}]$ 内唯一的零点.

又在 $(\sqrt{3},+\infty)$ 内,因 $f(\sqrt{3})=2\left(\dfrac{4\pi}{3}-\sqrt{3}\right)>0$,且 $\lim\limits_{x\to+\infty}f(x)=-\infty$.由零点定理推论知,至少存在一点 ξ,使 $f(\xi)=0$.又 $f(x)$ 在该区间内 $f'(x)<0$,故 $f(x)$ 在该区间内单调减少,故 $f(x)=0$ 在此区间内只有一根.

综上讨论可知,$f(x)$ 在 $(-\infty,+\infty)$ 内恰有两个零点,即原方程恰有两个实根.

证明 2 由证明 1 的讨论易知,$f(\sqrt{3})=2(4\pi/3-\sqrt{3})>0$ 是 $f(x)$ 在区间 $[-\sqrt{3},+\infty)$ 内的最大值 M.因 $M>0$,故 $f(x)$ 与 x 轴只有两个交点,显然其中一交点为 $x=-\sqrt{3}$(因 $f(-\sqrt{3})=0$).又 $f(x)$ 在 $(-\infty,-\sqrt{3})$ 内单调减少,除 $x=-\sqrt{3}$ 外,$f(x)$ 再无别的零点.故 $f(x)$ 在 $(-\infty,+\infty)$ 内只有两个零点.

例 3.6.6 证明 $x\ln\dfrac{1+x}{1-x}+\cos x\geqslant 1+\dfrac{x^2}{2}(-1<x<1)$.（2012 年考研数学试题）

证题思路 将待证不等式的右边移到左边,构造辅助函数,应用函数的单调性证明. 若其一阶导数的符号不确定,可以连续求高阶导数,直到导数符号确定为止.

证明 令 $f(x) = x\ln\dfrac{1+x}{1-x} + \cos x - 1 - \dfrac{x^2}{2}(-1 < x < 1)$. 因 $\ln\dfrac{1+x}{1-x} = \ln(1+x) - \ln(1-x)$ 为奇函数(自变量带相反符号的两同名函数之差为奇函数),故 $x\ln\dfrac{1+x}{1-x}$ 为偶函数,因而 $f(x)$ 为偶函数,故只需讨论 $0 \leqslant x < 1$ 的情况即可. 又

$$f'(x) = \ln\frac{1+x}{1-x} + x\frac{1+x}{1-x} \cdot \frac{1-x+1+x}{(1-x)^2} - \sin x - x$$

$$= \ln\frac{1+x}{1-x} + \frac{2x}{1-x^2} - \sin x - x \quad (0 \leqslant x < 1)$$

其正、负符号不易确定,下面再求 $f(x)$ 的二阶导数

$$f''(x) = \frac{1+x}{1-x} \cdot \frac{1-x+1+x}{(1-x)^2} + \frac{2(1-x^2) - 2x(-2x)}{(1-x^2)^2} - \cos x - 1$$

$$= \frac{2}{1-x^2} + \frac{2+2x^2}{(1-x^2)^2} - \cos x - 1$$

$$= \frac{4}{(1-x^2)^2} - \cos x - 1 \quad (0 \leqslant x < 1)$$

因 $0 \leqslant x < 1, (1-x^2)^2 < 1$, 故 $\dfrac{4}{(1-x^2)^2} > 4$, 所以 $f''(x) > 0 (0 \leqslant x < 1)$. 因当 $x \in [0,1)$ 时 $f''(x) > 0$, 故 $f'(x)$ 单调增加,则 $f'(x) > f'(0) = 0$, 所以当 $x \in [0,1)$ 时, $f(x)$ 单调增加,即 $f(x) \geqslant f(0) = 0$, 故当 $-1 < x < 1$ 时 $f(x) \geqslant 0$, 即

$$x\ln\frac{1+x}{1-x} + \cos x \geqslant 1 + \frac{x^2}{2} \quad (-1 < x < 1).$$

例 3.6.7 设函数 $f(x), g(x)$ 具有二阶导数,且 $g''(x) < 0, g(x_0) = a$ 是 $g(x)$ 的极值,则 $f[g(x)]$ 在 x_0 的极大值的一个充分条件是( ). (2010 年考研数学试题)

(A) $f'(a) < 0$ (B) $f'(a) > 0$ (C) $f''(a) < 0$ (D) $f''(a) > 0$

解题思路 求出 $f'(x), f''(x)$. 由 $f'(x_0) = 0, f''(x_0) < 0$ 确定选项.

解 令 $F(x) = f[g(x)]$, 则

$$F'(x) = \{f[g(x)]\}' = f'[g(x)]g'(x)$$

$$F''(x) = \{f'g(x)g'(x)\}' = f''[g(x)]g'(x) + f'[g(x)]g''(x)$$

因 $g(x_0) = a$ 是 $g(x)$ 的极值,且 $g(x)$ 具有二阶导数,故 $g'(x_0) = 0$ 且 $g''(x_0) \neq 0$. 又因 $g''(x) < 0$, 故 $g''(x_0) < 0$. 于是

$$F'(x_0) = g'(x_0)f'[g(x_0)] = 0, \quad F''(x_0) = f'[g(x_0)]g''(x_0) = f'(a)g''(x_0)$$

为使 $F''(x_0) < 0$, 即 $f'(a)g''(x_0) < 0$, 而 $g''(x_0) < 0$, 则必有 $f'(a) > 0$. 仅(B)入选.

例 3.6.8 设函数 $y = y(x)$ 由方程 $y\ln y - x + y = 0$ 确定,试判断曲线 $y = y(x)$ 在点 $(1,1)$ 附近的凹凸性. (2007 年考研数学试题)

解题思路 求出 y'' 的表达式及其点在 $(1,1)$ 附近的符号.

解法 1 在所给方程两边对 x 求导,得到 $y'\ln y + 2y' - 1 = 0$, 解得

$$y' = \frac{1}{(\ln y + 2)}.$$

再在上式两边对 x 求导,得到

$$y'' = \frac{\left(\frac{-1}{y}\right) \cdot y'}{(\ln y + 2)^2} = -\frac{1}{y(\ln y + 2)^3}.$$

将 $x=1, y=1$ 代入上式,得到 $y''|_{x=1,y=1} = \frac{-1}{8}$.

由于二阶导数 y'' 在 $x=1$ 附近是连续函数,且由 $y'' = \frac{-1}{8} < 0$ 知,在 $x=1$ 附近有 $y'' < 0$,故曲线 $y = f(x)$ 在点 $(1,1)$ 附近为凸性.

解法 2 由所给方程易解出 $x = y + y \ln y$,则

$$\frac{dx}{dy} = 1 + \ln y + 1 = 2 + \ln y, \quad \frac{d^2 x}{dy^2} = \frac{1}{y}$$

由 $\frac{dy}{dx} = \frac{1}{dx/dy}$ 得

$$\frac{d^2 y}{dx^2} = \frac{d}{dx}\left(\frac{dy}{dx}\right) = \frac{d}{dy}\left(1 \Big/ \frac{dx}{dy}\right) \frac{dy}{dx} = -\frac{1}{\left(\frac{dx}{dy}\right)^2} \frac{d^2 x}{dy^2} \frac{1}{\frac{dx}{dy}}$$

$$= -\frac{1}{\left(\frac{dx}{dy}\right)^3} \frac{d^2 x}{dy^2} = -\frac{1/y}{(2 + \ln y)^3} = -\frac{1}{y(2 + \ln y)^3}.$$

下同解法 1(略).

例 3.6.9 设函数 $y = y(x)$ 由参数方程 $\begin{cases} x = \frac{t^3}{3} + t + \frac{1}{3} \\ y = \frac{t^3}{3} - t + \frac{1}{3} \end{cases}$ 确定. 求 $y = y(x)$ 的极值和曲线 $y = y(x)$ 的凹凸区间及拐点.

(2011 年考研数学试题)

解题思路 先求 $\frac{dy}{dx}, \frac{d^2 y}{dx^2}$,再求 $\frac{dy}{dx} = 0$ 与 $\frac{d^2 y}{dx^2} = 0$ 的根. 最后利用极值的充分条件和拐点定义判别.

解
$$\frac{dy}{dx} = \frac{y'(t)}{x'(t)} = \frac{t^2 - 1}{t^2 + 1}$$

$$\frac{d^2 y}{dx^2} = \frac{d}{dx}\left(\frac{dy}{dx}\right) = \frac{d}{dx}\left(\frac{t^2-1}{t^2+1}\right) = \frac{d}{dt}\left(\frac{t^2-1}{t^2+1}\right) \frac{dt}{dx}$$

$$= \frac{d}{dt}\left(\frac{t^2-1}{t^2+1}\right) \frac{1}{\frac{dx}{dt}} = \frac{4t}{(1+t^2)^3}.$$

令 $\frac{dy}{dx} = \frac{t^2-1}{t^2+1} = 0$,得 $t = \pm 1$. 当 $t = -1$ 时,$x = -1$,且

$$\left.\frac{d^2 y}{dx^2}\right|_{x=-1} = \left.\frac{4t}{(1+t^2)^3}\right|_{t=-1} = -\frac{1}{2} < 0$$

故 $x = -1$ 为 y 的一个极大值点,且极大值为 $y|_{t=-1} = 1$.

当 $t = 1$ 时,$x = \frac{5}{3}$,且 $\left.\frac{d^2 y}{dx^2}\right|_{t=1} = \left.\frac{4t}{(1+t^2)^3}\right|_{t=-1} = \frac{1}{2} > 0$,从而 $x = \frac{5}{3}$ 为 y 的一个极

大值点,且极大值为 $y|_{t=-1}=-\dfrac{1}{3}$.

令 $\dfrac{d^2y}{dx^2}=\dfrac{4t}{(1+t^2)^3}=0$ 得 $t=0$,即点 $\left(\dfrac{1}{3},\dfrac{1}{3}\right)$ 为拐点的可疑点.

当 $t<0$ 时,$\dfrac{d^2y}{dx^2}=\dfrac{4t}{(1+t^2)^3}<0$. 此时 $x\in\left(-\infty,\dfrac{1}{3}\right)$,且曲线是凸的.

当 $t>0$ 时,$\dfrac{d^2y}{dx^2}>0$. 此时 $x\in\left(\dfrac{1}{3},+\infty\right)$,且曲线是凹的,由拐点定义知点 $\left(\dfrac{1}{3},\dfrac{1}{3}\right)$ 为拐点.

例 3.6.10 曲线 $y=\dfrac{1}{x}+\ln(1+e^x)$ 渐近线的条数为( ).

(2007 年考研数学试题)

(A)0　　　　(B)1　　　　(C)2　　　　(D)3

解题思路 利用 $x\to+\infty$ 或 $x\to-\infty$ 时的水平、铅直、斜渐近线的计算公式求之. 这是因为 y 的表示式中含 e^x 这个子函数. 该函数在 $x\to+\infty$,$x\to-\infty$ 时的极限是不相同的.

解 注意到曲线方程中出现 e^x,当 $\lim y$ 不存在时,要分别讨论 $x\to+\infty$ 和 $x\to-\infty$ 两侧是否有渐近线. 又因 y 在 $x=0$ 处无定义,先要考虑函数是否有铅直渐近线. 因

$$\lim_{x\to 0}y=\lim_{x\to 0}\left[\dfrac{1}{x}+\ln(1+e^x)\right]=\infty$$

故 $x=0$ 为其铅直渐近线. 又 $\lim\limits_{x\to-\infty}y=\lim\limits_{x\to-\infty}\left[\dfrac{1}{x}+\ln(1+e^x)\right]=0$,故 $y=0$ 为其水平渐近线.

再考察另一趋向 $x\to+\infty$,因 $\lim\limits_{x\to+\infty}y=+\infty$,因而在另一侧曲线没有水平渐近线,但当 $x\to\infty$ 时,y 为 x 的同阶无穷大,因而可能有斜渐近线. 事实上,有

$$a=\lim_{x\to+\infty}\dfrac{y}{x}=\lim_{x\to+\infty}\dfrac{\dfrac{1}{x}+\ln(1+e^x)}{x}=\lim_{x\to+\infty}\dfrac{1+x\ln e^x\left(1+\dfrac{1}{e^x}\right)}{x^2}$$

$$=\lim_{x\to+\infty}\dfrac{1+x^2+x\ln\left(1+\dfrac{1}{e^x}\right)}{x^2}=1+\lim_{x\to+\infty}\dfrac{1}{e^x\cdot x}=1$$

$$b=\lim_{x\to+\infty}(y-ax)=\lim_{x\to+\infty}(y-x)=\lim_{x\to+\infty}\left[\dfrac{1}{x}+\ln(1+e^x)-x\right]$$

$$=\lim_{x\to+\infty}\left[\ln e^x\left(1+\dfrac{1}{e^x}\right)-x\right]=\lim_{x\to+\infty}\left[x+\ln\left(1+\dfrac{1}{e^x}\right)-x\right]=\lim_{x\to+\infty}\dfrac{1}{e^x}=0$$

由于 $x\to-\infty$ 时,曲线已有水平渐近线,在此侧曲线不可能再有斜渐近线,故曲线只有一条斜渐近线 $y=x$. 仅(D)入选.

例 3.6.11 曲线 $y=\dfrac{2x^3}{(x^2+1)}$ 的渐近线方程为_____. (2010 年考研数学试题)

解题思路 y 的定义域为全体实数,无铅直渐近线. 由表 3.3 中渐近线公式可以看出 $\lim\limits_{x\to+\infty}y=\infty$,故也没有水平渐近线. y 是与 x 的同阶无穷大可能有斜渐近线.

解 由表 3.3 中斜渐近线公式即得

$$a=\lim_{x\to\infty}\dfrac{y}{x}=\lim_{x\to\infty}\dfrac{2x^3}{x(1+x^2)}=2$$

$$b = \lim_{x\to\infty}(y-ax) = \lim_{x\to\infty}\frac{-2x}{x^2+1} = 0$$

故所求渐近线方程为 $y = ax + b = 2x$.

例 3.6.12 曲线 $\sin(xy) + \ln(y-x) = x$ 在点 $(0,1)$ 处的切线方程是_____.

(2008 年考研数学试题)

解题思路 点 $(0,1)$ 在曲线上,只需用隐函数求导法求出 $y'(0)$,即可写出切线方程.

解法 1 在方程两边对 x 求导,视 y 为 x 的函数,得到

$$\cos(xy)\cdot(y+xy') + \frac{(y'-1)}{(y-x)} = 1.$$

将 $x=0, y=1$ 代入上式,得到 $1+y'(0)-1=1$,即 $y'(0)=1$,故曲线在点 $(0,1)$ 处的切线方程为 $y-1 = y'(0)(x-0)$,即 $y = x+1$.

解法 2 在等式两边求微分,得到

$$\mathrm{d}[\sin(xy)+\ln(y-x)] = \cos(xy)(y\mathrm{d}x+x\mathrm{d}y) + \frac{(\mathrm{d}y-\mathrm{d}x)}{(y-x)} = \mathrm{d}x.$$

则 $\left.\dfrac{\mathrm{d}y}{\mathrm{d}x}\right|_{(0,1)} = 1$,故所求的切线方程为 $y-1 = x$,即 $y = x+1$.

解法 3 令 $F(x,y) = \sin(xy) + \ln(y-x) - x$,则

$$\left.\frac{\mathrm{d}y}{\mathrm{d}x}\right|_{(0,1)} = -\left.\frac{F'_x}{F'_y}\right|_{(0,1)} = -\left.\frac{y\cos(xy)-\dfrac{1}{(y-x)}-1}{x\cos(xy)+\dfrac{1}{(y-x)}}\right|_{(0,1)} = 1,$$

即在点 $(0,1)$ 处的切线斜率为 1,故所求的切线方程为 $y-1=x$,即 $y=x+1$.

例 3.6.13 若 $f''(x)$ 不变号,且曲线 $y=f(x)$ 在点 $(1,1)$ 处的曲率圆为 $x^2+y^2=2$,则函数 $f(x)$ 在区间 $(1,2)$ 内( ).

(2009 年考研数学试题)

(A) 有极值点,无零点 (B) 无极值点,有零点

(C) 有极值点,有零点 (D) 无极值点,无零点

解题思路 由曲率圆知曲线 $y=f(x)$ 在点 $(1,1)$ 处与圆 $x^2+y^2=2$ 有相同的切线和曲率,从而可以求出 $f'(1)$ 与 $f''(1)$.其次由 $f''(x)$ 不变号可以判断函数 $f(x)$ 在区间 $[1,2]$ 上的单调下降,从而无极值点.最后利用零点定理知 $f(x)$ 有零点.

解 由曲率圆的定义知,曲率圆与曲线在点 $(1,1)$ 处有相同切线与曲率,且在点 $(1,1)$ 的附近有相同凹向.在 $x^2+y^2=2$ 两边对 x 求导得 $x+yy'=0$,将 $y(1)=1$ 代入得到 $y'(1) = -1$.

再将 $x+yy'=0$ 求导得到 $1+y'^2+yy''=0$,将 $y(1)=1, y'(1)=-1$ 代入得到 $y''(1) = -2$.由曲率圆的概念知,$f'(1)=y'(1)=-1, f''(1)=y''(1)=-2$.

又 $f''(x)$ 不变号,故 $f''(x)<0$,即 $f(x)$ 是一个凸函数,且在 $[1,2]$ 上 $f'(x)$ 单调减少.于是 $f'(x) \leqslant f'(1) = -1 < 0$,即在 $(1,2)$ 内 $f(x)$ 没有极值点.使用拉格朗日中值定理,得到

$$f(2) - f(1) = f'(\xi) < -1, \quad \xi \in (1,2),$$

故 $f(2) = f'(\xi) + f(1) < -1 + 1 = 0$,而 $f(1) = 1 > 0$(见图 3.14),由零点定理知 $f(x)$ 在区间 $(1,2)$ 内有零点.仅(B)入选.

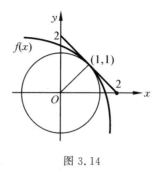

图 3.14

例 3.6.14 曲线 $y = x^2 + x(x < 0)$ 上曲率为 $\dfrac{\sqrt{2}}{2}$ 的点的坐标是_____.

(2012 年考研数学试题)

解题思路 利用曲率公式计算.

解 $y' = 2x + 1, y'' = 2$. 代公曲率公式 $K = \dfrac{|y''|}{(1 + y'^2)^{\frac{3}{2}}}$ 得到

$$\frac{\sqrt{2}}{2} = \frac{2}{[1 + (2x+1)^2]^{\frac{3}{2}}}$$

解得 $x = -1$ 或 $x = 0$. 因 $x < 0$, 故 $x = -1$. 于是 $y = (-1)^2 + (-1) = 0$, 故所求点的坐标为 $(-1, 0)$.

例 3.6.15 设某商品的需求函数为 $Q = 160 - 2P$, 其中 Q、P 分别表示需求量和价格. 如果该商品需求弹性的绝对值等于 1, 则商品的价格是( ). (2007 年考研数学试题)

(A)10   (B)20   (C)30   (D)40

解题思路 利用需求对价格 P 的弹性公式建立方程, 解之即得.

解 由 $\dfrac{EQ}{EP} = \dfrac{P}{Q} \dfrac{dQ}{dP} = (-2) \dfrac{P}{160 - 2P} = -\dfrac{P}{80 - P}$, 得到

$$\left|\frac{EQ}{EP}\right| = \left|-\frac{P}{80-P}\right| = \left|\frac{P}{80-P}\right| = 1.$$

由 $\dfrac{P}{80 - P} = 1$, 即 $P = 80 - P, 2P = 80$, 得到 $P = 40$. 仅(D)入选.

例 3.6.16 某企业为生产甲、乙两种型号的产品, 投入的固定成本为 10 000(万元), 设该企业生产甲、乙两种产品的产量分别为 x(件) 和 y(件), 且定两种产品的边际成本分别为 $20 + \dfrac{x}{2}$(万元 / 件) 与 $6 + y$(万元 / 件).

(1) 试求生产甲、乙两种产品的总成本函数 $C(x, y)$(万元).

(2) 当总产量为 50 件时, 甲、乙两种的产量各为多少时可使总成本最小?求最小成本.

(3) 试求总产量为 50 件时且总成本为最小时甲产品的边际成本, 并解释其经济意义.

(2012 年考研数学试题)

解题思路 (1) 总成本函数为可变成本加上固定成本, 已知边际成本常用积分求总成本函数; (2) 求成本的条件极值.

解 设甲产品的成本函数为 $C(x)$,乙产品的成本函数为 $C(y)$,则其边际成本分别为 $C'(x) = 20 + \frac{x}{2}, C'(y) = 6 + y$. 甲与乙两种产品的总成本函数为 $C(x,y)$.

(1) $C(x,y) = C(x) + C(y) + 10\,000$,因 $C'(x) = 20 + \frac{x}{2}$,

则 $C(x) = \frac{1}{4}x^2 + 20x$,又因 $C'(y) = 6 + y$,则 $C(y) = \frac{1}{2}y^2 + 6y$. 于是

$$C(x,y) = \frac{1}{4}x^2 + 20x + \frac{1}{2}y^2 + 6y + 10\,000.$$

(2) 当 $x + y = 50$ 时,求总成本 $C(x,y)$ 的最小值为条件极值问题.

设 $F(x,y,z) = \frac{x^2}{4} + 20x + \frac{y^2}{2} + 6y + 10\,000 + \lambda(x + y - 50)$,令

$$\begin{cases} F'_x = \frac{x}{2} + 20 + \lambda = 0 \\ F'_y = y + 6 + \lambda = 0 \\ F'_\lambda = x + y - 50 = 0 \end{cases} \quad \text{即} \quad \begin{cases} F'_x = x + 40 + 2\lambda = 0 & \text{①} \\ F'_y = y + 6 + \lambda = 0 & \text{②} \\ F'_\lambda = x + y - 50 = 0 & \text{③} \end{cases}$$

由式 ① + 式 ② 得 $x + y + 46 + 3\lambda = 0$,即 $50 + 46 + 3\lambda = 0$,故 $\lambda = -32$.将其分别代入式 ①、式 ② 得到 $x = 24, y = 26$.

由于该实际问题一定存在最值,故唯一的极小值点为问题的最小值点,所以当甲、乙产品分别生产 24 件、26 件时可以使总成本最小,最小总成本为 $C(24,26) = 11\,118$(万元).

(3) 由(2)知,总产量为 50 件且总成本最小时甲产品为 24 件,此时甲产品的边际成本为

$$C'(x)\Big|_{x=24} = 20 + \frac{x}{2}\Big|_{x=24} = 20 + 12 = 32(万元/件)$$

其经济意义为当甲产品产量为 24 件时,再增加 1 件甲产品,则甲产品的成本将增加 32 万元.

3.7 自 测 题

1. 选择题

(1) 下面函数中在给定区间上满足拉格朗日中值定理的是( ).

    (A) $y = \tan x, [0, \pi]$ (B) $y = \ln x, [0, 1]$

    (C) $y = e^x, \left[\frac{1}{e}, e\right]$ (D) $y = \frac{1}{x}, [-1, 1]$

(2) 设 x_0 为 $f(x)$ 的极大值点,则( ).

    (A) 必有 $f'(x_0) = 0$ (B) 必有 $f''(x_0) < 0$

    (C) $f'(x_0)$ 为 0 或不存在   (D) $f(x_0)$ 为 $f(x)$ 在定义域内的最大值

(3) 当 $x > 1$ 时,下列各式中成立的是( ).

    (A) $e^x < ex$ (B) $e^x > ex$ (C) $e^x < x^2$ (D) $e^x < \frac{e}{x}$

(4) 设函数 $f(x)$ 在区间 $[a,b]$ 上的最大值点为 x_0,则( ).

(A) $f'(x_0)$ 为 0 或不存在　　　　(B) 必有 $f''(x_0) \leqslant 0$
(C) x_0 为 $f(x)$ 的极值点　　　　(D) $x_0 = a$ 或 b 为 $f(x)$ 的极大值点

(5) 下列极限中是 $0 \cdot \infty$ 型未定式的是(　　).

(A) $\lim\limits_{x \to 0^+} x \ln x$　　　　(B) $\lim\limits_{x \to \infty} x \cos \dfrac{1}{x}$

(C) $\lim\limits_{x \to 0} x \cdot e^{\frac{1}{x}}$　　　　(D) $\lim\limits_{x \to 1} \dfrac{\sin(x^2 - 1)}{x - 1}$

(6) 下列极限运算中，能使用洛必达法则的是(　　).

(A) $\lim\limits_{x \to \infty} \dfrac{x + \cos x}{x - \cos x}$　　　　(B) $\lim\limits_{x \to 0} \dfrac{\tan x}{\sec x}$

(C) $\lim\limits_{x \to \infty} \dfrac{\sin x}{x}$　　　　(D) $\lim\limits_{x \to 0} \dfrac{1 - \cos x}{\ln(1 - x^2)}$

(7) $\lim\limits_{x \to 0} \dfrac{2^x - 1}{x} = ($　　$).$

(A) 0　　　　(B) 1　　　　(C) ln2　　　　(D) ∞

(8) 曲线 $y = \dfrac{2x - 1}{(x - 1)^2}$, 则(　　).

(A) 仅有水平渐近线　　　　(B) 仅有铅直渐近线
(C) 无渐近线　　　　(D) 既有水平渐近线又有铅直渐近线

(9) 设函数 $f(x)$ 在点 $x = 0$ 的某邻域内可导, 且 $f'(0) = 0, \lim\limits_{x \to 0} \dfrac{f'(x)}{x} = -1$, 则 $f(0)$ 一定(　　).

(A) 不是 $f(x)$ 的极值　　　　(B) 是 $f(x)$ 的极小值
(C) 是 $f(x)$ 的极大值　　　　(D) 等于 0

(10) 下列说法中正确的是(　　).

(A) 若 $(x_0, f(x_0))$ 是曲线 $y = f(x)$ 的拐点, 则 $f'(x_0) = 0$.
(B) 若 $f''(x_0) = 0$, 则 $(x_0, f(x_0))$ 必为曲线 $y = f(x)$ 的拐点.
(C) 若 $(x_0, f(x_0))$ 为曲线的拐点, 则在该点处曲线必有切线.
(D) 上述三种说法都不正确.

2. 填空题

(1) 函数 $y = \ln x$ 在区间 $[1, 2]$ 上满足拉格朗日中值定理, $\xi = $ ＿＿＿＿＿＿＿.
(2) 设点 $(-1, 2)$ 是曲线 $y = ax^3 + bx^2 - 1$ 上的一个拐点, 则 $a - b = $ ＿＿＿＿＿＿＿.
(3) 函数 $y = x e^{-x}$ 在区间 $[-1, 2]$ 上的最大值是＿＿＿＿＿＿＿.
(4) 在直角坐标系下方程为 $y = x^2 + ax + b$ 的曲线在其极值点处的曲率是＿＿＿＿＿＿＿, 其中 a, b 是常数.
(5) 某商品的单价 P 与需求量 Q 的关系为 $P = 10 - \dfrac{Q}{5}$, 则需求量为 15 时的边际收入为＿＿＿＿＿＿＿.

3. 解答题与证明题

(1) 求下列极限:

① $\lim\limits_{x\to+\infty}\dfrac{x}{e^x}$; ② $\lim\limits_{x\to 0^+}\dfrac{\ln[\tan(5x)]}{\ln[\tan(3x)]}$; ③ $\lim\limits_{x\to 0}\sin x\cdot\ln x$; ④ $\lim\limits_{x\to+\infty}(x^2+2^x)^{\frac{1}{x}}$.

(2) 证明当 $0<x<\dfrac{\pi}{4}$ 时,$\tan x<\dfrac{4}{\pi}x$.

(3) 作函数 $f(x)=\dfrac{x^2+3x}{x-1}$ 的图形.

(4) 在椭圆 $x^2+\dfrac{y^2}{4}=1$ 上求一点 M,使椭圆在点 M 处的切线与两坐标轴所围成的三角形面积最小.

自测题参考答案

1. (1) (C); (2) (C); (3) (B); (4) (D); (5) (A); (6) (D); (7) (C); (8) (D); (9) (C); (10) (D).

2. (1) $\dfrac{1}{\ln 2}$; (2) -3; (3) e^{-1}; (4) 2; (5) 4.

3. (1) ① 0; ② 1; ③ 0; ④ 2. (2) 略. (3) 略.

(4) 点 $M_1\left(\dfrac{1}{\sqrt{2}},\sqrt{2}\right)$ 为所求的点,由对称性知 $M_2\left(-\dfrac{1}{\sqrt{2}},\sqrt{2}\right)$,$M_3\left(-\dfrac{1}{\sqrt{2}},-\sqrt{2}\right)$,$M_4\left(\dfrac{1}{\sqrt{2}},-\sqrt{2}\right)$ 也为所求的点.

第 4 章 不定积分

4.1 大纲基本要求

(1) 理解原函数与不定积分的概念.
(2) 掌握不定积分的基本公式、性质及换元积分法和分部积分法.
(3) 会求有理函数、三角函数有理式及简单无理函数的不定积分.

4.2 内容提要

4.2.1 不定积分的概念

原函数 如果在区间 I 内,可导函数 $F(x)$ 的导数为 $f(x)$,即对任一 $x \in I$ 都有 $F'(x) = f(x)$,那么函数 $F(x)$ 就称为 $f(x)$ 在区间 I 内的原函数.

连续函数一定有原函数.

不定积分 函数 $f(x)$ 的所有原函数称为 $f(x)$ 的不定积分,记为 $\int f(x) \mathrm{d}x$.

如果 $F(x)$ 是 $f(x)$ 的一个原函数,则有

$$\int f(x) \mathrm{d}x = F(x) + C \tag{4.1}$$

其中 C 为任意常数.

几何意义 $\int f(x) \mathrm{d}x = F(x) + C$ 表示 $y = F(x) + C$ 是 $f(x)$ 的一族积分曲线,且任意两条积分曲线上同一横坐标的点的纵坐标之间相差一个常数. 每条积分曲线上点 (x,y) 处的切线斜率为 $f(x)$.

4.2.2 不定积分的基本性质

(1) $\left[\int f(x) \mathrm{d}x\right]' = f(x)$ 或 $\mathrm{d}\int f(x) \mathrm{d}x = f(x) \mathrm{d}x$.

(2) $\int F'(x) \mathrm{d}x = F(x) + C$ 或 $\int \mathrm{d}F(x) = F(x) + C$.

(3) $\int k f(x) \mathrm{d}x = k \int f(x) \mathrm{d}x$,其中 k 是常数,且 $k \neq 0$.

(4) $\int [f(x) \pm g(x)] \mathrm{d}x = \int f(x) \mathrm{d}x \pm \int g(x) \mathrm{d}x$.

4.2.3 基本积分表

(1) $\int k \, dx = kx + C$ （k 为常数）.

(2) $\int x^a \, dx = \dfrac{1}{a+1} x^{a+1} + C$ （$a \neq -1$）.

(3) $\int \dfrac{1}{x} \, dx = \ln|x| + C$.

(4) $\int a^x \, dx = \dfrac{a^x}{\ln a} + C$ （$a > 0, a \neq 1$）.

(5) $\int e^x \, dx = e^x + C$.

(6) $\int \sin x \, dx = -\cos x + C$.

(7) $\int \cos x \, dx = \sin x + C$.

(8) $\int \csc^2 x \, dx = -\cot x + C$.

(9) $\int \sec^2 x \, dx = \tan x + C$.

(10) $\int \sec x \tan x \, dx = \sec x + C$.

(11) $\int \csc x \cot x \, dx = -\csc x + C$.

(12) $\int \dfrac{dx}{\sqrt{1-x^2}} = \arcsin x + C$.

(13) $\int \dfrac{dx}{1+x^2} = \arctan x + C$.

4.2.4 基本积分方法

1. 第一类换元积分法（或凑微分法）

设 $f(u)$ 具有原函数 $F(u)$，$u = \varphi(x)$ 可导，则有

$$\int f[\varphi(x)] \varphi'(x) \, dx = \left[\int f(u) \, du \right]_{u=\varphi(x)} = F(u) + C \tag{4.2}$$

2. 第二类换元积分法

如果函数 $f[\varphi(t)] \varphi'(t)$ 具有原函数 $F(t)$，即 $\int f[\varphi(t)] \varphi'(t) \, dt = F(t) + C$，则

$$\int f(x) \, dx \xrightarrow{\text{令 } x = \varphi(t)} \int f[\varphi(t)] \varphi'(t) \, dt = F(t) + C = F[\varphi^{-1}(x)] + C \tag{4.3}$$

其中 $t = \varphi^{-1}(x)$ 是 $x = \varphi(t)$ 的反函数，$\varphi'(t) \neq 0$.

3. 分部积分法

设 $u(x)$、$v(x)$ 具有连续导数，则有

$$\int u v' \, dx = uv - \int u' v \, dx \tag{4.4}$$

或
$$\int u\mathrm{d}v = uv - \int v\mathrm{d}u. \tag{4.5}$$

4.3 解难释疑

本章的基本概念是原函数和不定积分,不定积分是全体原函数的一般表达式. 若 $F'(x) = f(x)$,则 $\int f(x)\mathrm{d}x = F(x) + C$,其中 C 为任意常数,计算时不要漏写.

求不定积分的积分运算与求导数的微分运算互为逆运算,与导数定义不同的是不定积分的定义是非构造性,不定积分规定为被积函数的原函数的一般表达式,而没有告诉我们通过怎样的规律去求得原函数,因此不定积分的计算是既困难又灵活的,需要我们了解更多题型.

求导运算法则中最主要的是线性法则、链式法则及乘积求导法则(其余都是它们的特殊情形),而对应的不定积分计算便是分项积分法、换元积分法及分部积分法. 用互为逆运算来研究不定积分是本章的重点,只有认真领会,才能学习好这一章.

连续函数必有原函数且其原函数必定连续,对分段函数要特别注意.

例如,函数 $f(x) = \begin{cases} \sin x & (x \geqslant 0) \\ 2x & (x < 0) \end{cases}$,在区间 $(-\infty, +\infty)$ 内连续,那么该函数的原函数必然存在. 但在给出其原函数时要特别注意下面的函数不是该函数的原函数.

$$F_1(x) = \begin{cases} -\cos x, & x \geqslant 0, \\ x^2, & x < 0. \end{cases}$$

因为 $F_1(x)$ 在 $x = 0$ 处不连续,也不可导,而事实上应该有原函数,所以原函数 $F_1(x)$ 有问题. 当 $x > 0$ 时 $(-\cos x + C_1)' = \sin x$. 当 $x < 0$ 时,$(x^2 + C_2)' = 2x$. 因此 $f(x)$ 的原函数 $F(x)$ 可以写成以下形式

$$F(x) = \begin{cases} -\cos x + C_1, & x > 0 \\ F(0), & x = 0 \\ x^2 + C_2, & x < 0 \end{cases}$$

要使 $F(x)$ 在 $x = 0$ 处连续,即要 $F(0^-) = F(0^+) = F(0)$,则 $C_2 = C_1 - 1$;若取 $C_2 = 0$,则 $C_1 = 1, F(0) = F(0^-) = C_2 = 0$,故 $f(x)$ 的原函数为

$$F(x) = \begin{cases} -\cos x + 1, & x \geqslant 0 \\ x^2, & x < 0 \end{cases}.$$

本章主要是熟练掌握不定积分的求法,学习好不定积分有利于后面学习定积分、多元函数积分、微分方程等.

求积分比求导数要困难,尽管我们给出了一些求不定积分的法则,但在具体运用时还需灵活掌握. 为了有助于解题,作如下说明.

1. 分项积分法

分项积分法的依据是不定积分的线性性质

$$\int (\alpha f(x) + \beta g(x))\mathrm{d}x = \alpha \int f(x)\mathrm{d}x + \beta \int g(x)\mathrm{d}x \tag{4.6}$$

其作用在于将复杂函数的积分转化为较简单的函数的积分.

2. 凑微分法(第一类换元积分法)

$$\int g(x)\mathrm{d}x = \int f(\varphi(x))\mathrm{d}\varphi(x) \xrightarrow{u=\varphi(x)} \int f(u)\mathrm{d}u = F(u) + C = F(\varphi(x)) + C \quad (F' = f) \tag{4.7}$$

其作用在于把 $\int g(x)\mathrm{d}x$ 的被积表达式凑成基本积分表中已有的形式 $f(u)\mathrm{d}u$,即

$$g(x)\mathrm{d}x = f(\varphi(x))\mathrm{d}\varphi(x).$$

然后再换元,怎样去寻找换元函数并没有规律与法则,只能根据具体的函数形式寻找相应的公式来确定.下面给出部分换元积分类型:

(1) $\int f(ax+b)\mathrm{d}x = \dfrac{1}{a}\int f(ax+b)\mathrm{d}(ax+b)$;

(2) $\int f(\sin x)\cos x\,\mathrm{d}x = \int f(\sin x)\mathrm{d}\sin x$;

(3) $\int f(\mathrm{e}^x)\mathrm{e}^x\,\mathrm{d}x = \int f(\mathrm{e}^x)\mathrm{d}\mathrm{e}^x$;

(4) $\int \dfrac{1}{x}f(\ln x)\mathrm{d}x = \int f(\ln x)\mathrm{d}\ln x$;

(5) $\int f(\tan x)\sec^2 x\,\mathrm{d}x = \int f(\tan x)\mathrm{d}\tan x$;

(6) $\int f(x^2)\,x\,\mathrm{d}x = \dfrac{1}{2}\int f(x^2)\,\mathrm{d}x^2$;

(7) $\int \dfrac{f(\arctan x)}{1+x^2}\mathrm{d}x = \int f(\arctan x)\mathrm{d}\arctan x$;

(8) $\int f(\arcsin x)\dfrac{1}{\sqrt{1-x^2}}\mathrm{d}x = \int f(\arcsin x)\mathrm{d}(\arcsin x)$.

3. 换元积分法(第二类换元积分法)

$$\int f(x)\mathrm{d}x \xrightarrow{x=\varphi(t)} \int f(\varphi(t))\varphi'(t)\mathrm{d}t = F(t) + C \xrightarrow{t=\varphi^{-1}(x)} F(\varphi^{-1}(x)) + C \tag{4.8}$$

其中 $\varphi(x)$ 严格单调,$F'(t) = f(\varphi(t))\varphi'(t)$.

第二换元积分法的要点在于,通过引入新变量,使得积分的形式产生改变(比如去根号)而易于积分.常见的变量代换有以下几种:

(1) 三角代换:利用三角代换,变根式积分为三角有理式积分.

$\sqrt{a^2+x^2}$,令 $x = a\tan t,\mathrm{d}x = a\sec^2 t$ 可去根号.

$\sqrt{x^2-a^2}$,令 $x = a\sec t,\mathrm{d}x = a\sec t\tan t\mathrm{d}t$ 可去根号.

$\sqrt{a^2-x^2}$,令 $x = a\sin t,\mathrm{d}x = a\cos t\mathrm{d}t$ 可去根号.

(2) 倒代换:如令 $x = \dfrac{1}{t}$,利用倒代换常可消去被积函数分母中的变量因子 x^n 或 $(x-a)^n$(n 为正整数).

4. 分部积分法

$$\int u\mathrm{d}v = uv - \int v\mathrm{d}u \tag{4.9}$$

应用这种方法的难点在于将积分 $\int f(x)\mathrm{d}x$ 恰当地配成 $\int u\mathrm{d}v$ 的形式,使得 $\int v\mathrm{d}u$ 容易积分. 分部积分法主要用于被积函数中含有乘积或含有对数函数,或含有反三角函数的积分. 在运用分部积分法时,应注意以下几点.

(1) 正确选取 u 和 $\mathrm{d}v$,通常按照"反三角函数 → 对数函数 → 幂函数 → 指数函数 → 三角函数"的次序选取 u,余下部分作为 $\mathrm{d}v$.

(2) 有时需连续使用分部积分法计算积分.

(3) 有时可以将原不定积分拆成两个不定积分,将其中一个用分部积分法,可得与另一个不定积分形式完全相同,但符号相反的不定积分,从而抵消. 最后结果需加任意常数 C. 例如

$$\int \frac{x+\sin x}{1+\cos x}\mathrm{d}x = \int \frac{x}{1+\cos x}\mathrm{d}x + \int \frac{\sin x}{1+\cos x}\mathrm{d}x = \int x\,\mathrm{d}\tan\frac{x}{2} + \int \tan\frac{x}{2}\mathrm{d}x$$

$$= x\tan\frac{x}{2} - \int \tan\frac{x}{2}\mathrm{d}x + \int \tan\frac{x}{2}\mathrm{d}x = x\tan\frac{x}{2} + C.$$

(4) 有时经多次分部积分法后,等式两边出现含有系数不同的同一类积分,可以移项合并得解,注意最后结果要加任意常数 C.

同一积分求解的途径、结果形式可能不止一种,要知道结果是否正确,只需对所得结果求导,看其是否等于被积函数. 事实上,如果运算正确,只是结果形式不同,那么在不同的原函数之间只相差一个常数.

4.4 典型例题选讲

例 4.4.1 若 $\int f(x)\mathrm{d}x = xa^x + \sin(2x) + C\ (a>0, a\neq 1)$,求 $f(x)$.

解 由不定积分的定义可知
$$f(x) = (xa^x + \sin(2x) + C)' = a^x + xa^x \ln a + 2\cos(2x).$$

例 4.4.2 若 $f'(\ln x) = 1 + x$,求 $f(x)$.

解 为了求出 $f(x)$ 必须先求出 $f'(x)$,再用不定积分求出 $f(x)$,为此,可令 $\ln x = t$.
令 $\ln x = t$,则 $x = \mathrm{e}^t$,$f'(t) = 1 + \mathrm{e}^t$,积分得
$$f(t) = \int f'(t)\mathrm{d}t = \int (\mathrm{e}^t + 1)\,\mathrm{d}t = \mathrm{e}^t + t + C$$
所以
$$f(x) = \mathrm{e}^x + x + C.$$

例 4.4.3 设 $\int xf(x)\mathrm{d}x = \arcsin x + C$,求 $\int \frac{\mathrm{d}x}{f(x)}$.

解 为求 $\int \frac{\mathrm{d}x}{f(x)}$,必须先求出 $f(x)$.

因为 $\int xf(x)\mathrm{d}x = \arcsin x + C$,对 x 求导得
$$xf(x) = \frac{1}{\sqrt{1-x^2}}$$
即
$$f(x) = \frac{1}{x\sqrt{1-x^2}}, \quad \frac{1}{f(x)} = x\sqrt{1-x^2}$$

故有
$$\int \frac{1}{f(x)} dx = \int x\sqrt{1-x^2} dx = -\frac{1}{2}\int \sqrt{1-x^2} d(1-x^2)$$
$$= -\frac{1}{3}\sqrt{(1-x^2)^3} + C.$$

例 4.4.4 设 $f(x)$ 的原函数 $F(x) > 0$, 且 $F(0) = 1$, 当 $x \geqslant 0$ 时有 $f(x)F(x) = \sin^2(2x)$, 试求 $f(x)$.

解 因为 $\int f(x)F(x)dx = \int F(x)F'(x)dx = \int F(x)dF(x) = \frac{1}{2}F^2(x) + C_1$

又 $\int f(x)F(x)dx = \int \sin^2 2x dx = \frac{1}{2}\int(1-\cos 4x)dx = \frac{1}{2}x - \frac{1}{8}\sin 4x + C_2$

所以
$$\frac{1}{2}F^2(x) + C_1 = \frac{1}{2}x - \frac{1}{8}\sin 4x + C_2$$
$$F^2(x) = x - \frac{1}{4}\sin 4x + C$$

而由 $F(0) = 1$ 得 $C = 1$, 所以
$$F^2(x) = x - \frac{1}{4}\sin 4x + 1 \Rightarrow F(x) = \sqrt{x - \frac{1}{4}\sin 4x + 1}$$

因此
$$f(x) = F'(x) = \frac{1 - \cos 4x}{2\sqrt{x - \frac{1}{4}\sin 4x + 1}}.$$

例 4.4.5 求下列不定积分

(1) $\int \frac{2+3x^2}{x^2(1+x^2)} dx$; (2) $\int \left(\sqrt{\frac{1+x}{1-x}} + \sqrt{\frac{1-x}{1+x}}\right) dx$;

(3) $\int \frac{\sqrt{x^4 + x^{-4} + 2}}{x^3} dx$; (4) $\int \frac{2^x(e^{3x}+1)}{e^x+1} dx$.

解 (1) $I = \int \left(\frac{2}{x^2} + \frac{1}{1+x^2}\right) dx = -\frac{1}{x} + \arctan x + C.$

(2) $I = \int \left(\frac{1+x}{\sqrt{1-x^2}} + \frac{1-x}{\sqrt{1-x^2}}\right) dx = 2\arcsin x + C.$

(3) $I = \int \frac{1}{x^3}\left(x^2 + \frac{1}{x^2}\right) dx = \int \left(\frac{1}{x} + \frac{1}{x^5}\right) dx = \ln|x| - \frac{1}{4x^4} + C.$

(4) $I = \int 2^x(e^{2x} - e^x + 1) dx = \int [(2e^2)^x - (2e)^x + 2^x] dx$
$$= \frac{(2e^2)^x}{\ln(2e^2)} - \frac{(2e)^x}{\ln(2e)} + \frac{2^x}{\ln 2} + C$$
$$= 2^x\left(\frac{e^{2x}}{\ln 2 + 2} - \frac{e^x}{\ln 2 + 1} + \frac{1}{\ln 2}\right) + C.$$

例 4.4.6 求下列不定积分:

(1) $\int \frac{\cos 2x}{\sin^2 x \cos^2 x} dx$; (2) $\int \frac{1+\cos^2 x}{1+\cos 2x} dx$;

(3) $\int \frac{1}{1+\cos x} dx$; (4) $\int \frac{1+\sin 2x}{\sin x + \cos x} dx.$

解 (1) $I = \int \dfrac{\cos^2 x - \sin^2 x}{\sin^2 x \cos^2 x} dx = \int \left(\dfrac{1}{\sin^2 x} - \dfrac{1}{\cos^2 x} \right) dx = -\cot x - \tan x + C.$

(2) $I = \int \dfrac{1 + \cos^2 x}{2\cos^2 x} dx = \dfrac{1}{2} \int \left(\dfrac{1}{\cos^2 x} + 1 \right) dx = \dfrac{1}{2} (\tan x + x) + C.$

(3) $I = \int \dfrac{1 - \cos x}{1 - \cos^2 x} dx = \int \left(\dfrac{1}{\sin^2 x} - \csc x \cot x \right) dx = -\cot x + \csc x + C.$

(4) $I = \int \dfrac{(\sin x + \cos x)^2}{\sin x + \cos x} dx = \int (\sin x + \cos x) dx = -\cos x + \sin x + C.$

例 4.4.7 求 $\int \sin 2x \, dx.$

分析 先凑微分然后用积分公式即得.

解法 1 原式 $= \dfrac{1}{2} \int \sin 2x \, d2x = -\dfrac{1}{2} \cos 2x + C.$

解法 2 原式 $= \int 2\sin x \cos x \, dx = 2 \int \sin x \, d\sin x = \sin^2 x + C.$

例 4.4.8 求 $\int \dfrac{x}{\sqrt{2 - 3x^2}} dx.$

分析 先凑微分然后用积分公式即得.

解 $\int \dfrac{x}{\sqrt{2 - 3x^2}} dx = -\dfrac{1}{6} \int \dfrac{1}{\sqrt{2 - 3x^2}} d(2 - 3x^2) = -\dfrac{1}{3} \sqrt{2 - 3x^2} + C.$

例 4.4.9 求 $\int \dfrac{1 + x}{\sqrt{9 - 4x^2}} dx.$

解 $\int \dfrac{1 + x}{\sqrt{9 - 4x^2}} dx = \int \dfrac{dx}{\sqrt{9 - 4x^2}} + \int \dfrac{x}{\sqrt{9 - 4x^2}} dx$

$= \dfrac{1}{2} \int \dfrac{d(2x)}{\sqrt{3^2 - (2x)^2}} - \dfrac{1}{8} \int (9 - 4x^2)^{-\frac{1}{2}} d(9 - 4x^2)$

$= \dfrac{1}{2} \arcsin \dfrac{2x}{3} - \dfrac{1}{4} (9 - 4x^2)^{\frac{1}{2}} + C.$

例 4.4.10 求 $\int \dfrac{\arctan \sqrt{x}}{\sqrt{x}(1 + x)} dx.$

分析 根据被积函数的特点,凑两次微分即得.

解 $\int \dfrac{\arctan \sqrt{x}}{\sqrt{x}(1 + x)} dx = 2 \int \dfrac{\arctan \sqrt{x}}{1 + (\sqrt{x})^2} d(\sqrt{x}) = 2 \int \arctan \sqrt{x} \, d(\arctan \sqrt{x})$

$= (\arctan \sqrt{x})^2 + C.$

例 4.4.11 求 $\int \dfrac{x + 1}{x^2 + x + 1} dx.$

解 原式 $= \int \dfrac{\frac{1}{2}(2x + 1) + \frac{1}{2}}{x^2 + x + 1} dx = \dfrac{1}{2} \int \dfrac{2x + 1}{x^2 + x + 1} dx + \dfrac{1}{2} \int \dfrac{dx}{x^2 + x + 1}$

$= \dfrac{1}{2} \int \dfrac{d(x^2 + x + 1)}{x^2 + x + 1} + \dfrac{1}{2} \int \dfrac{d\left(x + \frac{1}{2}\right)}{\left(x + \frac{1}{2}\right)^2 + \left(\frac{\sqrt{3}}{2}\right)^2}$

$$= \frac{1}{2}\ln(x^2+x+1) + \frac{1}{\sqrt{3}}\arctan\frac{2x+1}{\sqrt{3}} + C.$$

例 4.4.12 求 $\int \frac{\sqrt{\arctan\frac{1}{x}}}{1+x^2}\mathrm{d}x.$

分析 根据被积函数的特点,多次凑微分即得.

解法 1 原式 $= \int \frac{\sqrt{\arctan\frac{1}{x}}}{1+\frac{1}{x^2}} \cdot \frac{1}{x^2}\mathrm{d}x = -\int \frac{\sqrt{\arctan\frac{1}{x}}}{1+\frac{1}{x^2}}\mathrm{d}\left(\frac{1}{x}\right)$

$$= -\int \sqrt{\arctan\frac{1}{x}}\,\mathrm{d}\arctan\frac{1}{x} = -\frac{2}{3}\left(\arctan\frac{1}{x}\right)^{\frac{3}{2}} + C.$$

解法 2 (先用倒代换) 令 $\frac{1}{x} = t$,则 $x = \frac{1}{t}, \mathrm{d}x = -\frac{1}{t^2}\mathrm{d}t$,即

原式 $= \int \frac{\sqrt{\arctan t}}{1+\frac{1}{t^2}}\left(-\frac{1}{t^2}\right)\mathrm{d}t = -\int \frac{\sqrt{\arctan t}}{1+t^2}\mathrm{d}t = -\int \sqrt{\arctan t}\,\mathrm{d}\arctan t$

$$= -\frac{2}{3}(\arctan t)^{\frac{3}{2}} + C = -\frac{2}{3}\left(\arctan\frac{1}{x}\right)^{\frac{3}{2}} + C.$$

例 4.4.13 求 $\int \frac{\ln(x+1) - \ln x}{x(x+1)}\mathrm{d}x.$

解 $\int \frac{\ln(x+1) - \ln x}{x(x+1)}\mathrm{d}x = \int [\ln(x+1) - \ln x] \cdot \left(\frac{1}{x} - \frac{1}{x+1}\right)\mathrm{d}x$

$$= -\int [\ln(x+1) - \ln x]\mathrm{d}[\ln(x+1) - \ln x]$$

$$= -\frac{1}{2}[\ln(x+1) - \ln x]^2 + C.$$

例 4.4.14 求 $\int \left(1 - \frac{1}{x^2}\right)\mathrm{e}^{x+\frac{1}{x}}\mathrm{d}x.$

解 $\int \left(1 - \frac{1}{x^2}\right)\mathrm{e}^{x+\frac{1}{x}}\mathrm{d}x = \int \mathrm{e}^{x+\frac{1}{x}}\mathrm{d}\left(x + \frac{1}{x}\right) = \mathrm{e}^{x+\frac{1}{x}} + C.$

注意:上述例子说明凑微分法在积分的计算中是非常重要的,但一定要灵活运用,不要盲目使用,一定要做到有的放矢.具体的使用方法取决于被积函数的特点和基本积分公式,而且要善于联想和观察.

注释 将公式 $\int \mathrm{e}^x\mathrm{d}x = \mathrm{e}^x + C$ 中的 x 替换以 $\varphi(x)$,有公式

$$\int \mathrm{e}^{\varphi(x)}\varphi'(x)\mathrm{d}x = \int \mathrm{e}^{\varphi(x)}\mathrm{d}\varphi(x) = \mathrm{e}^{\varphi(x)} + C \tag{4.10}$$

例如,可以求出下列各积分:

(1) $\int \mathrm{e}^{\mathrm{e}^x + x}\mathrm{d}x = \int \mathrm{e}^{\mathrm{e}^x} \cdot \mathrm{e}^x\mathrm{d}x = \int \mathrm{e}^{\mathrm{e}^x}\mathrm{d}\mathrm{e}^x = \mathrm{e}^{\mathrm{e}^x} + C.$

(2) $\int \frac{\mathrm{e}^{\sqrt{2x-1}}}{\sqrt{2x-1}}\mathrm{d}x = \int \mathrm{e}^{\sqrt{2x-1}}\mathrm{d}\sqrt{2x-1} = \mathrm{e}^{\sqrt{2x-1}} + C.$

(3) 由于 $(e^x \cos x)' = e^x \cos x - e^x \sin x$,所以
$$\int e^{e^x \cos x}(\cos x - \sin x)e^x dx = \int e^{e^x \cos x} d(e^x \cos x) = e^{e^x \cos x} + C.$$

(4) 由于 $(\arcsin \sqrt{x})' = \dfrac{1}{2\sqrt{x}\sqrt{1-x}}$,所以
$$\int \frac{e^{\arcsin\sqrt{x}}}{\sqrt{x-x^2}} dx = 2\int e^{\arcsin\sqrt{x}} d\arcsin\sqrt{x} = 2e^{\arcsin\sqrt{x}} + C.$$

(5) 由于 $\left(\tan\dfrac{1}{x}\right)' = \sec^2 \dfrac{1}{x} \cdot \left(-\dfrac{1}{x^2}\right)$,所以
$$\int \frac{2^{\tan\frac{1}{x}}}{x^2 \cos^2 \frac{1}{x}} dx = -\int 2^{\tan\frac{1}{x}} \cdot d\left(\tan\frac{1}{x}\right) = -\frac{1}{\ln 2} 2^{\tan\frac{1}{x}} + C.$$

例 4.4.15 求下列不定积分.

(1) $\displaystyle\int \frac{dx}{x\sqrt{x^2-1}} \quad (x > 1)$; (2) $\displaystyle\int \frac{x+1}{\sqrt[3]{3x+1}} dx$;

(3) $\displaystyle\int \frac{x^3}{\sqrt{1-x^2}} dx$; (4) $\displaystyle\int \frac{dx}{x^4(x^2+1)}$;

(5) $\displaystyle\int \frac{x^2}{(1+x^2)^2} dx$; (6) $\displaystyle\int \frac{x \arctan x}{\sqrt{1+x^2}} dx$.

解 (1) **解法 1** 原式 $\xrightarrow{\text{令 } x = \sec t} \displaystyle\int \frac{\sec t \tan t}{\sec t \tan t} dt = \int dt = t + C = \arccos\frac{1}{x} + C.$

解法 2 原式 $= \displaystyle\int \frac{1}{x^2} \frac{1}{\sqrt{1-\frac{1}{x^2}}} dx = -\int \frac{1}{\sqrt{1-\frac{1}{x^2}}} d\frac{1}{x} = -\arcsin\frac{1}{x} + C.$

解法 3 原式 $= \displaystyle\int \frac{x}{x^2\sqrt{x^2-1}} dx = \int \frac{1}{x^2} d(\sqrt{x^2-1}) = \int \frac{1}{(\sqrt{x^2-1})^2+1} d\sqrt{x^2-1}$
$= \arctan\sqrt{x^2-1} + C.$

解法 4 原式 $\xrightarrow{\text{令 } x = \frac{1}{t}} \displaystyle\int \frac{t}{\sqrt{\frac{1}{t^2}-1}} \left(-\frac{1}{t^2}\right) dt = -\int \frac{1}{\sqrt{1-t^2}} dt = -\arcsin t + C$
$= -\arcsin \dfrac{1}{x} + C.$

(2) 原式 $\xrightarrow[x = \frac{1}{3}(t^3-1)]{\text{令 }\sqrt[3]{3x+1} = t} \displaystyle\int \frac{\frac{1}{3}(t^3-1)+1}{t} \cdot t^2 dt = \frac{1}{3}\int (t^4+2t) dt$
$= \dfrac{1}{15}t^5 + \dfrac{1}{3}t^2 + C = \dfrac{1}{15}\sqrt[3]{(3x+1)^5} + \dfrac{1}{3}\sqrt[3]{(3x+1)^2} + C.$

(3) **解法 1** 如图 4.1 所示,
$$\text{原式} \xrightarrow{\text{令 } x = \sin t} \int \frac{\sin^3 t}{\sqrt{1-\sin^2 t}} \cos t \, dt$$

图 4.1

$$= \int \sin^3 t \, dt = -\int (1-\cos^2 t) \, d\cos t$$

$$= -\cos t + \frac{1}{3}\cos^3 t + C = \frac{1}{3}(1-x^2)^{\frac{3}{2}} - \sqrt{1-x^2} + C.$$

解法 2 原式 $= \dfrac{1}{2}\displaystyle\int \dfrac{x^2}{\sqrt{1-x^2}} dx^2 = -\dfrac{1}{2}\displaystyle\int \dfrac{1-x^2-1}{\sqrt{1-x^2}} dx^2$

$$= \frac{1}{2}\int \left(\sqrt{1-x^2} - \frac{1}{\sqrt{1-x^2}}\right) d(1-x^2) = \frac{1}{3}(1-x^2)^{\frac{3}{2}} - \sqrt{1-x^2} + C.$$

(4) 原式 $\xrightarrow[x=\frac{1}{t}]{\diamondsuit \frac{1}{x}=t} \displaystyle\int \dfrac{-\dfrac{1}{t^2}}{\dfrac{1}{t^4}\cdot\left(\dfrac{1}{t^2}+1\right)} dt = -\displaystyle\int \dfrac{dt}{\dfrac{1}{t^2}\left(\dfrac{1}{t^2}+1\right)} = -\displaystyle\int \left(\dfrac{1}{\dfrac{1}{t^2}} - \dfrac{1}{\dfrac{1}{t^2}+1}\right) dt$

$$= -\int \left(t^2 - \frac{t^2}{1+t^2}\right) dt = -\int \left(t^2 - \frac{t^2+1-1}{1+t^2}\right) dt$$

$$= -\frac{1}{3}t^3 - \arctan t + t + C = -\frac{1}{3x^3} - \arctan \frac{1}{x} + \frac{1}{x} + C.$$

(5) **解法 1** 原式 $\xrightarrow{\diamondsuit x=\tan x} \displaystyle\int \dfrac{\tan^2 x}{\sec^4 t}\cdot \sec^2 t \, dt = \displaystyle\int \sin^2 t \, dt = \dfrac{1}{2}\displaystyle\int [1-\cos(2t)] dt$

$$= \frac{t}{2} - \frac{1}{4}\sin(2t) + C = \frac{1}{2}\arctan x - \frac{1}{2}\cdot\frac{x}{1+x^2} + C.$$

解法 2 原式 $= -\dfrac{1}{2}\displaystyle\int x \, d\dfrac{1}{1+x^2} = -\dfrac{x}{2(1+x^2)} + \dfrac{1}{2}\displaystyle\int \dfrac{1}{1+x^2} dx$

$$= \frac{1}{2}\arctan x - \frac{x}{2(1+x)^2} + C.$$

(6) 如图 4.2 所示, 原式 $\xrightarrow{\diamondsuit x=\tan t} \displaystyle\int \dfrac{t\cdot \tan t}{\sec t}\cdot \sec^2 t \, dt$

$$= \int t \sec t \tan t \, dt = \int t \, d\sec t = t\sec t - \int \sec t \, dt$$

$$= t\sec t - \ln|\sec t + \tan t| + C$$

$$= \sqrt{1+x^2}\cdot \arctan x - \ln|\sqrt{1+x^2} + x| + C.$$

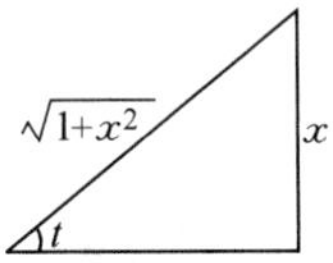

图 4.2

例 4.4.16 求 $\displaystyle\int x \sin x \cos x \, dx$.

解 原式 $= \dfrac{1}{2}\displaystyle\int x \sin 2x \, dx = \dfrac{1}{4}\displaystyle\int x \sin 2x \, d2x = \dfrac{1}{4}\displaystyle\int x \, d(-\cos 2x)$

$$= \frac{1}{4}x(-\cos 2x) + \frac{1}{4}\int \cos 2x \, dx = -\frac{1}{4}x\cos 2x + \frac{1}{8}\sin 2x + C.$$

例 4.4.17 求 $\displaystyle\int x^2 e^{-x} \, dx$.

解 原式 $= \displaystyle\int x^2 \, d(-e^{-x}) = x^2(-e^{-x}) + \displaystyle\int e^{-x} \, dx^2$

$$= -x^2 e^{-x} + 2\int x e^{-x} \, dx = -x^2 e^{-x} + 2\int x \, d(-e^{-x})$$

$$= -x^2 e^{-x} + 2\left(-x e^{-x} + \int e^{-x} \, dx\right) = -e^{-x}(x^2 + 2x + 2) + C.$$

例 4.4.18 求 $\int x^2 \arctan x \, dx$.

解 $\int x^2 \arctan x \, dx = \int \arctan x \, d\left(\dfrac{x^3}{3}\right) = \dfrac{x^3}{3}\arctan x - \int \dfrac{x^3}{3} d(\arctan x)$

$\qquad = \dfrac{x^3}{3}\arctan x - \dfrac{1}{3}\int \dfrac{x^3}{1+x^2} dx$

$\qquad = \dfrac{x^3}{3}\arctan x - \dfrac{1}{3}\int\left(x - \dfrac{x}{1+x^2}\right) dx$

$\qquad = \dfrac{x^3}{3}\arctan x - \dfrac{1}{6}x^2 + \dfrac{1}{6}\ln(1+x^2) + C.$

例 4.4.19 求 $\int \dfrac{\ln x}{(1-x)^2} dx \ (x>0, x \neq 1)$.

解 原式 $= \int \ln x \, d\left(\dfrac{1}{1-x}\right) = \dfrac{\ln x}{1-x} - \int \dfrac{dx}{x(1-x)}$

$\qquad = \dfrac{\ln x}{1-x} - \int\left(\dfrac{1}{x} + \dfrac{1}{1-x}\right) dx = \dfrac{\ln x}{1-x} - \ln x + \ln|1-x| + C.$

例 4.4.20 设 $f(x)$ 的一个原函数为 $\ln(x+\sqrt{1+x^2})$, 求 $\int xf'(x) dx$.

解 由题意知, $\qquad f(x) = [\ln(x+\sqrt{1+x^2})]' = \dfrac{1}{\sqrt{1+x^2}}$

故 $\qquad \int xf'(x) dx = \int x \, df(x) = xf(x) - \int f(x) dx$

$\qquad\qquad = \dfrac{x}{\sqrt{1+x^2}} - \ln(x+\sqrt{1+x^2}) + C.$

例 4.4.21 求 $\int e^{-x} \cos^2 x \, dx$.

解 $\int e^{-x} \cos^2 x \, dx = \int e^{-x} \cdot \dfrac{1+\cos 2x}{2} dx$

$\qquad = \dfrac{1}{2}\int e^{-x} dx + \dfrac{1}{2}\int e^{-x} \cos 2x \, dx$

$\qquad = -\dfrac{1}{2}e^{-x} + \dfrac{1}{2}\int e^{-x} \cos 2x \, dx$

其中 $\int e^{-x} \cos 2x \, dx = \int \cos 2x \, d(-e^{-x}) = -e^{-x}\cos 2x + \int e^{-x} d(\cos 2x)$

$\qquad = -e^{-x}\cos 2x - 2\int e^{-x}\sin 2x \, dx$

$\qquad = -e^{-x}\cos 2x + 2\int \sin 2x \, d(e^{-x})$

$\qquad = -e^{-x}\cos 2x + 2e^{-x}\sin 2x - 2\int e^{-x} d(\sin 2x)$

$\qquad = e^{-x}(-\cos 2x + 2\sin 2x) - 4\int e^{-x}\cos 2x \, dx$

故 $\qquad \int e^{-x}\cos 2x \, dx = \dfrac{1}{5}e^{-x}(-\cos 2x + 2\sin 2x) + C_1$

则
$$\int e^{-x}\cos^2 x\,dx = -\frac{1}{2}e^{-x} - \frac{1}{10}e^{-x}(\cos 2x - 2\sin 2x) + C.$$

例 4.4.22 求 $\int \sqrt{a^2+x^2}\,dx$.

解
$$\int \sqrt{a^2+x^2}\,dx = x\sqrt{a^2+x^2} - \int x\,d\sqrt{a^2+x^2}$$
$$= x\sqrt{a^2+x^2} - \int \frac{x^2}{\sqrt{a^2+x^2}}dx$$
$$= x\sqrt{a^2+x^2} - \int \frac{a^2+x^2-a^2}{\sqrt{a^2+x^2}}dx$$
$$= x\sqrt{a^2+x^2} - \int \sqrt{a^2+x^2}\,dx + a^2\int \frac{dx}{\sqrt{a^2+x^2}}$$
$$= x\sqrt{a^2+x^2} - \int \sqrt{a^2+x^2}\,dx + a^2\ln(x+\sqrt{a^2+x^2})$$

故
$$\int \sqrt{a^2+x^2}\,dx = \frac{x}{2}\sqrt{a^2+x^2} + \frac{a^2}{2}\ln(x+\sqrt{a^2+x^2}) + C.$$

例 4.4.23 求 $I_n = \int x^n e^x\,dx\,(n \in \mathbf{N})$.

解
$$I_n = \int x^n e^x\,dx = \int x^n de^x = x^n e^x - \int e^x\,dx^n$$
$$= x^n e^x - n\int x^{n-1}e^x\,dx = x^n e^x - nI_{n-1}$$

即
$$I_n = x^n e^x - nI_{n-1},\quad I_0 = \int e^x\,dx = e^x + C.$$

注意：运用分部积分公式 $\int u\,dv = uv - \int v\,du$ 计算积分时关键是 u 的选取，有一点是肯定的，即选取 u 的函数必须容易求导数，而不容易积分. 有时某个积分的计算需要分部积分法、换元法、凑微分法等联合一起使用. 这时就需灵活处理.

例 4.4.24 设 $f'(e^x) = x+1$ 且 $f(1) = 0$，求 $f(x)$.

解 令 $e^x = t$，则 $x = \ln t$，故 $f'(t) = \ln t + 1$；则
$$\int f'(t)dt = \int (\ln t + 1)\,dt,\quad f(t) = \int \ln t\,dt + t$$
$$f(t) = t\ln t - \int t \cdot \frac{1}{t}dt + t = t\ln t + C$$

又 $f(1) = 0$，故 $C = 0$，故 $f(t) = t\ln t$，即 $f(x) = x\ln x$.

例 4.4.25 设 $f(x) = \ln(x+\sqrt{1+x^2})$，求 $\int xf''(x)dx$.

解 $\int xf''(x)dx = \int x\,df'(x) = xf'(x) - \int f'(x)dx$,

又 $f(x) = \ln(x+\sqrt{1+x^2})$，故 $f'(x) = \dfrac{1}{\sqrt{1+x^2}}$，于是
$$\int xf''(x)dx = xf'(x) - f(x) + C = \frac{x}{\sqrt{1+x^2}} - \ln(x+\sqrt{1+x^2}) + C.$$

例 4.4.26 计算积分 $\int \dfrac{\arctan x}{x^2(1+x^2)}\mathrm{d}x$.

解 原式 $= \int\left(\dfrac{1}{x^2}-\dfrac{1}{1+x^2}\right)\arctan x\,\mathrm{d}x = \int\dfrac{\arctan x}{x^2}\mathrm{d}x - \int\dfrac{\arctan x}{1+x^2}\mathrm{d}x$

$= \int\arctan x\,\mathrm{d}\left(-\dfrac{1}{x}\right)-\int\arctan x\,\mathrm{d}\arctan x$

$= -\dfrac{1}{x}\arctan x - \int\left(-\dfrac{1}{x}\right)\dfrac{1}{1+x^2}\mathrm{d}x - \dfrac{1}{2}(\arctan x)^2$

$= -\dfrac{1}{x}\arctan x + \int\dfrac{x}{x^2(1+x^2)}\mathrm{d}x - \dfrac{1}{2}(\arctan x)^2$

$= -\dfrac{1}{x}\arctan x + \dfrac{1}{2}\int\dfrac{x}{x^2(1+x^2)}\mathrm{d}x^2 - \dfrac{1}{2}(\arctan x)^2$

$= -\dfrac{1}{x}\arctan x + \dfrac{1}{2}\int\left(\dfrac{1}{x^2}-\dfrac{x}{1+x^2}\right)\mathrm{d}x^2 - \dfrac{1}{2}(\arctan x)^2$

$= -\dfrac{1}{x}\arctan x + \dfrac{1}{2}\ln\dfrac{x^2}{1+x^2} - \dfrac{1}{2}(\arctan x)^2 + C.$

例 4.4.27 求下列不定积分.

(1) $\int \dfrac{x^4}{(x-1)^{50}}\mathrm{d}x$;

(2) $\int \dfrac{4\sin x + 3\cos x}{\sin x + 2\cos x}\mathrm{d}x$;

(3) $\int \dfrac{1+x^2}{1+x^4}\mathrm{d}x$;

(4) $\int \dfrac{\mathrm{d}x}{1+x^4}$;

(5) $\int \dfrac{x^2-3x+2}{x(x^2+2x+1)}\mathrm{d}x$;

(6) $\int \dfrac{\mathrm{d}x}{(x^2+1)(x^2+x+1)}$.

解 (1) 由二项式定理,得

$x^4 = [(x-1)+1]^4 = (x-1)^4 + \mathrm{C}_4^1(x-1)^3 + \mathrm{C}_4^2(x-1)^2 + \mathrm{C}_4^3(x-1) + 1$

$= (x-1)^4 + 4(x-1)^3 + 6(x-1)^2 + 4(x-1) + 1$

于是 原式 $= \int\dfrac{(x-1)^4}{(x-1)^{50}}\mathrm{d}x + 4\int\dfrac{(x-1)^3}{(x-1)^{50}}\mathrm{d}x + 6\int\dfrac{(x-1)^2}{(x-1)^{50}}\mathrm{d}x +$

$4\int\dfrac{x-1}{(x-1)^{50}}\mathrm{d}x + \int\dfrac{\mathrm{d}x}{(x-1)^{50}}$

$= \int(x-1)^{-46}\mathrm{d}x + 4\int(x-1)^{-47}\mathrm{d}x + 6\int(x-1)^{-48}\mathrm{d}x +$

$4\int(x-1)^{-49}\mathrm{d}x + \int(x-1)^{-50}\mathrm{d}x$

$= -\dfrac{1}{45}\dfrac{1}{(x-1)^{45}} - \dfrac{2}{23}\dfrac{1}{(x-1)^{46}} - \dfrac{6}{47}\dfrac{1}{(x-1)^{47}} - \dfrac{1}{12}\dfrac{1}{(x-1)^{48}}$

$- \dfrac{1}{49}\dfrac{1}{(x-1)^{49}} + C.$

(2) 令 $4\sin x + 3\cos x = A(\sin x + 2\cos x) + B(\sin x + 2\cos x)'$

$= A(\sin x + 2\cos x) + B(-2\sin x + \cos x)$

$= (A - 2B)\sin x + (2A + B)\cos x$

取 A、B 满足 $\begin{cases} A - 2B = 4, \\ 2A + B = 3, \end{cases}$ 得 $A = 2, B = -1$. 因此

$$原式 = \int 2\mathrm{d}x - \int \frac{(\sin x + 2\cos x)'}{\sin x + 2\cos x}\mathrm{d}x = 2x - \ln|\sin x + 2\cos x| + C.$$

(3) $$原式 = \int \frac{\frac{1}{x^2}+1}{\frac{1}{x^2}+x^2}\mathrm{d}x = \int \frac{\frac{1}{x^2}+1}{\left(x-\frac{1}{x}\right)^2+2}\mathrm{d}x = \int \frac{1}{\left(x-\frac{1}{x}\right)^2+2}\mathrm{d}\left(x-\frac{1}{x}\right)$$

$$= \frac{1}{\sqrt{2}}\arctan\frac{x-\frac{1}{x}}{\sqrt{2}} + C = \frac{1}{\sqrt{2}}\arctan\frac{x^2-1}{\sqrt{2}x} + C.$$

(4) $$原式 = \frac{1}{2}\int \frac{1+x^2+1-x^2}{1+x^4} = \frac{1}{2}\int \frac{1+x^2}{1+x^4}\mathrm{d}x + \frac{1}{2}\int \frac{1-x^2}{1+x^4}\mathrm{d}x$$

$$= \frac{1}{2\sqrt{2}}\arctan\frac{x-\frac{1}{x}}{\sqrt{2}} - \frac{1}{2\sqrt{2}}\ln\frac{x+\frac{1}{x}-\sqrt{2}}{x+\frac{1}{x}+\sqrt{2}} + C.$$

(5) 设原式中

$$\frac{x^2-3x+2}{x(x^2+2x+1)} = \frac{x^2-3x+2}{x(x+1)^2} = \frac{A}{x} + \frac{B}{(x+1)^2} + \frac{C}{x+1},$$

即 $$x^2 - 3x + 2 = A(x+1)^2 + Bx + Cx(x+1)$$
$$= (A+C)x^2 + (2A+B+C)x + A,$$

所以 $$\begin{cases} A+C=1, \\ 2A+B+C=-3, \\ A=2, \end{cases} 得 \begin{cases} A=2, \\ B=-6, \\ C=-1. \end{cases}$$

故 $$原式 = \int \left[\frac{2}{x} - \frac{6}{(x+1)^2} - \frac{1}{x+1}\right]\mathrm{d}x = 2\ln|x| + \frac{6}{x+1} - \ln|x+1| + C$$

$$= \ln\frac{x^2}{|x+1|} + \frac{6}{x+1} + C.$$

(6) 设 $$\frac{1}{(x^2+1)(x^2+x+1)} = \frac{Ax+B}{x^2+1} + \frac{Cx+D}{x^2+x+1}$$

即 $$1 = (Ax+B)(x^2+x+1) + (x^2+1)(Cx+D)$$
$$= (A+C)x^3 + (A+B+D)x^2 + (A+B+C)x + (B+D)$$

所以 $$\begin{cases} A+C=0, \\ A+B+D=0, \\ A+B+C=0, \\ B+D=1, \end{cases} 得 \begin{cases} A=-1, \\ B=0, \\ C=1, \\ D=1. \end{cases}$$

故 $$原式 = \int \left(-\frac{x}{1+x^2} + \frac{x+1}{x^2+x+1}\right)\mathrm{d}x$$

$$= -\frac{1}{2}\int \frac{\mathrm{d}(1+x^2)}{1+x^2} + \frac{1}{2}\int \frac{\mathrm{d}(x^2+x+1)}{x^2+x+1} + \frac{1}{2}\int \frac{\mathrm{d}x}{x^2+x+1}$$

$$= -\frac{1}{2}\ln(1+x^2) + \frac{1}{2}\ln(x^2+x+1) + \frac{1}{2}\int \frac{\mathrm{d}\left(x+\frac{1}{2}\right)}{\left(x+\frac{1}{2}\right)^2+\left(\frac{\sqrt{3}}{2}\right)^2}$$

$$= \frac{1}{2}\ln\frac{x^2+x+1}{1+x^2} + \frac{1}{\sqrt{3}}\arctan\frac{2x+1}{\sqrt{3}} + C.$$

例 4.4.28 求下列不定积分.

(1) $\displaystyle\int \frac{\sin x}{1+\sin x}\mathrm{d}x$;   (2) $\displaystyle\int \sin^2 x \cos^5 x\,\mathrm{d}x$;

(3) $\displaystyle\int \sin(2x)\cos(4x)\mathrm{d}x$;   (4) $\displaystyle\int \frac{\mathrm{d}x}{\sin(2x)-2\sin x}$;

(5) $\displaystyle\int \frac{1}{\cos^5 x}\mathrm{d}x$;   (6) $\displaystyle\int \frac{1+\tan x}{\sin(2x)}\mathrm{d}x$;

(7) $\displaystyle\int \frac{\mathrm{d}x}{2\sin x - \cos x + 5}$;   (8) $\displaystyle\int \frac{\mathrm{d}x}{3+\sin^2 x}$.

解 (1) 原式 $= \displaystyle\int \frac{\sin x(1-\sin x)}{\cos^2 x}\mathrm{d}x = \int \frac{\sin x}{\cos^2 x}\mathrm{d}x - \int\frac{\sin^2 x}{\cos^2 x}\mathrm{d}x$

$$= -\int\frac{\mathrm{d}\cos x}{\cos^2 x} - \int\frac{1-\cos^2 x}{\cos^2 x}\mathrm{d}x = \frac{1}{\cos x} - \tan x + x + C.$$

(2) 原式 $= \displaystyle\int \sin^2 x(1-\sin^2 x)^2 \mathrm{d}(\sin x) = \int \sin^2 x(1-2\sin^2 x + \sin^4 x)\mathrm{d}\sin x$

$$= \frac{1}{3}\sin^3 x - \frac{2}{5}\sin^5 x + \frac{1}{7}\sin^7 x + C.$$

(3) 原式 $= \displaystyle\frac{1}{2}\int[\sin(6x) - \sin(2x)]\mathrm{d}x = -\frac{1}{12}\cos(6x) + \frac{1}{4}\cos(2x) + C.$

(4) 原式 $= \displaystyle\int \frac{\mathrm{d}x}{2\sin x(\cos x - 1)} = -\int\frac{\cos x + 1}{2\sin^3 x}\mathrm{d}x = -\int\frac{1}{2\sin^3 x}\mathrm{d}\sin x - \frac{1}{2}\int\frac{1}{\sin^3 x}\mathrm{d}x,$

而 $\displaystyle\int \csc^3 x\,\mathrm{d}x = -\int \csc x\,\mathrm{d}(\cot x) = -\csc x \cot x - \int \cot^2 x \csc x\,\mathrm{d}x$

$$= -\csc x \cot x - \int(\csc^3 x - \csc x)\mathrm{d}x$$

所以 $\displaystyle 2\int\csc^3 x\,\mathrm{d}x = -\csc x \cot x + \int \csc x\,\mathrm{d}x$

$$= -\csc x \cot x + \ln|\csc x - \cot x| + C$$

即 $\displaystyle\int\csc^3 x\,\mathrm{d}x = -\frac{1}{2}(\csc x \cot x - \ln|\csc x - \cot x|) + C$

所以 原式 $= \displaystyle\frac{1}{4\sin^2 x} + \frac{1}{4}(\csc x \cot x - \ln|\csc x - \cot x|) + C.$

(5) 原式 $= \displaystyle\int \frac{\sin^2 x + \cos^2 x}{\cos^5 x}\mathrm{d}x = \frac{1}{4}\int \sin x\,\mathrm{d}\cos^{-4} x + \int\frac{\mathrm{d}x}{\cos^3 x} = \frac{\sin x}{4\cos^4 x} + \frac{3}{4}\int\frac{\mathrm{d}x}{\cos^3 x}$

$$= \frac{\sin x}{4\cos^4 x} + \frac{3}{4}\int\frac{\sin^2 x + \cos^2 x}{\cos^3 x}\mathrm{d}x$$

$$= \frac{\sin x}{4\cos^4 x} + \frac{3}{4}\int\frac{\sin x}{\cos^3 x}\mathrm{d}(-\cos x) + \frac{3}{4}\int\frac{1}{\cos x}\mathrm{d}x$$

$$= \frac{\sin x}{4\cos^4 x} + \frac{3}{4}\int \sin x\,\mathrm{d}\left(\frac{1}{2\cos^2 x}\right) + \frac{3}{4}\ln|\sec x + \tan x|$$

$$= \frac{\sin x}{4\cos^4 x} + \frac{3}{4}\ln|\sec x + \tan x| + \frac{3\sin x}{8\cos^2 x} - \frac{3}{4}\int\frac{1}{2\cos x}\mathrm{d}x$$

$$= \frac{\sin x}{4\cos^4 x} + \frac{3}{8}\frac{\sin x}{\cos^2 x} + \frac{3}{8}\ln|\sec x + \tan x| + C.$$

(6) 原式 $= \int \frac{1+\tan x}{2\tan x \cos^2 x}\mathrm{d}x = \frac{1}{2}\int \frac{1+\tan x}{\tan x}\mathrm{d}\tan x = \frac{1}{2}\ln|\tan x| + \frac{1}{2}\tan x + C.$

(7) 令 $t = \tan\frac{x}{2}$ $(-\pi < x < \pi)$（万能代换），则

$$\sin x = \frac{2t}{1+t^2}, \quad \cos x = \frac{1-t^2}{1+t^2}, \quad \mathrm{d}x = \frac{2\mathrm{d}t}{1+t^2}.$$

代入得

$$原式 = \int \frac{1}{2\cdot\frac{2t}{1+t^2} - \frac{1-t^2}{1+t^2} + 5}\cdot\frac{2}{1+t^2}\mathrm{d}t = \int \frac{2\mathrm{d}t}{6t^2 + 4t + 4}$$

$$= \frac{1}{3}\int \frac{\mathrm{d}t}{\left(t+\frac{1}{3}\right)^2 + \left(\frac{\sqrt{5}}{3}\right)^2} = \frac{1}{\sqrt{5}}\arctan\frac{3t+1}{\sqrt{5}} + C$$

$$= \frac{1}{\sqrt{5}}\arctan\frac{3\tan\frac{x}{2}+1}{\sqrt{5}} + C.$$

(8) 原式 $= \int \frac{\frac{1}{\sin^2 x}}{3\frac{1}{\sin^2 x} + 1}\mathrm{d}x = \int \frac{\csc^2 x}{3\csc^2 x + 1}\mathrm{d}x = -\int \frac{\mathrm{d}(\cot x)}{3(\csc^2 x - 1) + 4}$

$$= -\int \frac{\mathrm{d}\cot x}{3\cot^2 x + 4} = -\frac{1}{2\sqrt{3}}\int \frac{\mathrm{d}\left(\frac{\sqrt{3}}{2}\cot x\right)}{\left(\frac{\sqrt{3}}{2}\cot x\right)^2 + 1}$$

$$= -\frac{1}{2\sqrt{3}}\arctan\left(\frac{\sqrt{3}}{2}\cot x\right) + C.$$

例 4.4.29 求 $I_1 = \int \frac{\sin x}{\sin x + \cos x}\mathrm{d}x.$

解 注意到 $(\sin x + \cos x)' = \cos x - \sin x$，选取

$$I_2 = \int \frac{\cos x}{\sin x + \cos x}\mathrm{d}x$$

则

$$I_1 + I_2 = \int \frac{\sin x + \cos x}{\sin x + \cos x}\mathrm{d}x = x + C$$

$$I_2 - I_1 = \int \frac{\cos x - \sin x}{\sin x + \cos x}\mathrm{d}x = \ln|\sin x + \cos x| + C$$

于是

$$I_1 = \frac{1}{2}(x - \ln|\sin x + \cos x|) + C.$$

由此也可得到

$$I_2 = \frac{1}{2}(x + \ln|\sin x + \cos x|) + C.$$

下列积分也可以应用该方法：

求 $I_1 = \int \frac{\cos x}{\sin x - \cos x}\mathrm{d}x$，选取 $I_2 = \int \frac{\sin x}{\sin x - \cos x}\mathrm{d}x.$ 则

$$I_1 + I_2 = \ln|\sin x - \cos x| + C, \quad I_2 - I_1 = x + C$$

于是

$$I_1 = \frac{1}{2}(\ln|\sin x - \cos x| - x) + C$$

$$I_2 = \frac{1}{2}(\ln|\sin x - \cos x| + x) + C.$$

4.5 错解分析

例 4.5.1 函数 $F(x) = |x|$ 是函数 $f(x) = \begin{cases} -1, & (x < 0) \\ 1, & (x \geq 0) \end{cases}$ 的原函数吗？

错解 函数 $F(x) = |x|$ 是函数 $f(x) = \begin{cases} -1 & (x < 0) \\ 1 & (x \geq 0) \end{cases}$ 的原函数，因为当 $x \geq 0$ 时，$|x| = x$，故 $(|x|)' = 1$；而当 $x < 0$ 时，$|x| = -x$，故 $(|x|)' = -1$.

分析 主要错在当 $x \geq 0$ 时 $(|x|)' = 1$ 这一结论上.

若 $F(x)$ 及其导函数 $f(x)$ 在某一区间 I 内处处有 $F'(x) = f(x)$ 成立，那么 $F(x)$ 就称为 $f(x)$ 在区间 I 内的不定积分.

由于函数 $F(x) = |x|$ 在 $x = 0$ 这一点处不可导，故 $F(x) = |x|$ 不是函数 $f(x) = \begin{cases} -1 & (x < 0) \\ 1 & (x \geq 0) \end{cases}$ 在 $(-\infty, +\infty)$ 内的原函数. 事实上，$f(x)$ 在 $(-\infty, +\infty)$ 内不存在原函数，而除去 $x = 0$ 这一点后，可以得到两个区间 $(-\infty, 0)$ 和 $(0, +\infty)$，于是可以说 $|x|$ 是 $f(x)$ 分别在这两个区间内的原函数.

正确解答 $F(x) = |x|$ 是 $f(x) = \begin{cases} -1 & (x < 0) \\ 1 & (x \geq 0) \end{cases}$ 分别在区间 $(-\infty, 0)$ 及 $(0, +\infty)$ 内的原函数，因为当 $x < 0$ 时，$F'(x) = (-x)' = -1 = f(x)$；当 $x > 0$ 时，$F'(x) = (x)' = 1 = f(x)$.

例 4.5.2 已知曲线 $y = y(x)$ 上点 (x, y) 处切线的斜率为 $\dfrac{1}{x\sqrt{x^2-1}}$，又知曲线通过点 $(-2, 0)$，求该曲线的方程.

错解 由 $y' = \dfrac{1}{x\sqrt{x^2-1}}$ 得

$$y = \int \frac{dx}{x\sqrt{x^2-1}} = -\int \frac{d\frac{1}{x}}{\sqrt{1 - \frac{1}{x^2}}} = \arccos \frac{1}{x} + C$$

因为点 $(-2, 0)$ 在曲线上，故有 $C = -\dfrac{2}{3}\pi$，因而求得曲线方程

$$y = \arccos \frac{1}{x} - \frac{2}{3}\pi.$$

分析 因为被积函数 $\dfrac{1}{x\sqrt{x^2-1}}$ 的定义域为 $(-\infty, -1)$ 和 $(1, +\infty)$ 两个区间，而由题

设曲线过点$(-2,0)$,表示$x\in(-\infty,-1)$,而上述解法关键的一步是用等式

$$\int\frac{\mathrm{d}x}{x\sqrt{x^2-1}}=\int\frac{\mathrm{d}x}{x^2\sqrt{1-\frac{1}{x^2}}}$$

这实际上是作了假设$x>1$,因此求得的不定积分是区间$(1,+\infty)$上的不定积分,不是区间$(-\infty,-1)$上的不定积分,而在$(1,+\infty)$上的不定积分中用点$(-2,0)$的坐标代入来确定积分常数C当然是不对的.

正确解答 $y=\int\dfrac{\mathrm{d}x}{x\sqrt{x^2-1}}=-\int\dfrac{\mathrm{d}x}{x^2\sqrt{1-\frac{1}{x^2}}}=\int\dfrac{\mathrm{d}\frac{1}{x}}{\sqrt{1-\frac{1}{x^2}}}$

$$=\arcsin\frac{1}{x}+C\quad(x<-1).$$

以点$(-2,0)$的坐标代入得$C=\dfrac{\pi}{6}$,故所求的曲线方程为

$$y=\arcsin\frac{1}{x}+\frac{\pi}{6}\quad(x<-1).$$

例 4.5.3 求$\int\dfrac{\sqrt{x^2-a^2}}{x}\mathrm{d}x\quad(a>0)$.

错解 原式$\xlongequal{x=a\sec t}\int\dfrac{a\tan t}{a\sec t}a\sec t\tan t\mathrm{d}t$

$$=\int a\tan^2 t\mathrm{d}t=a(\tan t-t)+C=\sqrt{x^2-a^2}-a\arccos\frac{a}{x}+C.$$

分析 注意到被积函数的定义域为$|x|\geqslant a$,经过变量代换$x=a\sec t$后,t对应的定义域为$0\leqslant t\leqslant \pi$.

$$\sqrt{x^2-a^2}=\sqrt{a^2\sec^2 t-a^2}=\sqrt{a^2-\tan^2 t}=a|\tan t|$$

但上述运算中把绝对值丢掉了,因为不考虑绝对值,相当于仅考虑了被积函数在$x>a$的定义区域.

正确解答 当$x>a$时,按上述运算有

$$\int\frac{\sqrt{x^2-a^2}}{x}\mathrm{d}x=\sqrt{x^2-a^2}-a\arccos\frac{a}{x}+C$$

当$x<-a$时,对应有

$$\int\frac{\sqrt{x^2-a^2}}{x}\mathrm{d}x\xlongequal[t>a]{x=-t}\int\frac{\sqrt{t^2-a^2}}{t}\mathrm{d}t=\sqrt{t^2-a^2}-a\arccos\frac{a}{t}+C$$

$$=\sqrt{x^2-a^2}-a\arccos\frac{a}{-x}+C$$

合并上述两种情况,得到

$$\int\frac{\sqrt{x^2-a^2}}{x}\mathrm{d}x=\sqrt{x^2-a^2}-a\arccos\frac{a}{|x|}+C.$$

例 4.5.4 求$\int\dfrac{1}{1-x^2}\mathrm{d}x$.

错解 $\displaystyle\int\frac{1}{1-x^2}\mathrm{d}x \xlongequal{x=\sin t} \int\frac{1}{\cos^2 t}\cdot\cos t\,\mathrm{d}t = \int\frac{1}{\cos t}\mathrm{d}t = \ln|\tan t+\sec t|+C$

$\displaystyle\qquad =\frac{1}{2}\ln\left|\frac{1+x}{1-x}\right|+C.$

分析 本题积分的结果虽正确,但积分时使用第二类换元积分法有错误,使用第二类换元积分法要注意条件:

(1) 变换 $x=\varphi(t)$ 应是单调可导函数,且 $\varphi'(t)\neq 0$;

(2) 变换函数 $\varphi(t)$ 的值域应正好对应于被积函数的定义域.

使用变换 $x=\sin t$,为了保证单调性,可取 $-\dfrac{\pi}{2}<t<\dfrac{\pi}{2}$,但是此时 $\sin t$ 的值域为 $(-1,1)$,仅为被积函数定义域的一部分.这样使用这个变换仅能保证在 $x\in(-1,1)$ 内积分式成立,其余部分则应另作讨论.

当然上面所列可使用第二类换元积分法的条件也仅为充分条件,但在积分计算时应该考虑当满足了这些充分条件后才能保证使用第二类换元积分法合理.

正确解答 解法 1 当 $-1<x<1$ 时,由上面的讨论可知下式成立.

$$\int\frac{1}{1-x^2}\mathrm{d}x \xlongequal{x=\sin t} \frac{1}{2}\ln\left|\frac{1+x}{1-x}\right|+C$$

当 $|x|>1$ 时,$\displaystyle\int\frac{1}{1-x^2}\mathrm{d}x \xlongequal[0<|u|<1]{u=\frac{1}{x}} \int\frac{1}{1-\frac{1}{u^2}}\cdot\frac{-1}{u^2}\mathrm{d}u = \int\frac{1}{1-u^2}\mathrm{d}u$

$$=\frac{1}{2}\ln\left|\frac{1+u}{1-u}\right|+C = \frac{1}{2}\ln\left|\frac{1+\frac{1}{x}}{1-\frac{1}{x}}\right|+C$$

$$=\frac{1}{2}\ln\left|\frac{1+x}{1-x}\right|+C$$

合并上述两种情况得到 $\displaystyle\int\frac{1}{1-x^2}\mathrm{d}x = \frac{1}{2}\ln\left|\frac{1+x}{1-x}\right|+C.$

解法 2 本题用有理函数积分法计算比较简单,且可避开上述复杂的讨论.

$$\int\frac{1}{1-x^2}\mathrm{d}x = \frac{1}{2}\left(\int\frac{1}{1+x}\mathrm{d}x+\int\frac{1}{1-x}\mathrm{d}x\right) = \frac{1}{2}\ln\left|\frac{1+x}{1-x}\right|+C.$$

4.6 考研真题选解

例 4.6.1 求 $\displaystyle\int\frac{\arctan\mathrm{e}^x}{\mathrm{e}^{2x}}\mathrm{d}x.$ （2001 年考研数学试题）

解 原式 $=-\dfrac{1}{2}\displaystyle\int\arctan\mathrm{e}^x\,\mathrm{d}\mathrm{e}^{-2x} = -\dfrac{1}{2}\left[\mathrm{e}^{-2x}\arctan\mathrm{e}^x - \int\frac{\mathrm{d}\mathrm{e}^x}{\mathrm{e}^{2x}(1+\mathrm{e}^{2x})}\right]$

$\qquad = -\dfrac{1}{2}\left(\mathrm{e}^{-2x}\arctan\mathrm{e}^x - \displaystyle\int\frac{\mathrm{d}\mathrm{e}^x}{\mathrm{e}^{2x}} + \int\frac{\mathrm{d}\mathrm{e}^x}{1+\mathrm{e}^{2x}}\right)$

$\qquad = -\dfrac{1}{2}(\mathrm{e}^{-2x}\arctan\mathrm{e}^x + \mathrm{e}^{-x} + \arctan\mathrm{e}^x)+C.$

例 4.6.2 已知 $f'(e^x) = x e^{-x}$,且 $f(1) = 0$,则 $f(x) = $ _____.

(2004 年考研数学试题)

解法 1 令 $t = e^x$,$f'(t) = \dfrac{\ln t}{t}$,则

$$f(t) = f(1) + \int_1^t f'(s)ds = \int_1^t \frac{\ln s}{s}ds = \int_1^t \ln s d(\ln s) = \frac{1}{2}\ln^2 t$$

因此
$$f(x) = \frac{1}{2}\ln^2 x.$$

解法 2 由于 $f'(e^x) = x e^{-x}$,所以 $[f(e^x)]'_x = e^x f'(e^x) = x$,从而

$$f(e^x) = \frac{1}{2}x^2 + C.$$

令 $e^x = t$,便得 $f(t) = \dfrac{1}{2}(\ln t)^2 + C$,故 $f(x) = \dfrac{1}{2}(\ln x)^2 + C$,根据 $f(1) = 0$ 知 $C = 0$,所以

$$f(x) = \frac{1}{2}(\ln x)^2.$$

例 4.6.3 设 $f(\ln x) = \dfrac{\ln(1+x)}{x}$,计算 $\int f(x)dx$. (2000 年考研数学试题)

分析 本题的关键是求出 $f(x)$ 的一般表达式. 在积分中,若能充分利用凑微分和初等方法可以减少不少工作量.

解法 1 设 $\ln x = t$,则 $x = e^t$,$f(t) = \dfrac{\ln(1+e^t)}{e^t}$. 于是

$$\int f(x)dx = \int \frac{\ln(1+e^x)}{e^x}dx = \int \ln(1+e^x)d(-e^{-x})$$

$$= -e^{-x}\ln(1+e^x) + \int \frac{1}{1+e^x}dx$$

$$= -e^{-x}\ln(1+e^x) + \int \left(1 - \frac{e^x}{1+e^x}\right)dx$$

$$= -e^{-x}\ln(1+e^x) + x - \ln(1+e^x) + C$$

$$= x - (1+e^{-x})\ln(1+e^x) + C.$$

解法 2

$$\int f(x)dx \xlongequal{x=\ln t} \int f(\ln t)\frac{dt}{t} = \int \frac{\ln(1+t)}{t^2}dt = \int \ln(1+t)d\left(-\frac{1}{t}\right)$$

$$= -\frac{\ln(1+t)}{t} + \int \frac{1}{t(1+t)}dt = -\frac{\ln(1+t)}{t} + \int \left(\frac{1}{t} - \frac{1}{1+t}\right)dt$$

$$= -\frac{\ln(1+t)}{t} + \ln t - \ln(1+t) + C$$

$$= x - (e^{-x}+1)\ln(1+e^x) + C.$$

例 4.6.4 计算不定积分 $\int \dfrac{x e^{\arctan x}}{(1+x^2)^{3/2}}dx$. (2003 年考研数学试题)

解法 1 原式 $\xlongequal[-\frac{\pi}{2}<t<\frac{\pi}{2}]{x=\tan t} \int \dfrac{e^t \tan t}{(1+\tan^2 t)^{3/2}}\sec^2 t \, dt = \int e^t \sin t \, dt.$

又由
$$\int e^t \sin t \, dt = \int \sin t \, de^t = e^t \sin t - \int e^t \cos t \, dt$$
$$= e^t \sin t - \int \cos t \, de^t = e^t \sin t - e^t \cos t - \int e^t \sin t \, dt$$

解得
$$\int e^t \sin t \, dt = \frac{1}{2} e^t (\sin t - \cos t) + C.$$

故变量还原(见图 4.3)得

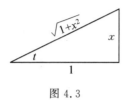

图 4.3

$$原式 = \frac{1}{2} e^{\arctan x} \left(\frac{x}{\sqrt{1+x^2}} - \frac{1}{\sqrt{1+x^2}} \right) + C = \frac{(x-1) e^{\arctan x}}{2\sqrt{1+x^2}} + C.$$

解法 2　$$原式 = \int \frac{x}{\sqrt{1+x^2}} d(e^{\arctan x}) = \frac{x \, e^{\arctan x}}{\sqrt{1+x^2}} - \int \frac{e^{\arctan x}}{(1+x^2)^{3/2}} dx$$
$$= \frac{x \, e^{\arctan x}}{\sqrt{1+x^2}} - \int \frac{1}{\sqrt{1+x^2}} d(e^{\arctan x})$$
$$= \frac{x \, e^{\arctan x}}{\sqrt{1+x^2}} - \frac{e^{\arctan x}}{\sqrt{1+x^2}} - \int \frac{x \, e^{\arctan x}}{(1+x^2)^{3/2}} dx$$

由此解得　$$原式 = \frac{(x-1) e^{\arctan x}}{2\sqrt{1+x^2}} + C.$$

综述　对于不定积分的计算,主要是熟练运用基本积分法(分项、凑微分、换元、分部),常用的变量代换有:三角代换,幂函数代换,指数函数代换,倒代换等. 应熟知某些常见情形变量代换.

4.7　自　测　题

1. 选择题

(1) 若函数 $f(x)$ 在区间 $[a,b]$ 上的某原函数为零,则在 $[a,b]$ 上必有(　　).

　　(A) $f(x)$ 的原函数恒等于零

　　(B) $f(x)$ 不恒等于零,但导函数 $f'(x)$ 恒为零

　　(C) $f(x)$ 恒等于零

　　(D) $f(x)$ 的不定积分恒等于零

(2) 若 $\int f(x) dx = F(x) + C$ 且 $x = at + b$,则 $\int f(t) dt = ($　　$)$.

　　(A) $F(x) + C$　　　　　　　　　　(B) $F(t) + C$

(C) $\dfrac{1}{a}F(at+b)$ (D) $F(at+b)+C$

(3) 函数 $3^x e^x$ 的一个原函数为( ).

(A) $(3e)^x(1+\ln 3)$ (B) $\dfrac{(3e)^x}{1+\ln 3}$

(C) $3e^x \ln 3$ (D) $\dfrac{3e^x}{\ln 3}$

(4) $\int f'(2x)dx = ($).

(A) $f(2x)+C$ (B) $2f(2x)+C$

(C) $\dfrac{1}{2}f(x)$ (D) $\dfrac{1}{2}f(2x)+C$

(5) $\int \dfrac{dx}{\sin^2 x \cos^2 x} = ($).

(A) $-\cot x + \tan x + C$ (B) $\tan x + \cot x$

(C) $2\cot x + C$ (D) $2\tan(2x)+C$

(6) $\int \left(\dfrac{1}{\cos^2 x} - 1\right) d\cos x = ($).

(A) $\tan x - x$ (B) $\tan x - \cos x + C$

(C) $-\dfrac{1}{\cos x} - x + C$ (D) $-\dfrac{1}{\cos x} - \cos x + C$

(7) $\int \dfrac{\ln x}{x^2} dx = ($).

(A) $-\dfrac{1}{x}\ln x - \dfrac{1}{x} + C$ (B) $-\dfrac{1}{x}\ln x + \dfrac{1}{x} + C$

(C) $\dfrac{1}{x}\ln x + \dfrac{1}{x} + C$ (D) $\dfrac{1}{x}\ln x - \dfrac{1}{x} + C$

(8) 函数 $f(x) = (x+|x|)^2$ 的一个原函数 $F(x) = ($).

(A) $\dfrac{4}{3}x^3$ (B) $\dfrac{2}{3}x^2(x+|x|)$

(C) $\dfrac{4}{3}|x|x^2$ (D) $\dfrac{2}{3}x(x^2+|x|^2)$

(9) $\int \dfrac{dx}{x+x^9} = ($).

(A) $\ln|x| - \dfrac{1}{8}\ln(1+x^8) + C$ (B) $\ln|x| + \dfrac{1}{8}\ln(1+x^8) + C$

(C) $\ln|x| - \dfrac{1}{9}\ln(1+x^8) + C$ (D) $\ln|x| + \dfrac{1}{4}\arctan x^4 + C$

(10) 若 $\int f(x)dx = \dfrac{x+1}{x-2} + C$,则 $\int \sin x f(\cos x) dx = ($).

(A) $\dfrac{\cos x+1}{\cos x-2} + C$ (B) $-\dfrac{\cos x+1}{\cos x-2} + C$

(C) $\dfrac{x+1}{x-2} + C$ (D) $\dfrac{\sin x+1}{\sin x-2} + C$

2. 填空题

(1) $\int (x^2 e^x)' dx = \underline{\qquad}$, $d\int \arcsin\sqrt{x}\, dx = \underline{\qquad}$.

(2) 已知 $f'(x) = \dfrac{1}{1+x^2}$, 且 $f(1) = \dfrac{\pi}{2}$, 则 $f(x) = \underline{\qquad}$.

(3) 若 $f'(\ln x) = x^2$ $(x > 1)$, 则 $f(x) = \underline{\qquad}$.

(4) $\int \dfrac{x^2}{a^2 + x^6} dx = \underline{\qquad}$.

(5) 设 $\int \dfrac{x}{f(x)} dx = e^{-x^2} + C$, 则 $f(x) = \underline{\qquad}$.

(6) $\int \dfrac{1}{x^2} \tan\dfrac{1}{x} dx = \underline{\qquad}$.

(7) $\int \dfrac{dx}{x[1+\ln^2(2x)]} = \underline{\qquad}$.

(8) $\int \dfrac{1}{2-3x} dx = \underline{\qquad}$.

(9) $\int \dfrac{dx}{\sqrt{1+e^x}} = \underline{\qquad}$.

(10) $\int \left(\sqrt{\dfrac{1+x}{1-x}} + \sqrt{\dfrac{1-x}{1+x}} \right) dx = \underline{\qquad}$.

3. 求下列不定积分

(1) $\int \dfrac{\sqrt{x}}{1-\sqrt[3]{x}} dx$;

(2) $\int \dfrac{x^5}{\sqrt[4]{x^3+1}} dx$;

(3) $\int \sin(\ln x) dx$;

(4) $\int e^{\sqrt{2x-1}} dx$;

(5) $\int \dfrac{dx}{x^8(1+x^2)}$;

(6) $\int \dfrac{\sqrt{x^2-9}}{x^2} dx$;

(7) $\int \dfrac{dx}{1+\sqrt{1-x^2}}$;

(8) $\int \dfrac{dx}{\sin x + \cos x}$;

(9) $\int \dfrac{\sqrt{x-a}}{\sqrt{x+a}} dx$ $(a > 0)$;

(10) $\int \dfrac{1-\ln x}{(x-\ln x)^2} dx$.

4. 计算题

(1) 设 $f(x^2-1) = \ln\dfrac{x^2}{x^2-2}$, 且 $f[\varphi(x)] = \ln x$, 求 $\int \varphi(x) dx$.

(2) 设 $f'(\ln x) = \begin{cases} 1, & 0 < x \leqslant 1 \\ x, & 1 < x < +\infty \end{cases}$, 且 $f(0) = 0$, 求 $f(x)$.

5. 设 $F(x)$ 是 $f(x)$ 的一个原函数, 当 $x \geqslant 0$ 时, $F(x) > 0$, 且 $\dfrac{f(x)}{F(x)} = \dfrac{1}{\sqrt{1+x^2}}$,

$F(0) = 1$,求 $f(x)$.

自测题参考答案

1. (1) (C); (2) (B); (3) (B); (4) (D); (5) (A); (6) (D); (7) (A); (8) (B); (9) (A); (10) (B).

2. (1) $x^2 e^x + C, \arcsin\sqrt{x}\,dx$; (2) $\arctan x + \dfrac{\pi}{4}$;

(3) $\dfrac{1}{2}e^{2x} + C \quad (C > 0)$; (4) $\dfrac{1}{3a}\arctan\dfrac{x^3}{a} + C$;

(5) $-\dfrac{1}{2}e^{x^2}$; (6) $\ln\left|\cos\dfrac{1}{x}\right| + C$;

(7) $\arctan[\ln(2x)] + C$; (8) $-\dfrac{1}{3}\ln|2-3x| + C$;

(9) $\ln\dfrac{\sqrt{e^x+1}-1}{\sqrt{e^x+1}+1} + C$; (10) $2\arcsin x + C$.

3. (1) 原式 $= -\dfrac{6}{7}x^{\frac{7}{6}} - \dfrac{6}{5}x^{\frac{5}{6}} - 2x^{\frac{1}{2}} - 6x^{\frac{1}{6}} - 3\ln\left|\dfrac{1+\sqrt[6]{x}}{1-\sqrt[6]{x}}\right| + C$.

(2) 原式 $= \dfrac{4}{21}(x^3+1)^{\frac{7}{4}} - \dfrac{4}{9}(x^3+1)^{\frac{3}{4}} + C$.

(3) 原式 $= \dfrac{1}{2}[x\sin(\ln x) - x\cos(\ln x)] + C$.

(4) 原式 $= \sqrt{2x-1}\,e^{\sqrt{2x-1}} - e^{\sqrt{2x-1}} + C$.

(5) 原式 $= -\dfrac{1}{7}x^{-7} + \dfrac{1}{5}x^{-5} - \dfrac{1}{3}x^{-3} + x^{-1} + \arctan x + C$.

(6) 当 $0 \leqslant t < \dfrac{\pi}{2}$ 时,原式 $= \ln\left|\dfrac{x}{3} + \dfrac{\sqrt{x^2-9}}{3}\right| - \dfrac{\sqrt{x^2-9}}{x} + C$;

当 $\dfrac{\pi}{2} < t < \pi$ 时,原式 $= \dfrac{\sqrt{x^2-9}}{x} - \ln\left|\dfrac{x}{3} + \dfrac{\sqrt{x^2-9}}{3}\right| + C$.

(7) 原式 $= -\dfrac{1}{x} + \dfrac{\sqrt{1-x^2}}{x} + \arcsin x + C$.

(8) 原式 $= \dfrac{1}{2\sqrt{2}}\left(\ln\left|\dfrac{\sqrt{2}\cos x-1}{\sqrt{2}\cos x+1}\right| + \ln\left|\dfrac{1+\sqrt{2}\sin x}{1-\sqrt{2}\sin x}\right|\right) + C$.

(9) 原式 $= \sqrt{x^2-a^2} - a\ln\left|\dfrac{x}{a} + \dfrac{\sqrt{x^2-a^2}}{a}\right| + C$.

(10) 原式 $= \dfrac{x}{x-\ln x} + C$.

4. (1) 提示:令 $\dfrac{x^2}{x^2-2} = t$,

先求出 $\varphi(x) = \dfrac{x+1}{x-1}$,

则
$$\int \varphi(x)\mathrm{d}x = x - 2\ln|x-1| + C.$$

(2) $f(x) = \begin{cases} x, & x \leqslant 0, \\ \mathrm{e}^x - 1, & x > 0. \end{cases}$

5. 提示：注意 $F'(x) = f(x)$，先求 $F(x)$.
$$f(x) = 1 + \frac{x}{\sqrt{x^2+1}}.$$

第 5 章 定积分

5.1 大纲基本要求

(1) 理解定积分的概念和几何意义,熟悉定积分的性质和积分中值定理.
(2) 理解变上限定积分作为其上限的函数及其求导定理,掌握牛顿 - 莱布尼兹公式.
(3) 掌握定积分的换元积分法与分部积分法.
(4) 了解两类反常积分及其收敛性的概念.

5.2 内容提要

5.2.1 定积分的概念

1. 定积分的定义

定义 5.1 设函数 $y = f(x)$ 在闭区间 $[a,b]$ 上有界,在 (a,b) 内任意插进 $n-1$ 个分点,即
$$a = x_0 < x_1 < x_2 < \cdots < x_{n-1} < x_n = b$$
将 $[a,b]$ 分成 n 个小区间 $[x_{i-1}, x_i]$,每个小区间的长度为 $\Delta x_i = x_i - x_{i-1}(i = 1,2,\cdots,n)$,任取 $\xi_i \in [x_{i-1}, x_i]$,作乘积 $f(\xi_i)\Delta x_i$,并求和 $\sum_{i=1}^{n} f(\xi_i)\Delta x_i$,记 $\lambda = \max\{\Delta x_1, \Delta x_2, \cdots, \Delta x_n\}$.当 $n \to \infty$ 且 $\lambda \to 0$ 时,若极限 $\lim_{\lambda \to 0} \sum_{i=1}^{n} f(\xi_i)\Delta x_i$ 存在且与对区间 $[a,b]$ 的分割无关,与 ξ_i 的取法无关,则称此极限值为函数 $y = f(x)$ 在区间 $[a,b]$ 上的定积分,记为 $\int_a^b f(x)\mathrm{d}x$,即

$$\int_a^b f(x)\mathrm{d}x = \lim_{\lambda \to 0} \sum_{i=1}^{n} f(\xi_i)\Delta x_i \tag{5.1}$$

其中,数 a 和 b 分别称为积分的下限和上限. $\int_a^b f(x)\mathrm{d}x$ 是和式的极限,定积分是一个确定的数值,这个数值只与被积函数 $f(x)$ 及积分区间 $[a,b]$ 有关,而与积分变量用什么字母表示无关,即

$$\int_a^b f(x)\mathrm{d}x = \int_a^b f(t)\mathrm{d}t = \int_a^b f(u)\mathrm{d}u \tag{5.2}$$

关于定积分的两点补充规定:

(1) 当 $a = b$ 时,$\int_a^b f(x)\mathrm{d}x = 0$;

(2) $\int_a^b f(x)\mathrm{d}x = -\int_b^a f(x)\mathrm{d}x$.

2. 可积函数类

下列函数均可积：

(1) $f(x)$ 在 $[a,b]$ 上连续；

(2) $f(x)$ 在 $[a,b]$ 上单调有界；

(3) $f(x)$ 在 $[a,b]$ 上有界且至多只有有限个第一类间断点.

3. 定积分的几何意义

定积分 $\int_a^b f(x)\mathrm{d}x$ 的几何意义是由曲线 $y=f(x)$，直线 $x=a, x=b$ 及 x 轴所围成的曲边梯形面积的代数和，其图形在 x 轴上方的取正号，在 x 轴下方的取负号.

5.2.2 定积分的性质

假设 $f(x)$ 在所涉区间上可积，则下列性质成立.

(1) $\int_a^b \mathrm{d}x = b - a$.

(2) 设 $f(x)$、$g(x)$ 在区间 $[a,b]$ 上可积，α、β 为常数，则

$$\int_a^b [\alpha f(x) \pm \beta g(x)] \mathrm{d}x = \alpha \int_a^b f(x)\mathrm{d}x \pm \beta \int_a^b g(x)\mathrm{d}x \tag{5.3}$$

(3) a、b、c 为三个不同的实数，$f(x)$ 在这三个数中任意两个之间可积，则

$$\int_a^b f(x)\mathrm{d}x + \int_b^c f(x)\mathrm{d}x = \int_a^c f(x)\mathrm{d}x \tag{5.4}$$

(4) 设 $f(x)$ 在区间 $[a,b]$ 上可积，若 $f(x) \geqslant 0 (x \in [a,b])$，则 $\int_a^b f(x)\mathrm{d}x \geqslant 0$.

由此可以推导出：

① 设 $f(x)$、$g(x)$ 在 $[a,b]$ 上可积，且 $f(x) \geqslant g(x)$，则

$$\int_a^b f(x)\mathrm{d}x \geqslant \int_a^b g(x)\mathrm{d}x \tag{5.5}$$

② 设 $f(x)$ 在 $[a,b]$ 上可积，且 $m \leqslant f(x) \leqslant M$，则

$$m(b-a) \leqslant \int_a^b f(x)\mathrm{d}x \leqslant M(b-a) \tag{5.6}$$

(5) 积分中值定理：若 $f(x)$ 在 $[a,b]$ 上连续，则至少存在一点 $\xi \in [a,b]$，使

$$\int_a^b f(x)\mathrm{d}x = f(\xi)(b-a) \tag{5.7}$$

(6) 设 $f(x)$ 在 $[a,b]$ 上可积，则

$$\left| \int_a^b f(x)\mathrm{d}x \right| \leqslant \int_a^b |f(x)| \mathrm{d}x \tag{5.8}$$

其中 $b > a$.

(7) 设 $f(x)$ 在 $[-a,a]$ 上可积，若 $f(x)$ 为奇函数，则

$$\int_{-a}^a f(x)\mathrm{d}x = 0 \tag{5.9}$$

若 $f(x)$ 为偶函数，则

$$\int_{-a}^{a} f(x)\mathrm{d}x = 2\int_{0}^{a} f(x)\mathrm{d}x \tag{5.10}$$

(8) 设 $f(x)$ 为以 T 为周期的周期函数，则对任意实数 a，有

$$\int_{0}^{T} f(x)\mathrm{d}x = \int_{a}^{a+T} f(x)\mathrm{d}x \tag{5.11}$$

5.2.3 定积分的计算

1. 变上限的积分函数

设函数 $f(x)$ 在闭区间 $[a,b]$ 上连续，则定积分 $\int_{a}^{b} f(x)\mathrm{d}x$ 存在且为一定数. 设 x 是 $[a,b]$ 上的一点，因为 $f(x)$ 在 $[a,x]$ 上仍连续，所以 $\int_{a}^{x} f(x)\mathrm{d}x$ 存在. 由于定积分与积分变量的记法无关，避免混淆，把上面的定积分改写成 $\int_{a}^{x} f(t)\mathrm{d}t$. 如果上限 x 在区间 $[a,b]$ 上任意变动，那么，$\int_{a}^{x} f(t)\mathrm{d}t$ 就是变上限的定积分. 这时对于每一个取定的 x 值，定积分有一个对应值，所以 $\int_{a}^{x} f(t)\mathrm{d}t$ 是积分上限 x 的函数，该函数定义在闭区间 $[a,b]$ 上，把这个函数记为 $\varphi(x)$，即

$$\varphi(x) = \int_{a}^{x} f(t)\mathrm{d}t \quad (a \leqslant x \leqslant b) \tag{5.12}$$

函数 $\varphi(x)$ 具有下面的重要性质：

如果函数 $f(x)$ 在区间 $[a,b]$ 上连续，那么变上限积分函数 $\varphi(x) = \int_{a}^{x} f(t)\mathrm{d}t$ $(a \leqslant x \leqslant b)$ 在 $[a,b]$ 上可导，且其导数为

$$\varphi'(x) = \frac{\mathrm{d}}{\mathrm{d}x}\int_{a}^{x} f(t)\mathrm{d}t = f(x) \quad (a \leqslant x \leqslant b) \tag{5.13}$$

2. 牛顿 - 莱布尼兹公式

如果函数 $F(x)$ 是连续函数 $f(x)$ 在区间 $[a,b]$ 上的任意一个原函数，则

$$\int_{a}^{b} f(x)\mathrm{d}x = F(b) - F(a) \tag{5.14}$$

为方便起见，$F(b) - F(a)$ 常记为 $F(x)\Big|_{a}^{b}$. 这个公式称为牛顿 - 莱布尼兹公式，式 (5.14) 是积分学中的基本公式.

3. 定积分的换元法

若 (1) 函数 $f(x)$ 在区间 $[a,b]$ 上连续；

(2) 函数 $x = \varphi(t)$ 在区间 $[\alpha,\beta]$ 上单值且具有连续导数；

(3) 当 t 在区间 $[\alpha,\beta]$ 上变化时，函数 $x = \varphi(t)$ 在 $[a,b]$ $(a \leqslant b)$ 上取值，且 $\varphi(\alpha) = a$，$\varphi(\beta) = b$，那么

$$\int_{a}^{b} f(x)\mathrm{d}x = \int_{\alpha}^{\beta} f[\varphi(t)]\varphi'(t)\mathrm{d}t \tag{5.15}$$

在计算定积分时，如果采用不定积分的第一类换元积分法，则从右到左使用这个公式；如果采用不定积分的第二类换元积分法，则从左到右使用这个公式.

4. 定积分的分部积分法

设函数 $u(x)$、$v(x)$ 在区间 $[a,b]$ 上具有连续导数 $u'(x)$、$v'(x)$，则有定积分的分部积分公式

$$\int_a^b u(x)\mathrm{d}v(x) = [u(x)v(x)]_a^b - \int_a^b v(x)\mathrm{d}u(x) \tag{5.16}$$

5.2.4 反常积分

1. 无穷区间上的反常积分

设 $f(x)$ 是无穷区间 $[a,+\infty)$ 上的有界函数，且在任意一个区间 $[a,b]$ $(b>a)$ 上可积，称极限 $\lim\limits_{b\to+\infty}\int_a^b f(x)\mathrm{d}x$ 为 $f(x)$ 在 $[a,+\infty)$ 上的反常积分，记为

$$\int_a^{+\infty} f(x)\mathrm{d}x = \lim_{b\to+\infty}\int_a^b f(x)\mathrm{d}x \tag{5.17}$$

类似地，可以定义区间 $(-\infty,b]$ 上的反常积分

$$\int_{-\infty}^b f(x)\mathrm{d}x = \lim_{a\to-\infty}\int_a^b f(x)\mathrm{d}x \tag{5.18}$$

若以上两式右边的极限存在，则称反常积分收敛，否则就称其发散．

定义区间 $(-\infty,+\infty)$ 上的反常积分为

$$\int_{-\infty}^{+\infty} f(x)\mathrm{d}x = \int_{-\infty}^c f(x)\mathrm{d}x + \int_c^{+\infty} f(x)\mathrm{d}x \tag{5.19}$$

其中，c 是任意常数．若上式中右端两个反常积分 $\int_{-\infty}^c f(x)\mathrm{d}x$ 及 $\int_c^{+\infty} f(x)\mathrm{d}x$ 均收敛，则称 $\int_{-\infty}^{+\infty} f(x)\mathrm{d}x$ 收敛；若两者至少有一个发散，则称 $\int_{-\infty}^{+\infty} f(x)\mathrm{d}x$ 发散．

2. 无界函数的反常积分

设函数 $f(x)$ 在区间 $(a,b]$ 上有定义，$f(x)$ 在点 $x=a$ 处无界，且在任意区间 $[a+\varepsilon,b]$ $(0<\varepsilon<b-a)$ 上 $f(x)$ 可积，称极限 $\lim\limits_{\varepsilon\to 0^+}\int_{a+\varepsilon}^b f(x)\mathrm{d}x$ 为 $f(x)$ 在 $(a,b]$ 上的反常积分，记为

$$\int_a^b f(x)\mathrm{d}x = \lim_{\varepsilon\to 0^+}\int_{a+\varepsilon}^b f(x)\mathrm{d}x \quad \text{（称点 } a \text{ 为 } f(x) \text{ 的瑕点）} \tag{5.20}$$

类似地，设函数 $f(x)$ 在区间 $[a,b)$ 上有定义，$f(x)$ 在点 $x=b$ 处无界，且在区间 $[a,b-\varepsilon]$ $(0<\varepsilon<b-a)$ 上 $f(x)$ 可积，称 $\lim\limits_{\varepsilon\to 0^+}\int_a^{b-\varepsilon} f(x)\mathrm{d}x$ 为 $f(x)$ 在 $[a,b)$ 上的反常积分，记为

$$\int_a^b f(x)\mathrm{d}x = \lim_{\varepsilon\to 0^+}\int_a^{b-\varepsilon} f(x)\mathrm{d}x \quad \text{（称点 } b \text{ 为 } f(x) \text{ 的瑕点）} \tag{5.21}$$

若以上两式右边的极限存在，则称等式左边的反常积分收敛，否则称其发散．

又若 $x=c$ 是区间 $[a,b]$ 内函数 $f(x)$ 的瑕点，则定义

$$\int_a^b f(x)\mathrm{d}x = \int_a^c f(x)\mathrm{d}x + \int_c^b f(x)\mathrm{d}x \tag{5.22}$$

当 $\int_a^c f(x)\mathrm{d}x$ 与 $\int_c^b f(x)\mathrm{d}x$ 都收敛时，称反常积分 $\int_a^b f(x)\mathrm{d}x$ 收敛；若 $\int_a^c f(x)\mathrm{d}x$ 或 $\int_c^b f(x)\mathrm{d}x$ 中至少有一个发散，则称 $\int_a^b f(x)\mathrm{d}x$ 发散．

5.3 解难释疑

5.3.1 定积分的概念及性质

定积分是研究分布在某个区间上的非均匀量的求和问题,必须通过分割、近似、求和、取极限四个步骤完成,定积分表示了一个与积分变量无关的常量. 从几何上看,这个常量是以 $f(x)$ 为曲边的梯形面积,而不定积分 $\int f(x) dx$ 是关于变量 x 的一族函数的一般表达式,是被积函数 $f(x)$ 的所有原函数,其函数图形的几何意义是一族函数曲线,两种积分概念截然不同.

牛顿-莱布尼兹公式揭示了定积分与原函数的关系,提供了定积分计算的主要方法,要求解一个定积分,首先要找出被积函数的一个原函数,而求原函数可以用求不定积分的方法.

被积函数在积分区间上有界是可积的必要条件,在积分区间上连续是可积的充分条件.

定积分具有线性性质、区间可加性、比较性质以及积分中值定理等,这些性质在定积分计算和理论研究上都具有重要作用.

定积分性质的前两条主要用于运算,例如,对于分段函数,要运用可加性. 后数条性质,如比较定理、积分中值定理等主要用于理论证明. 值得一提的是,只有定积分才具备后数条性质,不定积分是不具备的.

5.3.2 定积分的计算

1. 用牛顿-莱布尼兹公式计算定积分

在微积分学中,计算定积分 $\int_a^b f(x) dx$ 的主要方法是先求 $f(x)$ 的(任何一个)原函数 $F(x)$,然后代入牛顿-莱布尼兹公式计算,即

$$\int_a^b f(x) dx = F(b) - F(a) \quad \text{或} \quad \int_a^b dF(x) = F(b) - F(a).$$

注意 原函数总是与某个特定区间联系在一起的,所以在使用牛顿-莱布尼兹公式计算定积分时要正确理解原函数的概念.

例如,$\int_{-e}^{-1} \frac{dx}{x} = \ln|x| \Big|_{-e}^{-1} = -1$ 是正确的,因为在区间 $[-e, -1]$ 上,$\ln|x| = \ln(-x)$ 是 $\frac{1}{x}$ 的原函数,但是下述计算是错误的.

$$\int_{-e}^{e} \frac{dx}{x} = \ln|x| \Big|_{-e}^{e} = 1 - 1 = 0.$$

因为 $\frac{1}{x}$ 在区间 $[-e, e]$ 上无界,在原点无定义,因此牛顿-莱布尼兹公式不能用.

2. 定积分的换元法

在不定积分部分已经介绍过换元积分法,但在具体计算时,定积分又有其自己的特点.

例如,用换元法来计算积分

$$\int_0^{\frac{\pi}{2}} \sin^2 x \cdot \cos x \, dx$$

如果计算过程中出现了新的变元 $u = \sin x$，则上、下限应同时更换，微元也应同时更换，即

$$\int_0^{\frac{\pi}{2}} \sin^2 x \cdot \cos x \, dx \xrightarrow{\diamondsuit u = \sin x} \int_0^1 u^2 \, du = \frac{u^3}{3}\bigg|_0^1 = \frac{1}{3}.$$

但若在计算过程中未用新变元，则不能换限，即

$$\int_0^{\frac{\pi}{2}} \sin^2 x \cos x \, dx = \int_0^{\frac{\pi}{2}} \sin^2 x \, d\sin x = \frac{\sin^3 x}{3}\bigg|_0^{\frac{\pi}{2}} = \frac{1}{3}.$$

前一种变元又变限的方法称为定积分的第二类换元法，应用这种方法时应特别注意作变量代换后，上、下限应同步作相应的替换，否则就会得到错误的结果，一般用凑微分法即第一类换元法作变量代换的较简单的定积分可以不必引进新的变量，但对第二类换元法，特别是被积函数中含有根号的定积分用定积分换元法更为合适.

3．定积分的分部积分法

利用分部积分法计算定积分时，选择 u 与 dv 的方法与不定积分中的方法一样.

在计算定积分时，还可利用下面一些常用的积分等式.

(1) $\int_{-a}^{a} f(x) dx = \int_0^a [f(x) + f(-x)] dx.$

(2) $\int_0^{\frac{\pi}{2}} f(\sin x) dx = \int_0^{\frac{\pi}{2}} f(\cos x) dx.$

(3) $\int_0^{\pi} x f(\sin x) dx = \frac{\pi}{2} \int_0^{\pi} f(\sin x) dx.$

(4) 对任何正整数 n，有

$$\int_0^{\frac{\pi}{2}} \sin^n x \, dx = \int_0^{\frac{\pi}{2}} \cos^n x \, dx = \begin{cases} \dfrac{(n-1)!!}{n!!}, & n \text{ 为奇数} \\ \dfrac{(n-1)!!}{n!!} \cdot \dfrac{\pi}{2}, & n \text{ 为偶数} \end{cases}.$$

利用以上公式，往往能大大简化计算过程. 例如，计算 $\int_0^{\pi} \dfrac{x \sin x}{1 + \cos^2 x} dx$，利用(3)，得

$$\int_0^{\pi} \frac{x \sin x}{1 + \cos^2 x} dx = \frac{\pi}{2} \int_0^{\pi} \frac{\sin x}{1 + \cos^2 x} dx = -\frac{\pi}{2} \int_0^{\pi} \frac{d\cos x}{1 + \cos^2 x}$$

$$= -\frac{\pi}{2} \arctan(\cos x) \bigg|_0^{\pi} = \frac{\pi^2}{4}.$$

5.3.3 反常积分

要特别注意两种反常积分的定义.

(1) $\int_{-\infty}^{+\infty} f(x) dx = \int_{-\infty}^{c} f(x) dx + \int_{c}^{+\infty} f(x) dx = \lim_{u \to -\infty} \int_u^c f(x) dx + \lim_{v \to +\infty} \int_c^v f(x) dx,$

其中，u 与 v 相互独立地变化，以下做法

$$\int_{-\infty}^{+\infty} x \, dx = \frac{x^2}{2}\bigg|_{-\infty}^{+\infty} = \frac{1}{2}[(+\infty) - (+\infty)] = 0$$

是错的，按定义上述积分发散.

(2) 设 $c \in (a,b)$，且 $\lim\limits_{x \to c} f(x) = \infty$，则

$$\int_a^b f(x)\mathrm{d}x = \int_a^c f(x)\mathrm{d}x + \int_c^b f(x)\mathrm{d}x = \lim_{\varepsilon_1 \to 0^+} \int_a^{c-\varepsilon_1} f(x)\mathrm{d}x + \lim_{\varepsilon_2 \to 0^+} \int_{c+\varepsilon_2}^b f(x)\mathrm{d}x,$$

与(1)类似，其中 ε_1 与 ε_2 无关.

5.4 典型例题选讲

5.4.1 利用定积分的定义求某些数列的极限及计算简单的定积分

定积分的定义为某个和式的极限.反过来，要求某个数列(和式的形式)的极限，根据定积分的定义，可以设法将其和某个定积分联系起来.最常见的做法是将所求的极限化为

$$\lim_{n \to \infty} \frac{b-a}{n} \sum_{i=1}^n f\left(a + i\frac{b-a}{n}\right) \text{或} \lim_{n \to \infty} \frac{b-a}{n} \sum_{i=0}^{n-1} f\left(a + i\frac{b-a}{n}\right)$$

的形式，上述极限正是函数 $f(x)$ 在区间 $[a,b]$ 上将 $[a,b]$ 化分为 n 等分后的积分和式的极限，由函数 $f(x)$ 在区间 $[a,b]$ 上的连续性，上述极限一定是定积分 $\int_a^b f(x)\mathrm{d}x$.

例 5.4.1 已知 $\int_0^1 \frac{1}{1+x}\mathrm{d}x = \ln 2$，计算 $\lim\limits_{n \to \infty}\left(\frac{1}{n+1} + \frac{1}{n+1} + \cdots + \frac{1}{n+n}\right)$.

解 原式 $= \lim\limits_{n \to \infty} \frac{1}{n}\left(\frac{1}{1+\frac{1}{n}} + \frac{1}{1+\frac{2}{n}} + \cdots + \frac{1}{1+\frac{n}{n}}\right) = \lim\limits_{n \to \infty} \sum_{i=1}^n \frac{1}{1+\frac{i}{n}} \cdot \frac{1}{n}$,

因为函数 $f(x) = \frac{1}{1+x}$ 在区间 $[0,1]$ 上连续，故定积分 $\int_0^1 \frac{1}{1+x}\mathrm{d}x$ 存在，而由定积分的定义 $\int_0^1 \frac{1}{1+x}\mathrm{d}x = \lim\limits_{\lambda \to 0} \sum_{i=1}^n \frac{1}{1+\xi_i} \cdot \Delta x_i$，从而 $\lim\limits_{\lambda \to 0} \sum_{i=1}^n \frac{1}{1+\xi_i} \cdot \Delta x_i$ 也存在，于是取 $\Delta x_i = \frac{1}{n}$，$\xi_i = \frac{i}{n}$，故

$$\text{原式} = \lim_{n \to \infty} \sum_{i=1}^n \frac{1}{1+\frac{i}{n}} \cdot \frac{1}{n} = \int_0^1 \frac{1}{1+x}\mathrm{d}x = \ln 2.$$

例 5.4.2 利用定积分的定义计算 $\int_0^1 \mathrm{e}^x \mathrm{d}x$.

解 (1) 在区间 $[0,1]$ 中插入 $n-1$ 个分点，把区间 n 等分

$$0 = x_0 < x_1 < x_2 < \cdots < x_{n-1} < x_n = 1, \Delta x_i = \frac{1}{n}$$

$$x_i = \frac{i}{n} \quad (i = 1,2,\cdots,n-1).$$

(2) 在每个区间 $[x_{i-1}, x_i]$ 中取右端点为 $\xi_i = x_i = \frac{i}{n}$，因为 $f(x) = \mathrm{e}^x$，所以

$$\sum_{i=1}^n f(\xi_i)\Delta x_i = \sum_{i=1}^n \mathrm{e}^{\xi_i}\Delta x_i = \sum_{i=1}^n \mathrm{e}^{\frac{i}{n}} \cdot \frac{1}{n}$$

即 $\sum_{i=1}^n f(\xi_i)\Delta x_i = \frac{1}{n}(\mathrm{e}^{\frac{1}{n}} + \mathrm{e}^{\frac{2}{n}} + \cdots + \mathrm{e}^{\frac{n-1}{n}} + \mathrm{e}^{\frac{n}{n}}) = \frac{1}{n} \cdot \frac{\mathrm{e}^{\frac{1}{n}}[1 - (\mathrm{e}^{\frac{1}{n}})^n]}{1 - \mathrm{e}^{\frac{1}{n}}}$

$$= \frac{1}{n} \cdot \frac{e^{\frac{1}{n}}(1-e)}{1-e^{\frac{1}{n}}} = \frac{1}{n} \cdot \frac{e^{\frac{1}{n}}(e-1)}{e^{\frac{1}{n}} - 1}.$$

(3) $\int_0^1 e^x dx = \lim_{\lambda \to 0} \sum_{i=1}^n f(\xi_i) \Delta x_i = \lim_{n \to \infty} \frac{1}{n} \cdot \frac{e^{\frac{1}{n}}(e-1)}{e^{\frac{1}{n}} - 1} = e - 1$(其中 $\lambda = \max_{1 \leqslant i \leqslant n}\{\Delta x_i\}$).

5.4.2　用比较定理比较定积分值的大小.

例 5.4.3　比较下列各题中积分值的大小.

(1) $\int_0^1 e^x dx$ 与 $\int_0^1 e^{x^2} dx$；　　(2) $\int_0^{\frac{\pi}{2}} x^2 dx$ 与 $\int_0^{\frac{\pi}{2}} (\sin x)^2 dx$.

解　(1) 当 $x \in [0,1]$ 时，$x \geqslant x^2$，故 $e^x \geqslant e^{x^2}$，因此
$$\int_0^1 e^x dx \geqslant \int_0^1 e^{x^2} dx.$$

(2) 当 $x \in \left[0, \frac{\pi}{2}\right]$ 时，$x \geqslant \sin x$　则　$x^2 \geqslant (\sin x)^2$，因此
$$\int_0^{\frac{\pi}{2}} x^2 dx \geqslant \int_0^{\frac{\pi}{2}} (\sin x)^2 dx.$$

5.4.3　定积分的估值定理的应用.

例 5.4.4　求证：$1 \leqslant \int_0^1 e^{x^2} dx \leqslant e$.

证明　记 $f(x) = e^{x^2}$，先求 $f(x)$ 在 $[0,1]$ 上的最值.
$$f'(x) = e^{x^2} 2x = 2x e^{x^2} \geqslant 0, \quad x \in [0,1]$$
故 $f(x)$ 在 $[0,1]$ 上单调增加，且 $1 \leqslant f(x) \leqslant e, x \in [0,1]$，由定积分的性质，得
$$1 \leqslant \int_0^1 e^{x^2} dx \leqslant e.$$

5.4.4　积分中值定理的应用

例 5.4.5　设函数 $f(x)$ 在 $[0,1]$ 上连续，在 $(0,1)$ 内可导，且
$$2\int_0^{\frac{1}{2}} xf(x) dx = f(1).$$
证明：在 $(0,1)$ 内存在一点 c，使得 $f(c) + cf'(c) = 0$.

分析　要证明 $f(c) + cf'(c) = 0$，即要证 $[f(x) + xf'(x)]|_{x=c} = 0$，根据罗尔定理，只要构造一个函数 $F(x)$，使得 $F'(x) = f(x) + xf'(x)$ 或者 $f(x) + xf'(x)$ 是 $F'(x)$ 的乘法因子. 问题就转化为 $F'(c) = 0$. 从而可以用罗尔定理.

证　构造函数 $F(x) = xf(x), x \in [0,1]$，显然 $F(x)$ 在 $[0,1]$ 上连续，在 $(0,1)$ 内可导. 由积分中值定理知，在 $\left[0, \frac{1}{2}\right]$ 上存在一点 c_1，使得 $\int_0^{\frac{1}{2}} xf(x) dx = \frac{1}{2} c_1 f(c_1)$. 由已知 $2\int_0^{\frac{1}{2}} xf(x) dx = f(1)$，得 $c_1 f(c_1) = f(1)$. 于是函数 $F(x)$ 在闭区间 $[c_1, 1]$ 上连续，在开区间 $(c_1, 1)$ 内可导，且 $F(c_1) = F(1)$，由罗尔定理知：存在一点 $c \in (c_1, 1) \subset (0, 1)$，使得 $F'(c) = 0$，又 $F'(x) = f(x) + xf'(x)$，故 $f(c) + cf'(c) = 0$.

例 5.4.6 计算 $\lim\limits_{x\to a}\dfrac{x}{x-a}\int_a^x f(t)\mathrm{d}t$ （其中函数 $f(x)$ 连续）.

解 原式 $=\lim\limits_{x\to a}\dfrac{x}{x-a}f(\xi)(x-a)$（$\xi$ 在 a 与 x 之间，故当 $x\to a$ 时，$\xi\to a$）

$$=\lim_{x\to a}f(\xi)=\lim_{x\to a}x\cdot\lim_{x\to a}f(\xi)=a\lim_{\xi\to a}f(\xi)=af(a).$$

5.4.5 积分上限函数及其应用

1. 积分上限函数的求导法则

设函数 $f(x)$ 在闭区间 $[a,b]$ 上连续，则函数 $\varphi(x)=\int_a^x f(t)\mathrm{d}t, x\in[a,b]$ 在 $[a,b]$ 上可导.

(1) $\varphi'(x)=f(t)|_{t=x}=f(x)$（其中 $f(t)$ 为被积函数，只是积分变量 t 的函数）；

(2) 若 $F(x)=\int_a^{\varphi(x)}f(t)\mathrm{d}t$ （其中 $\varphi(x)$ 可导），则

$$F'(x)=f(t)|_{t=\varphi(x)}\cdot\varphi'(x)=f[\varphi(x)]\varphi'(x).$$

例 5.4.7 求下列函数的导数

(1) $f(x)=\int_{\sin x}^{\cos x}\cos(\pi t^2)\,\mathrm{d}t$； (2) $g(x)=\int_1^{-x}x\,\mathrm{e}^{-t^2}\mathrm{d}t$.

解 (1) $f'(x)=\dfrac{\mathrm{d}}{\mathrm{d}x}\left[\int_0^{\cos x}\cos(\pi t^2)\,\mathrm{d}t-\int_0^{\sin x}\cos(\pi t^2)\,\mathrm{d}t\right]$

$$=\dfrac{\mathrm{d}}{\mathrm{d}x}\int_0^{\cos x}\cos(\pi t^2)\,\mathrm{d}t-\dfrac{\mathrm{d}}{\mathrm{d}x}\int_0^{\sin x}\cos(\pi t^2)\,\mathrm{d}t$$

$$=\cos[\pi(\cos x)^2](-\sin x)-\cos[\pi(\sin x)^2]\cos x$$

$$=-\cos[\pi(\cos x)^2]\sin x-\cos[\pi(\sin x)^2]\cos x.$$

(2) $g(x)=x\int_1^{-x}\mathrm{e}^{-t^2}\mathrm{d}t$，故

$$g'(x)=\dfrac{\mathrm{d}}{\mathrm{d}x}\left(x\int_1^{-x}\mathrm{e}^{-t^2}\mathrm{d}t\right)=\int_1^{-x}\mathrm{e}^{-t^2}\mathrm{d}t+x\,\mathrm{e}^{-(-x)^2}\cdot(-1)$$

$$=\int_1^{-x}\mathrm{e}^{-t^2}\mathrm{d}t-x\,\mathrm{e}^{-x^2}.$$

例 5.4.8 设函数 $f(x)$ 在区间 $[a,b]$ 上连续，$F(x)=\int_a^x f(t)(x-t)\mathrm{d}t$，求 $F''(x)$.

解 $F(x)=\int_a^x[xf(t)-tf(t)]\mathrm{d}t=\int_a^x xf(t)\mathrm{d}t-\int_a^x tf(t)\mathrm{d}t$

$$=x\int_a^x f(t)\mathrm{d}t-\int_a^x tf(t)\mathrm{d}t$$

故

$$F'(x)=\int_a^x f(t)\mathrm{d}t+xf(x)-xf(x)=\int_a^x f(t)\mathrm{d}t,$$

$$F''(x)=\left(\int_a^x f(t)\mathrm{d}t\right)'=f(x).$$

2. 积分上限函数的应用

例 5.4.9 计算极限 $\lim\limits_{x\to 0}\dfrac{\left(\int_0^x\sin t^2\mathrm{d}t\right)^2}{\int_0^x t^2\sin t^3\mathrm{d}t}$.

分析 本题所求极限属于 $\dfrac{0}{0}$ 型极限,且分子、分母都可导,可以考虑采用洛必达法则.

解 原式 $= \lim\limits_{x \to 0} \dfrac{2\int_0^x \sin t^2 \mathrm{d}t \cdot \sin x^2}{x^2 \sin x^3} = \lim\limits_{x \to 0} \dfrac{2\int_0^x \sin t^2 \mathrm{d}t \cdot x^2}{x^2 \cdot x^3}$

$= \lim\limits_{x \to 0} \dfrac{2\int_0^x \sin t^2 \mathrm{d}t}{x^3} = \lim\limits_{x \to 0} \dfrac{2\sin x^2}{3x^2} = \dfrac{2}{3}.$

注意:这里用了等价无穷小替换,使得计算更简洁.

例 5.4.10 求函数 $f(x) = \int_0^{x^2-x^4} \mathrm{e}^{-t^2} \mathrm{d}t$ 的极值点.

分析 这个定积分是不能算出的,故要用到积分上限函数的导数.

解 $f'(x) = \mathrm{e}^{-(x^2-x^4)^2} \cdot (2x - 4x^3) = -4\mathrm{e}^{-(x^2-x^4)^2} \cdot \left(x + \dfrac{1}{\sqrt{2}}\right)x\left(x - \dfrac{1}{\sqrt{2}}\right).$

令 $f'(x) = 0$ 得 $x = -\dfrac{1}{\sqrt{2}}, 0, \dfrac{1}{\sqrt{2}}$. 列表如表 5.1 所示.

表 5.1

x	$\left(-\infty, -\dfrac{1}{\sqrt{2}}\right)$	$\left(-\dfrac{1}{\sqrt{2}}, 0\right)$	$\left(0, \dfrac{1}{\sqrt{2}}\right)$	$\left(\dfrac{1}{\sqrt{2}}, +\infty\right)$
$f'(x)$	$+$	$-$	$+$	$-$
$f(x)$	↗	↘	↗	↘

故 $f(x)$ 的极大值点为 $x = -\dfrac{1}{\sqrt{2}}, \dfrac{1}{\sqrt{2}}$;极小值点为 $x = 0$.

例 5.4.11 已知函数 $f(x)$ 在区间 $[a,b]$ 上连续,$F(x) = \int_a^b f(t)|x-t|\mathrm{d}t$(其中 $a < x < b$),求 $F''(x)$.

分析 本题所求定积分的被积函数中既含有绝对值,也含有自变量 x,故首先要去掉绝对值,而且要把 x, t 分离出来,转化成积分上限函数的导数来处理.

解 $F(x) = \int_a^x f(t)|x-t|\mathrm{d}t + \int_x^b f(t)|x-t|\mathrm{d}t$

$= \int_a^x f(t)(x-t)\mathrm{d}t + \int_x^b f(t)(t-x)\mathrm{d}t$

$= x\int_a^x f(t)\mathrm{d}t - \int_a^x tf(t)\mathrm{d}t + \int_x^b tf(t)\mathrm{d}t - x\int_x^b f(t)\mathrm{d}t$

故 $F'(x) = \int_a^x f(t)\mathrm{d}t + xf(x) - xf(x) - xf(x) + \int_b^x f(t)\mathrm{d}t + xf(x)$

$= \int_a^x f(t)\mathrm{d}t + \int_b^x f(t)\mathrm{d}t$

$F''(x) = \left(\int_a^x f(t)\mathrm{d}t + \int_b^x f(t)\mathrm{d}t\right)' = f(x) + f(x) = 2f(x).$

例 5.4.12 设函数 $f(x)$ 在区间 $[0,1]$ 上连续,且 $f(x) < 1$,证明:方程 $2x = 1 + \int_0^x f(t)\mathrm{d}t$ 在区间 $[0,1]$ 上只有一个实根.

分析 判断方程根的存在性问题一般可以考虑零点定理和罗尔定理,而判断根的唯一性可以应用反证法或函数的单调性.当然首先必须构造出恰当的函数.

解 构造函数 $F(x) = 2x - 1 - \int_0^x f(t)\mathrm{d}t, x \in [0,1]$,显然函数 $F(x)$ 在区间 $[0,1]$ 上连续且可导.

(1) 先证根的存在性.

$F(0) = -1 < 0, F(1) = 1 - \int_0^1 f(t)\mathrm{d}t$. 因为 $f(x) < 1$,且 $f(x)$ 在 $[0,1]$ 上连续,故 $\int_0^1 f(t)\mathrm{d}t < 1$,进而 $F(1) = 1 - \int_0^1 f(t)\mathrm{d}t > 0$,故由零点定理,至少存在一点 $c \in (0,1)$,使得 $F(c) = 0$,即方程 $2x = 1 + \int_0^x f(t)\mathrm{d}t$ 在 $[0,1]$ 上至少有一个实根.

(2) 再证根的唯一性.

方法 1:$F'(x) = 2 - f(x) > 0$,故 $F(x)$ 在 $[0,1]$ 上单调增加.

故由(1),(2),方程 $2x = 1 + \int_0^x f(t)\mathrm{d}t$ 在 $[0,1]$ 上只有一个实根.

方法 2:(用反证法) 假设方程 $F(x) = 0$ 在 $[0,1]$ 上有两个实根 x_1, x_2(不妨设 $x_1 < x_2$),则 $F(x_1) = F(x_2) = 0$,则由罗尔定理:存在一点 $\xi \in (x_1, x_2)$,使得 $F'(\xi) = 0$,又 $F'(x) = 2 - f(x)$,从而 $2 - f(\xi) = 0$,即 $f(\xi) = 2$,这与已知条件 $f(x) < 1$ 矛盾,故假设不成立.所以方程 $2x = 1 + \int_0^x f(t)\mathrm{d}t$ 在 $[0,1]$ 上只有一个实根.

5.4.6 定积分计算的基本方法

例 5.4.13 用牛顿—莱布尼兹公式求下列定积分.

(1) $\int_1^2 \dfrac{\mathrm{d}x}{x}$;   (2) $\int_a^b \mathrm{e}^{x+b}\mathrm{d}x$;

(3) $\int_0^{2\pi} \cos x \, \mathrm{d}x$;   (4) $\int_{-4}^3 \max(1, x^2, x^3)\, \mathrm{d}x$.

解 (1) $\int_1^2 \dfrac{\mathrm{d}x}{x} = \int_1^2 \mathrm{d}\ln x = \ln x \Big|_1^2 = \ln 2.$

(2) $\int_a^b \mathrm{e}^{x+b}\mathrm{d}x = \mathrm{e}^b \int_a^b \mathrm{e}^x \, \mathrm{d}x = \mathrm{e}^b (\mathrm{e}^x \Big|_a^b) = \mathrm{e}^b(\mathrm{e}^b - \mathrm{e}^a).$

(3) $\int_0^{2\pi} \cos x \, \mathrm{d}x = -\sin x \Big|_0^{2\pi} = -\sin(2\pi) + \sin 0 = 0.$

(4) 当 $1 \leqslant x \leqslant 3$ 时,$\max(1, x^2, x^3) = x^3$,故

$$\int_1^3 \max(1, x^2, x^3)\, \mathrm{d}x = \int_1^3 x^3 \mathrm{d}x = \dfrac{1}{4}x^4 \Big|_1^3 = 20.$$

当 $-1 \leqslant x \leqslant 1$ 时,$\max(1, x^2, x^3) = 1$,故

$$\int_{-1}^1 \max(1, x^2, x^3)\, \mathrm{d}x = \int_{-1}^1 1 \mathrm{d}x = 2.$$

当 $-4 \leqslant x \leqslant -1$ 时,$\max(1,x^2,x^3) = x^2$,故
$$\int_{-4}^{-1} \max(1,x^2,x^3)\,\mathrm{d}x = \int_{-4}^{-1} x^2\,\mathrm{d}x = \frac{1}{3}x^3 \Big|_{-4}^{-1} = 21.$$

因此 $$\int_{-4}^{3} \max(1,x^2,x^3)\,\mathrm{d}x = 20 + 2 + 21 = 43.$$

例 5.4.14 设 $f(x) = \begin{cases} \dfrac{1}{1+x}, & x \geqslant 0 \\ \dfrac{1}{1+\mathrm{e}^x}, & x < 0 \end{cases}$,求 $\int_0^2 f(x-1)\,\mathrm{d}x$.

解 令 $x-1=t$,则 $x=t+1$,$\mathrm{d}x=\mathrm{d}t$,则
$$\int_0^2 f(x-1)\,\mathrm{d}x = \int_{-1}^{1} f(t)\,\mathrm{d}t = \int_{-1}^{1} f(x)\,\mathrm{d}x = \int_{-1}^{0} \frac{1}{1+\mathrm{e}^x}\,\mathrm{d}x + \int_0^1 \frac{1}{1+x}\,\mathrm{d}x$$
$$= \int_{-1}^{0} \frac{\mathrm{e}^{-x}}{1+\mathrm{e}^{-x}}\,\mathrm{d}x + \ln(1+x)\Big|_0^1 = -\int_{-1}^{0} \frac{\mathrm{d}(1+\mathrm{e}^{-x})}{1+\mathrm{e}^{-x}} + \ln 2$$
$$= -\ln(1+\mathrm{e}^{-x})\Big|_{-1}^{0} + \ln 2 = \ln(1+\mathrm{e}).$$

例 5.4.15 已知 $f(x) = \begin{cases} 2x+1, & -2 \leqslant x \leqslant 0 \\ 1-x^2, & 0 < x \leqslant 2 \end{cases}$,求 k 的值,使得 $\int_k^1 f(x)\,\mathrm{d}x = \dfrac{2}{3}$(其中 $k \in [-2,2]$).

分析 本题实质上是分段函数的积分,首先要根据 k 的不同范围,计算出 $\int_k^1 f(x)\,\mathrm{d}x$ 的表达式,然后求解关于 k 的方程.

解 (1) 当 $-2 \leqslant k \leqslant 0$ 时
$$\int_k^1 f(x)\,\mathrm{d}x = \int_k^0 f(x)\,\mathrm{d}x + \int_0^1 f(x)\,\mathrm{d}x$$
$$= \int_k^0 (2x+1)\,\mathrm{d}x + \int_0^1 (1-x^2)\,\mathrm{d}x = \frac{2}{3} - (k^2+k),$$

从而 $\dfrac{2}{3} - (k^2+k) = \dfrac{2}{3}$,解得 $k=0,-1$.

(2) 当 $0 < k \leqslant 2$ 时
$$\int_k^1 f(x)\,\mathrm{d}x = \int_k^1 (1-x^2)\,\mathrm{d}x = \frac{2}{3} - \left(k - \frac{1}{3}k^3\right),$$

从而 $\dfrac{2}{3} - \left(k - \dfrac{1}{3}k^3\right) = \dfrac{2}{3}$,解得 $k=\sqrt{3}$.

由 (1),(2) 知 $k=0,-1$ 或 $\sqrt{3}$.

例 5.4.16 求 $\int_{-2}^{4} |x^2-2x-3|\,\mathrm{d}x$.

分析 被积函数含有绝对值,故先去掉绝对值.

解 令 $x^2-2x-3=0$,得 $x=-1, x=3$,则
$$\text{原式} = \int_{-2}^{-1}(x^2-2x-3)\,\mathrm{d}x + \int_{-1}^{3}[-(x^2-2x-3)]\,\mathrm{d}x + \int_3^4 (x^2-2x-3)\,\mathrm{d}x$$
$$= \left(\frac{1}{3}x^3 - x^2 - 3x\right)\Big|_{-2}^{-1} - \left(\frac{1}{3}x^3 - x^2 - 3x\right)\Big|_{-1}^{3} + \left(\frac{1}{3}x^3 - x^2 - 3x\right)\Big|_3^4$$

$$= \frac{46}{3}.$$

例 5.4.17 求 $\int_{-\frac{\pi}{2}}^{\frac{\pi}{2}} \sqrt{\cos x - \cos^3 x}\,dx.$

解 原式 $= \int_{-\frac{\pi}{2}}^{\frac{\pi}{2}} \sqrt{\cos x \cdot (1 - \cos^2 x)}\,dx = \int_{-\frac{\pi}{2}}^{\frac{\pi}{2}} \sqrt{\cos x}\,|\sin x|\,dx$

$$= \int_{-\frac{\pi}{2}}^{0} \sqrt{\cos x}(-\sin x)\,dx + \int_{0}^{\frac{\pi}{2}} \sqrt{\cos x} \cdot \sin x\,dx$$

$$= \int_{-\frac{\pi}{2}}^{0} \sqrt{\cos x}\,d\cos x - \int_{0}^{\frac{\pi}{2}} \sqrt{\cos x}\,d\cos x$$

$$= \frac{2}{3}(\cos x)^{\frac{3}{2}}\Big|_{-\frac{\pi}{2}}^{0} - \frac{2}{3}(\cos x)^{\frac{3}{2}}\Big|_{0}^{\frac{\pi}{2}} = \frac{4}{3}.$$

例 5.4.18 求 $\int_{0}^{\frac{\pi}{2}} \sqrt{1 - \sin 2x}\,dx.$

解 原式 $= \int_{0}^{\frac{\pi}{2}} \sqrt{\sin^2 x + \cos^2 x - 2\sin x \cos x}\,dx = \int_{0}^{\frac{\pi}{2}} \sqrt{(\sin x - \cos x)^2}\,dx$

$$= \int_{0}^{\frac{\pi}{2}} |\sin x - \cos x|\,dx$$

$$= \int_{0}^{\frac{\pi}{4}} (\cos x - \sin x)\,dx + \int_{\frac{\pi}{4}}^{\frac{\pi}{2}} (\sin x - \cos x)\,dx$$

$$= (\sin x + \cos x)\Big|_{0}^{\frac{\pi}{4}} + (-\cos x - \sin x)\Big|_{\frac{\pi}{4}}^{\frac{\pi}{2}} = 2(\sqrt{2} - 1).$$

注 对于被积函数中含有偶次根式的定积分,开偶次方后要取绝对值,然后根据前面介绍的方法去掉绝对值.

5.4.7 定积分的第一类换元法

例 5.4.19 计算下列定积分

(1) $\int_{\frac{\pi}{4}}^{\frac{5}{4}\pi} (1 + \sin^2 x)\,dx;$ (2) $\int_{0}^{1} \frac{\arcsin x}{\sqrt{1-x^2}}\,dx;$

(3) $\int_{0}^{1} \frac{x}{x^2 + 1}\,dx;$ (4) $\int_{0}^{\frac{\pi}{4}} \tan^3 \theta\,d\theta;$

(5) $\int_{-1}^{1} \frac{x}{x^2 + x + 1}\,dx;$ (6) $\int_{1}^{4} \frac{dx}{x(1 + \sqrt{x})}.$

解 (1) 原式 $= \int_{\frac{\pi}{4}}^{\frac{5}{4}\pi} \left[1 + \frac{1 - \cos(2x)}{2}\right]dx = \frac{3}{2}\int_{\frac{\pi}{4}}^{\frac{5}{4}\pi} dx - \frac{1}{2}\int_{\frac{\pi}{4}}^{\frac{5}{4}\pi} \cos(2x)\,dx$

$$= \frac{3}{2}\pi - \frac{1}{4}\int_{\frac{\pi}{4}}^{\frac{5}{4}\pi} \cos(2x)\,d(2x) = \frac{3}{2}\pi - \frac{1}{4}\sin(2x)\Big|_{\frac{\pi}{4}}^{\frac{5}{4}\pi}$$

$$= \frac{3}{2}\pi - \frac{1}{4}(1 - 1) = \frac{3\pi}{2}.$$

(2) 原式 $= \int_{0}^{1} \arcsin x\,d(\arcsin x) = \frac{1}{2}(\arcsin x)^2 \Big|_{0}^{1} = \frac{1}{2}\left(\frac{\pi}{2}\right)^2 = \frac{\pi^2}{8}.$

(3) 原式 $= \dfrac{1}{2}\displaystyle\int_0^1 \dfrac{\mathrm{d}x^2}{x^2+1} = \dfrac{1}{2}\ln|x^2+1|\Big|_0^1 = \dfrac{1}{2}\ln 2.$

(4) 原式 $= \displaystyle\int_0^{\frac{\pi}{4}} \dfrac{\sin^3\theta}{\cos^3\theta}\mathrm{d}\theta = -\int_0^{\frac{\pi}{4}} \dfrac{\sin^2\theta\,\mathrm{d}\cos\theta}{\cos^3\theta} = -\int_0^{\frac{\pi}{4}} \dfrac{(1-\cos^2\theta)}{\cos^3\theta}\mathrm{d}\cos\theta$

$\quad = -\displaystyle\int_0^{\frac{\pi}{4}} \dfrac{\mathrm{d}\cos\theta}{\cos^3\theta} + \int_0^{\frac{\pi}{4}} \dfrac{\mathrm{d}\cos\theta}{\cos\theta} = \dfrac{1}{2}\dfrac{1}{\cos^2\theta}\Big|_0^{\frac{\pi}{4}} + \ln|\cos\theta|\Big|_0^{\frac{\pi}{4}} = \dfrac{1}{2} + \ln\dfrac{\sqrt{2}}{2}.$

(5) 原式 $= \dfrac{1}{2}\displaystyle\int_{-1}^1 \dfrac{2x+1}{x^2+x+1}\mathrm{d}x - \dfrac{1}{2}\int_{-1}^1 \dfrac{1}{x^2+x+1}\mathrm{d}x$

$\quad = \dfrac{1}{2}\displaystyle\int_{-1}^1 \dfrac{\mathrm{d}(x^2+x+1)}{x^2+x+1} - \dfrac{1}{2}\int_{-1}^1 \dfrac{\mathrm{d}x}{\left(x+\dfrac{1}{2}\right)^2 + \dfrac{3}{4}}$

$\quad = \dfrac{1}{2}\ln|x^2+x+1|\Big|_{-1}^1 - \dfrac{1}{\sqrt{3}}\arctan\dfrac{2x+1}{\sqrt{3}}\Big|_{-1}^1$

$\quad = \dfrac{1}{2}\ln 3 - \dfrac{\pi}{2\sqrt{3}}.$

(6) 原式 $= \displaystyle\int_1^4 \dfrac{\mathrm{d}x}{\sqrt{x}\cdot\sqrt{x}(1+\sqrt{x})} = 2\int_1^4 \dfrac{\mathrm{d}\sqrt{x}}{\sqrt{x}(1+\sqrt{x})}$

$\quad = 2\displaystyle\int_1^4 \left(\dfrac{1}{\sqrt{x}} - \dfrac{1}{1+\sqrt{x}}\right)\mathrm{d}\sqrt{x} = 2[\ln\sqrt{x} - \ln(1+\sqrt{x})]\Big|_1^4 = 2\ln\dfrac{4}{3}.$

5.4.8 定积分的第二类换元法

例 5.4.20 计算下列定积分

(1) $\displaystyle\int_0^1 \dfrac{\sqrt{x}}{1+\sqrt{x}}\mathrm{d}x;$ 　　(2) $\displaystyle\int_2^3 \sqrt{\dfrac{3-2x}{2x-7}}\mathrm{d}x;$

(3) $\displaystyle\int_0^a \dfrac{\mathrm{d}x}{(x^2+a^2)^{\frac{3}{2}}};$ 　　(4) $\displaystyle\int_0^{\frac{a}{2}} \dfrac{\mathrm{d}x}{(a^2-x^2)^{\frac{3}{2}}};$

(5) $\displaystyle\int_1^3 \dfrac{\mathrm{d}x}{x^2+6x+10};$ 　　(6) $\displaystyle\int_0^1 \dfrac{\mathrm{d}x}{\sqrt{3+6x-x^2}};$

(7) $\displaystyle\int_a^{2a} \dfrac{\sqrt{x^2-a^2}}{x^4}\mathrm{d}x;$ 　　(8) $\displaystyle\int_0^1 \dfrac{\arctan\sqrt{x}}{\sqrt{x(1-x)}}\mathrm{d}x.$

解 (1) 记 $t = \sqrt{x}, t^2 = x, \mathrm{d}x = 2t\mathrm{d}t.$ 当 $x = 0$ 时,$t = 0$;当 $x = 1$ 时,$t = 1.$

$\quad$ 原式 $= \displaystyle\int_0^1 \dfrac{t}{1+t}\cdot 2t\mathrm{d}t = 2\int_0^1 \dfrac{t^2}{1+t}\mathrm{d}t = 2\int_0^1 \dfrac{t^2-1}{1+t}\mathrm{d}t + 2\int_0^1 \dfrac{\mathrm{d}t}{1+t}$

$\quad = 2\displaystyle\int_0^1 (t-1)\mathrm{d}t + 2\ln|t+1|\Big|_0^1 = \dfrac{2}{2}(t-1)^2\Big|_0^1 + 2\ln 2$

$\quad = -1 + 2\ln 2.$

(2) 令 $t = \sqrt{\dfrac{3-2x}{2x-7}},$ 则 $x = \dfrac{7t^2+3}{2t^2+2}, \mathrm{d}x = \dfrac{4t}{(t^2+1)^2}\mathrm{d}t.$

当 $x = 2$ 时,$t = \dfrac{1}{\sqrt{3}}$;当 $x = 3$ 时,$t = \sqrt{3}.$

原式 $= 4\int_{\frac{1}{\sqrt{3}}}^{\sqrt{3}} \frac{t\mathrm{d}t}{(t^2+1)^2} = 2\int_{\frac{1}{\sqrt{3}}}^{\sqrt{3}} \frac{\mathrm{d}(t^2+1)}{(t^2+1)^2} = \frac{2}{-2+1} \cdot \frac{1}{t^2+1}\Big|_{\frac{1}{\sqrt{3}}}^{\sqrt{3}} = 1.$

(3) 令 $x = a\tan t$,则 $t = \arctan\frac{x}{a}$,$\mathrm{d}x = a\sec^2 t\mathrm{d}t$.

当 $x = 0$ 时,$t = 0$;当 $x = a$ 时,$t = \frac{\pi}{4}$.

原式 $= \int_0^{\frac{\pi}{4}} \frac{a\sec^2 t}{|a\sec t|^3}\mathrm{d}t = \frac{1}{a^2}\int_0^{\frac{\pi}{4}} \frac{\mathrm{d}t}{\sec t} = \frac{1}{a^2}\int_0^{\frac{\pi}{4}} \cos t\mathrm{d}t = \frac{1}{a^2}\sin\frac{\pi}{4} = \frac{1}{\sqrt{2}a^2}.$

(4) 令 $x = a\sin t$,则 $t = \arcsin\frac{x}{a}$,$\mathrm{d}x = a\cos t\mathrm{d}t$.

当 $x = 0$ 时,$t = 0$;当 $x = \frac{a}{2}$ 时,$t = \frac{\pi}{6}$.

原式 $= \int_0^{\frac{\pi}{6}} \frac{a\cos t}{|a\cos t|^3}\mathrm{d}t = \frac{1}{a^2}\int_0^{\frac{\pi}{6}} \frac{1}{\cos^2 t}\mathrm{d}t = \frac{1}{a^2}\tan t\Big|_0^{\frac{\pi}{6}} = \frac{1}{a^2}\tan\frac{\pi}{6} = \frac{1}{\sqrt{3}a^2}.$

(5) 原式 $= \int_1^3 \frac{\mathrm{d}x}{(x+3)^2+1} = \int_1^3 \frac{\mathrm{d}(x+3)}{(x+3)^2+1}$（若用凑微分法则会更简单）.

令 $t = x+3$,$\mathrm{d}x = \mathrm{d}t$,当 $x = 1$ 时,$t = 4$;当 $x = 3$ 时,$t = 6$.

原式 $= \int_4^6 \frac{\mathrm{d}t}{t^2+1} = \arctan t\Big|_4^6 = \arctan 6 - \arctan 4.$

(6) 原式 $= \int_0^1 \frac{\mathrm{d}x}{\sqrt{12-(x-3)^2}} = \frac{1}{\sqrt{12}}\int_0^1 \frac{\mathrm{d}x}{\sqrt{1-\left(\frac{x-3}{\sqrt{12}}\right)^2}}$ （直接用凑微分法会更简单）.

令 $t = \frac{x-3}{\sqrt{12}}$,则 $x = \sqrt{12}t+3$,$\mathrm{d}x = \sqrt{12}\mathrm{d}t$.

当 $x = 0$ 时,$t = \frac{-3}{\sqrt{12}}$;当 $x = 1$ 时,$t = \frac{-2}{\sqrt{12}}$.

原式 $= \frac{1}{\sqrt{12}}\int_{\frac{-3}{\sqrt{12}}}^{\frac{-2}{\sqrt{12}}} \frac{\sqrt{12}}{\sqrt{1-t^2}}\mathrm{d}t = \arcsin t\Big|_{\frac{-3}{\sqrt{12}}}^{\frac{-2}{\sqrt{12}}} = \arcsin\frac{3}{\sqrt{12}} - \arcsin\frac{2}{\sqrt{12}}.$

(7) 令 $x = \frac{1}{t}$,则 $\mathrm{d}x = -\frac{1}{t^2}\mathrm{d}t$. 当 $x = a$ 时,$t = \frac{1}{a}$;当 $x = 2a$ 时,$t = \frac{1}{2a}$.

原式 $= \int_{\frac{1}{a}}^{\frac{1}{2a}} \sqrt{\frac{1}{t^2}-a^2}\, t^4\left(-\frac{1}{t^2}\right)\mathrm{d}t = \int_{\frac{1}{2a}}^{\frac{1}{a}} \sqrt{1-a^2t^2}\, t\mathrm{d}t$

$= -\frac{1}{2a^2}\int_{\frac{1}{2a}}^{\frac{1}{a}} \sqrt{1-a^2t^2}\,\mathrm{d}(1-a^2t^2) = -\frac{1}{2a^2}\cdot\frac{2}{3}(1-a^2t^2)^{\frac{3}{2}}\Big|_{\frac{1}{2a}}^{\frac{1}{a}} = \frac{\sqrt{3}}{8a^2}.$

注意 (7) 的解法为倒代换法,也可以令 $x = a\sec t$.

(8) 令 $\sqrt{x} = t$,则 $x = t^2$,$\mathrm{d}x = 2t\mathrm{d}t$.

当 $x = 0$ 时,$t = 0$;当 $x = 1$ 时,$t = 1$.

原式 $= \int_0^1 \frac{\arcsin t}{t\sqrt{1-t^2}}\cdot 2t\mathrm{d}t = 2\int_0^1 \frac{\arcsin t}{\sqrt{1-t^2}}\mathrm{d}t = 2\int_0^1 \arcsin t\mathrm{d}(\arcsin t)$

$= (\arcsin t)^2\Big|_0^1 = \frac{\pi^2}{4}.$

5.4.9 定积分的分部积分法

例 5.4.21 求下列定积分

(1) $\int_0^{\frac{\pi}{2}} x\sin x\,dx$; (2) $\int_0^{\pi} x\cos^2 x\,dx$;

(3) $\int_1^2 \sqrt{5-x^2}\,dx$; (4) $\int_0^1 \ln(x+\sqrt{1+x^2})\,dx$;

(5) $\int_0^2 x^3 e^x\,dx$; (6) $\int_1^2 \sqrt{x}\ln x\,dx$;

(7) $I_n = \int_0^1 (1-x^2)^n dx$ (n 为正整数); (8) $\int_b^1 x^2 (\ln x)^2 dx$ ($b>1$).

解 (1) 原式 $= -\int_0^{\frac{\pi}{2}} x\,d\cos x = -x\cos x \Big|_0^{\frac{\pi}{2}} + \int_0^{\frac{\pi}{2}} \cos x\,dx$

$$= \int_0^{\frac{\pi}{2}} \cos x\,dx = \sin x \Big|_0^{\frac{\pi}{2}} = 1.$$

(2) 原式 $= \int_0^{\pi} x \cdot \frac{\cos(2x)+1}{2} dx = \frac{1}{2}\int_0^{\pi} x\,dx + \frac{1}{2}\int_0^{\pi} x\cos(2x)dx$

$$= \frac{1}{4}x^2 \Big|_0^{\pi} + \frac{1}{4}\int_0^{\pi} x\,d\sin(2x) = \frac{\pi^2}{4} + \frac{1}{4}x\sin(2x)\Big|_0^{\pi} - \frac{1}{4}\int_0^{\pi}\sin(2x)dx$$

$$= \frac{\pi^2}{4} + \frac{1}{8}\cos(2x)\Big|_0^{\pi} = \frac{\pi^2}{4}.$$

(3) 令 $I = \int_1^2 \sqrt{5-x^2}\,dx$, 则

$$I = x\sqrt{5-x^2}\Big|_1^2 - \int_1^2 x\,d\sqrt{5-x^2} = -\int_1^2 x\frac{-2x}{2\sqrt{5-x^2}}dx$$

$$= \int_1^2 \frac{x^2}{\sqrt{5-x^2}} dx = -\int_1^2 \frac{5-x^2}{\sqrt{5-x^2}} dx + \int_1^2 \frac{5\,dx}{\sqrt{5-x^2}}$$

$$= -\int_1^2 \sqrt{5-x^2}\,dx + 5\int_1^2 \frac{dx}{\sqrt{5-x^2}} = -I + 5\arcsin\frac{x}{\sqrt{5}}\Big|_1^2$$

所以 $\quad I = \frac{5}{2}\arcsin\frac{x}{\sqrt{5}}\Big|_1^2 = \frac{5}{2}\left(\arcsin\frac{2}{\sqrt{5}} - \arcsin\frac{1}{\sqrt{5}}\right)$.

注意 也可以用换元积分法求解.

(4) 原式 $= x\ln(x+\sqrt{1+x^2})\Big|_0^1 - \int_0^1 x\,d\ln(x+\sqrt{1+x^2})$

$$= \ln(\sqrt{2}+1) - \int_0^1 x\frac{1}{x+\sqrt{1+x^2}}\left(1+\frac{2x}{2\sqrt{1+x^2}}\right)dx$$

$$= \ln(\sqrt{2}+1) - \int_0^1 \frac{x}{\sqrt{1+x^2}} dx = \ln(\sqrt{2}+1) - \frac{1}{2}\int_0^1 \frac{d(1+x^2)}{\sqrt{1+x^2}}$$

$$= \ln(\sqrt{2}+1) - \frac{1}{2}\times 2\sqrt{x^2+1}\Big|_0^1 = \ln(\sqrt{2}+1) - \sqrt{2} + 1.$$

(5) 原式 $= \int_0^2 x^3 de^x = x^3 e^x \Big|_0^2 - \int_0^2 e^x\,dx^3 = 8e^2 - 3\int_0^2 x^2 e^x\,dx$

$$= 8e^2 - 3\int_0^2 x^2 \mathrm{d}e^x = 8e^2 - 3x^2 e^x \Big|_0^2 + 3\int_0^2 e^x \mathrm{d}x^2$$

$$= -4e^2 + 6\int_0^2 xe^x \mathrm{d}x = -4e^2 + 6\int_0^2 x \mathrm{d}e^x$$

$$= -4e^2 + 6xe^x \Big|_0^2 - 6\int_0^2 e^x \mathrm{d}x = 8e^2 - 6e^x \Big|_0^2 = 2e^2 + 6.$$

(6) 原式 $= \dfrac{2}{3}\int_1^2 \ln x \, \mathrm{d}(x^{\frac{3}{2}}) = \dfrac{2}{3} x^{\frac{3}{2}} \ln x \Big|_1^2 - \dfrac{2}{3}\int_1^2 x^{\frac{3}{2}} \mathrm{d}(\ln x)$

$$= \dfrac{2}{3}\sqrt{8}\ln 2 - \dfrac{2}{3}\int_1^2 \sqrt{x}\,\mathrm{d}x = \dfrac{4}{3}\sqrt{2}\ln 2 - \dfrac{2}{3} \cdot \dfrac{2}{3} x^{\frac{3}{2}} \Big|_1^2$$

$$= \dfrac{4\sqrt{2}}{3}\ln 2 - \dfrac{4}{9}(2\sqrt{2} - 1).$$

(7) **分析** 对积分中含有 n 的情况，可以考虑用分部积分公式寻找递推公式.

$$I_n = \int_0^1 (1-x^2)^n \mathrm{d}x = x(1-x^2)^n \Big|_0^1 - \int_0^1 x \cdot n(1-x^2)^{n-1}(-2x)\mathrm{d}x$$

$$= 2n\int_0^1 x^2(1-x^2)^{n-1}\mathrm{d}x = 2n\int_0^1 (x^2-1+1)(1-x^2)^{n-1}\mathrm{d}x$$

$$= -2n\int_0^1 (1-x^2)^n \mathrm{d}x + 2n\int_0^1 (1-x^2)^{n-1}\mathrm{d}x = -2nI_n + 2nI_{n-1}.$$

因此

$$I_n = \dfrac{2n}{2n+1} I_{n-1} = \dfrac{2n}{2n+1} \cdot \dfrac{2(n-1)}{2n-1} \cdot I_{n-2}$$

$$= \cdots = \dfrac{2n}{2n+1} \cdot \dfrac{2(n-1)}{2n-1} \cdot \cdots \cdot \dfrac{4}{5} I_1.$$

由于

$$I_1 = \int_0^1 (1-x^2)\,\mathrm{d}x = \left(x - \dfrac{1}{3}x^3\right)\Big|_0^1 = \dfrac{2}{3}$$

于是

$$I_n = \dfrac{2n}{2n+1} \cdot \dfrac{2(n-1)}{2n-1} \cdot \cdots \cdot \dfrac{4}{5} \cdot \dfrac{2}{3} = \dfrac{2^n \cdot n!}{(2n+1)!!}.$$

(8) 原式 $= \dfrac{1}{3}\int_1^b (\ln x)^2 \mathrm{d}x^3 = \dfrac{1}{3}\left[(\ln x)^2 x^3 \Big|_1^b - \int_1^b x^3 \cdot 2\ln x \cdot \dfrac{1}{x}\mathrm{d}x\right]$

$$= \dfrac{1}{3}\left[(\ln b)^2 b^3 - 2\int_1^b x^2 \cdot \ln x \,\mathrm{d}x\right]$$

$$= \dfrac{b^3}{3}(\ln b)^2 - \dfrac{2}{9}\int_1^b \ln x \,\mathrm{d}x^3$$

$$= \dfrac{b^3}{3}(\ln b)^2 - \dfrac{2}{9}\left(\ln x \cdot x^3 \Big|_1^b - \int_1^b x^3 \cdot \dfrac{1}{x}\mathrm{d}x\right)$$

$$= \dfrac{b^3}{3}(\ln b)^2 - \dfrac{2}{9} b^3 \ln b + \dfrac{2}{9} \cdot \dfrac{1}{3} x^3 \Big|_1^b$$

$$= \dfrac{b^3}{3}(\ln b)^2 - \dfrac{2}{9} b^2 \ln b + \dfrac{2}{27}(b^3 - 1).$$

5.4.10 特殊函数的定积分

1. 对称区间上奇（偶）函数的定积分

若函数 $f(x)$ 在区间 $[-a, a]$ 上连续，则：

(1) $f(x)$ 在 $[-a,a]$ 上为奇函数，则 $\int_{-a}^{a} f(x) dx = 0$；

(2) $f(x)$ 在 $[-a,a]$ 上为偶函数，则 $\int_{-a}^{a} f(x) dx = 2\int_{0}^{a} f(x) dx$.

例 5.4.22 求 $\int_{-1}^{1} x^2(\sin x + 5x^2) dx$.

解 原式 $= \int_{-1}^{1} x^2 \sin x \, dx + \int_{-1}^{1} x^2 \cdot 5x^2 dx = 0 + 2\int_{0}^{1} 5x^4 dx = 2x^5 \Big|_{0}^{1} = 2$.

2. 周期函数的定积分

设函数 $f(x)$ 在区间 $(-\infty, +\infty)$ 内连续，且以 T 为周期，则

$$\int_{a}^{a+T} f(x) dx = \int_{0}^{T} f(x) dx \quad (a \text{ 为任意实数}).$$

例 5.4.23 求 $\int_{0}^{n\pi} \sqrt{1-\sin 2x} \, dx \quad (n \in \mathbf{N})$.

解 $\sqrt{1-\sin 2x} = \sqrt{\sin^2 x + \cos^2 x - 2\sin x \cos x} = |\sin x - \cos x|$

被积函数是以 π 为周期的周期函数，故

$$\int_{0}^{n\pi} \sqrt{1-\sin 2x} \, dx = n\int_{0}^{\pi} |\sin x - \cos x| \, dx$$

$$= n\left[\int_{0}^{\frac{\pi}{4}} (\cos x - \sin x) dx + \int_{\frac{\pi}{4}}^{\pi} (\sin x - \cos x) dx\right]$$

$$= 2\sqrt{2} n.$$

5.4.11 反常积分的计算

反常积分是定积分的推广，其计算只需把反常积分转化为定积分，再通过求极限即可.

1. 无穷区间上的反常积分

计算时应注意

$$\int_{-\infty}^{+\infty} f(x) dx = \int_{-\infty}^{c} f(x) dx + \int_{c}^{+\infty} f(x) dx = \lim_{a \to -\infty}\int_{a}^{c} f(x) dx + \lim_{b \to +\infty}\int_{c}^{b} f(x) dx.$$

(1) 当右边的两个积分同时收敛时，左边的积分才收敛.

(2) a, b 是各自独立地趋于 $-\infty$ 和 $+\infty$，不能写成

$$\int_{-\infty}^{+\infty} f(x) dx = \lim_{a \to +\infty}\int_{-a}^{a} f(x) dx$$

否则容易出错，例如 $\int_{-\infty}^{+\infty} x \, dx$ 是发散的，但

$$\lim_{a \to +\infty}\int_{-a}^{a} x \, dx = \lim_{a \to +\infty} \frac{1}{2} x^2 \Big|_{-a}^{a} = 0.$$

例 5.4.24 求 $\int_{0}^{+\infty} e^{-x} \sin x \, dx$.

解 原式 $= \int_{0}^{+\infty} e^{-x} d(-\cos x) = -e^{-x} \cos x \Big|_{0}^{+\infty} + \int_{0}^{+\infty} \cos x \cdot (-e^{-x}) dx$

$$= 1 - \int_{0}^{+\infty} e^{-x} \cos x \, dx = 1 - \int_{0}^{+\infty} e^{-x} d\sin x$$

$$= 1 - \left[e^{-x} \sin x \Big|_{0}^{+\infty} + \int_{0}^{+\infty} \sin x \cdot e^{-x} dx\right]$$

$$= 1 - \int_0^{+\infty} e^{-x} \sin x \, dx$$

所以 $2\int_0^{+\infty} e^{-x} \sin x \, dx = 1$，故 $\int_0^{+\infty} e^{-x} \sin x \, dx = \frac{1}{2}$.

2. 无界函数的反常积分

例 5.4.25 求 $\int_0^1 \frac{x}{\sqrt{1-x^2}} dx$.

解 原式 $= \lim_{b \to 1^-} \int_0^b \frac{-\frac{1}{2} d(1-x^2)}{\sqrt{1-x^2}} = \lim_{b \to 1^-} [-(1-b^2)^{\frac{1}{2}} + 1] = 1$.

5.4.12 证明两端都是积分表达式的等式

解题思路 可以应用换元积分法、分部积分法和已知的定积分等式，要依据等式两端被积函数的特征或积分限的情况入手.

1. 用换元积分法

(1) 若等式一端被积函数为 $f(x)$，而另一端或其主要部分为 $f(\varphi(x))$，从被积函数着眼，可以作变量替换 $x = \varphi(u)$；

(2) 若被积函数出现 $\sin x, \cos x$ 或 $f(\sin x), f(\cos x)$ 时，常用变量替换 $x = \pi \pm u, x = \frac{\pi}{2} \pm u$；

(3) 若等式两端的被积函数均为 $f(x)$，而积分区间不同，应根据两端积分限之间的关系选择变量替换.

2. 用分部积分法

(1) 被积函数含有 $f'(x)$ 或 $f''(x)$ 时；

(2) 被积函数为变限定积分的情况.

例 5.4.26 设下述等式中的被积函数连续，证明：

(1) $\int_0^a x[f(\varphi(x)) + f(\varphi(a-x))] dx = a\int_0^a f(\varphi(a-x)) dx$；

(2) $\int_a^b f(x) dx = (b-a) \int_0^1 f(a+(b-a)x) dx$；

(3) $\int_0^{\frac{\pi}{2}} f(\sin x) dx = \int_0^{\frac{\pi}{2}} f(\cos x) dx$；

(4) $\int_0^{\frac{\pi}{2}} f(\sin x, \cos x) dx = \int_0^{\frac{\pi}{2}} f(\cos x, \sin x) dx$；

(5) $\int_0^{\pi} x f(\sin x) dx = \frac{\pi}{2} \int_0^{\pi} f(\sin x) dx$.

证 (1) 等式两端被积函数都有 $f(\varphi(a-x))$，应先移项，将 $f(\varphi(a-x))$ 移到等号一端，等式化为

$$\int_0^a x f(\varphi(x)) dx = \int_0^a (a-x) f(\varphi(a-x)) dx$$

从被积函数着眼，由左端向右端推证，作变量替换 $x = a - u$ 即可.

(2) 左端的被积函数是 $f(x)$,而右端是 $f(a+(b-a)x)$. 应从被积函数入手,由左向右推证,只需设 $x=a+(b-a)u$ 即可.

(3) 左端被积函数是 $f(\sin x)$,右端被积函数是 $f(\cos x)$. 作变量替换 $x=\dfrac{\pi}{2}-u$ 即可.

(4) 因 $\sin\left(\dfrac{\pi}{2}-u\right)=\cos u$,显然,设 $x=\dfrac{\pi}{2}-u$ 就可推证.

(5) 左、右两端的积分区间相同,被积函数的主要部分都是 $f(\sin x)$. 设 $x=\pi-u$,则 $dx=-du$.

左端 $=\displaystyle\int_0^\pi (\pi-u)f(\sin(\pi-u))du = \pi\int_0^\pi f(\sin u)du - \int_0^\pi u f(\sin u)du$

移项得 $\displaystyle\int_0^\pi xf(\sin x)dx = \dfrac{\pi}{2}\int_0^\pi f(\sin x)dx.$

例 5.4.27 设函数 $f(x)$ 在区间 $[0,1]$ 上有二阶连续导数,则
$$\int_0^1 f(x)dx = \dfrac{f(0)+f(1)}{2} - \dfrac{1}{2}\int_0^1 x(1-x)f''(x)dx.$$

证 被积函数中含有 $f''(x)$,用分部积分.

$$\begin{aligned}\int_0^1 x(1-x)f''(x)dx &= \int_0^1 (x-x^2)\,df'(x)\\ &= (x-x^2)f'(x)\Big|_0^1 - \int_0^1 f'(x)(1-2x)dx\\ &= -\int_0^1 (1-2x)df(x)\\ &= -\left[(1-2x)f(x)\Big|_0^1 - \int_0^1 (-2)f(x)dx\right]\\ &= f(1)+f(0) - 2\int_0^1 f(x)dx.\end{aligned}$$

两端被 2 除,并移项就是所证的不等式.

5.4.13 讨论涉及定积分式的方程的根

例 5.4.28 设函数 $f(x)$ 在区间 $[0,\pi]$ 上连续,且 $\displaystyle\int_0^\pi f(x)\sin x\,dx=0, \int_0^\pi f(x)\cos x\,dx=0$,试证 $f(x)$ 在区间 $(0,\pi)$ 内至少存在两个零点.

证 不妨设函数 $f(x)$ 在区间 $(0,\pi)$ 内不恒为零,因为在区间 $(0,\pi)$ 上,$\sin x>0$,及
$$\int_0^\pi f(x)\sin x\,dx = 0$$

可知函数 $f(x)$ 在区间 $(0,\pi)$ 内必定变号,否则不可能有 $\displaystyle\int_0^\pi f(x)\sin x\,dx=0$. 又因 $f(x)$ 在 $[0,\pi]$ 上连续,则在 $(0,\pi)$ 内至少存在一点 x_0 使 $f(x_0)=0$.

用反证法证明函数 $f(x)$ 的零点不唯一. 假定 x_0 是 $f(x)$ 的唯一零点,则 $f(x)$ 在 $(0,x_0)$ 与 (x_0,π) 上异号. 若 $f(x)$ 在 $(0,x_0)$ 上为正,在 (x_0,π) 上为负,则 $f(x)\sin(x-x_0)$ 在 $(0,x_0)$ 与 (x_0,π) 上均为负,从而
$$\int_0^\pi f(x)\sin(x-x_0)\,dx \neq 0$$

若 $f(x)$ 在 $(0,x_0)$ 上为负,在 (x_0,π) 上为正,则 $f(x)\sin(x-x_0)$ 在 $(0,x_0)$ 与 (x_0,π) 上均为正,也有

$$\int_0^\pi f(x)\sin(x-x_0)\,\mathrm{d}x \neq 0$$

由已知条件知

$$\int_0^\pi f(x)\sin(x-x_0)\,\mathrm{d}x = \int_0^\pi f(x)[\sin x \cos x_0 - \cos x \sin x_0]\mathrm{d}x$$

$$= \cos x_0 \int_0^\pi f(x)\sin x\,\mathrm{d}x - \sin x_0 \int_0^\pi f(x)\cdot\cos x\,\mathrm{d}x = 0$$

显然,这与前述矛盾,故函数 $f(x)$ 在区间 $(0,\pi)$ 内至少有两个零点.

5.4.14 作辅助函数证明不等式

例 5.4.29 设函数 $f(x)$ 在区间 $[a,b]$ 上连续非负且单调增加,试证:

$$\int_a^b xf(x)\mathrm{d}x \geqslant \frac{a+b}{2}\int_a^b f(x)\mathrm{d}x.$$

证 将积分上限 b 换成 x,作辅助函数

$$F(x) = \int_a^x tf(t)\mathrm{d}t - \frac{a+x}{2}\int_a^x f(t)\mathrm{d}t,\quad x\in[a,b].$$

则

$$F'(x) = xf(x) - \frac{1}{2}\int_a^x f(t)\mathrm{d}t - \frac{a+x}{2}f(x)$$

$$\xrightarrow{\text{积分中值定理}} \frac{1}{2}(x-a)f(x) - \frac{1}{2}(x-a)f(\xi)$$

$$= \frac{1}{2}(x-a)(f(x)-f(\xi))$$

其中 $\xi\in(a,x)$. 又 $f(x)$ 单调增加,由 $f(x) > f(\xi)$ 知 $F'(x) > 0$,即 $F(x)$ 单调增加. 由此 $F(b)\geqslant F(a) = 0$. 即

$$\int_a^b xf(x)\mathrm{d}x \geqslant \frac{a+b}{2}\int_a^b f(x)\mathrm{d}x.$$

例 5.4.30 设函数 $f(x),g(x)$ 在区间 $[a,b]$ 上连续,证明

$$\left[\int_a^b f(x)g(x)\mathrm{d}x\right]^2 \leqslant \int_a^b f^2(x)\mathrm{d}x \cdot \int_a^b g^2(x)\mathrm{d}x.$$

证 作辅助函数,设

$$F(x) = \int_a^x f^2(t)\mathrm{d}t \cdot \int_a^x g^2(t)\mathrm{d}t - \left[\int_a^x f(t)g(t)\mathrm{d}t\right]^2$$

因

$$F'(x) = f^2(x)\int_a^x g^2(t)\mathrm{d}t + g^2(x)\int_a^x f^2(t)\mathrm{d}t - 2f(x)g(x)\int_a^x f(t)g(t)\mathrm{d}t$$

$$= \int_a^x f^2(x)g^2(t)\mathrm{d}t + \int_a^x g^2(x)f^2(t)\mathrm{d}t - 2\int_a^x f(x)g(x)f(t)g(t)\mathrm{d}t$$

$$= \int_a^x [f(x)g(t) - f(t)g(x)]^2\mathrm{d}t \geqslant 0$$

且仅有 $F'(a) = 0$,所以 $F(x)$ 在 $[a,b]$ 上单调增加;从而 $F(b) > F(a) = 0$,即不等式成立.

5.5 错解分析

5.5.1 当积分限为 x 的函数时怎样求积分 $\int_{u_1(x)}^{u_2(x)} f(t)\,dt$ 函数的导数

例 5.5.1 求下列函数的导数.

(1) $\int_0^{2x} e^{t^2}\,dt$;   (2) $\int_0^x x^2 f(t)\,dt$, 其中 $f(t)$ 是连续函数.

错解 (1) $\dfrac{d}{dx}\int_0^{2x} e^{x^2}\,dx = e^{4x^2}$.

(2) $\dfrac{d}{dx}\int_0^x x^2 f(t)\,dt = x^2 f(x)$.

分析 盲目套用公式:(1)中没有按复合函数求导;(2)中没有注意到被积函数中 x^2 与 t 无关.

正确解答 (1) $\dfrac{d}{dx}\int_0^{2x} e^{t^2}\,dt = e^{4x^2} \cdot (2x)' = 2e^{4x^2}$.

(2) $\dfrac{d}{dx}\left[\int_0^x x^2 f(t)\,dt\right] = \dfrac{d}{dx}\left[x^2 \int_0^x f(t)\,dt\right] = 2x\int_0^x f(t)\,dt + x^2 f(x)$.

5.5.2 用换元法计算定积分应注意的几个问题

例 5.5.2 计算下列定积分.

(1) $\int_{-1}^1 \dfrac{dx}{1+x^2}$;   (2) $\int_{-1}^1 x^4\,dx$.

错解 (1) 因 $\int_{-1}^1 \dfrac{dx}{1+x^2} \xrightarrow{\text{令 } x = \frac{1}{t}} -\int_{-1}^1 \dfrac{1}{1+t^2}\,dt = -\int_{-1}^1 \dfrac{dx}{1+x^2}$,

故 $\int_{-1}^1 \dfrac{dx}{1+x^2} = 0$.

(2) $\int_{-1}^1 x^4\,dx \xrightarrow{\text{令 } x^2 = t} \dfrac{1}{2}\int_1^1 t^{\frac{3}{2}}\,dt = 0$.

分析 (1) 中积分 $\int_{-1}^1 \dfrac{dx}{1+x^2}$ 的被积函数 $\dfrac{1}{1+x^2} > 0$, 故 $\int_{-1}^1 \dfrac{dx}{1+x^2} > 0$. 导致积分值为零, 错误的原因是, 所作代换 $x = \dfrac{1}{t}$ 在 $[-1,1]$ 上无界且不连续.

(2) 中积分 $\int_{-1}^1 x^4\,dx > 0$ (因连续函数 $x^4 > 0, x \neq 0$), 导致积分值为零, 错误的原因是, 所作代换 $x^2 = t$ 不是单值函数 $x = \varphi(t)$. 对单值函数 $x = \sqrt{t}$ (或 $x = -\sqrt{t}$), 不存在 t 值, 使得 x 满足 $-1 \leqslant x < 0$ (或 $0 < x \leqslant 1$).

正确解答 (1) $\int_{-1}^1 \dfrac{1}{1+x^2}\,dx = \arctan x \Big|_{-1}^1 = \dfrac{\pi}{2}$.

(2) $\int_{-1}^1 x^4\,dx = \dfrac{x^5}{5}\Big|_{-1}^1 = \dfrac{2}{5}$.

一般地,使用定积分换元法时,应注意检查所作代换 $x=\varphi(t)$ 在积分区间上是否有连续的导数.

5.5.3 利用分部积分法计算定积分的一个错误

例 5.5.3 计算定积分 $\int_2^3 \dfrac{\mathrm{d}x}{x\ln x}$.

错解 设 $u=\dfrac{1}{\ln x}$, $\mathrm{d}v=\dfrac{\mathrm{d}x}{x}$,则

$$\mathrm{d}u=-\frac{\mathrm{d}x}{x(\ln x)^2}, \quad v=\ln x$$

于是
$$\int_2^3 \frac{\mathrm{d}x}{x\ln x}=\frac{1}{\ln x}\cdot\ln x-\int_2^3 \ln x\cdot\left[-\frac{1}{x(\ln x)^2}\right]\mathrm{d}x=1+\int_2^3 \frac{\mathrm{d}x}{x\ln x} \qquad ①$$

便得到结论 $0=1$.这显然是错误的.

分析 以上解法中式①是错误的,因而导出了错误结论.事实上,式①中第一项应为

$$u(x)\cdot v(x)\Big|_2^3=\frac{1}{\ln x}\cdot\ln x\Big|_2^3=1\Big|_2^3=0.$$

正确解答 $\displaystyle\int_2^3 \frac{\mathrm{d}x}{x\ln x}=\int_2^3\frac{\mathrm{d}\ln x}{\ln x}=\ln\ln x\Big|_2^3=\ln\ln 3-\ln\ln 2.$

5.5.4 计算被积函数为分段函数或绝对值函数的定积分时应注意的几个问题

例 5.5.4 计算下列定积分

(1) $\displaystyle\int_{-\frac{\pi}{2}}^{\frac{\pi}{2}}\sqrt{\cos x-\cos^2 x}\,\mathrm{d}x$;

(2) $\displaystyle\int_0^2 f(x-1)\,\mathrm{d}x$,其中 $f(x)=\begin{cases}\dfrac{1}{1+x},& x\geqslant 0\\ \dfrac{1}{1+\mathrm{e}^x},& x<0\end{cases}$ ①

错解 (1) $\displaystyle\int_{-\frac{\pi}{2}}^{\frac{\pi}{2}}\sqrt{\cos x-\cos^3 x}\,\mathrm{d}x=\int_{-\frac{\pi}{2}}^{\frac{\pi}{2}}\sqrt{\cos x}\cdot\sin x\,\mathrm{d}x=-\frac{2}{3}\cos^{\frac{3}{2}}x\Big|_{-\frac{\pi}{2}}^{\frac{\pi}{2}}=0.$

(2) 由已知得

$$f(x-1)=\begin{cases}\dfrac{1}{1+(x-1)}\\ \dfrac{1}{1+\mathrm{e}^{x-1}}\end{cases}=\begin{cases}\dfrac{1}{x},& x\geqslant 0\\ \dfrac{1}{1+\mathrm{e}^{x-1}},& x<0\end{cases} \qquad ②$$

于是 $\displaystyle\int_0^2 f(x-1)\,\mathrm{d}x=\int_0^2\frac{1}{x}\mathrm{d}x=\lim_{\varepsilon\to 0^+}\int_\varepsilon^2\frac{1}{x}\mathrm{d}x=\lim_{\varepsilon\to 0^+}\ln x\Big|_\varepsilon^2=+\infty.$

分析 (1) 中第一个等式不成立.事实上被积函数

$$\sqrt{\cos x-\cos^3 x}=\sqrt{\cos x}\,|\sin x|$$

在区间 $\left[-\dfrac{\pi}{2},\dfrac{\pi}{2}\right]$ 上是一个分段函数.

(2) 中的式②不成立.事实上,为了得到 $f(x-1)$ 表达式,需将式①中所有的 x 替换成 $x-1$,而不是只替换表达式中的 x.

正确解答 （1）**解法 1**

$$\int_{-\frac{\pi}{2}}^{\frac{\pi}{2}} \sqrt{\cos x - \cos^3 x}\, dx = \int_{-\frac{\pi}{2}}^{\frac{\pi}{2}} \sqrt{\cos x}\, |\sin x|\, dx$$

$$= -\int_{-\frac{\pi}{2}}^{0} \sqrt{\cos x} \cdot \sin x\, dx + \int_{0}^{\frac{\pi}{2}} \sqrt{\cos x} \cdot \sin x\, dx$$

$$= \frac{2}{3} \cos^{\frac{3}{2}} x \Big|_{-\frac{\pi}{2}}^{0} - \frac{2}{3} \cos^{\frac{3}{2}} x \Big|_{0}^{\frac{\pi}{2}} = \frac{4}{3}.$$

解法 2 利用偶函数在对称区间上的积分性质，得

$$\int_{-\frac{\pi}{2}}^{\frac{\pi}{2}} \sqrt{\cos x - \cos^3 x}\, dx = 2\int_{0}^{\frac{\pi}{2}} \sqrt{\cos x} \cdot \sin x\, dx = -\frac{4}{3} \cos^{\frac{3}{2}} x \Big|_{0}^{\frac{\pi}{2}} = \frac{4}{3}.$$

(2) $\int_{0}^{2} f(x-1)\, dx \xrightarrow{\text{令 } x = t+1} \int_{-1}^{1} f(t)\, dt = \int_{-1}^{0} \frac{dt}{1+e^t} + \int_{0}^{1} \frac{dt}{1+t}$

$$= -\ln(1+e^{-t}) \Big|_{-1}^{0} + \ln(1+t) \Big|_{0}^{1} = \ln(1+e).$$

5.6 考研真题选解

5.6.1 定积分的概念与性质

例 5.6.1 如图 5.1 所示，连续函数 $y = f(x)$ 在区间 $[-3,-2]$，$[2,3]$ 上的图形分别是直径为 1 的上、下半圆周，在区间 $[-2,0]$，$[0,2]$ 上的图形分别是直径为 2 的下、上半圆周，设 $F(x) = \int_{0}^{x} f(t)\, dt$，则下列结论正确的是（ ）． （2007 年考研数学试题）

(A) $F(3) = -\dfrac{3}{4} F(-2)$

(B) $F(3) = \dfrac{5}{4} F(2)$

(C) $F(-3) = \dfrac{3}{4} F(2)$

(D) $F(-3) = -\dfrac{5}{4} F(-2)$

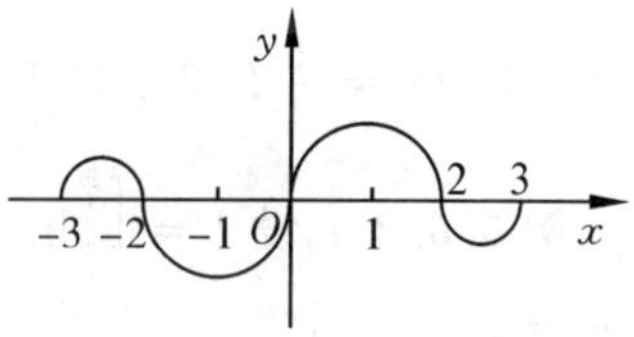

图 5.1

分析 注意，大小半圆的面积分别为 $\dfrac{1}{2}\pi$，与 $\dfrac{1}{2} \cdot \dfrac{1}{4}\pi$．

按定积分的几何意义知，当 $x \in [0,2]$ 时 $f(x) \geqslant 0$，当 $x \in [2,3]$ 时 $f(x) \leqslant 0$．则

$$F(3) = \int_{0}^{3} f(t)\, dt = \int_{0}^{2} f(t)\, dt + \int_{2}^{3} f(t)\, dt = \frac{1}{2}\left(\pi - \frac{\pi}{4}\right) = \frac{1}{2} \cdot \frac{3}{4}\pi$$

$$F(2) = \int_{0}^{2} f(t)\, dt = \frac{1}{2}\pi$$

因为 $f(x)$ 为奇函数，则 $F(x) = \int_{0}^{x} f(x)\, dt$ 为偶函数，故

$$F(-3) = F(3) = \frac{1}{2} \cdot \frac{3}{4}\pi, \quad F(-2) = F(2) = \frac{1}{2}\pi$$

因此 $F(-3) = \dfrac{3}{4}F(2)$. 选(C).

评注 如果题中给出的图形如图 5.2 所示,则应如何作出正确选择呢?注意,大小半圆的面积分别为 $\dfrac{1}{2}\pi$,与 $\dfrac{1}{2} \cdot \dfrac{1}{4}\pi$.

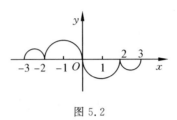

图 5.2

当 $x \in [0,3]$ 时 $f(x) \leqslant 0$,按定积分的几何意义知,$-\int_0^x f(t)\mathrm{d}t$ 是相应图形的面积. 则

$$F(3) = \int_0^3 f(t)\mathrm{d}t = -\dfrac{1}{2}\left(\pi + \dfrac{\pi}{4}\right) = -\dfrac{1}{2} \cdot \dfrac{5}{4}\pi$$

$$F(2) = \int_0^2 f(t)\mathrm{d}t = -\dfrac{1}{2}\pi$$

因为 $f(x)$ 为奇函数,则 $F(x) = \int_0^x f(t)\mathrm{d}t$ 为偶函数,故

$$F(-3) = F(3) = -\dfrac{1}{2} \cdot \dfrac{5}{4}\pi$$

$$F(-2) = F(2) = -\dfrac{1}{2}\pi$$

因此 $F(3) = \dfrac{5}{4}F(2)$. 选(B).

例 5.6.2 设 $I = \int_0^{\frac{\pi}{4}} \ln\sin x\,\mathrm{d}x$, $J = \int_0^{\frac{\pi}{4}} \ln\cot x\,\mathrm{d}x$, $K = \int_0^{\frac{\pi}{4}} \ln\cos x\,\mathrm{d}x$,则 I,J,K 的大小关系为( ).

(2011 年考研数学试题)

(A) $I < J < K$ (B) $I < K < J$
(C) $J < I < K$ (D) $K < J < I$

分析 按题意,上述三个积分中的反常积分收敛,为比较它们的大小,只需比较被积函数的大小,显然,$\sin x < \cos x < \cot x = \dfrac{\cos x}{\sin x}\left(x \in \left(0, \dfrac{\pi}{4}\right)\right)$,因为 $\ln x$ 在区间 $(0, +\infty)$ 内单调上升,所以

$$\ln\sin x < \ln\cos x < \ln\cot x \quad \left(x \in \left(0, \dfrac{\pi}{4}\right)\right)$$

则

$$\int_0^{\frac{\pi}{4}} \ln\sin x\,\mathrm{d}x < \int_0^{\frac{\pi}{4}} \ln\cos x\,\mathrm{d}x < \int_0^{\frac{\pi}{4}} \ln\cot x\,\mathrm{d}x$$

即 $I < K < J$. 选(B).

评注 (1) $\int_0^{\frac{\pi}{4}} \ln\sin x\,\mathrm{d}x$ 与 $\int_0^{\frac{\pi}{4}} \ln\cot x\,\mathrm{d}x$ 都是以 $x = 0$ 为瑕点的反常积分,利用分部积

分法不难证明它们都是收敛的. 如

$$I = \int_0^{\frac{\pi}{4}} \ln\sin x \, dx = x\ln\sin x \Big|_{0^+}^{\frac{\pi}{4}} - \int_0^{\frac{\pi}{4}} \frac{x}{\sin x}\cos x \, dx = \frac{\pi}{4}\ln\frac{\sqrt{2}}{2} - \int_0^{\frac{\pi}{4}} \frac{x}{\sin x}\cos x \, dx,$$

其中 $\lim\limits_{x \to 0^+} x\ln\sin x = \lim\limits_{x \to 0^+}\sin x \ln\sin x = \lim\limits_{t \to 0^+} t\ln t = 0$, $\int_0^{\frac{\pi}{4}} \frac{x}{\sin x}\cos x \, dx$ 是定积分.

因此积分 I 收敛.

(2) 对于收敛的反常积分，类似于定积分的比较性质也成立.

例 5.6.3 设 $I_k = \int_0^{k\pi} e^{x^2}\sin x \, dx (k=1,2,3)$，则有 (　　). (2012 年考研数学试题)

(A) $I_1 < I_2 < I_3$ (B) $I_3 < I_2 < I_1$

(C) $I_2 < I_3 < I_1$ (D) $I_2 < I_1 < I_3$

分析 $I_1 = \int_0^{\pi} e^{x^2}\sin x \, dx, I_2 = \int_0^{2\pi} e^{x^2}\sin x \, dx, I_3 = \int_0^{3\pi} e^{x^2}\sin x \, dx$

先比较 I_1 与 I_2，由

$$I_2 - I_1 = \int_{\pi}^{2\pi} e^{x^2}\sin x \, dx < 0 \Rightarrow I_1 > I_2$$

再比较 I_2 与 I_3，由

$$I_3 - I_2 = \int_{2\pi}^{3\pi} e^{x^2}\sin x \, dx > 0 \Rightarrow I_2 < I_3$$

还需比较 I_1 与 I_3，由

$$\begin{aligned} I_3 - I_1 &= \int_{\pi}^{3\pi} e^{x^2}\sin x \, dx = \int_{\pi}^{2\pi} e^{x^2}\sin x \, dx + \int_{2\pi}^{3\pi} e^{x^2}\sin x \, dx \\ &= \int_{2\pi}^{3\pi} e^{(t-\pi)^2}\sin(t-\pi) \, dt + \int_{2\pi}^{3\pi} e^{x^2}\sin x \, dx \\ &= \int_{2\pi}^{3\pi} [e^{x^2} - e^{(t-\pi)^2}]\sin x \, dx > 0 \Rightarrow I_3 > I_1 \end{aligned}$$

因此 $I_3 > I_1 > I_2$. 故选 (D).

例 5.6.4 设在区间 $[a,b]$ 上 $f(x) > 0, f'(x) < 0, f''(x) > 0$. 令 $S_1 = \int_a^b f(x)dx, S_2 = f(b)(b-a), S_3 = \frac{1}{2}[f(a)+f(b)](b-a)$，则 (　　). (1997 年考研数学试题)

(A) $S_1 < S_2 < S_3$ (B) $S_2 < S_1 < S_3$

(C) $S_3 < S_1 < S_2$ (D) $S_2 < S_3 < S_1$

解法 1 应用几何意义. 如图 5.3 所示，曲线 $y = f(x)$ 是上半平面的一段下降的凹弧，S_1 是曲边梯形 $ABCD$ 的面积，S_3 是梯形 $ABCD$ 的面积，S_2 是矩形 $ABCE$ 的面积，显然有 $S_2 < S_1 < S_3$. 应选 (B).

解法 2 应用定积分的比较性质，如图 5.3 所示，曲线 $y = f(x)$ 是上半平面的一段连续的下降的凹弧，由单调下降与凹性可知

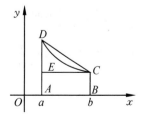

图 5.3

$$f(a)+\frac{f(b)-f(a)}{b-a}(x-a)>f(x)>f(b) \quad (x\in(a,b))$$

其中 $y=f(a)+\frac{f(b)-f(a)}{b-a}(x-a) \quad (x\in[a,b])$ 是线段 $\overline{DC}$ 的方程. 将上式积分得

$$\int_a^b\left[f(a)+\frac{f(b)-f(a)}{b-a}(x-a)\right]\mathrm{d}x>\int_a^b f(x)\mathrm{d}x>\int_a^b f(b)\mathrm{d}x$$

即 $$\frac{1}{2}[f(a)+f(b)](b-a)>\int_a^b f(x)\mathrm{d}x>f(b)(b-a)$$

于是 $S_3>S_1>S_2$. 应选(B).

解法 3 因为要选择对任何满足条件的函数 $f(x)$ 都成立的结果,故可以取满足条件的特定的函数 $f(x)$ 来观察结果是什么. 例如取 $f(x)=\frac{1}{x^2}, x\in[1,2]$,则

$$S_1=\int_1^2\frac{\mathrm{d}x}{x^2}=\frac{1}{2}, \quad S_2=\frac{1}{4}, \quad S_3=\frac{5}{8}\Rightarrow S_2<S_1<S_3$$

应选(B).

例 5.6.5 设 $I_1=\int_0^{\frac{\pi}{4}}\frac{\tan x}{x}\mathrm{d}x, I_2=\int_0^{\frac{\pi}{4}}\frac{x}{\tan x}\mathrm{d}x$,则( ). (2003 年考研数学试题)

(A) $I_1>I_2>1$ (B) $1>I_1>I_2$
(C) $I_2>I_1>1$ (D) $1>I_2>I_1$

解 由图 5.4 可以看出不等式

$$x<\tan x<\frac{4}{\pi}x \quad \left(0<x<\frac{\pi}{4}\right)$$

成立,由此又有不等式

$$\frac{x}{\tan x}<\frac{\tan x}{x}<\frac{4}{\pi} \quad \left(0<x<\frac{\pi}{4}\right)$$

由 0 到 $\frac{\pi}{4}$ 积分,由积分比较定理得

$$I_2=\int_0^{\frac{\pi}{4}}\frac{x}{\tan x}\mathrm{d}x<\int_0^{\frac{\pi}{4}}\frac{\tan x}{x}\mathrm{d}x=I_1<1$$

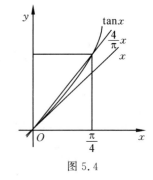

图 5.4

应选(B).

评注 可以证明 $\tan x<\frac{4}{\pi}x\left(0<x<\frac{\pi}{4}\right)$,设 $f(x)=\tan x\left(0\leqslant x\leqslant\frac{\pi}{4}\right)$,则

$$f'(x)=\frac{1}{\cos^2 x}, f'(0)=1, f''(x)=\frac{2\sin x}{\cos^3 x}>0 \quad \left(x\in\left(0,\frac{\pi}{4}\right]\right)$$

即 $f(x)$ 在 $\left[0,\frac{\pi}{4}\right]$ 为凹函数.

点 $(0,0)$ 与 $\left(\frac{\pi}{4},f\left(\frac{\pi}{4}\right)\right)$ 的连线方程是 $y=\frac{1}{\frac{\pi}{4}}x$,即 $y=\frac{4}{\pi}x$,于是由凹函数的性质得

$$f(x)<\frac{4}{\pi}x,\text{即}\tan x<\frac{4}{\pi}x\left(x\in\left(0,\frac{\pi}{4}\right)\right).$$

5.6.2 定积分的计算

例 5.6.6 $\int_0^1 \sqrt{2x-x^2}\,dx = $ _____. （2000 年考研数学试题）

解 原式 $=\int_0^1 \sqrt{1-(x-1)^2}\,dx \xrightarrow{x-1=t} \int_{-1}^0 \sqrt{1-t^2}\,dt = \frac{1}{4}\pi\left(\frac{1}{4}\text{单位圆的面积}\right)$.

例 5.6.7 $\int_1^2 \frac{1}{x^3}e^{\frac{1}{x}}\,dx = $ _____. （2007 年考研数学试题）

解 原式 $= -\int_1^2 \frac{1}{x}\,de^{\frac{1}{x}} = -\frac{1}{x}e^{\frac{1}{x}}\Big|_1^2 + \int_1^2 e^{\frac{1}{x}}\,d\left(\frac{1}{x}\right) = -\frac{1}{2}e^{\frac{1}{2}} + e + e^{\frac{1}{x}}\Big|_1^2 = \frac{1}{2}e^{\frac{1}{2}}$.

例 5.6.8 $\int_0^{\pi^2} \sqrt{x}\cos\sqrt{x}\,dx = $ _____. （2010 年考研数学试题）

解 $\int_0^{\pi^2}\sqrt{x}\cos\sqrt{x}\,dx \xrightarrow[x=t^2]{t=\sqrt{x}} \int_0^{\pi}(t\cos t)\cdot 2t\,dt = 2\int_0^{\pi} t^2\,d(\sin t)$

$\xrightarrow{\text{分部积分}} 2t^2\sin t\Big|_0^{\pi} - 4\int_0^{\pi} t\sin t\,dt = 4\int_0^{\pi} t\,d(\cos t)$

$\xrightarrow{\text{分部积分}} 4t\cos t\Big|_0^{\pi} - 4\int_0^{\pi}\cos t\,dt = -4\pi$.

例 5.6.9 $\int_0^2 x\sqrt{2x-x^2}\,dx = $ _____. （2012 年考研数学试题）

解法 1 $\int_0^2 x\sqrt{2x-x^2}\,dx = \int_0^2 x\sqrt{1-(x-1)^2}\,dx \xrightarrow{t=x-1} \int_{-1}^1 (t+1)\sqrt{1-t^2}\,dt$

$= \int_{-1}^1 t\sqrt{1-t^2}\,dt + \int_{-1}^1 \sqrt{1-t^2}\,dt = 0 + \frac{\pi}{2} = \frac{\pi}{2}$

其中 $\int_{-1}^1 \sqrt{1-t^2}\,dt$ 是半单位圆的面积.

解法 2 $\int_0^2 x\sqrt{2x-x^2}\,dx = \int_0^2 x\sqrt{1-(x-1)^2}\,dx$

$\xrightarrow{x-1=\sin t} \int_{-\frac{\pi}{2}}^{\frac{\pi}{2}} (1+\sin t)\cos t\,d(1+\sin t)$

$= \int_{-\frac{\pi}{2}}^{\frac{\pi}{2}} (1+\sin t)\cos^2 t\,dt = 2\int_0^{\frac{\pi}{2}} \cos^2 t\,dt + \int_{-\frac{\pi}{2}}^{\frac{\pi}{2}} \sin t\cos^2 t\,dt$

$= 2\cdot\frac{\pi}{4} + 0 = \frac{\pi}{2}$.

例 5.6.10 设 $f(x)=\begin{cases}1+x^2, & x\leq 0 \\ e^{-x}, & x>0\end{cases}$,求 $\int_1^3 f(x-2)\,dx$. （1992 年考研数学试题）

解 $\int_1^3 f(x-2)\,dx \xrightarrow{x-2=t} \int_{-1}^1 f(t)\,dt \xrightarrow{\text{分段积分}} \int_{-1}^0 (1+t^2)\,dt + \int_0^1 e^{-t}\,dt = \frac{7}{3} - \frac{1}{e}$.

5.6.3 变限定积分及其应用

1. 求变限积分的导数

例 5.6.11 设 $f(x)$ 为连续函数，$F(t) = \int_1^t dy\int_y^t f(x)\,dx$,则 $F'(2)$ 等于( ).

（2004 年考研数学试题）

(A) $2f(2)$ (B) $f(2)$ (C) $-f(2)$ (D) 0

解法 1 本题所论是变限积分的求导问题,其中定积分是含参变量 t 的变限积分. 用分部积分法将 $F(t)$ 化成变限定积分,然后对变限积分求导.

$$\begin{aligned}
F(t) &= \int_1^t \left[\int_y^t f(x)\mathrm{d}x\right]\mathrm{d}(y-1) \\
&\xlongequal{\text{分部积分}} \left[(y-1)\int_y^t f(x)\mathrm{d}x\right]_{y=1}^{y=t} - \int_1^t (y-1)\,\mathrm{d}\left[\int_y^t f(x)\mathrm{d}x\right] \\
&= \int_1^t (y-1) f(y)\mathrm{d}y
\end{aligned}$$

则 $F'(x)|_{t=2} = [(t-1)f(t)]|_{t=2} = f(2)$. 应选(B).

解法 2 将 $F(t)$ 看成二重积分的一个累次积分(其中 $t > 1$),则有

$$F(t) = \iint_D f(x)\mathrm{d}x\,\mathrm{d}y$$

其中 $D: y \leqslant x \leqslant t, 1 \leqslant y \leqslant t$,如图 5.5 所示. 交换积分次序得

$$F(t) = \int_1^t \mathrm{d}x \int_1^x f(x)\mathrm{d}y = \int_1^t (x-1) f(x)\mathrm{d}x.$$

于是 $F'(2) = [(t-1)f(t)]|_{t=2} = f(2)$.

应选(B).

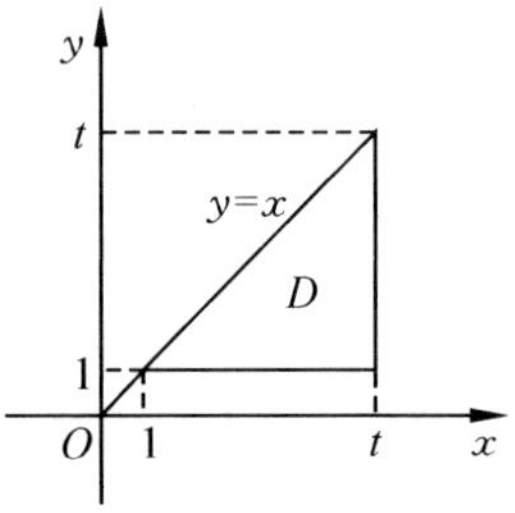

图 5.5

解法 3 转化为可用变限积分求导公式的情形.

$$\begin{aligned}
F(t) &= \int_1^t \left[\int_y^t f(x)\mathrm{d}x\right]\mathrm{d}y \\
&= \int_1^t \left[\int_y^1 f(x)\mathrm{d}x\right]\mathrm{d}y + \int_1^t \left[\int_1^t f(x)\mathrm{d}x\right]\mathrm{d}y \\
&= \int_1^t \left[\int_y^1 f(x)\mathrm{d}x\right]\mathrm{d}y + (t-1)\int_1^t f(x)\mathrm{d}x,
\end{aligned}$$

$$F'(t) = \int_t^1 f(x)\mathrm{d}x + \int_1^t f(x)\mathrm{d}x + (t-1)f(t) = (t-1)f(t),$$

$F'(2) = f(2)$. 应选(B).

解法 4 特殊取 $f(x) = 1$(满足题中的条件),则

$$F(t) = \int_1^t \mathrm{d}y \int_y^t 1\mathrm{d}x = \int_1^t (t-y)\mathrm{d}y = -\frac{1}{2}(t-y)^2\Big|_1^t = \frac{1}{2}(1-t)^2$$

$$F'(t) = t-1, F'(2) = 1 = f(2)$$

且 $F'(2)$ 不为(A),(C) 及(D),因此应选(B).

例 5.6.12 设函数 $f(x) = \int_0^{x^2} \ln(2+t)\mathrm{d}t$,则 $f'(x)$ 的零点个数为( ).

(2008 年考研数学试题)

(A) 0   (B) 1   (C) 2   (D) 3

解 由变限积分求导法先求出

$$f'(x) = 2x \cdot \ln(2+x^2)$$

因 $\ln(2+x^2) \neq 0$,所以 $f'(x)$ 只有一个零点(即 $x=0$),选(B).

2. 与变限积分有关的极限与无穷小问题

例 5.6.13 设函数 $f(x)$ 有连续导数,$f(0)=0, f'(0) \neq 0, F(x)=\int_0^x (x^2-t^2)f(t)\mathrm{d}t$,且当 $x \to 0$ 时,$F'(x)$ 与 x^k 是同阶无穷小,则 k 等于( ). (1996 年考研数学试题)

(A)1　　　　(B)2　　　　(C)3　　　　(D)4

解法 1　用洛必达法则.

$$F(x) = x^2 \int_0^x f(t)\mathrm{d}t - \int_0^x t^2 f(t)\mathrm{d}t$$

$$F'(x) = 2x \int_0^x f(t)\mathrm{d}t + x^2 f(x) - x^2 f(x) = 2x \int_0^x f(t)\mathrm{d}t$$

$$\lim_{x \to 0} \frac{F'(x)}{x^k} = \lim_{x \to 0} \frac{2\int_0^x f(t)\mathrm{d}t}{x^{k-1}} = \lim_{x \to 0} \frac{2f(x)}{(k-1)x^{k-2}}$$

$$= \lim_{x \to 0} \frac{2f'(x)}{(k-1)(k-2)x^{k-3}} \xrightarrow{k=3} f'(0) \neq 0$$

应选(C).

解法 2　用带皮亚诺余项的泰勒公式.

记 $\varphi(x) = \int_0^x f(t)\mathrm{d}t$,由 $\varphi(x) = \varphi(0) = \varphi'(0)x + \dfrac{\varphi''(0)}{2!}x^2 + o(x^2)$,有

$$\int_0^x f(t)\mathrm{d}t = \frac{f'(0)}{2}x^2 + o(x^2)$$

($\varphi(0)=0, \varphi'(0)=f(0)=0, \varphi''(0)=f'(0)$),从而

$$F'(x) = f'(0)x^3 + o(x^3) \sim f'(0)x^3.$$

由此可知 $k=3$,应选(C).

解法 3　注意到所要确定的 k 值是对任何满足 $f(0)=0, f'(0) \neq 0$ 的 $f(x)$ 都成立,特别地,如 $f(x)=x$ 也应成立.由此容易得到

$$F(x) = \int_0^x (x^2-t^2)t\,\mathrm{d}t = \frac{1}{2}x^4 - \frac{1}{4}x^4 = \frac{1}{4}x^4, F'(x) = x^3, k=3.$$

应选(C).

评注　解法 3 只适用选择题.

3. 讨论变限积分函数的性质

例 5.6.14 设 $F(x)$ 是连续函数 $f(x)$ 的一个原函数,"M⇔N"表示"M 的充分必要条件是 N",则必有( ). (2005 年考研数学试题)

(A) $F(x)$ 是偶函数 ⇔ $f(x)$ 是奇函数
(B) $F(x)$ 是奇函数 ⇔ $f(x)$ 是偶函数
(C) $F(x)$ 是周期函数 ⇔ $f(x)$ 是周期函数
(D) $F(x)$ 是单调函数 ⇔ $f(x)$ 是单调函数

解法 1　已知 $F(x) = \int f(x)\mathrm{d}x = \int_0^x f(t)\mathrm{d}t + C.$

若 $f(x)$ 为奇函数 ⇒ $\int_0^x f(t)\mathrm{d}t$ 为偶函数 ⇒ $f(x)$ 的全体原函数为偶函数.

又若 $F(x)$ 为偶函数,则 $F'(x) = f(x)$ 为奇函数.因此选(A).

解法 2　特殊地取 $f(x) = \cos x + 1, F(x) = \sin x + x + 1$ 时,可以断定选项(B),(C),(D)均不正确,因此选项(A)正确.排除法是处理选择题的一种常用方法.

例 5.6.15　设 $f(x)$ 是连续函数.

(1) 利用定义证明函数 $F(x) = \int_0^x f(t)dt$ 可导,且 $F'(x) = f(x)$;

(2) 当 $f(x)$ 是以 2 为周期的周期函数时,证明函数 $G(x) = 2\int_0^x f(t)dt - x\int_0^2 f(t)dt$ 也是以 2 为周期的周期函数.

(2008 年考研数学试题)

证明　(1) 首先按导数定义有

$$F'(x) = \lim_{\Delta x \to 0} \frac{F(x + \Delta x) - F(x)}{\Delta x} = \lim_{\Delta x \to 0} \frac{1}{\Delta x}\left[\int_0^{x+\Delta x} f(t)dt - \int_0^x f(t)dt\right]$$

再由定积分的性质得

$$F'(x) = \lim_{\Delta x \to 0} \frac{1}{\Delta x}\int_x^{x+\Delta x} f(t)dt$$

最后由定积分中值定理及连续性知,存在 ξ 在 x 与 $x + \Delta x$ 之间,使得

$$\int_x^{x+\Delta x} f(t)dt = f(\xi)\Delta x$$

于是

$$F'(x) = \lim_{\Delta x \to 0} f(\xi) = f(x).$$

(2) $G(x) = 2\int_0^x f(t)dt - x\int_0^2 f(t)dt$,要证 $G(x)$ 以 2 为周期,即证 $G(x+2) - G(x) \equiv 0 (\forall x \in \mathbf{R}).$

方法 1　由

$$G(x+2) - G(x) = 2\int_0^{x+2} f(t)dt - (x+2)\int_0^2 f(t)dt - 2\int_0^x f(t)dt + x\int_0^2 f(t)dt$$

$$= 2\int_0^{x+2} f(t)dt - 2\int_0^x f(t)dt - 2\int_0^2 f(t)dt$$

则 $[G(x+2) - G(x)]' = 2f(x+2) - 2f(x) = 0 (\forall x \in \mathbf{R})$(因为 $f(x)$ 以 2 为周期)

$G(x+2) - G(x) = $ 常数 $= [G(x+2) - G(x)]|_{x=0} = G(2) = 0 (\forall x \in \mathbf{R}).$

方法 2　同前计算

$$G(x+2) - G(x) = 2\int_0^{x+2} f(t)dt - 2\int_0^x f(t)dt - 2\int_0^2 f(t)dt$$

$$= 2\int_x^{x+2} f(t)dt - 2\int_0^2 f(t)dt$$

$$= 2\int_0^2 f(t)dt - 2\int_0^2 f(t)dt = 0 (\forall x \in \mathbf{R}).$$

这一证法中利用了已知结论,即周期函数的积分性质:若 $f(x)$ 是连续函数以 T 为周期,则

$$\int_x^{x+T} f(t)dt = \int_0^T f(t)dt \quad (\forall x \in \mathbf{R}).$$

例 5.6.16　设函数 $y = f(x)$ 在区间 $[-1,3]$ 上的图形如图 5.6 所示.

(2007 年考研数学试题)

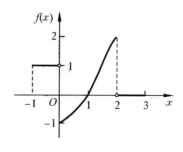

图 5.6

则函数 $F(x) = \int_0^x f(t)\mathrm{d}t$ 的图形为

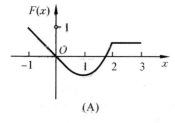

(A)

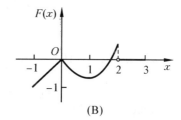

(B)

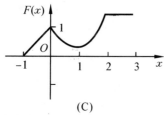

(C)

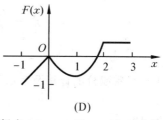

(D)

解 函数 $f(x)$ 在区间 $[-1,3]$ 有界,只有两个间断点 $(x=0,2) \Rightarrow f(x)$ 在 $[-1,3]$ 可积 $\Rightarrow \int_0^x f(t)\mathrm{d}t$ 在 $[-1,3]$ 连续,且 $F(0) = 0 \Rightarrow (C)(F(0) \neq 0)$ 排除,(B)($F(x)$ 在 $x=2$ 不连续) 被排除,(A) 与 (D) 中的 $F(x)$ 在 $[-1,0)$ 上不相同,由 $F(x) = \int_0^x 1\mathrm{d}t = x (x \in [-1, 0])$ 可知,应选(D).

例 5.6.17 设 $F(x) = \int_x^{x+2\pi} \mathrm{e}^{\sin t} \sin t \mathrm{d}t$,则 $F(x)$( ). (1997年考研数学试题)

(A) 为正常数   (B) 为负常数   (C) 恒为零   (D) 不为常数

解法 1 由于函数 $\mathrm{e}^{\sin t} \sin t$ 是以 2π 为周期的,因此

$$F(x) = \int_x^{x+2\pi} \mathrm{e}^{\sin t} \sin t \mathrm{d}t = \int_0^{2\pi} \mathrm{e}^{\sin t} \sin t \mathrm{d}t (\text{为常数})$$
$$= -\int_0^{2\pi} \mathrm{e}^{\sin t} \mathrm{d}\cos t = 0 + \int_0^{2\pi} \cos^2 t \mathrm{e}^{\sin t} \mathrm{d}t > 0.$$

故应选(A).

解法 2 $F(x) = \int_0^{\pi} \mathrm{e}^{\sin t} \sin t \mathrm{d}t + \int_{\pi}^{2\pi} \mathrm{e}^{\sin t} \sin t \mathrm{d}t$. 对第二个积分作变量替换 $t = \pi + u$,得

$$\int_{\pi}^{2\pi} \mathrm{e}^{\sin t} \sin t \mathrm{d}t = \int_0^{\pi} \mathrm{e}^{\sin(\pi+u)} \sin(\pi+u) \mathrm{d}u = -\int_0^{\pi} \mathrm{e}^{-\sin t} \sin t \mathrm{d}t.$$

于是 $F(x) = \int_0^\pi (e^{\sin t} - e^{-\sin t})\sin t \, dt > 0$. 故应选(A).

例 5.6.18 设函数 $f(x)$ 连续，$\varphi(x) = \int_0^1 f(xt)dt$，且 $\lim\limits_{x \to 0} \dfrac{f(x)}{x} = A$ (A 为常数)，求 $\varphi'(t)$ 并讨论 $\varphi'(x)$ 在 $x = 0$ 处的连续性.   (1997 年考研数学试题)

分析 通过变换将 $\varphi(x)$ 化为积分上限函数的形式，此时 $x \neq 0$，但根据 $\lim\limits_{x \to 0} \dfrac{f(x)}{x} = A$，知 $f(0) = 0$，从而 $\varphi(0) = \int_0^1 f(0)dt = 0$，由此，利用积分上限函数的求导法则、导数在一点处的定义以及函数连续的定义来判定 $\varphi'(x)$ 在 $x = 0$ 处的连续性.

解 由题设，知 $f(0) = 0, \varphi(0) = 0$. 令 $u = xt$，则

$$\varphi(x) = \frac{\int_0^x f(u)du}{x} (x \neq 0) \Rightarrow \varphi'(x) = \frac{xf(x) - \int_0^x f(u)du}{x^2} (x \neq 0)$$

由导数的定义 $\varphi'(0) = \lim\limits_{x \to 0} \dfrac{\int_0^x f(u)du}{x^2} = \lim\limits_{x \to 0} \dfrac{f(x)}{2x} = \dfrac{A}{2}$

由于 $\lim\limits_{x \to 0} \varphi'(x) = \lim\limits_{x \to 0} \dfrac{xf(x) - \int_0^x f(u)du}{x^2} = \lim\limits_{x \to 0} \dfrac{f(x)}{x} - \lim\limits_{x \to 0} \dfrac{\int_0^x f(u)du}{x^2}$

$$= A - \frac{A}{2} = \frac{A}{2} = \varphi'(0),$$

从而知 $\varphi'(x)$ 在 $x = 0$ 处连续.

5.6.4 反常积分的计算及其敛散性的判别

例 5.6.19 $\int_e^{+\infty} \dfrac{dx}{x\ln^2 x} = $ _____.   (2002 年考研数学试题)

解 原式 $= \int_e^{+\infty} \dfrac{d\ln x}{\ln^2 x} = -\dfrac{1}{\ln x}\Big|_e^{+\infty} = 1$.

例 5.6.20 设 m, n 均是正整数，则反常积分 $\int_0^1 \dfrac{\sqrt[m]{\ln^2(1-x)}}{\sqrt[n]{x}}dx$ 的收敛性(   ).

(2007 年考研数学试题)

(A) 仅与 m 的取值有关   (B) 仅与 n 的取值有关
(C) 与 m, n 的取值都有关   (D) 与 m, n 的取值都无关

解 这是以 $x = 0, x = 1$ 为瑕点的瑕积分.

$$I \xlongequal{\text{记}} \int_0^1 \frac{\sqrt[m]{\ln^2(1-x)}}{\sqrt[n]{x}}dx = \int_0^{\frac{1}{2}} \frac{\sqrt[m]{\ln^2(1-x)}}{\sqrt[n]{x}}dx + \int_{\frac{1}{2}}^1 \frac{\sqrt[m]{\ln^2(1-x)}}{\sqrt[n]{x}}dx \xlongequal{\text{记}} I_1 + I_2$$

仅当 I_1, I_2 均收敛时，瑕积分 I 才收敛，否则 I 就发散.

这里不能按反常积分的敛散性概念，通过求原函数极限的方法来判断其敛散性，因而只能按反常敛散性判别法则来判断. 这里的被积函数是正值函数，有以下法则：

设函数 $f(x)$ 在区间 (a, b) 内非负，$\forall [\alpha, \beta] \subset (a, b)$，$f(x)$ 在区间 $[\alpha, \beta]$ 上可积，又设 $x = a$ (或 $x = b$) 是瑕点，且 $\lim\limits_{x \to a+0}(x-a)^p f(x) = l$ (或 $\lim\limits_{x \to b-0}(b-x)^p f(x) = l$)，则当 $p < 1$ 且

$0 \leqslant l < +\infty$ 时 $\int_a^b f(x)\mathrm{d}x$ 收敛. 由

$$f(x) \xlongequal{\text{记}} \frac{\sqrt[m]{\ln^2(1-x)}}{\sqrt[n]{x}} \sim \frac{[(-x)^2]^{\frac{1}{m}}}{x^{\frac{1}{n}}} = x^{\frac{2}{m}-\frac{1}{n}}(x \to 0^+) \Rightarrow \lim_{x \to 0_+} x^{\frac{1}{n}-\frac{2}{m}}f(x) = 1.$$

又 m,n 为正整数 $\Rightarrow p \xlongequal{\text{记}} \frac{1}{n} - \frac{2}{m} < 1 \Rightarrow \int_0^{\frac{1}{2}} f(x)\mathrm{d}x$ 收敛.

$$\forall\, 0 < p < 1,\ \lim_{x \to 1-0}(1-x)^p f(x) = \lim_{x \to 1-0}(1-x)^p \frac{\ln^{\frac{2}{m}}(1-x)}{\sqrt[n]{x}} = 0(\forall\, \text{正整数}\, n,m).$$

$\Rightarrow \int_{\frac{1}{2}}^1 f(x)\mathrm{d}x$ 收敛.

因此, $\forall$ 正整数 m,n, $\int_0^1 \frac{\sqrt[m]{\ln^2(1-x)}}{\sqrt[n]{x}}\mathrm{d}x$ 均收敛. 故选(D).

评注 ① 当 $\frac{2}{m} - \frac{1}{n} \geqslant 0$ 时, $\int_0^{\frac{1}{2}} \frac{\sqrt[m]{\ln^2(1-x)}}{\sqrt[n]{x}}\mathrm{d}x$ 是定积分.

② $\forall\, \alpha > 0, \beta > 0$, 有 $\lim_{x \to 0^+} x^{\alpha}\,|\ln x|^{\beta} = 0$.

例 5.6.21 $\int_1^{+\infty} \frac{\ln x}{(1+x)^2}\mathrm{d}x = \underline{\qquad}$. (2013年考研数学试题)

解 $\int_1^{+\infty} \frac{\ln x}{(1+x)^2}\mathrm{d}x = -\int_1^{+\infty} \ln x\, \mathrm{d}\!\left(\frac{1}{1+x}\right) = -\left.\frac{\ln x}{1+x}\right|_1^{+\infty} + \int_1^{+\infty} \frac{\mathrm{d}x}{x(1+x)}$

$$= \int_1^{+\infty} \frac{\mathrm{d}x}{x^2\left(x+\frac{1}{x}\right)} \cdot = -\int_1^{+\infty} \frac{\mathrm{d}\!\left(1+\frac{1}{x}\right)}{1+\frac{1}{x}}$$

$$= -\left.\ln\!\left(1+\frac{1}{x}\right)\right|_1^{+\infty} = \ln 2.$$

或 $\int_1^{+\infty} \frac{\mathrm{d}x}{x(1+x)} = \int_1^{+\infty}\!\left(\frac{1}{x} - \frac{1}{1+x}\right)\mathrm{d}x = \left.\ln\frac{x}{1+x}\right|_1^{+\infty} = -\ln\frac{1}{2} = \ln 2.$

例 5.6.22 计算积分 $\int_{\frac{1}{2}}^{\frac{3}{2}} \frac{\mathrm{d}x}{\sqrt{|x-x^2|}}$. (1998年考研数学试题)

解 这是一个带绝对值的(在 $x=1$ 邻域)无界函数的反常积分.

$$|x - x^2| = |x(1-x)| = \begin{cases} x - x^2, & 0 \leqslant x \leqslant 1 \\ x^2 - x, & x < 0\ \text{或}\ x > 1 \end{cases}$$

原式 $= \int_{\frac{1}{2}}^1 \frac{\mathrm{d}x}{\sqrt{x-x^2}} + \int_1^{\frac{3}{2}} \frac{\mathrm{d}x}{\sqrt{x^2-x}}$. 而

$$\int_{\frac{1}{2}}^1 \frac{\mathrm{d}x}{\sqrt{x-x^2}} = \int_{\frac{1}{2}}^1 \frac{\mathrm{d}x}{\sqrt{\frac{1}{4} - \left(x-\frac{1}{2}\right)^2}} = \int_{\frac{1}{2}}^1 \frac{\mathrm{d}(2x-1)}{\sqrt{1-(2x-1)^2}}$$

$$= \left.\arcsin(2x-1)\right|_{\frac{1}{2}}^1 = \frac{\pi}{2}$$

$$\int_1^{\frac{3}{2}} \frac{\mathrm{d}x}{\sqrt{x^2-x}} = \int_1^{\frac{3}{2}} \frac{\mathrm{d}(2x-1)}{\sqrt{(2x-1)^2-1}} = \left.\ln\!\left|\sqrt{(2x-1)^2-1} + (2x-1)\right|\,\right|_1^{\frac{3}{2}}$$

$$= \ln(\sqrt{3}+2).$$

故 原式 $= \dfrac{\pi}{2} + \ln(\sqrt{3}+2).$

例 5.6.23 $\displaystyle\int_1^{+\infty} \dfrac{\mathrm{d}x}{x\sqrt{x^2-1}} = \underline{\qquad}.$ (2004 年考研数学试题)

解法 1 原积分 $=\displaystyle\int_1^{+\infty} \dfrac{\mathrm{d}x}{x^2\sqrt{1-\left(\dfrac{1}{x}\right)^2}} = -\int_1^{+\infty} \dfrac{\mathrm{d}\left(\dfrac{1}{x}\right)}{\sqrt{1-\left(\dfrac{1}{x}\right)^2}} = -\arcsin\dfrac{1}{x}\bigg|_1^{+\infty} = \dfrac{\pi}{2}.$

解法 2 原积分 $\xrightarrow{x=\frac{1}{\cos t}} \displaystyle\int_0^{\frac{\pi}{2}} \dfrac{\cos t}{\sqrt{\dfrac{1}{\cos^2 t}-1}} \cdot \dfrac{\sin t}{\cos^2 t}\mathrm{d}t = \int_0^{\frac{\pi}{2}} \mathrm{d}t = \dfrac{\pi}{2}.$

5.7 自 测 题

1. 填空题

(1) $\displaystyle\int_{-a}^{a} x(\sin x + x)^2 \mathrm{d}x = \underline{\qquad};$

(2) $\displaystyle\lim_{x\to 0} \dfrac{1}{x^2}\int_0^x \sin t\,\mathrm{d}t = \underline{\qquad};$

(3) 若 $\displaystyle\int_0^a (2x-1)\,\mathrm{d}x = 2,$ 则 $a = \underline{\qquad};$

(4) $\dfrac{\mathrm{d}}{\mathrm{d}x}\left(\displaystyle\int_2^x \dfrac{t\sin t}{\sqrt{1+t^2}}\mathrm{d}t\right) = \underline{\qquad};$

(5) $\displaystyle\int_0^{\frac{\pi}{2}} \dfrac{\cos x}{1+\sin x}\mathrm{d}x = \underline{\qquad};$

(6) $\displaystyle\int_{-1}^{1} \dfrac{1}{x}\mathrm{d}x = \underline{\qquad}.$

2. 选择题

(1) 下面积分正确的有( ).

(A) $\displaystyle\int_{-\frac{\pi}{2}}^{\frac{\pi}{2}} \sin x\,\mathrm{d}x = 2\int_0^{\frac{\pi}{2}} \sin x\,\mathrm{d}x = 2$ (B) $\displaystyle\int_{-\frac{\pi}{2}}^{\frac{\pi}{2}} \cos x\,\mathrm{d}x = 2\int_0^{\frac{\pi}{2}} \cos x\,\mathrm{d}x = 2$

(C) $\displaystyle\int_{-1}^{1} \dfrac{1}{x^2}\mathrm{d}x = -\dfrac{1}{x}\bigg|_{-1}^{1} = -2$ (D) $\displaystyle\int_1^2 \ln x\,\mathrm{d}x = \dfrac{1}{x}\bigg|_1^2 = -\dfrac{1}{2}$

(2) 函数 $\displaystyle\int_0^x (t+1)\mathrm{e}^t\mathrm{d}t$ 有( ).

(A) 极小值点 $x=0$ (B) 极大值点 $x=0$

(C) 极小值点 $x=-1$ (D) 极大值点 $x=-1$

(3) 设函数 $f(x)$ 连续,且 $F(x) = \displaystyle\int_{\frac{1}{x}}^{\ln x} f(t)\mathrm{d}t,$ 则 $F'(x) = ($ $).$

(A) $f(\ln x) + f\left(\dfrac{1}{x}\right)$ (B) $f(\ln x) - f\left(\dfrac{1}{x}\right)$

(C) $\dfrac{1}{x}f(\ln x) + \dfrac{1}{x^2}f\left(\dfrac{1}{x}\right)$ (D) $\dfrac{1}{x}f(\ln x) - \dfrac{1}{x^2}f\left(\dfrac{1}{x}\right)$

(4) 关于积分 $I = \int_a^b f(x)\,\mathrm{d}x$ 存在时的一个正确命题是(   ).

    (A) 若 $a < b, f(x) \geqslant 0$, 则 $I \geqslant 0$ (B) 若 $a < b, f(x) \leqslant 0$, 则 $I \geqslant 0$

    (C) 若 $a > b, f(x) \geqslant 0$, 则 $I \geqslant 0$ (D) 若 $a > b, f(x) \leqslant 0$, 则 $I \leqslant 0$

3. 计算下列定积分

(1) $\displaystyle\int_0^{\sqrt{2}a} \dfrac{x\,\mathrm{d}x}{\sqrt{3a^2 - x^2}}\ (a > 0)$;

(2) $\displaystyle\int_{-\frac{\pi}{2}}^{\frac{\pi}{2}} \sqrt{\cos x - \cos^3 x}\,\mathrm{d}x$;

(3) $\displaystyle\int_1^{\sqrt{3}} \dfrac{\mathrm{d}x}{x^2\sqrt{1+x^2}}$;

(4) $\displaystyle\int_{\frac{3}{4}}^{1} \dfrac{\mathrm{d}x}{\sqrt{1-x}-1}$;

(5) $\displaystyle\int_0^{\frac{\pi}{2}} \mathrm{e}^{2x}\cos x\,\mathrm{d}x$;

(6) $\displaystyle\int_0^{\pi} (x\sin x)^2\,\mathrm{d}x$.

4. 计算下列广义积分

(1) $I = \displaystyle\int_0^{+\infty} \dfrac{x\mathrm{e}^x}{(1+\mathrm{e}^x)^2}\,\mathrm{d}x$;

(2) $I = \displaystyle\int_1^{2} \dfrac{\mathrm{d}x}{\sqrt{(x-1)(2-x)}}$.

5. 求解下列各式

(1) 设函数 $f(x)$ 连续, 求 $\dfrac{\mathrm{d}}{\mathrm{d}x}\displaystyle\int_0^x tf(x^2 - t^2)\,\mathrm{d}t$.

(2) 设函数 $f(x)$ 在区间 $(-\infty, +\infty)$ 内连续, 在 $x = 0$ 点可导, 求

$$\lim_{a \to 0} \dfrac{1}{4a^2}\int_{-a}^{a} [f(t+a) - f(t-a)]\,\mathrm{d}t.$$

(3) 设函数 $f(x)$ 在区间 $[0, a]\ (a > 0)$ 上连续, 且 $\displaystyle\int_0^a f(x)\,\mathrm{d}x = 0$. 证明: 在区间 $(0, a)$ 内至少存在一点 ξ, 使 $f(a - \xi) = -f(\xi)$.

自测题参考答案

1. (1) 0;   (2) $\dfrac{1}{2}$;   (3) 2 或 -1;   (4) $\dfrac{x \cdot \sin x}{\sqrt{1+x^2}}$;   (5) $\ln 2$;   (6) 发散.

2. (1) (B);   (2) (C);   (3) (C);   (4) (A).

3. (1) 原式 $= (\sqrt{3} - 1)a$.   (2) 原式 $= \dfrac{4}{3}$.   (3) 原式 $= \sqrt{2} - \dfrac{2}{3}\sqrt{3}$.

     (4) 原式 $= 1 - 2\ln 2$.   (5) 原式 $= \dfrac{1}{5}(\mathrm{e}^{\pi} - 2)$.   (6) 原式 $= \dfrac{\pi^3}{6} - \dfrac{\pi}{4}$.

4. (1) $I = \ln 2$. (2) $I = \int_{-\frac{\pi}{2}}^{\frac{\pi}{2}} \dfrac{\frac{1}{2}\cos t}{\frac{1}{2}\cos t} \mathrm{d}t = \pi$.

5. (1) $\dfrac{\mathrm{d}}{\mathrm{d}x}\int_0^x tf(x^2-t^2)\,\mathrm{d}t = xf(x^2)$.

(2) 由于 $\int_{-a}^a f(t+a)\mathrm{d}t \xrightarrow{u=t+a} \int_0^{2a} f(u)\mathrm{d}u$,

$$\int_{-a}^a f(t-a)\mathrm{d}t \xrightarrow{u=t-a} \int_{-2a}^0 f(u)\mathrm{d}u,$$

故 $\lim\limits_{a\to 0}\dfrac{1}{4a^2}[f(t+a)-f(t-a)]\mathrm{d}t = \lim\limits_{a\to 0}\dfrac{\int_0^{2a} f(u)\mathrm{d}u - \int_{-2a}^0 f(u)\mathrm{d}u}{4a^2}$

$$\xlongequal{\frac{0}{0}} \lim_{a\to 0}\dfrac{2f(2a)-2f(-2a)}{8a}$$

$$= \dfrac{1}{2}\lim_{a\to 0}\dfrac{f(2a)-f(0)}{2a} + \dfrac{1}{2}\lim_{a\to 0}\dfrac{f(-2a)-f(0)}{-2a}$$

$$= \dfrac{1}{2}f'(0) + \dfrac{1}{2}f'(0) = f'(0).$$

(3) 证明思路：构造辅助函数 $F(x) = \int_0^x [f(a-t)+f(t)]\mathrm{d}t$，验证 $F(x)$ 在区间 $[0,a]$ 上满足罗尔定理条件即可.

第 6 章 定积分的应用

6.1 大纲基本要求

掌握科学问题中建立定积分表达式的元素法(微元法),会建立某些简单几何量和物理量的积分表达式并用以解决相关的实际问题.

6.2 内容提要

6.2.1 定积分的几何应用

1. 平面图形的面积

由曲线 $y=f(x),y=g(x),x=a,x=b$ 所围成的平面图形的面积

$$A=\int_a^b |f(x)-g(x)|\,\mathrm{d}x \quad (a<b) \tag{6.1}$$

由曲线 $x=f(y),x=g(y),y=c,y=d$ 所围成的平面图形的面积

$$A=\int_c^d |f(y)-g(y)|\,\mathrm{d}y \quad (c<d) \tag{6.2}$$

在极坐标系下,由曲线 $\rho=\varphi(\theta),\theta=\alpha,\theta=\beta$ 所围成的面积

$$A=\int_\alpha^\beta \frac{1}{2}\varphi^2(\theta)\,\mathrm{d}\theta \tag{6.3}$$

2. 立体的体积

旋转体的体积:平面曲线 $y=f(x),a\leqslant x\leqslant b$ 绕 x 轴旋转一周,所得的旋转体体积

$$V=\int_a^b \pi f^2(x)\,\mathrm{d}x \tag{6.4}$$

设 $A(x)$ 为几何体在点 x 处垂直于 x 轴的横截面面积,$x\in[a,b]$,则该几何体体积为

$$V=\int_a^b A(x)\,\mathrm{d}x \tag{6.5}$$

3. 光滑曲线的弧长

若曲线方程为 $y=f(x),x\in[a,b]$,则曲线弧长为

$$s=\int_a^b \sqrt{1+[f'(x)]^2}\,\mathrm{d}x \tag{6.6}$$

若曲线方程为 $\begin{cases} x=x(t) \\ y=y(t) \end{cases},t\in[\alpha,\beta]$,则曲线弧长为

$$s = \int_\alpha^\beta \sqrt{[x'(t)]^2 + [y'(t)]^2}\, dt \tag{6.7}$$

若曲线方程为 $\rho = \rho(\theta), \theta \in [\alpha, \beta]$,则曲线弧长为

$$s = \int_\alpha^\beta \sqrt{[\rho(\theta)]^2 + [\rho'(\theta)]^2}\, d\theta \tag{6.8}$$

6.2.2 定积分的物理应用

1. 变力沿直线做功

设一物体在力 f 作用下沿 x 轴从点 a 位移到点 b,且力 $f = f(x)$ 的方向与位移方向一致,$f(x)$ 为连续函数,则 f 对物体所做的功为

$$W = \int_a^b f(x)\, dx \tag{6.9}$$

2. 液体对平板的静压力

$$F = \int_a^b \mu g x [f(x) - g(x)]\, dx \tag{6.10}$$

其中,μ 为液体密度,平面域由曲线 $y = f(x), y = g(x)(g(x) \leqslant f(x))$ 及 $x = a, x = b$ 所围成,平面与 y 轴平齐,如图 6.1 所示.

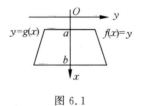

图 6.1

6.3 解难释疑

就定积分的概念形成而言,其无限细分、无限积累过程表示了微分分析过程,所以在定积分应用中讨论的微元法思路是解决应用问题相当重要的步骤.

对许多应用问题,读者不仅应熟记已用微元法推导出的若干个常用公式,而且还应理解微元法,并用该方法去解决其他定积分应用问题.

无论是几何应用还是物理应用,首先应选择适当的坐标系及坐标轴方向,并作出几何图形,以增加对实际问题的直观想像力,从而有助于对实际问题的分析,在具体计算时,还应充分利用对称性,从而简化计算.

6.4 典型例题选讲

6.4.1 几何应用

例 6.4.1 求解下列定积分的几何应用问题.

(1) 求由曲线 $y = x + \dfrac{1}{x}, x = 2$ 及 $y = 2$ 所围图形的面积.

(2) 求 $r = 3\cos\theta$ 及 $r = 1 + \cos\theta$ 所围公共部分的面积.

(3) 设有一正椭圆柱体,其底面的长轴、短轴分别为 $2a$、$2b$,用过该柱体底面的短轴且与底面成 $\alpha\left(0 < \alpha < \dfrac{\pi}{2}\right)$ 角的平面截该柱体得一楔形体,求该楔形体的体积.

(4) 求摆线 $\begin{cases} x = 1 - \cos t \\ y = t - \sin t \end{cases}$ 一拱 $(0 \leqslant t \leqslant 2\pi)$ 的弧长.

(5) 求由抛物线 $y^2 = 4ax (a > 0)$ 与过焦点的弦所围成的图形面积的最小值.

解 (1) 如图 6.2 所示.
$$A = \int_1^2 \left(x + \dfrac{1}{x} - 2\right) dx = \left(\dfrac{1}{2}x^2 + \ln x - 2x\right)\Big|_1^2 = \ln 2 - \dfrac{1}{2}.$$

(2) 如图 6.3 所示,$\begin{cases} r = 3\cos\theta \\ r = 1 + \cos\theta \end{cases}$,得交点 $\left(\dfrac{3}{2}, \pm\dfrac{\pi}{3}\right)$,再由对称性,所求面积为

$$A = 2(A_1 + A_2) = 2\left[\dfrac{1}{2}\int_0^{\frac{\pi}{3}}(1 + \cos\theta)^2 d\theta + \dfrac{1}{2}\int_{\frac{\pi}{3}}^{\frac{\pi}{2}}(3\cos\theta)^2 d\theta\right]$$

$$= \int_0^{\frac{\pi}{3}}\left[1 + 2\cos\theta + \dfrac{1 + \cos(2\theta)}{2}\right] d\theta + 9\int_{\frac{\pi}{3}}^{\frac{\pi}{2}} \dfrac{1 + \cos(2\theta)}{2} d\theta$$

$$= \left[\dfrac{3}{2}\theta + 2\sin\theta + \dfrac{1}{4}\sin(2\theta)\right]\Big|_0^{\frac{\pi}{3}} + 9\left[\dfrac{\theta}{2} + \dfrac{1}{4}\sin(2\theta)\right]\Big|_{\frac{\pi}{3}}^{\frac{\pi}{2}}$$

$$= \dfrac{5}{4}\pi.$$

(3) 所求楔形体如图 6.4 所示.

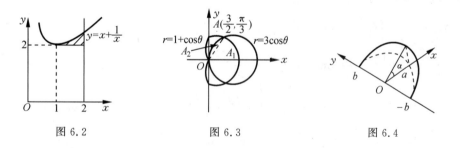

图 6.2　　　　图 6.3　　　　图 6.4

解法 1 底面椭圆方程为
$$\dfrac{x^2}{a^2} + \dfrac{y^2}{b^2} = 1$$

以垂直于 y 轴的平行平面截该楔形体所得的截面为直角三角形,其一直角边长为 $a\sqrt{1 - \dfrac{y^2}{b^2}}$,另一直角边长为 $a\sqrt{1 - \dfrac{y^2}{b^2}}\tan\alpha$.

截面面积为
$$A(y) = \dfrac{a^2}{2}\left(1 - \dfrac{y^2}{b^2}\right)\tan\alpha$$

因此,楔形体的体积为
$$V = 2\int_0^b \dfrac{a^2}{2}\left(1 - \dfrac{y^2}{b^2}\right)\tan\alpha\, dy = \dfrac{2}{3}a^2 b \tan\alpha.$$

解法 2 底面的椭圆方程为
$$\frac{x^2}{a^2} + \frac{y^2}{b^2} = 1$$

以垂直于 x 轴的平行平面截该楔形体所得的截面为矩形,其一边长为 $2y = 2b\sqrt{1-\frac{x^2}{a^2}}$,另一边长为 $x\tan\alpha$,故截面面积

$$A(x) = 2bx\sqrt{1-\frac{x^2}{a^2}}\tan\alpha$$

因此,楔形体的体积为

$$V = \int_0^a 2bx\sqrt{1-\frac{x^2}{a^2}}\tan\alpha\,dx = b\tan\alpha\left[-\frac{2}{3}a^2\left(1-\frac{x^2}{a^2}\right)^{\frac{3}{2}}\right]\Big|_0^a = \frac{2}{3}a^2 b\tan\alpha.$$

(4) $ds = \sqrt{x'^2(t)+y'^2(t)}\,dt = \sqrt{\sin^2 t + (1-\cos t)^2}\,dt = \sqrt{2(1-\cos t)}\,dt$

则
$$s = \int_0^{2\pi}\sqrt{2(1-\cos t)}\,dt = \int_0^{2\pi} 2\sin\frac{t}{2}\,dt = 8.$$

(5) 设过焦点 $(a,0)$ 的弦与 x 轴正向夹角为 α,则直线 PQ 的方程为 $y = \tan\alpha(x-a)$.

设 y_1、y_2 分别是 P、Q 的纵坐标,如图 6.5 所示.

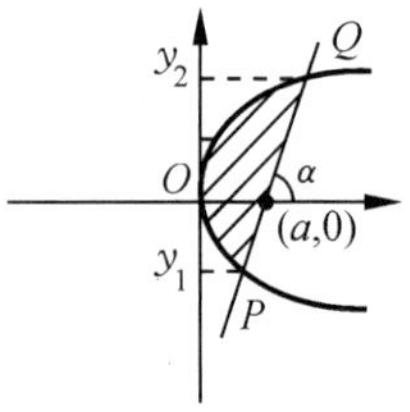

$\begin{cases} y^2 = 4ax \\ y = \tan\alpha(x-a) \end{cases}$ 得 $y = \dfrac{4a\cos\alpha \pm \sqrt{16a^2\cot^2\alpha + 16a^2\sin^2\alpha}}{2\sin\alpha}$

从而 $y = 2a\cot\alpha \pm 2a\csc\alpha$

因为 $0 < \alpha < \pi$,所以 $\csc\alpha > 0$,则
$$y_1 = 2a(\cot\alpha - \csc\alpha) < 2a(\cot\alpha + \csc\alpha) = y_2$$

图 6.5

于是弦 PQ 与抛物线所围成的面积为

$$\begin{aligned}
A(\alpha) &= \int_{y_1}^{y_2}\left[(a+\cot\alpha\cdot y) - \frac{y^2}{4a}\right]dy \\
&= ay\Big|_{y_1}^{y_2} + \frac{1}{2}\cot\alpha\cdot y^2\Big|_{y_1}^{y_2} - \frac{y^3}{12a}\Big|_{y_1}^{y_2} \\
&= ay\Big|_{y_1}^{y_2} + \frac{1}{2}\cot\alpha(y_2^2 - y_1^2) - \frac{(y_2^3 - y_1^3)}{12a} \\
&= a(4a\csc\alpha) + \frac{1}{2}\cot\alpha(16a^2\csc\alpha\cdot\cot\alpha) - \frac{1}{12a}(4a\csc\alpha)(8a^2\cot^2\alpha + \\
&\quad 8a^2\csc^2\alpha + 4a^2\cot^2\alpha - 4a^2\csc^2\alpha) \\
&= 4a^2\csc\alpha + 4a^2\cot^2\alpha\csc\alpha - \frac{4}{3}a^2\csc^3\alpha \\
&= 4a^2\csc^3\alpha - \frac{4}{3}a^2\csc^3\alpha = \frac{8}{3}a^2\csc^3\alpha
\end{aligned}$$

因为 $0 < \alpha < \pi$,当 $\alpha = \dfrac{\pi}{2}$ 时,$\csc^3\alpha$ 取最小值为 1,所以,当 $\alpha = \dfrac{\pi}{2}$ 时,过焦点的弦与抛物线 $y^2 = 4ax$ 所围成的面积 $A\left(\dfrac{\pi}{2}\right) = \dfrac{8}{3}a^2$ 最小.

例 6.4.2 设曲线方程为 $y = e^{-x}(x \geq 0)$.

(1) 把曲线 $y = e^{-x}$, x 轴, y 轴和直线 $x = \xi(\xi > 0)$ 所围平面图形绕 x 轴旋转一周, 得一旋转体, 求该旋转体的体积 $V(\xi)$. 求满足 $V(a) = \frac{1}{2} \lim\limits_{\xi \to +\infty} V(\xi)$ 的 a.

(2) 在该曲线上寻找一点, 使过该点的切线与两个坐标轴所夹平面图形的面积最大, 并求出该面积.

解 (1) 曲线 $y = e^{-x}$, x 轴, y 轴和直线 $x = \xi(\xi > 0)$ 所围平面图形如图 6.6 所示, 则

$$V(\xi) = \pi \int_0^\xi (e^{-x})^2 dx = -\frac{1}{2}\pi e^{-2x} \Big|_0^\xi = \frac{\pi}{2}(1 - e^{-2\xi}).$$

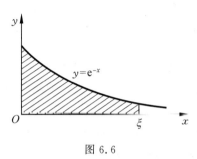

图 6.6

于是 $\lim\limits_{\xi \to +\infty} V(\xi) = \frac{\pi}{2}$. 所以由 $V(a) = \frac{1}{2} \lim\limits_{\xi \to +\infty} V(\xi)$, 有

$$\frac{\pi}{2}(1 - e^{-2a}) = \frac{1}{2} \cdot \frac{\pi}{2}$$

解得 $a = \frac{1}{2}\ln 2$.

(2) 设切点 $A(t, e^{-t})(t > 0)$, 如图 6.7 所示, 曲线过 A 点的切线方程为

$$y - e^{-t} = -e^{-t}(x - t)$$

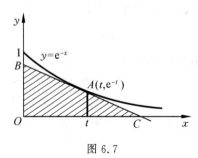

图 6.7

于是 $B(0, (1+t)e^{-t})$, $C(1+t, 0)$, $\triangle BOC$ 的面积为

$$S = \frac{1}{2}(1+t)^2 e^{-t}$$

令 $S' = \frac{1}{2}(1+t)(1-t)e^{-t} = 0$, 得 $t = 1$ ($t = -1$ 舍去). 又 $S''(1) = -\frac{1}{2e} < 0$, 则 $S(1)$ 是极大值即最大值. 其值为 $S(1) = \frac{2}{e}$. 切点 $A(1, e^{-1})$.

6.4.2 物理应用

例 6.4.3 一个半径为 $r=3$ m,密度为 $\rho=2\times 10^3$ kg/m³ 的实心球完全沉浸在水中,球顶部到水面的距离为 16 m,试求把球提高到球底部与水面相齐需做的功.

解 建立如图 6.9 所示的坐标系.球的体积 $V=\dfrac{4}{3}\pi r^3=36\pi(\text{m}^3)$.球的重力为
$$F=V\rho g=72\times 9.8\times 10^3\pi(\text{N})$$
当球完全沉浸在水中时,浮力
$$f_1=V\rho_{水} g=36\times 9.8\times 10^3\pi(\text{N})$$
所以将球顶部提高到与水面相齐时,需做功
$$W_1=(F-f_1)\times 16=5.76\times 9.8\times 10^5\pi(\text{J}).$$

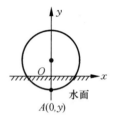

图 6.8

下面考虑将球上提的情况,如图 6.8 所示,则球的底部点 A 从 $y=-6$ 提高到 $y=0$.设图 6.8 中点 A 坐标为 $(0,y)$,则圆心的坐标为 $(0,y+3)$,圆的方程为
$$X^2+(Y-y-3)^2=9$$
设此时球在水面下部分的体积为 V_1,则
$$V_1=\pi\int_y^0 X^2\,dY=\pi\int_y^0[9-(Y-y-3)^2]\,dY=\frac{\pi}{3}(9+y)y^2$$
故此时受到的浮力为
$$f_2=V_1\rho_{水}g=\frac{\pi}{3}\times 9.8\times(9+y)y^2\times 10^3\ (\text{N})$$
于是将球上提的拉力为
$$F_1=F-f_2=\left[72-\frac{1}{3}(9+y)y^2\right]\times 9.8\times 10^3\pi(\text{N})$$
将球从 $y=-6$ 提高到 $y=0$ 所做的功为
$$W_2=\int_{-6}^0 F_1\,dy=\int_{-6}^0\left[72-\frac{1}{3}(9+y)y^2\right]\times 9.8\times 10^3\pi\,dy$$
$$=3.24\times 9.8\times 10^5\pi(\text{J}).$$
于是把球提高到底部与水面相齐需做功为
$$W=W_1+W_2=(5.76+3.24)\times 9.8\times 10^5\pi=8.82\times 10^6\pi(\text{J}).$$

例 6.4.4 一质量为 M、长为 l 的均匀杆 AB 吸引着质量为 m 的一质点 C,质点 C 位于 AB 杆的延长线上,并与较近的端点 B 的距离为 a.试求:

(1) 杆与质点之间的相互吸引力;

(2) 质点在杆的延长线上从距离 r_1 处移至 r_2 处时,克服引力所做的功.

解 建立如图 6.9 所示的坐标系.

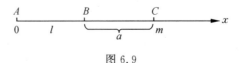

图 6.9

(1) 据万有引力定律,由微元法有

$$dF = \frac{Km \cdot \frac{M}{l}dx}{(l+a-x)^2} = \frac{KmM}{l}\frac{dx}{(l+a-x)^2}$$

故

$$F = \frac{KmM}{l}\int_0^l \frac{dx}{(l+a-x)^2} = \frac{KmM}{a(a+l)} \quad (K \text{ 为常数}).$$

(2) 由(1)知,位于 B、C 之间距 B 端为 x 的点与杆 AB 的引力为

$$F = \frac{KmM}{x(x+l)}$$

所以

$$W = \int_{r_1}^{r_2} \frac{KmM}{x(x+l)}dx = \frac{KmM}{l}\ln\frac{r_2(r_1+l)}{r_1(r_2+l)}.$$

例 6.4.5 设有一薄板其边缘为一抛物线,如图 6.10 所示,铅直沉入水中,若顶点恰在水平面上,试求薄板所受水的静压力;将薄板下沉多深所受水的压力加倍?

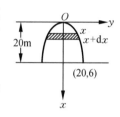

图 6.10

解 易知抛物线方程为 $x = \frac{5}{9}y^2$,则在水下 x 到 $x+dx$ 这一小块所受的静压力为

$$dp = \rho g x \cdot 6\sqrt{\frac{x}{5}}dx$$

所以,整块薄板所受的静压力为

$$p_1 = \int_0^{20} dp = \frac{6}{\sqrt{5}}\rho g \int_0^{20} x^{\frac{3}{2}} dx = 1920\rho g$$

若板下沉 t,此时板受的静压力为

$$p_2 = \rho g \int_0^{20} (t+x) \cdot 6\sqrt{\frac{x}{5}}dx = (160t + 1920)\rho g$$

要使 $p_2 = 2p_1$,则 $t = 12$ m.

例 6.4.6 用铁锤将一铁钉击入木板,设木板对铁钉的阻力与铁钉击入木板的深度成正比.在击第一次时,将铁钉击入木板 1 cm.如果铁锤每次打击铁钉所做的功相等,试问击第二次时,铁钉又击入多少?

解 设锤击第二次时铁钉又击入 h cm,因木板对铁钉的阻力 f 与铁钉击入木板的深度 x(cm) 成正比,即 $f = kx$,故功元 $dW = fdx = kx\,dx$.

击第一次时做功 $\quad W_1 = \int_0^1 kx\,dx = \frac{1}{2}kx^2\Big|_0^1 = \frac{1}{2}k$

击第二次时做功 $\quad W_2 = \int_1^{1+h} kx\,dx = \frac{1}{2}k[(1+h)^2 - 1] = \frac{1}{2}k(h^2 + 2h)$

因为 $W_1 = W_2$,所以有 $\frac{1}{2}k = \frac{1}{2}k(h^2 + 2h)$,即

$$h^2 + 2h - 1 = 0, h = -1 \pm \sqrt{2} \quad (\text{舍去负值})$$

故

$$h = (\sqrt{2} - 1) \text{ cm}.$$

例 6.4.7 一块高为 a、底为 b 的等腰三角形薄板,铅直地沉没在水中,顶在下,底与水

面相齐,试计算薄板每面所受水的压力. 如果把薄板倒放,使薄板的顶与水面相齐,而底与水面平行,则薄板所受水压力有多大?

解 (1) 若薄板顶在下,底与水面相齐的情形,如图 6.11 所示,则
$$F = \int_0^a \rho g x \left[-\frac{b}{2a}(x-a) - \frac{b}{2a}(x-a) \right] \mathrm{d}x$$
$$= -\frac{b}{a}\rho g \int_0^a (x^2 - ax) \mathrm{d}x = \frac{1}{6} a^2 b \rho g.$$

(2) 若薄板顶与水面相齐而底与水面平行的情形,如图 6.12 所示,则

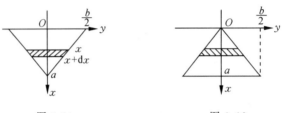

图 6.11 图 6.12

$$F = \int_0^a \rho g x \left[\frac{b}{2a}x - \left(-\frac{b}{2a}x\right) \right] \mathrm{d}x$$
$$= \frac{b}{a}\rho g \int_0^a x^2 \mathrm{d}x = \frac{1}{3} a^2 b \rho g.$$

6.4.3 经济应用

例 6.4.8 已知生产某产品的固定成本为 1 万元,边际成本函数 $\mathrm{MC} = 4 + \frac{Q}{4}$(万元/台),产品的需求价格弹性 $E_d = \frac{EQ}{EP} = -\frac{P}{13-P}$. 市场对该产品的最大需求量 $Q = 13$ 台. 试求利润最大时的产量及产品的价格.

分析 依题目要求必须写出利润函数. 依题设,可以由 MC 求得总成本函数,由 $\frac{EQ}{EP}$ 求出需求函数,从而得总收益函数. 产品的价格 $P = 0$ 时的需求量是最大需求量.

解 依题设,总成本函数
$$C = \int_0^Q (MC) \mathrm{d}x + C_0 = \int_0^Q \left(4 + \frac{x}{4}\right)\mathrm{d}x + 1 = 4Q = \frac{Q^2}{8} + 1$$

由已知需求价格弹性,有
$$\frac{P}{Q}\frac{\mathrm{d}Q}{\mathrm{d}P} = -\frac{P}{13-P}, \quad 即 \frac{\mathrm{d}Q}{Q} = -\frac{1}{13-P}\mathrm{d}P$$

积分得 $\ln Q = \ln(13-P) + \ln C$,即 $Q = C(13-P)$.

由 $P = 0$ 时,$Q = 13$ 知 $C = 1$. 于是需求函数为 $Q = 13 - P$ 或 $P = 13 - Q$.

总收益函数 $R = Q \cdot P = 13Q - Q^2$,利润函数为
$$L = R - C = -\frac{9}{8}Q^2 + 9Q - 1$$

由 $\dfrac{dL}{dQ} = -\dfrac{9}{4}Q + 9 = 0$，得 $Q = 4$，又 $\dfrac{d^2L}{dQ^2} = -\dfrac{9}{4} < 0$（对任何 Q 都成立）．故产量 $Q = 4$（台）时，利润最大．此时，产品的价格为

$$P = (13 - Q)\big|_{Q=4} = 9(万元).$$

例 6.4.9 设某栋别墅现售价 500 万元，首付 20%，剩下部分分期付款，10 年付清，每年付款数相同，若年贴现率为 6%，按连续复利计算，每年应付款多少元？

解 这是均匀流量，设每年付款 A 元，因全部付款的总现在值是已知的，即现售价扣除首付的部分：$500 - 20\% \times 500 = 400$（万元）．于是有

$$400 = A\int_0^{10} e^{-0.06t} dt = \dfrac{A}{0.06}(1 - e^{-0.06 \times 10})$$

即 $\qquad\qquad\qquad 24 = A(1 - 0.5488), \quad A = 53.19(万元)$

故每年应付款 53.19 万元．

例 6.4.10 某一型号的轿车正常使用寿命为 10 年，若购进该轿车需 20 万元；若租用该轿车每月租金为 3 000 元．设资金的年利率为 6%，按连续复利计算，试问购进轿车与租用轿车哪一种方式合算．

分析 为比较租金和购进轿车费用，可以有两种计算方法：其一是把 10 年租金总值的现在值与购进轿车费用相比较；其二是将购买轿车的费用折算成按租用付款，然后与实际租用费相比较．

解法 1 计算租金流量的总值的现在值，然后与购买轿车的费用相比较．

每月租金 3 000 元，每年租金为 3.6 万元．按连续复利计算，第 t 年租金的现在值为 $3.6e^{-0.06t}$（连续的贴现公式）．租金流的总值的现在值为

$$P = \int_0^{10} 3.6e^{-0.06t} dt = \dfrac{3.6}{0.06}(1 - e^{-0.06 \times 10}) = 27.07(万元)$$

因为购进费用为 20 万元，显然，购进轿车合算．

解法 2 将购买轿车的费用折算成按每年租用付款，然后与实际租金相比较．

设每年付出租金为 A 元，则第 t 年租金的现在值为 $Ae^{-0.06t}$，经 10 年，租金流量的总值的现在值为 20 万元．于是有

$$20 = \int_0^{10} Ae^{-0.06t} dt = \dfrac{A}{0.06}(1 - e^{-0.06 \times 10})$$

可算出 $A \approx 2.66$（万元），每月租金约为 2216 元．

因实际每年租金为 3.6 万元，显然，购进轿车为好．

6.5 错 解 分 析

例 6.5.1 给出定义在区间 (a,b) 内的连续函数 $y = f(x)$，用定积分元素法计算曲线 $y = f(x)$ 的弧长．

错解 对应于区间为 $(x, x + dx)$ 内的曲线弧长记为 Δs，则有

$$\Delta s \approx dx,$$

故 $s = \displaystyle\int_a^b dx = b - a.$

如图 6.13 所示.

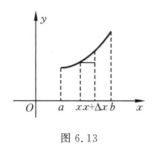

图 6.13

分析 使用定积分元素法要满足两条基本要求：
(1) 所求量 s 是区间 (a,b) 内的关于区间的可加量.
(2) 在部分区间 $(x,x+\mathrm{d}x)$ 内所求增量 Δs 应存在线性近似式 $\Delta s \approx f(x)\mathrm{d}x$，并且 $|\Delta s - f(x)\mathrm{d}x|$ 是 $\mathrm{d}x$ 的高阶无穷小量，此时成立

$$s = \int_a^b f(x)\mathrm{d}x$$

但在 $(x,x+\mathrm{d}x)$ 内的弧长增量 Δs 用 $\mathrm{d}x$ 近似表示时

$$|\Delta s - \mathrm{d}x| > |\sqrt{(\Delta x)^2 + (\Delta y)^2} - \mathrm{d}x|$$

即 $\left|\dfrac{\Delta s - \mathrm{d}x}{\mathrm{d}x}\right| > \left|\sqrt{1+\left(\dfrac{\Delta y}{\Delta x}\right)^2} - 1\right| \to \sqrt{1+[f'(x)]^2} - 1 \neq 0$，(当 $\mathrm{d}x \to 0$ 时)

应当注意：自变量增量等于自变量微分，即 $\Delta x = \mathrm{d}x$. 因此，$\Delta s \approx \mathrm{d}x$ 不满足使用定积分元素法的基本要求.

正确解答 对于区间 $(x,x+\mathrm{d}x)$ 内的曲线弧长记为 Δs，且该弧长增量用弧微分来替代，则

$$\Delta s \approx \sqrt{(\mathrm{d}x)^2 + (\mathrm{d}y)^2} = \sqrt{1+[f'(x)]^2}\,\mathrm{d}x \quad (\text{取 } \mathrm{d}x > 0),$$

现在证明这个近似式满足定积分元素法的基本要求(2).

如图 6.14 所示.

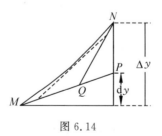

图 6.14

不失普遍性，设在小区间 $(x,x+\mathrm{d}x)$ 内 $f(x)$ 是单调递增函数，过 M 点作弧的切线 $\overline{MP}$；过 N 点作弧的切线交 $\overline{MP}$ 于 Q 点. 易见 $\overline{MQ} + \overline{QN}$ 大于 $\overset{\frown}{MN}$ 弧的任何内接折线. 再根据弧长定义知，$\overline{MQ} + \overline{NQ} > \overset{\frown}{MN}$，故有

第6章 定积分的应用

$$\left|\Delta s - \sqrt{1+[f'(x)]^2}\mathrm{d}x\right| \leqslant |\overline{MQ}+\overline{QN}-\overline{MP}| = |\overline{QN}-\overline{QP}| \leqslant \overline{NP} = |\Delta y - \mathrm{d}y|$$

由此得

$$\left|\frac{\Delta s - \sqrt{1+[f'(x)]^2}\mathrm{d}x}{\mathrm{d}x}\right| \leqslant \left|\frac{\Delta y}{\Delta x} - \frac{\mathrm{d}y}{\mathrm{d}x}\right| \to 0 \quad (\mathrm{d}x \to 0)$$

从而 $\Delta s \approx \int_a^b \sqrt{1+[f'(x)]^2}\mathrm{d}x \quad (a<b)$.

从上述这个例子得到经验,凡是所计算的几何量涉及到曲线的弧长时应该采用 $\Delta s \approx \sqrt{(\mathrm{d}x)^2 + (\mathrm{d}y)^2}$ 从而不能采用 $\Delta s \approx \mathrm{d}x$. 例如计算旋转体侧面积时,应该有

$$\Delta S \approx 2\pi f(x) \cdot \sqrt{1+[f'(x)]^2}\mathrm{d}x$$

而不能用 $\Delta S \approx 2\pi f(x)\mathrm{d}x$.

旋转体侧面积计算公式为

$$S_{\text{侧}} = \int_a^b 2\pi f(x)\sqrt{1+[f'(x)]^2}\mathrm{d}x \quad (a<b).$$

例 6.5.2 边长为 a 和 b 的矩形薄板,与液面成 α 角沉于液体内,长边平行液面而位于深 h 处,设 $a>b$,液体的比重为 r,试求薄板每面上的液体压力.

错解 如图 6.15 所示,选取坐标,坐标原点处在薄板顶部的边上.

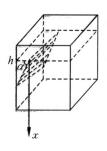

图 6.15

考虑对应于坐标为 $[x, x+\mathrm{d}x]$ 的薄板小条上所受压力 ΔP,即

$$\Delta P \approx r(x+h)(a\mathrm{d}x) = ar(x+h)\mathrm{d}x$$

由定积分元素法知

$$P = \int_0^b ar(x+h)\mathrm{d}x = ar\left.\frac{(x+h)^2}{2}\right|_0^b = ar\frac{b^2+2bh}{2}.$$

分析 计算结果与薄板的倾角 α 无关,显然是错误的. 上段计算中的错误有两处.

(1) 与以铅直方向选取坐标时,对应于坐标为 $[x, x+\mathrm{d}x]$ 的薄板小条的面积不是 $a\mathrm{d}x$,应该是 $a\frac{\mathrm{d}x}{\sin\alpha}$.

(2) 积分限不是 $(0,b)$,应是 $(0, b\sin\alpha)$. 结果应为

$$P = \int_a^{b\sin\alpha} \frac{ar}{\sin\alpha}(x+h)\mathrm{d}x = abr\left(h+\frac{b}{2}\sin\alpha\right).$$

正确解答 本题选取坐标如图 6.16 所示较为方便.

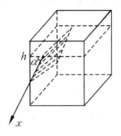

图 6.16

对应于坐标为 $(x, x+\mathrm{d}x)$ 的薄板小条上的受压力为
$$\Delta P = r(h + x\sin\alpha)a\mathrm{d}x$$
故 $P = \int_0^b ar(h + x\sin\alpha)\mathrm{d}x = ar\left(hx + \frac{x^2}{2}\sin\alpha\right)\Big|_0^b = abr\left(h + \frac{b}{2}\sin\alpha\right).$

6.6 考研真题选解

6.6.1 几何应用

例 6.6.1 曲线 $y = \int_0^x \tan t\,\mathrm{d}t \left(0 \leqslant x \leqslant \frac{\pi}{4}\right)$ 的弧长 $s = $ _____.

(2011 年考研数学试题)

解 $s = \int_0^{\frac{\pi}{4}} \sqrt{1 + y'^2}\,\mathrm{d}x = \int_0^{\frac{\pi}{4}} \sqrt{1 + \tan^2 x}\,\mathrm{d}x = \int_0^{\frac{\pi}{4}} \frac{\mathrm{d}x}{\cos x} = \int_0^{\frac{\pi}{4}} \frac{\mathrm{d}(\sin x)}{1 - \sin^2 x}$

$= \frac{1}{2}\int_0^{\frac{\pi}{4}} \left(\frac{1}{1+\sin x} + \frac{1}{1-\sin x}\right)\mathrm{d}(\sin x) = \frac{1}{2}\ln\frac{1+\sin x}{1-\sin x}\Big|_0^{\frac{\pi}{4}} = \frac{1}{2}\ln\frac{1+\frac{\sqrt{2}}{2}}{1-\frac{\sqrt{2}}{2}}$

$= \frac{1}{2}\ln\frac{2+\sqrt{2}}{2-\sqrt{2}} = \ln(1+\sqrt{2}).$

例 6.6.2 求心形线 $r = a(1+\cos\theta)$ 的全长,其中 $a > 0$ 是常数.

(1996 年考研数学试题)

解 由极坐标系下的弧微分公式得
$$\mathrm{d}s = \sqrt{r(\theta)^2 + r'(\theta)^2}\,\mathrm{d}\theta = a \cdot \sqrt{(1+\cos\theta)^2 + \sin^2\theta}\,\mathrm{d}\theta = 2a\left|\cos\frac{\theta}{2}\right|\mathrm{d}\theta$$
由于 $r = r(\theta) = a(1+\cos\theta)$ 以 2π 为周期,因而 θ 的范围是 $\theta \in [0, 2\pi]$. 又由于 $r(-\theta) = r(\theta)$,心形线关于极轴对称. 由对称性,$s = 2\int_0^{\pi} \mathrm{d}s(\theta) = 4a\int_0^{\pi} \cos\frac{\theta}{2}\mathrm{d}\theta = 8a.$

例 6.6.3 设 $\rho = \rho(x)$ 是抛物线 $y = \sqrt{x}$ 上任一点 $M(x, y)(x \geqslant 1)$ 处的曲率半径,$s = s(x)$ 是该抛物线上介于点 $A(1,1)$ 与 M 之间的弧长,计算 $3\rho\frac{\mathrm{d}^2\rho}{\mathrm{d}s^2} - \left(\frac{\mathrm{d}\rho}{\mathrm{d}s}\right)^2$ 的值.(在直角坐标

系下曲率公式为 $K = \dfrac{|y''|}{(1+y'^2)^{3/2}}$).

(2001 年考研数学试题)

解 先把 ρ,s 表示成 x 的函数：$y' = \dfrac{1}{2\sqrt{x}}$，$y'' = -\dfrac{1}{4\sqrt{x^3}}$，抛物线在点 $M(x,y)$ 处的曲率半径为

$$\rho = \rho(x) = \dfrac{1}{K} = \dfrac{1}{2}(4x+1)^{3/2}$$

抛物线上 $\widehat{AM}$ 的弧长 $\quad s = s(x) = \displaystyle\int_1^x \sqrt{1+y'^2}\,\mathrm{d}x = \int_1^x \sqrt{1+\dfrac{1}{4x}}\,\mathrm{d}x.$

再用参数求导法求 $\dfrac{\mathrm{d}\rho}{\mathrm{d}s}$ 与 $\dfrac{\mathrm{d}^2\rho}{\mathrm{d}s^2}$，即

$$\dfrac{\mathrm{d}\rho}{\mathrm{d}s} = \dfrac{\mathrm{d}\rho/\mathrm{d}x}{\mathrm{d}s/\mathrm{d}x} = \dfrac{\dfrac{1}{2}\cdot\dfrac{3}{2}(4x+1)^{\frac{1}{2}}\cdot 4}{\sqrt{1+\dfrac{1}{4x}}} = 6\sqrt{x}$$

$$\dfrac{\mathrm{d}^2\rho}{\mathrm{d}s^2} = \dfrac{\mathrm{d}}{\mathrm{d}x}\left(\dfrac{\mathrm{d}\rho}{\mathrm{d}s}\right)\cdot\dfrac{1}{\dfrac{\mathrm{d}s}{\mathrm{d}x}} = \dfrac{6}{2\sqrt{x}}\cdot\dfrac{1}{\sqrt{1+\dfrac{1}{4x}}} = \dfrac{6}{\sqrt{4x+1}}$$

因此 $\quad 3\rho\dfrac{\mathrm{d}^2\rho}{\mathrm{d}s^2} - \left(\dfrac{\mathrm{d}\rho}{\mathrm{d}s}\right)^2 = 3\cdot\dfrac{1}{2}(4x+1)^{\frac{3}{2}}\cdot\dfrac{6}{\sqrt{4x+1}} - 36x = 9.$

例 6.6.4 某建筑工程打地基时,需用汽锤将桩打进土层,汽锤每次击打,都将克服土层对桩的阻力而作功.设土层对桩的阻力的大小与桩被打进地下的深度成正比(比例系数为 $k,k>0$),汽锤第一次击打将桩打进地下 a(m).根据设计方案,要求汽锤每次击打桩时所作的功与前一次击打时所作的功之比为常数 $r(0<r<1)$.试问：

(1) 汽锤击打桩 3 次后,可以将桩打进地下多深？

(2) 若击打次数不限,汽锤至多能将桩打进地下多深？(注：m 表示长度单位米)

(2003 年考研数学试题)

分析 设第 n 次击打后,桩被打进地下 x_n,第 n 次击打时,汽锤所作的功为 $W_n(n=1,2,3,\cdots)$.由题设,已知当桩被打进地下的深度为 x 时,土层对桩的阻力的大小为 kx，$W_n = vW_{n-1}$，要求的是 $x_n(n=3)$ 及 $\lim\limits_{n\to\infty}x_n$.

解法 1 (1) 先逐一求出 $W_n(n=1,2,3)$，并相应地求出 $x_n(n=1,2,3)$.

$W_1 = \displaystyle\int_0^{x_1} kx\,\mathrm{d}x = \dfrac{k}{2}x_1^2 = \dfrac{k}{2}a^2, \quad W_2 = \int_{x_1}^{x_2} kx\,\mathrm{d}x = \dfrac{k}{2}(x_2^2 - x_1^2) = \dfrac{k}{2}(x_2^2 - a^2)$

由 $W_2 = rW_1$ 得 $x_2^2 - a^2 = ra^2$，即 $\quad x_2^2 = (1+r)a^2$.

$$W_3 = \int_{x_2}^{x_3} kx\,\mathrm{d}x = \dfrac{k}{2}(x_3^2 - x_2^2) = \dfrac{k}{2}[x_3^2 - (1+r)a^2]$$

由 $W_3 = rW_2 = r^2W_1$ 得 $x_3^2 - (1+r)a^2 = r^2a^2$，即 $x_3^2 = (1+r+r^2)a^2$.

从而,汽锤击打 3 次后,可以将桩打进地下 $x_3 = \sqrt{1+r+r^2}\,a$(m).

(2) 问题是要求 $\lim\limits_{n\to\infty}x_n$，为此先用数学归纳法证明：$x_{n+1} = \sqrt{1+r+\cdots+r^n}\,a$.

假设 $x_n = \sqrt{1+r+\cdots+r^n}\,a$，则

$$W_{n+1} = \int_{x_n}^{x_{n+1}} kx\, dx = \frac{k}{2}(x_{n+1}^2 - x_n^2) = \frac{k}{2}[x_{n+1}^2 - (1+r+\cdots+r^{n-1})a^2]$$

由 $W_{n+1} = rW_n = r^2W_{n-1} = \cdots = r^n W_1$,得

$$x_{n+1}^2 - (1+r+\cdots+r^{n-1})a^2 = r^n a^2$$

从而
$$x_{n+1}^2 = (1+r+\cdots+r^n)a^2, \quad x_n = \sqrt{1+r+\cdots+r^{n-1}}\,a = \sqrt{\frac{1-r^n}{1-r}}\,a$$

于是
$$\lim_{n\to\infty} x_n = \lim_{n\to\infty}\sqrt{\frac{1-r^n}{1-r}}\,a = \frac{a}{\sqrt{1-r}}$$

若不限击打次数,汽锤至多能将桩打进地下 $\dfrac{a}{\sqrt{1-r}}$ (m).

解法 2 通过求 $\sum_{i=1}^{n} W_i$ 直接求出 x_n. 按功的计算公式

$$W_1 = \int_0^{x_1} kx\, dx = \frac{1}{2}kx_1^2 = \frac{1}{2}ka^2$$

$$W_2 = \int_{x_1}^{x_2} kx\, dx, \quad W_3 = \int_{x_2}^{x_3} kx\, dx, \cdots, W_n = \int_{x_{n-1}}^{x_n} kx\, dx$$

相加得
$$W_1 + W_2 + \cdots + W_n = \int_0^{x_n} kx\, dx = \frac{1}{2}kx_n^2$$

又 $W_n = rW_{n-1} = r^2 W_{n-2} = \cdots = r^{n-1} W_1$,代入上式得

$$(1+r+r^2+\cdots+r^{n-1})W_1 = \frac{1}{2}kx_n^2, \quad W_1 = \frac{1}{2}ka^2$$

于是
$$x_n = \sqrt{1+r+r^2+\cdots+r^{n-1}}\cdot a = \sqrt{\frac{1-r^n}{1-r}}\,a\,(\text{m})$$

因此
$$x_3 = \sqrt{\frac{1-r^3}{1-r}}\,a = \sqrt{1+r+r^2}\,a(\text{m}).\quad \lim_{n\to\infty} x_n = \frac{a}{\sqrt{1-r}}(\text{m}).$$

例 6.6.5 为清除井底的污泥,用缆绳将抓斗放入井底,抓起污泥后提出井口,如图 6.18 所示.已知井深 30m,抓斗自重 400N,缆绳每米重 50N,抓斗抓起的污泥重 2 000N,提升速度为 3m/s,在提升过程中污泥以 20N/s 的速度从抓斗缝隙中漏掉.现将抓起污泥的抓斗提升至井口.试问克服重力需做多少焦耳的功?(说明:①1N×1m = 1J;m,N,s,J 分别表示米,牛顿,秒,焦耳.② 抓斗的高度及位于井口上方的缆绳长度忽略不计.)

(1999 年考研数学试题)

解法 1 作 x 轴如图 6.17 所示,将抓起污泥的抓斗提升至井口需做功

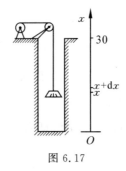

图 6.17

$$w = w_1 + w_2 + w_3$$

其中 w_1 是克服抓斗自重所做的功，w_2 是克服缆绳重力所做的功，w_3 为提出污泥所做的功. 由题意知

$$w_1 = 400 \times 30 = 12\ 000$$

将抓斗由 x 处提升到 $x + \mathrm{d}x$ 处，克服缆绳重力所做的功为

$$\mathrm{d}w_2 = 50(30 - x)\mathrm{d}x$$

从而

$$w_2 = \int_0^{30} 50(30 - x)\mathrm{d}x = 22\ 500$$

在时间间隔 $[t, t + \mathrm{d}t]$ 内提升污泥需做功为

$$\mathrm{d}w_3 = 3(2\ 000 - 20t)\mathrm{d}t$$

将污泥从井底提升至井口共需时间为 $\dfrac{30}{3} = 10$，所以

$$w_3 = \int_0^{10} 3(2\ 000 - 20t)\mathrm{d}t = 57\ 000$$

因此，共需做功 $\quad w = 12\ 000 + 22\ 500 + 57\ 000 = 91\ 500 (\mathrm{J}).$

解法 2 在时间段 $[t, t + \Delta t]$ 内的做功为

$$\Delta w \approx \mathrm{d}w = [400 + (2\ 000 - 20t) + 50(30 - 2t)] \cdot 3\mathrm{d}t$$

抓起污泥的抓斗提升至井口所需时间为 $10(\mathrm{s})$. 因此，克服重力需做功

$$w = \int_0^{10} [400 + (2\ 000 - 20t) + 50(30 - 3t)] \cdot 3\mathrm{d}t = 91\ 500 (\mathrm{J}).$$

6.6.2 综合应用

例 6.6.6 过坐标原点作曲线 $y = \ln x$ 的切线，该切线与曲线 $y = \ln x$ 及 x 轴围成平面图形 D.

(1) 求 D 的面积 A；

(2) 求 D 绕直线 $x = \mathrm{e}$ 旋转一周所得旋转体的体积 V.   (2003 年考研数学试题)

解 (1) 曲线 $y = \ln x$ 在点 (x_0, y_0) $(y_0 = \ln x_0)$ 处的切线方程为

$$y - y_0 = \frac{1}{x_0}(x - x_0)$$

由切线过原点 $(0, 0)$，得 $y_0 = 1, x_0 = \mathrm{e}$，所以该切线方程为 $y = \dfrac{x}{\mathrm{e}}$. 从而，如图 6.18 所示，图形 D 的面积为

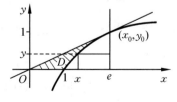

图 6.18

$$A = \int_0^1 (e^y - ey) dy = \frac{e}{2} - 1.$$

(2) 切线 $y = \frac{x}{e}$，x 轴与直线 $x = e$ 所围三角形绕 $x = e$ 旋转所得圆柱体的体积为 $V_1 = \frac{1}{3}\pi e^2$，而曲线 $y = \ln x$、x 轴与直线 $x = e$ 所围曲边三角形绕 $x = e$ 的旋转体体积为

$$V_2 = \int_0^1 \pi(e - e^y)^2 dy = \pi\left(-\frac{1}{2}e^2 + 2e - \frac{1}{2}\right)$$

或者

$$V_2 = \int_1^e 2\pi(e-x)\ln x \, dx = \pi\left(-\frac{1}{2}e^2 + 2e - \frac{1}{2}\right)$$

因此所求旋转体的体积为 $V = V_1 - V_2 = \frac{\pi}{6}(5e^2 - 12e + 3)$.

例 6.6.7 椭球面 S_1 是椭圆 $\frac{x^2}{4} + \frac{y^2}{3} = 1$ 绕 x 轴旋转而成，圆锥面 S_2 是由过点 $(4,0)$ 且与椭圆 $\frac{x^2}{4} + \frac{y^2}{3} = 1$ 相切的直线绕 x 轴旋转而成.

(1) 求 S_1 及 S_2 的方程；

(2) 求 S_1 与 S_2 之间的立体体积. 　　　　　　　　　　　　(2009 年考研数学试题)

分析与求解 (1) 椭圆 $\Gamma: \frac{x^2}{4} + \frac{y^2}{3} = 1$ 绕 x 轴旋转而成的椭球面 S_1 的方程是

$$\frac{x^2}{4} + \frac{y^2 + z^2}{3} = 1 \quad \left(y^2 + z^2 = 3\left(1 - \frac{x^2}{4}\right)\right)$$

为求 S_2 的方程，先求椭圆 Γ 的过点 $(4,0)$ 的切线 L.

椭圆 Γ 上 $\forall$ 点 (x_0, y_0) 的切线斜率是 $y' = -\frac{3}{4}\frac{x_0}{y_0}$，相应的切线方程是

$$y = y_0 - \frac{3}{4}\frac{x_0}{y_0}(x - x_0)$$

令 $x = 4$，$y = 0$，得相应的切点 (x_0, y_0)：$y_0 = \frac{3}{4}\frac{x_0}{y_0}(4 - x_0)$，$\frac{x_0^2}{4} + \frac{y_0^2}{3} = x_0$，即 $x_0 = 1$，$y_0 = \pm\frac{3}{2}$. (只需考虑 $y_0 > 0$). 于是得切线 L 的方程 $y = -\frac{1}{2}(x - 4)$.

相应的圆锥面 S_2 的方程是 $y^2 + z^2 = \frac{1}{4}(x - 4)^2$.

(2) 设 S_1 与 S_2 之间的区域 Ω 的体积为 V，Ω 由锥体的一部分 Ω_1 除去椭球体的一部分 Ω_2 组成.

现先分别求出 Ω_1 与 Ω_2 的体积 V_1 和 V_2.

方法 1 利用求旋转体体积的定积分公式求 V_2，Ω_2 由曲线 $y = \sqrt{3\left(1 - \frac{x^2}{4}\right)}$ ($1 \leqslant x \leqslant 2$) 绕 x 轴旋转而成 (见图 6.19)，于是

$$V_2 = \pi\int_1^2 y^2(x) dx = \pi\int_1^2 3\left(1 - \frac{x^2}{4}\right) dx = 3\pi\left(1 - \frac{x^3}{12}\bigg|_1^2\right) = \frac{5}{4}\pi.$$

方法 2 利用重积分的体积公式求 V_2.

与 x 轴垂直的 Ω_2 的截面区域 $D(x)$ 已知，即

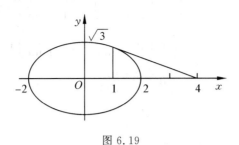

图 6.19

$$D(x): y^2 + z^2 \leqslant 3\left(1 - \frac{x^2}{4}\right)$$

于是 Ω_2 的体积为

$$V_2 = \int_2^2 \mathrm{d}x \iint_{D(x)} \mathrm{d}y \mathrm{d}z = \int_1^2 \pi \cdot 3\left(1 - \frac{x^2}{4}\right)\mathrm{d}x = 3\pi\left(1 - \frac{1}{12}x^3 \bigg|_1^2\right) = \frac{5}{4}\pi$$

按锥体的体积公式,得 Ω_1 的体积 $V_1 = \frac{1}{3}\pi\left(\frac{3}{2}\right)^2 \cdot 3 = \frac{9}{4}\pi$,因此

$$V = V_1 - V_2 = \frac{9}{4}\pi - \frac{5}{4}\pi = \pi.$$

例 6.6.8 已知曲线 $L: \begin{cases} x = f(t) \\ y = \cos t \end{cases} \left(0 \leqslant t < \frac{\pi}{2}\right)$,其中函数 $f(t)$ 具有连续导数,且 $f(0) = 0, f'(t) > 0 \left(0 < t < \frac{\pi}{2}\right)$. 若曲线 L 的切线与 x 轴的交点到切点的距离恒为 1,求函数 $f(t)$ 的表达式,并求以曲线 L 及 x 轴和 y 轴为边界的区域的面积.

(2012 年考研数学试题)

分析 本题是一道综合的几何应用题,第一步,求出 $f(x)$ 的表达式,其关键是正确写出曲线上任一点处的切线方程;第二步,求指定平面区域的面积,需要分析清楚该区域的特点——无穷区域.

解 (1) 求 $f(t)$ 的表达式.

当 $0 \leqslant t < \frac{\pi}{2}$ 时曲线 L 在切点 $A(f(t), \cos t)$ 处的切线斜率为 $\dfrac{\mathrm{d}y}{\mathrm{d}x} = \dfrac{y'_t}{x'_t} = -\dfrac{\sin t}{f'(t)}$,切线方程为

$$y = \cos t - \frac{\sin t}{f'(t)}[x - f(t)]$$

令 $y = 0$ 得切线与 x 轴的交点 B 的 x 坐标为

$$x = f(t) + \frac{\cos t f'(t)}{\sin t}$$

于是 B 点坐标为 $\left(f(t) + \dfrac{\cos t f'(t)}{\sin t}, 0\right)$,切点 A 的坐标为 $(f(t), \cos t)$.

A 与 B 的距离为 $\sqrt{\dfrac{f'^2(t)\cos^2 t}{\sin^2 t} + \cos^2 t} \xrightarrow{\text{依题设}} 1$

化简得 $f'(t) = \dfrac{\sin^2 t}{\cos t}$

积分得
$$f(t) = f(0) + \int_0^t \frac{\sin^2 x}{\cos x}dx = \int_0^t \frac{\sin^2 x - 1 + 1}{1 - \sin^2 t}d\sin x$$
$$= -\sin t + \frac{1}{2}\int_0^t \left(\frac{1}{1+\sin x} + \frac{1}{1-\sin x}\right)d\sin x$$
$$= -\sin t + \frac{1}{2}\ln\frac{1+\sin t}{1-\sin t}$$
$$= -\sin t + \frac{1}{2}\ln\frac{(1+\sin t)^2}{\cos^2 t}$$
$$= -\sin t + \ln(\sec t + \tan t).$$

(2) 求无界区域的面积 S.

曲线 $L:\begin{cases}x = f(t),\\ y = \cos t\end{cases}\left(0 \leqslant t < \frac{\pi}{2}\right)$ 可以表示为 $y = g(x)(0 \leqslant x < +\infty)$，当 $t = 0$ 时 $x = f(0) = 0$，当 $t \to \frac{\pi}{2} - 0$ 时，由 $x = f(t) = \ln(\sec t + \tan t) - \sin t \to +\infty$，可知以曲线 L 及 x 轴，y 轴为边界的区域是介于曲线 L 和 x 轴之间的一块无穷区域，如图 6.20 所示，其面积为 $S = \int_0^{+\infty} y\,dx$.

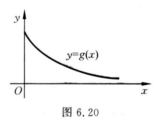

图 6.20

当 $x = f(t)$ 时 $g(x) = \cos t$，于是
$$S = \int_0^{+\infty} g(x)dx \xrightarrow{x = f(t)} \int_0^{\frac{\pi}{2}} \cos t\,df(t)$$
$$= \int_0^{\frac{\pi}{2}} \cos t \cdot f'(t)dt = \int_0^{\frac{\pi}{2}} \cos t\,\frac{\sin^2 t}{\cos t}dt = \int_0^{\frac{\pi}{2}} \sin t\,dt = \frac{\pi}{4}.$$

6.7 自测题

1. 曲线 $y = \frac{1}{x}, y = x, x = 2$ 所围图形面积为 S，则 $S = ($).

(A) $\int_1^2 \left(\frac{1}{x} - x\right)dx$ (B) $\int_1^2 \left(x - \frac{1}{x}\right)dx$

(C) $\int_1^2 \left(2 - \frac{1}{y}\right)dy + \int_1^2 (2 - y)dy$ (D) $\int_1^2 \left(2 - \frac{1}{x}\right)dy + \int_1^2 (2 - x)dx$

2. 曲线 $r = 2a\cos\theta$ 所围图形面积 $S = ($).

(A) $\int_0^{\pi/2} \frac{1}{2}(2a\cos\theta)^2 d\theta$ (B) $\int_{-\pi}^{\pi} \frac{1}{2}(2a\cos\theta)^2 d\theta$

(C) $\int_0^{2\pi} \frac{1}{2}(2a\cos\theta)^2 d\theta$ (D) $2\int_0^{\frac{\pi}{2}} \frac{1}{2}(2a\cos\theta)^2 d\theta$

3. 摆线 $\begin{cases} x = a(t-\sin t) \\ y = a(1-\cos t) \end{cases}$，一拱与 x 轴所围图形绕 x 轴旋转的旋转体体积为 $V =$ ( ).

(A) $\int_0^{2\pi} \pi a^2 (1-\cos t)^2 \mathrm{d}t$ (B) $\int_0^{2\pi a} \pi a^2 (1-\cos t)^2 \mathrm{d}[a(t-\sin t)]$

(C) $\int_0^{2\pi} \pi a^2 (1-\cos t)^2 \mathrm{d}[a(t-\sin t)]$ (D) $\int_0^{2\pi a} \pi a^2 (1-\cos t)^2 \mathrm{d}t$

4. 曲线 $y = \ln(1-x^2)$ 上 $0 \leqslant x \leqslant \dfrac{1}{2}$ 一段弧长 $s = ($).

(A) $\int_0^{\frac{1}{2}} \sqrt{1+\left(\dfrac{1}{1-x^2}\right)^2} \mathrm{d}x$ (B) $\int_0^{\frac{1}{2}} \dfrac{1+x^2}{1-x^2} \mathrm{d}x$

(C) $\int_0^{\frac{1}{2}} \sqrt{1+\dfrac{-2x}{1-x^2}} \mathrm{d}x$ (D) $\int_0^{\frac{1}{2}} \sqrt{1+[\ln(1-x^2)]^2} \mathrm{d}x$

5. 矩形闸门宽 a m，高 h m 垂直放在水中，上沿与水面齐平，则闸门压力 $P = ($).

(A) $\int_0^h ah \, \mathrm{d}h$ (B) $\int_0^a ah \, \mathrm{d}h$

(C) $\int_0^h \dfrac{1}{2} ah \, \mathrm{d}h$ (D) $\int_0^h 2ah \, \mathrm{d}h$

6. 横截面为 S，深为 h 的水池装满水，把水全部抽到高为 H 的水塔上，所作的功 $W =$ ( ).

(A) $\int_0^h S(H+h-y) \mathrm{d}y$ (B) $\int_0^H S(H+h-y) \mathrm{d}y$

(C) $\int_0^h S(H-y) \mathrm{d}y$ (D) $\int_0^{h+H} S(H+h-y) \mathrm{d}y$

7. 已知平行于 x 轴的直线 $y = k$ 把曲线 $y = a - \dfrac{1}{a} x^2 (a > 0)$ 与 x 轴之间的面积两等分，试求 k 的值.

8. 求 $r = \sqrt{2}\cos\theta$ 与 $r^2 = \sqrt{3}\sin 2\theta$ 所围图形的面积.

9. 求抛物线 $y = x^2 + 1$ 及其在点 $P(2,5)$ 处的切线与两坐标轴的正半轴所围图形的面积.

10. 一立体的底是长半轴为 a，短半轴为 b 的椭圆，又垂直于长轴的截面都是等边三角形，试求其体积.

11. 求曲线 $x = e^t \sin t$，$y = e^t \cos t$，自 $t = 0$ 至 $t = \dfrac{\pi}{2}$ 的弧长.

12. 底直径为 20 cm，高为 1 m 的带活塞的圆筒内充满压强为 10 kg/cm² 的蒸汽，设温度保持不变，拟设蒸汽体积缩小一半，试问需作功多少？

自测题参考答案

1. (B) **2.** (D) **3.** (C) **4.** (B) **5.** (A) **6.** (A) **7.** $(2-\sqrt[3]{2})a/2$

8. $\dfrac{\pi}{6}$ **9.** $\dfrac{47}{24}$ **10.** $\dfrac{4}{3}\sqrt{3}\pi ab^2$ **11.** $\sqrt{2}(e^{\frac{\pi}{2}}-1)$ **12.** $10^5 \pi \ln 2 (\text{kg} \cdot \text{m})$

第 7 章　常微分方程

7.1　大纲基本要求

（1）了解微分方程、解、通解、初始条件和特解等概念．
（2）掌握变量可分离方程及一阶线性方程的解法．
（3）会解齐次方程、伯努利（Bernoulli）方程和全微分方程．
（4）会用降阶法解三种形式的微分方程：
$$y^{(n)} = f(x), \quad y'' = f(x,y'), \quad y'' = f(y,y').$$
（5）掌握二阶常系数齐次线性微分方程的解法．
（6）理解二阶线性微分方程解的结构，会求自由项为 $P_n(x)\mathrm{e}^{\alpha x}$ 和 $\mathrm{e}^{\alpha x}[A\cos(\beta x)+B\sin(\beta x)]$ 的二阶常系数非齐次线性微分方程的特解及通解．
（7）会用微分方程解一些简单的几何问题、物理问题．
（8）会解一阶差分方程（经济类）．

7.2　内 容 提 要

7.2.1　微分方程的基本概念

微分方程　含有未知函数导数或微分的方程．如 $y' = 2x+1, y'' = 2xy'+5$．
常微分方程　未知函数为一元函数的微分方程．
偏微分方程　未知函数为多元函数的微分方程．
微分方程的阶　未知函数导数或微分的最高阶数称为微分方程的阶．如 $y''+2y' = x+1$ 为二阶微分方程．
微方程的解　代入微分方程后，使等式成为恒等式的可微函数称为微分方程的解．
微分方程的通解　对于一阶常微分方程，含有一个独立的任意常数的解称为一阶常微分方程的通解，显式通解常写为 $y = \varphi(x,C)$，隐式通解常写为 $\varphi(x,y,C) = 0$．对于二阶常微分方程，含有两个独立任意常数的解称为二阶常微分方程的通解，显式通解常写为 $y = \varphi(x,C_1,C_2)$，隐式通解常写为 $\varphi(x,y,C_1,C_2) = 0$．
微分方程的特解　满足特定条件的通解或不含任意常数的解称为微分方程的特解．
微分方程的初始条件　也称为特定条件，如 $y(x_0) = a, y'(x_0) = b$ 等．将这些条件代入微分方程的通解，可以确定通解中的任意常数 C 或 C_1, C_2．
积分曲线　微分方程的解的图形称为积分曲线．一般情况下，二维平面上的任意一点有且仅有一条积分曲线通过.

差分方程 联系自变量 x、未知函数 $y=f(x)$ 以及未知函数的差分 $\Delta y_x, \Delta^2 y_x, \cdots$ 的函数方程称为差分方程,如 $2\Delta y_x + x - 1 = 0, \Delta^2 y_x - 2y_x = 3^x$ 等 $(\Delta y_x = y_{x+1} - y_x)$.

差分方程的阶 出现在差分方程中未知函数的下标的最大值与最小值的差数称为差分方程的阶.

差分方程的解 代入差分方程,能使之成为恒等式的函数.

差分方程的通解 差分方程的解中所含独立的任意常数的个数恰等于方程阶数的解.

差分方程的特解 差分方程的解中不含任意常数或通解中的任意常数已被确定出来的解.

差分方程的初始条件 确定差分方程通解中任意常数的条件.

7.2.2 基本理论

定理 7.1(二阶微分方程解的基本定理)(存在唯一性定理) 设二阶线性微分方程为
$$y'' + P(x)y' + Q(x)y = f(x) \tag{7.1}$$
初始条件为
$$y(x_0) = y_0, \quad y'(x_0) = y_0' \tag{7.2}$$
如果 $P(x)$、$Q(x)$ 在区间 I 上连续,则一定存在唯一的函数 $y(x), y(x)$ 在 I 上满足方程式(7.1)及初始条件式(7.2).

注意 定理 7.1 的作用是保证方程(7.1)在初始条件式(7.2)下解的存在与唯一性,由于式(7.1)的通解中有任意常数出现,这往往使通解的形式不唯一,但是对于满足初始条件式(7.2)的特解则是唯一的,即使有所不同,也只是表达方式有别而已.

定理 7.2(二阶线性微分方程的结构定理) 设方程式(7.1)对应的齐次线性微分方程为
$$y'' + P(x)y' + Q(x)y = 0 \tag{7.3}$$
如果 $y_1(x)$、$y_2(x)$ 是方程式(7.3)的两个线性无关的解,则 $y = C_1 y_1 + C_2 y_2$ 是方程式(7.3)的通解(其中 C_1、C_2 为相互独立的任意常数). 如果 $y^*(x)$ 是式(7.1)($f(x) \not\equiv 0$)的一个特解,则 $y = C_1 y_1 + C_2 y_2 + y^*$ 是方程式(7.1)的通解.

注意 定理 7.2 说明在求出方程式(7.3)的两个线性无关的解后,可以方便地写出方程式(7.3)的通解;在求方程式(7.1)的通解时,首先应求出相应的齐次方程的通解,还要求出方程式(7.1)的一个特解,最后将两者结合起来,就构成方程式(7.1)的通解.

有以上定理的保证,在求解微分方程式(7.1)时,将集中精力寻找方程式(7.3)的线性无关的解 y_1 和 y_2 及方程式(7.1)的特解 y^*,而不用操心通解的表达方式.

7.2.3 基本方法

1. 一阶微分方程基本类型与计算方法

(1) 直接积分型 $y' = f(x) \Rightarrow y' = \int f(x) \mathrm{d}x \Rightarrow y = \int_{x_0}^{x} f(x) \mathrm{d}x + y_0$.

(2) 变量可分离型 $y' = f(x)g(y) \Rightarrow \dfrac{\mathrm{d}y}{g(y)} = f(x)\mathrm{d}x \Rightarrow \int \dfrac{\mathrm{d}y}{g(y)} = \int f(x)\mathrm{d}x + C$.

以上右边的常数 C,一般是依左边所得积分形式书写,例如

$$\frac{dy}{dx} = y \Rightarrow \frac{dy}{y} = dx \Rightarrow \ln y = x + \ln C$$

$$\frac{dy}{dx} = \frac{1+y^2}{1+x^2} \Rightarrow \frac{dy}{1+y^2} = \frac{dx}{1+x^2} \Rightarrow \arctan y = \arctan x + \arctan C.$$

(3) 齐次方程 $y' = f\left(\frac{y}{x}\right)$,令换元:$u = \frac{y}{x}$,则 $u + xu' = y'$ 代入原方程为可分离变量型.

(4) 全微分方程 $P(x,y)dx + Q(x,y)dy = 0$ 满足

$$\frac{\partial P}{\partial y} = \frac{\partial Q}{\partial x} \Rightarrow du(x,y) = 0 \Rightarrow u(x,y) = C.$$

(5) 线性方程

$$y' + P(x,y) = Q(x) \Rightarrow y = e^{-\int P(x)dx}\left(C + \int Q(x)e^{\int P(x)dx}dx\right).$$

(6) 伯努利方程

$$y' + P(x)y = Q(x)y^n \Rightarrow y^{1-n} = e^{-\int(1-n)P(x)dx}\left[C + \int(1-n)Q(x)e^{\int(1-n)P(x)dx}dx\right].$$

2. 高阶微分方程的基本类型与计算方法

(1) 积分降阶型 $y^{(n)} = f(x) \Rightarrow$ 通过 n 次积分求解.

(2) 不显含 y 而降阶型

$$y'' = f(x,y') \Rightarrow 换元\ y' = p, y'' = p', 降阶\ p' = f(x,p).$$

(3) 不显含 x 可降阶型

$$y'' = f(y,y') \Rightarrow 换元\ y' = p, y'' = \frac{dp}{dx} = \frac{dp}{dy} \cdot \frac{dy}{dx} = p\frac{dp}{dy}$$

降阶 $$p\frac{dp}{dy} = f(y,p).$$

(4) 二阶常系数线性微分方程 $y'' + py' + qy = f(x) \Rightarrow$ 解的结构 $y = \bar{y}_x + y^*$,其中,y_x 为对应齐次方程 $y'' + py' + qy = 0$ 的通解,y^* 为原方程的一个特解.

3. 差分方程

一阶常系数线性差分方程 $y_{x+1} - ay_x = f(x) \Rightarrow$ 解的结构 $y_x = \bar{y}_x + y_x^*$,其中,$\bar{y}_x$ 为对应的齐次方程 $y_{x+1} - ay_x = 0$ 的通解,y_x^* 为原方程的一个特解.

上述计算中常用到的计算方法有:特征方程特征根法、待定系数法、常数变易法、分离变量法、换元法以及全微分方程积分因子法等.虽然不同类型的微分方程有不同的计算方法,但由于不同方法类型可以适当转换,故同一个方程可以有不同的求解方法,希望同学们在学习中灵活运用.

7.3 解 难 释 疑

(1) 微分方程是高等数学的一个重要组成部分,微分方程是用微积分解决实际问题的

重要工具.这里主要研究的未知函数是一元函数的微分方程,称为常微分方程.对常微分方程求解而言,一般是先求出通解,然后再根据初始条件求出特解.另外,这里所讲的微分方程的求解方法和步骤都已规范化了,因此要善于正确地识别方程的类型,熟悉每种类型方程的特有解法.求解方法是本章的重点.

(2) 求解一阶微分方程的思路.一阶微分方程形式多样,解题方法较多,但仍然可以划分为几个主要的类型,如变量可分离型方程、线性方程、齐次方程、全微分方程、伯努利方程等.

求解时,首先判断方程的类型,然后根据不同的类型用不同的方法求解.如写成 $\dfrac{\mathrm{d}y}{\mathrm{d}x} = f(x,y)$ 的形式,检查是否可以分离变量,是否为齐次方程.此外,若可以写成线性形式,则用公式求解.如果以上类型均不便计算,也可以写成 $P(x,y)\mathrm{d}x + Q(x,y)\mathrm{d}y = 0$ 的形式,判断其是否为全微分方程等.

解题时,若方程中出现 $f(xy), f(x \pm y), f(x^2 \pm y^2)$ 等形式的项时,通常做这样的相应变量代换: $u = xy, u = x \pm y, u = x^2 \pm y^2$,等等.

(3) 二阶常系数线性齐次微分方程 $y'' + p_1 y' + q_2 y = 0$ 的特征方程为 $r^2 + p_1 \lambda + q_2 = 0$,方程的通解与特征方程的特征根的关系如表 7.1 所示.

表 7.1　　二阶常系数线性齐次微分方程的通解与特征方程的特征根的关系

特征方程 $\lambda^2 + p_1 \lambda + q_2 = 0$ 的特征根	$y'' + p_1 y' + q_2 y = 0$ 的通解形式
$r_1 、 r_2$ 的相异的实根	$y = C_1 \mathrm{e}^{r_1 x} + C_2 \mathrm{e}^{r_2 x}$
$r_1 = r_2 = k$	$y = (C_1 + C_2 x) \mathrm{e}^{kx}$
$r_{1,2} = \alpha \pm \beta \mathrm{i}$(虚根),$\alpha 、 \beta$ 为实数,i 为虚数单位	$y = \mathrm{e}^{\alpha x}[C_1 \cos(\beta x) + C_2 \sin(\beta x)]$

(4) 二阶常系数非齐次线性微分方程的特解设定.由于特解的设定主要依据自由项 $f(x)$ 的形式,对于一般的情况可以按表 7.2 设定,对于复杂的情况,则可以看成一般情况的组合.

表 7.2　　二阶常系数非齐次线性微分方程的特解设定

$f(x)$ 的形式	条件	所设特解 y^* 的形式
$f(x) = P_n(x)$ 为 n 次多项式	0 不是特征根	$y^* = R_n(x)$
	0 是单特征根	$y^* = x R_n(x)$
	0 是重特征根	$y^* = x^2 R_n(x)$
$f(x) = \mathrm{e}^{\alpha x} P_n(x)$	α 不是特征根	$y^* = \mathrm{e}^{\alpha x} R_n(x)$
	α 是单特征根	$y^* = x \mathrm{e}^{\alpha x} R_n(x)$
	α 是重特征根	$y^* = x^2 \mathrm{e}^{\alpha x} R_n(x)$
$f(x) = \mathrm{e}^{\alpha x}[P_n(x)\cos(\beta x) + P_m(x)\sin(\beta x)]$	$\alpha + \mathrm{i}\beta$ 不是特征根	$y^* = \mathrm{e}^{\alpha x}[R_k(x)\cos(\beta x) + S_k(x)\sin(\beta x)]$
	$\alpha \pm \mathrm{i}\beta$ 是特征根	$y^* = x \mathrm{e}^{\alpha x}[R_k(x)\cos(\beta x) + S_k(x)\sin(\beta x)]$

注:$R_k(x) 、 S_k(x)$ 为待定 k 次多项式,$k = \max\{m,n\}$.

(5) 微分方程应用问题求解方法. 微分方程是与实际应用问题结合得比较紧密的一个数学分支,主要是通过建立微分方程及初始条件来求解几何问题或物理问题. 一般情况下,分以下几个步骤:

① 分析题意,建立实际问题的微分方程模型,并给出模型的初始条件或边值条件.

② 求出所建微分方程的通解或特解.

③ 分析所求得的解,必要时讨论解的实际意义.

(6) 一阶常系数线性差分方程的解法.

① $y_{x+1} - ay_x = 0$ ($a \neq 0$) 的解法.

写出其特征方程 $\lambda - a = 0 \Rightarrow \lambda = a$,则通解为 $y_a = Ca^x$,C 为任意常数.

② $y_{x+1} - ay_x = f(x)$ 特解的求法.

$y_{x+1} - ay_x = f(x)$ 特解的形式如表 7.3 所示.

表 7.3　　　　　　　　　　$y_{x+1} - ay_x = f(x)$ 特解的形式

$f(x)$ 的形式	$f(x)$ 与方程系数 a 的关系	特解的形式
$P_m(x)$($P_m(x)$ 是 m 次多项式)	$a \neq 1$ $a = 1$	$Q_m(x)$ $xQ_m(x)$
$P_m(x)b^x$($b \neq 1$ 是实常数)	$b - a \neq 0$ $b - a = 0$	$b^x Q_m(x)$ $xb^x Q_m(x)$
$M\cos(\omega x) + N\sin(\omega x)$ (M、N、ω 是实常数,$0 < \omega < \pi$ 或 $\pi < \omega < 2\pi$)		$A\cos(\omega x) + B\sin(\omega x)$

7.4　典型例题选讲

7.4.1　微分方程的基本概念

例 7.4.1　验证 $y = \sin(x + C)$ 是微分方程 $(y')^2 + y^2 - 1 = 0$ 的通解,并验证 $y = \pm 1$ 也是该微分方程的解.

解　因为 $y = \sin(x + C)$,$y' = \cos(x + C)$,所以
$$(y')^2 + y^2 - 1 = \cos^2(x + C) + \sin^2(x + C) - 1 = 0,$$

即 $y = \sin(x + C)$ 是原方程的解,又因为解中含有一个任意常数,与方程的阶数相同,所以它是通解;$y = \pm 1$ 时,$y' = 0$,所以 $y = \pm 1$ 满足微分方程 $(y')^2 + y^2 - 1 = 0$,因此也是原方程的解(奇解).

例 7.4.2　验证函数 $y = C_1\cos 2x + 2C\sin^2 x - C_2$ 是否是微分方程 $y'' + 4y = 0$ 的解?若是解,是否是通解?

解　因
$$y = C_1\cos 2x + 2C_2\sin^2 x - C_2$$
$$= C_1\cos 2x + C_2(1 - \cos 2x) - C_2$$

$$= (C_1 - C_2)\cos 2x = C\cos 2x$$

又 $\qquad y' = -2C\sin 2x, \quad y'' = -4C\cos 2x$

显然有 $y''+4y=0$. 即所给函数是上述微分方程的解. 该解不是通解,因方程是二阶的,而所给函数实质上只含一个独立的任意常数.

7.4.2 一阶微分方程求解

1. 变量可分离的微分方程

(1) $y' = f(x)g(y)$.

解法 $\Rightarrow \dfrac{\mathrm{d}y}{g(y)} = f(x)\mathrm{d}x \Rightarrow \int \dfrac{\mathrm{d}y}{g(y)} = \int f(x) + C$.

(2) $M_1(x)N_1(y)\mathrm{d}x + M_2(x)N_2(y)\mathrm{d}y = 0$.

解法 $\Rightarrow \dfrac{M_1(x)}{M_2(x)}\mathrm{d}x = -\dfrac{N_2(y)}{N_1(y)}\mathrm{d}y \Rightarrow \int \dfrac{M_1(x)}{M_2(x)}\mathrm{d}x = -\int \dfrac{N_2(y)}{N_1(y)}\mathrm{d}y + C$.

例 7.4.3 求微分方程 $y' = \mathrm{e}^{x-y}$ 的通解

解 根据指数函数的性质,原方程可以化为

$$\frac{\mathrm{d}y}{\mathrm{d}x} = \frac{\mathrm{e}^x}{\mathrm{e}^y}$$

上式为可分离变量型微分方程,分离变量得

$$\mathrm{e}^y \mathrm{d}y = \mathrm{e}^x \mathrm{d}x$$

两边积分得 $\qquad\qquad\qquad \mathrm{e}^y = \mathrm{e}^x + C.$

例 7.4.4 求微分方程 $x^2 y\mathrm{d}x = (1 - y^2 + x^2 - x^2 y^2)\mathrm{d}y$ 的通解.

解 将所给方程化成

$$x^2 y\mathrm{d}x = (1 - y^2)(1 + x^2)\mathrm{d}y$$

分离变量,得

$$\frac{x^2}{1+x^2}\mathrm{d}x = \frac{1-y^2}{y}\mathrm{d}y$$

两边积分,得

$$x - \arctan x = \ln|y| - \frac{1}{2}y^2 + C.$$

2. 齐次微分方程

齐次微分方程 $y' = \varphi\left(\dfrac{y}{x}\right)$ 的解法:

令 $u = \dfrac{y}{x}$,即 $y = ux, y' = u + x\dfrac{\mathrm{d}u}{\mathrm{d}x}$,因 $y' = \varphi(u)$,故 $u + x\dfrac{\mathrm{d}u}{\mathrm{d}x} = \varphi(u)$,则

$$\Rightarrow \frac{\mathrm{d}u}{\varphi(u) - u} = \frac{\mathrm{d}x}{x} \Rightarrow \int \frac{\mathrm{d}u}{\varphi(u) - u} = \ln x + C$$

再将变量代回,即用 $\dfrac{y}{x}$ 代 u,便得方程的解.

例 7.4.5 求解微分方程 $y' = \dfrac{y}{x} + \tan \dfrac{y}{x}, y\big|_{x=1} = \dfrac{\pi}{6}$.

解 令 $u = \dfrac{y}{x}, y = ux, y' = u + x\dfrac{\mathrm{d}u}{\mathrm{d}x}$,得

$$u + x\frac{\mathrm{d}u}{\mathrm{d}x} = u + \tan u \Rightarrow \frac{\mathrm{d}u}{\tan u} = \frac{\mathrm{d}x}{x},$$

两边积分,得 $\ln\sin u = \ln x + \ln C$, $\sin u = Cx$.

将 $u = \dfrac{y}{x}$ 代回,得原方程的通解为 $\sin\dfrac{y}{x} = Cx$,代入初始条件 $y\big|_{x=1} = \dfrac{\pi}{6}$,解 $C = \dfrac{1}{2}$,故所求解为

$$\sin\frac{y}{x} = \frac{1}{2}x.$$

例 7.4.6 求解下列微分方程.

(1) $\left(x - y\cos\dfrac{y}{x}\right)\mathrm{d}x + x\cos\dfrac{y}{x}\mathrm{d}y = 0$;　　(2) $(1 + \mathrm{e}^{-\frac{x}{y}})y\mathrm{d}x + (y - x)\mathrm{d}y = 0$;

(3) $x^2 y\mathrm{d}x - (x^3 + y^3)\mathrm{d}y = 0$.

解 (1) $\dfrac{\mathrm{d}y}{\mathrm{d}x} = -\dfrac{x - y\cos\dfrac{y}{x}}{x\cos\dfrac{y}{x}} = \dfrac{\dfrac{y}{x}\cos\dfrac{y}{x} - 1}{\cos\dfrac{y}{x}} = \dfrac{y}{x} - \dfrac{1}{\cos\dfrac{y}{x}}$

令 $u = \dfrac{y}{x}$, $y' = u + xu'$,代入上式,得

$$u + xu' = u - \frac{1}{\cos u} \Rightarrow \cos u\,\mathrm{d}u = \frac{-\mathrm{d}x}{x}$$

$$\Rightarrow \sin u = -\ln x + C \Rightarrow \sin\frac{y}{x} = -\ln x + C.$$

(2) $\dfrac{\mathrm{d}y}{\mathrm{d}x} = \dfrac{1 + \mathrm{e}^{-\frac{x}{y}}}{\dfrac{x}{y} - 1}$,即 $\dfrac{\mathrm{d}x}{\mathrm{d}y} = \dfrac{\dfrac{x}{y} - 1}{1 - \mathrm{e}^{-\frac{x}{y}}}$. 令 $u = \dfrac{x}{y}$,则 $x = uy$, $\dfrac{\mathrm{d}x}{\mathrm{d}y} = u + \dfrac{y\mathrm{d}u}{\mathrm{d}y}$.

原方程变为 $u + y\dfrac{\mathrm{d}u}{\mathrm{d}y} = \dfrac{u - 1}{1 - \mathrm{e}^{-u}} \Rightarrow \dfrac{1 + \mathrm{e}^u}{u + \mathrm{e}^u}\mathrm{d}u + \dfrac{\mathrm{d}y}{y} = 0$

两边积分,得 $\ln(\mathrm{e}^u + u) + \ln y = \ln C$, $y(\mathrm{e}^u + u) = C$

变量还原,得 $y\mathrm{e}^{\frac{x}{y}} + x = C.$

(3) $\dfrac{\mathrm{d}y}{\mathrm{d}x} = \dfrac{x^2 y}{x^3 + y^3} = \dfrac{\dfrac{y}{x}}{1 + \left(\dfrac{y}{x}\right)^3}$. 令

$$u = \frac{y}{x}, \quad y = ux, \quad y' = u + xu'$$

原方程变为 $u + xu' = \dfrac{u}{1 + u^3} \Rightarrow \left(\dfrac{1}{u^4} + \dfrac{1}{u}\right)\mathrm{d}u = -\dfrac{\mathrm{d}x}{x} \Rightarrow -\dfrac{1}{3u^3} + \ln u = -\ln x + C$

$$\Rightarrow \ln(ux) = \frac{1}{3u^3} + C \Rightarrow \ln y = \frac{1}{3}\left(\frac{x}{y}\right)^3 + C.$$

3. 一阶线性微分方程

一阶线性微分方程 $$\frac{\mathrm{d}y}{\mathrm{d}x} + P(x)y = Q(x) \tag{7.4}$$

对应的一阶线性齐次微分方程为

$$\frac{\mathrm{d}y}{\mathrm{d}x} + P(x)y = 0 \tag{7.5}$$

首先,求方程(7.5)的通解:

$$\Rightarrow \frac{\mathrm{d}y}{y} = -P(x)\mathrm{d}x \Rightarrow \ln y = -\int P(x)\mathrm{d}x + \ln C \Rightarrow y = C\mathrm{e}^{-\int P(x)\mathrm{d}x}$$

再用常数变易法求方程(7.4)的通解.

令 $y = C(x)\mathrm{e}^{-\int P(x)\mathrm{d}x}$ 为方程(7.4)的解,代入整理得

$$C'(x)\mathrm{e}^{-\int P(x)\mathrm{d}x} = Q(x) \Rightarrow C'(x) = Q(x)\mathrm{e}^{\int P(x)\mathrm{d}x} \Rightarrow C(x) = \int Q(x)\mathrm{e}^{\int P(x)\mathrm{d}x}\mathrm{d}x + C$$

故,原方程的通解为 $y = \left(\int Q(x)\mathrm{e}^{\int P(x)\mathrm{d}x} + C\right)\mathrm{e}^{-\int P(x)\mathrm{d}x}$.

例 7.4.7 求微分方程 $x^2\mathrm{d}y + (2xy - x + 1)\mathrm{d}x = 0$ 满足 $y(1) = 0$ 的特解.

解 原方程化为

$$\frac{\mathrm{d}y}{\mathrm{d}x} + \frac{2}{x}y = \frac{x-1}{x^2}.$$

则

$$y = \mathrm{e}^{-\int \frac{2}{x}\mathrm{d}x}\left[\int \frac{x-1}{x^2}\mathrm{e}^{\int \frac{2}{x}\mathrm{d}x}\mathrm{d}x + C\right] = \frac{1}{2} - \frac{1}{x} + \frac{C}{x^2}$$

由 $y(1) = 0$,得 $C = \frac{1}{2}$,故 $y = \frac{1}{2} - \frac{1}{x} + \frac{1}{2x^2}$.

例 7.4.8 设曲线 L 位于 xOy 平面的第一象限,L 上任一点 $M(x,y)$ 处的切线与 y 轴相交,交点记为 A. 已知 $|MA| = |OA|$,且 L 过点 $\left(\frac{3}{2}, \frac{3}{2}\right)$,求 L 的方程.

解 设 L 的方程为 $y = y(x)$,则 L 在点 M 处的切线方程为

$$Y - y = y'(X - x)$$

取 $X = 0$,得点 A 的坐标 $(0, y - xy')$. 由 $|MA| = |OA|$,得

$$|y - xy'| = \sqrt{x^2 + (y - y + xy')^2}$$

化简后得 $2yy' - \frac{1}{x}y^2 = -x$,令 $y^2 = z$,得一阶线性微分方程 $z' - \frac{z}{x} = -x$,解得

$$z = \mathrm{e}^{\int \frac{\mathrm{d}x}{x}}\left(-\int x\mathrm{e}^{-\int \frac{\mathrm{d}x}{x}}\mathrm{d}x + C\right) = x(-x + C)$$

即 $y^2 = -x^2 + Cx$,代入初始条件:当 $x = \frac{3}{2}$ 时,$y = \frac{3}{2}$,得 $C = 3$. 由于曲线 L 在第一象限,故 L 的方程为 $y = \sqrt{3x - x^2}(0 < x < 3)$.

例 7.4.9 求解下列微分方程.

(1) $xy' + y - x^2y^2 = 0$; (2) $xy' - \sqrt{y}(xy + \sqrt{y}) = 0$.

解 (1) 原方程可以化为 $y' + \frac{1}{x}y = xy^2$,该微分方程为 $n = 2$ 的伯努利方程.

令 $z = y^{1-2} = y^{-1}$,则 $-y^{-2}y' = z'$,原方程变为 $z' - \frac{1}{x}z = x$,是线性微分方程.

则

$$z = \mathrm{e}^{\int \frac{1}{x}\mathrm{d}x}\left(C + \int x\mathrm{e}^{-\int \frac{1}{x}\mathrm{d}x}\mathrm{d}x\right) = x\left(C + \int \mathrm{d}x\right) = Cx - x^2,$$

即

$$y^{-1} = Cx - x^2.$$

(2) 原方程整理后,得
$$xy' - xy^{\frac{3}{2}} - y = 0, \quad y' - \frac{1}{x}y = y^{\frac{3}{2}}$$

上式为 $n = \frac{3}{2}$ 的伯努利方程.

令 $z = y^{1-\frac{3}{2}} = y^{-\frac{1}{2}}$,则有
$$z' = -\frac{1}{2}y^{-\frac{3}{2}}y', \quad z' + \frac{1}{2x}z = -\frac{1}{2}$$

是一阶线性微分方程,则
$$z = e^{-\int \frac{1}{2x}dx} \left[C + \int \left(-\frac{1}{2} \right) e^{\int \frac{1}{2x}dx} dx \right], \quad z = Cx^{-\frac{1}{2}} - \frac{1}{3}x.$$

代回原变量为
$$y^{-\frac{1}{2}} = Cx^{-\frac{1}{2}} - \frac{1}{3}x.$$

4. 可降阶的高阶微分方程

(1) $y^{(n)} = f(x)$ 型

例 7.4.10 求微分方程 $(1+x^2)y'' = 1$ 的通解.

解
$$y'' = \frac{1}{1+x^2}, \quad y' = \int \frac{1}{1+x^2}dx = \arctan x + C_1$$
$$y = \int \arctan x\,dx + C_1 x = x\arctan x - \frac{1}{2}\ln(1+x^2) + C_1 x + C_2.$$

(2) $y'' = f(x, y')$ 型

例 7.4.11 如果对任意 $x > 0$,曲线 $y = y(x)$ 上的点 (x, y) 处的切线在 y 轴上的截距等于 $\frac{1}{x}\int_0^x y(t)dt$,求函数 $y = y(x)$ 的表达式.

解 曲线 $y = y(x)$ 上的点 (x, y) 处的切线方程为 $Y - y = y'(X - x)$,令 $X = 0$,得截距 $Y = y - xy'$,依题意有
$$\frac{1}{x}\int_0^x y(t)dt = y - xy'$$

即
$$\int_0^x y(t)dt = xy - x^2 y'$$

上式两端关于 x 求导,由于 $x > 0$,化简得
$$xy'' + y' = 0$$

令 $y' = p$,并分离变量得 $\frac{dp}{p} = -\frac{dx}{x}$,解得 $p = \frac{C_1}{x}$,即 $y' = \frac{C_1}{x}$,从而解得
$$y = C_1 \ln x + C_2.$$

(3) $y'' = f(y, y')$ 型

例 7.4.12 求解微分方程 $2yy'' + 1 = y'^2$.

解 这是 $y'' = f(y, y')$ 型方程,令 $y' = P = P(y)$,则 $y'' = \frac{dP}{dx} = P\frac{dP}{dy}$. 于是原方程化为
$$\frac{2P\,dP}{P^2 - 1} = \frac{dy}{y}$$

积分并化简得
$$P = \pm\sqrt{1+C_1 y}, \text{即} \frac{dy}{dx} = \pm\sqrt{1+C_1 y}$$

分离变量并积分,得通解
$$y = \frac{1}{4}C_1(x+C_2)^2 - \frac{1}{C_1}.$$

5. 二阶线性微分方程

(1) 二阶线性微分方程解的结构

例 7.4.13 设线性无关的函数 $y_1(x)$、$y_2(x)$、$y_3(x)$ 都是二阶线性非齐次微分方程
$$y'' + P(x)y' + Q(x)y = f(x)$$
的解,C_1、C_2 为任意常数,则该非齐次微分方程的通解是( ).

(A)$C_1 y_1 + C_2 y_2 + y_3$ (B)$C_1 y_1 + C_2 y_2 - (C_1 + C_2)y_3$
(C)$C_1 y_1 + C_2 y_2 - (1 - C_1 - C_2)y_3$ (D)$C_1 y_1 + C_2 y_2 + (1 - C_1 - C_2)y_3$

解 (A) 因为 $C_1 y_1 + C_2 y_2$ 不是对应齐次微分方程的通解,所以 $C_1 y_1 + C_2 y_2 + y_3$ 不是该非齐次微分方程的通解.

(B) $C_1 y_1 + C_2 y_2 - C_1 y_3 - C_2 y_3 = C_1(y_1 - y_3) + C_2(y_2 - y_3)$ 是对应齐次微分方程的通解,但没有特解,故给出的函数也不是所求的通解.

(C) $C_1 y_1 + C_2 y_2 - (1 - C_1 - C_2)y_3 = C_1(y_1 + y_2) + C_2(y_2 + y_3) + y_3$,因 $C_1(y_1 + y_2) + C_2(y_2 + y_3)$ 不是对应齐次微分方程的通解,故给出的函数也不是所求的通解.

由排除法可知(D)入选.

例 7.4.14 设 $y_1(x), y_2(x)$ 为二阶常系数线性齐次微分方程 $y'' + P(x)y' + Q(x)y = 0$ 的两个特解,则由 $y_1(x)$ 与 $y_2(x)$ 能构成该方程的通解,其充分条件为

(A)$y_1(x)y_2'(x) - y_2(x)y_1'(x) = 0$ (B)$y_1(x)y_2'(x) + y_2(x)y_1'(x) \neq 0$
(C)$y_1(x)y_2'(x) + y_2(x)y_1'(x) = 0$ (D)$y_1(x)y_2'(x) + y_2(x)y_1'(x) \neq 0$

解 由(B) 可知 $\frac{y_2'(x)}{y_2(x)} \neq \frac{y_1'(x)}{y_1(x)}$,即
$$\ln y_2(x) \neq \ln y_1(x) + \ln C, (C \text{ 为常数}) \Rightarrow \frac{y_2(x)}{y_1(x)} \neq C$$

可知 $y_1(x), y_2(x)$ 线性无关

故(B)入选.

(2) 二阶常系数齐次线性微分方程的解法

二阶常系数线性齐次微分方程 $y'' + py' + qy = 0$ 的特征方程为
$$\lambda^2 + p\lambda + q = 0.$$

通解与特征方程的特征根的关系如表 7.4 所示

表 7.4

特征方程 $\lambda^2 + p\lambda + q = 0$ 的特征根	$y'' + py' + qy = 0$ 的通解形式
r_1, r_2 为相异的实根	$y = C_1 e^{r_1 x} + C_2 e^{r_2 x}$
$r_1 = r_2 = k$	$y = (C_1 + C_2 x)e^{kx}$
$r = \alpha \pm \beta i$(复根),α, β 为实数,i 为虚数单位	$y = e^{\alpha x}[C_1 \cos\beta x + C_2 \sin\beta x]$

例 7.4.15 求解下列微分方程：
(1) $4y'' - 12y' + 9y = 0$； (2) $y'' - 7y' + 12y = 0$； (3) $y'' + 2y' + 3y = 0$.

解 (1) 对应的特征方程
$$4r^2 - 12r + 9 = 0 \Rightarrow (2r-3)^2 = 0 \Rightarrow r_{1,2} = \frac{3}{2}$$

方程的通解为
$$y = (C_1 + C_2 x)e^{\frac{3}{2}x}.$$

(2) 对应的特征方程
$$r^2 - 7r + 12 = 0 \Rightarrow (r-3)(r-4) = 0 \Rightarrow r_1 = 3, \quad r_2 = 4$$

方程的通解为
$$y = C_1 e^{3x} + C_2 e^{4x}.$$

(3) 对应的特征方程
$$r^2 + 2r + 3 = 0 \Rightarrow (r+1)^2 = -2 \Rightarrow r = -1 \pm \sqrt{2}i$$

方程的通解为
$$y = e^{-x}(C_1 \cos\sqrt{2}x + C_2 \sin\sqrt{2}x).$$

(3) 二阶常系数线性非齐次微分方程特解的求法

① 待定系数法

如表 7.5 所示，$R_n(x)$ 为系数待定的 n 次多项式，$R_k(x), S_k(x)$ 为系数待定的 R 次多项式，$R = \max\{n, m\}$.

表 7.5

$f(x)$ 形式	条件	所设特解 y^* 的形式
$f(x) = P_n(x)$ 为 n 次多项式	0 不是特征根	$y^* = R_n(x)$
	0 是单特征项	$y^* = xR_n(x)$
	0 是重特征根	$y^* = x^2 R_n(x)$
$f(x) = e^{\alpha x} P_n(x)$	α 不是特征根	$y^* = e^{\alpha x} R_n(x)$
	α 是单特征根	$y^* = x e^{\alpha x} R_n(x)$
	α 是重特征根	$y^* = x^2 e^{\alpha x} R_n(x)$
$f(x) = e^{\alpha x}[P_n(x)\cos\beta x + P_m(x)\sin\beta x]$	$\alpha + i\beta$ 不是特征根	$y^* = e^{\alpha x}[R_k(x)\cos\beta x + S_k(x)\sin\beta x]$
	$\alpha \pm i\beta$ 是特征根	$y^* = x e^{\alpha x}[R_k(x)\cos\beta x + S_k(x)\sin\beta x]$

② 微分算子法

引入微分算子 $\dfrac{d}{dx} = D, \dfrac{d^2}{dx^2} = D^2$，于是 $\dfrac{dy}{dx} = Dy, \dfrac{d^2 y}{dx^2} = D^2 y$ 因此，二阶常系数线性微分方程
$$y'' + p_1 y' + p_2 y = f(x) \Rightarrow (D^2 + p_1 D + p_2)y = fx$$

令 $F(D) = D^2 + p_1 D + p_2$ 称为算子多项式，则方程 $\Rightarrow F(D)y = f(x), y^* = \dfrac{1}{F(D)} f(x).$

$\dfrac{1}{F(D)}$ 的性质如表 7.6 所示.

表 7.6

形　　式	说　　明
① $\dfrac{1}{F(D)}e^{kx} = \dfrac{1}{F(k)}e^{kx}, F(k) \neq 0$	若 $F(k) = 0$,不妨设 k 为 $F(k) = 0$ 的 m 重根($m = 1,2$),则 $$\dfrac{1}{F(D)}e^{kx} = x^m \dfrac{1}{F^{(m)}(D)}e^{kx} = x^m \dfrac{1}{F^{(m)}(k)}e^{kx}$$ 其中 $F^{(m)}(D)$ 表示对 D 求 m 阶导数
② $\dfrac{1}{F(D^2)}\sin ax = \dfrac{\sin ax}{F(-a^2)}$ $\dfrac{1}{F(D^2)}\cos ax = \dfrac{\cos ax}{F(-a^2)}, F(-a^2) \neq 0$	若 $F(-a^2) = 0$,即 $-a^2$ 为 $F(-a^2)$ 的根,则 $$\dfrac{1}{F(D^2)}\sin ax = x \dfrac{1}{F'(D^2)}\sin ax$$ $$\dfrac{1}{F(D^2)}\cos ax = x \dfrac{1}{F'(D^2)}\cos ax$$
③ $\dfrac{1}{F(D)}e^{kx}v(x) = e^{kx}\dfrac{1}{F(D+k)}v(x)$	
④ $\dfrac{1}{F(D)}(A_0 x^p + A_1 x^{p-1} + \cdots + A_p) = Q(D)(A_0 x^p + A_1 x^{p-1} + \cdots + A_p)$ 其中 $Q(D)$ 为 1 除以 $F(D)$ 按升幂排列所得商式,其最高次数为 p	$p_2 + p_1 D + D^2 \overline{)\begin{array}{l} 1 \\ \dfrac{1}{p_2} - \dfrac{p_1}{p_2^2}D + \cdots \\ \hline 1 + \dfrac{p_1}{p_2}D + \dfrac{1}{p_2}D^2 \\ -\dfrac{p_1}{p_2}D - \dfrac{1}{p_2}D^2 \\ \cdots \end{array}}$ $Q(D) = \dfrac{1}{p_2} - \dfrac{p_1}{p_2^2}D + \cdots$

注意：① D 表示微分,$\dfrac{1}{D}$ 表示积分.

② $\dfrac{1}{D^{2n+1}}\sin ax = \dfrac{1}{D^{2n}D}\sin ax = \dfrac{1}{(-a^2)^n} \cdot \dfrac{1}{D}\sin ax = (-1)^{n+1}\dfrac{\cos ax}{a^{2n+1}}$

$\dfrac{1}{D^{2n+1}}\cos ax = \dfrac{1}{D^{2n}D}\cos ax = \dfrac{1}{(-a^2)^n} \cdot \dfrac{1}{D}\cos ax = (-1)^n \dfrac{\sin ax}{a^{2n+1}}$

由此 $\dfrac{1}{F(D)}\sin ax, \dfrac{1}{F(D)}\cos ax$ 便可进行运算,例如

$$\dfrac{1}{D^2 + 2D - 1}\sin x = \dfrac{1}{(-1^2) + 2D - 1}\sin x = \dfrac{1}{2} \cdot \dfrac{1}{D-1}\sin x$$
$$= \dfrac{1}{2} \cdot \dfrac{(D+1)}{(D+1)(D-1)}\sin x = \dfrac{1}{2} \cdot \dfrac{D+1}{D^2-1}\sin x$$
$$= -\dfrac{1}{4}(D+1)\sin x = -\dfrac{1}{4}(\cos x + \sin x).$$

例 7.4.16 求下列微分方程的特解

(1) $y'' + 2y' - 3y = e^{2x}$；　　(2) $y'' - 2y' + y = e^x$.

解　(1) ① 用算子法

$$y^* = \dfrac{1}{D^2 + 2D - 3}e^{2x} = \dfrac{1}{5}e^{2x}.$$

② 用待定系数法

因为 $\alpha = 2$ 不是特征根,所以可令 $y^* = Ae^{2x}$,则

$$(y^*)' = 2Ae^{2x}, (y^*)'' = 4Ae^{2x},$$

把 $y^*, (y^*)', (y^*)''$ 代入方程中,得

$$5Ae^{2x} = e^{2x} \Rightarrow A = \frac{1}{5}$$

故原方程的特解为
$$y^* = \frac{1}{5}e^{2x}.$$

(2)① 用算子法

$$y^* = \frac{1}{D^2 - 2D + 1}e^x = x\frac{1}{2D-2}e^x = x^2\frac{1}{2}e^x = \frac{1}{2}x^2e^x.$$

② 用待定系数法

因为 $\alpha = 1$ 为特征方程 $r^2 - 2r + 1 = 0$ 的重根,所以 令 $y^* = x^2 A e^x$,则
$$(y^*)' = A(2xe^x + x^2e^x) = Ax(2+x)e^x$$
$$(y^*)'' = A(x^2 + 4x + 2)e^x$$

把 $y^*, (y^*)', (y^*)''$ 代入方程中,得

$$2Ae^x = e^x \Rightarrow A = \frac{1}{2}$$

故原方程的特解为
$$y^* = \frac{1}{2}x^2e^x.$$

(4) 二阶常系数线性非齐次微分方程通解的求解程序:
① 用特征根法求出对应齐次微分方程的通解 $Y(x)$;
② 用算子法或待定系数法求出非齐次微分方程的一个特解 y^*;
③ 写出原方程的通解 $y = Y(x) + y^*$.

例 7.4.17 求解下列微分方程:
(1) $y'' + 4y' + 4y = e^{\alpha x}$,其中 α 为实数;
(2) $y'' + a^2 y = \sin x$,其中 $a > 0$,为常数.

解 (1)① 特征方程 $r^2 + 4r + 4 = 0$,特征根 $r_1 = r_2 = -2$,对应齐次微分方程的通解为
$$Y = (C_1 + C_2 x)e^{-2x}.$$

② 非齐次微分方程的一个特解 y^* 为
$$y^* = \frac{1}{D^2 + 4D + 4}e^{\alpha x} = \frac{1}{(D+2)^2}e^{\alpha x}$$

当 $\alpha \neq -2$ 时
$$y^* = \frac{1}{(\alpha+2)^2}e^{\alpha x}$$

当 $\alpha \neq -2$ 时 $y^* = \frac{1}{D^2 + 4D + 4}e^{\alpha x} = x\frac{1}{2D+4}e^{\alpha x} = \frac{1}{2}x^2 e^{\alpha x}$.

综上所述,微分方程的通解为

$$y = \begin{cases} (C_1 + C_2 x)e^{-2x} + \frac{1}{(\alpha+2)^2}e^{\alpha x}, & \alpha \neq -2 \\ (C_1 + C_2 x)e^{-2x} + \frac{1}{2}x^2 e^{-2x}, & \alpha = -2 \end{cases}.$$

(2)① 特征方程 $\quad r^2 + a^2 = 0, \quad r = \pm ai$
对应齐次微分方程的通解 $Y(x) = C_1 \cos ax + C_2 \sin ax$.

② 非齐次微分方程的一个特解 y^* 为
$$y^* = \frac{1}{D^2 + a^2}\sin x$$

当 $a \neq 1$ 时
$$y^* = \frac{1}{a^2 - 1}\sin x$$

当 $a = 1$ 时 $\quad y^* = \dfrac{1}{D^2 + a^2}\sin x = x\dfrac{1}{2D}\sin x = -\dfrac{1}{2}x\cos x.$

综上所述，微分方程的通解为
$$y = \begin{bmatrix} C_1\cos ax + C_2\sin ax + \dfrac{1}{a^2-1}\sin x, & a \neq 1 \\ C_1\cos ax + C_2\sin ax - \dfrac{1}{2}x\cos x, & a = 1 \end{bmatrix}$$

6. 差分方程

(1) 差分方程的基本概念

例 7.4.18 计算函数 $y_x = \ln(1+x) + 2^x$ 的三阶差分 $\Delta^3 y_x$.

解 因为 $\Delta^3 y_x = y_{x+3} - 3y_{x+2} + 3y_{x+1} - y_x$，从而
$$\Delta^3 y_x = \ln(x+4) - 3\ln(x+3) + 3\ln(x+2) - \ln(x+1) +$$
$$2^{x+3} - 3 \cdot 2^{x+2} + 3 \cdot 2^{x+1} - 2^x$$
$$= \ln\frac{(x+4)(x+2)^3}{(x+3)^3(x+1)} + 2^x.$$

例 7.4.19 试解释差分方程为何与微分方程相似？

答 差分方程与微分方程的分类、性质与解都有许多相似之处. 这是因为把函数的导数（微商）$\dfrac{\mathrm{d}y}{\mathrm{d}x}$ 定义为函数的差商 $\dfrac{\Delta y}{\Delta x}$ 的极限，即 $\dfrac{\mathrm{d}y}{\mathrm{d}x} = \lim\limits_{\Delta x \to 0}\dfrac{\Delta y}{\Delta x}$. 当 $\Delta x \to 0$ 时，$\dfrac{\mathrm{d}y}{\mathrm{d}x} = \dfrac{\Delta y}{\Delta x} + o(\Delta x)$，于是 $\dfrac{\mathrm{d}y}{\mathrm{d}x} \approx \dfrac{\Delta y}{\Delta x}$，若取 $\Delta x = 1$，则
$$\frac{\mathrm{d}y}{\mathrm{d}x} \approx \Delta y = y(x+1) - y(x).$$

用 $\dfrac{\Delta y}{\Delta x}$ 近似代替 $\dfrac{\mathrm{d}y}{\mathrm{d}x}$ 就是离散化. 例如，马尔萨斯人口模型 $\dfrac{\mathrm{d}x}{\mathrm{d}t} = rx \Rightarrow \dfrac{\Delta x}{\Delta t} = rx$，取 $\Delta t = 1$，$\Delta x = rx$，即 $\Delta x_t = rx_t$ 或 $\Delta x_n = rx_n$，这一差分方程就是离散的马尔萨斯人口模型. 另一方面，当 $\Delta x \to 0$ 时，离散情形（差分方程）又总以连续情形（微分方程）为极限，这主要是因为
$$\lim_{\Delta x \to 0}\frac{\Delta y}{\Delta x} = \frac{\mathrm{d}y}{\mathrm{d}x}.$$

(2) 一阶常系数线性差分方程的求解方法

① $y_{x+1} - ay_x = 0 (a \neq 0)$ 的解法

写出特征方程 $\lambda - a = 0 \Rightarrow \lambda = a$，则通解为 $\quad y_A = Ca^x$，C 为任意常数.

② $y_{x+1} - ay_x = f(x)$ 特解的求法

若 $f(x) = Cx^n$（C 为常数），则用待定系数法求特解 $\tilde{y}_x$. 令其特解
$$\tilde{y}_x = x^s(B_0 + B_1 x + \cdots + B_n x^n).$$

当 $a \neq 1$ 时，取 $s = 0$，即把 $\tilde{y}_x = B_0 + B_1 x + \cdots + B_n x^n$ 代入原方程，比较两端同次项的

系数,确定出 $B_0, B_1, \cdots, B_n$ 即得方程的特解.

当 $a = 1$ 时,取 $s = 1$,即令 $\widetilde{y}_x = x(B_0 + B_1 x + \cdots + B_n x^n)$,将其代入方程,比较两端同次项的系数,确定出 $B_0 + B_1, \cdots B_n$ 即得方程的特解.

若 $f(x) = Ab^x$ (A 为常数),则其特解用算子法求解更简便. 令
$$(\quad)_{x+k} = D^k(\quad)_x, \quad (k = 0, 1, 2, \cdots)$$
则 $y_{x+1} = Dy_x, y_{x+2} = D^2 y_x, \cdots, y_{x+n} = D^n y_x$,于是差分方程变为
$$(D-a)y_x = Ab^x, \quad \widetilde{y}_x = \frac{1}{D-a} Ab^x.$$

若 $b - a \neq 0$,则 $\widetilde{y}_x = \frac{1}{b-a} Ab^x$;若 $b - a = 0$,则 $\widetilde{y}_x = Axb^x$.

例 7.4.20 求解差分方程 $y_{x+1} + 2y_x = 5x^2$.

解 特征方程 $\lambda + 2 = 0 \Rightarrow \lambda = -2$,对应齐次方程通解 $y_x = C(-2)^x$,令非齐次方程的一个特解为
$$\widetilde{y_x} = B_0 + B_1 x + B_2 x^2, \quad (因 a = -2)$$

将其代入方程 $B_0 + B_1(x+1) + B_2(x+1)^2 + 2(B_0 + B_1 x + B_2 x^2) = 5x^2$

整理得 $3B_0 + B_1 + B_2 + (3B_1 + 2B_2)x + 3B_2 x^2 = 5x^2$

比较同次项系数,得 $B_2 = \frac{5}{3}, \quad B_1 = -\frac{10}{9}, \quad B_0 = -\frac{5}{27}$

特解 $\widetilde{y_x} = \frac{5}{3} x^2 - \frac{10}{9} x - \frac{5}{27}$,

故非齐次差分方程通解为 $y_x = C(-2)^x + \frac{5}{3} x^2 - \frac{10}{9} x - \frac{5}{27}$.

例 7.4.21 求差分方程 $y_{x+1} - y_x = 2x^2$ 的通解.

解 特征方程 $\lambda - 1 = 0, \lambda = 1, y_x = C(1)^\lambda = C$. 令非齐次差分方程的一个特解为
$$\widetilde{y_x} = x(B_0 + B_1 x + B_2 x^2), \quad (因 a = 1)$$

将其代入方程,整理得
$$B_0 + B_1 + B_2 + (2B_1 + 3B_2)x + 3B_2 x^2 = 2x^2$$
$$\Rightarrow B_2 = \frac{2}{3}, B_1 = -1, B_0 = \frac{1}{3}, \widetilde{y_x} = \frac{2}{3} x^3 - x^2 + \frac{1}{3} x$$

故其通解为 $y_x = C + \frac{2}{3} x^3 - x^2 + \frac{1}{3} x$.

例 7.4.22 求解差分方程 $y_{x+1} - 2y_x = \left(\frac{1}{3}\right)^x$.

解 特征方程 $\lambda - 2 = 0$,于是 $y_x = C(2)^x = C2^x$,非齐次差分方程的一个特解为
$$\widetilde{y_x} = \frac{1}{D-2}\left(\frac{1}{3}\right)^x = \frac{1}{\frac{1}{3} - 2}\left(\frac{1}{3}\right)^x = -\frac{3}{5}\left(\frac{1}{3}\right)^x$$

故其通解为 $y_x = C2^x - \frac{3}{5}\left(\frac{1}{3}\right)^x$.

例 7.4.23 求解差分方程 $y_{x+1} - 5y_x = -3$.

解 特征方程 $\lambda - 5 = 0$,于是对应齐次差分方程通解 $y_x = C5^x$. 非齐次差分方程的一

个特解
$$\widetilde{y_x} = \frac{1}{D-5}(-3) = \frac{1}{D-5}(-3)(1)^x = (-3) \cdot \frac{1}{1-5}(1)^x = \frac{3}{4}(1)^x = \frac{3}{4},$$
故其通解为
$$y_x = C5^x + \frac{3}{4}.$$

7. 微分方程、差分方程的应用

例 7.4.24 设容器内有 100 L 盐水,含盐 10 kg,现以每分钟 3 L 的速率注入净水,同时又从容器中每分钟流出混合水 2 L,如此经过 60 min,试问容器内盐水的含盐量是多少?

解 设经过 t(min) 容器内有盐水 $(100+t)$ L,含盐量为 x(kg),则盐水的含盐浓度是 $\frac{x}{t+100}$ (kg/L),则容器内盐量 x 的减少速度是
$$\frac{\mathrm{d}x}{\mathrm{d}t} = -\frac{2x}{t+100}$$

即得变量分离方程
$$\frac{\mathrm{d}x}{x} = -\frac{2\mathrm{d}t}{t+100}, \quad x\Big|_{t=0} = 10$$

解得到通解
$$x = \frac{C}{(t+100)^2}, \quad \text{及特解 } x = \frac{10^5}{(t+100)^2}.$$

又当 $t = 60$ 时,$x = \frac{125}{32}$. 所以,经过 60 min,容器内盐水的含盐量由 10 kg 降到 $\frac{125}{32}$ kg.

例 7.4.25 设质量为 m 的物体在高空中由静止而下落,空气对物体运动的阻力与速率成正比,求该物体下落的速率 v 与时间 t 的关系,再求物体下落的距离 s 与时间 t 的关系.

解 物体的重力为 $W = mg$,阻力为 $R = -kv$,其中 g 是重力加速率,k 是比例系数. 由牛顿第二定律得
$$m\frac{\mathrm{d}v}{\mathrm{d}t} = mg - kv$$

即得线性方程
$$\frac{\mathrm{d}v}{\mathrm{d}t} + \frac{k}{m}v = g, \quad v\Big|_{t=0} = 0.$$

所以,物体下落的速率 v 与时间 t 的关系是线性微分方程的特解
$$v = \frac{mg}{k}\left(1 - \mathrm{e}^{-\frac{k}{m}t}\right)$$

从以上的等式又得到方程
$$\frac{\mathrm{d}s}{\mathrm{d}t} = \frac{mg}{k}\left(1 - \mathrm{e}^{-\frac{k}{m}t}\right), \quad s\Big|_{t=0} = 0$$

对上式两边积分后得特解
$$s = \frac{mg}{k}t + \frac{m^2g}{k}\left(\mathrm{e}^{-\frac{k}{m}t} - 1\right)$$

这就是物体下落的距离 s 与时间 t 的关系.

例 7.4.26(贷款购房) 某房屋总价 8 万元,先付一半就可以入住,另一半由银行以年利率 4.8% 代款,五年付清,试问平均每月付多少元?共付利息多少元?

解 设每个月应偿还 x 万元,且贷款 4 万元,月利率是
$$\frac{0.048}{12} = 0.004$$

第一个月应付利息
$$y_1 = 4 \times 0.004$$

由于第一个月偿还 x 万元后,还需偿还的贷款是 $4-x+4\times 0.004$,故第二个月应偿还的利息为

$$y_2 = (4-x+4\times 0.004)\times 0.004 = (1+0.004)(4\times 0.004) - 0.004x$$
$$= (1+0.004)y_1 - 0.004x = 1.004y_1 - 0.004x.$$

类似地有

$$y_{t+1} = 1.004 y_t - 0.004 x.$$

这是一个差分方程,对应的齐次差分方程的特征方程为 $r - 1.004 = 0$,特征方程的根为 $r = 1.004$,对应的齐次差分方程的通解为

$$Y_t = C\times (1.004)^t.$$

由于 1 不是特征方程的根,所以原方程一个特解的形式为 $y_t^* = a$,代入原方程 $y_{t+1} = 1.004 y_t - 0.004 x$,得 $a = 1.004a - 0.004x$,即 $a = x$,所以原方程的一个特解为

$$y_t^* = x.$$

原方程的通解为

$$y_t = C\times (1.004)^t + x.$$

代入 $y_1 = 4\times 0.004$ 得 $C = \dfrac{4\times 0.004 - x}{1.004}$,所以原方程满足初始条件的特解为

$$y_t = \frac{4\times 0.004 - x}{1.004}\times (1.004)^t + x = 4\times 0.004\times 1.004^{t-1} + x - 1.004^{t-1}x.$$

5 年的利息之和为

$$I = y_1 + y_2 + \cdots + y_{60}$$
$$= 4\times 0.004\times (1 + 1.004 + 1.004^2 + \cdots + 1.004^{59}) +$$
$$60x - x(1 + 1.004 + 1.004^2 + \cdots + 1.004^{59})$$
$$= 4\times 0.004\times \frac{1.004^{60} - 1}{1.004 - 1} + 60x - x\times \frac{1.004^{60} - 1}{1.004 - 1}$$
$$= 4\times 1.004^{60} - 4 + 60x - \frac{1.004^{60} - 1}{0.004}x.$$

上式中的 $60x$ 为 5 年(60 个月)还款总数,4 是贷款数,故 $60x - 4$ 是利息 I,上式可以表示为 5 年的利息之和为

$$I = 4\times 1.004^{60} + I - \frac{1.004^{60} - 1}{0.004}x$$

从而

$$x = \frac{4\times 1.004^{60}\times 0.004}{1.004^{60} - 1} = 0.075119(万元) = 751.19(元)$$
$$I = 751.19\times 60 - 40000 = 5071.40(元).$$

因此,5 年付清,平均每月付 751.19 元,共付利息 5071.40 元.

例 7.4.27(供给与需求模型) 设某商品的供需方程分别为

$$S_t = 12 + 3\left(P_{t-1} - \frac{1}{3}\Delta P_{t-1}\right),\quad D_t = 40 - 4P_t$$

且以箱为计量单位,设 P_{t-1} 和 P_{t-2} 分别为第 $t-1$ 期和第 $t-2$ 期的价格(单位:百元/箱),供方在 t 期售价为 $P_{t-1} - \dfrac{1}{3}\Delta P_{t-1}$,需方以价格 P_t 就可以使该商品在第 t 期的供给量售完,已

知 $P_0 = 4, P_1 = \dfrac{13}{4}$,试求出 P_t 的表达式.

解 因为
$$S_t = 12 + 3\left(P_{t-1} - \dfrac{1}{3}\Delta P_{t-1}\right) = 12 + 3\left(P_{t-1} - \dfrac{1}{3}P_{t-1} + \dfrac{1}{3}P_{t-2}\right)$$
$$= 12 + 2P_{t-1} + P_{t-2}$$
$$D_t = 40 - 4P_t$$

根据题意,在 t 期内有 $S_t = D_t$,即
$$12 + 2P_{t-1} + P_{t-2} = 40 - 4P_t$$
即
$$4P_t + 2P_{t-1} + P_{t-2} = 28$$

解特征方程 $4\lambda^2 + 2\lambda + 1 = 0$,得
$$\lambda_{1,2} = -\dfrac{1}{4} \pm \dfrac{\sqrt{3}}{4}\mathrm{i}, \quad \alpha = -\dfrac{1}{4}$$
$$\beta = \dfrac{\sqrt{3}}{4}, \quad \gamma = \sqrt{\alpha^2 + \beta^2} = \dfrac{1}{2}, \quad \tan\theta = \dfrac{\beta}{\alpha} = -\sqrt{3}, \quad \theta = \dfrac{2\pi}{3}$$

故对应的齐次差分方程的通解为
$$\left(\dfrac{1}{2}\right)^t \left(C_1 \cos\dfrac{2\pi t}{3} + C_2 \sin\dfrac{2\pi t}{3}\right)$$

因 $f(x) = 1$ 不是特征方程的根,故可以设上述非齐次差分方程的一个特解为 $P_t^* = a$,代入原方程,得 $a = 4$.故原方程的通解为
$$P_t = 4 + \left(\dfrac{1}{2}\right)^t \left(C_1 \cos\dfrac{2\pi t}{3} + C_2 \sin\dfrac{2\pi t}{3}\right),$$

由初始条件 $P_0 = 4, P_1 = \dfrac{13}{4}$,得
$$\begin{cases} 4 = 4 + C_1 \\ \dfrac{13}{4} = 4 + \dfrac{1}{2}\left(C_1 \cos\dfrac{2\pi}{3} + C_2 \sin\dfrac{2\pi}{3}\right) \end{cases}$$

由此得 $\begin{cases} C_1 = 0 \\ C_2 = -\sqrt{3} \end{cases}$,故所求的满足初始条件的特解为
$$P_t = 4 - \sqrt{3}\left(\dfrac{1}{2}\right)^t \sin\dfrac{2\pi}{3}t.$$

7.5 错 解 分 析

1. 求微分方程的通解时如何添加任意常数?

例 7.5.1 求微分方程 $y' = 2y$ 的通解.

错解 (1) 因为 $y' = 2y$,得 $\dfrac{1}{y}\mathrm{d}y = 2\mathrm{d}x$,两边取不定积分 $\displaystyle\int \dfrac{1}{y}\mathrm{d}y = \int 2\mathrm{d}x$,$\ln y = 2x$,所以原方程的通解为 $y = \mathrm{e}^{2x} + C$.

(2) 因为 $y' = 2y$,得 $\displaystyle\int \dfrac{1}{y}\mathrm{d}y = \int 2\mathrm{d}x$,即 $\ln y = 2x + C$,所以原方程的通解为 $y = C\mathrm{e}^{2x}$.

(3) 由 $y' = 2y$ 得 $\displaystyle\int \dfrac{1}{y}\mathrm{d}t = \int 2\mathrm{d}x$,从而 $\ln y = 2x + \ln C$,所以原方程的通解为 $y = C\mathrm{e}^{2x}$.

分析 （1）任意常数应在积分运算完成时出现,而不应放在最后一步再加.

（2）两个 C,即 $\ln y = 2x + C$ 与 $y = Ce^{2x}$ 中的两个 C 是不同的,不应用同一字母表示.

（3）忽略了 y 可以小于零这一事实.事实上,$\int \dfrac{1}{y} dy = \ln|y| + C_1$,而不是 $\ln y + C_1$.由此可见,如果积分得到的对数函数的真数不加绝对值,或把任意常数写成 $\ln C$,就有产生各种错误的可能,此时一定要注意.

正确解答 **解法 1** 由 $y' = 2y$ 得 $\int \dfrac{1}{y} dy = \int 2 dx$,则
$$\ln|y| = 2x + C_1, \quad |y| = e^{2x+C_1}, \quad y = \pm e^{C_1} e^{2x}$$
令 $C = \pm e^{C_1}$ 得
$$y = Ce^{2x}.$$

解法 2 由 $y' = 2y$ 得
$$\int \dfrac{1}{y} dy = \int 2 dx$$
从而 $\ln|y| = 2x + \ln|c|$,得 $y = Ce^{2x}$.

2.求解全微分方程应注意哪些问题?

例 7.5.2 求全微分方程 $(x\cos y + \cos x) \dfrac{dy}{dx} - y\sin x + \sin y = 0$ 的通解.

错解 （1）原方程为
$$(x\cos y + \cos x) dy - (y\sin x - \sin y) dx = 0$$
其中 $Q(x,y) = x\cos y + \cos x$,$P(x,y) = y\sin x - \sin y$.由于
$$\dfrac{\partial Q}{\partial x} = \cos y - \sin x, \quad \dfrac{\partial P}{\partial y} = \sin x - \cos y$$
可见 $\dfrac{\partial Q}{\partial x} \neq \dfrac{\partial P}{\partial y}$,即该微分方程不是全微分方程.

（2）原方程为 $(x\cos y + \cos x) dy - (y\sin x - \sin y) dx = 0$,则
$$P(x,y) = x\cos y + \cos x, \quad Q(x,y) = -y\sin x + \sin y$$
由于
$$\dfrac{\partial Q}{\partial x} = -y\cos x, \quad \dfrac{\partial P}{\partial y} = -x\sin y$$
可见 $\dfrac{\partial Q}{\partial x} \neq \dfrac{\partial P}{\partial y}$,即该方程不是全微分方程.

（3）原方程为 $(x\cos y + \cos x) dy - (y\sin x - \sin y) dx = 0$,则
$$P(x,y) = \sin y - y\sin x, \quad Q(x,y) = x\cos y + \cos x$$
由于
$$\dfrac{\partial P}{\partial y} = \cos y - \sin x, \quad \dfrac{\partial Q}{\partial x} = \cos y - \sin x$$
可见 $\dfrac{\partial P}{\partial y} = \dfrac{\partial Q}{\partial x}$,故原方程为全微分方程.

所以
$$u(x,y) = \int_0^x (\sin y - y\sin x) dx + \int_0^y 1 dy = x\sin y + y\cos x + y,$$
即通解为
$$x\sin y + y\cos x + y = C.$$

分析 （1）将 $P(x,y)$ 的表达式写错.事实上,由标准的全微分方程 $P(x,y)dx + Q(x,y)dy = 0$ 可知

$$P(x,y) = -(y\sin x - \sin y) = \sin y - y\sin x.$$

（2）dy 的系数应为 $Q(x,y)$，dx 的系数为 $P(x,y)$，注意不要记混了．此处错把 dy 的系数当做 $P(x,y)$，把 dx 的系数当做 $Q(x,y)$．

（3）积分时注意代入上、下限．这时，积分 $\int_0^x (\sin y - y\sin x)dx$ 的结果应为
$$x\sin y + y\cos x - y.$$

正确解答 **解法 1** 原方程为
$$(x\cos y + \cos x)dy - (y\sin x - \sin y)dx = 0, 且 \frac{\partial Q}{\partial x} = \frac{\partial P}{\partial y} = \cos y - \sin x$$

所以
$$u(x,y) = \int_0^x P(x,y)dx + \int_0^y Q(0,y)dy = \int_0^x (\sin y - y\sin x)dx + \int_0^y 1 dy$$
$$= x\sin y + y\cos x - y + y = x\sin y + y\cos x$$

故原方程的通解为
$$x\sin y + y\cos x = C.$$

解法 2
$$u(x,y) = \int_0^x P(x,0)dx + \int_0^y Q(x,y)dy = \int_0^x 0 dx + \int_0^y (x\cos y + \cos x)dy$$
$$= x\sin y + y\cos x$$

所以原方程的通解为
$$x\sin y + y\cos x = C.$$

解法 3 原方程经整理可得 $d(x\sin y) + dy(\cos x) = 0$．

所以原方程的通解为
$$x\sin y + y\cos x = C.$$

3．求解形如 $f(y,y',y'') = 0$ 的可降阶微分方程时应注意的问题

例 7.5.3 求微分方程 $yy'' - y'^2 = 0$ 的通解．

错解 令 $y' = P$，则将 $y'' = P'$，代入原方程得
$$yP' - P^2 = 0$$

分离变量并积分得
$$\int \frac{1}{P^2}dP = \int \frac{1}{y}dy, \quad -\frac{1}{P} = \ln|y| + \ln|C|$$

由
$$\frac{dy}{dx} = P = -\frac{1}{\ln|Cy|}, \quad 得 \quad \int \ln|Cy|dy = -\int dx$$

故原方程的通解为
$$y(\ln|Cy| - 1) = -x + C.$$

分析 错解中 $y'' = P'$ 的 P' 是 $\frac{dP}{dx}$，但在分离变量时，当成 $\frac{dP}{dy}$ 使用，故错了．另外应在第二次积分运算中出现的任意常数应为 C_2，与第一次积分运算中出现的任意常数 C_1 是不相关的两个常数．

正确解答 这是不显含自变量 x 的二阶可降阶微分方程．故令 $y' = P$，则 $y'' = P\frac{dp}{dx}$，代入原方程得
$$yP\frac{dP}{dy} - P^2 = 0, \quad 即 \quad y\frac{dP}{dy} - P = 0 \quad 或 \quad P = 0$$

得
$$P = C_1 y, \quad 即 \quad \frac{dy}{dx} = C_1 y \quad 或 \quad y \equiv C$$

故原方程的通解为
$$y = C_2 e^{C_1 x} \quad 或 \quad y \equiv C.$$

4. 求解二阶常系数非齐次线性微分方程的初值问题时应注意的问题

例 7.5.4 设 $f(x)$ 为二阶可导函数，求解积分方程

$$f(x) = \sin x - \int_0^x (x-t)f(t)\,\mathrm{d}t \qquad ①$$

错解 原方程为 $f(x) = \sin x - x\int_0^x f(t)\,\mathrm{d}t + \int_0^x tf(t)\,\mathrm{d}t$

$$f'(x) + \int_0^x f(t)\,\mathrm{d}t = \cos x \qquad ②$$

$$f''(x) + f(x) = -\sin x$$

由式 ① 和式 ② 得 $f(0) = 0, f'(0) = 1$，得初值问题

$$\begin{cases} y'' + y = -\sin x, & ③ \\ y(0) = 0, y'(0) = 1. & ④ \end{cases}$$

方程式 ③ 的特征方程为 $r^2 + 1 = 0$，特征根为 $r_{1,2} = \pm\mathrm{i}$，与方程式 ③ 相应的线性齐次微分方程的通解为

$$y = C_1\cos x + C_2\sin x. \qquad ⑤$$

由条件式 ④ 得 $C_1 = 0, C_2 = 1$，所以方程式 ① 的解为

$$f(x) = \sin x.$$

分析 由于方程式 ③ 为常系数线性非齐次微分方程，而解式 ⑤ 仅为方程式 ③ 所对应的齐次线性方程 $y'' + y = 0$ 的通解。而条件式 ④ 是非齐次方程式 ③ 所满足的条件，不能据此确定式 ⑤ 中的任意常数。

正确解答 由方程式 ① 得

$$\begin{cases} y'' + y = -\sin x, & ⑥ \\ y(0) = 0, y'(0) = 1. & ⑦ \end{cases}$$

方程式 ⑥ 对应的线性齐次微分方程的通解为 $y = C_1\cos x + C_2\sin x$. 再求方程式 ⑥ 的一个特解。因非齐次项

$$g(x) = -\sin x = \mathrm{e}^{0x}(0 \cdot \cos x + (-1) \cdot \sin x),$$

可设特解为 $y^* = x(A\cos x + B\sin x)$，代入方程式 ⑥ 得

$$-2A\sin x + 2B\cos x = -\sin x.$$

所以 $A = \dfrac{1}{2}, B = 0$，故特解 $y^* = \dfrac{1}{2}x\cos x$，方程式 ⑥ 的通解为

$$y = C_1\cos x + C_2\sin x + \frac{1}{2}x\cos x.$$

将条件式 ⑦ 代入得 $C_1 = 0, C_2 = \dfrac{1}{2}$. 故所求函数为

$$f(x) = \frac{1}{2}(\sin x + x\cos x).$$

5. 化积分方程为微分方程时要注意哪些问题？

例 7.5.5 设 $f(x)$ 为可导函数，且满足方程 $\int_0^1 f(tx)\,\mathrm{d}t = \dfrac{1}{2}f(x) + 1$，求函数 $f(x)$.

错解 在方程两边对 x 求导，得

$$\left(\int_0^1 f(tx)\,\mathrm{d}t\right)' = \left(\frac{1}{2}f(x) + 1\right)',$$

即 $0 = \frac{1}{2}f'(x)$,所求函数为 $f(x) = C$(C 为常数).

分析 尽管等式左边的积分上、下限均为常数,但积分结果不是常数,而是参变量 x 的函数,所以对参变量 x 求导的结果不应为 0.

正确解答 等式 $\int_0^1 f(tx)\mathrm{d}t = \frac{1}{2}f(x) + 1$ 两端同乘以 x,得

$$\int_0^1 f(tx)\mathrm{d}tx = \frac{1}{2}xf(x) + x,$$

即

$$\int_0^x f(u)\mathrm{d}u = \frac{1}{2}xf(x) + x.$$

两边对 x 求导,得

$$f(x) = \frac{1}{2}f(x) + \frac{1}{2}xf'(x) + 1,$$

即

$$f'(x) - \frac{1}{x}f(x) = -\frac{2}{x}.$$

这是一阶线性非齐次微分方程,所以

$$f(x) = \mathrm{e}^{-\int P(x)\mathrm{d}x}\left(\int Q(x)\mathrm{e}^{\int P(x)\mathrm{d}x}\mathrm{d}x + C\right) = \mathrm{e}^{\int \frac{1}{x}\mathrm{d}x}\left(\int -\frac{2}{x}\mathrm{e}^{-\int \frac{1}{x}\mathrm{d}x}\mathrm{d}x + C\right)$$

$$= x\left(\frac{2}{x} + C\right) = 2 + Cx.$$

7.6 考研真题选解

例 7.6.1 微分方程 $y' = \frac{y(1-x)}{x}$ 的通解是_____. (2006 年考研数学试题)

分析 先分离变量再两边积分. 也可以用凑导数法.

解 直接利用分离变量法求解. 由原方程易得到

$$\frac{\mathrm{d}y}{\mathrm{d}x} = \frac{y(1-x)}{x}, \quad 即 \quad \frac{\mathrm{d}y}{y} = \left(\frac{1-x}{x}\right)\mathrm{d}x = \left(\frac{1}{x} - 1\right)\mathrm{d}x$$

两边积分,得 $\ln|y| = \ln|x| - x + C_1$,即 $\ln\left|\frac{y}{x}\right| = C_1 - x$

故 $\left|\frac{y}{x}\right| = \mathrm{e}^{C_1 - x} = \mathrm{e}^{-x}\mathrm{e}^{C_1}$,所以 $|y| = \mathrm{e}^{C_1}|x|\mathrm{e}^{-x}$,去掉绝对值符号,改写 e_1^C 为 C,并认为 C 可以取正值或负值,得到 $y = Cx\mathrm{e}^{-x}$.

由于 $y = 0$ 也是原方程的解. 上式中的 C 也可以为 0,于是得通解为
$$y = Cx\mathrm{e}^{-x} \quad (C \text{ 为任意常数}).$$

例 7.6.2 微分方程 $xy' + y = 0$ 满足条件 $y(1) = 1$ 的解为_____.

(2008 年考研数学试题)

分析 将所给方程变形为 $\frac{\mathrm{d}y}{y} = -\frac{\mathrm{d}x}{x}$,此为可分离变量方程,两边积分即可求其解.

解法 1 由初始条件 $y(1) = 1$ 知,只需考虑 $xy' + y = 0$ 在 $(0, +\infty)$ 内的非负解即可.

由 $\frac{\mathrm{d}y}{(-y)} = \frac{\mathrm{d}x}{x}$ 得到

$$-\ln|y| = \ln|x| + C_1, \text{即} \quad |x||y| = e^{C_1}, \text{即} \quad y = \frac{C}{x}(C = e^{C_1}).$$

又因 $y(1) = 1$,故 $C = 1$,所以 $y = \frac{1}{x}$.

解法 2 原方程可以化为 $(xy)' = 0$,两边积分得 $xy = C$,故微分方程 $xy' + y = 0$ 的通解为 $y = \frac{C}{x}$. 由 $y(1) = 1$ 得到 $C = 1$. 于是所求特解为 $y = \frac{1}{x}$.

解法 3 由 $xy' + y + 0$ 得到 $y' + y \cdot \frac{1}{x} = 0 (x \neq 0)$. 由一阶线性齐次微分方程求解公式得其通解为

$$y = Ce^{-\int \frac{dx}{x}} = Ce^{-\ln x} = \frac{C}{x}.$$

由 $y(1) = 1$ 得 $C = 1$,故所求特解为 $y = \frac{1}{x}$,即 $xy = 1$.

注意 积分过程中原函数中若出现对数函数时,任意常数写成为 $\ln C$. 这样便于简化结果.

例 7.6.3 微分方程 $y' + y = e^{-x}\cos x$ 满足条件 $y(0) = 0$ 的解为 $y = $ _____.

(2011 年考研数学试题)

分析 利用线性方程通解公式求出通解,再由 $y(0) = 0$ 得特解,也可以直接利用线性方程通解公式求解,还可用凑导数法求之,因方程右端含 e^{-x} 因子.

解法 1 注意到 $y' + y = y' + (x)'y = e^{-x}\cos x$,在其两边乘上 e^x 得

$$y'e^x + e^x x'y = e^x e^{-x}\cos x = \cos x, \quad \text{即} \quad (ye^x)' = \cos x$$

两边积分得

$$ye^x = \int \cos x dx + C = \sin x + C, \text{即} \quad y = e^{-x}\sin x + Ce^{-x}.$$

由 $y(0) = 0$,得 $C = 0$,故所求特解为 $y = e^{-x}\sin x$.

解法 2 所求的特解为满足初值问题 $\begin{cases} y' + y = e^{-x}\cos x \\ y(0) = 0 \end{cases}$ 的解,其解由线性方程通解公式直接得到,其中 $P(x) = 1, Q(x) = e^{-x}\cos x$.

$$y = e^{-\int_0^x P(x)dx}\left(\int_0^x Q(x)e^{\int_0^x P(x)dx}dx + 0\right) = e^{-\int_0^x dx}\left(\int_0^x e^{-x}\cos x e^{\int_0^x dx}dx\right)$$

$$= e^{-x}\left(\int_0^x e^{-x}e^x\cos x dx\right) = e^{-x}\int_0^x \cos x dx = e^{-x}\sin x.$$

解法 3 用线性方程通解公式求之,其中 $P(x) = 1, Q(x) = e^{-x}\cos x$. 于是

$$y = e^{-\int 1 dx}\left(\int e^{-x}\cos x e^{\int 1 dx}dx + C\right) = e^{-x}\left(\int \cos x dx + C\right) = e^{-x}(\sin x + C).$$

由 $y(0) = 0$ 得 $C = 0$,所求特解为 $y = e^{-x}\sin x$.

例 7.6.4 微分方程 $xy' + 2y = x\ln x$ 满足 $y(1) = -\frac{1}{9}$ 的解为 _____.

(2005 年考研数学试题)

分析 所给方程可以化为一阶线性微分方程,利用公式易求其通解,再由初始条件即可求得特解. 也可以用凑导数法求之.

解法 1 原方程可以化为一阶线性微分方程 $y' + (2/x)y = \ln x$,其通解为
$$y = e^{-\int \frac{2}{x}dx}\left(\int \ln x e^{\int \frac{2}{x}dx}dx + C\right) = \frac{x}{3}\left(\ln x - \frac{1}{3} + \frac{C}{x^2}\right)$$
将 $x = 1, y = \dfrac{-1}{9}$ 代入得 $C = 0$,则 $y = \left(\dfrac{x}{3}\right)\left(\ln x - \dfrac{1}{3}\right)$.

解法 2 用凑导数法求之. 为此在原方程两边乘以 x 得到 $x^2 y' + 2xy = x^2 \ln x$,即 $(x^2 y)' = x^2 \ln x$. 两边积分得到
$$x^2 y = \int x^2 \ln x dx = \frac{1}{3}x^3 \ln x - \frac{1}{9}x^3 + C,$$
代入初始条件 $y(1) = -\dfrac{1}{9}$,可得 $C = 0$,于是所求的特解为
$$y = \frac{x \ln x}{3} - \frac{x}{9} = \frac{x}{3}\left(\ln x - \frac{1}{3}\right).$$

例 7.6.5 微分方程 $yy'' + y'^2 = 0$ 满足初始条件 $y|_{x=0} = 1, y'|_{x=0} = 1/2$ 的特解是_____.

(2002 年考研数学试题)

分析 因所给方程为不显含自变量 x 的可降阶方程. 令 $y' = p(y)$,则 $y'' = p\dfrac{dp}{dy}$. 将其代入原方程即可求其解. 也可以用凑导数法求之.

解法 1 将 $y' = p, y'' = p\dfrac{dp}{dy}$ 代入原方程,得 $p\left(y\dfrac{dp}{dy} + p\right) = 0$. 因而 $p = 0$(因不满足初始条件,舍去),$\dfrac{dp}{p} = -\dfrac{dy}{y}$. 积分后得 $p = \dfrac{C_1}{y}$,将初始条件代入得 $C_1 = \dfrac{1}{2}$. 再对 $\dfrac{dy}{dx} = \dfrac{1}{2y}$ 即 $2ydy = dx$ 积分,得 $y^2 = x + C_2$,代入初始条件得 $C_2 = 1$,从而 $y^2 = x + 1$,再由 $y|_{x=0} = 1 > 0$,得微分方程的特解 $y = \sqrt{1 + x}$.

解法 2 用凑导数法解之. 原方程可以化为 $(yy')' = 0$,两边积分得 $\int (yy')' dx = C_1$,即 $yy' = C_1$. 由所给的初始条件易求得 $C_1 = 1/2$. 于是 $yy' = 1/2$. 两边积分得
$$\int yy' dx = \int y dy = \frac{1}{2}x + C_2, \quad 即 \quad \frac{1}{2}y^2 = \frac{1}{2}x + C_2$$
由初始条件 $y|_{x=0} = 1$ 得 $C_2 = \dfrac{1}{2}$,于是有 $y^2 = x + 1$,即 $y = \sqrt{1 + x}$(因 $y|_{x=0} = 1 > 0$).

注意 对带有初始条件的二阶(高阶)微分方程,求解过程中每积分一次后要及时用初始条件确定出任意常数,这样可以简化计算.

例 7.6.6 二阶常系数非齐次线性微分方程 $y'' - 4y' + 3y = 2e^{2x}$ 的通解为_____.

(2007 年考研数学试题)

分析 求出对应的齐次微分方程的通解及原方程的一个特解,其和即为所求的通解,也可以用凑导数法求之.

解法 1 其特征方程为 $r^2 - 4r + 3 = 0$,其特征根为 $r_1 = 1, r_2 = 3$. 对应齐次微分方程 $y'' - 4y' + 3y = 0$ 的通解为 $Y = C_1 e^x + C_2 e^{3x}$.

又设非齐次微分方程 $y'' - 4y' + 3y = 2e^{2x}$ 的特解为 $y^* = Ae^{2x}$,将其代入该非齐次微分方程得 $A = -2$,故所求通解为 $y = Y + y^* = C_1 e^x + C_2 e^{3x} - 2e^{2x}$.

解法 2　原方程可以化为
$$y'' - 2y' - (y' - 3y) = (y' - 3y)' - (y' - 3y) = 2e^{2x}$$
$$e^{-x}(y' - 3y)' + (e^{-x})'(y' - 3y) = 2e^x, \text{即}[e^{-x}(y' - 3y)]' = 2e^x$$

故　　　　　$e^{-x}(y' - 3y) = 2e^x + C_0$,　即　　$y' - 3y = 2e^{2x} + C_0 e^x$

又　　　　　$e^{-3x}y' + (e^{-3x})'y = 2e^{-x} + C_0 e^{-2x}$,　即　　$(e^{-3x}y)' = 2e^{-x} + C_0 e^{-2x}$

故　　　　　$e^{-3x}y = -2e^{-x} - \dfrac{1}{2}C_0 e^{-2x} + C_2$

所以其通解为 $y = -2e^{2x} + C_1 e^x + C_2 e^{3x}$,其中 $C_1 = -C_0/2, C_2$ 为任意常数.

例 7.6.7　求微分方程 $y'' - 3y' + 2y = 2xe^x$ 的通解.　　　(2010 年考研数学试题)

分析　求出所给方程的一个特解及对应的齐次微分方程的通解,其和即为所求的通解.

解法 1　所给方程的齐次微分方程对应的特征方程为 $r^2 - 3r + 2 = 0$,解得其特征根为 $r_1 = 1, r_2 = 2$. 于是该齐次微分方程的通解为 $Y = C_1 e^x + C_2 e^{2x}$ (C_1, C_2 为任意常数). 因 $r_1 = 1$ 为特征根,故原方程的一个特解为 $y^* = x(Ax + B)e^x$,其中 A, B 为待定常数,则
$$y^{*\prime} = [Ax^2 + (2A + B)x + B]e^x, \quad y^{*\prime\prime} = [Ax^2 + (4A + B)x + 2A + 2B]e^x$$

将 $y_1^*, y_1^{*\prime}, y_1^{*\prime\prime}$ 代入原方程并整理得
$$y_1^{*\prime\prime} - 3y^{*\prime} + 2y^* = (2A - B - 2Ax)e^x = 2xe^x$$

比较两端同次幂的系数,得
$$\begin{cases} -2A = 2, \\ 2A - B = 0, \end{cases} \quad \text{即} \quad \begin{cases} A = -1, \\ B = -2. \end{cases}$$

于是所求特解 $y^* = -x(x + 2)e^x$,故方程的通解为
$$y = Y + y^* = C_1 e^x + C_1 e^{2x} - x(x + 2)e^x \quad (C_1, C_2 \text{ 为任意常数}).$$

解法 2　用凑导数法求之. 原方程可以化为 $(y' - y)' - 2(y' - y) = 2xe^x$,则
$$e^{-2x}(y' - y)' + (e^{-2x})'(y' - y) = [e^{-2x}(y' - y)]' = 2xe^{-x}$$

故　$e^{-2x}(y' - y) = \int 2xe^{-x}dx = -2e^{-x}(1 + x) + C_1$, 即　$y' - y = -2e^x(1 + x) + C_1 e^{2x}$

于是　　　　$e^{-x}y' - e^{-x}y = -2e^{-x}e^x(1 + x) + C_1 e^x = -2(1 + x) + C_1 e^x$

即　　　　　$(e^{-x}y)' = -2(1 + x) + C_1 e^x$

$$e^{-x}y = -\int 2(1 + x)dx + C_1\int e^x dx + C_2 = -2\left(x + \dfrac{x^2}{2}\right) + C_1 e^x + C_2$$

$$y = -2\left(x + \dfrac{x^2}{2}\right)e^x + C_1 e^{2x} + C_2 e^x = C_1 e^{2x} + C_2 e^x - x(x + 2)e^x$$

其中 C_1, C_2 为任意常数.

例 7.6.8　若函数 $f(x)$ 满足方程 $f''(x) + f'(x) - 2f(x) = 0$ 及 $f''(x) + f(x) = 2e^x$,则 $f(x) = $ _____.　　　(2012 年考研数学试题)

分析　求出一个方程的通解,再代入另一个方程确定任意常数,从而可以求得 $f(x)$ 或由第二个方程直接观察出一个特解,代入第一个方程也可以求出 $f(x)$.

解法 1　方程 $f''(x) + f'(x) - 2f(x) = 0$ 的特征方程为 $r^2 + r - 2 = (r + 2)(r - 1) = 0$,其特征根为 $r_1 = -2, r_2 = 1$. 于是齐次微分方程 $f''(x) + f'(x) - 2f(x) = 0$ 的通解为 $f(x) = C_1 e^x + C_2 e^{-2x}$,则 $f'(x) = C_1 e^x - 2C_2 e^{-2x}, f''(x) = C_1 e^x + 4C_2 e^{-2x}$. 代入非齐次微分方程 $f''(x) + f(x) = 2e^x$,得

$$C_1 e^x + 4C_2 e^{-2x} + C_1 e^x + C_2 e^{-2x} = 2C_1 e^x + 5C_2 e^{-2x} = 2e^x,$$

故 $C_1 = 1, C_2 = 0$,于是所求解为 $f(x) = e^x$.

解法 2 由观察知 $f''(x) + f(x) = 2e^x$ 的一特解为 $f(x) = e^x$,将其代入 $f''(x) + f'(x) - 2f(x) = 0$ 也满足,故所求解为 $f(x) = e^x$.

例 7.6.9 微分方程 $xy'' + 3y' = 0$ 的通解为_____. (2000 年考研数学试题)

分析 将所给方程化为欧拉方程,再用变量代换求解.

解 在所给方程两边乘以 x 得欧拉方程 $x^2 y'' + 3xy' = 0 (a = 1, b = 3, c = 0)$. 令 $x = e^t$,可以化为常系数线性微分方程 $\dfrac{d^2 y}{dt^2} + 2 \dfrac{dy}{dt} = 0$,其特征方程为 $r^2 + 2r = r(r+2) = 0$,其通解为

$$y = C_1 e^{0t} + C_2 e^{-2t} = C_1 + C_2 e^{-2t} = C_1 + C_2/x^2.$$

例 7.6.10 用变量代换 $x = \cos t (0 < t < \pi)$ 化简微分方程 $(1-x^2) y'' - xy' + y = 0$,并求其满足 $y|_{x=0} = 1, y'|_{x=0} = 2$ 的特解. (2005 年考研数学试题)

分析 所给方程为变系数微分方程,一般直接求解比较困难. 给出了自变量替换后,可望化为常系数微分方程并可求得其通解,为此先将 y', y'' 转化为 $\dfrac{dy}{dt}, \dfrac{d^2 y}{dt^2}$,再用二阶常系数线性微分方程的求解方法求解.

解 注意到 y 是 x 的函数,x 为 t 的函数,因而 y 为 t 的复合函数,x 为中间变量,则

$$\frac{dy}{dt} = \frac{dy}{dx} \frac{dx}{dt} = \frac{dy}{dx} (-\sin t)$$

$$\frac{d^2 y}{dt^2} = \frac{d}{dt} \left[\frac{dy}{dx} (-\sin t) \right] = \frac{d^2 y}{dx^2} \frac{dx}{dt} (-\sin t) + \frac{dy}{dx} (-\cos t)$$

$$= \frac{d^2 y}{dx^2} \sin^2 t - \frac{dy}{dx} \cos t = (1 - \cos^2 t) \frac{d^2 y}{dx^2} - \cos t \frac{dy}{dx}$$

$$= (1 - x^2) \frac{d^2 y}{dx^2} - x \frac{dy}{dx} = (1 - x^2) y'' - xy'$$

于是原方程可以化为 $\dfrac{d^2 y}{dt^2} + y = 0$,其特征方程为 $r^2 + 1 = 0$,解得 $r_{1,2} = \pm i$. 于是此方程的通解为 $y = C_1 \cos t + C_2 \sin t$. 从而原方程的通解为 $y = C_1 x + C_2 \sqrt{1-x^2}$.

由 $y|_{x=0} = 1, y'|_{x=0} = 2$ 得 $C_1 = 2, C_2 = 1$. 故所求方程的特解为 $y = 2x + \sqrt{1-x^2}$.

例 7.6.11 在下列微分方程中以 $y = C_1 e^x + C_2 \cos 2x + C_3 \sin 2x (C_1, C_2, C_3$ 为任意常数) 为通解的是( ). (2008 年考研数学试题)

(A) $y''' + y'' - 4y' - 4y = 0$ (B) $y''' + y'' + 4y' + 4y = 0$
(C) $y''' - y'' - 4y' + 4y = 0$ (D) $y''' - y'' + 4y' - 4y = 0$

分析 已知微分方程的通解,应先根据通解的形式求出特征根,再写出特征方程,最后写出待求的微分方程.

解 由所给通解可知,其特征根为 $\lambda_1 = 1, \lambda_{2,3} = 0 \pm 2i$,故其特征方程为

$$(\lambda - 1)(\lambda - 2i)(\lambda + 2i) = (\lambda - 1)(\lambda^2 + 4) = \lambda^3 - \lambda^2 + 4\lambda - 4 = 0,$$

故所求的微分方程为 $y''' - y'' + 4y' - 4y = 0$. 仅(D)入选.

例 7.6.12 若二阶常系数线性齐次微分方程 $y'' + ay' + by = 0$ 的通解为 $y = (C_1 + $

$C_2 x)\mathrm{e}^x$,则非齐次微分方程 $y'' + ay' + by = x$ 满足条件 $y(0) = 2, y'(0) = 0$ 的解为
_____.
(2009 年考研数学试题)

分析 先由通解可得,其特征根 $r_1 = r_2 = 1$ 从而构造出特征方程,求出二阶常系数线性齐次微分方程,于是可求出 a, b,然后解二阶非齐次微分方程.

解 由所给通解知,二阶常系数线性齐次微分方程 $y'' + ay' + by = 0$ 的特征根是 $r_1 = r_2 = 1$.因而特征方程为 $(r-1)^2 = r^2 - 2r + 1 = 0$.故二阶常系数线性齐次微分方程为 $y'' - 2y' + y = 0$,故 $a = -2, b = 1$.因而非齐次微分方程为 $y'' - 2y' + y = x$.下面求非齐次微分方程

$$y'' - 2y' + y = x \qquad ①$$

的特解.由题设条件知,其特解形式为 $y^* = Ax + B$.代入方程①,得到 $(y^*)'' = 0, (y^*)' = A$,于是有

$$-2A + Ax + B = x, \text{即 } (A-1)x - 2A + B = 0,$$

所以 $A - 1 = 0, B - 2A = 0$,从而 $A = 1, B = 2$,故一特解为 $y^* = x + 2$.非齐次微分方程的通解为

$$y = (C_1 + C_2 x)\mathrm{e}^x + x + 2. \qquad ②$$

将 $y(0) = 2, y'(0) = 2$,代入方程②得 $C_1 = 0, C_2 = -1$,满足初始条件的解为

$$y = -x\mathrm{e}^x + x + 2.$$

例 7.6.13 某种飞机在机场降落时,为了减少滑行距离,在触地瞬间,飞机尾部张开降落伞以增大阻力使飞机迅速减速并停下.

现有一质量为 9000kg 的飞机,着陆时的水平速度为 700km/h.经测试,减速伞打开后飞机所受的阻力与飞机的速度成正比(比例系数 $k = 6.0 \times 10^6$).试问从着陆点算起,飞机滑行的最大距离是多少(注,kg 表示千克,km/h 表示千米/小时)? (2004 年考研数学试题)

分析 利用牛顿第二定律建立微分方程求解.

解法 1 求飞机滑行的最长距离有下面三种理解,从而得到三种不同的求法.由题设知,飞机的质量为 $m = 9\,000$kg,着陆时的水平速度 $v_0 = 700$km/h,从飞机接触跑道开始记时,设 t 时刻飞机的滑行距离为 $x(t)$,速度为 $v(t)$.

一种理解是求飞机的最长距离就是求 $v(t) \to 0$ 的距离.因而应求出 $x(t)$ 与 $v(t)$ 的关系式.根据牛顿第二定律,有

$$\begin{cases} m\dfrac{\mathrm{d}v}{\mathrm{d}t} = -kv & ① \\ \dfrac{\mathrm{d}v}{\mathrm{d}t} = \dfrac{\mathrm{d}v}{\mathrm{d}x}\dfrac{\mathrm{d}x}{\mathrm{d}t} = v\dfrac{\mathrm{d}v}{\mathrm{d}x} & ② \end{cases}$$

由式①、式②得 $\mathrm{d}x = \left(-\dfrac{m}{k}\right)\mathrm{d}v$,积分得到 $x(t) = -\dfrac{m}{k}v + C$.由于 $v(0) = v_0, x(0) = 0$,故 $C = \dfrac{mv_0}{k}$,从而 $x(t) = \dfrac{m}{k}[v_0 - v(t)]$.

两边令 $t \to +\infty$,由 $\lim\limits_{t \to \infty} v(t) = 0$,即得

$$\lim_{t \to +\infty} x(t) = \dfrac{mv_0}{k} = \dfrac{9\,000 \times 700}{6.0 \times 10^6} = 1.05(\mathrm{km}),$$

亦即飞机滑行的最长距离为 1.05km.

解法 2 第二种理解是飞机滑行的最长距离为 $t \to +\infty$ 时的距离,为此应求出 $x(t)$ 与 t 的关系式. 由牛顿第二定理得到

$$m\frac{d^2x}{dt^2} = -k\frac{dx}{dt}, \quad 即 \quad \frac{d^2x}{dt^2} + \frac{k}{m}\frac{dx}{dt} = 0$$

其特征方程为 $r^2 + \frac{k}{m}r = 0$. 其特征根为 $r_1 = 0, r_2 = -\frac{k}{m}$,故 $x(t) = C_1 + C_2 e^{-\frac{k t}{m}}$. 由

$$x(t)|_{t=0} = 0, v(t)|_{t=0} = \frac{dx}{dt}\bigg|_{t=0} = -\frac{kC_2}{m}e^{-\frac{kt}{m}}\bigg|_{t=0} = v_0, \text{得 } C_1 = -C_2 = mv_0/k.$$

于是

$$x(t) = \frac{m}{k}v_0\left(1 - e^{-\frac{kt}{m}}\right) \qquad ③$$

则当 $t \to +\infty$ 时, $x(t) \to \frac{m}{k}v_0 = 1.05(\text{km})$,即飞机滑行的最长距离为 1.05km.

解法 3 飞机滑行的最长距离理解为 $\int_0^{+\infty} v(t)dt$. 为此求出 $v(t)$ 的表示式.

事实上,由解法1中的式 ① 得到 $\frac{dv}{v} = -\frac{k}{m}dt$,两端积分得其通解为 $v(t) = Ce^{-\frac{kt}{m}}$. 代入初始条件 $v(t)|_{t=0} = v_0$,解得 $C = v_0$,故 $v(t) = v_0 e^{-\frac{kt}{m}}$. 因而飞机滑行的最长距离为

$$x(t) = \int_0^{+\infty} v(t)dt = -\frac{mv_0}{k}e^{-\frac{kt}{m}}\bigg|_0^{+\infty} = \frac{mv_0}{k} = 1.05(\text{km}).$$

或由解法 2 中的式 ③ 得到 $\frac{dx}{dt} = v_0 e^{-\frac{kt}{m}}$. 于是

$$x(t) = \int_0^t v_0 e^{-\frac{kt}{m}}dt = -\frac{mv_0}{k}(e^{-\frac{kt}{m}} - 1).$$

故飞机滑行最长距离为

$$\lim_{t \to \infty} x = \lim_{t \to \infty} x\left[-\frac{mv_0}{k}(e^{-\frac{kt}{m}} - 1)\right] = \frac{mv_0}{k} = 1.05\text{km}.$$

7.7 自 测 题

1. 选择题

(1) 设线性无关的函数 $y_1、y_2、y_3$ 都是二阶非齐次线性方程 $y'' + p(x)y' + q(x)y = f(x)$ 的解,C_1, C_2 是任意常数,则该非齐次方程的通解是(　　).

(A) $C_1 y_1 + C_2 y_2 + y_3$ 　　　　　　(B) $C_1 y_1 + C_2 y_2 - (C_1 + C_2)y_3$

(C) $C_1 y_1 + C_2 y_2 + (1 - C_1 - C_2)y_3$ 　(D) $C_1 y_1 + C_2 y_2 - (1 - C_1 - C_2)y_3$

(2) 微分方程 $(x+y)dy = x\arctan\frac{y}{x}dx$ 是(　　).

(A) 齐次方程 (B) 可分离变量方程

(C) 伯努利方程 (D) 非齐次线性方程

(3) 微分方程 $xdy - [y + xy^3(1+\ln x)]dx = 0$ 是(　　).

(A) 齐次方程 (B) 可分离变量方程

(C) 线性方程 (D) 伯努利方程

(4) 设 $y=f(x)$ 是方程 $y''-2y'+4y=0$ 的一个解,若 $f(x_0)>0$,且 $f'(x_0)=0$,则函数 $f(x_0)$ 在点 x_0 (   ).

  (A) 取得极大值   (B) 取得极小值
  (C) 某个邻域内单调增加   (D) 某个邻域内单调减少

(5) 微分方程 $y'-2y=0$ 的通解为(   ).

  (A) $y=C\sin(2x)$ (B) $y=4e^{2x}$
  (C) $y=Ce^{2x}$ (D) $y=e^x$

(6) 微分方程 $y'=3y^{\frac{2}{3}}$ 的一个特解为(   ).

  (A) $y=(x+2)^3$ (B) $y=x^3+1$
  (C) $y=(x+C)^3$ (D) $y=C(x+1)^3$

(7) 下列函数中属于二阶微分方程的通解的是(   ).

  (A) $x^2+y^2=C$ (B) $y=C_1\sin^2 x+C_2\cos^2 x$
  (C) $y=C_1 x^2+C_2 x+C_3$ (D) $y=\ln(C_1 x)+\ln(C_2 x)$

(8) 微分方程 $y''+y=0$ 的通解是(   ).

  (A) $y=C_1\cos x+C_2\sin x$ (B) $y=C_1 e^x+C_2 e^{-x}$
  (C) $y=(C_1+C_2 x)e^x$ (D) $y=C_1 e^x+C_2 e^{2x}$

(9) 微分方程 $y''+2y'+y=0$ 的通解是(   ).

  (A) $y=C_1\cos x+C_2\sin x$ (B) $y=C_1 e^x+C_2 e^{2x}$
  (C) $y=(C_1+C_2 x)e^{-x}$ (D) $y=C_1 e^x+C_2 e^{-x}$

(10) 方程 $y''-6y'+9y=x^2 e^{3x}$ 的特解形式为(   )(a、b、c 为常数).

  (A) $ax^2 e^{3x}$ (B) $x^2(ax^2+bx+c)e^{3x}$
  (C) $x(ax^2+bx+c)e^{3x}$ (D) $ax^2 e^{3x}$

(11) 方程 $y''-3y'+2y=e^x\cos x$ 的特解形式为(   )(A、B 为常数).

  (A) $Ae^x\cos(2x)$ (B) $Axe^x\cos(2x)+Bxe^x\sin(2x)$
  (C) $Ae^x\cos(2x)+Be^x\sin(2x)$ (D) $Ax^2 e^x\cos(2x)+Bx^2 e^x\sin(2x)$

(12) 方程 $y''-3y'+2y=3x-2e^x$ 的特解形式为(   )(a、b、c 为常数).

  (A) $(ax+b)e^x$ (B) $(ax+b)xe^x$
  (C) $ax+b+ce^x$ (D) $ax+b+cxe^x$

(13) 下列差分方程中与 $\Delta^2 y_x+3\Delta y_x-y_x=2^x+1$ 相同的是(   ).

  (A) $y_{x+2}+3y_{x+1}-y_x=2^x+1$ (B) $y_{x+2}+5y_{x+2}-3y_x=2^x-1$
  (C) $y_x+y_{x-1}-3y_{x-2}=2^x+1$ (D) $y_x+y_{x-1}-3y_{x-2}=2^{x-2}+1$

(14) 差分方程 $3y_x+2y_{x-1}=5$ 的通解为 $y_x=$(   ).

  (A) $C(-2)^x+1$ (B) $C\left(-\dfrac{2}{3}\right)^x+1$
  (C) $C\cdot 2^x+1$ (D) $C\left(\dfrac{2}{3}\right)^x+5$

(15) 差分方程 $y_{x+2}+5y_{x+1}+4y_x=2x-1$ 的特解形式为(   ).

  (A) $y_n^*=ax+b$ (B) $y_x^*=a$
  (C) $y_x^*=x(ax+b)$ (D) $y_x^*=x^2(ax+b)$

2. 判断题

(1) 可分离变量的微分方程必为全微分方程. ( )

(2) 方程 $ydx+(x+y^3)dy=0$ 的通解为 $4xy+y^4=C$. ( )

(3) 方程 $\dfrac{d^2y}{dx^2}+4y=0$ 的通解为 $y=(C_1+C_2x)e^{2x}$. ( )

(4) 适合方程 $f'(x)=f(1-x)$ 的二阶可导函数 $f(x)$ 必满足等式 $f''(x)+f(x)=0$.
( )

3. 填空题

(1) 函数 $y=y(x)$ 图形上点 $(0,-2)$ 处的切线为 $2x-3y=6$,且 $y(x)$ 满足 $y''=6x$,则此函数 $y(x)=$ _____.

(2) 设 $y_1(x)$ 与 $y_2(x)$ 是二阶齐次线性微分方程 $y''+p(x)y'+q(x)y=0$ 的两个线性无关的特解,则该方程的通解为 _____.

(3) 某公司每年的工资总额在比上一年增加 20% 的基础上再追加 2 百万元,若以 W_t 表示第 t 年的工资总额(单位:百万元),则 W_t 满足的差分方程是 _____.

(4) 已知曲线 $y=f(x)$ 过点 $\left(0,-\dfrac{1}{2}\right)$,且其上任一点 (x,y) 处的切线斜率为 $x\ln(1+x^2)$,则 $f(x)=$ _____.

(5) 微分方程 $y'=2xy$ 的通解为 $y=$ _____.

4. 计算题

(1) 求初值问题 $\begin{cases}(y+\sqrt{x^2+y^2})dx-xdy=0\\y\big|_{x=1}=0\end{cases}$ $(x>0)$ 的解.

(2) 求微分方程 $xy'+y=xe^x$ 满足 $y(1)=1$ 的特解.

(3) 求微分方程 $(y-x^3)dx-2xdy=0$ 的通解.

(4) 求连续函数 $f(x)$,使该函数满足 $f(x)+2\int_0^x f(t)dx=x^2$.

(5) 求微分方程 $\cos(x+y)dy=dx$ 的通解.

(6) 求微分方程 $(x^2y^3+xy)\dfrac{dy}{dx}=1$ 的通解.

(7) 求微分方程 $[\cos(x+y^2)+3y]dx+[2y\cos(x+y^2)+3x]dy=0$ 的通解.

(8) 求微分方程 $ay''=\sqrt{1+(y')^2}$ $(a>0)$ 的通解.

(9) 设曲线 $y=y(x)$ 经过原点和点 $M(1,2)$,且满足微分方程 $y''+\dfrac{2}{1-y}y'^2=0$,求此曲线.

(10) 设某商品的供需方程分别为 $S_t=4+3\left(P_{t-1}-\dfrac{1}{3}\Delta P_{t-2}\right), D_t=14-2P_t$,且以箱为计量单位. 设 P_{t-1} 和 P_{t-2} 分别为第 $t-1$ 期和第 $t-2$ 期的价格(单位:百元 / 箱). 供方在第 t 期

售价为 $P_{t-1} - \frac{1}{3}\Delta P_{t-2}$,需方以价格 P_t 就可使该商品第 t 期的供给量 S_t 售完,已知 $P_0 = 2$, $P_1 = \frac{3}{2}$,求 P_t 的表达式.

自测题参考答案

1. (1) (C); (2)(A); (3)(D); (4)(A); (5)(C); (6)(A); (7)(B); (8)(A); (9)(C); (10) B; (11)(C); (12)(D); (13)(D); (14)(B); (15)(A).

2. (1) √; (2) √; (3) ×; (4) √.

3. (1) $x^3 + \frac{2}{3}x - 2$; (2) $C_1 y_1(x) + C_2 y_2(x)$ (C_1、C_2 为任意常数).

(3) $W_{t+1} - 1.2W_t = 2$; (4) $\frac{1}{2}(x^2+1)[\ln(x^2+1)-1]$; (5) Ce^{x^2}.

4. (1) 这是齐次方程. 通解 $y + \sqrt{x^2+y^2} = Cx^2$,特解 $y = \frac{1}{2}(x^2-1)$.

(2) 原方程即为 $(xy)' = xe^x$,故 $xy = e^x(x-1) + C$,由 $y(1) = 1$,得 $C = 1$,所以特解为

$$y = \frac{e^x}{x}(x-1) + \frac{1}{x}.$$

(3) 一阶线性方程. $y = C\sqrt{x} - \frac{1}{5}x^3$.

(4) 两边求导得线性方程. $f(0) = 0, f(x) = \frac{1}{2}e^{-2x} + x - \frac{1}{2}$.

(5) 设 $u = x + y$,通解为 $\tan\frac{x+y}{2} = y + C$.

(6) 把方程改写为 $\frac{dx}{dy} - xy = x^2 y^3$(伯努利方程),令 $z = \frac{1}{x}, \frac{dz}{dy} + yz = -y^3$(线性方程),通解为 $\frac{1}{x} = 2 - y^2 + Ce^{-\frac{y^2}{2}}$.

(7) 全微分方程. 通解为 $\sin(x+y^2) + 3xy = C$.

(8) 设 $y' = P(x), y'' = \frac{dP}{dx}$,通解为 $y = \frac{a}{2}(e^{\frac{x}{a}+C_1} + e^{-\frac{x}{a}-C_1}) + C_2$.

(9) 设 $y' = P(y), y'' = P\frac{dP}{dy}$,代入方程 $P\frac{dP}{dy} + \frac{2}{1-y}P^2 = 0$,解之得通解 $\frac{1}{1-y} = C_1 x + C_2$,以点 $(0,0)$、$(1,2)$ 代入得 $C_1 = -2, C_2 = 1$,故曲线为 $\frac{1}{1-y} = -2x+1$.

(10) 由供需平衡,得 $2P_t + 2P_{t-1} + P_{t-2} = 10$,通解为

$$P_t = \left(\frac{1}{2}\right)^{\frac{t}{2}}\left(C_1 \cos\frac{3\pi}{4}t + C_2 \sin\frac{3\pi}{4}t\right) + 2.$$

由 $P_0 = 2$ 和 $P_1 = \frac{3}{2}$ 得 $C_1 = 0, C_2 = -1$,所以 $P_t = 2 - \left(\frac{1}{2}\right)^{\frac{t}{2}}\sin\frac{3\pi}{4}t$.

第8章 空间解析几何与向量代数

8.1 大纲基本要求

（1）理解空间直角坐标系，理解向量的概念及其线性运算，熟练掌握向量的数量积和向量积的运算规律及其应用.

（2）熟练掌握向量的坐标表示式.

（3）掌握平面、直线的方程，熟练掌握建立平面方程、直线方程的方法并培养解决有关平面问题、直线问题的能力.

（4）熟练掌握平面曲线绕坐标轴旋转所成的旋转曲面的方程.

（5）熟练掌握母线平行于坐标轴的柱面以及二次曲面的方程和图形，并能用截痕法研究二次曲面的图形及性质.

（6）熟练掌握空间曲线关于坐标面的投影柱面及空间曲线在坐标面上的投影，能绘制出几个常见曲面围成的立体的草图，并能求出它们的交线在坐标面上的投影方程及立体在坐标面上的投影区域.

8.2 内容提要

8.2.1 向量代数

1. 向量代数的概念

向量 既有大小又有方向的量，又称矢量，常用有向线段 AB 或 a 来表示，其坐标表示为

$$a = xi + yj + zk = (x, y, z) \tag{8.1}$$

向量的模 向量的大小，又称长度，记为 $|AB|$ 或 $|a|$，其坐标表示为

$$|a| = \sqrt{x^2 + y^2 + z^2}. \tag{8.2}$$

零向量 模为 0 的向量，记为 $\mathbf{0}$，无确定方向.

单位向量 模为 1 的向量. 非零向量 a 的同方向单位向量记为 e_a，且

$$e_a = \frac{a}{|a|} = \left(\frac{x}{\sqrt{x^2+y^2+z^2}}, \frac{y}{\sqrt{x^2+y^2+z^2}}, \frac{z}{\sqrt{x^2+y^2+z^2}} \right) \tag{8.3}$$

方向余弦 设向量 a 与三坐标轴正向的夹角为 $\alpha 、\beta 、\gamma$，则 $\cos\alpha 、\cos\beta 、\cos\gamma$ 称为向量 a 的方向余弦，用坐标表示为

$$\cos\alpha = \frac{x}{\sqrt{x^2+y^2+z^2}}, \quad \cos\beta = \frac{y}{\sqrt{x^2+y^2+z^2}}, \quad \cos\gamma = \frac{z}{\sqrt{x^2+y^2+z^2}}.$$

$$e_a = (\cos\alpha, \cos\beta, \cos\gamma), \quad \cos^2\alpha + \cos^2\beta + \cos^2\gamma = 1.$$

M_1M_2 坐标表示 空间任意两点 $M_1(x_1, y_1, z_1)$、$M_2(x_2, y_2, z_2)$，则

$$M_1M_2 = (x_2 - x_1, y_2 - y_1, z_2 - z_1) \tag{8.4}$$

投影 向量 a 在向量 b 上的投影可以表示为

$$\mathrm{Prj}_b a = |a| \cos(\hat{a, b}) \tag{8.5}$$

其中 $0 \leqslant (\hat{a, b}) \leqslant \pi$.

2. 向量的运算及性质

（1）向量的线性运算.

设 $a = (x_1, y_1, z_1)$, $b = (x_2, y_2, z_2)$.

加法： $$a + b = (x_1 + x_2, y_1 + y_2, z_1 + z_2) \tag{8.6}$$

向量的加法满足平行四边形法则或三角形法则，分别如图 8.1、图 8.2 所示.

图 8.1　　　　　　图 8.2

减法： $$a - b = (x_1 - x_2, y_1 - y_2, z_1 - z_2) = a + (-b) \tag{8.7}$$

数乘： $$\lambda a = (\lambda x_1, \lambda y_1, \lambda z_1), \lambda \in \mathbf{R} \tag{8.8}$$

（2）向量的数量积（又称点积、内积）.

定义 8.1 两向量的数量积定义为

$$a \cdot b = |a||b| \cos(\hat{a, b}) \tag{8.9}$$

其中，$(\hat{a, b})$ 表示向量 a 与 b 的夹角，$0 \leqslant (\hat{a, b}) \leqslant \pi$.

当 $(\hat{a, b}) = \dfrac{\pi}{2}$ 时，称 a 与 b 相互垂直，记为 $a \perp b$.

向量点积的运算律

$$a \cdot b = b \cdot a \tag{8.10}$$

$$a \cdot (b + c) = a \cdot b + a \cdot c \tag{8.11}$$

$$\lambda(a \cdot b) = (\lambda a) \cdot b = a \cdot (\lambda b) \tag{8.12}$$

$$a \perp b \Leftrightarrow a \cdot b = 0 \tag{8.13}$$

坐标表示：设 $a = (x_1, y_1, z_1)$, $b = (x_2, y_2, z_2)$，则

$$a \cdot b = x_1 x_2 + y_1 y_2 + z_1 z_2 \tag{8.14}$$

$$a \perp b \Leftrightarrow x_1 x_2 + y_1 y_2 + z_1 z_2 = 0 \Leftrightarrow a \cdot b = 0 \tag{8.15}$$

（3）向量的向量积（又称叉积，外积）.

定义 8.2 $a \times b$ 是一个同时垂直于 a 与 b 的向量，$a \times b$ 的模 $|a \times b| = |a||b| \sin(\hat{a, b})$，方向 a、b、$a \times b$ 依右手法则确定.

向量叉积的运算律

$$a \times b = -(b \times a) \tag{8.16}$$

$$a \times (b + c) = a \times b + a \times c \tag{8.17}$$

$$\lambda(a \times b) = (\lambda a) \times b = a \times (\lambda b) \tag{8.18}$$

$$a // b (\text{即 } a、b \text{ 共线}) \Leftrightarrow a \times b = \mathbf{0} \tag{8.19}$$

向量叉积的几何意义：$|a \times b|$ 表示以 a、b 为邻边的平行四边形的面积.
向量叉积的计算：设 $a = (x_1, y_1, z_1), b = (x_2, y_2, z_2)$，则

$$a \times b = \begin{vmatrix} i & j & k \\ x_1 & y_1 & z_1 \\ x_2 & y_2 & z_2 \end{vmatrix} \tag{8.20}$$

$$a \parallel b \Leftrightarrow a \times b = \mathbf{0} \Leftrightarrow \frac{x_1}{x_2} = \frac{y_1}{y_2} = \frac{z_1}{z_2} \tag{8.21}$$

其中，若 $x_2、y_2、z_2$ 中有一个为 0，如 $x_2 = 0$，应理解为 $x_1 = 0$.

(4) 三向量的混合积.

定义 8.3 $$[abc] = (a \times b) \cdot c \tag{8.22}$$

轮换性： $$[abc] = [bca] = [cab] \tag{8.23}$$

特性：三向量共面 $\Leftrightarrow [abc] = 0$.

计算方法：设 $a = (x_1, y_1, z_1), b = (x_2, y_2, z_2), c = (x_3, y_3, z_3)$，则

$$(a \times b) \cdot c = \begin{vmatrix} x_1 & y_1 & z_1 \\ x_2 & y_2 & z_2 \\ x_3 & y_3 & z_3 \end{vmatrix} \tag{8.24}$$

三向量混合积的几何意义：$|(a \times b) \cdot c|$ 表示以 a、b、c 为棱的平行六面体的体积.

3. 向量 a 与 b 的夹角 $(\widehat{a, b})$

设 $a = (x_1, y_1, z_1), b = (x_2, y_2, z_2)$，则

$$\cos(\widehat{a, b}) = \frac{x_1 x_2 + y_1 y_2 + z_1 z_2}{\sqrt{x_1^2 + y_1^2 + z_1^2} \sqrt{x_2^2 + y_2^2 + z_2^2}} = \frac{a \cdot b}{|a||b|} \tag{8.25}$$

8.2.2 平面与直线

1. 平面方程

(1) 点法式方程

$$A(x - x_0) + B(y - y_0) + C(z - z_0) = 0 \tag{8.26}$$

其中，$M_0(x_0, y_0, z_0)$ 为平面上一定点，非零向量 $n = (A, B, C)$ 为平面的法线向量.

(2) 一般式方程

$$Ax + Bx + Cz + D = 0 \tag{8.27}$$

其中，$n = (A, B, C)$ 为平面的法线向量.

几种特殊情况：

$Ax + By + Cz = 0$，表示平面过原点；

$Ax + By + D = 0, D \neq 0$，表示平面与 z 轴平行；

$Ax + D = 0, D \neq 0$，表示平面与 yOz 平面平行；

$x = 0$，表示 yOz 平面.

(3) 截距式方程

若已知平面 π 在三坐标轴上的截距分别为 a、b、c，则平面 π 的方程为

$$\frac{x}{a} + \frac{y}{b} + \frac{z}{c} = 1 \quad (a, b, c \neq 0) \tag{8.28}$$

2. 直线方程

(1) 标准式(又称对称式、点向式)方程

$$\frac{x-x_0}{m} = \frac{y-y_0}{n} = \frac{z-z_0}{p} \tag{8.29}$$

其中，$M_0(x_0,y_0,z_0)$ 是直线上一定点. $s=(m,n,p)$ 为与直线平行的非零向量(即方向向量).

(2) 参数式方程

$$\begin{cases} x = x_0 + mt \\ y = y_0 + nt \\ z = z_0 + pt \end{cases} \quad (t \text{ 为参数}) \tag{8.30}$$

(3) 一般式(视做两个不平行平面的交线)方程

$$\begin{cases} A_1 x + B_1 y + C_1 z + D_1 = 0 \\ A_2 x + B_2 y + C_2 z + D_2 = 0 \end{cases} \tag{8.31}$$

其方向向量可取为

$$s = \begin{vmatrix} i & j & k \\ A_1 & B_1 & C_1 \\ A_2 & B_2 & C_2 \end{vmatrix} \tag{8.32}$$

3. 直线、平面间的位置关系

设平面 π_1、π_2 的法线向量分别为 $n_1=(A_1,B_1,C_1)$，$n_2=(A_2,B_2,C_2)$，两直线 L_1、L_2 的方向向量分别为 $s_1=(m_1,n_1,p_1)$，$s_2=(m_2,n_2,p_2)$.

(1) 两平面 π_1、π_2 之间的夹角 θ(常指锐角) 由公式

$$\cos\theta = \frac{|n_1 \cdot n_2|}{|n_1||n_2|} = \frac{|A_1 A_2 + B_1 B_2 + C_1 C_2|}{\sqrt{A_1^2+B_1^2+C_1^2}\sqrt{A_2^2+B_2^2+C_2^2}} \tag{8.33}$$

确定.

(2) 两平面 π_1 和 π_2 平行、垂直的充要条件分别是

$$\pi_1 /\!/ \pi_2 \Leftrightarrow n_1 /\!/ n_2 \Leftrightarrow \frac{A_1}{A_2} = \frac{B_1}{B_2} = \frac{C_1}{C_2} \tag{8.34}$$

$$\pi_1 \perp \pi_2 \Leftrightarrow n_1 \perp n_2 \Leftrightarrow A_1 A_2 + B_1 B_2 + C_1 C_2 = 0 \tag{8.35}$$

(3) 两直线 L_1 与 L_2 之间的夹角 θ(常指锐角) 由公式

$$\cos\theta = \frac{|s_1 \cdot s_2|}{|s_1||s_2|} = \frac{m_1 m_2 + n_1 n_2 + p_1 p_2}{\sqrt{m_1^2+n_1^2+p_1^2} \cdot \sqrt{m_2^2+n_2^2+p_2^2}} \tag{8.36}$$

确定.

(4) 两直线 L_1 与 L_2 平行、垂直、共面的充要条件分别是

$$L_1 /\!/ L_2 \Leftrightarrow s_1 /\!/ s_2 \Leftrightarrow \frac{m_1}{m_2} = \frac{n_1}{n_2} = \frac{p_1}{p_2} \tag{8.37}$$

$$L_1 \perp L_2 \Leftrightarrow s_1 \perp s_2 \Leftrightarrow m_1 m_2 + n_1 n_2 + p_1 p_2 = 0 \tag{8.38}$$

$$L_1 \text{ 与 } L_2 \text{ 共面} \Leftrightarrow (s_1 \times s_2) \cdot \overrightarrow{M_1 M_2} = 0 \tag{8.39}$$

其中，M_1，M_2 分别为 L_1、L_2 上的已知点.

(5) 直线 L 与平面 π 平行、垂直的充要条件分别是

$$L /\!/ \pi \Leftrightarrow s \perp n \Leftrightarrow Am + Bn + Cp = 0 \tag{8.40}$$

$$L \perp \pi \Leftrightarrow s \mathbin{/\mkern-6mu/} \boldsymbol{n} \Leftrightarrow \frac{A}{m} = \frac{B}{n} = \frac{C}{p} \tag{8.41}$$

4. 点到平面的距离

点 $M_0(x_0, y_0, z_0)$ 到平面 $\pi: Ax + By + Cz + D = 0$ 的距离为

$$d = \frac{|Ax_0 + By_0 + Cz_0 + D|}{\sqrt{A^2 + B^2 + C^2}} \tag{8.42}$$

5. 点到直线的距离

设点 $M_1(x_1, y_1, z_1)$ 和直线 $L: \dfrac{x-x_0}{m} = \dfrac{y-y_0}{n} = \dfrac{z-z_0}{p}$，则点 M_1 到直线 L 的距离为

$$d = \frac{|\boldsymbol{M_0 M_1} \times \boldsymbol{s}|}{|\boldsymbol{s}|} \tag{8.43}$$

其中，$M_0(x_0, y_0, z_0)$ 为直线 L 上一定点，$\boldsymbol{s} = (m, n, p)$ 为直线 L 的方向向量.

8.2.3 曲面与空间曲线

1. 二次曲面

二次曲面的方程与图形如表 8.1 所示.

表 8.1　　二次曲面方程及图形

曲面名称	方　程	图　形
球面：球心为 (x_0, y_0, z_0)，半径为 R	$(x-x_0)^2 + (y-y_0)^2 + (z-z_0)^2 = R^2$	
椭球面：中心为 $(0,0,0)$，半轴为 $a、b、c$	$\dfrac{x^2}{a^2} + \dfrac{y^2}{b^2} + \dfrac{z^2}{c^2} = 1$	
单叶双曲面：中心为 $(0,0,0)$	$\dfrac{x^2}{a^2} + \dfrac{y^2}{b^2} - \dfrac{z^2}{c^2} = 1$	
双叶双曲面：中心为 $(0,0,0)$	$\dfrac{x^2}{a^2} - \dfrac{y^2}{b^2} - \dfrac{z^2}{c^2} = 1$	

曲面名称	方程	图形
椭圆抛物面：顶点为$(0,0,0)$，z轴为对称轴	$\dfrac{x^2}{a^2}+\dfrac{y^2}{b^2}=2pz\ (p>0)$	
双曲抛物面：顶点为$(0,0,0)$，z轴为对称轴	$\dfrac{x^2}{a^2}-\dfrac{y^2}{b^2}=2pz$	
锥面：中心轴为z轴，顶点为$(0,0,0)$	$\dfrac{x^2}{a^2}+\dfrac{y^2}{b^2}-\dfrac{z^2}{c^2}=0$	

2. 柱面

一般地，若曲面方程 $F(x,y,z)=0$ 中缺某个变量，如 $F(x,y)=0$（缺变量 z），则该方程表示空间中母线平行于 z 轴的柱面，其准线可以取为 xOy 平面上的曲线

$$\begin{cases} F(x,y)=0 \\ z=0 \end{cases} \tag{8.44}$$

类似地，母线平行于 x 轴或 y 轴的柱面方程分别为 $F(y,z)=0$ 与 $F(x,z)=0$.

3. 旋转曲面

已知 yOz 坐标面上的曲线

$$\begin{cases} F(y,z)=0 \\ x=0 \end{cases} \tag{8.45}$$

将其绕 z 轴旋转一周，得一旋转曲面，该旋转曲面的方程为

$$F(\pm\sqrt{x^2+y^2},z)=0 \tag{8.46}$$

类似地可讨论其他情况.

4. 空间曲线及其投影曲线

（1）用两个曲面的交线来表示曲线

$$L:\begin{cases} F(x,y,z)=0 \\ G(x,y,z)=0 \end{cases} \tag{8.47}$$

这个方程组称为空间曲线的一般方程.

（2）空间曲线 L 的参数方程

$$\begin{cases} x = x(t) \\ y = y(t), \quad \alpha \leqslant t \leqslant \beta. \\ z = z(t) \end{cases} \tag{8.48}$$

(3) 空间曲线 L 的向量式

$$r(t) = x(t)\boldsymbol{i} + y(t)\boldsymbol{j} + z(t)\boldsymbol{k}, \quad \alpha \leqslant t \leqslant \beta \tag{8.49}$$

(4) 空间曲线在坐标面上的投影的求法.

设曲线 L 的一般方程为

$$\begin{cases} F(x,y,z) = 0 \\ G(x,y,z) = 0 \end{cases}$$

由方程组消去 z 后得 $H(x,y) = 0$,该方程是含曲线 L 的母线平行于 z 轴的柱面,称该柱面为曲线 L 向 xOy 平面投影的投影柱面,该柱面与 xOy 平面的交线为

$$\begin{cases} H(x,y) = 0 \\ z = 0 \end{cases}$$

就是曲线 L 在 xOy 平面上的投影曲线.

类似地,可以推导出曲线 L 在 xOz 平面及 yOz 平面上的投影曲线.

8.3 解 难 释 疑

(1) 学习本章的主要目的在于为多元函数微积分学准备一个几何表示的工具. 在一元函数微分学中,一元函数的连续性、导数、积分、极值等各种概念与运算都有相应的几何解释,让我们都有一个直观、形象的了解. 自然,我们希望能将这一方式延伸到多元函数微积分中来. 为此,将平面解析几何学推广到空间解析几何学中来.

(2) 向量这一工具有着广泛的应用范围. 向量不仅能有效地表示物理学中的力、速度等物理量,也能表示几何学中的有向线段、点,从而可以用于讨论一些几何关系式,还能作为一个数组形式在代数学、分析学中发挥作用. 因此,应当熟练掌握有关向量的各种基本运算与性质,特别要注意向量与数量的不同之处.

① 向量之间不考虑大小关系. 如 $a < b, a \leqslant b$ 等都没有实际意义,但它们可以比较模的大小.

② 向量之间的乘法 $\boldsymbol{a} \cdot \boldsymbol{b}$ 与 $\boldsymbol{a} \times \boldsymbol{b}$ 都不具备消去律,但有

$$\boldsymbol{a} \cdot \boldsymbol{b} = \boldsymbol{b} \cdot \boldsymbol{a}, \quad \boldsymbol{a} \times \boldsymbol{b} = -\boldsymbol{b} \times \boldsymbol{a}.$$

③ 单位向量有无限多个(而绝对值为 1 的实数只有 1 与 -1 两个).

(3) 简单几何图形的长度、面积与体积也可以用向量表示,主要有以下几方面.

① 点 M_1、M_2 之间的距离 $d = |\boldsymbol{M_1 M_2}| = \sqrt{\boldsymbol{M_1 M_2} \cdot \boldsymbol{M_1 M_2}}$.

② 三角形 ABC 的面积 $S = |\boldsymbol{AB} \times \boldsymbol{AC}|/2$.

③ 平行四边形 $ABCD$ 的面积 $S = |\boldsymbol{AB} \times \boldsymbol{AC}|$.

④ 平行六面体的体积 $V = |\boldsymbol{a} \cdot (\boldsymbol{b} \times \boldsymbol{c})|$ (其中 $\boldsymbol{a}$、$\boldsymbol{b}$、$\boldsymbol{c}$ 是三条棱向量).

(4) 在依照点法式及点向式建立平面与直线的方程时,一种典型的方法是利用向量积来构造所需向量. 例如,要求一个向量 $\boldsymbol{c}$,而若已求出与 $\boldsymbol{c}$ 垂直的两向量 $\boldsymbol{a}$ 与 $\boldsymbol{b}$,则可以令 $\boldsymbol{c} = \boldsymbol{a} \times \boldsymbol{b}$ 便可以求出 $\boldsymbol{c}$ 向量.

(5) 在求直线方程时,若将所求直线理解为两个平面的交线,转而去求这两个平面,则会十分方便. 例如,求投影直线、异面直线公垂线问题.

(6) 本章的常见题型:向量的基本运算(求和差数乘、数量积、向量积、混合积、模、方向余弦、单位化),平面与直线方程的建立与相互关系讨论,柱面与旋转面的识别与建立,常见曲面所围图形的草图勾画等.

8.4 典型例题选讲

例 8.4.1 从点 $A(2,-1,7)$ 沿 $\boldsymbol{a}=(8,9,-12)$ 的方向取长为 34 的线段 AB,求点 B 的坐标.

解 设点 B 的坐标为 (x,y,z),则 $\boldsymbol{AB}=(x-2,y+1,z-7)$,因 $\boldsymbol{AB} \parallel \boldsymbol{a}$,故
$$\boldsymbol{AB}=\lambda\boldsymbol{a}=(8\lambda,9\lambda,-12\lambda).$$

又因 $\boldsymbol{AB}$ 与 $\boldsymbol{a}$ 同向,所以 $\lambda>0$,则由 $|\boldsymbol{AB}|=34$ 知,$\sqrt{(8\lambda)^2+(9\lambda)^2+(-12\lambda)^2}=34$,得 $\lambda=2$,所以
$$\boldsymbol{AB}=(16,18,-24)=(x-2,y+1,z-7)$$

即有 $\begin{cases} x-2=16 \\ y+1=18 \\ z-7=-24 \end{cases}$,故 $\begin{cases} x=18 \\ y=17 \\ z=-17 \end{cases}$.

例 8.4.2 设点 M 的矢径与 y 轴成 $60°$ 角,与 z 轴成 $45°$ 角,且矢径的模为 8,若点 M 的横坐标为负值,求点 M.

解 设点 $M(x,y,z)$ 的矢径 $\boldsymbol{r}$ 的方向余弦为 $\cos\alpha$、$\cos\beta$、$\cos\gamma$,因 $\beta=60°$,$\gamma=45°$,故
$$\cos^2\alpha=1-\cos^2\beta-\cos^2\gamma=\frac{1}{4}.$$

又因 $x<0$,所以 $\cos\alpha=-\frac{1}{2}$,从而有
$$x=|\boldsymbol{r}|\cos\alpha=-4, \quad y=|\boldsymbol{r}|\cos\beta=4, \quad z=|\boldsymbol{r}|\cos\gamma=4\sqrt{2}$$

故点 M 的坐标为 $(-4,4,4\sqrt{2})$.

例 8.4.3 试证明以三点 $A(4,1,9)$,$B(10,-1,6)$,$C(2,4,3)$ 为顶点的三角形是等腰直角三角形.

证 由
$$|\boldsymbol{AB}|=\sqrt{(10-4)^2+(-1-1)^2+(6-9)^2}=7$$
$$|\boldsymbol{AC}|=\sqrt{(2-4)^2+(4-1)^2+(3-9)^2}=7$$
$$|\boldsymbol{BC}|=\sqrt{(2-10)^2+(4+1)^2+(3-6)^2}=\sqrt{98}=7\sqrt{2}$$

知 $|\boldsymbol{AB}|=|\boldsymbol{AC}|$ 及 $|\boldsymbol{BC}|^2=|\boldsymbol{AB}|^2+|\boldsymbol{AC}|^2$

故 $\triangle ABC$ 为等腰直角三角形.

例 8.4.4 设已知两点 $M_1(4,\sqrt{2},1)$ 和 $M_2(3,0,2)$.计算向量 $\boldsymbol{M_1M_2}$ 的模、方向余弦和方向角.

解 向量 $\boldsymbol{M_1M_2}=(3-4,0-\sqrt{2},2-1)=(-1,-\sqrt{2},1)$

其模 $|\boldsymbol{M_1M_2}|=\sqrt{(-1)^2+(-\sqrt{2})^2+1^2}=2$

其方向余弦分别为 $\cos\alpha=-\dfrac{1}{2}$，$\cos\beta=-\dfrac{\sqrt{2}}{2}$，$\cos\gamma=\dfrac{1}{2}$

故方向角分别为 $\alpha=\dfrac{2}{3}\pi,\beta=\dfrac{3}{4}\pi,\gamma=\dfrac{\pi}{3}$.

例 8.4.5 一向量的终点在点 $B(2,-1,7)$，该向量在 x 轴、y 轴和 z 轴上的投影依次为 $4,-4,7$. 求该向量的起点 A 的坐标.

解 设 A 点的坐标为 (x,y,z)，则
$$\boldsymbol{AB}=(2-x,-1-y,7-z)$$
由题意知 $\quad 2-x=4,\quad -1-y=-4,\quad 7-z=7$

故 $\quad x=-2,\quad y=3,\quad z=0$.

因此，A 点坐标为 $(-2,3,0)$.

例 8.4.6 已知向量 $\boldsymbol{a}、\boldsymbol{b}、\boldsymbol{c}$ 两两垂直，且 $|\boldsymbol{a}|=1,|\boldsymbol{b}|=2,|\boldsymbol{c}|=3$. 求 $\boldsymbol{s}=\boldsymbol{a}+\boldsymbol{b}+\boldsymbol{c}$ 的长度与 $\boldsymbol{s}$ 和 $\boldsymbol{a}、\boldsymbol{b}、\boldsymbol{c}$ 的夹角的余弦值.

解 因为 $\boldsymbol{s}\cdot\boldsymbol{s}=|\boldsymbol{s}|\cdot|\boldsymbol{s}|\cdot\cos 0$，所以
$$|\boldsymbol{s}|^{2}=\boldsymbol{s}\cdot\boldsymbol{s}=(\boldsymbol{a}+\boldsymbol{b}+\boldsymbol{c})\cdot(\boldsymbol{a}+\boldsymbol{b}+\boldsymbol{c})$$
$$=\boldsymbol{a}\cdot\boldsymbol{a}+\boldsymbol{b}\cdot\boldsymbol{b}+\boldsymbol{c}\cdot\boldsymbol{c}+2\boldsymbol{a}\cdot\boldsymbol{b}+2\boldsymbol{b}\cdot\boldsymbol{c}+2\boldsymbol{a}\cdot\boldsymbol{c}$$
$$=1^{2}+2^{2}+3^{2}+0+0+0=14$$
故
$$|\boldsymbol{s}|=\sqrt{14}.$$
$$\cos(\widehat{\boldsymbol{s},\boldsymbol{a}})=\frac{\boldsymbol{s}\cdot\boldsymbol{a}}{|\boldsymbol{s}||\boldsymbol{a}|}=\frac{(\boldsymbol{a}+\boldsymbol{b}+\boldsymbol{c})\cdot\boldsymbol{a}}{\sqrt{14}\times1}=\frac{\boldsymbol{a}\cdot\boldsymbol{a}}{\sqrt{14}}=\frac{1}{\sqrt{14}}$$
$$\cos(\widehat{\boldsymbol{s},\boldsymbol{b}})=\frac{\boldsymbol{s}\cdot\boldsymbol{b}}{|\boldsymbol{s}||\boldsymbol{b}|}=\frac{(\boldsymbol{a}+\boldsymbol{b}+\boldsymbol{c})\cdot\boldsymbol{b}}{\sqrt{14}\times2}=\frac{\boldsymbol{b}\cdot\boldsymbol{b}}{\sqrt{14}\times2}=\frac{4}{\sqrt{14}\times2}=\frac{2}{\sqrt{14}}$$
$$\cos(\widehat{\boldsymbol{s},\boldsymbol{c}})=\frac{\boldsymbol{s}\cdot\boldsymbol{c}}{|\boldsymbol{s}||\boldsymbol{c}|}=\frac{(\boldsymbol{a}+\boldsymbol{b}+\boldsymbol{c})\cdot\boldsymbol{c}}{\sqrt{14}\times3}=\frac{\boldsymbol{c}\cdot\boldsymbol{c}}{\sqrt{14}\times3}=\frac{9}{\sqrt{14}\times3}=\frac{3}{\sqrt{14}}.$$

例 8.4.7 设 $\boldsymbol{a}、\boldsymbol{b}、\boldsymbol{c}$ 为单位向量，且满足 $\boldsymbol{a}+\boldsymbol{b}+\boldsymbol{c}=\boldsymbol{0}$，求 $\boldsymbol{a}\cdot\boldsymbol{b}+\boldsymbol{b}\cdot\boldsymbol{c}+\boldsymbol{c}\cdot\boldsymbol{a}$.

解 已知 $|\boldsymbol{a}|=|\boldsymbol{b}|=|\boldsymbol{c}|=1,\boldsymbol{a}+\boldsymbol{b}+\boldsymbol{c}=\boldsymbol{0}$，故 $(\boldsymbol{a}+\boldsymbol{b}+\boldsymbol{c})\cdot(\boldsymbol{a}+\boldsymbol{b}+\boldsymbol{c})=0$.

即 $\quad |\boldsymbol{a}|^{2}+|\boldsymbol{b}|^{2}+|\boldsymbol{c}|^{2}+2\boldsymbol{a}\cdot\boldsymbol{b}+2\boldsymbol{b}\cdot\boldsymbol{c}+2\boldsymbol{c}\cdot\boldsymbol{a}=0$

因此 $\quad \boldsymbol{a}\cdot\boldsymbol{b}+\boldsymbol{b}\cdot\boldsymbol{c}+\boldsymbol{c}\cdot\boldsymbol{a}=-\dfrac{1}{2}(|\boldsymbol{a}|^{2}+|\boldsymbol{b}|^{2}+|\boldsymbol{c}|^{2})=-\dfrac{3}{2}$.

例 8.4.8 设 $\boldsymbol{a}=3\boldsymbol{i}-\boldsymbol{j}-2\boldsymbol{k},\boldsymbol{b}=\boldsymbol{i}+2\boldsymbol{j}-\boldsymbol{k}$，求：

(1) $\boldsymbol{a}\cdot\boldsymbol{b}$ 及 $\boldsymbol{a}\times\boldsymbol{b}$；(2) $(-2\boldsymbol{a})\cdot3\boldsymbol{b}$ 及 $\boldsymbol{a}\times2\boldsymbol{b}$；(3) $\boldsymbol{a}、\boldsymbol{b}$ 的夹角的余弦.

解 (1) $\boldsymbol{a}\cdot\boldsymbol{b}=(3,-1,-2)\cdot(1,2,-1)$
$$=3\times1+(-1)\times2+(-2)\times(-1)=3$$
$$\boldsymbol{a}\times\boldsymbol{b}=\begin{vmatrix}\boldsymbol{i}&\boldsymbol{j}&\boldsymbol{k}\\3&-1&-2\\1&2&-1\end{vmatrix}=(5,1,7).$$

(2) $\quad (-2\boldsymbol{a})\cdot3\boldsymbol{b}=-6(\boldsymbol{a}\cdot\boldsymbol{b})=-6\times3=-18$

$\boldsymbol{a}\times2\boldsymbol{b}=2(\boldsymbol{a}\times\boldsymbol{b})=2(5,1,7)=(10,2,14)$.

(3) $\cos(\widehat{\boldsymbol{a},\boldsymbol{b}})=\dfrac{\boldsymbol{a}\cdot\boldsymbol{b}}{|\boldsymbol{a}||\boldsymbol{b}|}=\dfrac{3}{\sqrt{3^{2}+(-1)^{2}+(-2)^{2}}\sqrt{1^{2}+2^{2}+(-1)^{2}}}$

$$= \frac{3}{\sqrt{14}\sqrt{6}} = \frac{3}{2\sqrt{21}}.$$

例 8.4.9 设 $a = (1,1,4), b = (1,-2,2)$,求 b 在 a 方向上的投影向量.

解 与 a 同方向的单位向量 e_a 为

$$e_a = \frac{a}{|a|} = \frac{(1,1,4)}{\sqrt{1^2+1^2+4^2}} = \left(\frac{1}{3\sqrt{2}}, \frac{1}{3\sqrt{2}}, \frac{4}{3\sqrt{2}}\right)$$

从而 b 在 a 方向上的投影为

$$b \cdot e_a = (1,-2,2) \cdot \left(\frac{1}{3\sqrt{2}}, \frac{1}{3\sqrt{2}}, \frac{4}{3\sqrt{2}}\right) = \frac{7}{\sqrt{18}}.$$

而 b 在 a 方向上的投影向量为

$$(b \cdot e_a)e_a = \frac{7}{\sqrt{18}}\left(\frac{1}{3\sqrt{2}}, \frac{1}{3\sqrt{2}}, \frac{4}{3\sqrt{2}}\right) = \left(\frac{7}{18}, \frac{7}{18}, \frac{14}{9}\right).$$

例 8.4.10 已知 $OA = i + 3k, OB = j + 3k$,求 $\triangle OAB$ 的面积.

解 由向量积的几何意义知

$$S_{\triangle ABC} = \frac{1}{2} |OA \times OB|$$

$$OA \times OB = \begin{vmatrix} i & j & k \\ 1 & 0 & 3 \\ 0 & 1 & 3 \end{vmatrix} = (-3,-3,1)$$

$$OA \times OB = \sqrt{(-3)^2 + (-3)^2 + 1} = \sqrt{19}$$

故

$$S_{\triangle ABC} = \frac{\sqrt{19}}{2}.$$

例 8.4.11 已知 $a = (a_x, a_y, a_z), b = (b_x, b_y, b_z), c = (c_x, c_y, c_z)$,试利用行列式的性质证明

$$(a \times b) \cdot c = (b \times c) \cdot a = (c \times a) \cdot b.$$

证 因为 $(a \times b) \cdot c = \begin{vmatrix} a_x & a_y & a_z \\ b_x & b_y & b_z \\ c_x & c_y & c_z \end{vmatrix}, (b \times c) \cdot a = \begin{vmatrix} b_x & b_y & b_z \\ c_x & c_y & c_z \\ a_x & a_y & a_z \end{vmatrix}$

$$(c \times a) \cdot b = \begin{vmatrix} c_x & c_y & c_z \\ a_x & a_y & a_z \\ b_x & b_y & b_z \end{vmatrix}$$

而由行列式的性质知 $\begin{vmatrix} a_x & a_y & a_z \\ b_x & b_y & b_z \\ c_x & c_y & c_z \end{vmatrix} = \begin{vmatrix} b_x & b_y & b_z \\ c_x & c_y & c_z \\ a_x & a_y & a_z \end{vmatrix} = \begin{vmatrix} c_x & c_y & c_z \\ a_x & a_y & a_z \\ b_x & b_y & b_z \end{vmatrix}$

故 $(a \times b) \cdot c = (b \times c) \cdot a = (c \times a) \cdot b.$

例 8.4.12 已知 $a = (2,-2,1), b = (3,2,2)$,试求同时垂直于 a 和 b 的单位向量.

解 令 $c = a \times b$,则 c 同时垂直于 a 与 b.其中

$$c = \begin{vmatrix} i & j & k \\ 2 & -2 & 1 \\ 3 & 2 & 2 \end{vmatrix} = -6i - j + 10k$$

所以
$$e_c = \pm \frac{c}{|c|} = \pm \frac{1}{\sqrt{(-6)^2+(-1)^2+10^2}}(-6,-1,10)$$
$$= \pm\left(\frac{-6}{\sqrt{137}}, \frac{-1}{\sqrt{137}}, \frac{10}{\sqrt{137}}\right).$$

例 8.4.13 已知 $|a|=3$，$|b|=26$，$|a\times b|=72$，求 $a\cdot b$.

解 因为 $|a\times b|=|a||b|\cdot\sin(\widehat{a,b})$，所以
$$\sin(\widehat{a,b}) = \frac{|a\times b|}{|a||b|} = \frac{72}{3\times 26} = \frac{12}{13}$$
$$\cos(\widehat{a,b}) = \pm\sqrt{1-\sin^2(\widehat{a,b})} = \pm\frac{5}{13}$$

故
$$a\cdot b = |a||b|\cdot\cos(\widehat{a,b}) = \pm 3\times 26\times \frac{5}{13} = \pm 30.$$

例 8.4.14 求过点 $(3,0,-1)$ 且与平面 $3x-7y+5z-12=0$ 平行的平面方程.

解 所求平面与已知平面 $3x-7y+5z-12=0$ 平行.因此所求平面的法向量可以取为 $n=(3,-7,5)$，设所求平面为
$$3x-7y+5z+D=0$$
将点 $(3,0,-1)$ 代入上式得 $D=-4$.故所求平面方程为
$$3x-7y+5z-4=0.$$

例 8.4.15 求过点 $M_0(2,9,-6)$ 且与连接坐标原点及点 M_0 的线段 OM_0 垂直的平面方程.

解 $\boldsymbol{OM}_0=(2,9,-6)$.所求平面与 $\boldsymbol{OM}_0$ 垂直，可取 $n=\boldsymbol{OM}_0$，设所求平面方程为
$$2x+9y-6z+D=0$$
将点 $M_0(2,9,-6)$ 代入上式，得 $D=-121$.故所求平面方程为
$$2x+9y-6z-121=0.$$

例 8.4.16 一平面过点 $(1,0,-1)$ 且平行于向量 $a=(2,1,1)$ 和 $b=(1,-1,0)$，试求该平面方程.

解 所求平面平行于向量 a 和 b，可以取平面的法向量
$$n=a\times b=\begin{vmatrix} i & j & k \\ 2 & 1 & 1 \\ 1 & -1 & 0 \end{vmatrix}=(1,1,-3)$$

故所求平面为
$$1\cdot(x-1)+1\cdot(y-0)-3\cdot(z+1)=0$$
即
$$x+y-3z-4=0.$$

例 8.4.17 求平行于 y 轴，且过点 $P_1(1,-5,1)$ 和 $P_2(3,2,-1)$ 的平面方程.

解法 1 所求平面的法线向量 n 垂直于 y 轴，且 $n\perp \boldsymbol{P_1P_2}$，故可以取
$$n=j\times \boldsymbol{P_1P_2}=\begin{vmatrix} i & j & k \\ 0 & 1 & 0 \\ 2 & 7 & -2 \end{vmatrix}=-2i-2k$$

由点法式方程，所求平面方程为
$$-2(x-1)-2(z-1)=0，即 x+z-2=0.$$

解法 2 由于平面平行于 y 轴，可以设平面方程为 $Ax+Cz+D=0$.由于 P_1、P_2 在平

面上,则其坐标满足方程
$$\begin{cases} A+C+D=0 \\ 3A+C+D=0 \end{cases} \Rightarrow \begin{cases} D=-2A \\ C=A \end{cases}$$
故所求平面方程为
$$Ax+Az-2A=0$$
即
$$x+z-2=0.$$

例 8.4.18 求过点 $(3,0,-1)$ 且与平面 $\pi_0:3x-7y+5z-12=0$ 平行的平面 π 的方程.

解 因为平面 π_0 // 平面 π,所以平面 π_0 的法线向量 $\boldsymbol{n}_0=(3,-7,5)$ 垂直于平面 π,因此可取 $\boldsymbol{n}_0$ 为平面 π 的法线向量.由平面点法式方程可知

$$\text{平面 } \pi:3(x-3)-7(y-0)+5(z+1)=0$$
即
$$3x-7y+5z-4=0.$$

例 8.4.19 求平面 $2x-2y+z+5=0$ 与各坐标面的夹角的余弦.

解 平面的法向量为 $\boldsymbol{n}=(2,-2,1)$.设平面与三个坐标面 xOy,yOz,zOx 的夹角分别为 $\theta_1,\theta_2,\theta_3$,则根据平面的方向余弦知

$$\cos\theta_1=\cos\gamma=\frac{\boldsymbol{n}\cdot\boldsymbol{k}}{|\boldsymbol{n}||\boldsymbol{k}|}=\frac{(2,-2,1)\cdot(0,0,1)}{\sqrt{2^2+(-2)^2+1^2}\cdot 1}=\frac{1}{3}$$

$$\cos\theta_2=\cos\alpha=\frac{\boldsymbol{n}\cdot\boldsymbol{j}}{|\boldsymbol{n}||\boldsymbol{i}|}=\frac{(2,-2,1)\cdot(1,0,0)}{3\cdot 1}=\frac{2}{3}$$

$$\cos\theta_3=\cos\beta=\frac{\boldsymbol{n}\cdot\boldsymbol{j}}{|\boldsymbol{n}||\boldsymbol{j}|}=\frac{(2,-2,1)\cdot(0,1,0)}{3\cdot 1}=-\frac{2}{3}.$$

例 8.4.20 求通过点 $(1,0,-1)$,且与向量 $\boldsymbol{a}=(2,1,1)$ 和 $\boldsymbol{b}=(1,-1,0)$ 平行的平面方程.

解 设所求平面 π 的法线向量为 $\boldsymbol{n}$,则 $\boldsymbol{n}\perp\boldsymbol{a},\boldsymbol{n}\perp\boldsymbol{b}$,故可以取

$$\boldsymbol{n}=\begin{vmatrix} \boldsymbol{i} & \boldsymbol{j} & \boldsymbol{k} \\ 2 & 1 & 1 \\ 1 & -1 & 0 \end{vmatrix}=\boldsymbol{i}+\boldsymbol{j}-3\boldsymbol{k}$$

因此由平面点法式方程知,所求平面的方程为

$$(x-1)+(y-0)-3(z+1)=0 \quad \text{即} \quad x+y-3z+4=0.$$

例 8.4.21 过直线 $\begin{cases} 2x-4y+z=0 \\ 3x-y-2z-9=0 \end{cases}$ 作平面 $4x-y+z=1$ 的垂面 π,求平面 π 的方程.

解 设过直线 $\begin{cases} 2x-4y+z=0, \\ 3x-y-2z-9=0 \end{cases}$ 的平面束方程为

$$2x-4y+z+\lambda(3x-y-2z-9)=0$$
即
$$(2+3\lambda)x+(-4-\lambda)y+(1-2\lambda)z-9\lambda=0.$$

要使该平面与已知平面垂直,则法线向量应垂直,即

$$(2+3\lambda,-4-\lambda,1-2\lambda)\cdot(4,-1,1)=0$$

即 $\lambda=-\dfrac{13}{11}$,代入平面束方程,得

$$17x+31y-37z-117=0.$$

例 8.4.22 求过点 $(3,1,-2)$ 且通过直线 $\dfrac{x-4}{0}=\dfrac{y+3}{2}=z$ 的平面方程.

解 设平面法线向量为 $\boldsymbol{n}=(A,B,C)$,由题设条件知
$$\begin{cases} A(x-3)+B(y-1)+C(z+2)=0 \\ A(x-4)+B(y+3)+C(z-0)=0 \\ A\cdot 0+B\cdot 2+C\cdot 1=0 \end{cases}$$

A、B、C 有非零解的充要条件为上述方程组的系数行列式为零,即
$$\begin{vmatrix} x-3 & y-1 & z+2 \\ x-4 & y+3 & z \\ 0 & 2 & 1 \end{vmatrix}=0$$

整理得 $\qquad 8x+y-2z-29=0$

故所求方程为 $\qquad 8x+y-2z-29=0.$

例 8.4.23 已知平面方程 $\pi_1:x-2y-2z+1=0$,$\pi_2:3x-4y+5=0$,求平分 π_1 与 π_2 夹角的平面方程.

解 设 (x,y,z) 为所求平面上的任一点,依题意,该点到 π_1 的距离 d 应等于该点到 π_2 的距离,即
$$d=\dfrac{|x-2y-2z+1|}{\sqrt{1^2+(-2)^2+(-2)^2}}=\dfrac{|3x-4y+5|}{\sqrt{3^2+(-4)^2}}$$

整理得所求平面的方程为
$$7x-11y-5z+10=0$$
或 $\qquad 2x-y+5z+5=0.$

例 8.4.24 求过直线: $x+5y+z=0$, $x-z+4=0$ 且与平面: $x-4y-8z+12=0$ 成 $\dfrac{\pi}{4}$ 角的平面.

解 设所求平面方程为
$$x+5y+z+\lambda(x-z+4)=0$$
即 $\qquad (1+\lambda)x+5y+(1-\lambda)z+4\lambda=0$

由题设知,平面 $\pi:x-4y-8z+12\pi=0$ 的法线向量 $\boldsymbol{n}_1=(1,-4,-8)$.设所求平面的法线向量为
$$\boldsymbol{n}_2=(1+\lambda,5,1-\lambda)$$
所以 $\qquad \boldsymbol{n}_1\cdot\boldsymbol{n}_2=|\boldsymbol{n}_1||\boldsymbol{n}_2|\cos(\widehat{\boldsymbol{n}_1,\boldsymbol{n}_2})$

设夹角为 $\theta=(\widehat{\boldsymbol{n}_1,\boldsymbol{n}_2})$,则
$$\cos\theta=\cos\dfrac{\pi}{4}=\dfrac{\sqrt{2}}{2}=\dfrac{|\boldsymbol{n}_1\cdot\boldsymbol{n}_2|}{|\boldsymbol{n}_1||\boldsymbol{n}_2|}=\dfrac{|9\lambda-27|}{9\sqrt{2\lambda^2+27}}$$

求得 $\qquad \lambda=-\dfrac{3}{4}$

故所求平面为 $\qquad x+20y+7z-12=0.$

例 8.4.25 求平行于平面 $5x-14y+2z+36=0$ 且与该平面的距离等于 3 的平面方程.

解 设所求平面的方程为
$$5x - 14y + 2z + D = 0$$
由题设条件知
$$\frac{|D - 36|}{\sqrt{5^2 + 14^2 + 2^2}} = 3 \Rightarrow D = 81 \text{ 或 } D = -9$$
故所求平面方程为 $\quad 5x - 14y + 2z + 81 = 0$
或 $\quad 5x - 14y + 2z - 9 = 0.$

例 8.4.26 求过点 $(2, 0, -3)$ 且与直线
$$\begin{cases} x - 2y + 4z - 7 = 0 \\ 3x + 5y - 2z + 1 = 0 \end{cases}$$
垂直的平面方程.

解 根据题意,所求平面的法向量可以取已知直线的方向向量,即
$$\boldsymbol{n} = \boldsymbol{s} = \begin{vmatrix} \boldsymbol{i} & \boldsymbol{j} & \boldsymbol{k} \\ 1 & -2 & 4 \\ 3 & 5 & -2 \end{vmatrix} = (-16, 14, 11)$$
故所求平面方程为 $\quad -16(x-2) + 14(y-0) + 11(z+3) = 0$
即 $\quad 16x - 14y - 11z - 65 = 0.$

例 8.4.27 用对称式方程及参数方程表示直线
$$\begin{cases} x - y + z = 1 \\ 2x + y + z = 4 \end{cases}.$$

解 根据题意可知已知直线的方向向量为
$$\boldsymbol{s} = \begin{vmatrix} \boldsymbol{i} & \boldsymbol{j} & \boldsymbol{k} \\ 1 & -1 & 1 \\ 2 & 1 & 1 \end{vmatrix} = (-2, 1, 3)$$

取 $x = 0$,代入直线方程得 $\begin{cases} -y + z = 1 \\ y + z = 4 \end{cases}$,解得 $y = \frac{3}{2}, z = \frac{5}{2}$. 这样就得到直线经过的一点 $\left(0, \frac{3}{2}, \frac{5}{2}\right)$. 因此直线的对称式方程为

$$\frac{x - 0}{-2} = \frac{y - \frac{3}{2}}{1} = \frac{z - \frac{5}{2}}{3}$$

参数方程为
$$\begin{cases} x = -2t \\ y = \frac{3}{2} + t \\ z = \frac{5}{2} + 3t \end{cases}.$$

注 由于所取的直线上的点可以不同,因此所得到的直线对称式或参数方程的表达式也可以是不同的.

例 8.4.28 证明直线 $\begin{cases} x + 2y - z = 7 \\ -2x + y + z = 7 \end{cases}$ 与直线 $\begin{cases} 3x + 6y - 3z = 8 \\ 2x - y - z = 0 \end{cases}$ 平行.

证明 已知直线的方向向量分别是

$$s_1 = \begin{vmatrix} i & j & k \\ 1 & 2 & -1 \\ -2 & 1 & 1 \end{vmatrix} = (3,1,5), \quad s_2 = \begin{vmatrix} i & j & k \\ 3 & 6 & -3 \\ 2 & -1 & -1 \end{vmatrix} = (-9,-3,-15),$$

由 $s_2 = -3s_1$ 知两直线互相平行.

例 8.4.29 求过点 $(2,-1,3)$ 且与平面 $2x-4y+5z-12=0$ 垂直的直线方程.

解 因为所求直线垂直平面,所以可以设所求直线的方向向量为 $s=(2,-4,5)$. 由直线点向式方程知,所求直线方程为

$$\frac{x-2}{2} = \frac{y+1}{-4} = \frac{z-3}{5}.$$

例 8.4.30 求过点 $(0,2,4)$ 且与平面 $\pi_1:x+2z=1$ 及 $\pi_2:y-3z=2$ 都平行的直线方程.

解 设所求直线的方向向量为 s,π_1 的法线向量为 n_1,π_2 的法线向量为 n_2. 由题设可知, $s \perp n_1, s \perp n_2$,可令

$$s = \begin{vmatrix} i & j & k \\ 1 & 0 & 2 \\ 0 & 1 & -3 \end{vmatrix} = -2i + 3j + k$$

所以由直线点向式方程可知,所求直线的方程为

$$\frac{x}{-2} = \frac{y-2}{3} = \frac{z-4}{1}.$$

例 8.4.31 一直线过点 $A(2,-3,4)$ 且和 z 轴垂直相交,求该直线的方程.

解法 1 设过点 A 且与 z 轴垂直的平面为 π_1,则平面 π_1 的方程为 $z=4$.

$$\boldsymbol{OA} = (2,-3,-4).$$

设过 $\boldsymbol{OA}$ 与 z 轴的平面为 π_2,如图 8.3 所示.同时垂直于 $\boldsymbol{OA}$ 与 z 轴的向量为

$$\boldsymbol{n} = \begin{vmatrix} i & j & k \\ 2 & -3 & 4 \\ 0 & 0 & 1 \end{vmatrix} = -3i - 2j$$

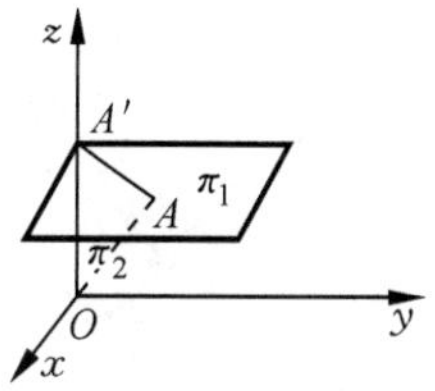

图 8.3

因此 $\pi_2: -3(x-0) - 2(y-0) = 0$,即 $3x+2y=0$,故所求直线为 π_1 与 π_2 的交线为

$$\begin{cases} z=4 \\ 3x+2y=0 \end{cases}$$

解法 2 矢径 $\boldsymbol{OA}$ 在 z 轴上的投影向量为 $(0,0,4)$,即 A 点在 z 轴的投影点为 $(0,0,4)$,所以所求直线的方向向量为 $s=(2,-3,0)$,所求直线的方程为

$$\frac{x}{2} = \frac{y}{-3} = \frac{z-4}{0}.$$

例 8.4.32 求过点 $M_0(2,-1,3)$ 且与直线 $L_1: \frac{x-1}{2} = \frac{y}{-1} = \frac{z+2}{1}$ 相交,又平行于平面 $\pi: 3x-2y+z+5=0$ 的直线 L 的方程.

解 设直线 L 的方程为 $\dfrac{x-2}{m} = \dfrac{y+1}{n} = \dfrac{z-3}{p}$,

L、L_1 的法线向量分别为 s、s_1.

因为直线 L 与 L_1 相交,取直线 L_1 上一点 $A(1,0,-2)$,则
$$\boldsymbol{AM}_0 = (2-1, -1-0, 3-(-2)) = (1,-1,5)$$
$$[\boldsymbol{AM}_0 \ \ \boldsymbol{s} \ \ \boldsymbol{s}_1] = 0$$

即
$$\begin{vmatrix} 1 & -1 & 5 \\ m & n & p \\ 2 & -1 & 1 \end{vmatrix} = 0 \Rightarrow 4m + 9n + p = 0 \qquad ①$$

又因为 $L \parallel \pi$,则 s 与 π 的法线向量垂直,即
$$3m - 2n + p = 0. \qquad ②$$

由式 ① 和式 ② 得
$$m = -11n, \quad p = 35n$$

故直线 L 的方程为
$$\frac{x-2}{-11} = \frac{y+1}{1} = \frac{z-3}{35}.$$

例 8.4.33 求点 $P(3,-1,2)$ 到直线 $\begin{cases} x+y-z+1=0 \\ 2x-y+z-4=0 \end{cases}$ 的距离.

解 设已知直线的方向向量为 s,则
$$s = n_1 \times n_2 = \begin{vmatrix} \boldsymbol{i} & \boldsymbol{j} & \boldsymbol{k} \\ 1 & 1 & -1 \\ 2 & -1 & 1 \end{vmatrix} = -3\boldsymbol{j} - 3\boldsymbol{k}$$

在已知直线上取点 $M(1,1,3)$,如图 8.4 所示,得
$$\boldsymbol{MP} = (2,-2,-1)$$
$$\boldsymbol{MP} \times \boldsymbol{s} = \begin{vmatrix} \boldsymbol{i} & \boldsymbol{j} & \boldsymbol{k} \\ 2 & -2 & -1 \\ 0 & -3 & -3 \end{vmatrix} = 3\boldsymbol{i} + 6\boldsymbol{j} - 6\boldsymbol{k}$$

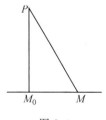

图 8.4

由于 $|\boldsymbol{MP} \times \boldsymbol{s}| = |\boldsymbol{MP}| \cdot |\boldsymbol{s}| \cdot \sin(\widehat{\boldsymbol{MP},\boldsymbol{s}}) = |\boldsymbol{s}| \cdot |\boldsymbol{PM}_0|$

所以 $|\boldsymbol{PM}_0| = \dfrac{|\boldsymbol{MP} \times \boldsymbol{s}|}{|\boldsymbol{s}|} = \dfrac{3\sqrt{1+4+4}}{\sqrt{(-3)^2 + (-3)^2}} = \dfrac{3}{2}\sqrt{2}.$

例 8.4.34 已知空间点 $P(2,-2,3)$ 和直线 $L: \dfrac{x-2}{2} = \dfrac{y-1}{1} = \dfrac{z}{-1}$,在直线 L 上求一

点 Q,使线段 PQ 最短,求点 Q 的坐标.

分析 可以先作出过点 P 且垂直于直线 L 的平面,则平面与直线 L 的交点即为所求点 Q.

解 由平面点法式方程可知,过点 P 且与 L 垂直的平面为
$$2(x-2)+(y+2)-(z-3)=0 \qquad ①$$
令
$$L:\frac{x-2}{2}=\frac{y-1}{1}=\frac{z}{-1}=t \Rightarrow x=2t+2, y=t+2, z=-t$$
代入式 ①,得 $t=-1$,则直线 L 与平面的交点为 $(0,0,1)$,即所求的点 Q 为 $(0,0,1)$.

例 8.4.35 求过点 $A(2,-3,1)$ 与直线 $\frac{x-1}{2}=\frac{y+1}{-1}=\frac{z-3}{3}$ 垂直相交的直线方程.

解 设过点 A 与已知直线的平面方程为 π,$B(x,y,z)$ 为平面 π 上任一点,取直线
$$\frac{x-1}{2}=\frac{y+1}{-1}=\frac{z-3}{3}$$
上一点 $C(1,-1,3)$,其方向向量 $\boldsymbol{s}=(2,-1,3)$.

于是 $\boldsymbol{AB}$、$\boldsymbol{AC}$、$\boldsymbol{s}$ 三线共面,有
$$\begin{vmatrix} x-2 & y+3 & z-1 \\ -1 & 2 & 2 \\ 2 & -1 & 3 \end{vmatrix}=0$$
即
$$8x+7y-3z+8=0.$$
过点 A 且垂直于已知直线的平面方程为
$$2(x-2)-(y+3)+3(z-1)=0$$
即
$$2x-y+3z-10=0$$
故所求直线的一般方程为
$$\begin{cases} 8x+7y-3z+8=0 \\ 2x-y+3z-10=0 \end{cases}$$

例 8.4.36 求直线 $\begin{cases} 2x-4y+z=0 \\ 3x-y-2z-9=0 \end{cases}$ 在平面 $4x-y+z=1$ 上的投影直线的方程.

解 作过已知直线的平面束,在该平面束中找出与已知平面垂直的平面,该平面与已知平面的交线即为所求.

设过直线 $\begin{cases} 2x-4y+z=0 \\ 3x-y-2z-9=0 \end{cases}$ 的平面束方程为
$$2x-4y+z+\lambda(3x-y-2z-9)=0$$
经整理得
$$(2+3\lambda)x-(-4-\lambda)y+(1-2\lambda)z-9\lambda=0$$
由
$$(2+3\lambda)\cdot 4+(-4-\lambda)\cdot(-1)+(1-2\lambda)\cdot 1=0$$
得 $\lambda=-\frac{13}{11}$. 代入平面束方程,得
$$17x+31y-37z-117=0$$
因此所求投影直线的方程为
$$\begin{cases} 17x+31y-37z-117=0 \\ 4x-y+z=1 \end{cases}$$

例 8.4.37 指出下列方程组在平面解析几何中与在空间解析几何中分别表示什么图

形：

(1) $\begin{cases} y = 5x + 1 \\ y = 2x - 3 \end{cases}$;   (2) $\begin{cases} \dfrac{x^2}{4} + \dfrac{y^2}{9} = 1 \\ y = 3 \end{cases}$.

解 (1) $\begin{cases} y = 5x + 1 \\ y = 2x - 3 \end{cases}$ 在平面解析几何中表示两直线的交点，在空间解析几何中表示两平面的交线即空间直线．

(2) $\begin{cases} \dfrac{x^2}{4} + \dfrac{y^2}{9} = 1 \\ y = 3 \end{cases}$ 在平面解析几何中表示椭圆 $\dfrac{x^2}{4} + \dfrac{y^2}{9} = 1$ 与其切线 $y = 3$ 的交点即切点．在空间解析几何中表示椭圆柱面 $\dfrac{x^2}{4} + \dfrac{y^2}{9} = 1$ 与其切平面 $y = 3$ 的交线即空间直线．

例 8.4.38 分别求母线平行于 x 轴及 y 轴而且通过曲线 $\begin{cases} 2x^2 + y^2 + z^2 = 16 \\ x^2 + z^2 - y^2 = 0 \end{cases}$ 的柱面方程．

解 在 $\begin{cases} 2x^2 + y^2 + z^2 = 16 \\ x^2 + z^2 - y^2 = 0 \end{cases}$ 中消去 x，得 $3y^2 - z^2 = 16$，即为母线平行于 x 轴且通过已知曲线的柱面方程．

在 $\begin{cases} 2x^2 + y^2 + z^2 = 16 \\ x^2 + z^2 - y^2 = 0 \end{cases}$ 中消去 y，得 $3x^2 + 2z^2 = 16$，即为母线平行于 y 轴且通过已知曲线的柱面方程．

例 8.4.39 求球面 $x^2 + y^2 + z^2 = 9$ 与平面 $x + z = 1$ 的交线在 xOy 面上的投影的方程．

解 在 $\begin{cases} x^2 + y^2 + z^2 = 9 \\ x + z = 1 \end{cases}$ 中消去 z，得
$$x^2 + y^2 + (1 - x)^2 = 9, \text{ 即 } 2x^2 - 2x + y^2 = 8$$
上述方程表示母线平行于 z 轴的柱面，故 $\begin{cases} 2x^2 - 2x + y^2 = 8 \\ z = 0 \end{cases}$ 表示已知交线在 xOy 面上的投影的方程．

例 8.4.40 求曲线 $\begin{cases} 4x^2 - 9y^2 = 36 \\ z = 0 \end{cases}$ 分别绕 x 轴、y 轴旋转所形成的旋转曲面的方程．

解 绕 x 轴旋转，所求方程为 $4x^2 - 9(y^2 + z^2) = 36$．

绕 y 轴旋转，所求方程为 $4(x^2 + z^2) - 9y^2 = 36$．

8.5 错 解 分 析

例 8.5.1 设 $|\boldsymbol{a}| = 2, |\boldsymbol{b}| = 3, (\boldsymbol{a}, \boldsymbol{b}) = \dfrac{\pi}{4}$，求以向量 $\boldsymbol{a} + 3\boldsymbol{b}$ 和 $3\boldsymbol{a} + \boldsymbol{b}$ 为边的平行四边形的面积．

错解 由平行四边形的面积公式
$$S = |(\boldsymbol{a} + 3\boldsymbol{b}) \times (3\boldsymbol{a} + \boldsymbol{b})|$$

$$= |3a \times a + a \times b + 9b \times a + 3b \times b|$$
$$= |3||a|^2 + 10a \times b + 3|b|^2$$
$$= \left|3 \times 2^2 + 10 \times 2 \times 3 \times \sin\frac{\pi}{4} + 3 \times 3^2\right| = 39 + 30\sqrt{2}.$$

分析 上述解题公式正确,但在向量的运算过程中有以下错误.

(1) 向量 $a \times a \neq |a|^2, a \cdot a = |a|^2$,而 $a \times a = \mathbf{0}, b \times b = \mathbf{0}$.

(2) 交换律对向量积不成立,应是 $a \times b = -b \times a$.

(3) $a \times b \neq |a||b|\sin(a\overset{\wedge}{,}b)$,而应是 $|a \times b| = |a||b|\sin(a\overset{\wedge}{,}b)$.

正确解答 $S = |(a+3b) \times (3a+b)| = |3a \times a + a \times b + 9b \times a + 3b \times b|$
$$= |-8a \times b| = 8|a \times b| = 8|a||b|\sin(a\overset{\wedge}{,}b) = 24\sqrt{2}.$$

例 8.5.2 求与 yOz 平面平行且垂直于向量 $v = (5,4,3)$ 的单位向量.

错解 设 $b = (x,y,z)$ 是平行 yOz 平面且垂直于 v 的向量. 因为 b 平行 yOz 平面. 所以 $b \perp i$,有
$$b \cdot i = 1 \cdot x + 0 \cdot y + 0 \cdot z = 0$$

由此得 $x = 0$,故 $b = (0,y,z)$. 又因为 $b \perp v$,故得 $v \cdot b = 4y + 3z = 0$.

即 $y = -\frac{3}{4}z$,因此 $b = \left(0, -\frac{3}{4}z, z\right)$,所求单位向量为
$$b = \frac{b}{|b|} = \frac{1}{\sqrt{\left(-\frac{3}{4}z\right)^2 + z^2}}\left(-\frac{3}{4}zj + zk\right) = -\frac{3}{5}j + \frac{4}{5}k.$$

分析 利用向量垂直性质:

$a \perp b \Leftrightarrow a \cdot b = 0$ 求得平行 yOz 平面且垂直于 a 的向量 b,方法是正确的,但漏掉了一个解 $-b$. 因为满足题设的向量应该有两个,即
$$b^0 = \pm \frac{1}{|b|}b.$$

正确解答 因为 b 平行 yOz 平面,所以 $b \perp i$,又 $b \perp v$,因此可以取
$$b = i \times v = \begin{vmatrix} i & j & k \\ 1 & 0 & 0 \\ 5 & 4 & 3 \end{vmatrix} = -3j + 4k$$

于是所求的单位向量为
$$b^0 = \pm \frac{b}{|b|} = \pm\left(-\frac{3}{5}j + \frac{4}{5}k\right).$$

例 8.5.3 一动点到 z 轴的距离平方等于该动点到平面 yOz 的距离的二倍,求动点的轨迹.

错解 设动点为 (x,y,z),按题意有
$$\left(\sqrt{x^2+y^2}\right)^2 = 2x$$
即
$$x^2 + y^2 - 2x = 0$$

于是动点轨迹方程为 $(x-1)^2 + y^2 = 1$,表示以点 $(1,0)$ 为圆心,1 为半径的圆.

分析 上述解法有两个错误:① 动点到平面 yOz 的距离应为 $|x|$,而不是 x. ② 在空间直角坐标下,方程 $(x-1)^2 + y^2 = 1$ 表示圆柱面,而不是圆.

正确解答 设动点为 (x,y,z),则动点到 z 轴和到平面 yOz 的距离分别为 $\sqrt{x^2+y^2}$,

$|x|$,依题意有
$$(\sqrt{x^2+y^2})^2 = 2|x|$$
故动点轨迹方程为 $(x\pm 1)^2 + y^2 = 1$,该方程表示以 xOy 面上的圆 $(x\pm 1)^2 + y^2 = 1$ 为准线,母线平行于 z 轴的两个对称于 yOz 面的圆柱面.

例 8.5.4 求直线 $L: x = -t + 3, y = 2t - 1, z = 8t + 5$ 在 xOy 平面上投影的方程.

错解 令 $z = 0$,得 $t = -\dfrac{5}{8}$,所以
$$x = \frac{29}{8}, \quad y = -\frac{9}{4}$$
故方程组 $\begin{cases} x = \dfrac{29}{8}, \\ y = -\dfrac{9}{4} \end{cases}$ 即为直线 L 在 xOy 平面上的投影.

分析 上述解法在直线的参数方程中令 $z = 0$,然后解出 $x = \dfrac{29}{8}, y = -\dfrac{9}{4}$,得到的是直线 L 与 xOy 平面上的交点 $\left(\dfrac{29}{8}, -\dfrac{9}{4}, 0\right)$,而不是直线 L 在 xOy 平面上的投影.

正确解答 由方程 $x = -t + 3, y = 2t - 1$ 中消去 t,得
$$2x + y - 5 = 0$$
该方程表示是过直线 L 与 xOy 平面垂直的平面,与平面 $z = 0$ 联立,得
$$\begin{cases} 2x + y - 5 = 0 \\ z = 0 \end{cases}$$
此即为所求投影直线方程.

例 8.5.5 由方程组 $\begin{cases} 2x - y - 3 = 0 \\ x + y - z = 0 \end{cases}$ 确定的直线 L_1 与由方程组 $\begin{cases} 2x - y - 3 = 0 \\ 3x - z - 3 = 0 \end{cases}$ 确定的直线 L_2 相同吗?

错解 直线 L_1 是平面 $\pi_1: 2x - y - 3 = 0$ 与平面 $\pi_2: x + y - z = 0$ 的交线,而直线 L_2 是平面 $\pi_3: 3x - z - 3 = 0$ 与 π_1 的交线,平面 π_2 与 π_3 不一样,因此 L_1 与 L_2 不同.

分析 直线的一般方程为
$$\begin{cases} A_1 x + B_1 y + C_1 z + D_1 = 0 \\ A_2 x + B_2 y + C_2 z + D_2 = 0 \end{cases}$$
上式表示的直线并不唯一,可以由以直线 L_1 为交线的任何两个平面来表示. 上述解仅根据两个方程组的形成不同,就得出它们表示不同直线的结论,这样的判定肯定有误.

正确解答 由 L_1 的一般方程化为标准方程为
$$x = \frac{y + 3}{2} = \frac{z + 3}{3}$$
由 L_2 的一般方程化为标准方程为
$$x = \frac{y + 3}{2} = \frac{z + 3}{3}$$
两直线的标准方程一样,所以它们表示同一条直线.

8.6　考研真题选解

例 8.6.1　设 $(a\times b)\cdot c=2$,则 $[(a+b)\times(b+c)]\cdot(c+a)=$ _____ .

(1995 年考研数学试题)

解　$[(a+b)\times(b+c)]\cdot(c+a)=(a\times b+a\times c+b\times b+b\times c)\cdot(c+a)$
$=(a\times b+a\times c+b\times c)\cdot(c+a)$
$=(a\times b)\cdot c+(a\times c)\cdot c+(b\times c)\cdot c+(a\times b)\cdot a+$
$\quad(a\times c)\cdot a+(b\times c)\cdot a$
$=(a\times b)\cdot c+(b\times c)\cdot a=2(a\times b)\cdot c=4.$

例 8.6.2　设一平面经过原点及点 $(6,-3,2)$ 且与平面 $4x-y+2z=8$ 垂直,则该平面方程为 _____ .

(1996 年考研数学试题)

解　原点与点 $(6,-3,2)$ 连线的方向向量为 $s=(6,-3,2)$,平面 $4x-y+2z=8$ 的法线向量为 $n=(4,-1,2)$. 由题设知,所求平面的法线矢量可以取为

$$n_1=s\times n=\begin{vmatrix} i & j & k \\ 6 & -3 & 2 \\ 4 & -1 & 2 \end{vmatrix}=-4i-4j+6k$$

故所求平面方程为
$$2(x-0)+2(y-0)-3(z-0)=0$$
即
$$2x+2y-3z=0.$$

例 8.6.3　设直线 $L_1:\dfrac{x-1}{1}=\dfrac{y-5}{-2}=\dfrac{z+8}{1}$ 与 $L_2:\begin{cases} x-y=6 \\ 2y+z=3 \end{cases}$ 则直线 L_1 与 L_2 的夹角为(　　).

(1993 年考研数学试题)

(A) $\dfrac{\pi}{6}$　　　(B) $\dfrac{\pi}{4}$　　　(C) $\dfrac{\pi}{3}$　　　(D) $\dfrac{\pi}{2}$

解　L_1 的方向向量为 $s_1=(1,-2,1)$,L_2 的方向向量为

$$s_2=\begin{vmatrix} i & j & k \\ 1 & -1 & 0 \\ 0 & 2 & 1 \end{vmatrix}=(-1,-1,2)$$

$$\cos\theta=\dfrac{s_1\cdot s_2}{|s_1||s_2|}=\dfrac{1\times(-1)+(-2)\times(-1)+1\times 2}{\sqrt{1^2+(-2)^2+1^2}\times\sqrt{(-1)^2+(-1)^2+2^2}}=\dfrac{3}{\sqrt{6}\times\sqrt{6}}=\dfrac{1}{2}$$

所以 $\theta=\dfrac{\pi}{3}$. 故选(C).

例 8.6.4　求直线 $L:\dfrac{x-1}{1}=\dfrac{y}{1}=\dfrac{z-1}{-1}$ 在平面 $\pi:x-y+2z-1=0$ 上的投影直线 L_0 的方程,并求 L_0 绕 y 轴旋转一周所形成曲面的方程.

(1998 年考研数学试题)

解　先将直线 L 化为一般式方程
$$L:\begin{cases} x-y-1=0 \\ y+z-1=0 \end{cases}$$

过直线 L 作平面束方程为
$$x-y-1+\lambda(y+z-1)=0$$

即
$$x + (\lambda - 1)y + \lambda z - \lambda - 1 = 0$$
由于所作平面垂直于已知平面 π,故有
$$1 + (-1) \cdot (\lambda - 1) + 2\lambda = 0 \Rightarrow \lambda = -2$$
即过 L 垂直于平面 π 的平面方程为
$$x - 3y - 2z + 1 = 0$$
故所求直线 L_0 的方程为
$$\begin{cases} x - 3y - 2z + 1 = 0 \\ x - y + 2z - 1 = 0 \end{cases}$$
再求 L_0 绕 y 轴旋转一周所形成的曲面方程. 将 L_0 化为标准式,得
$$\frac{x}{4} = \frac{y}{2} = \frac{z - \frac{1}{2}}{-1}.$$
设 $M_1(x_1, y_1, z_1)$ 为直线 L_0 上的一点,当点 M_1 绕 y 轴旋转时,M_1 转到点 $M(x,y,z)$,此时 y 不变,即 $y = y_1$,而点 M 到 y 轴的距离为 $\sqrt{x^2 + z^2}$,等于 M_1 到 y 轴的距离,即 $x^2 + z^2 = x_1^2 + z_1^2$,又 M_1 是 L_0 上的一点,故有
$$x_1 = 2y_1, \quad z_1 = \frac{1}{2}(1 - y_1)$$
而
$$x^2 + z^2 = (2y_1)^2 + \left[\frac{1}{2}(1 - y_1)\right]^2 = 4y^2 + \frac{1}{4}(1 - y)^2$$
整理后,得所求的方程为
$$4x^2 - 17y^2 + 4z^2 + 2y - 1 = 0.$$

8.7 自 测 题

1. 选择题

(1) 过点 $P(2,2,3)$ 向 yOz 平面作垂线,则垂足的坐标为(　　).
　　(A) $(0,2,3)$　　(B) $(2,0,3)$　　(C) $(2,2,0)$　　(D) $(2,2,1)$

(2) 在下列平面方程中,过 z 轴的平面为(　　).
　　(A) $x + y = 0$　　　　　　　　(B) $x + y + z = 0$
　　(C) $x + y + z = 1$　　　　　　(D) $x + y = 1$

(3) 以 $\boldsymbol{a}$、$\boldsymbol{b}$ 为邻边的平行四边形的面积为(　　).
　　(A) $\frac{1}{2}\boldsymbol{a} \times \boldsymbol{b}$　　(B) $\boldsymbol{a} \times \boldsymbol{b}$　　(C) $\frac{1}{2}|\boldsymbol{a} \times \boldsymbol{b}|$　　(D) $|\boldsymbol{a} \times \boldsymbol{b}|$

(4) 已知 $\boldsymbol{a} = \{1,2,3\}, \boldsymbol{b} = \{1,1,1\}$,则 $\boldsymbol{a} \times \boldsymbol{b} = ($　　$)$.
　　(A) $\{-1,2,-1\}$　　　　　　(B) $\{-1,2,1\}$
　　(C) $\{1,2,1\}$　　　　　　　　(D) $\{1,-2,-1\}$

(5) 曲面 $4x^2 + y^2 = 3z$ 是(　　).
　　(A) 球面　　(B) 柱面　　(C) 锥面　　(D) 抛物面

2. 填空题

(1) 已知点 $A(1,2,3)$,点 $B(2,1,2)$,则 $\boldsymbol{AB} = $ _____ ,$|\boldsymbol{AB}| = $ _____ .

(2) 与向量 $\boldsymbol{b} = \boldsymbol{i} + 2\boldsymbol{j} + 3\boldsymbol{k}$ 平行的单位向量为_____.

(3) 若向量 $\boldsymbol{a}$ 的方向余弦 $\cos\alpha = \dfrac{1}{2}$,$\cos\beta = \dfrac{1}{3}$,则方向余弦 $\cos\gamma = $ _____.

(4) 若有非零向量 $\boldsymbol{a}$、$\boldsymbol{b}$,且 $\boldsymbol{a} \times \boldsymbol{b} = \boldsymbol{0}$,则必有_____($\boldsymbol{a}$ 与 $\boldsymbol{b}$ 的关系).

(5) 过点 $A(2,1,3)$ 且与平面 $2x + y - z = 1$ 垂直的直线方程为_____.

(6) 过点 $A(3,2,4)$ 且与平面 $3x - y - z = 2$ 平行的平面方程为_____.

(7) 曲线 $\begin{cases} x^2 + 2y^2 = 2, \\ z = 0 \end{cases}$ 绕 y 轴旋转的曲面方程为_____.

3. 解答题

(1) 已知 $\boldsymbol{a} = (4,-3,2)$,$\boldsymbol{b} = (0,1,2)$,求 $\boldsymbol{a} \cdot \boldsymbol{b}$、$\boldsymbol{a} \times \boldsymbol{b}$ 及 $\boldsymbol{a}$ 与 $\boldsymbol{b}$ 的夹角.

(2) 设 $\boldsymbol{a} = (2,1,2)$,$\boldsymbol{b} = (k,2,1)$,试确定 k 的值,使 $\boldsymbol{a} \perp \boldsymbol{b}$.

(3) 证明 $(\boldsymbol{a} \cdot \boldsymbol{c}) \cdot \boldsymbol{b} - (\boldsymbol{a} \cdot \boldsymbol{b}) \cdot \boldsymbol{c}$ 与 $\boldsymbol{a}$ 垂直.

(4) 求向量 $\boldsymbol{a} = (2,3,4)$ 在向量 $\boldsymbol{b} = (1,1,2)$ 上的投影.

(5) 求过点 $(3,0,-1)$ 且与平面 $3x - 7y + 5z - 12 = 0$ 平行的平面方程.

(6) 求过点 $(2,0,-3)$ 且与直线 $\begin{cases} x - 2y + 4z - 7 = 0, \\ 3x + 5y - 2z + 1 = 0 \end{cases}$ 垂直的平面方程.

(7) 求直线 $\begin{cases} x + y + 3z = 0, \\ x - y - z = 0 \end{cases}$ 与平面 $x - y - z + 1 = 0$ 的夹角.

(8) 求点 $(-1,2,0)$ 在平面 $x + 2y - z + 1 = 0$ 上的投影.

(9) 设 $|\boldsymbol{a}| = 4$,$|\boldsymbol{b}| = 3$,$(\boldsymbol{a},\boldsymbol{b}) = \dfrac{\pi}{6}$,求以 $\boldsymbol{a} + 2\boldsymbol{b}$ 和 $\boldsymbol{a} - 3\boldsymbol{b}$ 为边的平行四边形的面积.

(10) 将 xOy 坐标面上的双曲线 $4x^2 - 9y^2 = 36$ 分别绕 x 轴及 y 轴旋转一周,求所生成的旋转曲面的方程.

自测题参考答案

1. (1) (A); (2) (A); (3) (D); (4) (A); (5) (D).

2. (1) $(1,-1,-1)$,$\sqrt{3}$; (2) $\pm\dfrac{\sqrt{14}}{14}(1,2,3)$; (3) $\pm\dfrac{\sqrt{23}}{6}$; (4) $\boldsymbol{a} /\!/ \boldsymbol{b}$;

(5) $\dfrac{x-2}{2} = \dfrac{y-1}{1} = \dfrac{z-3}{-1}$; (6) $3x - y - z - 3 = 0$; (7) $x^2 + z^2 + 2y^2 = 2$.

3. (1) $\boldsymbol{a} \cdot \boldsymbol{b} = 1$,$\boldsymbol{a} \times \boldsymbol{a} = -8\boldsymbol{i} - 8\boldsymbol{j} + 4\boldsymbol{k}$,夹角为 $\arccos\dfrac{\sqrt{145}}{145}$.

(2) $k = -2$.

(3) 因为 $[(\boldsymbol{a} \cdot \boldsymbol{c}) \cdot \boldsymbol{b} - (\boldsymbol{a} \cdot \boldsymbol{b}) \cdot \boldsymbol{c}] \times \boldsymbol{a} = (abc - abc) \times \boldsymbol{a} = 0 \times \boldsymbol{a} = \boldsymbol{0}$,
所以 $[(\boldsymbol{a} \cdot \boldsymbol{c}) \cdot \boldsymbol{b} - (\boldsymbol{a} \cdot \boldsymbol{b}) \cdot \boldsymbol{c}] \perp \boldsymbol{a}$.

(4) $\dfrac{13\sqrt{6}}{6}$.

(5) $3x - 7y + 5z - 4 = 0$.

(6) $16x - 14y - 11z - 65 = 0$.

(7) 0.

(8) $\left(-\dfrac{5}{3}, \dfrac{2}{3}, \dfrac{2}{3}\right)$.

(9) 30.

(10) 以 $\pm\sqrt{y^2+z^2}$ 代替双曲线方程 $4x^2 - 9y^2 = 36$ 中的 y，得该双曲线绕 x 轴旋转一周而生成的旋转曲面方程为
$$4x^2 - 9(\pm\sqrt{y^2+z^2})^2 = 36$$
即
$$4x^2 - 9(y^2 + z^2) = 36.$$

以 $\pm\sqrt{x^2+z^2}$ 代替双曲线方程 $4x^2 - 9y^2 = 36$ 中的 x，得该双曲线绕 y 轴旋转一周而生成的旋转曲面方程为
$$4(\pm\sqrt{x^2+z^2})^2 - 9y^2 = 36$$
即
$$4(x^2 + z^2) - 9y^2 = 36.$$

第9章 多元函数微分法及其应用

9.1 大纲基本要求

(1) 理解二元函数的概念,了解多元函数的概念.
(2) 理解二元函数的极限与连续性的概念,了解有界闭区域上连续函数的性质.
(3) 理解二元函数偏导数与全微分的概念,掌握全微分存在的必要条件和充分条件.
(4) 了解一元向量值函数连续及其导数的概念与计算方法.
(5) 理解方向导数与梯度的概念并掌握其计算方法.
(6) 掌握复合函数一阶偏导数的计算方法,会求复合函数的二阶偏导数(对于求抽象复合函数的二阶偏导数,只要求作简单训练).
(7) 会求隐函数(包括由两个方程构成的方程组确定的隐函数)的一阶偏导数(对求二阶偏导数不作要求).
(8) 理解曲线的切线和法平面以及曲面的切平面与法线,并会求出它们的方程.
(9) 理解多元函数极值与条件极值的概念,掌握二元函数极值存在的必要条件,会求二元函数的极值(无约束条件极值和条件极值),掌握最大(小)值的计算方法,并会解决一些比较简单的最值应用问题.

9.2 内容提要

9.2.1 基本概念和性质

1. 多元函数

设 D 是 n 维空间内的点集,如果对于每一个点 $P(x_1,x_2,\cdots,x_n) \in D$,变量 z 按照一定的法则总有确定的值与其对应,则称 z 是点 P 的函数,记为 $z=f(P)$.点集 D 称为函数的定义域,z 称为因变量,数集 $\{z \mid z=f(P), P \in D\}$ 称为函数的值域.

当 $n=1$ 时为一元函数,$n=2$ 时为二元函数,$n \geqslant 2$ 时,n 元函数统称为多元函数.

2. 二重极限

设二元函数 $f(x,y)$ 在某区域 D 内有定义,$P_0(x_0,y_0)$ 是 D 的聚点,如果对于任意给定的正数 ε,总存在正数 δ,使得对于适合不等式 $0<|PP_0|=\sqrt{(x-x_0)^2+(y-y_0)^2}<\delta$ 的一切点 $P(x,y) \in D$,都有 $|f(x,y)-A|<\varepsilon$ 成立,则称常数 A 为函数 $f(x,y)$ 当 $x \to x_0$,

$y \to y_0$ 时的极限. 记为 $\lim\limits_{\substack{x \to x_0 \\ y \to y_0}} f(x,y) = A$ 或 $f(x,y) \to A (\rho \to 0)$ 这里 $\rho = |PP_0|$.

注 二重极限存在,是指 $P(x,y)$ 沿任何线路趋于点 $P_0(x_0,y_0)$ 时,函数值都无限接近于 A. 如果 $P(x,y)$ 沿着一特定的线路趋于点 $P_0(x_0,y_0)$ 时,函数无限接近于某确定值,此时函数的极限未必存在. 但如果 $P(x,y)$ 沿不同的线路趋于 $P_0(x_0,y_0)$ 时,函数趋于不同的值,则函数的极限不存在.

一元函数极限的运算法则,可以推广到二重极限.

3. 二元函数的连续

函数 $u = f(P)$ 在点 P_0 处连续 $\Leftrightarrow \lim\limits_{P \to P_0} f(P) = f(P_0)$.

如果函数 $f(P)$ 在点 P_0 不连续,则称 P_0 为函数的间断点. 二元函数的间断点可以是一个点,也可以是一条曲线. 二元连续函数的图形是一片无裂缝无点洞的曲面. 在有界闭区域上的多元连续函数同样有最大值和最小值定理,介值定理. 一切多元初等函数在其定义域内连续. 利用连续定义求极限是求二重极限的一种重要方法.

4. 偏导数

设函数 $z = f(x,y)$ 在点 $P_0(x_0,y_0)$ 的某一领域内有定义,如果

$$\lim_{\Delta x \to 0} \frac{f(x_0 + \Delta x) - f(x_0)}{\Delta x}$$

存在,则称此极限为函数 $z = f(x,y)$ 在点 (x_0,y_0) 处对 x 的偏导数. 记为 $\dfrac{\partial z}{\partial x}\bigg|_{\substack{x=x_0 \\ y=y_0}}, \dfrac{\partial f}{\partial x}\bigg|_{\substack{x=x_0 \\ y=y_0}}$, $z_x\big|_{\substack{x=x_0 \\ y=y_0}}, f_x(x_0,y_0)$.

类似地,函数 $z = f(x,y)$ 在点 (x_0,y_0) 处对 y 的偏导数的定义为

$$f_y(x_0,y_0) = \lim_{\Delta y \to 0} \frac{f(x_0,y_0 + \Delta y) - f(x_0,y_0)}{\Delta y} \tag{9.1}$$

记号是完全类似的.

偏导数的概念可以推广到二元以上的函数,如三元函数

$$u = f(x,y,z), f_x(x_0,y_0,z_0) = \lim_{\Delta x \to 0} \frac{f(x_0 + \Delta x, y_0, z_0) - f(x_0, y_0, z_0)}{\Delta x} \tag{9.2}$$

求偏导数的方法与一元函数求导法是完全类似的. 如果对 x 求偏导,就把 y 视为常量对 x 求导,如果对 y 求偏导,就把 x 视为常量对 y 求导. 高阶偏导数也完全类似. 二阶混合偏导数 $\dfrac{\partial^2 z}{\partial x \partial y}, \dfrac{\partial^2 z}{\partial y \partial x}$ 在连续的条件下是相等的.

5. 全微分

如果函数 $z = f(x,y)$ 在点 (x,y) 的全增量 $\Delta z = f(x+\Delta x, y+\Delta y) - f(x,y)$ 可以表示为 $\Delta z = A\Delta x + B\Delta y + o(\rho)$,其中 A, B 不依赖于 $\Delta x, \Delta y$ 而仅与 x, y 有关,$\rho = \sqrt{(\Delta x)^2 + (\Delta y)^2}$,则称 $z = f(x,y)$ 在点 (x,y) 是可微的,而 $A\Delta x + B\Delta y$ 称为函数 $z = f(x,y)$ 在点 (x,y) 处的全微分,记为 dz,即 $dz = A\Delta x + B\Delta y$.

(1) 可微的必要条件

① 如果函数 $z = f(x,y)$ 在点 (x,y) 可微,则该函数在点 (x,y) 的偏导数 $\dfrac{\partial z}{\partial x}, \dfrac{\partial z}{\partial y}$ 必存在,

且 $dz = \frac{\partial z}{\partial x}\Delta x + \frac{\partial z}{\partial y}\Delta y$.

② 可微的另一个必要条件是 $z = f(x,y)$ 在点 (x,y) 连续.

(2) 可微的充分条件

如果函数 $z = f(x,y)$ 的偏导数 $\frac{\partial z}{\partial x}, \frac{\partial z}{\partial y}$ 在点 (x,y) 处连续, 则函数在该点可微.

通常自变量的增量 Δx 和 Δy 分别记为 dx 和 dy, 从而

$$dz = \frac{\partial z}{\partial x}dx + \frac{\partial z}{\partial y}dy \tag{9.3}$$

$\frac{\partial z}{\partial x}dx$ 和 $\frac{\partial z}{\partial y}dy$ 称为偏微分. 二元函数的全微分等于它的两个偏微分之和, 这个叠加原理也适用于二元以上的函数. 如三元函数 $u = f(x,y,z)$ 如果可微, 则

$$du = \frac{\partial u}{\partial x}dx + \frac{\partial u}{\partial y}dy + \frac{\partial u}{\partial z}dz \tag{9.4}$$

同一元函数一样, 多元函数的全微分也具有微分形式的不变性, 即无论 u,v 是自变量还是中间变量, $z = f(u,v)$ 的全微分都具有形式

$$dz = \frac{\partial z}{\partial u}du + \frac{\partial z}{\partial v}dv \tag{9.5}$$

极限存在、连续、偏导数存在、偏导数连续与可微分之间的关系如图 9.1 所示. 图 9.1 中记号 "→" 表示可以推出, "↛" 表示推不出.

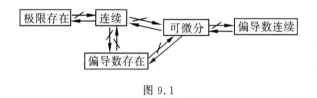

图 9.1

6. 方向导数

设函数 $z = f(x,y)$ 在点 $P_0(x_0,y_0)$ 的某个邻域 $U(P_0)$ 内有定义, l 是 xOy 面上以 $P_0(x_0,y_0)$ 为始点的一条射线, $e_l = (\cos\alpha, \cos\beta)$ 是与 l 同方向的单位向量, 射线的参数方程 $\begin{cases} x = x_0 + t\cos\alpha \\ y = y_0 + t\cos\beta \end{cases} (t \geqslant 0)$, $P(x_0 + t\cos\alpha, y_0 + t\cos\beta)$ 为 l 上另一点, 且 $P \in U(P_0)$, 若

$$\lim_{t \to 0^+} \frac{f(x_0 + t\cos\alpha, y_0 + t\cos\beta) - f(x_0,y_0)}{t} \quad (t = |PP_0|)$$

存在, 则称此极限为函数 $f(x,y)$ 在点 $P_0(x_0,y_0)$ 沿方向 l 的方向导数, 记为 $\left.\frac{\partial f}{\partial l}\right|_{(x_0,y_0)}$, 即

$$\left.\frac{\partial f}{\partial l}\right|_{(x_0,y_0)} = \lim_{t \to 0^+} \frac{f(x_0 + t\cos\alpha, y_0 + t\cos\beta) - f(x_0,y_0)}{t} \tag{9.6}$$

如果 $z = f(x,y)$ 在点 $P(x,y)$ 处是可微分的, 则函数在该点沿任一方向 l 的方向导数存在, 且有

$$\frac{\partial f}{\partial l} = \frac{\partial f}{\partial x}\cos\alpha + \frac{\partial f}{\partial y}\cos\beta \qquad (9.7)$$

其中 $\cos\alpha, \cos\beta$ 是射线 l 的方向余弦.

对于三元函数 $f(x,y,z)$,在空间一点 $P_0(x_0,y_0,z_0)$ 沿方向 $\boldsymbol{e}_l = (\cos\alpha, \cos\beta, \cos\gamma)$ 的方向导数为

$$\frac{\partial f}{\partial l}\bigg|_{(x_0,y_0,z_0)} = \lim_{t\to 0^+} \frac{f(x_0+t\cos\alpha, y_0+t\cos\beta, z_0+t\cos\gamma) - f(x_0,y_0,z_0)}{t} \qquad (9.8)$$

如果函数 $f(x,y,z)$ 在点 $P(x,y,z)$ 处可微分,那么该函数在该点沿着方向 $\boldsymbol{e}_l = (\cos\alpha,\cos\beta,\cos\gamma)$ 的方向导数为

$$\frac{\partial f}{\partial l} = f_x(x,y,z)\cos\alpha + f_y(x,y,z)\cos\beta + f_z(x,y,z)\cos\gamma \qquad (9.9)$$

7. 梯度

多元函数的梯度定义为

$$\mathbf{grad}f(x,y) = \frac{\partial f}{\partial x}\boldsymbol{i} + \frac{\partial f}{\partial y}\boldsymbol{j} \qquad (9.10)$$

$$\mathbf{grad}f(x,y,z) = \frac{\partial f}{\partial x}\boldsymbol{i} + \frac{\partial f}{\partial y}\boldsymbol{j} + \frac{\partial f}{\partial z}\boldsymbol{k} \qquad (9.11)$$

函数 $u = f(P)$ 在点 P 的梯度是一个向量,其方向与取得最大方向导数的方向一致,其模是方向导数的最大值.

9.2.2 求导法则

1. 复合函数的求导法则

设 $z = f(u,v), u = \varphi(x,y), v = \psi(x,y)$,求复合函数 $z = f(\varphi(x,y), \psi(x,y))$ 对 x 或 y 的偏导数,首先要根据函数关系画出链式图,如图 9.2 所示,根据"连线相乘,分线相加"的链式法则写出计算公式,然后计算,即

$$\frac{\partial z}{\partial x}\frac{\partial f}{\partial x} = \frac{\partial z}{\partial u} \cdot \frac{\partial u}{\partial x} + \frac{\partial z}{\partial v} \cdot \frac{\partial v}{\partial x} \qquad (9.12)$$

$$\frac{\partial z}{\partial y} = \frac{\partial z}{\partial u} \cdot \frac{\partial u}{\partial y} + \frac{\partial z}{\partial v} \cdot \frac{\partial v}{\partial y} \qquad (9.13)$$

图 9.2

(1) 设 $z = f(u,v,w), u = \varphi(x,y), v = \psi(x,y), w = w(x,y)$ 如图 9.3 所示,则

$$\frac{\partial z}{\partial x} = \frac{\partial z}{\partial u} \cdot \frac{\partial u}{\partial x} + \frac{\partial z}{\partial v} \cdot \frac{\partial v}{\partial x} + \frac{\partial z}{\partial w} \cdot \frac{\partial w}{\partial x} \qquad (9.14)$$

$$\frac{\partial z}{\partial y} = \frac{\partial z}{\partial u} \cdot \frac{\partial u}{\partial y} + \frac{\partial z}{\partial v} \cdot \frac{\partial v}{\partial y} + \frac{\partial z}{\partial w} \cdot \frac{\partial w}{\partial y} \qquad (9.15)$$

(2) 设 $z = f(u,v), u = \varphi(t), v = \psi(t)$,如图 9.4 所示,则

$$\frac{\partial z}{\partial t} = \frac{\partial z}{\partial u} \cdot \frac{\mathrm{d}u}{\mathrm{d}t} + \frac{\partial z}{\partial v} \cdot \frac{\mathrm{d}v}{\mathrm{d}t} \tag{9.16}$$

这样的导数称为全导数.

(3) 设 $z = f(u,v,x,y), u = \varphi(x,y), v = \psi(x,y)$,如图 9.5 所示,则

$$\frac{\partial z}{\partial x} = \frac{\partial f}{\partial u} \cdot \frac{\partial u}{\partial x} + \frac{\partial f}{\partial v} \cdot \frac{\partial v}{\partial x} + \frac{\partial f}{\partial x} \tag{9.17}$$

$$\frac{\partial z}{\partial y} = \frac{\partial f}{\partial u} \cdot \frac{\partial u}{\partial y} + \frac{\partial f}{\partial v} \cdot \frac{\partial v}{\partial y} + \frac{\partial f}{\partial y} \tag{9.18}$$

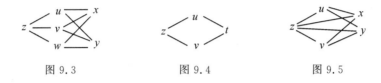

图 9.3　　　　　图 9.4　　　　　图 9.5

这里要注意到 $\dfrac{\partial z}{\partial x}$ 与 $\dfrac{\partial f}{\partial x}$ 是不同的,$\dfrac{\partial z}{\partial x}$ 是复合后的二元函数 $f(\varphi(x,y),\psi(x,y),x,y)$ 对 x 的偏导数,是将 y 视为常量对 x 求导,而 $\dfrac{\partial f}{\partial x}$ 是四元函数 $f(u,v,x,y)$ 对 x 求偏导,是将 u,v,y 均视为常量对 x 求导. $\dfrac{\partial z}{\partial y}$ 与 $\dfrac{\partial f}{\partial y}$ 是类似的.

2. 隐函数的求导法则

(1) 一个方程的情形

若方程 $F(x,y) = 0$ 确定 $y = y(x)$,则 $\dfrac{\mathrm{d}y}{\mathrm{d}x} = -\dfrac{F_x}{F_y}$.

若方程 $F(x,y,z) = 0$ 确定 $z = z(x,y)$,则 $\dfrac{\partial z}{\partial x} = -\dfrac{F_x}{F_z}, \dfrac{\partial z}{\partial y} = -\dfrac{F_y}{F_z}$.

注意 F_z 是将方程 $F(x,y,z)$ 中的 x,y 视为常量对 z 求导的结果,其他情形是类似的.

(2) 方程组的情形

若方程组 $\begin{cases} F(x,y,z) = 0 \\ G(x,y,z) = 0 \end{cases}$ 确定 $y = y(x), z = z(x)$,只要将每个方程两边分别对 x 求导,得

$$\begin{cases} F_x + F_y \dfrac{\mathrm{d}y}{\mathrm{d}x} + F_z \dfrac{\mathrm{d}z}{\mathrm{d}x} = 0 \\ G_x + G_y \dfrac{\mathrm{d}y}{\mathrm{d}x} + G_z \dfrac{\mathrm{d}z}{\mathrm{d}x} = 0 \end{cases} \tag{9.19}$$

解上述关于 $\dfrac{\mathrm{d}y}{\mathrm{d}x}, \dfrac{\mathrm{d}z}{\mathrm{d}x}$ 的二元一次方程组,求出 $\dfrac{\mathrm{d}y}{\mathrm{d}x}, \dfrac{\mathrm{d}z}{\mathrm{d}x}$ 即可.

若由方程组 $\begin{cases} F(x,y,u,v) = 0 \\ G(x,y,u,v) = 0 \end{cases}$ 确定 $u = u(x,y), v = v(x,y)$,则 $\dfrac{\partial u}{\partial x}, \dfrac{\partial v}{\partial x}$ 可以通过解下述线性方程组求出

$$\begin{cases} F_x + F_u \dfrac{\partial u}{\partial x} + F_v \dfrac{\partial v}{\partial x} = 0 \\ G_x + G_u \dfrac{\partial u}{\partial x} + G_v \dfrac{\partial v}{\partial x} = 0 \end{cases} \Rightarrow \begin{cases} F_u \dfrac{\partial u}{\partial x} + F_v \dfrac{\partial v}{\partial x} = -F_x \\ G_u \dfrac{\partial u}{\partial x} + G_v \dfrac{\partial v}{\partial x} = -G_x \end{cases}$$

类似地,可以求出 $\dfrac{\partial u}{\partial y}, \dfrac{\partial v}{\partial y}$.

9.2.3 偏导数的应用

1. 空间曲线的切线与法平面

如果空间曲线 C 由参数方程 $x = \varphi(t), y = \psi(t), z = w(t)$ 给出,对应 $t = t_0$ 的点 $M_0(x_0, y_0, z_0)$ 处的切线方程为

$$\frac{x - x_0}{\varphi'(t_0)} = \frac{y - y_0}{\psi'(t_0)} = \frac{z - z_0}{w'(t_0)} \tag{9.20}$$

法平面方程为

$$\varphi'(t_0)(x - x_0) + \psi'(t_0)(y - y_0) + w'(t_0)(z - z_0) = 0 \tag{9.21}$$

如果空间曲线 C 的一般式方程为 $\begin{cases} F(x, y, z) = 0 \\ G(x, y, z) = 0 \end{cases}$,则曲线在点 $M_0(x_0, y_0, z_0)$ 处的切线与法平面方程分别为

$$\frac{x - x_0}{\begin{vmatrix} F_y & F_z \\ G_y & G_z \end{vmatrix}_{M_0}} = \frac{y - y_0}{\begin{vmatrix} F_z & F_x \\ G_z & G_x \end{vmatrix}_{M_0}} = \frac{z - z_0}{\begin{vmatrix} F_x & F_y \\ G_x & G_y \end{vmatrix}_{M_0}} \tag{9.22}$$

$$\begin{vmatrix} F_y & F_z \\ G_y & G_z \end{vmatrix}_{M_0} (x - x_0) + \begin{vmatrix} F_z & F_x \\ G_z & G_x \end{vmatrix}_{M_0} (y - y_0) + \begin{vmatrix} F_x & F_y \\ G_x & G_y \end{vmatrix}_{M_0} (z - z_0) = 0 \tag{9.23}$$

2. 曲面的切平面与法线

若曲面方程由 $F(x, y, z) = 0$ 给出,曲面上点 $M_0(x_0, y_0, z_0)$ 处的切平面方程为

$$F_x(x_0, y_0, z_0)(x - x_0) + F_y(x_0, y_0, z_0)(y - y_0) + F_z(x_0, y_0, z_0)(z - z_0) = 0 \tag{9.24}$$

法线方程为

$$\frac{x - x_0}{F_x(x_0, y_0, z_0)} = \frac{y - y_0}{F_y(x_0, y_0, z_0)} = \frac{z - z_0}{F_z(x_0, y_0, z_0)} \tag{9.25}$$

3. 极值

设函数 $z = f(x, y)$ 在点 (x_0, y_0) 的某个邻域内有定义,如果对于该邻域内异于点 (x_0, y_0) 的点 (x, y),都有

$$f(x, y) < f(x_0, y_0) \quad (f(x, y) > f(x_0, y_0)),$$

且称函数在点 (x_0, y_0) 处有极大(小)值 $f(x_0, y_0)$. 极大值与极小值统称为极值,使函数取得极值的点 (x_0, y_0) 称为极值点.

(1) 必要条件

设函数 $z = f(x, y)$ 在点 (x_0, y_0) 具有偏导数,且在点 (x_0, y_0) 处有极值,则函数在该点的偏导数必为零,即偏导数存在的函数的极值点必为驻点,但驻点未必是极值点.

(2) 充分条件

设函数 $z=f(x,y)$ 在点 (x_0,y_0) 的某邻域内有二阶连续偏导数,且 $f_x(x_0,y_0)=0$, $f_y(x_0,y_0)=0$,记 $A=f_{xx}(x_0,y_0)$, $B=f_{xy}(x_0,y_0)$, $C=f_{yy}(x_0,y_0)$.

若 $AC-B^2>0$,则 $z=f(x,y)$ 在点 (x_0,y_0) 处有极值,且 $A<0$ 时,$f(x_0,y_0)$ 为极大值;$A>0$ 时,$f(x_0,y_0)$ 为极小值.

若 $AC-B^2<0$,则 $z=f(x,y)$ 在点 (x_0,y_0) 处无极值.

若 $AC-B^2=0$,则 $z=f(x,y)$ 在点 (x_0,y_0) 处可能有极值也可能无极值.

(3) 条件极值

求函数 $u=f(x,y,z)$ 在 $\varphi_1(x,y,z)=0$, $\varphi_2(x,y,z)=0$ 条件下的条件极值,构造辅助函数(称为拉格朗日函数)

$$L(x,y,z)=f(x,y,z)+\lambda_1\varphi_1(x,y,z)+\lambda_2\varphi_2(x,y,z)$$

解方程组 $\begin{cases} L_x=0 \\ L_y=0 \\ L_z=0 \\ \varphi_1(x,y,z)=0 \\ \varphi_2(x,y,z)=0 \end{cases}$ 求出 x,y,z,点 (x,y,z) 即为可能的极值点.

(4) 最大值与最小值的求法

设函数 $f(x,y)$ 在有界闭区域 D 上连续,将 D 内驻点与偏导数不存在的点的函数值与 D 的边界上的最大值、最小值比较,其中最大者就是最大值,最小者就是最小值.

对于实际问题,若根据问题的性质,已知函数 $f(x,y)$ 在区域 D 内能取得最值,且函数在 D 内的驻点唯一,则该驻点处的函数值即为所求.

4. 全微分在近似计算中的应用

(1) 近似计算公式

当 $|\Delta x|$,$|\Delta y|$ 充分小时,可微函数 $z=f(x,y)$ 满足

$$\Delta z \approx \mathrm{d}z = f_x(x_0,y_0)\Delta x + f_y(x_0,y_0)\Delta y.$$

(2) 绝对误差与相对误差

对于一般的二元函数 $z=f(x,y)$,如果自变量 x,y 的绝对误差分别为 δ_x,δ_y,即

$$|\Delta x| \leqslant \delta_x, \quad |\Delta y| \leqslant \delta_y$$

则 z 的误差 $\quad |\Delta z| \approx |\mathrm{d}z| \leqslant |f_x(x_0,y_0)||\Delta x| + |f_y(x_0,y_0)||\Delta y|$

$$\leqslant |f_x(x_0,y_0)|\delta_x + |f_y(x_0,y_0)|\delta_y$$

相对误差 $\quad \dfrac{|\Delta z|}{|f(x_0,y_0)|} \approx \dfrac{\mathrm{d}z}{|f(x_0,y_0)|} \leqslant \left|\dfrac{f_x(x_0,y_0)}{f(x_0,y_0)}\right|\delta_x + \left|\dfrac{f_y(x_0,y_0)}{f(x_0,y_0)}\right|\delta_y.$

9.3 解 难 释 疑

1. 要正确理解平面点集中开集与闭集的概念,特别注意任意多个开集的并仍为开集,任意多个闭集的交仍为闭集(证略). 但是,任意多个开集的交不一定为开集,例如集合 $\left(-\dfrac{1}{n},\dfrac{1}{n}\right)$ 为开集,而集合 $\bigcap\limits_{n=1}^{\infty}\left(-\dfrac{1}{n},\dfrac{1}{n}\right)=\{0\}$ 不再是开集.

任意多个闭集的并也不一定是闭集,例如集合 $\left[0,1-\dfrac{1}{n}\right]$ 为闭集,而集合

$$\bigcup_{n=1}^{\infty}\left[0,1-\dfrac{1}{n}\right]=[0,1)$$

既不是开集,也不是闭集.

2.研究二元函数 $z=f(x,y)$ 有两种基本方法,一是类比法,即比照一元函数讨论二元函数;二是转化法,即将二元函数转化为一元函数进行讨论.这两种基本方法将交织贯穿于多元函数的微积分之中.因为二元函数是一元函数的推广,所以必然要保留一些与一元函数类似的性质,如一元函数极限、连续的运算性质可以类似地推广到二元函数.但要注意的是,用类比方法得到的结论有的正确(这时需要证明),有的不一定正确.如二重极限 $\lim\limits_{\substack{x\to x_0\\ y\to y_0}}f(x,y)$ 定义中的 $0<\rho=\sqrt{(x-x_0)^2+(y-y_0)^2}<\delta$ 也可以换成 $0<|x-x_0|<\eta,0<|y-y_0|<\eta$,为什么?因为二者的差异只是描述动点 $P(x,y)$ 与定点 $P_0(x_0,y_0)$ 的接近程度的方法不一样,一个采用的是点的矩形邻域,一个是点的圆形邻域.

由矩形邻域: $0<|x-x_0|<\eta,0<|y-y_0|<\eta$,若取 $\delta=\sqrt{2}\eta$ 就有圆形邻域 $0<\sqrt{(x-x_0)^2+(y-y_0)^2}<\delta$,反之,由圆形邻域 $0<\sqrt{(x-x_0)^2+(y-y_0)^2}<\delta$,若取 $\eta=\dfrac{\delta}{\sqrt{2}}$,就有矩形邻域: $0<|x-x_0|<\eta,0<|y-y_0|<\eta$. 例如 $\dfrac{\partial f}{\partial x}$ 就不是 ∂f 与 ∂x 的商,可偏导也不一定连续,可微与可导就不等价.

求多元函数的极限的常用方法有:

(1) 利用函数的连续性: $\lim\limits_{P\to P_0}f(P)=f(P_0)$.

(2) 利用极限的性质,如四则运算法则,夹逼定理等.

(3) 先观察,猜测数 A 可能是函数 $f(P)$ 的极限,然后用极限定义去验证.

(4) 消去分子、分母中的公因子.

(5) 转化成一元函数的极限,利用一元函数中的已知极限.

二元函数 $f(x,y)$ 在区域 D 内只有 个极大(小)值点 (x_0,y_0) 时,却不能断言

$$\max_{D}f(x,y)=f(x_0,y_0)\quad(\min_{D}f(x,y)=f(x_0,y_0)).$$

设 $z=f(x,y)$ 可以表示为如图 9.6 所示曲面,从图 9.6 中看 $f(x,y)$ 在 D 内只有一个极大值点 P_1,然而 $f(P_1)$ 不是最大值,从图 9.6 中可以看出 $f(P_2)$ 大于 $f(P_1)$.

对于转化法,这也是一种常用的方法,如求偏导数实际上就是求一元函数的导数.

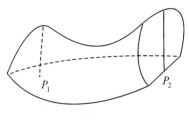

图 9.6

3. 本章概念多,要注意掌握相互之间的联系与区别,为此列出关系图如图 9.7 所示加以说明,图中记号"→"表示可以推出,"↛"表示推不出.

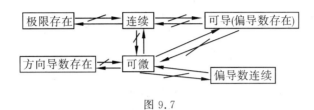

图 9.7

4. 多元复合函数的求导法则是本章的重点,务必熟练掌握.

首先由一阶偏导数公式:设 $z = f(u,v)$ 可微,$u = u(x,y)$,$v = v(x,y)$ 可偏导,则

$$\frac{\partial z}{\partial x} = \frac{\partial z}{\partial u} \cdot \frac{\partial u}{\partial x} + \frac{\partial z}{\partial v} \cdot \frac{\partial v}{\partial x} \tag{9.26}$$

$$\frac{\partial z}{\partial y} = \frac{\partial z}{\partial u} \cdot \frac{\partial u}{\partial y} + \frac{\partial z}{\partial v} \cdot \frac{\partial v}{\partial y} \tag{9.27}$$

可以看出,函数对自变量的偏导数的结构为:

① 项数 = 中间变量的个数,如上式有两个中间变量,故上式右边也有两项;

② 每一项 = 函数对中间变量的偏导数乘以该中间变量对指定自变量的偏导数.

所以用链式法则求导时,应先分清变量结构,作出变量关系链式图,按关系图自左至右,连线导数相乘,分支结果相加.

其次针对求高阶偏导数的情况,若对上面所求得的 $\frac{\partial z}{\partial x}$,继续对 x,y 求偏导数时,要注意 z 对中间变量的偏导数 z_u,z_v 仍然是以 u,v 为中间变量,以 x,y 为自变量的复合函数. 如在隐函数求导公式中,有

$$\frac{dy}{dx} = -\frac{F_x}{F_y} \tag{9.28}$$

若在上式中再对 x 求导,有的读者会得到

$$\frac{d^2 y}{dx^2} = -\frac{F_{xx}F_y - F_{yx}F_x}{F_y^2}$$

这就错了,因为原函数的结构图如图 9.8 所示.

$$u = F(x,y) \begin{matrix} y \\ x \end{matrix} x$$

图 9.8

是以 x、y 为中间变量,以 x 为自变量的函数,故 F_x,F_y 仍然是以 x,y 为中间变量,以 x 为自变量的函数. 因此对 $\frac{dy}{dx}$ 的表达式用商的微分法,其正确解法如下:

$$\frac{d^2 y}{dx^2} = -\frac{\frac{dF_x}{dx}F_y - F_x \frac{dF_y}{dx}}{F_y^2} = -\frac{\left(F_{xx} + F_{xy}\frac{dy}{dx}\right)F_y - F_x\left(F_{yx} + F_{yy}\frac{dy}{dx}\right)}{F_y^2}$$

$$=-\frac{F_{xx}F_y^2-2F_{xy}F_xF_y+F_{yy}F_x^2}{F_y^3} \quad (当 F_{xy}=F_{yx} 时) \tag{9.29}$$

另一个要注意的问题是,对抽象的函数而言,要先设中间变量,例如设 $z=2yf\left(\dfrac{x^2}{y},3y\right)$,在求 $\dfrac{\partial z}{\partial x}$ 时不要写成 $\dfrac{\partial z}{\partial x}=2y\dfrac{\partial f}{\partial x}$,而应首先设 $u=\dfrac{x^2}{y},v=3y$,则

$$\frac{\partial z}{\partial x}=2y\left(\frac{\partial f}{\partial u}\cdot\frac{2x}{y}+\frac{\partial f}{\partial v}\cdot 0\right)=4x\frac{\partial f}{\partial u} \tag{9.30}$$

另外,设中间变量也可以避免符号上的混乱,从而使表达式简单明了.

假设 $z=f(u,v),u=u(x,y),v=v(x,y)$,其中 $f(u,v)$ 是有二阶连续偏导数,$u(x,y)$ 与 $v(x,y)$ 均为二阶可导,则有

$$\frac{\partial z}{\partial x}=f_u(u,v)\frac{\partial u}{\partial x}+f_v(u,v)\frac{\partial v}{\partial x} \tag{9.31}$$

$$\frac{\partial^2 z}{\partial x^2}=\frac{\partial}{\partial x}\left[f_u(u,v)\frac{\partial u}{\partial x}+f_v(u,v)\frac{\partial v}{\partial x}\right]$$

$$=\left[\frac{\partial}{\partial x}f_u(u,v)\right]\frac{\partial u}{\partial x}+f_u(u,v)\frac{\partial^2 u}{\partial x^2}+\left[\frac{\partial}{\partial x}f_v(u,v)\right]\frac{\partial v}{\partial x}+f_v(u,v)\frac{\partial^2 v}{\partial x^2}$$

$$\tag{9.32}$$

在求抽象复合函数的二阶偏导数时,关键如何求出 $\dfrac{\partial}{\partial x}f_u(u,v)$ 和 $\dfrac{\partial}{\partial x}f_v(u,v)$,为此首先要弄清一阶偏导数 $f_u(u,v)$ 与 $f_v(u,v)$ 的结构以及与自变量 x,y 的关系.显然它们仍是复合函数,且其复合结构与 $f(u,v)$ 一样.在具体计算过程中,最容易出错的地方就是这一步,容易把 $f_u(u,v)$ 和 $f_v(u,v)$ 认为仅是 u 或 v 的函数,从而导致漏掉 f_{uv} 和 f_{vu} 的项.正确的解法是

$$\frac{\partial^2 z}{\partial x^2}=f_{uu}\left(\frac{\partial u}{\partial x}\right)^2+2f_{uv}\cdot\frac{\partial u}{\partial x}\cdot\frac{\partial v}{\partial x}+f_{vv}\left(\frac{\partial v}{\partial x}\right)^2+f_u\frac{\partial^2 u}{\partial x^2}+f_v\frac{\partial^2 v}{\partial x^2} \tag{9.33}$$

抽象的多元函数二阶偏导数的计算很容易出错.因此要正确判断函数的构造,正确运用一阶基本求导法则.

(1) 求解最大值、最小值问题是多元函数微分学的重要应用,在解题时需注意将所要求的函数(称之为目标函数)尽量化简.

如果二元函数在有界闭区域 D 内有唯一的极小值点 M_0,那么该函数未必在点 M_0 处取得最小值.例如二元函数 $z=f(x,y)=3x^2+3y^2-x^3,D=x^2+y^2\leqslant 16$,令

$$\begin{cases}\dfrac{\partial z}{\partial x}=6x-3x^2=0\\\dfrac{\partial z}{\partial y}=6y=0\end{cases}$$

得驻点 $M_1(0,0),M_2(2,0)$.又

$$\frac{\partial^2 z}{\partial x^2}=6-6x,\quad \frac{\partial^2 z}{\partial x\partial y}=0,\quad \frac{\partial^2 z}{\partial y^2}=6$$

容易判定点 $M_1(0,0)$ 是唯一的极小值点,而点 $M_2(2,0)$ 不是极值点.但在 D 上,$f(x,y)$ 的最值均在边界上取得,最大值为 $f(-4,0)=112$,最小值为 $f(4,0)=-16$.故 $f(0,0)=0$ 不

是 $f(x,y)$ 在 D 上的最小值.

通常解多元函数极值应用题时,常说"根据问题的实际意义,存在最小值,M_0 是唯一的极小值点,故必是所求的最小值点". 由上例可知,在多元函数中这一说法并不正确,应是"$f(x,y)$ 在 D 内存在最大(小)值,而且 $f(x,y)$ 在 D 内只有唯一的极值点." 这样才可以断定极大(小)值点就是最大(小)值点.

(2) 梯度与方向导数是不同的概念,函数 z 在点 P 处的梯度是一个向量,而函数 z 在点 P 处的方向导数是一个数,两者不能混淆与等同. 方向导数 $\left.\dfrac{\partial f}{\partial l}\right|_{P_0}$ 反映了函数在点 P_0 处沿 l 方向的变化率,实际是单向导数,是由单侧极限定义的. 沿 x 轴正方向的方向导数与偏导数 $\dfrac{\partial z}{\partial x}$ 有本质区别,后者是由双侧极限定义的. 梯度是一个向量,梯度的方向与取得最大方向导数的方向一致,其模是方向导数的最大值,梯度在任何一方向 l 上的投影,等于 $f(P)$ 在 l 方向的变化率,即方向导数

$$\frac{\partial f}{\partial l} = \nabla f(P) \cdot \boldsymbol{e}_l = Prj(\nabla f(P)).$$

不能错误认为函数 z 在点 P 处的梯度就是函数 z 在点 P 处的最大方向导数.

9.4 典型例题选讲

例 9.4.1 求下列函数的定义域

(1) $z = \sqrt{x\sin y}$；   (2) $u = \sqrt{\arcsin\dfrac{x^2+y^2}{z}}$.

解 (1) 由题设可知,应有 $x\sin y \geqslant 0$,即

$$\begin{cases} x \geqslant 0 \\ \sin y \geqslant 0 \end{cases} \quad \text{或} \quad \begin{cases} x \leqslant 0 \\ \sin y \leqslant 0 \end{cases}$$

所以定义域为

$\{(x,y) \mid x \geqslant 0, 2k\pi \leqslant y < (2k+1)\pi$ 或 $x < 0, (2k-1)\pi \leqslant y < 2k\pi, k$ 为整数$\}$

(2) 由函数可得

$$\begin{cases} \arcsin\dfrac{x^2+y^2}{z} \geqslant 0 \\ \left|\dfrac{x^2+y^2}{z}\right| \leqslant 1 \\ z \neq 0 \end{cases}, \quad \text{得} \begin{cases} 0 \leqslant \dfrac{x^2+y^2}{z} \leqslant 1 \\ z \neq 0 \end{cases}, \quad \text{即} \begin{cases} z \geqslant x^2+y^2 \\ z \neq 0 \end{cases}$$

例 9.4.2 下面表达式是否为 x,y 的二元函数？

$$z = \int_0^1 (x+ty)^2 \mathrm{d}t$$

解 先把 x,y 看做固定常数,对 t 积分得

$$z = \int_0^1 (x^2 + 2xyt + y^2t^2) \mathrm{d}t$$

$$= x^2 t \Big|_0^1 + xyt^2 \Big|_0^1 + \frac{1}{3}y^2 t^3 \Big|_0^1 = x^2 + xy + \frac{1}{3}y^2$$

易见，上述表达式是关于 x,y 的二元函数.

例 9.4.3 计算下列极限

(1) $\lim\limits_{\substack{x\to +\infty \\ y\to +\infty}} \dfrac{x+y}{x^2+y^2}$; (2) $\lim\limits_{\substack{x\to 0 \\ y\to a}} \dfrac{\sin(2xy)}{y}$; (3) $\lim\limits_{\substack{x\to +\infty \\ y\to a}} \left(1+\dfrac{1}{x}\right)^{\frac{x^2}{x+y}}$.

解 (1) 要计算 $x\to +\infty, y\to +\infty$ 时的极限，可以假设 $x>0, y>0$，则

$$\frac{x+y}{x^2+y^2} = \frac{x}{x^2+y^2} + \frac{y}{x^2+y^2} < \frac{x}{x^2} + \frac{y}{y^2} = \frac{1}{x} + \frac{1}{y}$$

由夹逼准则

$$0 < \frac{x+y}{x^2+y^2} < \frac{1}{x} + \frac{1}{y}$$

而

$$\lim_{\substack{x\to +\infty \\ y\to +\infty}} \left(\frac{1}{x} + \frac{1}{y}\right) = 0$$

所以

$$\lim_{\substack{x\to +\infty \\ y\to +\infty}} \frac{x+y}{x^2+y^2} = 0.$$

(2) **解法 1** 若 $a \neq 0$，由初等函数的连续性知

$$\lim_{\substack{x\to 0 \\ y\to a}} \frac{\sin(2xy)}{y} = \frac{\sin(2\times 0\times a)}{a} = 0$$

若 $a = 0$，则 $|\sin(2xy)| \leqslant 2|xy|$，所以

$$0 \leqslant \left|\frac{\sin(2xy)}{y}\right| \leqslant 2|x|$$

而 $\lim\limits_{x\to 0} 2|x| = 0$，故 $\lim\limits_{\substack{x\to 0 \\ y\to 0}} \dfrac{\sin(2xy)}{y} = 0$.

解法 2 由于 $\lim\limits_{t\to 0} \dfrac{\sin t}{t} = 1$ 则

$$\lim_{\substack{x\to 0 \\ y\to a}} \frac{\sin(2xy)}{y} = \lim_{\substack{x\to 0 \\ y\to a}} \left[\frac{\sin(2xy)}{2xy} \cdot 2x\right] = 1\times 0 = 0.$$

(3)

$$\lim_{\substack{x\to +\infty \\ y\to a}} \left(1+\frac{1}{x}\right)^{\frac{x^2}{x+y}} = \lim_{\substack{x\to +\infty \\ y\to a}} \left(1+\frac{1}{x}\right)^{x\cdot \frac{x}{x+y}}$$

因为

$$\lim_{x\to \infty} \left(1+\frac{1}{x}\right)^x = \mathrm{e}, \quad \lim_{\substack{x\to +\infty \\ y\to a}} \frac{x}{x+y} = \lim_{\substack{x\to +\infty \\ y\to a}} \frac{1}{1+\dfrac{y}{x}} = 1$$

所以

$$\lim_{\substack{x\to +\infty \\ y\to a}} \left(1+\frac{1}{x}\right)^{\frac{x^2}{x+y}} = \mathrm{e}.$$

例 9.4.4 证明 $\lim\limits_{\substack{x\to 0 \\ y\to 0}} \dfrac{x^2 y^2}{x^2+y^2} = 0$.

证明 因为

$$\left|\frac{x^2 y^2}{x^2+y^2} - 0\right| = \left|\frac{x^2 y^2}{x^2+y^2}\right| \leqslant y^2 \leqslant x^2 + y^2$$

故对任意的 $\varepsilon > 0$，取 $\delta = \sqrt{\varepsilon}$，当 $0 < \sqrt{x^2+y^2} < \varepsilon$ 时，总有

$$\left|\frac{x^2y^2}{x^2+y^2}-0\right|<\varepsilon$$

由极限的定义知 $\lim\limits_{\substack{x\to 0\\y\to 0}}\frac{x^2y^2}{x^2+y^2}=0.$

例 9.4.5 证明下列函数在原点的极限不存在

(1) $f(x,y)=\frac{x^2+xy}{x^2+y^2}$; (2) $f(x,y)=\frac{xy}{x^2+y}$; (3) $f(x,y)=\frac{x^3+y^3}{x^2+y}$.

证明 (1) 由于 y 与 x 同阶时,分子、分母同阶,所以可以选用路径 $y=kx$,而

$$\lim_{\substack{x\to 0\\y\to kx}}\frac{x^2+xy^2}{x^2+y^2}=\lim_{\substack{x\to 0\\y\to kx}}\frac{x^2+kx^2}{x^2+k^2x^2}=\frac{1+k}{1+k^2}$$

由于 k 的不同取值可以得到不同的极限,所以原极限 $\lim\limits_{\substack{x\to 0\\y\to 0}}\frac{x^2+xy}{x^2+y^2}$ 不存在.

(2) 当沿着 y 轴趋于原点时,有

$$\lim_{\substack{x\to 0\\y\to 0}}\frac{xy}{x^2+y}=0$$

当沿着曲线 $y=-x^2+x^3$ 趋于原点时,有

$$\lim_{\substack{x\to 0\\y=-x^2+x^3}}\frac{xy}{x^2+y}=\lim_{x\to 0}\frac{-x^3+x^4}{x^2-x^2+x^3}=-1\neq 0$$

故原极限 $\lim\limits_{\substack{x\to 0\\y\to 0}}\frac{xy}{x^2+y}$ 不存在.

(3) 因为 $\lim\limits_{\substack{x\to 0\\y\to x}}\frac{x^3+y^3}{x^2+y}=\lim\limits_{x\to 0}\frac{x^3+x^3}{x^2+x}=\lim\limits_{x\to 0}\frac{2x^2}{x+1}=0$

$$\lim_{\substack{x\to 0\\y\to x^3-x^2}}\frac{x^3+y^3}{x^2+y}=\lim_{x\to 0}\frac{x^3+(x^3-x^2)^3}{x^3}=\lim_{x\to 0}[1+(x^2-x)^3]=1$$

由于选取两条路径趋于原点时,极限值不相等,故函数在原点处的极限不存在.

例 9.4.6 讨论下列函数在原点的连续性

(1) $f(x,y)=\begin{cases}\dfrac{\sin(xy)}{x},&x\neq 0\\y,&x=0\end{cases}$; (2) $g(x,y)=\begin{cases}\dfrac{\sin(xy)}{y(1+x^2)},&y\neq 0\\0,&y=0\end{cases}$.

解 (1) 显然 $x\neq 0$,$f(x,y)$ 连续(初等函数的连续性);对于直线 $x=0$ 上的任一点 $(0,y_0)$,有

$$\lim_{\substack{x\to 0\\y\to y_0}}f(x,y)=\lim_{\substack{x\to 0\\y\to y_0}}\frac{\sin(xy)}{x}=\lim_{\substack{x\to 0\\y\to y_0}}\frac{\sin(xy)}{xy}\cdot y=y_0$$

即 $\lim\limits_{\substack{x\to 0\\y\to y_0}}f(x,y)=f(0,y_0)$,故函数 $f(x,y)$ 在直线 $x=0$ 上连续,因而,函数 $f(x,y)$ 在全平面上连续,在原点也连续.

(2) $\lim\limits_{\substack{(x,y)\to(0,0)\\xy=0}}g(x,y)=0=g(0,0)$,又当 $y\neq 0$ 时

$$\lim_{\substack{(x,y)\to(0,0)\\xy\neq 0}}g(x,y)=\lim_{\substack{(x,y)\to(0,0)\\xy\neq 0}}\frac{\sin(xy)}{xy(1+x^2)}\cdot x=\lim_{\substack{(x,y)\to(0,0)\\xy\neq 0}}\left[\frac{\sin(xy)}{xy}\cdot\frac{x}{1+x^2}\right]=1\times 0=0$$

即 $\lim\limits_{(x,y)\to(0,0)} g(x,y) = g(0,0)$，故 $g(x,y)$ 在点$(0,0)$处连续.

例 9.4.7 证明：若函数 $f(x,y)$ 在全平面连续，且 $\lim\limits_{x^2+y^2\to+\infty} f(x,y) = A$ 存在，则 $f(x,y)$ 是有界函数.

证明 因为 $\lim\limits_{x^2+y^2\to+\infty} f(x,y) = A$，则对 $\varepsilon = 1$，存在 $R > 0$. 当 $\sqrt{x^2+y^2} > R$ 时，
$$|f(x,y) - A| < \varepsilon = 1, \text{则} |f(x)| < |A| + 1.$$
又 $f(x,y)$ 在 $x^2 + y^2 \leq R^2$ 上连续，所以存在 $M > 0$，使得
$$x^2 + y^2 \leq R^2 \text{ 时} \quad |f(x,y)| \leq M$$
由此对一切 (x,y) 有
$$|f(x,y)| \leq \max\{|A| + 1, M\}.$$
故 $f(x,y)$ 是有界函数.

例 9.4.8 讨论函数 $z = f(x,y) = \begin{cases} (x^2+y^2)\sin\dfrac{1}{\sqrt{x^2+y^2}}, & x^2+y^2 \neq 0 \\ 0, & x^2+y^2 = 0 \end{cases}$ 在坐标原点处：

(1) 是否连续？

(2) 是否存在偏导数？

(3) 是否可微？

(4) 偏导数是否连续？

解 (1) 当 $(x,y) \neq (0,0)$ 时 $|f(x,y)| \leq x^2 + y^2$，故
$$\lim_{\substack{x\to 0 \\ y\to 0}} f(x,y) = f(0,0) = 0$$
所以函数在原点连续.

(2) 在点$(0,0)$处，$\dfrac{f(x,0) - f(0,0)}{x} = \dfrac{x^2\sin\dfrac{1}{\sqrt{x^2}}}{x} = x\sin\dfrac{1}{\sqrt{x^2}}$

所以
$$\lim_{x\to 0} \frac{f(x+0,0) - f(0,0)}{x} = \lim_{x\to 0} x\sin\frac{1}{\sqrt{x^2}} = 0$$

即偏导数 $\dfrac{\partial f(0,0)}{\partial x} = 0$. 同理 $\dfrac{\partial f(0,0)}{\partial y} = 0$ 也存在.

(3) 由题(2)知 $\dfrac{\partial f(0,0)}{\partial x} = \dfrac{\partial f(0,0)}{\partial y} = 0$. 故

$$\Delta z - \left(\frac{\partial f(0,0)}{\partial x}\Delta x + \frac{\partial f(0,0)}{\partial y}\Delta y\right) = f(\Delta x, \Delta y) - f(0,0) - (0\cdot\Delta x + 0\cdot\Delta y)$$

$$= [(\Delta x)^2 + (\Delta y)^2]\sin\frac{1}{\sqrt{(\Delta x)^2 + (\Delta y)^2}}$$

$$= \rho^2\sin\frac{1}{\rho} \quad (\text{其中 } \rho = \sqrt{(\Delta x)^2 + (\Delta y)^2})$$

因为
$$\lim_{\rho\to 0^+} \frac{\Delta z - \left(\dfrac{\partial f(0,0)}{\partial x}\Delta x + \dfrac{\partial f(0,0)}{\partial y}\Delta y\right)}{\rho} = \lim_{\rho\to 0^+} \rho\sin\frac{1}{\rho} = 0$$

故函数 $f(x,y)$ 在点 $(0,0)$ 处可微,且 $dz|_{(0,0)} = 0$.

(4) 当 $(x,y) \neq (0,0)$ 时

$$\frac{\partial z}{\partial x} = 2x\sin\frac{1}{\sqrt{x^2+y^2}} - \frac{x}{\sqrt{x^2+y^2}}\cos\frac{1}{\sqrt{x^2+y^2}}$$

$$\frac{\partial z}{\partial y} = 2y\sin\frac{1}{\sqrt{x^2+y^2}} - \frac{y}{\sqrt{x^2+y^2}}\cos\frac{1}{\sqrt{x^2+y^2}}$$

由于 $\lim\limits_{\substack{x\to 0 \\ y\to 0}} 2x\sin\frac{1}{\sqrt{x^2+y^2}} = 0$, $\lim\limits_{\substack{x\to 0 \\ y=x}}\frac{x}{\sqrt{x^2+y^2}}\cos\frac{1}{\sqrt{x^2+y^2}} = \lim\limits_{x\to 0}\frac{\text{sgn}x}{2}\cos\frac{1}{\sqrt{2}|x|}$ 不存在

故偏导数 $\dfrac{\partial f(x,y)}{\partial x}$ 在原点不连续.

同样也可以证明 $\dfrac{\partial f(x,y)}{\partial y}$ 在原点不连续.

例 9.4.9 设 $z = z(x,y)$ 由 $z + \ln z - \int_y^x e^{-t^2}dt = 0$ 确定,求 $\dfrac{\partial z}{\partial x}$.

解 $z + \ln z - \int_y^x e^{-t^2}dt = 0$,在两边对 x 求偏导,得

$$\frac{\partial z}{\partial x} + \frac{1}{z}\cdot\frac{\partial z}{\partial x} - e^{-x^2} = 0 \quad 解得 \quad \frac{\partial z}{\partial x} = \frac{ze^{-x^2}}{z+1}.$$

例 9.4.10 设 $u = u(x,y)$ 为可微分的函数,且当 $y = x^2$ 时,有 $u(x,y) = 1$ 及 $\dfrac{\partial u}{\partial x} = x$,则当 $y = x^2 (x \neq 0)$ 时,$\dfrac{\partial u}{\partial y} = ($).

(A) $\dfrac{1}{2}$ (B) $-\dfrac{1}{2}$ (C) 0 (D) 1

解
$$\frac{du(x,x^2)}{dx} = \frac{\partial u}{\partial x} + \frac{\partial u}{\partial y}\cdot\frac{\partial y}{\partial x}$$

根据题设知,当 $y = x^2$ 时,$u(x,y) = u(x,x^2) = 1$,有

$$\frac{d}{dx}u(x,x^2) = 0 \quad 且 \frac{\partial u}{\partial x} = x, \quad \frac{dy}{dx} = 2x$$

于是
$$\frac{\partial u}{\partial x} + \frac{\partial u}{\partial y}\cdot\frac{dy}{dx}$$

即
$$x + 2x\frac{\partial u}{\partial y} = 0$$

当 $x \neq 0$ 时,$\dfrac{\partial u}{\partial y} = -\dfrac{1}{2}$,故选(B).

例 9.4.11 设 $z = z(x,y)$ 是由方程 $F(x-az,y-bz) = 0$ 所定义的隐函数,其中 $F(u,v)$ 是变量 $u、v$ 的任何可微函数,a,b 为常数,则必有( ).

(A) $b\dfrac{\partial z}{\partial x} + a\dfrac{\partial z}{\partial y} = 1$ (B) $a\dfrac{\partial z}{\partial x} + b\dfrac{\partial z}{\partial y} = 1$

(C) $b\dfrac{\partial z}{\partial x} - a\dfrac{\partial z}{\partial y} = 1$ (D) $a\dfrac{\partial z}{\partial x} - b\dfrac{\partial z}{\partial y} = 1$

解 在方程 $F(x-az,y-bz) = 0$ 两边对 x 求偏导数,得

$$\frac{\partial F}{\partial u}\left(1-a\frac{\partial z}{\partial x}\right)+\frac{\partial F}{\partial v}\cdot(-b)\frac{\partial z}{\partial x}=0$$

即

$$\frac{\partial z}{\partial x}=\frac{\dfrac{\partial F}{\partial u}}{a\dfrac{\partial F}{\partial u}+b\dfrac{\partial F}{\partial v}}$$

同样在方程 $F(x-az,y-bz)=0$ 两边对 y 求偏导数,得

$$\frac{\partial F}{\partial u}\cdot(-a)\frac{\partial z}{\partial y}+\frac{\partial F}{\partial v}\left(1-b\frac{\partial z}{\partial y}\right)=0$$

即

$$\frac{\partial z}{\partial y}=\frac{\dfrac{\partial F}{\partial v}}{a\dfrac{\partial F}{\partial u}+b\dfrac{\partial F}{\partial v}}$$

综上所述,$a\dfrac{\partial z}{\partial x}+b\dfrac{\partial z}{\partial y}=\dfrac{a\dfrac{\partial F}{\partial u}+b\dfrac{\partial F}{\partial v}}{a\dfrac{\partial F}{\partial u}+b\dfrac{\partial F}{\partial v}}=1$,故选(B)

例 9.4.12 曲面 $xyz=a^3(a>0)$ 的切平面与三个坐标面所围成的四面体的体积 $V=$ ( )

(A) $\dfrac{3}{2}a^3$ (B) $3a^3$ (C) $\dfrac{9}{2}a^3$ (D) $6a^3$

解 在曲面 $xyz=a^3$ 上任取一点 $M_0(x_0,y_0,z_0)$,则曲面过点 M_0 的切平面方程为

$$y_0z_0(x-x_0)+x_0z_0(y-y_0)+x_0y_0(z-z_0)=0$$

该切平面与三坐标轴的交点依次为 $A(3x_0,0,0),B(0,3y_0,0),C(0,0,3z_0)$. 由各坐标面的垂直关系知,以 O,A,B,C 为顶点的四面体的体积为

$$V=\frac{1}{3}\overline{OC}\left(\frac{1}{2}\overline{OA}\cdot\overline{OB}\right)=\frac{9}{2}|x_0y_0z_0|=\frac{9}{2}a^3$$

故选(C).

例 9.4.13 已知 $(axy^3-y^2\cos x)dx+(1+by\sin x+3x^2y^2)dy$ 为某一函数 $f(x,y)$ 的全微分,求常数 a,b.

解 由题设有

$$df(x,y)=\frac{\partial f}{\partial x}dx+\frac{\partial f}{\partial y}dy=(axy^3-y^2\cos x)dx+(1+by\sin x+3x^2y^2)dy$$

即有 $f_x(x,y)=axy^3-y^2\cos x$ $\qquad f_y(x,y)=1+by\sin x+3x^2y^2$

$f_{xy}(x,y)=3axy^2-2y\cos x$ $\qquad f_{yx}(x,y)=by\cos x+6xy^2$

由 $f_{xy}(x,y)$ 与 $f_{yx}(x,y)$ 的表达式可知它们均为连续函数,所以 $f_{xy}(x,y)\equiv f_{yx}(x,y)$

即 $3axy^2-2y\cos x\equiv by\cos x+6xy^2$

于是 $3a=6,\quad b=-2$

即有 $a=2,\quad b=-2.$

例 9.4.14 求复合函数 $z=f(x^2+y^2,x^2-y^2,2xy)$ 的全微分 dz.

解 $z_x=f_1(x^2+y^2,x^2-y^2,2xy)(2x)+f_2(x^2+y^2,x^2-y^2,2xy)(2x)+$

$$f_3(x^2+y^2, x^2-y^2, 2xy)(2y)$$
$$z_y = f_1(x^2+y^2, x^2-y^2, 2xy)(2y) + f_2(x^2+y^2, x^2-y^2, 2xy)(-2y) +$$
$$f_3(x^2+y^2, x^2-y^2, 2xy)(2x)$$

于是 $\quad dz = (2xf_1 + 2xf_2 + 2yf_3)dx + (2yf_1 - 2yf_2 + 2xf_3)dy.$

例 9.4.15 设向量值函数 $f(x,y) = \dfrac{1-\cos x}{x^2} \boldsymbol{i} + (1+y^2)^{\frac{1}{y^2}} \boldsymbol{j}$,求 $f(x,y)$ 的定义域,间断点和 $\lim\limits_{\substack{x \to 0 \\ y \to 0}} f(x,y)$.

解 (1) 函数 $\dfrac{1-\cos x}{x^2}$ 的定义域为 $\{x \mid x \neq 0\}$,函数 $(1+y^2)^{\frac{1}{y^2}}$ 的定义域为 $\{y \mid y \neq 0\}$,所以向量值函数 $f(x,y)$ 的定义域为 $\{(x,y) \mid x \neq 0, y \neq 0\}$.

(2) 因为 $\dfrac{1-\cos x}{x^2}, (1+y^2)^{\frac{1}{y^2}}$ 的间断点分别为 $x=0$ 和 $y=0$,所以 $f(x,y)$ 的间断点集合为 $\{(0,y) \mid y \in \mathbf{R}\} \cup \{(x,0) \mid x \in \mathbf{R}\}$.

(3) $\lim\limits_{\substack{x \to 0 \\ y \to 0}} f(x,y) = \left(\lim\limits_{x \to 0} \dfrac{1-\cos x}{x^2}, \lim\limits_{y \to 0}(1+y^2)^{\frac{1}{y^2}} \right) = \left(\dfrac{1}{2}, e \right).$

例 9.4.16 已知函数 $f(x,y) = \sqrt{x^2+y^4}$,求:

(1) $f_x(0,0)$ 和 $f_y(0,0)$;

(2) $\mathbf{grad} f(1,1)$;

(3) $\left.\dfrac{\partial f}{\partial v}\right|_{(1,-1)}$,其中 v 是沿与 x 轴正向成 $\alpha = 45°$ 方向的单位向量.

(4) $\left.\dfrac{\partial f}{\partial l}\right|_{(1,-1)}$,其中 l 是沿 $\mathbf{grad} f(1,-1)$ 方向的单位向量。

解 (1) $f(x,0) = \sqrt{x^2} = |x|, f(0,y) = \sqrt{y^4} = y^2$
$$f_x(0,0) = \lim\limits_{x \to 0} \dfrac{f(x,0) - f(0,0)}{x} = \lim\limits_{x \to 0} \dfrac{|x|}{x} \text{ 不存在}$$
$$f_y(0,0) = \lim\limits_{y \to 0} \dfrac{f(0,y) - f(0,0)}{y} = \lim\limits_{y \to 0} \dfrac{y^2}{y} = 0.$$

(2) $\quad \mathbf{grad} f(1,-1) = f_x(1,-1)\boldsymbol{i} + f_y(1,-1)\boldsymbol{j}$

而 $\quad f_x(x,-1) = \dfrac{x}{\sqrt{x^2+1}}, f_x(1,-1) = \dfrac{1}{\sqrt{2}} = \dfrac{\sqrt{2}}{2}$

$$f_y(1,y) = \dfrac{2y^3}{\sqrt{1+y^4}}, f_y(1,-1) = -\sqrt{2}$$

故 $\quad \mathbf{grad} f(1,-1) = \dfrac{\sqrt{2}}{2} \boldsymbol{i} - \sqrt{2} \boldsymbol{j} = \left(\dfrac{\sqrt{2}}{2}, -\sqrt{2} \right).$

(3) $\left.\dfrac{\partial f}{\partial v}\right|_{(1,-1)} = f_x(1,-1)\cos\alpha + f_y(1,-1)\sin\alpha = \dfrac{\sqrt{2}}{2}\cos 45° - \sqrt{2}\sin 45°$
$$= \dfrac{\sqrt{2}}{2} \cdot \dfrac{\sqrt{2}}{2} - \sqrt{2} \cdot \dfrac{\sqrt{2}}{2} = -\dfrac{1}{2}.$$

(4) 由于已知 l 是沿 $\mathbf{grad} f(1,-1)$ 方向的单位向量,故有

$$\left.\frac{\partial f}{\partial v}\right|_{(1,-1)} = |\operatorname{\mathbf{grad}} f(1,-1)| = \sqrt{\left(\frac{\sqrt{2}}{2}\right)^2 + \left(-\sqrt{2}\right)^2} = \frac{\sqrt{10}}{2}.$$

例 9.4.17 设 $u(r,t) = t^n e^{-\frac{r^2}{4t}}$,试确定常数 n 的值,使 u 满足方程

$$\frac{\partial u}{\partial t} = \frac{1}{r^2}\frac{\partial}{\partial r}\left(r^2\frac{\partial u}{\partial r}\right).$$

解 $\dfrac{\partial u}{\partial t} = \left(\dfrac{r^2}{4}t^{n-2} + nt^{n-1}\right)e^{-\frac{r^2}{4t}},\quad \dfrac{\partial u}{\partial r} = -\dfrac{r}{2}t^{n-1}e^{-\frac{r^2}{4t}}$

因此 $\quad r^2\dfrac{\partial u}{\partial r} = -\dfrac{r^3}{2}t^{n-1}e^{-\frac{r^2}{4t}}$

$$\frac{\partial}{\partial r}\left(r^2\frac{\partial u}{\partial r}\right) = -\frac{t^{n-1}}{2}\left[3r^2 e^{-\frac{r^2}{4t}} + r^3 e^{-\frac{r^2}{4t}}\left(-\frac{r}{2t}\right)\right] = \left(\frac{r^4}{4}t^{n-2} - \frac{3}{2}r^2 t^{n-1}\right)e^{-\frac{r^2}{4t}}$$

由于 $\dfrac{\partial u}{\partial t} = \dfrac{1}{r^2}\dfrac{\partial}{\partial r}\left(r^2\dfrac{\partial u}{\partial r}\right)$,所以

$$\left(nt^{n-1} + \frac{r^2}{4}t^{n-2}\right)e^{-\frac{r^2}{4t^2}} = \left(-\frac{3}{2}t^{n-1} + \frac{r^2}{4}t^{n-2}\right)e^{-\frac{r^2}{4t}}$$

故 $\quad n = -\dfrac{3}{2}.$

例 9.4.18 若由方程组 $\begin{cases} e^{\frac{u}{x}}\cos\dfrac{v}{y} = \dfrac{x}{\sqrt{2}} \\ e^{\frac{u}{x}}\sin\dfrac{v}{y} = \dfrac{y}{\sqrt{2}} \end{cases}$ 确定函数 $u = u(x,y), v = v(x,y)$,试求在点

$x = 1, y = 1, u = 0, v = \dfrac{\pi}{4}$ 处的 du, dv.

解 利用全微分形式不变性,在方程组两端微分得

$$\begin{cases} e^{\frac{u}{x}}\cos\dfrac{v}{y}\cdot\dfrac{x du - u dx}{x^2} - e^{\frac{u}{x}}\sin\dfrac{v}{y}\cdot\dfrac{y dv - v dy}{y^2} = \dfrac{dx}{\sqrt{2}} \\ e^{\frac{u}{x}}\sin\dfrac{v}{y}\cdot\dfrac{x du - u dx}{x^2} + e^{\frac{u}{x}}\cos\dfrac{v}{y}\cdot\dfrac{y dv - v dy}{y^2} = \dfrac{dy}{\sqrt{2}} \end{cases}$$

代入 $x = 1, y = 1, u = 0, v = \dfrac{\pi}{4}$ 得

$$\begin{cases} du - dv + \dfrac{\pi}{4}dy = dx \\ du + dv - \dfrac{\pi}{4}dy = dy \end{cases}$$

由此解得 $\quad du = \dfrac{1}{2}(dx + dy), dv = \dfrac{\pi}{4}dy - \dfrac{1}{2}(dx - dy).$

例 9.4.19 设直线 $L:\begin{cases} x + y + b = 0 \\ x + ay - z - 3 = 0 \end{cases}$ 在平面 π 上,而平面 π 与曲面 $z = x^2 + y^2$ 相切于点 $(1,-2,5)$,求 a,b 的值.

解法 1 曲面在点 $(1,-2,5)$ 处的法线向量 $\boldsymbol{n} = (2,-4,-1)$,切平面方程为

$$2(x-1) - 4(y+2) - (z-5) = 0$$

即
$$2x - 4y - z - 5 = 0 \qquad ①$$

由 $L: \begin{cases} x+y+b=0 \\ x+ay-z-3=0 \end{cases}$ 得 $\begin{cases} y = -x-b \\ z = x+a(-x-b)-3 \end{cases}$

代入方程 ① 得
$$2x - 4(-x-b) - [x+a(-x-b)-3] - 5 = 0$$
即
$$(5+a)x + 4b + ab - 2 = 0$$

因而 $5+a=0, 4b+ab-2=0$, 故 $a=-5, b=-2$.

解法 2 过直线 L 的平面束方程为

$\pi:$ $\qquad x+ay-z-3+\lambda(x+y+b)=0$

即 $\qquad (1+\lambda)x + (a+\lambda)y - z + (\lambda b - 3) = 0$

于是由题意有
$$\frac{1+\lambda}{2} = \frac{a+\lambda}{-4} = \frac{-1}{-1}$$

解得 $\lambda = 1, a = -5$, 又点 $(1, -2, 5)$ 在平面 π 上, 得 $b = -2$.

例 9.4.20 已知函数 $z=f(x,y)$ 在点 $P_0(1,2)$ 处沿 P_0 到点 $P_1(2,3)$ 的方向导数为 $2\sqrt{2}$, 设点 P_0 到点 $P_2(1,0)$ 的方向导数为 -3, 求 $z=f(x,y)$ 沿点 P_0 到原点 O 的方向导数.

解 设函数 $z=f(x,y)$ 在点 P_0 点处的偏导数为 $f_x(P_0), f_y(P_0)$, 因为 $\overrightarrow{P_0P_1}=(1,1)$, $\overrightarrow{P_0P_2}=(0,-2), \overrightarrow{P_0O}=(-1,-2)=\boldsymbol{l}$, 所以

$$\cos\alpha_1 = \frac{1}{\sqrt{2}}, \qquad \cos\beta_1 = \frac{1}{\sqrt{2}}$$
$$\cos\alpha_2 = 0, \qquad \cos\beta_2 = -1$$
$$\cos\alpha_3 = -\frac{1}{\sqrt{5}}, \qquad \cos\beta_3 = -\frac{2}{\sqrt{5}}$$

由方向导数的定义有
$$\begin{cases} 2\sqrt{2} = f_x(P_0)\cdot\frac{1}{\sqrt{2}} + f_y(P_0)\frac{1}{\sqrt{2}} \\ -3 = f_x(P_0)\cdot 0 + f_y(P_0)(-1) \end{cases}$$
$$\left.\frac{\partial z}{\partial l}\right|_{P_0} = f_x(P_0)\left(-\frac{1}{\sqrt{5}}\right) + f_y(P_0)\left(-\frac{2}{\sqrt{5}}\right)$$

解得
$$\left.\frac{\partial z}{\partial l}\right|_{P_0} = -\frac{7}{\sqrt{5}} = -\frac{7}{5}\sqrt{5}.$$

例 9.4.21 设函数 $f(x,y) = 3x+4y-\alpha x^2-2\alpha y^2-2\beta xy$, 试问参数 α, β 满足什么条件时, $f(x,y)$ 有唯一极大值? 有唯一极小值?

解 令
$$\begin{cases} \dfrac{\partial f}{\partial x} = 3 - 2\alpha x - 2\beta y = 0 \\ \dfrac{\partial f}{\partial y} = 4 - 4\alpha y - 2\beta x = 0 \end{cases}$$

系数行列式 $\Delta = 4(2\alpha^2 - \beta^2)$, 所以当 $\Delta \neq 0$ 时, $f(x,y)$ 有唯一驻点, 即

$$x_0 = \frac{3\alpha - 2\beta}{2\alpha^2 - \beta^2}, \quad y_0 = \frac{4\alpha - 3\beta}{2(2\alpha^2 - \beta^2)}$$

而 $A = \dfrac{\partial^2 f}{\partial x^2} = -2\alpha$, $B = \dfrac{\partial^2 f}{\partial x \partial y} = -2\beta$, $C = \dfrac{\partial^2 f}{\partial y^2} = -4\alpha$

故 $$AC - B^2 = 8\alpha^2 - 4\beta^2 = 4(2\alpha^2 - \beta^2) = \Delta \ne 0$$

当 $AC - B^2 > 0$,即 $2\alpha^2 - \beta^2 > 0$ 时,$f(x,y)$ 有极值.

当 $A = -2\alpha > 0$,即 $\alpha < 0$ 时,$f(x,y)$ 有极小值.

当 $A = -2\alpha < 0$,即 $\alpha > 0$ 时,$f(x,y)$ 有极大值.

当 $AC - B^2 < 0$ 时,$f(x,y)$ 无极值.

综上所述,当 $2\alpha^2 - \beta^2 > 0$ 且 $\alpha < 0$ 时,有唯一极小值;当 $2\alpha^2 - \beta^2 > 0$ 且 $\alpha > 0$ 时,有唯一极大值.

例 9.4.22 求函数 $z = f(x,y) = \cos x + \cos y + \cos(x - y)$ 在闭区域 $D: 0 \le x \le \dfrac{\pi}{2}$, $0 \le y \le \dfrac{\pi}{2}$ 上的最值.

解
$$z_x = -\sin x - \sin(x - y), \quad z_{xx} = -\cos x - \cos(x - y)$$
$$z_y = -\sin y + \sin(x - y), \quad z_{yy} = -\cos y - \cos(x - y)$$
$$z_{xy} = \cos(x - y)$$

令 $\begin{cases} z_x = 0 \\ z_y = 0 \end{cases}$ 得 $\sin x + \sin y = 0$,故在 D 内部无零点,即 D 内部无极值点,最大值、最小值只能在边界上达到.

$$f(0,0) = 3, \quad f\left(0, \frac{\pi}{2}\right) = f\left(\frac{\pi}{2}, 0\right) = f\left(\frac{\pi}{2}, \frac{\pi}{2}\right) = 1$$

故最大值为 3,最小值为 1.

例 9.4.23 设函数 $z = f(x,y)$ 由方程 $x^2 + y^2 + z^2 - 2x + 2y - 4z - 10 = 0$ 确定,试求 $f(x,y)$ 的极值.

解 令 $F(x,y,z) = x^2 + y^2 + z^2 - 2x + 2y - 4z - 10$,则

$$\frac{\partial z}{\partial x} = -\frac{F_x}{F_z} = \frac{1-x}{z-2}, \quad \frac{\partial z}{\partial y} = -\frac{F_y}{F_z} = -\frac{y+1}{z-2}$$

令 $\begin{cases} \dfrac{\partial z}{\partial x} = 0 \\ \dfrac{\partial z}{\partial y} = 0 \end{cases}$ 解得 $x = 1, y = -1$,此时 $z_1 = 6, z_2 = -2$

$$\frac{\partial^2 z}{\partial x^2} = -\frac{(z-2)^2 + (1-x)^2}{(z-2)^3}, \quad \frac{\partial^2 z}{\partial x \partial y} = -\frac{(x-1)(y+1)}{(z-2)^3}$$
$$\frac{\partial^2 z}{\partial y^2} = -\frac{(z-2)^2 - (y+1)^2}{(z-2)^3}$$

$\Delta = AC - B^2$,由于 $\Delta|_{(1,-1,6)} > 0$, $A|_{(1,-1,6)} = -\dfrac{1}{4} < 0$,所以 $z = f(x,y)$ 在 $(1,-1,6)$ 的某邻域内取极大值 $f(1,-1) = 6$.

由 $\Delta|_{(1,-1,-2)} > 0, A|_{(1,-1,-2)} = \dfrac{1}{4} > 0$，所以 $z = f(x,y)$ 在 $(1,-1,-2)$ 的某邻域内取得极小值 $f(1,-1) = -2$.

例 9.4.24 求函数 $z = x^2 - y^2 + 2a^2$ 在圆 $x^2 + y^2 = a^2$ 内的最大值与最小值.

解 因为 $z_x = 2x_1, z_y = -2y$，由 $\begin{cases} z_x = 0 \\ z_y = 0 \end{cases}$ 得唯一驻点 $(0,0)$ 且 $z(0,0) = 2a^2$.

考查区域边界 $x^2 + y^2 = a^2$ 上的最值，将 $y^2 = a^2 - x^2$ 代入函数 $z = x^2 - y^2 + 2a^2$，则在边界上
$$z(x) = x^2 - (a^2 - x^2) + 2a^2 = 2x^2 + a^2 \quad x \in [-a, a]$$
于是令 $z'(x) = 4x = 0$ 得 $x = 0$ 且 $z(0) = a^2$. 又在边界的端点处 $z(-a) = z(a) = 3a^2$，于是在边界 $[-a, a]$ 上，$z(x)$ 的最大值为 $3a^2$，最小值为 a^2，即 $z(x,y)$ 在区域 $\{(x,y) \mid x^2 + y^2 \le a^2\}$ 的边界上最大值为 $3a^2$，最小值为 a^2. 比较 $z(0,0) = 2a^2$ 可知，函数 $z = x^2 - y^2 + 2a^2$ 在闭区域 $\{(x,y) \mid x^2 + y^2 \le a^2\}$ 内最大值为 $3a^2$，最小值为 a^2.

例 9.4.25 求 $\ln x + \ln y + 3\ln z$ 在 $x^2 + y^2 + z^2 = 5r^2 (x > 0, y > 0, z > 0)$ 内的极大值，并以此结果证明：对任意的正数 a, b, c，有
$$abc^3 \le 27\left(\dfrac{a+b+c}{5}\right)^5.$$

解 设 $F(x,y,z) = \ln x + \ln y + 3\ln z = \ln(xyz^3)$

构造函数 $L(x,y,z) = \ln(xyz^3) + \lambda(x^2 + y^2 + z^2 - 5r^2)$

由
$$\begin{cases} L_x = \dfrac{1}{x} + 2\lambda x = 0 \\ L_y = \dfrac{1}{y} + 2\lambda y = 0 \\ L_z = \dfrac{3}{z} + 2\lambda z = 0 \\ x^2 + y^2 + z^2 - 5r^2 = 0 \end{cases}$$

解得 $x = y = r, \quad z = \sqrt{3}r, \quad \lambda = -\dfrac{1}{2r^2}$

故 $F(x,y,z)$ 在唯一驻点 $(r, r, \sqrt{3}r)$ 处有极大值，即 $F_{\max} = \ln(3\sqrt{3}r^5)$.

证明 因为 $F(x,y,z) = \ln(x^2 y^2 z^6)^{\frac{1}{2}} \le \ln(3\sqrt{3}r^5)$

即 $\sqrt{x^2 y^2 z^6} \le 3\sqrt{3}\left(\dfrac{x^2 + y^2 + z^2}{5}\right)^{\frac{5}{2}}$

从而 $x^2 y^2 z^6 \le 27\left(\dfrac{x^2 + y^2 + z^2}{5}\right)^5$

取 $x^2 = a, y^2 = b, z^2 = c > 0$，有
$$abc^3 \le 27\left(\dfrac{a+b+c}{5}\right)^5.$$

例 9.4.26 已知 x, y, z 为实数，且 $e^x + y^2 + |z| = 3$，证明 $e^x y^2 |z| \le 1$.

证明 设 $f(x,y) = e^x y^2 (3 - e^x - y^2)$. 由 $e^x + y^2 + |z| = 3$，而 $|z| \ge 0$，故 x, y 应满足 $e^x + y^2 \le 3$，即 $e^x + y^2 = 3$ 为边界，在 $e^x + y^2 < 3$ 内，令

$$\begin{cases} f_x(x,y) = e^x y^2(3-2e^x-y^2) = 0 \\ f_y(x,y) = 2e^x y(3-e^x-2y^2) = 0 \end{cases}$$

得驻点 $(0,1)$ 和 $(0,-1)$，以及 $y=0$ 的其他驻点，下面先对前两个驻点进行判定.

$$f_{xx}(x,y) = e^x y^2(3-4e^x-y^2)$$
$$f_{xy}(x,y) = 2e^x y(3-2e^x-2y^2)$$
$$f_{yy}(x,y) = 2e^x(3-e^x-6y^2)$$

而 $f_{xx}(0,\pm 1)=-2$，$f_{xy}(0,1)=-2$，$f_{xy}(0,-1)=2$，$f_{yy}(0,\pm 1)=-8$ 故 $AC-B^2>0$ 且 $A<0$，从而 $(0,1)$ 和 $(0,-1)$ 均为极大值点，且 $f(0,\pm 1)=1$.

又因为在边界 $e^x+y^2=3$ 上及 $y=0$ 的其他驻点处均有 $f(x,y)=0$，故 $f(0,\pm 1)=1$ 为最大值.

综上所述可知 $0 \leqslant f(x,y) \leqslant 1$，即 $e^x y^2 |z| \leqslant 1$ 成立.

例 9.4.27 证明函数 $z=(1+e^y)\cos x - ye^y$ 有无穷多个极大值，但无极小值.

证明 令

$$\begin{cases} z_x = -(1+e^y)\sin x = 0 & \text{①} \\ z_y = e^y \cos x - e^y - ye^y = 0 & \text{②} \end{cases}$$

由式 ① 得 $x=k\pi$，由式 ② 得 $\cos x = 1+y$，将 $x=k\pi$ 代入得

$$(-1)^k = 1+y$$

因此，当 $k=2n$ 时，$y=0$；当 $k=2n+1$ 时，$y=-2$，即得到无穷多个驻点 $(2n\pi,0)$ 和 $((2n+1)\pi,-2)$. 又

$$z_{xx} = -(1+e^y)\cos x, \quad z_{xy} = -e^y \sin x, \quad z_{yy} = e^y \cos x - 2e^y - ye^y$$

由于 $(AC-B^2)|_{(2n\pi,0)} = 2 > 0$，$A|_{(2n\pi,0)} = -2 < 0$，因此点 $(2n\pi,0)$ 都是极大值点. 而 $(AC-B^2)|_{((2n+1)\pi,-2)} = (1+e^{-2})e^{-2}(-1) < 0$

故点 $((2n+1)\pi,-2)$ 都不是极值点. 所以 $z=(1+e^y)\cos x - ye^y$ 有无穷多个极大值，但无极小值.

9.5 错解分析

例 9.5.1 求函数 $z=\sqrt{x-\sqrt{y}}$ 的定义域.

错解 根据在实数范围内，负数平方根没有意义可知 $\begin{cases} x-\sqrt{y} \geqslant 0 \\ y \geqslant 0 \end{cases}$ 由第一个不等式 $x \geqslant \sqrt{y}$，在两边平方得 $x^2 \geqslant y$，从而得定义域为 $\begin{cases} x^2 \geqslant y \\ y \geqslant 0 \end{cases}$，如图 9.9(a) 所示.

分析 显然点 $(-1,0)$ 属于上述解所确定的定义域，但是该点 $z=\sqrt{x-\sqrt{y}}$ 没有定义，说明上述解法求得的定义域错了，其原因在于

$$\begin{cases} x-\sqrt{y} \geqslant 0 \\ y \geqslant 0 \end{cases} \text{与} \begin{cases} x^2 \geqslant y \\ y \geqslant 0 \end{cases} \text{不等价}.$$

正确解答 由 $\begin{cases} x-\sqrt{y} \geq 0 \\ y \geq 0 \end{cases}$ 得定义域为 $\begin{cases} x \geq 0 \\ y \leq x^2 \\ y \geq 0 \end{cases}$，如图 9.9(b) 所示.

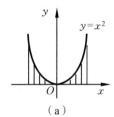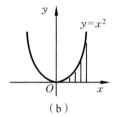

图 9.9

例 9.5.2 讨论极限 $\lim\limits_{(x,y) \to (0,0)} \dfrac{xy}{x+y}$ 是否存在？

错解 1 $\lim\limits_{(x,y) \to (0,0)} \dfrac{xy}{x+y} = \lim\limits_{(x,y) \to (0,0)} \dfrac{1}{\dfrac{1}{x}+\dfrac{1}{y}} = 0$

错解 2 令 $x = \rho\cos\theta, y = \rho\sin\theta$，则

$$\lim\limits_{(x,y) \to (0,0)} \dfrac{xy}{x+y} = \lim\limits_{\rho \to 0} \dfrac{\rho^2 \sin\theta\cos\theta}{\rho(\cos\theta+\sin\theta)} = \lim\limits_{\rho \to 0} \rho \cdot \dfrac{\sin\theta\cos\theta}{\sin\theta+\cos\theta} = 0.$$

分析 错解 1 中的错误在于认为 $\infty + \infty$ 也是 ∞，其实不然. 错解 2 中用到 $\lim\limits_{\rho \to 0} \rho \cdot \dfrac{\sin\theta\cos\theta}{\sin\theta+\cos\theta} = 0$，这里是把 $\dfrac{\sin\theta\cos\theta}{\sin\theta+\cos\theta}$ 看做与 ρ 无关的有界量，这是错误的，因为 θ 可以取任意值，如取 θ 值使 $\cos\theta + \sin\theta$ 趋于零，这时 $\dfrac{\sin\theta\cos\theta}{\sin\theta+\cos\theta}$ 就不是有界量了.

正确解答 当点 (x,y) 沿过原点的任意直线 $y = kx (k \neq -1)$ 趋于原点时，有

$$\lim\limits_{\substack{(x,y) \to (0,0) \\ y=kx}} \dfrac{xy}{x+y} = \lim\limits_{x \to 0} \dfrac{x \cdot kx}{x+kx} = 0 \quad (k \neq -1)$$

当点 (x,y) 沿曲线 $y = x^2 - x$ 趋于原点时，有

$$\lim\limits_{\substack{(x,y) \to (0,0) \\ y=x^2-x}} \dfrac{xy}{x+y} = \lim\limits_{x \to 0} \dfrac{x(x^2-x)}{x+x^2-x} = \lim\limits_{x \to 0} \dfrac{x-1}{1} = -1$$

由此可知 $\lim\limits_{(x,y) \to (0,0)} \dfrac{xy}{x+y}$ 不存在.

例 9.5.3 设函数 $z = f(x,y) = \begin{cases} \dfrac{x|y|}{\sqrt{x^2+y^2}}, & \text{当 } x^2+y^2 \neq 0 \\ 0, & \text{当 } x^2+y^2 = 0 \end{cases}$，又 $x = t, y = t$，求 $\dfrac{\mathrm{d}z}{\mathrm{d}t}\bigg|_{t=0}$.

错解 显然 $f_x(0,0) = 0, f_y(0,0) = 0$，于是用复合函数求导法则，得

$$\dfrac{\mathrm{d}z}{\mathrm{d}t}\bigg|_{t=0} = f_x(0,0) \dfrac{\mathrm{d}z}{\mathrm{d}t}\bigg|_{t=0} + f_y(0,0) \dfrac{\mathrm{d}y}{\mathrm{d}t}\bigg|_{t=0} = 0.$$

分析 错误原因在于上述解法用的多元复合函数求导公式

$$\frac{dz}{dt}\bigg|_{t=0} = f_x(0,0)\frac{dx}{dt}\bigg|_{t=0} + f_y(0,0)\frac{dy}{dt}\bigg|_{t=0}$$

成立的条件是函数 $f(x,y)$ 的偏导数 $f_x(x,y)$ 和 $f_y(x,y)$ 在点 $(0,0)$ 连续,又 $x=x(t), y=y(t)$ 在 $t=0$ 处可导,但这里偏导数 $f_x(x,y)$ 与 $f_y(x,y)$ 在点 $(0,0)$ 处并不连续,因此导致结果错误.

正确解答 把 $x=t, y=t$ 直接代入 $f(x,y)$ 中,得

$$z = f(t,t) = \frac{t}{\sqrt{2}}$$

于是 $\dfrac{dz}{dt}\bigg|_{t=0} = \dfrac{1}{\sqrt{2}}$.

例 9.5.4 设函数 $f(x,y) = \sqrt{x^2+y^4}$,试问在点 $(0,0)$ 处 $f(x,y)$ 的偏导数是否存在?

错解 将函数 $f(x,y)$ 分别关于 x, y 求导,得

$$f_x(x,y) = \frac{x}{\sqrt{x^2+y^4}}, \quad f_y(x,y) = \frac{2y^3}{\sqrt{x^2+y^4}}$$

把 $x=0, y=0$ 代入上式,得 $f_x(x,y)$ 及 $f_y(x,y)$ 均为 $\dfrac{0}{0}$ 型,求极限,易知

$$\lim_{(x,y)\to(0,0)} f_x(x,y) = \lim_{(x,y)\to(0,0)} \frac{x}{\sqrt{x^2+y^4}} \text{ 不存在},$$

$$\lim_{(x,y)\to(0,0)} f_y(x,y) = \lim_{(x,y)\to(0,0)} \frac{2y^3}{\sqrt{x^2+y^4}} \text{ 也不存在}.$$

因此 $f_x(0,0)$ 及 $f_y(0,0)$ 皆不存在.

分析 本题偏导数 $f_x(x,y) = \dfrac{x}{\sqrt{x^2+y^4}}, f_y(x,y) = \dfrac{2y^3}{\sqrt{x^2+y^4}}$ 在点 $(0,0)$ 处不连续,因此不能直接把 $x=0, y=0$ 代入,偏导数 $f_x(x,y)$ 及 $f_y(x,y)$ 来确定原点的偏导数.另一方面,二重极限 $\lim\limits_{(x,y)\to(0,0)} f_x(x,y)$ 及 $\lim\limits_{(x,y)\to(0,0)} f_y(x,y)$ 不存在,并不能推得"$f_x(0,0)$ 及 $f_y(0,0)$ 不存在"的结论.

正确解答 由偏导数的定义可知

$$\lim_{\Delta x \to 0} \frac{f(0+\Delta x, 0) - f(0,0)}{\Delta x} = \lim_{\Delta x \to 0} \frac{\sqrt{(\Delta x)^2} - 0}{\Delta x} = \lim_{\Delta x \to 0} \frac{|\Delta x|}{\Delta x} \text{ 不存在},$$

$$\lim_{\Delta y \to 0} \frac{f(0, 0+\Delta y) - f(0,0)}{\Delta y} = \lim_{\Delta y \to 0} \frac{\sqrt{(\Delta y)^4} - 0}{\Delta y} = \lim_{\Delta y \to 0} \frac{(\Delta y)^2}{\Delta y} = 0$$

故 $f_x(0,0)$ 不存在,$f_y(0,0) = 0$.

例 9.5.5 讨论函数 $f(x,y) = \sqrt{|xy|}$ 在点 $(0,0)$ 处的可微性.

错解 先求函数 $f(x,y)$ 在点 $(0,0)$ 处的偏导数,即

$$f_x(0,0) = \lim_{x\to 0} \frac{f(x,0) - f(0,0)}{x} = 0$$

$$f_y(0,0) = \lim_{y\to 0} \frac{f(0,y) - f(0,0)}{y} = 0$$

于是 $$dz|_{(0,0)} = f_x(0,0)dx + f_y(0,0)dy = 0dx + 0dy = 0$$
因此函数 $f(x,y)$ 在点 $(0,0)$ 处可微.

分析 虽然 $f_x(x,y), f_y(x,y)$ 在点 $(0,0)$ 处都存在,但不能认为 $f_x(0,0)dx + f_y(0,0)dy$ 就是函数 $f(x,y)$ 在点 $(0,0)$ 处的全微分. 需验证 $\Delta f - (f_x dx + f_y dy)$ 是否为 $o(\rho)$ (ρ 的高阶无穷小),当且仅当在该点有
$$\Delta f - (f_x dx + f_y dy) = o(\rho)$$
时,函数 $f(x,y)$ 在该点处可微,$f_x(x,y)dx + f_y(x,y)dy$ 才是 $f(x,y)$ 的全微分. 也就是说,偏导数存在只是全微分存在的必要条件,而不是充要条件.

正确解答 函数 $f(x,y)$ 在点 $(0,0)$ 处的全增量为
$$\Delta f = f(x,y) - f(0,0) = \sqrt{|xy|}$$
由上述可知,$f_x(0,0)dx + f_y(0,0)dy = 0$,因此
$$\Delta f - [f_x(0,0)dx + f_y(0,0)dy] = \sqrt{|xy|}$$
令 $\rho = \sqrt{x^2+y^2}$,考查 $\lim\limits_{\rho \to 0} \dfrac{\sqrt{|xy|}}{\rho} = \lim\limits_{\substack{x \to 0 \\ y \to 0}} \dfrac{\sqrt{|xy|}}{\sqrt{x^2+y^2}}$. 当动点 (x,y) 沿直线 $y = x$ 趋于 $(0,0)$ 时
$$\lim_{\substack{x \to 0 \\ y = x}} \frac{\sqrt{|xy|}}{\sqrt{x^2+y^2}} = \lim_{x \to 0} \frac{\sqrt{x^2}}{\sqrt{x^2+x^2}} = \frac{\sqrt{2}}{2}$$
说明在点 $(0,0)$ 处,$\Delta f - [f_x(0,0)dx + f_y(0,0)dy] \neq o(\rho)$ 故 $f(x,y) = \sqrt{|xy|}$ 在点 $(0,0)$ 处不可微.

例 9.5.6 求函数 $u = f(x, xy, xyz)$ 的偏导数 $\dfrac{\partial u}{\partial x}$,其中 f 为可微函数.

错解 令 $v = xy, w = xyz$,则 $u = f(x, v, w)$. 则
$$\frac{\partial u}{\partial x} = \frac{\partial u}{\partial x} + \frac{\partial u}{\partial v} \cdot \frac{\partial v}{\partial x} + \frac{\partial u}{\partial w} \cdot \frac{\partial w}{\partial x} = \frac{\partial u}{\partial x} + \frac{\partial u}{\partial v} \cdot y + \frac{\partial u}{\partial w} \cdot yz$$
即
$$\frac{\partial u}{\partial v} \cdot y + \frac{\partial u}{\partial w} \cdot yz = 0$$
因此 $\dfrac{\partial u}{\partial x}$ 不存在.

分析 上述解应用了复合函数的偏导数公式——链式法则
$$\frac{\partial u}{\partial x} = \frac{\partial u}{\partial x} + \frac{\partial u}{\partial v} \cdot \frac{\partial v}{\partial x} + \frac{\partial u}{\partial w} \cdot \frac{\partial w}{\partial x}$$
但是没有注意到,左边的 $\dfrac{\partial u}{\partial x}$ 与右边的 $\dfrac{\partial u}{\partial x}$ 有不同意义. 事实上,左边的 $\dfrac{\partial u}{\partial x}$ 是把 $f(x, xy, xyz)$ 中的 y, z 看做常数,对 x 求偏导数,而右边是把 $f(x, v, w)$ 中的 v, w 看做常数,对 x 求偏导数,为了区别,常把右边的 $\dfrac{\partial u}{\partial x}$ 记做 $\dfrac{\partial f}{\partial x}$,表示函数 f 对第一个变元 x 求偏导数.

正确解答 令 $v = xy, w = xyz$,则
$$\frac{\partial u}{\partial x} = \frac{\partial f}{\partial x} + \frac{\partial f}{\partial v} \cdot \frac{\partial v}{\partial x} + \frac{\partial f}{\partial w} \cdot \frac{\partial w}{\partial x} = \frac{\partial f}{\partial x} + y\frac{\partial f}{\partial v} + yz\frac{\partial f}{\partial w}.$$

例 9.5.7 求函数 $z = x^2 - y^2 + 2y + 7$ 的极值

错解 求偏导数，令

$$\begin{cases} \dfrac{\partial z}{\partial x} = 2x = 0 \\ \dfrac{\partial z}{\partial y} = -2y + 2 = 0 \end{cases}$$

得驻点 $(0,1)$. 因为函数 $z(x,y)$ 在 xOy 平面上只有唯一的驻点 $(0,1)$，所以点 $(0,1)$ 就是函数的极值点.

在驻点附近取一点 $(0,0)$，计算得 $z(0,0) = 7$，而在驻点 $(0,1)$ 处函数值 $z(0,1) = 8$. 因为 $z(0,1) > z(0,0)$，所以函数在点 $(0,1)$ 处取得极大值 8.

分析 二元函数 $z = x^2 - y^2 + 2y + 7$ 在整个 xOy 平面上虽然只有一个驻点 $(0,1)$，但这个唯一驻点却不一定是极值点，需要进一步判定. 在通常遇到的实际问题中，如果根据问题的性质，知道函数在区域 D 内一定能取得最大（小）值而函数在 D 内只有一个驻点，那么可以肯定该点处的函数值就是 $z(x,y)$ 在 D 上的最大（小）值. 当然，驻点也是函数的极值点.

正确解答 由 $\dfrac{\partial z}{\partial x} = 2x, \dfrac{\partial z}{\partial y} = -2y + 2$，令

$$\begin{cases} \dfrac{\partial z}{\partial x} = 0 \\ \dfrac{\partial z}{\partial y} = 0 \end{cases}$$

得驻点 $(0,1)$. 则

$$\dfrac{\partial^2 z}{\partial x^2} = 2, \quad \dfrac{\partial^2 z}{\partial x \partial y} = 0, \quad \dfrac{\partial^2 z}{\partial y^2} = -2$$

在点 $(0,1)$ 处，$AC - B^2 = 2 \times (-2) - 0^2 = -4 < 0$，故函数在点 $(0,1)$ 不是极值点，从而函数没有极值.

例 9.5.8 求椭球面 $\Sigma: x^2 + 2y^2 + z^2 = 1$ 上的点，使该点处的切平面与平面 $\pi: x - y + 2z = 0$ 平行.

错解 设 $M_0(x_0, y_0, z_0)$ 为椭球面 Σ 上所求点，点 M_0 处的切平面 π_1 的法线向量为
$$\boldsymbol{n} = (F_x, F_y, F_z)|_{M_0} = (2x_0, 4y_0, 2z_0)$$
平面 π 的法线向量为
$$\boldsymbol{n}_1 = (1, -1, 2)$$
由于 $\pi // \pi_1$，有 $\boldsymbol{n} // \boldsymbol{n}_1$，从而得

$$\begin{cases} 2x_0 = 1 \\ 4y_0 = -1 \\ 2z_0 = 2 \end{cases} \Rightarrow \begin{cases} x_0 = \dfrac{1}{2} \\ y_0 = -\dfrac{1}{4} \\ z_0 = 1 \end{cases}$$

即所求点为 $M_0\left(\dfrac{1}{2}, -\dfrac{1}{4}, 1\right)$.

分析 易验证点 $M_0\left(\dfrac{1}{2}, -\dfrac{1}{4}, 1\right)$ 不在椭球面 Σ 上，造成错误的原因是：由向量 $\boldsymbol{n}$ 平行

于 n_1,不能得到两向量的对应坐标相等的结论,只能得到对应坐标成比例.

正确解答 椭球面 Σ 上的点 $M_0(x_0,y_0,z_0)$ 处切平面 π_1 的法向量 $\boldsymbol{n}=(2x_0,4y_0,2z_0)$
由于 $\pi \parallel \pi_1$ 知,$\boldsymbol{n} \parallel \boldsymbol{n}_1$,即有

$$\frac{2x_0}{1}=\frac{4y_0}{-1}=\frac{2z_0}{2}=t$$

即

$$x_0=\frac{t}{2},\quad y_0=-\frac{t}{4},\quad z_0=t$$

代入椭球面方程 Σ 得 $t=\pm\dfrac{4}{\sqrt{22}}$,故所求点为

$$M_{01}\left(\frac{2}{\sqrt{22}},-\frac{1}{\sqrt{22}},\frac{4}{\sqrt{22}}\right),\quad M_{02}\left(-\frac{2}{\sqrt{22}},\frac{1}{\sqrt{22}},-\frac{4}{\sqrt{22}}\right).$$

例 9.5.9 设函数 $z=x^2-xy+y^2$,求:
(1) 函数在点 $(1,1)$ 处沿 x 轴负向的方向导数;
(2) 函数在点 $(1,1)$ 处沿 $\boldsymbol{l}=(1,2)$ 的方向导数;
(3) 函数在点 $(1,1)$ 处最大的方向导数.

错解 (1) 函数 $z=f(x,y)$ 沿 x 轴的方向导数就是偏导数 $\dfrac{\partial z}{\partial x}$,因此

$$\left.\frac{\partial z}{\partial x}\right|_{(1,1)}=(2x-y)|_{(1,1)}=1$$

为所求方向导数.

(2) 由方向导数公式 $\dfrac{\partial z}{\partial l}=\dfrac{\partial z}{\partial x}\cos\alpha+\dfrac{\partial z}{\partial y}\cos\beta$,得

$$\left.\frac{\partial z}{\partial l}\right|_{(1,1)}=(2x-y)|_{(1,1)}\cos\alpha+(-x+2y)|_{(1,1)}\cos\beta$$
$$=(2-1)\times 1+(2-1)\times 2=3.$$

(3) 函数 $z=f(x,y)$ 在点 (x_0,y_0) 沿梯度方向的方向导数最大,因此 $z=f(x,y)=x^2-xy+y^2$ 在点 $(1,1)$ 处最大的方向导数为

$$\mathbf{grad}f(x,y)|_{(1,1)}=\left.\left(\frac{\partial f}{\partial x},\frac{\partial f}{\partial y}\right)\right|_{(1,1)}=(2x-y,2y-x)|_{(1,1)}=(1,1).$$

分析 (1) 上述解法中认为"函数沿 x 轴的方向导数就是 $\dfrac{\partial z}{\partial x}$",这样的提法是不妥当的,沿 x 轴有两个方向即正向和负向. $f(x,y)$ 沿 x 轴正向的方向导数是 $\dfrac{\partial z}{\partial x}$,沿 x 轴负向的方向导数是 $-\dfrac{\partial z}{\partial x}$.

(2) 由题设 $\boldsymbol{l}=(1,2)$,值得注意的是 $\cos\alpha\neq 1$,$\cos\beta\neq 2$. 而上述解法错把 1 与 2 当做 $\boldsymbol{l}$ 的方向余弦代入方向导数的计算公式.

(3) 解中认为"函数 $f(x,y)$ 在点 $(1,1)$ 处的最大的方向导数是 $\mathbf{grad}f(x,y)|_{(1,1)}$",这是不正确的. 方向导数是数量,梯度是向量,两者不相等. 方向导数与梯度的关系是,沿梯度方向的方向导数达到方向导数的最大值,梯度的模为方向导数的最大值.

正确解答 （1）函数沿 x 轴负方向的方向导数为 $-\dfrac{\partial z}{\partial x}$，于是

$$-\frac{\partial z}{\partial x} = -(2x-y)\Big|_{(1,1)} = -1$$

为所求方向导数.

（2）$l = (1,2)$ 的方向余弦为 $\cos\alpha = \dfrac{1}{\sqrt{5}}, \cos\beta = \dfrac{2}{\sqrt{5}}$ 于是

$$\frac{\partial f}{\partial l}\Big|_{(1,1)} = (2x-y)\Big|_{(1,1)}\cos\alpha + (2y-x)\Big|_{(1,1)}\cos\beta = \frac{3}{\sqrt{5}}.$$

（3）函数 $z = x^2 - xy + y^2$ 在点 $(1,1)$ 处的梯度为

$$\mathbf{grad}\,z(1,1) = \frac{\partial z}{\partial x}\Big|_{(1,1)}\boldsymbol{i} + \frac{\partial z}{\partial y}\Big|_{(1,1)}\boldsymbol{j} = (2x-y)\Big|_{(1,1)}\boldsymbol{i} + (2y-x)\Big|_{(1,1)}\boldsymbol{j} = \boldsymbol{i} + \boldsymbol{j}$$

$$|\mathbf{grad}\,z(1,1)| = \sqrt{1^2 + 1^2} = \sqrt{2}$$

因为最大的方向导数的数值等于梯度的模，所以函数在点 $(1,1)$ 的最大方向导数等于 $\sqrt{2}$.

9.6 考研真题选解

例 9.6.1 设 $z = \dfrac{1}{x}f(xy + y\varphi(x+y))$，$f,\varphi$ 具有二阶连续导数，则 $\dfrac{\partial^2 z}{\partial x \partial y} = $ _____ .

（1998 年考研数学试题）

解
$$\frac{\partial z}{\partial x} = -\frac{1}{x^2}f(xy) + \frac{y}{x}f'(xy) + y\varphi'(x+y)$$

$$\frac{\partial^2 z}{\partial x \partial y} = -\frac{1}{x}f'(xy) + \frac{1}{x}f'(xy) + yf''(xy) + \varphi'(x+y) + y\varphi''(x+y)$$

$$= yf''(xy) + \varphi'(x+y) + y\varphi''(x+y).$$

例 9.6.2 设 $z = f\left(xy, \dfrac{x}{y}\right) + g\left(\dfrac{y}{x}\right)$，其中 f 具有二阶连续偏导数，g 具有二阶连续导数，求 $\dfrac{\partial^2 z}{\partial x \partial y}$.

（2000 年考研数学试题）

解 由题设可知

$$\frac{\partial z}{\partial x} = yf'_1 + \frac{1}{y}f_2 - \frac{y}{x^2}g'$$

$$\frac{\partial^2 z}{\partial x \partial y} = f'_1 + y\left(xf''_{11} - \frac{x}{y^2}f''_{12}\right) - \frac{1}{y^2}f'_2 + \frac{1}{y}\left(xf''_{21} - \frac{x}{y^2}f''_{22}\right) - \frac{1}{x^2}g' - \frac{y}{x^3}g''$$

$$= f'_1 - \frac{1}{y^2}f'_2 + xyf''_{11} - \frac{x}{y^3}f''_{22} - \frac{1}{x^2}g' - \frac{y}{x^3}g''.$$

例 9.6.3 设 $f(u,v)$ 是二元可微函数，$z = f\left(\dfrac{y}{x}, \dfrac{x}{y}\right)$，则 $x\dfrac{\partial z}{\partial x} - y\dfrac{\partial z}{\partial y} = $ _____ .

（2007 年考研数学试题）

解 利用求导公式可得

第 9 章　多元函数微分法及其应用　277

$$\frac{\partial z}{\partial x} = -\frac{y}{x^2}f'_1 + \frac{1}{y}f'_2, \quad \frac{\partial z}{\partial y} = \frac{1}{x}f'_1 - \frac{x}{y^2}f'_2$$

所以
$$x\frac{\partial z}{\partial x} - y\frac{\partial z}{\partial y} = -2\left(f'_1\frac{y}{x} - f'_2\frac{x}{y}\right).$$

例 9.6.4　函数 $f(x,y) = \arctan\dfrac{x}{y}$ 在点 $(0,1)$ 处的梯度等于(　　).

(2008 年考研数学试题)

(A) $\boldsymbol{i}$　　　　(B) $-\boldsymbol{i}$　　　　(C) $\boldsymbol{j}$　　　　(D) $-\boldsymbol{j}$

解　因为 $\dfrac{\partial f}{\partial x} = \dfrac{\dfrac{1}{y}}{1+\left(\dfrac{x}{y}\right)^2} = \dfrac{y}{x^2+y^2}, \dfrac{\partial f}{\partial y} = \dfrac{-\dfrac{x}{y^2}}{1+\left(\dfrac{x}{y}\right)^2} = -\dfrac{x}{x^2+y^2}$

而 $\dfrac{\partial f}{\partial x}\bigg|_{(0,1)} = 1, \dfrac{\partial f}{\partial y}\bigg|_{(0,1)} = 0.$ 于是 $\mathbf{grad} f(x,y)|_{(0,1)} = \boldsymbol{i}$,故应选(A).

例 9.6.5　设函数 $f(u,v)$ 具有二阶连续偏导数,$z = f(x,xy)$,则 $\dfrac{\partial^2 z}{\partial x \partial y} = $ _____.

(2009 年考研数学试题)

解
$$\frac{\partial z}{\partial x} = f'_1 + yf'_2$$

$$\frac{\partial^2 z}{\partial x \partial y} = xf''_{12} + f'_2 + yxf''_{22} = xf''_{12} + f'_2 + xyf''_{22}.$$

例 9.6.6　设函数 $z = f(x,y)$ 的全微分为 $\mathrm{d}z = x\mathrm{d}x + y\mathrm{d}y$,则点 $(0,0)$(　　).

(2009 年考研数学试题)

(A) 不是 $f(x,y)$ 的连续点　　　　(B) 不是 $f(x,y)$ 的极值点
(C) 是 $f(x,y)$ 的极大值点　　　　(D) 是 $f(x,y)$ 的极小值点

解　因 $\mathrm{d}z = x\mathrm{d}x + y\mathrm{d}y$ 可知

$$\frac{\partial z}{\partial x} = x, \quad \frac{\partial z}{\partial y} = y$$

而
$$\frac{\partial^2 z}{\partial x^2} = 1, \quad \frac{\partial^2 z}{\partial x \partial y} = 0, \quad \frac{\partial^2 z}{\partial y^2} = 1$$

又在点 $(0,0)$ 处　$\dfrac{\partial z}{\partial x} = 0, \quad \dfrac{\partial z}{\partial y} = 0,$ 则

$$AC - B^2 > 0$$

故点 $(0,0)$ 为函数 $z = f(x,y)$ 的一个极小值点,故选(D).

例 9.6.7　设函数 $z = f(x,y)$ 在点 $(1,1)$ 处可微,且 $f(1,1) = 1, \dfrac{\partial f}{\partial x}\bigg|_{(1,1)} = 2, \dfrac{\partial f}{\partial y}\bigg|_{(1,1)}$
$= 3, \varphi(x) = f(x,f(x,x))$ 求 $\dfrac{\mathrm{d}}{\mathrm{d}x}\varphi^3(x)\bigg|_{x=1}.$

(2001 年考研数学试题)

解　由题设可知
$$\varphi(1) = f(1,f(1,1)) = f(1,1) = 1$$

$$\frac{\mathrm{d}}{\mathrm{d}x}\varphi^3(x)\bigg|_{x=1} = \left[3\varphi^2(x)\frac{\mathrm{d}\varphi(x)}{\mathrm{d}x}\right]\bigg|_{x=1}$$

$$= 3\varphi^2(x)[f'_1(x,f(x,x)] + f'_2(x,f(x,x)[f'_1(x,x)+f'_2(x,x)]\,|_{x=1}$$
$$= 3\times 1\times[2+3\times(2+3)] = 51.$$

例 9.6.8 设有一小山,取山的底面所在的平面为 xOy,其底部所占的区域为 $D = \{(x,y)\,|\,x^2+y^2-xy \leqslant 75\}$,小山的高度函数为 $h(x,y) = 75-x^2-y^2+xy$.

(1) 设 $M(x_0,y_0)$ 为区域 D 上的一点,试问 $h(x,y)$ 在该点沿平面上什么方向的方向导数最大?若记此方向导数的最大值为 $g(x_0,y_0)$,试写出 $g(x_0,y_0)$ 的表达式.

(2) 现欲利用此小山开展攀岩活动,为此需要在山脚寻找一上山坡度最大的点作为攀登的起点,亦即要在 D 的边界线 $x^2+y^2-xy = 75$ 上找出 (1) 中的 $g(x,y)$ 达到最大的点,试确定攀登起点的位置. (2002 年考研数学试题)

解 (1) 由梯度的几何意义可知,$h(x,y)$ 在点 $M(x_0,y_0)$ 处沿梯度
$$\mathbf{grad}\,h(x,y)\,|_{(x_0,y_0)} = (y_0-2x_0)\,\mathbf{i} + (x_0-2y_0)\,\mathbf{j}$$
方向的方向导数最大,方向导数的最大值为该梯度的模,所以
$$g(x_0,y_0) = \sqrt{(y_0-2x_0)^2+(x_0+2y_0)^2} = \sqrt{5x_0^2+5y_0^2-8x_0y_0}.$$

(2) 令 $f(x,y) = g^2(x,y) = 5x^2+5y^2-8xy$

由题意知,只需求 $f(x,y)$ 在约束条件 $x^2+y^2-xy-75 = 0$ 下的最大值点,令
$$L(x,y,\lambda) = 5x^2+5y^2-8xy+\lambda(75-x^2-y^2+xy)$$

则令
$$\begin{cases} L_x = 10x-8y+\lambda(y-2x) = 0 & \text{①} \\ L_y = 10y-8x+\lambda(x-2y) = 0 & \text{②} \\ L_\lambda = 75-x^2-y^2+xy = 0 & \text{③} \end{cases}$$

将式 ② 与式 ③ 相加,可得 $(x+y)(2-\lambda) = 0$

从而得 $y = -x$ 或 $\lambda = 2$

若 $\lambda = 2$,则由式 ① 得 $y = x$,再由式 ③ 得
$$x = \pm 5\sqrt{3},\quad y = \pm 5\sqrt{3}$$

若 $y = -x$,则由式 ③ 得 $x = \pm 5,\quad y = \mp 5$

于是得到四个可能的极值点,即
$$M_1(5,-5),\quad M_2(-5,5),\quad M_3(5\sqrt{3},5\sqrt{3}),\quad M_4(-5\sqrt{3},-5\sqrt{3})$$

由于 $f(M_1) = f(M_2) = 450,\quad f(M_3) = f(M_4) = 150$

故点 $M_1(5,-5)$ 或点 $M_2(-5,5)$ 可以作为攀登的起点.

例 9.6.9 设某商品需求量 Q 是价格 P 的单调减少函数,$Q = Q(P)$,其需求弹性 $\eta = \dfrac{2P^2}{19^2-P^2} > 0$.

(1) 设 R 为总收益函数,证明 $\dfrac{\mathrm{d}R}{\mathrm{d}P} = Q(1-\eta)$;

(2) 求 $P = 6$ 时,总收益对价格的弹性,并说明其经济意义. (2002 年考研数学试题)

解 (1) $R(P) = PQ(P)$

在上式两边对 P 求导数,得
$$\frac{\mathrm{d}R}{\mathrm{d}P} = Q+P\frac{\mathrm{d}Q}{\mathrm{d}P} = Q\left(1+\frac{P}{Q}\cdot\frac{\mathrm{d}Q}{\mathrm{d}P}\right) = Q(1-\eta).$$

(2) $\dfrac{RR}{EP} = \dfrac{P}{R} \cdot \dfrac{dR}{dP} = \dfrac{P}{PQ}Q(1-\eta) = 1-\eta = 1 - \dfrac{2P^2}{19^2 - P^2} = \dfrac{192 - 3P^2}{192 - P^2}$

$\left.\dfrac{ER}{EP}\right|_{P=6} = \dfrac{192 - 3\times 6^2}{192 - 6^2} = \dfrac{7}{13} = 0.54$

即当 $P = 6$ 时,若价格上涨 1%,则总收益将增加 0.54%.

例 9.6.10 求函数 $f(x,y) = x^2 + 2y^2 - x^2y^2$ 在区域 $D = \{(x,y) \mid x^2 + y^2 \leqslant 4, y \geqslant 0\}$ 上的最大值和最小值. (2007 年考研数学试题)

解 因为 $f_x(x,y) = 2x - 2xy^2$, $f_y(x,y) = 4y - 2x^2 y$

令 $\begin{cases} f_x = 2x - 2xy^2 = 0 \\ f_y = 4y - 2x^2 y = 0 \end{cases}$

得开区域内的可能极值点为 $(\pm\sqrt{2}, 1)$,其对应函数值为 $f(\pm\sqrt{2}, 1) = 2$.

又当 $y = 0$ 时,$f(x,y) = x^2$ 在 $-2 \leqslant x \leqslant 2$ 上的最大值为 4,最小值为 0.

当 $x^2 + y^2 = 4$ 时,$y > 0, -2 < x < 2$,构造拉格朗日函数

$$L(x,y) = x^2 + 2y^2 - x^2 y^2 + \lambda(x^2 + y^2 - 4)$$

令 $\begin{cases} L_x = 2x - 2xy^2 + 2\lambda x = 0 \\ L_y = 4y - 2x^2 y + 2\lambda y = 0 \\ x^2 + y^2 - 4 = 0 \end{cases}$

得可能极值点 $(0, 2)$,$\left(\pm\sqrt{\dfrac{5}{2}}, \sqrt{\dfrac{3}{2}}\right)$,其对应函数值为 $f(0,2) = 8$, $f\left(\pm\sqrt{\dfrac{5}{2}}, \sqrt{\dfrac{3}{2}}\right) = \dfrac{7}{4}$.

比较函数值 $2, 0, 4, 8, \dfrac{7}{4}$ 知,$f(x,y)$ 在区域 D 上的最大值为 8,最小值为 0.

例 9.6.11 已知曲线 $C: \begin{cases} x^2 + y^2 - 2z^2 = 0 \\ x + y + 3z = 5 \end{cases}$,求 C 上距离 xOy 平面最远的点和最近的点. (2008 年考研数学试题)

解法 1 点 (x, y, z) 到 xOy 平面的距离为 $|z|$,故求 C 上距离 xOy 平面最远的点和最近的点的坐标等价于求函数 $H = z^2$ 在条件 $x^2 + y^2 - 2z^2 = 0, x + y + 3z = 5$ 下的最大值点和最小值点.

构造拉格朗日函数

$$L(x,y,z) = z^2 + \lambda(x^2 + y^2 - 2z^2) + \mu(x + y + 3z - 5)$$

解方程组 $\begin{cases} L_x = 2\lambda x + 2\mu = 0 \\ L_y = 2\lambda y + \mu = 0 \\ L_z = 2z - 4\lambda z + 3\mu = 0 \\ x^2 + y^2 - 2z^2 = 0 \\ x + y + 3z = 5 \end{cases}$

得 $x = y$,从而 $\begin{cases} 2x^2 - 2z^2 = 0 \\ 2x + 3z = 5 \end{cases}$ 解得 $\begin{cases} x = -5 \\ y = -5 \\ z = 5 \end{cases}$ 或 $\begin{cases} x = 1 \\ y = 1 \\ z = 1 \end{cases}$

根据几何意义知,曲线 C 上存在距离 xOy 平面最远的点和最近的点,故所求点依次为

$(-5,-5,5)$ 和 $(1,1,1)$.

解法 2 点 (x,y,z) 到 xOy 平面的距离为 $|z|$,故求曲线 C 上距离 xOy 平面最远的点和最近的点的坐标等价于求函数 $H = x^2 + y^2$ 在条件 $x^2 + y^2 - 2\left(\dfrac{x+y-5}{3}\right)^2 = 0$ 下的最大值点和最小值点.

构造拉格朗日函数

$$L(x,y) = x^2 + y^2 + \lambda\left(x^2 + y^2 - \dfrac{2}{9}(x+y-5)^2\right)$$

解方程组

$$\begin{cases} L_x = 2x + \lambda\left(2x - \dfrac{4}{9}(x+y-5)\right) = 0 \\ L_y = 2y + \lambda\left(2y - \dfrac{4}{9}(x+y-5)\right) = 0 \\ x^2 + y^2 - 2\left(\dfrac{x+y-5}{3}\right)^2 = 0 \end{cases}$$

得 $x = y$,从而 $2x^2 - \dfrac{2}{9}(2x-5)^2 = 0$,解之得

$$\begin{cases} x = -5 \\ y = -5 \\ z = 5 \end{cases} \text{ 或 } \begin{cases} x = 1 \\ y = 1 \\ z = 1 \end{cases}$$

根据几何意义知,曲线 C 上存在距离 xOy 平面最远的点和最近的点,故所求点依次为 $(-5,-5,5)$ 和 $(1,1,1)$.

例 9.6.12 求函数 $u = x^2 + y^2 + z^2$ 在约束条件 $z = x^2 + y^2$ 和 $x + y + z = 4$ 下的最大值和最小值.

(2008 年考研数学试题)

解法 1 构造拉格朗日函数

$$L(x,y,z) = x^2 + y^2 + z^2 + \lambda(x^2 + y^2 - z) + \mu(x + y + z - 4)$$

令

$$\begin{cases} L_x = 2x + 2\lambda x + \mu = 0 \\ L_y = 2y + 2\lambda y + \mu = 0 \\ L_z = 2z - \lambda + \mu = 0 \\ x^2 + y^2 - z = 0 \\ x + y + z - 4 = 0 \end{cases}$$

解得 $(x_1, y_1, z_1) = (1, 1, 2), (x_2, y_2, z_2) = (-2, -2, 8)$.

故所求得最大值为 72,最小值为 6.

解法 2 由题意知 $u = (x^2 + y^2)^2 + x^2 + y^2$ 在条件 $x + y + x^2 + y^2 = 4$ 下的最值,设

$$L(x,y) = x^4 + 2x^2y^2 + y^4 + x^2 + y^2 + \lambda(x + y + x^2 + y^2 - 4)$$

令

$$\begin{cases} L_x = 4x^3 + 4xy^2 + 2x + \lambda(1 + 2x) = 0 \\ L_y = 4y^3 + 2x^2y + 2y + \lambda(1 + 2y) = 0 \\ x + y + x^2 + y^2 - 4 = 0 \end{cases}$$

解得 $(x_1, y_1, z_1) = (1, 1, 2), (x_2, y_2, z_2) = (-2, -2, 8)$

故所求得最大值为 72,最小值为 6.

例 9.6.13 求二元函数 $f(x,y) = x^2(2+y^2) + y\ln y$ 的极值.

(2009 年考研数学试题)

解 令
$$\begin{cases} f_x(x,y) = 2x(2+y^2) = 0 \\ f_y(x,y) = 2x^2 y + \ln y + 1 = 0 \end{cases}$$

得驻点 $\left(0, \dfrac{1}{e}\right)$,而且

$$f_{xx} = 2(2+y^2), \quad f_{yy} = 2x^2 + \dfrac{1}{y}, \quad f_{xy} = 4xy$$

则 $A = f_{xx}\left(0, \dfrac{1}{e}\right) = 2\left(2 + \dfrac{1}{e^2}\right), B = f_{xy}\left(0, \dfrac{1}{e}\right) = 0, C = f_{yy}\left(0, \dfrac{1}{e}\right) = e$,因 $A > 0, AC - B^2 > 0$.所以二元函数在点 $\left(0, \dfrac{1}{e}\right)$ 处有极小值 $f\left(0, \dfrac{1}{e}\right) = -\dfrac{1}{e}$.

例 9.6.14 设 $z = f(xy, yg(x))$,其中函数 f 具有二阶连续偏导数,函数 $g(x)$ 可导,且在 $x = 1$ 处取得极值 $g(1) = 1$,求 $\left.\dfrac{\partial^2 z}{\partial x \partial y}\right|_{\substack{x=1 \\ y=1}}$.

(2011 年考研数学试题)

解 由题意可知 $g'(1) = 0$,又因为
$$\dfrac{\partial z}{\partial x} = yf_1' + yg'(x)f_2'$$

$$\dfrac{\partial^2 z}{\partial x \partial y} = f_1' + y[xf_{11}'' + g(x)f_{12}''] + g'(x)f_2' + yg'(x)[xf_{21}'' + g(x)f_{22}'']$$

所以
$$\left.\dfrac{\partial^2 z}{\partial x \partial y}\right|_{\substack{x=1 \\ y=1}} = f_1'(1,1) + f_{11}''(1,1) + f_{12}''(1,1).$$

例 9.6.15 求函数 $f(x,y) = xe^{-\frac{x^2+y^2}{2}}$ 的极值.

(2012 年考研数学试题)

解 $\dfrac{\partial f}{\partial x} = e^{-\frac{x^2+y^2}{2}} - x^2 e^{-\frac{x^2+y^2}{2}} = (1-x^2)e^{-\frac{x^2+y^2}{2}} \quad \dfrac{\partial f}{\partial y} = -xy e^{-\frac{x^2+y^2}{2}}$

由 $\begin{cases} \dfrac{\partial f}{\partial x} = 0 \\ \dfrac{\partial f}{\partial y} = 0 \end{cases}$,解得 $\begin{cases} x = 1 \\ y = 0 \end{cases}$ 或 $\begin{cases} x = -1 \\ y = 0 \end{cases}$,则

$$\dfrac{\partial^2 f}{\partial x^2} = -2xe^{-\frac{x^2+y^2}{2}} - (1-x^2)xe^{-\frac{x^2+y^2}{2}} = (x^3 - 3x)e^{-\frac{x^2+y^2}{2}}$$

$$\dfrac{\partial^2 f}{\partial x \partial y} = (1-x^2)(-y)e^{-\frac{x^2+y^2}{2}} = (x^2-1)ye^{-\frac{x^2+y^2}{2}}$$

$$\dfrac{\partial^2 f}{\partial y^2} = x(y^2-1)e^{-\frac{x^2+y^2}{2}}$$

在点 $(1,0)$ 处,$A = \left.\dfrac{\partial^2 f}{\partial x^2}\right|_{(1,0)} = -2e^{-\frac{1}{2}}, B = \left.\dfrac{\partial^2 f}{\partial x \partial y}\right|_{(1,0)} = 0, C = \left.\dfrac{\partial^2 f}{\partial y^2}\right|_{(1,0)} = -e^{-\frac{1}{2}}$

$AC - B^2 = 2e^{-1} > 0$,又 $A < 0$,点 $(1,0)$ 为极大值点.$f(1,0) = e^{-\frac{1}{2}}$ 为极大值.

同样在点 $(-1,0)$ 处,$A = \left.\dfrac{\partial^2 f}{\partial x^2}\right|_{(-1,0)} = 2e^{-\frac{1}{2}}, B = \left.\dfrac{\partial^2 f}{\partial x \partial y}\right|_{(-1,0)} = 0, C = \left.\dfrac{\partial^2 f}{\partial y^2}\right|_{(-1,0)} = e^{-\frac{1}{2}}$

$$AC - B^2 = 2e^{-1} > 0, \text{又 } A > 0.$$

点 $(-1,0)$ 为极小值点,$f(-1,0) = -e^{-\frac{1}{2}}$ 为极小值.

例 9.6.16 求函数 $f(x,y) = \left(y + \dfrac{x^3}{3}\right)e^{x+y}$ 的极值. (2013 年考研数学试题)

解 令
$$\begin{cases} f_x(x,y) = e^{x+y}\left(x^2 + y + \dfrac{x^3}{3}\right) = 0 \\ f_y(x,y) = e^{x+y}\left(1 + y + \dfrac{x^3}{3}\right) = 0 \end{cases}$$

解之得 $\begin{cases} x = 1 \\ y = -\dfrac{4}{3} \end{cases}$,或 $\begin{cases} x = -1 \\ y = -\dfrac{2}{3} \end{cases}$,则

$$f_{xx}(x,y) = e^{x+y}\left(2x + 2x^2 + y + \dfrac{x^3}{3}\right)$$

$$f_{xy}(x,y) = e^{x+y}\left(1 + x^2 + y + \dfrac{x^3}{3}\right)$$

$$f_{yy}(x,y) = e^{x+y}\left(2 + y + \dfrac{x^3}{3}\right)$$

$$A = f_{xx}\left(1, -\dfrac{4}{3}\right) = 3e^{-\frac{1}{3}}, \quad B = f_{xy}\left(1, -\dfrac{4}{3}\right) = e^{-\frac{1}{3}}$$

$$C = f_{yy}\left(1, -\dfrac{4}{3}\right) = e^{-\frac{1}{3}}, \quad AC - B^2 = 2e^{-\frac{2}{3}} > 0,$$

$A > 0$,所以 $\left(1, -\dfrac{4}{3}\right)$ 为 $f(x,y)$ 的极小值点,极小值点为 $f\left(1, -\dfrac{4}{3}\right) = -e^{-\frac{1}{3}}$.

在点 $\left(1, -\dfrac{2}{3}\right)$ 处有

$$A = f_{xx}\left(1, -\dfrac{2}{3}\right) = -e^{-\frac{5}{3}}, \quad B = f_{xy}\left(1, -\dfrac{2}{3}\right) = e^{-\frac{5}{3}}$$

$$C = f_{yy}\left(1, -\dfrac{2}{3}\right) = e^{-\frac{5}{3}}, \quad AC - B^2 < 0$$

所以点 $\left(1, -\dfrac{2}{3}\right)$ 不是 $f(x,y)$ 的极值点.

9.7 自 测 题

1. 选择题

(1) 函数 $f(x,y) = \dfrac{xy}{\sin x \cdot \sin y}$ 的间断点是( ).

(A) $x = n\pi, y = m\pi, m, n$ 是整数

(B) $x = n\pi, y = m\pi, m, n$ 是除了 0 以外的整数

(C) $x = n\pi, y = n\pi, n$ 是整数

(D) $x = n\pi, y = m\pi, m, n$ 是除了 $m = n = 0$ 以外的一切整数

(2) 设 $f\left(x+y, \dfrac{y}{x}\right) = x^2 - y^2$，则 $f(x, y) =$ (　　).

　　(A) $\dfrac{x^2(1+y)}{1-y}$　　　　　　(B) $\dfrac{y^2(1-x)}{1+x}$

　　(C) $\dfrac{x^2(1-y)}{1+y}$　　　　　　(D) $\dfrac{y^2(1-y)}{1+x}$

(3) 设 $f(x,y) = \begin{cases} (x+y)\sin\dfrac{1}{x+y}, & x+y \neq 0 \\ 0, & x+y = 0 \end{cases}$，则函数在点 $(0,0)$ 处 (　　).

　　(A) 连续　　　(B) 无定义　　　(C) 极限存在但不连续　　　(D) 极限不存在

(4) 已知 $\dfrac{(x+ay)\mathrm{d}y + y\mathrm{d}y}{x^2 + y^2}$ 为某函数的全微分，则 a 等于 (　　).

　　(A) -1　　　(B) 0　　　(C) 1　　　(D) 2

(5) 设函数 $z = f(x, y)$，有 $\dfrac{\partial^2 f}{\partial y^2} = 2$，且 $f(x, 0) = 1$，$f_y(x, 0) = x$，则 $f(x, y)$ 为 (　　).

　　(A) $1 - xy + y^2$　　(B) $1 - x^2 y + y^2$　　(C) $1 + xy + y^2$　　(D) $1 + x^2 y + y^2$

(6) 函数 $z = f(x, y)$ 在点 (x_0, y_0) 处取得极大值，那么在点 (x_0, y_0) 应有 (　　).

　　(A) $f_x = f_y = 0$　　　　　　(B) $f_{xx} f_{yy} - f_{xy}^2 > 0$，且 $f_{xx} < 0$

　　(C) $f(x_0, y)$ 在 y_0 取得极大值　　　(D) 上述结论可能都不对

(7) 若函数 $u = F(x, y, z)$ 的三个一阶偏导数存在，且不全为 0，则方向 $\left(\dfrac{\partial F}{\partial x}, \dfrac{\partial F}{\partial y}, \dfrac{\partial F}{\partial z}\right)$ 是函数 u 在点 (x, y, z) 处 (　　).

　　(A) 变化率最大的方向

　　(B) 变化率最小的方向

　　(C) 可能是变化率最大的方向，也可能是变化率最小的方向

　　(D) 既不是变化率最大的方向，又不是变化率最小的方向

(8) 设函数 $u = u(x, y, z)$ 具有一阶连续偏导数，P_1, P_2 为空间两点，则 u 沿 $\boldsymbol{P_1 P_2}$ 方向的方向导数为 (　　).

　　(A) $\mathbf{grad}\, u \cdot \dfrac{\boldsymbol{P_1 P_2}}{|\boldsymbol{P_1 P_2}|}$　　　　　(B) $\mathbf{grad}\, u \cdot \boldsymbol{P_1 P_2}$

　　(C) $\dfrac{\mathbf{grad}\, u \cdot \boldsymbol{P_1 P_2}}{|\mathbf{grad}\, u| \cdot |\boldsymbol{P_1 P_2}|}$　　　(D) $|\mathbf{grad}\, u| \cdot \dfrac{\boldsymbol{P_1 P_2}}{|\boldsymbol{P_1 P_2}|}$

(9) 设 $z = z(x, y)$ 是由方程 $F(x - az, y - bz) = 0$ 所定义的隐函数，其中 $F(u, v)$ 是变量 u, v 可微函数，a, b 为常数，则必有 (　　).

　　(A) $a\dfrac{\partial z}{\partial x} - b\dfrac{\partial z}{\partial y} = 1$　　　(B) $b\dfrac{\partial z}{\partial x} - a\dfrac{\partial z}{\partial y} = 1$

　　(C) $b\dfrac{\partial z}{\partial x} + a\dfrac{\partial z}{\partial y} = 1$　　　(D) $a\dfrac{\partial z}{\partial x} + b\dfrac{\partial z}{\partial y} = 1$

(10) 函数 $f(x, y) = -\mathrm{e}^{-xy}$ 在 $D: x^2 + 4y^2 \leqslant 1$ 上的最大值与最小值分别为 (　　).

　　(A) $0, \dfrac{1}{\sqrt[4]{\mathrm{e}}}$　　　(B) $0, \dfrac{1}{\mathrm{e}^2}$　　　(C) $\sqrt[4]{\mathrm{e}}, \dfrac{1}{4\sqrt{\mathrm{e}}}$　　　(D) $\mathrm{e}^2, \dfrac{1}{\mathrm{e}^2}$

2. 填空题

(1) $\lim\limits_{\substack{x\to+\infty\\y\to+\infty}}\dfrac{x+y}{x^2+y^2}=$ _____ .

(2) 设函数 $f(u)$ 在全直线连续，$z=(x-y)f(x^2-y)$，当 $x=0$ 时，$z=y^3-y$，则 $f(x^2-y)=$ _____ ，$\lim\limits_{u\to 0}f(u)=$ _____ .

(3) 函数 $u=\ln[x+y+z+\sqrt{1+(x+y+z)^2}]$ 在点 $P(1,1,1)$ 处沿 _____ 方向的方向导数最大，最大值为 _____ .

(4) 设 $z=e^{\sin(xy)}$，则 $dz=$ _____ .

(5) 由方程 $xyz+\sqrt{x^2+y^2+z^2}=\sqrt{2}$ 所确定的隐函数 $z=z(x,y)$ 在点 $(1,0,-1)$ 处的全微分 $dz=$ _____ .

(6) 若 $g(x,y)=ax^2+2bxy+cy^2+dx+ey+f$ 有极小值，则其系数必须满足条件 _____ .

(7) 函数 $f(x,y)=\cos x+\cos y+\cos(x-y)$ 在闭区域 $D:0\leqslant x\leqslant\dfrac{\pi}{2},0\leqslant y\leqslant\dfrac{\pi}{2}$ 上的最大与最小值分别为 _____ .

(8) 平面 $2x+3y-z=\lambda$ 是曲面 $z=2x^2+3y^2$ 在点 $\left(\dfrac{1}{2},\dfrac{1}{2},\dfrac{1}{2}\right)$ 处的切平面，则 $\lambda=$ _____ .

3. 解答题

(1) 求下列极限

① $\lim\limits_{\substack{x\to 1\\y\to 0}}\dfrac{\ln(x+e^y)}{\sqrt{x^2+y^2}}$;   ② $\lim\limits_{\substack{x\to 0\\y\to 0}}\dfrac{(x^2+y^2)x^2y^2}{1-\cos(x^2+y^2)}$.

(2) 设函数 $f(x,y)=x^2\cos(1-y)+(y-1)\sin\sqrt{\dfrac{x-1}{y}}$，求 $\dfrac{\partial f}{\partial x}\bigg|_{(x,1)},\dfrac{\partial f}{\partial y}\bigg|_{(1,y)}$.

(3) 设函数 $u=\sin(x^2+y^2)$，求 $u_x,u_y,u_{xx},u_{xy},u_{yy}$.

(4) 设函数 $z=u^3+v^3$，而 u,v 是由方程组 $\begin{cases}x=u+v\\y=u^2+v^2\end{cases}$ 确定的 x,y 二元函数，求 $\dfrac{\partial z}{\partial x},\dfrac{\partial z}{\partial y}$ 及 dz.

(5) 求下列函数的全微分

① $z=e^{\frac{x}{y}}$;   ② $z=\arctan\dfrac{x+y}{1-xy}$.

(6) 证明极限 $\lim\limits_{\substack{x\to+\infty\\y\to+\infty}}\left(1+\dfrac{1}{x}\right)^{\frac{x^2}{x+y}}$ 不存在.

(7) 求函数 $u=x^3+y^3+z^3-3xyz$ 的梯度，试问在何点处其梯度 ① 垂直于 z 轴？② 等于 0？

(8) 求函数 $z=x^4+y^4-x^2-2xy-y^2$ 的极值.

(9) 求曲线 $\begin{cases} x^2+y^2+z^2=a^2 \\ x^2+y^2=ax \end{cases}$ 在点 $M_0(0,0,a)$ 处的切线及法平面方程.

(10) 假设某制造商投入 x 个劳动力, y 个资本便可生产出 $f(x,y)$ 个产品, 函数 $f(x,y)$ 的表达式为 $f(x,y)=100x^{\frac{3}{4}}y^{\frac{1}{4}}$. 如果每个劳动力和每单位资本的成本分别为 150 元及 250 元, 该制造商的总预算为 5 万元, 试问他该如何分配这笔资金雇用劳动力和资本, 使产量最高.

自测题参考答案

1. (1)(A)　(2)C　(3)A　(4)D　(5)C　(6)C　(7)A　(8)A　(9)D　(10)C

2. (1) 0　(2) $1-(x^2-y)^2$; 1　(3) $\left(\dfrac{1}{\sqrt{3}},\dfrac{1}{\sqrt{3}},\dfrac{1}{\sqrt{3}}\right)$; $\sqrt{\dfrac{3}{10}}$

(4) $e^{\sin(xy)}\cos xy(y\mathrm{d}x+x\mathrm{d}y)$　(5) $\mathrm{d}x-\sqrt{2}\mathrm{d}y$

(6) $ac-b^2>0, a>0$　(7) 3;1　(8) 2

3. (1) ① 原式 $=\ln 2$　② 原式 $=\lim\limits_{\substack{x\to 0\\y\to 0}}\dfrac{x^2y^2}{x^2+y^2}=\lim\limits_{\substack{x\to 0\\y\to 0}}\dfrac{1}{\dfrac{1}{y^2}+\dfrac{1}{x^2}}=0$.

(2) $\dfrac{\partial f}{\partial x}\bigg|_{(x,1)}=2x$; $\dfrac{\partial f}{\partial y}\bigg|_{(1,y)}=\sin(1-y)$

(3) $u_x=2x\cos(x^2+y^2)$　$u_y=2y\cos(x^2+y^2)$

$u_{xx}=2\cos(x^2+y^2)-4x^3\sin(x^2+y^2)$

$u_{xy}=-4xy\sin(x^2+y^2)$

$u_{yy}=2\cos(x^2+y^2)-4y^2\sin(x^2+y^2)$

(4) 由题设可求得 $\dfrac{\partial z}{\partial x}=\dfrac{3}{2}(y-x^2)$, $\dfrac{\partial z}{\partial y}=\dfrac{3}{2}x$.

$$\mathrm{d}z=\dfrac{3}{2}(y-x^2)\mathrm{d}x+\dfrac{3}{2}x\mathrm{d}y.$$

(5) ① $\mathrm{d}z=e^{\frac{x}{y}}\left(\dfrac{1}{y}\mathrm{d}x-\dfrac{x}{y^2}\mathrm{d}y\right)$;

② $\mathrm{d}z=\dfrac{1}{1+x^2+y^2+x^2y^2}[(1+y^2)\mathrm{d}x+(1+x^2)\mathrm{d}y]$

(6) 证明: 取 $y=kx(k>0)$ 当 $x\to +\infty$ 时有 $y\to +\infty$.

$\lim\limits_{\substack{x\to +\infty\\y=kx}}\left(1+\dfrac{1}{x}\right)^{\frac{x^2}{x+y}}=\lim\limits_{x\to +\infty}\left(1+\dfrac{1}{x}\right)^{x\left(\frac{1}{1+k}\right)}=e^{\frac{1}{1+k}}$

显然 k 不同, 极限值不同, 故结论成立.

(7) $\mathbf{grad}\,u=\left(\dfrac{\partial u}{\partial x},\dfrac{\partial u}{\partial y},\dfrac{\partial u}{\partial z}\right)=(3x^2-3yz,3y^2-3xz,3z^2-3xy)$

① $\mathbf{grad}\,u$ 垂直于 z 轴, 即 $\mathbf{grad}\,u\cdot(0,0,1)=0$, 所以 $u_z=0$ 即 $3z^2-3xy=0$ 得 $z^2=xy$, 故在曲面 $z^2=xy$ 上梯度垂直于 z 轴.

② $\mathbf{grad}u = 0$,即 $\begin{cases} x^2 = yz \\ y^2 = xz \\ z^2 = xy \end{cases}$ 即在直线 $x = y = z$ 上梯度为 0.

(8) 点 $(-1,-1),(1,1)$ 都是极小值点,且 $z(-1,-1) = z(1,1) = -2$ 为极小值. 点 $(0,0)$ 不是极值点.

(9) 切线方程为 $\dfrac{x-0}{0} = \dfrac{y-0}{1} = \dfrac{z-a}{0}$ 或者 $\begin{cases} x = 0 \\ z = a \end{cases}$ 法平面方程为 $y = 0$

(10) 投入 250 个劳动力,50 个资本能使产量最高.

第 10 章 重 积 分

10.1 大纲基本要求

(1) 理解二重积分、三重积分概念,了解重积分性质.

(2) 掌握二重积分计算方法(直角坐标系下,极坐标系下);掌握三重积分计算方法(直角坐标系下,柱面坐标系下,球面坐标系下).

(3) 能用重积分表达一些几何量(面积、体积、曲面面积等)与物理量(质量、重心、引力等).

10.2 内 容 提 要

10.2.1 重积分的定义

二重积分
$$\iint\limits_D f(x,y)\mathrm{d}\sigma = \lim_{\lambda \to 0} \sum_{i=1}^n f(\xi_i,\eta_i)\Delta\sigma_i \tag{10.1}$$

其中,D 为平面有界闭区域,$(\xi_i,\eta_i) \in \Delta\sigma_i (i=1,2,\cdots,n)$,$\lambda = \max\limits_{1\leqslant i\leqslant n}\{\Delta\sigma_i \text{ 的直径}\}$,且右边极限值与 D 的划分及点 (ξ_i,η_i) 的取法无关.

三重积分
$$\iiint\limits_\Omega f(x,y,z)\mathrm{d}v = \lim_{\lambda \to 0} \sum_{i=1}^n f(\xi_i,\eta_i,\zeta_i)\Delta V_i \tag{10.2}$$

其中,Ω 为空间有界闭区域,$(\xi_i,\eta_i,\zeta_i) \in \Delta V_i (i=1,2,\cdots,n)$,$\lambda = \max\limits_{1\leqslant i\leqslant n}\{\Delta V_i \text{ 的直径}\}$,且右边极限值与 Ω 的划分及点 (ξ_i,η_i,ζ_i) 的取法无关.

10.2.2 重积分的几何意义

当 $f(x,y) \geqslant 0$ 时,$\iint\limits_D f(x,y)\mathrm{d}\sigma$ 表示以区域 D 为底,以曲面 $z=f(x,y)$ 为顶的曲顶柱体体积.

当 $f(x,y) = 1$ 时,$\iint\limits_D \mathrm{d}\sigma$ 表示平面区域 D 的面积.

当 $f(x,y) = 1$ 时,$\iiint\limits_\Omega \mathrm{d}v$ 表示空间区域 Ω 的体积.

10.2.3 二重积分的性质

1. 线性性质

$$\iint\limits_{D}[\alpha f(x,y)+\beta g(x,y)]\mathrm{d}\sigma = \alpha\iint\limits_{D}f(x,y)\mathrm{d}\sigma+\beta\iint\limits_{D}g(x,y)]\mathrm{d}\sigma \tag{10.3}$$

其中,α,β 为常数.

2. 区域可加性

设区域 D 由 D_1、D_2 两部分组成,则

$$\iint\limits_{D}f(x,y)\mathrm{d}\sigma = \iint\limits_{D_1}f(x,y)\mathrm{d}\sigma+\iint\limits_{D_2}f(x,y)\mathrm{d}\sigma \tag{10.4}$$

3. 平面区域面积

若在区域 D 上,$f(x,y)=1$,σ 为 D 的面积,则

$$\sigma = \iint\limits_{D}1\mathrm{d}\sigma = \iint\limits_{D}\mathrm{d}\sigma \tag{10.5}$$

4. 比较性质

若 $f(x,y)\leqslant g(x,y)$,$(x,y)\in D$,则

$$\iint\limits_{D}f(x,y)\mathrm{d}\sigma \leqslant \iint\limits_{D}g(x,y)\mathrm{d}\sigma \tag{10.6}$$

特别地

$$\left|\iint\limits_{D}f(x,y)\mathrm{d}\sigma\right| \leqslant \iint\limits_{D}|f(x,y)|\mathrm{d}\sigma \tag{10.7}$$

5. 估值定理

设 M、m 分别是函数 $f(x,y)$ 在区域 D 上的最大值和最小值,σ 是 D 的面积,则

$$m\sigma \leqslant \iint\limits_{D}f(x,y)\mathrm{d}\sigma \leqslant M\sigma \tag{10.8}$$

6. 二重积分中值定理

若函数 $f(x,y)$ 在闭区域 D 上连续,σ 为 D 的面积,则存在 $(\xi,\eta)\in D$,使

$$\iint\limits_{D}f(x,y)\mathrm{d}\sigma = f(\xi,\eta)\cdot\sigma \tag{10.9}$$

通常称 $\dfrac{1}{\sigma}\iint\limits_{D}f(x,y)\mathrm{d}\sigma$ 为函数 $f(x,y)$ 在闭区域 D 上的积分平均值.

10.2.4 重积分的计算

1. 二重积分的计算

(1) 在直角坐标系下,面积元素 $\mathrm{d}\sigma=\mathrm{d}x\mathrm{d}y$,若 D 是 x—型区域:$\begin{cases}a\leqslant x\leqslant b\\ y_1(x)\leqslant y\leqslant y_2(x)\end{cases}$,则

$$\iint\limits_{D}f(x,y)\mathrm{d}\sigma = \int_a^b\mathrm{d}x\int_{y_1(x)}^{y_2(x)}f(x,y)\mathrm{d}y \tag{10.10}$$

若 D 是 y—型区域:$\begin{cases}c\leqslant y\leqslant d\\ x_1(y)\leqslant x\leqslant x_2(y)\end{cases}$,则

$$\iint_D f(x,y)\mathrm{d}\sigma = \int_c^d \mathrm{d}y \int_{x_1(y)}^{x_2(y)} f(x,y)\mathrm{d}x \tag{10.11}$$

(2) 在极坐标系下，令 $x = \rho\cos\theta, y = \rho\sin\theta$，面积元素 $\mathrm{d}\sigma = \rho\mathrm{d}\rho\mathrm{d}\theta$.

若极点 O 在 D 的外部，$D:\begin{cases}\alpha \leqslant \theta \leqslant \beta\\ \varphi_1(\theta) \leqslant \rho \leqslant \varphi_2(\theta)\end{cases}$，则

$$\iint_D f(x,y)\mathrm{d}\sigma = \int_\alpha^\beta \mathrm{d}\theta \int_{\varphi_1(\theta)}^{\varphi_2(\theta)} f(\rho\cos\theta,\rho\sin\theta)\rho\mathrm{d}\rho \tag{10.12}$$

若极点 O 在 D 的内部，$D:\begin{cases}0 \leqslant \theta \leqslant 2\pi\\ 0 \leqslant \rho \leqslant \varphi(\theta)\end{cases}$，则

$$\iint_D f(x,y)\mathrm{d}\sigma = \int_0^{2\pi} \mathrm{d}\theta \int_0^{\varphi(\theta)} f(\rho\cos\theta,\rho\sin\theta)\rho\mathrm{d}\rho \tag{10.13}$$

若极点 O 在 D 的边界上，$D:\begin{cases}\alpha \leqslant \theta \leqslant \beta\\ 0 \leqslant \rho \leqslant \varphi(\theta)\end{cases}$，则

$$\iint_D f(x,y)\mathrm{d}\sigma = \int_\alpha^\beta \mathrm{d}\theta \int_0^{\varphi(\theta)} f(\rho\cos\theta,\rho\sin\theta)\rho\mathrm{d}\rho \tag{10.14}$$

(3) 设函数 $f(x,y)$ 在 xOy 平面的闭区域 D 上连续，变换 $T:x = x(u,v), y = y(u,v)$ 将 uOv 平面上的闭区域 D' 变为 xOy 平面上的 D，且满足

① $x(u,v), y(u,v)$ 在 D' 上具有一阶连续偏导数.

② 在 D' 上雅可比行列式

$$J(u,v) = \frac{\partial(x,y)}{\partial(u,v)} = \begin{vmatrix} \dfrac{\partial x}{\partial u} & \dfrac{\partial x}{\partial v} \\ \dfrac{\partial y}{\partial u} & \dfrac{\partial y}{\partial v} \end{vmatrix} \neq 0.$$

③ 变换 $T:D' \to D$ 是一对一的，则有

$$\iint_D f(x,y)\mathrm{d}x\mathrm{d}y = \iint_{D'} f[x(u,v),y(u,v)]|J(u,v)|\mathrm{d}u\mathrm{d}v \tag{10.15}$$

2. 三重积分的计算

(1) 在直角坐标系下，体积元素 $\mathrm{d}v = \mathrm{d}x\mathrm{d}y\mathrm{d}z$.

若 $\Omega:\begin{cases}(x,y) \in D_{xy}\\ z_1(x,y) \leqslant z \leqslant z_2(x,y)\end{cases}$，而 $D_{xy}:\begin{cases}a \leqslant x \leqslant b\\ y_1(x) \leqslant y \leqslant y_2(x)\end{cases}$，则

$$\iiint_\Omega f(x,y,z)\mathrm{d}v = \iint_{D_{xy}} \mathrm{d}\sigma \int_{z_1(x,y)}^{z_2(x,y)} f(x,y,z)\mathrm{d}z = \int_a^b \mathrm{d}x \int_{y_1(x)}^{y_2(x)} \mathrm{d}y \int_{z_1(x,y)}^{z_2(x,y)} f(x,y,z)\mathrm{d}z$$

$$\tag{10.16}$$

该方法称为投影法，或称为"先一后二"法. 区域 D_{xy} 为 Ω 在 xOy 平面上的投影区域.

若 $\Omega:\begin{cases}(x,y) \in D_z\\ c_1 \leqslant z \leqslant c_2\end{cases}$，而 $D_z:\begin{cases}x_1(z) \leqslant x \leqslant x_2(z)\\ y_1(x,z) \leqslant y \leqslant y_2(x,z)\end{cases}$，则

$$\iiint_\Omega f(x,y,z)\mathrm{d}v = \int_{c_1}^{c_2} \mathrm{d}z \iint_D f(x,y,z)\mathrm{d}x\mathrm{d}y = \int_{c_1}^{c_2} \mathrm{d}z \int_{x_1(z)}^{x_2(z)} \mathrm{d}x \int_{y_1(x,z)}^{y_2(x,z)} f(x,y,z)\mathrm{d}y \tag{10.17}$$

该方法称为截面法，或称为"先二后一"法，区域 D_z 为平行于 xOy 平面的平面 $z = z(c_1 \leqslant z \leqslant c_2)$ 截 Ω 所得截面. $[c_1,c_2]$ 为 Ω 在 z 轴上的投影区间.

(2) 在柱面坐标系下,令 $x=\rho\cos\theta, y=\rho\sin\theta, z=z$,体积元素 $\mathrm{d}v=\rho\mathrm{d}\rho\mathrm{d}\theta\mathrm{d}z$.

投影法(先一后二法)

设 $\Omega:\begin{cases}z_1(\rho\cos\theta,\rho\sin\theta)\leqslant z\leqslant z_2(\rho\cos\theta,\rho\sin\theta)\\(\rho,\theta)\in D\end{cases}$,而 $D\begin{cases}\alpha\leqslant\theta\leqslant\beta\\\rho_1(\theta)\leqslant\rho\leqslant\rho_2(\theta)\end{cases}$,则

$$\iiint_\Omega f(x,y,z)\mathrm{d}v=\iint_D\mathrm{d}\sigma\int_{z_1(\rho\cos\theta,\rho\sin\theta)}^{z_2(\rho\cos\theta,\rho\sin\theta)}f(\rho\cos\theta,\rho\sin\theta,z)\mathrm{d}z$$

$$=\int_\alpha^\beta\mathrm{d}\theta\int_{\rho_1(\theta)}^{\rho_2(\theta)}\rho\mathrm{d}\rho\int_{z_1(\rho\cos\theta,\rho\sin\theta)}^{z_2(\rho\cos\theta,\rho\sin\theta)}f(\rho\cos\theta,\rho\sin\theta,z)\mathrm{d}z \tag{10.18}$$

截面法(先二后一法)

设 $\Omega:\begin{cases}c_1\leqslant z\leqslant c_2\\(\rho,\theta)\in D_z\end{cases}$,而 $D_z:\begin{cases}\alpha(z)\leqslant\theta\leqslant\beta(z)\\\rho_1(\theta)\leqslant\rho\leqslant\rho_2(\theta,z)\end{cases}$,则

$$\iiint_\Omega f(x,y,z)\mathrm{d}v=\int_{c_1}^{c_2}\mathrm{d}z\iint_D f(\rho\cos\theta,\rho\sin\theta,z)\mathrm{d}\sigma=\int_{c_1}^{c_2}\mathrm{d}z\int_{\alpha(z)}^{\beta(z)}\mathrm{d}\theta\int_{\rho_1(\theta)}^{\rho_2(\theta,z)}f(\rho\cos\theta,\rho\sin\theta,z)\rho\mathrm{d}\rho$$
$$\tag{10.19}$$

(3) 在球面坐标系下,令 $x=r\cos\theta\sin\varphi, y=r\sin\theta\sin\varphi, z=r\cos\varphi$,体积元素 $\mathrm{d}v=r^2\sin\varphi\mathrm{d}r\mathrm{d}\theta\mathrm{d}\varphi$.

若 Ω 上点的 θ 变化范围为 $[\alpha,\beta]$,作半平面 $\theta=\theta(\alpha\leqslant\theta\leqslant\beta)$ 去截 Ω 得截面 P_θ,则在 $\theta=\theta$ 的平面上,固定 θ,以 O 为极点,z 轴为极轴,区域 P_θ 可用极坐标方法表示为

$$P_\theta:\begin{cases}\varphi_1(\theta)\leqslant\varphi\leqslant\varphi_2(\theta)\\r_1(\varphi,\theta)\leqslant r\leqslant r_2(\varphi,\theta)\end{cases}$$

则 $\iiint_\Omega f(x,y,z)\mathrm{d}v=\int_\alpha^\beta\mathrm{d}\theta\iint_P f(r\cos\theta\sin\varphi,r\sin\theta\sin\varphi,r\cos\varphi)r^2\sin\varphi\mathrm{d}r\mathrm{d}\varphi$

$$=\int_\alpha^\beta\mathrm{d}\theta\int_{\varphi_1(\theta)}^{\varphi_2(\theta)}\mathrm{d}\varphi\int_{r_1(\varphi,\theta)}^{r_2(\varphi,\theta)}f(r\cos\theta\sin\varphi,r\sin\theta\sin\varphi,r\cos\varphi)r^2\sin\varphi\mathrm{d}r \tag{10.20}$$

10.2.5 重积分的应用

1. 重积分在几何上的应用

(1) 平面图形的面积. 设 D 为平面区域,其面积为

$$A=\iint_D\mathrm{d}\sigma \tag{10.21}$$

(2) 空间立体的体积. 曲顶柱体体积

$$V=\iint_D f(x,y)\mathrm{d}x\mathrm{d}y \tag{10.22}$$

其中,D 为曲面 $y=f(x,y)\geqslant 0$ 在 xOy 平面上的投影.

(3) 空间区域 Ω 的体积 $\quad V=\iiint_\Omega\mathrm{d}v \tag{10.23}$

(4) 曲面的面积. 设曲面 S 的方程为 $z=f(x,y)$,z 在 xOy 平面上的投影为 D,$f(x,y)$ 在 D 上有连续偏导数,则 S 的曲面面积元素为 $\mathrm{d}A=\sqrt{1+z_x'^2+z_y'^2}\mathrm{d}x\mathrm{d}y$,曲面 S 的面积为

$$A=\iint_{D_{xy}}\sqrt{1+z_x'^2+z_y'^2}\mathrm{d}x\mathrm{d}y \tag{10.24}$$

类似可得
$$A = \iint\limits_{D_{yz}} \sqrt{1 + x'^2_y + x'^2_z}\,\mathrm{d}y\mathrm{d}z \tag{10.25}$$

$$A = \iint\limits_{D_{xz}} \sqrt{1 + y'^2_x + y'^2_z}\,\mathrm{d}x\mathrm{d}z \tag{10.26}$$

(5) 曲面方程为参数方程的曲面面积.

若曲面 S 由参数方程:$x = x(u,v), y = y(u,v), z = z(u,v)$ 给出,其中 $(u,v) \in D, D$ 是一个平面有界闭区域,又 $x(u,v), y(u,v), z(u,v)$ 在 D 上具有连续的一阶偏导数,且 $\frac{\partial(x,y)}{\partial(u,v)}, \frac{\partial(y,z)}{\partial(u,v)}, \frac{\partial(z,x)}{\partial(u,v)}$ 不全为零,则曲面 S 的面积为

$$A = \iint\limits_D \sqrt{EG - F^2}\,\mathrm{d}u\mathrm{d}v \tag{10.27}$$

其中:$E = x_u^2 + y_u^2 + z_u^2 \quad F = x_u \cdot x_v + y_u \cdot y_v + z_u \cdot z_v \quad G = x_v^2 + y_v^2 + z_v^2$

2. 重积分在物理上的应用

(1) 平面薄片的质量
$$m = \iint\limits_D \rho(x,y)\,\mathrm{d}\sigma \tag{10.28}$$

其中,D 为薄片占有的平面区域,$\rho(x,y)$ 为面密度.

(2) 空间立体的质量
$$m = \iiint\limits_\Omega \rho(x,y,z)\,\mathrm{d}v \tag{10.29}$$

其中,Ω 为立体占有的空间区域,$\rho(x,y,z)$ 为立体密度.

(3) 物体的质心

n 个质点构成质点系的质心 $(\bar{x},\bar{y})$

$$\bar{x} = \frac{M_y}{M} = \frac{\sum\limits_{i=1}^n m_i x_i}{\sum\limits_{i=1}^n m_i},\quad \bar{y} = \frac{M_x}{M} = \frac{\sum\limits_{i=1}^n m_i y_i}{\sum\limits_{i=1}^n m_i} \tag{10.30}$$

平面薄片的质心 $(\bar{x},\bar{y})$

$$\bar{x} = \frac{M_y}{M} = \frac{\iint\limits_D x\mu(x,y)\,\mathrm{d}\sigma}{\iint\limits_D \mu(x,y)\,\mathrm{d}\sigma},\quad \bar{y} = \frac{M_x}{M} = \frac{\iint\limits_D y\mu(x,y)\,\mathrm{d}\sigma}{\iint\limits_D \mu(x,y)\,\mathrm{d}\sigma} \tag{10.31}$$

其中 $\mu(x,y)$ 为平面薄片上点 (x,y) 处的密度.若薄片是均匀的,则

$$\bar{x} = \frac{1}{A}\iint\limits_D x\,\mathrm{d}\sigma,\quad \bar{y} = \frac{1}{A}\iint\limits_D y\,\mathrm{d}\sigma \tag{10.32}$$

其中 $A = \iint\limits_D \mathrm{d}\sigma$ 为闭区域 D(即平面薄片在 xOy 面上占有的区域)的面积.

空间立体的重心 $(\bar{x},\bar{y},\bar{z})$

$$\bar{x} = \frac{1}{M}\iiint\limits_\Omega x\rho(x,y,z)\,\mathrm{d}v,\quad \bar{y} = \frac{1}{M}\iiint\limits_\Omega y\rho(x,y,z)\,\mathrm{d}v,\quad \bar{z} = \frac{1}{M}\iiint\limits_\Omega z\rho(x,y,z)\,\mathrm{d}v$$
$$\tag{10.33}$$

其中,$\rho(x,y,z)$ 为占有空间有界闭区域 Ω 的物体在点 (x,y,z) 处的密度.

$$M = \iiint_\Omega \rho(x,y,z) dv.$$

(4) 物体的转动惯量

平面薄片的转动惯量

$$I_x = \iint_D y^2 \mu(x,y) d\sigma, \quad I_y = \iint_D x^2 \mu(x,y) d\sigma \qquad (10.34)$$

其中,D 为薄片占有的平面区域,$\mu(x,y)$ 为面密度.

空间立体的转动惯量

$$I_x = \iiint_\Omega (y^2 + z^2)\rho(x,y,z) dv \qquad (10.35)$$

$$I_y = \iiint_\Omega (x^2 + z^2)\rho(x,y,z) dv \qquad (10.36)$$

$$I_z = \iiint_\Omega (x^2 + y^2)\rho(x,y,z) dv \qquad (10.37)$$

其中,Ω 为立体占有的空间区域,$\rho(x,y,z)$ 为体密度.

(5) 引力

设立体 Ω 的密度 $\rho = \rho(x,y,z)$,Ω 外一点 $P_0(x_0, y_0, z_0)$ 处有质量为 m 的一质点,则立体 Ω 对质点 P_0 的引力为 $F = (F_x, F_y, F_z)$ 其中

$$F_x = \iiint_\Omega \frac{G\rho(x,y,z)(x-x_0)}{r^3} dv \qquad (10.38)$$

$$F_y = \iiint_\Omega \frac{G\rho(x,y,z)}{r^3}(y-y_0) dv \qquad (10.39)$$

$$F_z = \iiint_\Omega \frac{G\rho(x,y,z)}{r^3}(z-z_0) dv \qquad (10.40)$$

G 为引力常数.

10.3 解 难 释 疑

1.重积分是定积分的推广,重积分与定积分一样,都是研究非均匀分布量的求和问题.

(1) 一元函数 $f(x)$ 在区间 $[a,b]$ 上的积分是定积分 $\int_a^b f(x) dx$.

(2) 二元函数 $f(x,y)$ 在平面区域 D 上的积分是二重积分 $\iint_D f(x,y) d\sigma$.

(3) 三元函数 $f(x,y,z)$ 在空间区域 Ω 上的积分是三重积分 $\iiint_\Omega f(x,y,z) dv$.

2.重积分的计算是将重积分化为累次积分——最终将其化为定积分的计算.因此,在计算时必须注意以下几点:

(1) 尽可能绘出积分区域的草图;

(2) 将积分区域用积分变量的不等式组表示出来;

(3) 累次积分的上限总是大于下限;

(4) 累次积分中先积的上、下限一般是后积的积分变量的函数;

(5) 最后一次积分的上、下限通常应为常数.

3. 在直角坐标系下,将二重积分的积分区域化为不等式组表示主要有两种类型:x—型和 y—型.

将积分区域 D 先投影到 x 轴上,得到投影区间 $[a,b]$ 的不等式 $a \leqslant x \leqslant b$,再在 (a,b) 内任取一点 x,过 x 作一垂直于 x 轴的直线穿过 D,被 D 截取线段 $[y_1(x), y_2(x)]$,易知对于该直线上的任一点的纵坐标 y 应满足不等式 $y_1(x) \leqslant y \leqslant y_2(x)$. 由 (a,b) 内点 x 的任意性知,对 D 内任一点皆有 $y_1(x) \leqslant y \leqslant y_2(x)$,此时,$D$ 可以用不等式组 $D: \begin{cases} a \leqslant x \leqslant b \\ y_1(x) \leqslant y \leqslant y_2(x) \end{cases}$ 表示,能表示成这种不等式组的区域 D 称为 x—型区域,从而有

$$\iint\limits_{D} f(x,y) \mathrm{d}x\mathrm{d}y = \int_a^b \mathrm{d}x \int_{y_1(x)}^{y_2(x)} f(x,y) \mathrm{d}y.$$

类似地,可得 y—型区域

$$D: \begin{cases} c \leqslant y \leqslant \mathrm{d} \\ x_1(y) \leqslant x \leqslant x_2(y) \end{cases}$$

从而有

$$\iint\limits_{D} f(x,y) \mathrm{d}x\mathrm{d}y = \int_c^\mathrm{d} \mathrm{d}y \int_{x_1(y)}^{x_2(y)} f(x,y) \mathrm{d}x.$$

对于不能直接表示成以上两组不等式形式的区域(既不是 x—型区域,又不是 y—型区域),可以利用区域的可加性,将积分区域划分为若干个 x—型区域或 y—型区域.

在直角坐标系下计算三重积分可以采用"先一后二"法或"先二后一"法.

(1) "先一后二"法(投影法)

先将积分区域 Ω 投影到某坐标面,得到投影区域 D,于是 D 便是后面进行的二重积分区域. 另一自变量 z 的变化范围可以用下述方法确定:在投影区域内任取一点 (x,y),作直线垂直于 xOy 平面且通过积分区域 Ω,则在 Ω 内直线被 Ω 截下线段 $[z_1(x,y), z_2(x,y)]$,易知,在 Ω 内任一点的坐标 z 皆满足不等式

$$z_1(x,y) \leqslant z \leqslant z_2(x,y)$$

上述不等式便决定了第一次积分的上、下限. 然后再对 D 按二重积分定限.

(2) "先二后一"法(截面法)

先将积分区域 Ω 投影到某个坐标轴上,如 z 轴,便得到一个投影区间 $[c_1, c_2]$,则不等式 $c_1 \leqslant z \leqslant c_2$ 便决定了最后面的那个积分的上、下限. 再在 (c_1, c_2) 内任取一点 z,过 z 作一与 z 轴垂直的平面,与积分区域 Ω 相截得截面 D_z,此 D_z 就是先进行二重积分的积分区域. 然后在 D_z 上对 x, y 按二重积分定限.

4. 在化为累次积分的计算中,有时会遇到计算复杂或者根本"积不出来"的情况,此时可以考虑两条途径:一是交换累次积分次序,二是进行变量代换.

5. 通常遇到的变量代换有:极坐标变换、柱坐标变换和球坐标变换.

当二重积分区域是圆域、环域、扇形区域或被积函数内出现 x^2+y^2、x^2+z^2 或 y^2+z^2 的形式时,可以采用柱坐标代换;当积分区域为球体、半球体或锥面与球面所围成的立体区域或被积函数内出现 $\sqrt{x^2+y^2+z^2}$ 的形式时,可以采用球坐标代换.

6. 以下方法可以简化部分重积分的计算

(1) 利用重积分的几何意义,如

$$\iint_D d\sigma = D \text{ 的面积}.$$

$$\iint_D f(x,y) d\sigma = \text{曲顶柱体体积}. \ f(x,y) \geqslant 0$$

$$\iiint_\Omega dv = \Omega \text{ 的体积}.$$

(2) 利用积分区域的对称性和被积函数的奇偶性.

若 $D = D_1 + D_2, D_1 、 D_2$ 关于 y 轴对称,且 D_1 位于 $x \geqslant 0$ 部分,则

$$\iint_D f(x,y) dxdy = \begin{cases} 2\iint_{D_1} f(x,y) dxdy, & f(x,y) \text{ 关于 } x \text{ 是偶函数},\text{即 } f(-x,y) = f(x,y) \\ 0, & f(x,y) \text{ 关于 } x \text{ 是奇函数},\text{即 } f(-x,y) = -f(x,y) \end{cases}$$

若 $D = D_3 + D_4, D_3 、 D_4$ 关于 x 轴对称,且 D_3 位于 $y \geqslant 0$ 部分,则

$$\iint_D f(x,y) dxdy = \begin{cases} 2\iint_{D_3} f(x,y) dxdy, & f(x,y) \text{ 关于 } y \text{ 是偶函数},\text{即 } f(x,-y) = f(x,y) \\ 0, & f(x,y) \text{ 关于 } y \text{ 是奇函数},\text{即 } f(x,-y) = -f(x,y) \end{cases}$$

若 $\Omega = \Omega_1 + \Omega_2, \Omega_1 、 \Omega_2$ 关于 xOy 平面对称,且 Ω_1 为 $z \geqslant 0$ 部分,则

$$\iiint_\Omega f(x,y,z) dv = \begin{cases} 2\iiint_{\Omega_1} f(x,y,z) dv, & f(x,y,z) \text{ 关于 } z \text{ 是偶函数},\text{即} \\ & f(x,y,-z) = f(x,y,z), \\ 0, & f(x,y,z) \text{ 关于 } z \text{ 是奇函数},\text{即} \\ & f(x,y,-z) = -f(x,y,z). \end{cases}$$

(3) 利用积分区域的轮换对称性.

若积分区域 Ω 边界曲面的表达式中将 $x、y、z$ 依次轮换,表达式不变,则称 Ω 关于 $x、y、z$ 的轮换对称. 此时有

$$\iiint_\Omega f(x,y,z) dv = \iiint_\Omega f(y,z,x) dv = \iiint_\Omega f(z,x,y) dv.$$

(4) 被积函数仅是某一变量的函数,如 $f(x,y,z) = \varphi(z)$ 以及 $\iint_{D_z} dxdy$ 易求时,采用"先二后一"法比较简单.

7. 重积分的应用不要求死记公式,而在于掌握微元法思想,将连续分布的量离散化. 使用微元法时,在区域中取一小区域 $d\sigma$,把非均匀分布的量 Φ 在 $d\sigma$ 中视为均匀分布的,再借助几何公式、物理公式通过与面积元、体积元的乘积所得到的近似值就是所求量 Φ 的微分 $d\Phi$,由 $d\Phi$ 即可列出 Φ 的重积分表达式.

10.4 典型例题选讲

例 10.4.1 设区域 D 由直线 $x = 0, y = 0, x + y = \dfrac{1}{2}$ 和 $x + y = 1$ 围成,$I_1 = \iint_D \ln(x+y) d\sigma, I_2 = \iint_D (x+y)^2 d\sigma, I_3 = \iint_D (x+y) d\sigma$,试用二重积分的比较性质,比较 $I_1 、 I_2$ 和

I_3 值的大小.

解 区域 D 如图 10.1 所示,因为当 $x,y \in D$ 时,
$$\frac{1}{2} \leqslant x+y \leqslant 1$$
所以有
$$\ln(x+y) \leqslant 0$$
$$\frac{1}{4} \leqslant (x+y)^2 \leqslant (x+y) \leqslant 1$$
故由二重积分的比较性质可知,
$$I_1 \leqslant I_2 \leqslant I_3.$$

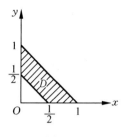

图 10.1

例 10.4.2 记 $I_1 = \iint\limits_{x^2+y^2 \leqslant 1} \sqrt[3]{1-x^2-y^2}\mathrm{d}x\mathrm{d}y$, $I_2 = \iint\limits_{1 \leqslant x^2+y^2 \leqslant 2} \sqrt[3]{1-x^2-y^2}\mathrm{d}x\mathrm{d}y$, $I_3 = \iint\limits_{2 \leqslant x^2+y^2 \leqslant 4} \sqrt[3]{1-x^2-y^2}\mathrm{d}x\mathrm{d}y$,试比较 I_1、I_2 与 I_3 之间的大小关系.

解 在 $x^2+y^2 \leqslant 1$ 内, $\sqrt[3]{1-x^2-y^2} \geqslant 0$,所以 $I_1 = \iint\limits_{x^2+y^2 \leqslant 1} \sqrt[3]{1-x^2-y^2}\mathrm{d}x\mathrm{d}y \geqslant 0$.

在 $1 \leqslant x^2+y^2 \leqslant 2$ 内,有 $0 \leqslant x^2+y^2-1 \leqslant 1$,因而
$$-1 \leqslant \sqrt[3]{1-x^2-y^2} = -\sqrt[3]{x^2+y^2-1} \leqslant 0$$
$$-2\pi \leqslant I_2 = \iint\limits_{1 \leqslant x^2+y^2 \leqslant 2} \sqrt[3]{1-x^2-y^2}\mathrm{d}x\mathrm{d}y \leqslant 0$$

在 $2 \leqslant x^2+y^2 \leqslant 4$ 内,有 $1 \leqslant x^2+y^2-1$,因而
$$\sqrt[3]{1-x^2-y^2} = -\sqrt[3]{x^2+y^2-1} \leqslant -1$$
$$I_3 = \iint\limits_{2 \leqslant x^2+y^2 \leqslant 4} \sqrt[3]{1-x^2-y^2}\mathrm{d}x\mathrm{d}y \leqslant -\iint\limits_{2 \leqslant x^2+y^2 \leqslant 4} \mathrm{d}x\mathrm{d}y = -2\pi$$

综上所述,可得
$$I_1 \geqslant I_2 \geqslant I_3.$$

例 10.4.3 不计算积分,估计下列二重积分的值.

(1) $\iint\limits_{D}(x^2+4y^2+9)\mathrm{d}\sigma$, $\quad D = \{(x,y) \mid x^2+y^2 \leqslant 4\}$;

(2) $\iint\limits_{D} \dfrac{1}{100+\cos^2 x+\cos^2 y}\mathrm{d}\sigma$, $\quad D = \{(x,y) \mid |x|+|y| \leqslant 10\}$.

解 不计算积分,估计积分的值,一般是找出被积函数在积分区域上的最大值、最小值,再利用二重积分的性质,就可以确定积分的上、下界.

(1) 记 $f(x,y) = x^2+4y^2+9$

令
$$\begin{cases} f_x = 2x = 0 \\ f_y = 8y = 0 \end{cases}$$

得驻点 $(0,0)$, $f(0,0) = 9$.

在 D 的边界上,由 $x^2+y^2 = 4$ 得 $x^2 = 4-y^2$,代入 $f(x,y)$,得
$$f(x,y) = x^2+4y^2+9 = 4-y^2+4y^2+9 = 3y^2+13$$
而 $0 \leqslant y^2 \leqslant 4$,由此得
$$3 \times 0^2 + 13 \leqslant f(x,y) \leqslant 3 \times 4 + 13, \quad 即 \quad 13 \leqslant f(x,y) \leqslant 25.$$

于是在 D 上 $f_{\max} = 25, f_{\min} = 9$.

由二重积分性质,有
$$9\sigma \leqslant \iint\limits_{D} (x^2 + 4y^2 + 9)\mathrm{d}\sigma \leqslant 25\sigma$$

而 $\sigma = 4\pi$,所以有
$$36\pi \leqslant \iint\limits_{D} (x^2 + 4y^2 + 9)\mathrm{d}\sigma \leqslant 100\pi.$$

(2) 因 $\dfrac{1}{102} \leqslant \dfrac{1}{100 + \cos^2 x + \cos^2 y} \leqslant \dfrac{1}{100}$,所以有
$$\frac{1}{102}\sigma \leqslant \iint\limits_{D} \frac{1}{100 + \cos^2 x + \cos^2 y}\mathrm{d}x\mathrm{d}y \leqslant \frac{1}{100}\sigma$$

而 D 是边长为 $\sqrt{200}$ 的正方形区域,其面积为 $\sigma = 200$,故
$$\frac{100}{51} \leqslant \iint\limits_{D} \frac{1}{100 + \cos^2 x + \cos^2 y}\mathrm{d}x\mathrm{d}y \leqslant 2.$$

例 10.4.4 试用二重积分性质证明不等式
$$1 \leqslant \iint\limits_{D} (\sin x^2 + \cos y^2)\mathrm{d}\sigma \leqslant \sqrt{2}.$$

其中,$D: 0 \leqslant x \leqslant 1, 0 \leqslant y \leqslant 1$.

证明
$$\iint\limits_{D} \cos y^2 \mathrm{d}\sigma = \int_0^1 \mathrm{d}x \int_0^1 \cos y^2 \mathrm{d}y = \int_0^1 \cos y^2 \mathrm{d}y = \int_0^1 \cos x^2 \mathrm{d}x = \iint\limits_{D} \cos x^2 \mathrm{d}\sigma$$

即得
$$\iint\limits_{D} (\sin x^2 + \cos y^2)\mathrm{d}\sigma = \iint\limits_{D} (\sin x^2 + \cos x^2)\mathrm{d}\sigma = \sqrt{2}\iint\limits_{D} \sin\left(x^2 + \frac{\pi}{4}\right)\mathrm{d}\sigma$$

由于
$$\frac{\sqrt{2}}{2} \leqslant \sin\left(x^2 + \frac{\pi}{4}\right) \leqslant 1, 0 \leqslant x \leqslant 1$$

由重积分性质得
$$\frac{\sqrt{2}}{2} \leqslant \iint\limits_{D} \sin\left(x^2 + \frac{\pi}{4}\right)\mathrm{d}\sigma \leqslant 1$$

即证得不等式
$$1 \leqslant \iint\limits_{D} (\sin x^2 + \cos y^2)\mathrm{d}\sigma \leqslant \sqrt{2}.$$

例 10.4.5 将二重积分 $\iint\limits_{D} f(x,y)\mathrm{d}x\mathrm{d}y$ 化为累次积分(两种次序都要),其中积分区域 D 分别是:

(1) 在第三象限内由直线 $y = 2x, x = 2y$ 所围成的区域;

(2) 由不等式 $1 \leqslant x^2 + y^2 \leqslant 4, x \geqslant 0, y \geqslant 0$ 确定的区域.

解 (1) 区域 D 如图 10.2 所示.

先对 y 积分后对 x 积分
$$\iint\limits_{D} f(x,y)\mathrm{d}x\mathrm{d}y = \int_{-2}^{-1} \mathrm{d}x \int_{\frac{x}{2}}^{\frac{x}{2}} f(x,y)\mathrm{d}y + \int_{-1}^{0} \mathrm{d}x \int_{2x}^{\frac{x}{2}} f(x,y)\mathrm{d}y$$

先对 x 后对 y 积分
$$\iint\limits_{D} f(x,y)\mathrm{d}x\mathrm{d}y = \int_{-2}^{-1} \mathrm{d}y \int_{\frac{y}{y}}^{\frac{y}{2}} f(x,y)\mathrm{d}x + \int_{-1}^{0} \mathrm{d}y \int_{2y}^{\frac{y}{2}} f(x,y)\mathrm{d}x.$$

(2) 积分区域 D 如图 10.3 所示.

先对 y 积分后对 x 积分

$$\iint_D f(x,y)\mathrm{d}x\mathrm{d}y = \int_0^1 \mathrm{d}x \int_{\sqrt{1-x^2}}^{\sqrt{4-x^2}} f(x,y)\mathrm{d}y + \int_1^2 \mathrm{d}x \int_0^{\sqrt{4-x^2}} f(x,y)\mathrm{d}y$$

先对 x 积分后对 y 积分

$$\iint_D f(x,y)\mathrm{d}x\mathrm{d}y = \int_0^1 \mathrm{d}y \int_{\sqrt{1-y^2}}^{\sqrt{4-y^2}} f(x,y)\mathrm{d}x + \int_1^2 \mathrm{d}y \int_0^{\sqrt{4-y^2}} f(x,y)\mathrm{d}x$$

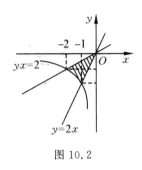

图 10.2

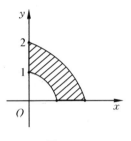

图 10.3

例 10.4.6 交换下列二次积分的次序:

(1) $\int_0^1 \mathrm{d}y \int_{1-y}^{1+y^2} f(x,y)\mathrm{d}x$;

(2) $\int_0^{2a} \mathrm{d}x \int_{\sqrt{2ax-x^2}}^{\sqrt{2ax}} f(x,y)\mathrm{d}y \ (a>0)$;

(3) $\int_0^1 \mathrm{d}x \int_{1+\sqrt{1-x^2}}^{\sqrt{4-x^2}} f(x,y)\mathrm{d}y + \int_1^{\sqrt{3}} \mathrm{d}x \int_1^{\sqrt{4-x^2}} f(x,y)\mathrm{d}y$.

解 交换二次积分的次序,首先要将二次积分还原为二重积分,再按要求和次序化为二次积分.

(1) 由二次积分的积分限可得积分区域:

$$D: \begin{cases} 0 \leqslant y \leqslant 1, \\ 1-y \leqslant x \leqslant 1+y^2, \end{cases}$$

即 D 为曲线 $x=1-y, x=1+y^2, y=0, y=1$ 所围区域,如图 10.4 所示,换成先对 y 积分,则需将 D 分为两部分 D_1, D_2.

$$D_1: \begin{cases} 0 \leqslant x \leqslant 1 \\ 1-x \leqslant y \leqslant 1 \end{cases}, \quad D_2: \begin{cases} 1 \leqslant x \leqslant 2 \\ \sqrt{x-1} \leqslant y \leqslant 1 \end{cases}$$

于是

$$\int_0^1 \mathrm{d}y \int_{1-y}^{1+y^2} f(x,y)\mathrm{d}x = \int_0^1 \mathrm{d}x \int_{1-x}^1 f(x,y)\mathrm{d}y + \int_1^2 \mathrm{d}x \int_{\sqrt{x-1}}^1 f(x,y)\mathrm{d}y.$$

(2) 由已知得积分区域

$$D: \begin{cases} 0 \leqslant x \leqslant 2a \\ \sqrt{2ax-x^2} \leqslant y \leqslant \sqrt{2ax} \end{cases}$$

即 D 为曲线 $x=0, x=2a, y=\sqrt{2ax-x^2}, y=\sqrt{2ax}$ 所围区域,如图 10.5 所示,欲换

成先 x 积分,需将 D 分为三块:D_1、D_2、D_3.

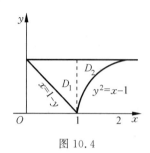

图 10.4

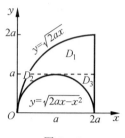

图 10.5

$$D_1:\begin{cases} a \leqslant y \leqslant 2a \\ \dfrac{y^2}{2a} \leqslant x \leqslant 2a \end{cases},\quad D_2:\begin{cases} 0 \leqslant y \leqslant a \\ \dfrac{y^2}{2a} \leqslant x \leqslant a-\sqrt{a^2-y^2} \end{cases},\quad D_3:\begin{cases} 0 \leqslant y \leqslant a \\ a+\sqrt{a^2-y^2} \leqslant x \leqslant 2a \end{cases}$$

于是

$$\int_0^{2a} \mathrm{d}x \int_{\sqrt{2ax-x^2}}^{\sqrt{2ax}} f(x,y)\,\mathrm{d}y$$

$$= \int_a^{2a} \mathrm{d}y \int_{\frac{y^2}{2a}}^{2a} f(x,y)\,\mathrm{d}x + \int_0^a \mathrm{d}y \int_{\frac{y^2}{2a}}^{a-\sqrt{a^2-y^2}} f(x,y)\,\mathrm{d}x + \int_0^a \mathrm{d}y \int_{a+\sqrt{a^2-y^2}}^{2a} f(x,y)\,\mathrm{d}x.$$

(3) 由已知的二次积分可知,积分区域 D 可以分为两部分:

$$D_1:\begin{cases} 0 \leqslant x \leqslant 1 \\ 1+\sqrt{1-x^2} \leqslant y \leqslant \sqrt{4-x^2} \end{cases},$$

$$D_2:\begin{cases} 1 \leqslant x \leqslant \sqrt{3} \\ 1 \leqslant y \leqslant \sqrt{4-x^2} \end{cases}$$

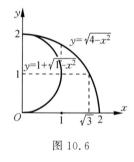

图 10.6

如图 10.6 所示. 改成先对 x 积分,则

$$D:\begin{cases} 1 \leqslant y \leqslant 2 \\ \sqrt{2y-y^2} \leqslant x \leqslant \sqrt{4-y^2} \end{cases}$$

于是

$$\int_0^1 \mathrm{d}x \int_{1+\sqrt{1-x^2}}^{\sqrt{4-x^2}} f(x,y)\,\mathrm{d}y + \int_1^{\sqrt{3}} \mathrm{d}x \int_1^{\sqrt{4-x^2}} f(x,y)\,\mathrm{d}y = \int_1^2 \mathrm{d}y \int_{\sqrt{2y-y^2}}^{\sqrt{4-y^2}} f(x,y)\,\mathrm{d}x.$$

例 10.4.7 求 $I = \iint\limits_D \mathrm{e}^{-y^2}\,\mathrm{d}\sigma$,其中 D 是由直线 $y=x$,$y=1$ 及 y 轴所围成的闭区域.

解 绘制出积分区域 D,如图 10.7 所示.

D 既是 $x-$ 型又是 $y-$ 型. 若将 D 看成是 $x-$ 型,则

$$D:\begin{cases} 0 \leqslant x \leqslant 1 \\ x \leqslant y \leqslant 1 \end{cases}$$

于是

$$I = \int_0^1 \mathrm{d}x \int_x^1 \mathrm{e}^{-y^2}\,\mathrm{d}y.$$

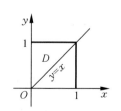

图 10.7

因 e^{-y^2} 的原函数不能用初等函数表示,此积分无法进行下去. 若将 D 看做 $y-$ 型区域,则

$$D:\begin{cases} 0 \leqslant y \leqslant 1 \\ 0 \leqslant x \leqslant y \end{cases}$$

于是

$$I = \int_0^1 dy \int_0^y e^{-y^2} dx = \int_0^1 e^{-y^2} \cdot y dy = \frac{1}{2}(1 - e^{-1}).$$

例 10.4.8 计算下列二次积分.

(1) $\int_1^2 dx \int_{\sqrt{x}}^x \sin\frac{\pi x}{2y} dy + \int_2^4 dx \int_{\sqrt{x}}^2 \sin\frac{\pi x}{2y} dy$; (2) $\int_{-1}^1 dx \int_0^{\sqrt{1-x^2}} e^{-x^2-y^2} dy$.

解 (1) 因原式无法先对 y 积分,故应交换积分次序. 如图 10.8 所示,原二次积分对应的积分区域为

$$D_1:\begin{cases} 1 \leqslant x \leqslant 2 \\ \sqrt{x} \leqslant y \leqslant x \end{cases}, \quad D_2:\begin{cases} 2 \leqslant x \leqslant 4 \\ \sqrt{x} \leqslant y \leqslant 2 \end{cases}$$

换成先对 x 后对 y 积分,则

$$D:\begin{cases} 1 \leqslant y \leqslant 2 \\ y \leqslant x \leqslant y^2 \end{cases}$$

因而

$$原式 = \int_1^2 dy \int_y^{y^2} \sin\frac{\pi x}{2y} dx = \frac{2}{\pi}\int_1^2 y\left(\cos\frac{\pi}{2} - \cos\frac{\pi y}{2}\right) dy = \frac{4(2+\pi)}{\pi^3}.$$

(2) 本题无论先对 y 积分还是先对 x 积分,均无法积出,故换成极坐标系下的二重积分计算,如图 10.9 所示,令 $x = \rho\cos\theta, y = \rho\sin\theta, dxdy = \rho d\rho d\theta$.

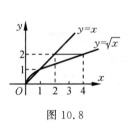

图 10.8

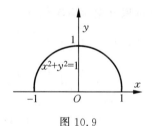

图 10.9

其对应的积分区域为 $D:\begin{cases} 0 \leqslant \theta \leqslant \pi \\ 0 \leqslant \rho \leqslant 1 \end{cases}$

于是

$$原式 = \iint_D e^{-x^2-y^2} dxdy = \int_0^\pi d\theta \int_0^1 e^{-\rho^2} \cdot \rho d\rho = \frac{\pi}{2}\left(1 - \frac{1}{e}\right).$$

例 10.4.9 计算积分 $\iint_D (|x|+y) dxdy$,其中 $D:|x|+|y| \leqslant 1$.

解 用 D_1 表示区域 D 位于第一象限部分,则

$$\iint_D (|x|+y) dxdy = \iint_D |x| dxdy + \iint_D y dxdy = 4\iint_{D_1} x dxdy + 0$$

$$= 4\int_0^1 x dx \int_0^{1-x} dy = 4\int_0^1 xy\Big|_0^{1-x} dx$$

$$= 4\int_0^1 x(1-x) dx = \frac{2}{3}.$$

例 10.4.10 计算积分 $\iint_D \sqrt{|y-x^2|}\,dxdy$,其中 D 是由直线 $x=1, x=-1, y=2$ 和 x 轴所围成的闭区域.

解
$$\iint_D \sqrt{|y-x^2|}\,dxdy = \iint_{D_1} \sqrt{|y-x^2|}\,dxdy + \iint_{D_2}\sqrt{|y-x^2|}\,dxdy$$
$$= 2\int_0^1 dx\int_0^{x^2}\sqrt{x^2-y}\,dy + 2\int_0^1 dx\int_{x^2}^2 \sqrt{y-x^2}\,dy$$
$$= -2\int_0^1 dx\int_0^{x^2}\sqrt{x^2-y}\,d(x^2-y) + 2\int_0^1 dx\int_{x^2}^2 \sqrt{y-x^2}\,d(y-x^2)$$
$$= -2\int_0^1 \frac{2}{3}(x^2-y)^{\frac{3}{2}}\Big|_0^{x^2} dx + 2\int_0^1 \frac{2}{3}(y-x^2)^{\frac{3}{2}}\Big|_{x^2}^2 dx$$
$$= \frac{\pi}{2} + \frac{5}{3}.$$

例 10.4.11 设闭区域 D 为 $|x|+|y|\leqslant 1$, $f(u)$ 在区间 $[-1,1]$ 上连续,证明:
$$\iint_D f(x+y)\,dxdy = \int_{-1}^1 f(u)\,du.$$

证明 可用两种方法:

方法 1 将二重积分化为二次积分,作变换 $x+y=u$,函数 $f(u)$ 为抽象函数不好计算,最后交换积分次序.

方法 2 根据积分区域: $|x|+|y|\leqslant 1$,用二重积分换元法,作变换 $x+y=u, x-y=v$.

方法 1 将重积分化为累次积分
$$\iint_{|x|+|y|\leqslant 1} f(x+y)\,dxdy = \int_{-1}^0 dx\int_{-1-x}^{1+x} f(x+y)\,dy + \int_0^1 dx\int_{x-1}^{1-x} f(x+y)\,dy \quad (\diamondsuit\, x+y=u)$$
$$= \int_{-1}^0 dx\int_{-1}^{1+2x} f(u)\,du + \int_0^1 dx\int_{2x-1}^1 f(u)\,du$$
$$= \int_{-1}^1 du\int_{\frac{u-1}{2}}^{\frac{u+1}{2}} f(u)\,dx = \int_{-1}^1 f(u)\,du.$$

方法 2 作变换 $x+y=u, x-y=v, x=\dfrac{u+v}{2}, y=\dfrac{u-v}{2}$

$$J(u,v) = \frac{\partial(x,y)}{\partial(u,v)} = \begin{vmatrix} \dfrac{\partial x}{\partial u} & \dfrac{\partial x}{\partial v} \\ \dfrac{\partial y}{\partial u} & \dfrac{\partial y}{\partial v} \end{vmatrix} = \begin{vmatrix} \dfrac{1}{2} & \dfrac{1}{2} \\ \dfrac{1}{2} & -\dfrac{1}{2} \end{vmatrix} = -\dfrac{1}{2}$$

u, v 的变化范围是 $-1\leqslant u\leqslant 1, -1\leqslant v\leqslant 1$,故

$$\iint_{|x|+|y|\leqslant 1} f(x+y)\,dxdy = \iint_{\substack{-1\leqslant u\leqslant 1 \\ -1\leqslant v\leqslant 1}} f(u)\left|-\frac{1}{2}\right|dudv = \frac{1}{2}\int_{-1}^1 f(u)\,du\int_{-1}^1 dv = \int_{-1}^1 f(u)\,du.$$

例 10.4.12 下列等式是否成立,说明理由. 其中 $D: x^2+y^2\leqslant 1, D_1: x^2+y^2\leqslant 1, x\geqslant 0, y\geqslant 0$(见图 10.10).

(1) $\iint_D x\ln(x^2+y^2)\,d\sigma = 0$;

(2) $\iint\limits_{D}\sqrt{1-x^2-y^2}\,\mathrm{d}x\mathrm{d}y = 4\iint\limits_{D_1}\sqrt{1-x^2-y^2}\,\mathrm{d}x\mathrm{d}y$;

(3) $\iint\limits_{D}xy\,\mathrm{d}x\mathrm{d}y = 4\iint\limits_{D_1}xy\,\mathrm{d}x\mathrm{d}y$;

(4) $\iint\limits_{D}|xy|\,\mathrm{d}x\mathrm{d}y = 4\iint\limits_{D_1}xy\,\mathrm{d}x\mathrm{d}y$.

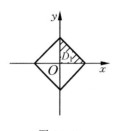

图 10.10

解 (1) 因为积分区域关于 y 轴对称，被积函数关于 x 是奇函数，因此等式是正确的.

(2) 因为积分区域关于 x 轴和 y 轴对称，被积函数关于 x、y 都是偶函数，因此等式是正确的.

(3) 等式不成立. 积分区域虽然关于 x 轴、y 轴对称，但被积函数对 x、y 均为奇函数.

(4) 等式成立. 因为被积函数 $|xy|$ 对于 x、y 是偶函数.

例 10.4.13 计算 $\iint\limits_{D}(x+y)\mathrm{d}\sigma$. 其中 $D: x^2+y^2-2Rx \leqslant 0$ (见图 10.11).

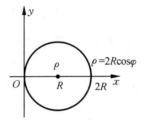

图 10.11

解法 1 在极坐标系中计算，其积分区域为

$$D: \begin{cases} -\dfrac{\pi}{2} \leqslant \theta \leqslant \dfrac{\pi}{2} \\ 0 \leqslant \rho \leqslant 2R\cos\theta \end{cases}$$

于是 $\iint\limits_{D}(x+y)\mathrm{d}\sigma = \int_{-\frac{\pi}{2}}^{\frac{\pi}{2}}\mathrm{d}\theta\int_{0}^{2R\cos\theta}(\rho\cos\theta+\rho\sin\theta)\rho\mathrm{d}\rho$

$= \int_{-\frac{\pi}{2}}^{\frac{\pi}{2}}\dfrac{\rho^3}{3}(\cos\theta+\sin\theta)\bigg|_{0}^{2R\cos\theta}\mathrm{d}\theta = \dfrac{8}{3}R^3\int_{-\frac{\pi}{2}}^{\frac{\pi}{2}}(\cos^4\theta+\sin\theta\cos^3\theta)\mathrm{d}\theta$

$= \dfrac{16}{3}R^3\int_{0}^{\frac{\pi}{2}}\cos^4\theta\mathrm{d}\theta = \dfrac{16}{3}R^3 \times \dfrac{3}{4} \times \dfrac{1}{2} \times \dfrac{\pi}{2} = \pi R^3$.

解法 2 在直角坐标系中计算，其积分区域为

$$D: \begin{cases} 0 \leqslant x \leqslant 2R \\ -\sqrt{2Rx-x^2} \leqslant y \leqslant \sqrt{2Rx-x^2} \end{cases}$$

于是 $\iint\limits_{D}(x+y)\mathrm{d}\sigma = \int_{0}^{2R}\mathrm{d}x\int_{-\sqrt{2Rx-x^2}}^{\sqrt{2Rx-x^2}}(x+y)\mathrm{d}y = \int_{0}^{2R}x\mathrm{d}x\bigg|_{-\sqrt{2Rx-x^2}}^{\sqrt{2Rx-x^2}}\mathrm{d}y$ (后一个积分为 0)

$= \int_{0}^{2R}2x\sqrt{R^2-(x-R)^2}\,\mathrm{d}x$ (令 $x-R = R\sin t$)

$$= \int_{-\frac{\pi}{2}}^{\frac{\pi}{2}} 2R(1+\sin t)R\cos t \cdot R\cos t \mathrm{d}t$$

$$= 2R^3 \int_{-\frac{\pi}{2}}^{\frac{\pi}{2}} (\cos^2 t + \sin t\cos^2 t)\mathrm{d}t \text{（后一个积分为 0）}$$

$$= 2R^3 \int_{-\frac{\pi}{2}}^{\frac{\pi}{2}} \cos^2 t \mathrm{d}t = 4R^3 \int_0^{\frac{\pi}{2}} \cos^2 t \mathrm{d}t = 4R^3 \cdot \frac{1}{2} \cdot \frac{\pi}{2} = \pi R^3.$$

例 10.4.14 计算 $I = \iint\limits_{D} \frac{a\varphi(x) + b\varphi(y)}{\varphi(y) + \varphi(x)} \mathrm{d}\sigma$，其中 D 为 $x^2 + y^2 \leqslant R^2$.

解 若用一般二重积分化累次积分的方法是计算不出来的，但根据被积函数积分域的特点，可以看出 x 与 y 具有轮换对称性，即

$$I = \iint\limits_{D} \frac{a\varphi(x) + b\varphi(y)}{\varphi(y) + \varphi(x)} \mathrm{d}\sigma = \iint\limits_{D} \frac{a\varphi(y) + b\varphi(x)}{\varphi(x) + \varphi(y)} \mathrm{d}\sigma$$

所以

$$I = \frac{1}{2}\left[\iint\limits_{D} \frac{a\varphi(x) + b\varphi(y)}{\varphi(y) + \varphi(x)} \mathrm{d}\sigma + \iint\limits_{D} \frac{a\varphi(y) + b\varphi(x)}{\varphi(x) + \varphi(y)} \mathrm{d}\sigma\right] = \frac{1}{2}\iint\limits_{D}(a+b)\mathrm{d}\sigma = \frac{a+b}{2}\pi R^2.$$

例 10.4.15 计算 $\iint\limits_{D}(|x|+|y|)\mathrm{d}x\mathrm{d}y$，其中 $D: x^2 + y^2 \leqslant a^2$.

解 利用对称性除去被积函数中的绝对值符号，再采用极坐标计算法.

设 D_1 为 D 在第一象限部分，即 $D_1: x^2 + y^2 \leqslant a^2 (x \geqslant 0, y \geqslant 0)$，由对称性，有

$$\iint\limits_{D}|x|+|y|\mathrm{d}x\mathrm{d}y = 4\iint\limits_{D_1}(x+y)\mathrm{d}x\mathrm{d}y = 8\iint\limits_{D_1}x\mathrm{d}x\mathrm{d}y$$

$$= 8\int_0^{\frac{\pi}{2}}\mathrm{d}\theta\int_0^a \rho^2\cos\theta\mathrm{d}\rho = \frac{8}{3}a^3.$$

例 10.4.16 计算 $\iint\limits_{D}(x^2 + y^2)\mathrm{d}x\mathrm{d}y$，其中 D 是以 $(0,0)$、$(1,0)$、$(0,1)$ 为顶点的三角形.

解 区域 D 是由 $x = 0, y = 0, x + y = 1$ 围成，如图 10.12 所示，且 D 是轮换对称的，因此

$$\iint\limits_{D} x^2 \mathrm{d}x\mathrm{d}y = \iint\limits_{D} y^2 \mathrm{d}x\mathrm{d}y$$

于是

$$\text{原式} = 2\iint\limits_{D} x^2 \mathrm{d}x\mathrm{d}y = 2\int_0^1 x^2 \mathrm{d}x \int_0^{1-x} \mathrm{d}y = \frac{1}{6}.$$

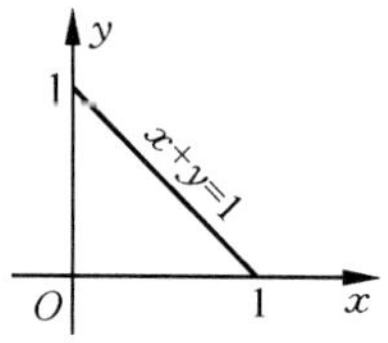

图 10.12

例 10.4.17 计算 $\iint\limits_{D} x[1 + yf(x^2 + y^2)]\mathrm{d}x\mathrm{d}y$，其中 D 由 $y = x^3, y = 1, x = -1$ 所围成，f 是连续函数.

解 D 如图 10.13 所示，注意到若作曲线 $y = -x^3$，则把 D 分为两个区域 D_1、D_2，显然 D_1 是关于 y 轴对称的，D_2 是关于 x 轴对称的. 则

$$\iint\limits_{D} x[1 + yf(x^2 + y^2)]\mathrm{d}x\mathrm{d}y = \iint\limits_{D} x\mathrm{d}x\mathrm{d}y + \iint\limits_{D} xyf(x^2 + y^2)\mathrm{d}x\mathrm{d}y$$

由于被积函数 x 在 D_1 关于 x 是奇函数，在 D_2 关于 y 是偶函数，所以

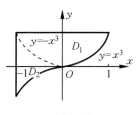

图 10.13

$$\iint_D x\mathrm{d}x\mathrm{d}y = \iint_{D_1} x\mathrm{d}x\mathrm{d}y + \iint_{D_2} x\mathrm{d}x\mathrm{d}y = 0 + 2\int_{-1}^0 \mathrm{d}x \int_0^{-x^3} \mathrm{d}y = -\frac{2}{5}.$$

又由于 $xyf(x^2+y^2)$ 既是 x 的奇函数,又是 y 的奇函数,因此有

$$\iint_{D_1} xyf(x^2+y^2)\mathrm{d}x\mathrm{d}y = 0, \quad \iint_{D_2} xyf(x^2+y^2)\mathrm{d}x\mathrm{d}y = 0.$$

于是
$$\text{原式} = -\frac{2}{5}.$$

例 10.4.18 设函数 $f(x)$ 在区间 $[a,b]$ 上连续,且 $f(x) > 0$,证明:

$$\int_a^b f(x)\mathrm{d}x \cdot \int_a^b \frac{\mathrm{d}x}{f(x)} \geqslant (b-a)^2$$

证明 $\int_a^b f(x)\mathrm{d}x \int_a^b \frac{1}{f(x)}\mathrm{d}x = \int_a^b f(y)\mathrm{d}y \int_a^b \frac{1}{f(x)}\mathrm{d}x = \iint_D \frac{f(y)}{f(x)}\mathrm{d}x\mathrm{d}y$

其中 $D = \{(x,y) \mid a \leqslant x \leqslant b, a \leqslant y \leqslant b\}$,同理

$$\int_a^b f(x)\mathrm{d}x \int_a^b \frac{1}{f(x)}\mathrm{d}x = \iint_D \frac{f(x)}{f(y)}\mathrm{d}x\mathrm{d}y$$

故 $\int_a^b f(x)\mathrm{d}x \int_a^b \frac{1}{f(x)}\mathrm{d}x = \frac{1}{2}\iint_D \left[\frac{f(y)}{f(x)} + \frac{f(x)}{f(y)}\right]\mathrm{d}x\mathrm{d}y$

$$= \iint_D \frac{f^2(y) + f^2(x)}{2f(x)f(y)}\mathrm{d}x\mathrm{d}y \geqslant \iint_D \mathrm{d}x\mathrm{d}y = (b-a)^2.$$

例 10.4.19 设函数 $f(x)$ 在区间 $[a,b]$ 上连续,证明:

$$\left[\int_a^b f(x)\mathrm{d}x\right]^2 \leqslant (b-a)\int_a^b f^2(x)\mathrm{d}x.$$

证明 由 $\iint_D [f(x) - f(y)]^2 \mathrm{d}x\mathrm{d}y \geqslant 0$ 知

$$\iint_D f^2(x)\mathrm{d}x\mathrm{d}y + \iint_D f^2(y)\mathrm{d}x\mathrm{d}y \geqslant 2\iint_D f(x)f(y)\mathrm{d}x\mathrm{d}y$$

其中 $D = \{(x,y) \mid a \leqslant x \leqslant b, a \leqslant y \leqslant b\}$. 又

$$\iint_D f^2(x)\mathrm{d}x\mathrm{d}y = \int_a^b f^2(x)\mathrm{d}x \int_a^b \mathrm{d}y = (b-a)\int_a^b f^2(x)\mathrm{d}x$$

$$\iint_D f^2(y)\mathrm{d}x\mathrm{d}y = \int_a^b f^2(y)\mathrm{d}y \int_a^b \mathrm{d}x = (b-a)\int_a^b f^2(y)\mathrm{d}y = (b-a)\int_a^b f^2(x)\mathrm{d}x$$

$$\iint_D f(x)f(y)\mathrm{d}x\mathrm{d}y = \int_a^b f(x)\mathrm{d}x \int_a^b f(y)\mathrm{d}y = \left[\int_a^b f(x)\mathrm{d}x\right]^2$$

故 $$\left[\int_a^b f(x)dx\right]^2 \leqslant (b-a)\int_a^b f^2(x)dx.$$

例 10.4.20 计算 $\iint\limits_{D}\dfrac{x+y}{x^2+y^2}dxdy$,其中 $D: x^2+y^2 \leqslant 1, x+y \geqslant 1$(见图 10.14)。

解 积分区域 D 是圆域的一部分,用极坐标化为

$$D: \begin{cases} 0 \leqslant \theta \leqslant \dfrac{\pi}{2} \\ \dfrac{1}{\sin\theta+\cos\theta} \leqslant \rho \leqslant 1 \end{cases}$$

图 10.14

因此
$$\text{原式} = \iint\limits_{D}\dfrac{\rho\cos\theta+\rho\sin\theta}{\rho^2}\cdot\rho d\rho d\theta$$
$$= \int_0^{\frac{\pi}{2}}d\theta\int_{\frac{1}{\sin\theta+\cos\theta}}^1(\sin\theta+\cos\theta)d\rho = \int_0^{\frac{\pi}{2}}(\sin\theta+\cos\theta-1)d\theta = 2-\dfrac{\pi}{2}.$$

例 10.4.21 计算 $\iint\limits_{D}(x+y)dxdy$,其中 $D=\{(x,y)\mid x^2+y^2 \leqslant x+y\}$.

解 积分区域 D 即 $\left(x-\dfrac{1}{2}\right)^2+\left(y-\dfrac{1}{2}\right)^2 \leqslant \dfrac{1}{2}$,令

$$x=\dfrac{1}{2}+\rho\cos\theta, y=\dfrac{1}{2}+\rho\sin\theta, \quad D: \begin{cases} 0 \leqslant \theta \leqslant 2\pi \\ 0 \leqslant \rho \leqslant \dfrac{\sqrt{2}}{2} \end{cases}$$

故 $$\text{原式} = \int_0^{\frac{\sqrt{2}}{2}}d\rho\int_0^{2\pi}(\rho\cos\theta+\rho\sin\theta+1)\rho d\theta = 2\pi\int_0^{\frac{\sqrt{2}}{2}}\rho d\rho = \dfrac{\pi}{2}.$$

例 10.4.22 计算 $\iint\limits_{D}(x^2+y^2)dxdy$,其中 D 是椭圆域 $x^2+4y^2 \leqslant 1$.

解 积分区域 D 是椭圆域,可以用广义极坐标变换,$x=\rho\cos\theta, y=\dfrac{1}{2}\rho\sin\theta$,则 $|J|=\dfrac{1}{2}\rho$,于是

$$\text{原式} = \dfrac{1}{2}\int_0^{2\pi}d\theta\int_0^1 \rho^3\left(\cos^2\theta+\dfrac{1}{4}\sin^2\theta\right)d\rho = \dfrac{1}{2}\int_0^{2\pi}d\theta\int_0^1\left(\dfrac{1}{4}+\dfrac{3}{4}\cos^2\theta\right)\rho^3 d\rho$$
$$= \dfrac{1}{8}\int_0^{2\pi}\left[\dfrac{1}{4}+\dfrac{3}{8}(1+\cos 2\theta)\right]d\theta = \dfrac{5}{32}\pi.$$

例 10.4.23 计算 $\int_0^{\frac{\pi}{2}}d\theta\int_0^{\cos\theta}\sqrt{\rho\cos\theta-\rho^2\cos^2\theta}\cdot\rho d\rho$(见图 10.15)。

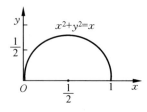

图 10.15

解 被积函数复杂,难以积分,因积分区域为半圆形,令 $x = \rho\cos\theta, y = \rho\sin\theta, \rho\mathrm{d}\rho\mathrm{d}\theta = \mathrm{d}x\mathrm{d}y$,则

$$\text{原式} = \iint_D \sqrt{x-x^2}\,\mathrm{d}x\mathrm{d}y = \int_0^1 \sqrt{x-x^2}\,\mathrm{d}x \int_0^{\sqrt{x-x^2}} \mathrm{d}y = \int_0^1 (x-x^2)\,\mathrm{d}x = \frac{1}{6}.$$

例 10.4.24 利用二重积分计算 $\int_0^{+\infty} \mathrm{e}^{-x^2}\,\mathrm{d}x$.

解 设 $D_1 = \{(x,y) \mid x \geqslant 0, y \geqslant 0, x^2+y^2 \leqslant R\}$, $D_2 = \{(x,y) \mid x \geqslant 0, y \geqslant 0, x^2+y^2 \leqslant 2R^2\}$ $D = \{(x,y) \mid 0 \leqslant x \leqslant R, 0 \leqslant y \leqslant R\}$
显然 $D_1 \subset D \subset D_2$,又 $\mathrm{e}^{-(x^2+y^2)} \geqslant 0$. 则

$$I = \int_0^{+\infty} \mathrm{e}^{-x^2}\,\mathrm{d}x = \lim_{R\to+\infty}\int_0^R \mathrm{e}^{-x^2}\,\mathrm{d}x = \lim_{R\to+\infty} I_R$$

$$I_R^2 = \int_0^R \mathrm{e}^{-x^2}\,\mathrm{d}x \cdot \int_0^R \mathrm{e}^{-x^2}\,\mathrm{d}x = \int_0^R \mathrm{e}^{-x^2}\,\mathrm{d}x \int_0^R \mathrm{e}^{-y^2}\,\mathrm{d}y = \iint_D \mathrm{e}^{-(x^2+y^2)}\,\mathrm{d}x\mathrm{d}y$$

由

$$\iint_{D_1} \mathrm{e}^{-x^2-y^2}\,\mathrm{d}x\mathrm{d}y \leqslant I_R^2 \leqslant \iint_{D_2} \mathrm{e}^{-x^2-y^2}\,\mathrm{d}x\mathrm{d}y$$

及

$$\iint_D \mathrm{e}^{-x^2-y^2}\,\mathrm{d}x\mathrm{d}y = \int_0^{\frac{\pi}{2}} \mathrm{d}\theta \int_0^R \mathrm{e}^{-\rho^2}\rho\,\mathrm{d}\rho = \frac{\pi}{4}(1-\mathrm{e}^{-R^2})$$

$$\iint_{D_2} \mathrm{e}^{-x^2-y^2}\,\mathrm{d}x\mathrm{d}y = \int_0^{\frac{\pi}{2}} \mathrm{d}\theta \int_0^{\sqrt{2}R} \mathrm{e}^{-\rho^2}\rho\,\mathrm{d}\rho = \frac{\pi}{4}(1-\mathrm{e}^{-2R^2})$$

得

$$\frac{\pi}{4}(1-\mathrm{e}^{-R^2}) < I_R^2 < \frac{\pi}{4}(1-\mathrm{e}^{-2R^2})$$

令 $R \to +\infty$,则 $\lim_{R\to\infty} I_R^2 = \frac{\pi}{4}$ 即 $I^2 = \frac{\pi}{4}$. 故

$$I = \int_0^{+\infty} \mathrm{e}^{-x^2}\,\mathrm{d}x = \frac{\sqrt{\pi}}{2}.$$

例 10.4.25 计算 $\lim_{r\to 0} \frac{1}{\pi r^2} \iint_D \mathrm{e}^{x^2-y^2}\cos(x+y)\,\mathrm{d}x\mathrm{d}y$,其中 D 是中心为原点,半径为 r 的圆所围成的区域.

解 注意到被积函数是连续函数,因此可以考虑通过重积分的中值定理,估计出积分值,再取极限. 由 $\mathrm{e}^{x^2-y^2}\cos(x+y)$ 在区域 D 上连续,故在 D 内存在一点 (ξ,η),使得

$$\iint_D \mathrm{e}^{x^2-y^2}\cos(x+y)\,\mathrm{d}x\mathrm{d}y = \mathrm{e}^{\xi^2-\eta^2}\cos(\xi+\eta)\pi \cdot r^2$$

其中, $\xi^2 + \eta^2 \leqslant r^2$. 当 $r \to 0$ 时, $\xi \to 0, \eta \to 0$. 于是

$$\lim_{r\to 0} \frac{1}{\pi r^2} \iint_D \mathrm{e}^{x^2-y^2}\cos(x+y)\,\mathrm{d}x\mathrm{d}y = \lim_{r\to 0}\mathrm{e}^{\xi^2-\eta^2}\cos(\xi+\eta) = 1.$$

例 10.4.26 计算 $\iint_D \sin x \sin y \cdot \max\{x,y\}\,\mathrm{d}x\mathrm{d}y$,其中 $D = \{(x,y) \mid 0 \leqslant x \leqslant \pi, 0 \leqslant y \leqslant \pi\}$.

解 由于被积函数中含 $\max\{x,y\}$ 因子,需用直线 $x = y$ 将 D 分成两个区域 D_1、D_2,如图 10.16 所示,比较 x、y 的大小. 于是

$$\text{原式} = \iint_{D_1} \sin x \sin y \cdot \max\{x,y\}\,\mathrm{d}x\mathrm{d}y + \iint_{D_2} \sin x \sin y \cdot \max\{x,y\}\,\mathrm{d}x\mathrm{d}y$$

$$= \iint_{D_1} y\sin x\sin y \mathrm{d}x\mathrm{d}y + \iint_{D_2} x\sin x\sin y \mathrm{d}x\mathrm{d}y$$

而

$$\iint_{D_1} y\sin x\sin y \mathrm{d}x\mathrm{d}y = \int_0^\pi y\sin y \mathrm{d}y \int_0^y \sin x \mathrm{d}x$$

$$= \int_0^\pi y(1-\cos y)\sin y \mathrm{d}y = \pi + \frac{\pi}{4}$$

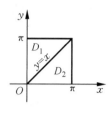

图 10.16

由于 D_1 与 D_2 关于 $y=x$ 对称,故有

$$\iint_{D_2} x\sin x\sin y \mathrm{d}x\mathrm{d}y = \iint_{D_1} y\sin x\sin y \mathrm{d}x\mathrm{d}y = \pi + \frac{\pi}{4}$$

所以
$$\iint_D \sin x\sin y \cdot \max\{x,y\} \mathrm{d}x\mathrm{d}y = 2\left(\pi + \frac{\pi}{4}\right) = \frac{5\pi}{2}.$$

例 10.4.27 求由曲线 $y = x + \frac{1}{x}$, $x=2$ 及 $y=2$ 所围图形面积 A.

解 所围图形如图 10.17 所示,易求得当 $x=2$ 时,$y=\frac{5}{2}$;当 $y=2$ 时,$x=1$. 故

$$A = \iint_D \mathrm{d}x\mathrm{d}y = \int_1^2 \mathrm{d}x \int_2^{x+\frac{1}{x}} \mathrm{d}y = \int_1^2 \left[\left(x+\frac{1}{x}\right)-2\right]\mathrm{d}x = \ln 2 - \frac{1}{2}.$$

例 10.4.28 设 $I = \iiint_\Omega f(x,y,z)\mathrm{d}v$. 其中 Ω 是由 $x^2+y^2+z^2 \leqslant 4$ 和 $x^2+y^2 \leqslant 3z$ 围成的区域. $f(x,y,z)$ 为 Ω 上的连续函数.

(1) 试在直角坐标系、柱面坐标系和球面坐标系下分别将 I 化为三次积分;
(2) 若 $f(x,y,z) = x+y+z$,计算该三重积分;
(3) 若 $f(x,y,z) = z^2$,计算该三重积分.

解 积分区域 Ω 如图 10.18 所示.

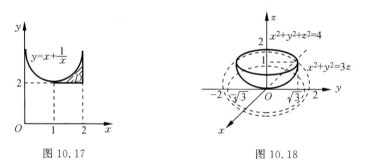

图 10.17   图 10.18

(1) 在直角坐标系中,Ω 在 xOy 平面上的投影区域为

$$D_{xy}:\begin{cases} x^2+y^2 \leqslant 3, \\ z=0 \end{cases}, \quad 即 \quad \begin{cases} -\sqrt{3-x^2} \leqslant y \leqslant \sqrt{3-x^2} \\ -\sqrt{3} \leqslant x \leqslant \sqrt{3} \end{cases}$$

所以

$$I = \int_{-\sqrt{3}}^{\sqrt{3}} \mathrm{d}x \int_{-\sqrt{3-x^2}}^{\sqrt{3-x^2}} \mathrm{d}y \int_{\frac{x^2+y^2}{3}}^{\sqrt{4-x^2-y^2}} f(x,y,z)\mathrm{d}z.$$

在柱面坐标系中，积分区域 $\Omega:\begin{cases}\rho^2\leqslant 4-z^2\\ \rho^2\leqslant 3z\end{cases}$，体积元素 $dv=\rho d\rho d\theta dz$. 由于

$$\begin{cases}\dfrac{\rho^2}{3}\leqslant z\leqslant\sqrt{4-\rho^2}\\ 0\leqslant\rho\leqslant\sqrt{3}\\ 0\leqslant\theta\leqslant 2\pi\end{cases}$$

所以 $$I=\int_0^{2\pi}d\theta\int_0^{\sqrt{3}}d\rho\int_{\frac{\rho^2}{3}}^{\sqrt{4-\rho^2}}f(\rho\cos\theta,\rho\sin\theta,z)\rho dz.$$

在球坐标系中，积分区域 Ω 应分为两部分，即 $\Omega=\Omega_1+\Omega_2$，其中

$$\Omega_1:\begin{cases}0\leqslant r\leqslant 2\\ 0\leqslant\varphi\leqslant\dfrac{\pi}{3}\\ 0\leqslant\theta\leqslant 2\pi\end{cases},\quad \Omega_2:\begin{cases}0\leqslant r\leqslant 3\dfrac{\cos\varphi}{\sin^2\varphi}\\ \dfrac{\pi}{3}\leqslant\varphi\leqslant\dfrac{\pi}{2}\\ 0\leqslant\theta\leqslant 2\pi\end{cases}$$

而 $dv=r^2\sin\varphi dr d\theta d\varphi$，因此

$$\begin{aligned}I&=\iiint_{\Omega_1}f(r\cos\theta\sin\varphi,r\sin\theta\sin\varphi,r\cos\varphi)r^2\sin\varphi dr d\theta d\varphi+\\ &\quad\iiint_{\Omega_2}f(r\cos\theta\sin\varphi,r\sin\theta\sin\varphi,r\cos\varphi)r^2\sin\varphi dr d\theta d\varphi\\ &=\int_0^{2\pi}d\theta\int_0^{\frac{\pi}{3}}d\varphi\int_0^2 f(r\cos\theta\sin\varphi,r\sin\theta\sin\varphi,r\cos\varphi)r^2\sin\varphi dr+\\ &\quad\int_0^{2\pi}d\theta\int_{\frac{\pi}{3}}^{\frac{\pi}{2}}d\varphi\int_0^{\frac{3\cos\varphi}{\sin^2\varphi}}f(r\cos\theta\sin\varphi,r\sin\theta\sin\varphi,r\cos\varphi)r^2\sin\varphi dr.\end{aligned}$$

（2）从上述累次积分的上、下限看应选用柱面坐标系计算，即

$$\iiint_\Omega(x+y+z)dv=\iiint_\Omega x dv+\iiint_\Omega y dv+\iiint_\Omega z dv=\iiint_\Omega z dv$$
$$=\int_0^{2\pi}d\theta\int_0^{\sqrt{3}}\rho d\rho\int_{\frac{\rho^2}{3}}^{\sqrt{4-\rho^2}}z dz=\frac{13}{4}\pi.$$

以上计算中，因 Ω 关于 yOz、xOz 平面对称，故有 $\iiint_\Omega x dv=0$，$\iiint_\Omega y dv=0$.

（3）用"先二后一"法。Ω 向 z 轴投影得 z 轴上的一个区间 $[0,2]$，过 $(0,2)$ 内任一点 z 作垂直于 z 轴的平面交 Ω 得截面 D_{z_1}、D_{z_2}.

当 $0\leqslant z\leqslant 1$ 时，$D_{z_1}:x^2+y^2\leqslant 3z$；当 $1\leqslant z\leqslant 2$ 时，$D_{z_2}:x^2+y^2\leqslant 4-z^2$.

因此
$$\iiint_\Omega z^2 dx dy dz=\int_0^2 dz\iint_{D_z}z^2 dx dy=\int_0^1 z^2 dz\iint_{D_{z_1}}dx dy+\int_1^2 z^2 dz\iint_{D_{z_2}}dx dy$$
$$=\int_0^1\pi\cdot 3z\cdot z^2 dz+\int_1^2\pi(4-z^2)\cdot z^2 dz=\frac{233}{60}\pi.$$

例 10.4.29 设函数 $f(x,y,z)$ 连续，试将三次积分

$$I=\int_0^1 dx\int_0^{1-x}dy\int_0^{x+y}f(x,y,z)dz$$

改变为先对 y,次对 z,后对 x 的三次积分.

解 本题画图较为困难.在许多情况下,不必画出立体区域,而只要画出向坐标面的投影区域即可.

区域 Ω 向 x 轴的投影区间为 $[0,1]$,在 $(0,1)$ 内任取一点 x,过 x 作垂直于 x 轴的平面,截得积分区域 Ω 的截面 D_x.如图 10.19 所示,此时积分 $\int_0^{1-x} \mathrm{d}y \int_0^{x+y} f(x,y,z)\mathrm{d}z$ 交换次序为

$$\int_0^x \mathrm{d}z \int_0^{1-x} f(x,y,z)\mathrm{d}y + \int_x^1 \mathrm{d}z \int_{z-x}^{1-x} f(x,y,z)\mathrm{d}y.$$

所以原积分化为

$$I = \int_0^1 \mathrm{d}x \int_0^x \mathrm{d}z \int_0^{1-x} f(x,y,z)\mathrm{d}y + \int_0^1 \mathrm{d}x \int_x^1 \mathrm{d}z \int_{z-x}^{1-x} f(x,y,z)\mathrm{d}y.$$

例 10.4.30 交换三次积分

$$I = \int_{-3}^{3} \mathrm{d}x \int_{-\sqrt{9-x^2}}^{\sqrt{9-x^2}} \mathrm{d}y \int_{\sqrt{x^2+y^2}}^{3} \sqrt{x^2+y^2}\,\mathrm{d}z$$

的顺序,使之成为先对 x,次对 y,最后对 z 的积分.

解 一般先确定出三重积分的积分区域 Ω,然后按"先二后一"法化为三次积分,但本题可以通过二重积分换序的方法,依次交换两变量的积分次序,只要经过若干次就可以达到题意要求.

先交换 x 与 y 的积分次序,最外层的二次积分相应的重积分区域如图 10.20 所示.

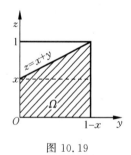

图 10.19   图 10.20

令

$$F(x,y) = \int_{\sqrt{x^2+y^2}}^{3} \sqrt{x^2+y^2}\,\mathrm{d}z$$

则

$$I = \int_{-3}^{3} \mathrm{d}x \int_{-\sqrt{9-x^2}}^{\sqrt{9-x^2}} F(x,y)\mathrm{d}y$$

依二次积分换序方法知

$$I = \int_{-3}^{3} \mathrm{d}y \int_{-\sqrt{9-y^2}}^{\sqrt{9-y^2}} F(x,y)\mathrm{d}x$$

将 $F(x,y)$ 代入得

$$I = \int_{-3}^{3} \mathrm{d}y \int_{-\sqrt{9-y^2}}^{\sqrt{9-y^2}} \mathrm{d}x \int_{\sqrt{x^2+y^2}}^{3} \sqrt{x^2+y^2}\,\mathrm{d}z.$$

再交换 x 与 z 的积分次序,上式中里层的二次积分对应的重积分区域如图 10.21 所示.

令

$$I_1(y) = \int_{-\sqrt{9-y^2}}^{\sqrt{9-y^2}} \mathrm{d}x \int_{\sqrt{x^2+y^2}}^{3} \sqrt{x^2+y^2}\,\mathrm{d}z$$

则
$$I = \int_{-3}^{3} I_1(y)\,dy.$$

依二次积分换序方法知
$$I_1(y) = \int_{|y|}^{3} dz \int_{-\sqrt{z^2-y^2}}^{\sqrt{z^2-y^2}} \sqrt{x^2+y^2}\,dx$$

于是
$$I = \int_{-3}^{3} dy \int_{|y|}^{3} dz \int_{-\sqrt{z^2-y^2}}^{\sqrt{z^2-y^2}} \sqrt{x^2+y^2}\,dx$$

最后交换 y 与 z 的积分次序,上式中外层二次积分对应的重积分区域如图 10.22 所示.

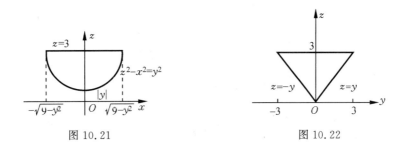

图 10.21   图 10.22

令
$$G(y,z) = \int_{-\sqrt{z^2-y^2}}^{\sqrt{z^2-y^2}} \sqrt{x^2+y^2}\,dx$$

则
$$I = \int_{-3}^{3} dy \int_{|y|}^{3} G(y,z)\,dz$$

于是
$$I = \int_{0}^{3} dz \int_{-z}^{z} G(y,z)\,dy = \int_{0}^{3} dz \int_{-z}^{z} dy \int_{-\sqrt{z^2-y^2}}^{\sqrt{z^2-y^2}} \sqrt{x^2+y^2}\,dx.$$

例 10.4.31 计算三重积分 $\iiint_{\Omega} z\sqrt{x^2+y^2}\,dv$,其中 Ω 是圆柱面 $y = \sqrt{2x-x^2}$ 及平面 $y = 0, z = 0$ 和 $z = 1$ 围成的第一象限的空间区域.

解 积分区域 Ω 是半圆柱体,Ω 在 xOy 平面上投影区域为半圆形区域.Ω 的上顶 $z = 1$,下底 $z = 0$.由柱面坐标可以表示为 $0 \leqslant z \leqslant 1, 0 \leqslant \rho \leqslant 2\cos\theta, 0 \leqslant \theta \leqslant \frac{\pi}{2}$.故

$$\iiint_{\Omega} z\sqrt{x^2+y^2}\,dv = \int_{0}^{\frac{\pi}{2}} d\theta \int_{0}^{2\cos\theta} r\,dr \int_{0}^{1} z \cdot r\,dz = \frac{1}{2} \times \frac{8}{3} \int_{0}^{\frac{\pi}{2}} \cos^3\theta\,d\theta = \frac{8}{9}.$$

例 10.4.32 计算三重积分 $\iiint_{\Omega} \sqrt{x^2+y^2+z^2}\,dv$,其中 Ω 是由上半球面 $z = \sqrt{a^2-x^2-y^2}$ 和圆锥面 $z = \sqrt{x^2+y^2}$ 所围成的空间闭区域.

解 Ω 由不等式 $0 \leqslant r \leqslant a, 0 \leqslant \varphi \leqslant \frac{\pi}{4}, 0 \leqslant \theta \leqslant 2\pi$ 给出.故

$$\iiint_{\Omega} \sqrt{x^2+y^2+z^2}\,dv = \int_{0}^{2\pi} d\theta \int_{0}^{\frac{\pi}{4}} d\varphi \int_{0}^{a} r \cdot r^2 \sin\varphi\,dr = \frac{\pi a^4}{2}\left(1 - \frac{\sqrt{2}}{2}\right).$$

例 10.4.33 计算三重积分 $\iiint_{\Omega} (x+y+z)^2\,dv$,其中 Ω 是由抛物面 $z = x^2+y^2$ 和球面 $z = \sqrt{2-x^2-y^2}$ 所围成的空间闭区域.

解 被积函数 $(x+y+z)^2 = x^2+y^2+z^2+2(xy+xz+yz)$

由于 Ω 关于 xOy 平面对称，$xy+yz$ 关于 y 是奇函数．所以 $\iiint\limits_{\Omega}(xy+yz)\mathrm{d}v = 0$．

类似地，Ω 关于 yOz 平面对称，xz 关于 x 是奇函数．所以 $\iiint\limits_{\Omega}xz\mathrm{d}v = 0$，则

$$\iiint\limits_{\Omega}(x+y+z)^2 \mathrm{d}v = \iiint\limits_{\Omega}(x^2+y^2+z^2)\mathrm{d}v$$

采用柱面坐标，Ω 由 $0 \leqslant \theta \leqslant 2\pi, 0 \leqslant \rho \leqslant 1, \rho^2 \leqslant z \leqslant \sqrt{2-\rho^2}$ 给出．

$$\iiint\limits_{\Omega}(x^2+y^2)\mathrm{d}v = \iiint\limits_{\Omega}\rho^3 \mathrm{d}\rho\mathrm{d}\theta\mathrm{d}z = \int_0^{2\pi}\mathrm{d}\theta\int_0^1 \rho^3\mathrm{d}\rho\int_{\rho^2}^{\sqrt{2-\rho^2}}\mathrm{d}z$$

$$= 2\pi\int_0^1 \rho^3(\sqrt{2-\rho^2}-\rho^2)\mathrm{d}\rho \text{（令 } \rho = \sqrt{2}\cos t\text{）}$$

$$= 2\pi\left(\int_0^{\frac{\pi}{4}} 4\sqrt{2}\sin^3 t\cos^3 t - \frac{1}{6}\right) = \frac{\pi}{15}(16\sqrt{2}-19)$$

$$\iiint\limits_{\Omega}z^2 \mathrm{d}v = 4\int_0^{\frac{\pi}{2}}\mathrm{d}\theta\int_0^1 \rho\mathrm{d}\rho\int_{\rho^2}^{\sqrt{2-\rho^2}}z^2\mathrm{d}z = \frac{2\pi}{3}\int_0^1 \rho[(2-\rho^2)^{\frac{3}{2}}-\rho^6]\mathrm{d}\rho = \frac{\pi}{60}(32\sqrt{2}-13)$$

所以 $\iiint\limits_{\Omega}(x+y+z)^2 \mathrm{d}v = \frac{\pi}{60}[4\times(16\sqrt{2}-19)+32\sqrt{2}-13] = \frac{\pi}{60}(96\sqrt{2}-89)$．

例 10.4.34 设积分区域 Ω 是由曲面 $z = \sqrt{x^2+y^2}$ 与 $z = \sqrt{1-x^2-y^2}$ 围成的空间区域，求 $\iiint\limits_{\Omega}(x+z)\mathrm{d}v$．

解
$$\iiint\limits_{\Omega}(x+z)\mathrm{d}v = \iiint\limits_{\Omega}x\mathrm{d}v + \iiint\limits_{\Omega}z\mathrm{d}v$$

对于 $\iiint\limits_{\Omega}x\mathrm{d}v$，由于积分区域 Ω 关于 yOz 面对称，被积函数为 x 的奇函数，根据对称性可知 $\iiint\limits_{\Omega}x\mathrm{d}v = 0$．故

$$\iiint\limits_{\Omega}(x+z)\mathrm{d}v = 0 + \iiint\limits_{\Omega}z\mathrm{d}v \text{（用球面坐标计算）}$$

$$\int_0^{2\pi}\mathrm{d}\theta\int_0^{\frac{\pi}{4}}\mathrm{d}\varphi\int_0^1 r\cos\varphi \cdot r^2\sin\varphi\mathrm{d}r = 2\pi \cdot \left(\frac{1}{2}\sin^2\varphi\Big|_0^{\frac{\pi}{4}}\right) \cdot \left(\frac{1}{4}r^4\Big|_0^1\right) = \frac{\pi}{8}$$

例 10.4.35 计算 $\iiint\limits_{\Omega}z\mathrm{d}v$，其中 Ω 为柱面 $x^2+y^2=1$ 及平面 $z=1, z=0, x=0, y=0$ 所围成的在第一卦限内的闭区域（见图 10.23）．

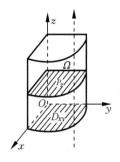

图 10.23

解法 1 在直角坐标系下，采用"先一后二"法．

Ω 在 xOy 平面的投影区域 $D_{xy}: \begin{cases} 0 \leqslant y \leqslant \sqrt{1-x^2} \\ 0 \leqslant x \leqslant 1 \end{cases}$

则 Ω 可以表示为 $\begin{cases} 0 \leqslant z \leqslant 1 \\ (x,y) \in D_{xy} \end{cases}$，故

$$I = \iint_{D_{xy}} dxdy \int_0^1 zdz = \int_0^1 dx \int_0^{\sqrt{1-x^2}} dy \int_0^1 zdz = \frac{\pi}{8}.$$

解法 2 在直角坐标系下，采用"先二后一"法. 用平面 $z = z$ 截 Ω 得截面 $P_z : x^2 + y^2 \leqslant 1(0 \leqslant z \leqslant 1)$，其面积为 $\frac{\pi}{4}$，所以

$$I = \int_0^1 zdz \iint_{P_z} d\sigma = \frac{\pi}{4} \int_0^1 zdz = \frac{\pi}{8}.$$

解法 3 在柱面坐标系下，Ω 在 xOy 平面的投影区域 $D_{xy} : \begin{cases} 0 \leqslant \rho \leqslant 1 \\ 0 \leqslant \theta \leqslant \frac{\pi}{2} \end{cases}.$

则 Ω 可以表示为 $0 \leqslant z \leqslant 1, 0 \leqslant \rho \leqslant 1, 0 \leqslant \theta \leqslant \frac{\pi}{2}$，所以

$$I = \int_0^{\frac{\pi}{2}} d\theta \int_0^1 \rho d\rho \int_0^1 zdz = \frac{\pi}{8}.$$

例 10.4.36 计算 $\iiint_{\Omega} (x^2 + y^2 + z^2) dv$，其中 Ω 为 $z = \sqrt{x^2 + y^2}$ 及 $z = \sqrt{R^2 - x^2 - y^2}$ 所围成.

解 $I = \iiint_{\Omega} (x^2 + y^2) dxdydz + \iiint_{\Omega} z^2 dz$

$= \int_0^{\frac{R}{\sqrt{2}}} dz \iint_{D_z} (x^2+y^2) dxdy + \int_{\frac{R}{\sqrt{2}}}^{R} dz \iint_{D_z} (x^2+y^2) dxdy + \int_0^{\frac{R}{\sqrt{2}}} z^2 dz \iint_{D_z} dxdy + \int_{\frac{R}{\sqrt{2}}}^{R} z^2 dz \iint_{D_z} dxdy$

$= \int_0^{\frac{R}{\sqrt{2}}} dz \int_0^{2\pi} d\theta \int_0^z r^3 dr + \int_{\frac{R}{\sqrt{2}}}^{R} dz \int_0^{2\pi} d\theta \int_0^{\sqrt{R^2-z^2}} r^3 dr + \int_0^{\frac{R}{\sqrt{2}}} z^2 \cdot \pi z^2 dz +$

$\int_{\frac{R}{\sqrt{2}}}^{R} z^2 \cdot \pi(R^2 - z^2) dz$

$= \frac{2\pi}{4} \int_0^{\frac{R}{\sqrt{2}}} z^4 dz + \int_{\frac{R}{\sqrt{2}}}^{R} (R^2 - z^2)^2 dz + \frac{\pi}{5} z^4 \Big|_0^{\frac{R}{\sqrt{2}}} + \pi \left(\frac{R^2 z^3}{3} - \frac{z^5}{5} \right) \Big|_{\frac{R}{\sqrt{2}}}^{R}$

$= \frac{2\pi}{5} R^5 \left(1 - \frac{\sqrt{2}}{2} \right).$

例 10.4.37 计算 $\iiint_{\Omega} (x^2 + y^2 + z) dv$，其中 Ω 是由曲线 $\begin{cases} y^2 = 2z \\ x = 0 \end{cases}$ 绕 z 轴旋转一周而形成的曲面与平面 $z = 4$ 所围成的空间闭区域.

解法 1 用截面法. 旋转曲面方程为 $x^2 + y^2 = 2z$.

$$\Omega = \left\{ (x, y, z) \,\Big|\, \frac{x^2 + y^2}{2} \leqslant z \leqslant 4, x^2 + y^2 \leqslant 8 \right\}$$

Ω 投影到 z 轴得区间 $[0, 4]$，截面 $P_z : x^2 + y^2 \leqslant 2z, z \in (0, 4)$. 所以

$$\iiint_{\Omega} (x^2 + y^2 + z) dv = \int_0^4 dz \iint_{P_z} (x^2 + y^2 + z) dv = \int_0^4 dz \iint_{P_z} (\rho^2 + z) \rho d\rho d\theta$$

$$= \int_0^4 dz \int_0^{2\pi} d\theta \int_0^{\sqrt{2z}} (r^2 + z) \rho d\rho = \frac{256}{3} \pi.$$

解法 2 用柱面坐标. $\Omega: \dfrac{r^2}{2} \leqslant z \leqslant 4, 0 \leqslant \rho \leqslant \sqrt{8}, 0 \leqslant \theta \leqslant 2\pi$. 所以

$$\iiint\limits_{\Omega}(x^2+y^2+z)\mathrm{d}v = \iiint\limits_{\Omega}(\rho^2+z)\rho\mathrm{d}\rho\mathrm{d}\theta\mathrm{d}z$$
$$= \int_0^{2\pi}\mathrm{d}\theta\int_0^{\sqrt{8}}\rho\mathrm{d}\rho\int_{\frac{\rho^2}{2}}^4(r^2+z)\mathrm{d}z = \dfrac{256}{3}\pi.$$

例 10.4.38 计算 $I = \int_0^1\mathrm{d}x\int_0^{1-x}\mathrm{d}y\int_{x+y}^1\dfrac{\sin z}{z}\mathrm{d}z$.

解 所给三次积分不可直接计算,可以将其还原为三重积分,采用截面法.
$$\Omega: x+y \leqslant z \leqslant 1, 0 \leqslant y \leqslant 1-x, 0 \leqslant x \leqslant 1$$

将 Ω 投影到 z 轴得区间 $[0,1]$. 作截面 $P_z = \{(x,y) \mid x+y \leqslant z, z \in (0,1)\}$, 如图 10.24 所示, P_z 的面积为 $\dfrac{1}{2}z^2$.

$$I = \int_0^1\dfrac{\sin z}{z}\mathrm{d}z\iint\limits_{P_z}\mathrm{d}x\mathrm{d}y = \dfrac{1}{2}\int_0^1\dfrac{\sin z}{z}\cdot z^2\mathrm{d}z = \dfrac{1}{2}(\sin 1 - \cos 1).$$

例 10.4.39 求由曲面 $ax = y^2+z^2$ 与 $x = \sqrt{y^2+z^2}$ $(a>0)$ 所围成的立体体积.

解法 1 利用二重积分计算,如图 10.25 所示,两曲面所围立体在 yOz 平面投影区域 D_{yz} 为 $y^2+z^2 \leqslant a^2$. 所以

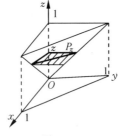
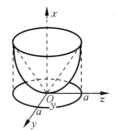

图 10.24 图 10.25

$$V = \iint\limits_{D_{yz}}\sqrt{y^2+z^2}\mathrm{d}y\mathrm{d}z - \iint\limits_{D_{yz}}\dfrac{1}{a}(y^2+z^2)\mathrm{d}y\mathrm{d}z = \iint\limits_{D_{yz}}\left(r - \dfrac{1}{a}r^2\right)r\mathrm{d}r\mathrm{d}\theta$$
$$= \int_0^{2\pi}\mathrm{d}\theta\int_0^a r\left(r - \dfrac{1}{a}r^2\right)\mathrm{d}r = \dfrac{\pi}{6}a^3.$$

解法 2 利用三重积分计算,设 Ω 为两曲面所围之立体区域,从而

$$V = \iiint\limits_{\Omega}\mathrm{d}v = \iiint\limits_{\Omega}r\mathrm{d}r\mathrm{d}\theta\mathrm{d}z = \int_0^{2\pi}\mathrm{d}\theta\int_0^a r\mathrm{d}r\int_{\frac{r^2}{a}}^r \mathrm{d}z = \dfrac{\pi}{6}a^3.$$

例 10.4.40 求由曲面 $(x^2+y^2+z^2)^2 = a^2 x$ 所围成立体的体积.

解 用球坐标计算. 由曲面方程得 $r = \sqrt[3]{a^2\sin\varphi\cos\theta}$, 由于 $x \geqslant 0$, 而 y, z 仅含平方项, 故所求体积为第一象限部分体积的 4 倍. 因此

$$V = 4\int_0^{\frac{\pi}{2}}\mathrm{d}\theta\int_0^{\frac{\pi}{2}}\mathrm{d}\varphi\int_0^{\sqrt[3]{a^2\sin\varphi\cos\theta}}r^2\sin\varphi\mathrm{d}r = \dfrac{4}{3}a^2\int_0^{\frac{\pi}{2}}\cos\theta\mathrm{d}\theta\cdot\int_0^{\frac{\pi}{2}}\sin^2\varphi\mathrm{d}\varphi = \dfrac{a^2}{3}\pi.$$

10.5 错解分析

1. 利用积分区域的对称性和被积函数的奇偶性时容易出现的错误

例 10.5.1 计算 $\iint\limits_{D}\left(1-\dfrac{x}{4}-\dfrac{y}{3}\right)\mathrm{d}\sigma$，其中 D 为矩形区域：$-2\leqslant x\leqslant 2, -1\leqslant y\leqslant 1$.

错解 因为积分区域 D 关于 y 轴对称，也关于 x 轴对称，设 D_1 为矩形区域 $0\leqslant x\leqslant 2$，$0\leqslant y\leqslant 1$，则有

$$\iint\limits_{D}\left(1-\dfrac{x}{4}-\dfrac{y}{3}\right)\mathrm{d}\sigma = 4\iint\limits_{D_1}\left(1-\dfrac{x}{4}-\dfrac{y}{3}\right)\mathrm{d}\sigma.$$

例 10.5.2 计算 $\iint\limits_{D}(x+\sin x)\mathrm{d}\sigma$，其中 D 由曲线 $y^2=x$ 与直线 $x=1$ 所围成.

错解 因为 $x+\sin x$ 关于 x 是奇函数，所以有 $\iint\limits_{D}(x+\sin x)\mathrm{d}\sigma=0$.

分析 以上例 10.5.1、例 10.5.2 显然都是错误的. 利用对称性计算二重积分必须同时具备以下两条：

(1) 积分区域具有对称性；

(2) 被积函数对相应积分变量具有奇偶性.

例 10.5.1 的积分区域 D 虽然是对称的，但被积函数关于 x、y 都不是偶函数；例 10.5.2 的被积函数虽然关于 x 是奇函数，但积分区域 D 不是关于 y 轴对称区域.

例 10.5.3 计算 $\iint\limits_{D}x^2\sin y\mathrm{d}\sigma$，其中 $D:x^2\leqslant y\leqslant 1$.

错解 因为 D 关于 y 轴对称，而被积函数 $x^2\sin y$ 关于 y 是奇函数，所以有

$$\iint\limits_{D}x^2\sin y\mathrm{d}\sigma = 0.$$

分析 例 10.5.3 的解法也是错误的. D 关于 y 轴对称，仅当被积函数关于 x 是奇函数时才有上面等式成立. 但被积函数 $x^2\sin y$ 关于 x 是偶函数，所以应该有

$$\iint\limits_{D}x^2\sin y\mathrm{d}\sigma = 2\iint\limits_{D_1}x^2\sin y\mathrm{d}\sigma$$

其中 $D_1:x^2\leqslant y\leqslant 1, x\geqslant 0$.

2. 确定积分次序时，谁先谁后容易出现差错

例 10.5.4 计算 $\iint\limits_{D}\dfrac{\sin(xy)}{x}\mathrm{d}x\mathrm{d}y$，其中 D 为 $x=y^2$ 及 $x=1+\sqrt{1-y^2}$ 所围成的闭区域.

错解
$$\iint\limits_{D}\dfrac{\sin(xy)}{x}\mathrm{d}x\mathrm{d}y = \int_{-1}^{1}\mathrm{d}y\int_{y^2}^{1+\sqrt{1-y^2}}\dfrac{\sin(xy)}{x}\mathrm{d}x.$$

分析 例 10.5.4 的解法把二重积分化为先对 x 后对 y 的二次积分，积分限是对的. 但在计算时，$\int\dfrac{\sin(xy)}{x}\mathrm{d}x$ 的原函数不能用初等函数表达，二重积分算不出来，因此必须交换积分次序，改为先对 y 后对 x 的积分.

本例说明,计算二重积分时,确定积分次序是有要求的.谁先谁后应综合考虑积分区域的形状和被积函数的形式.一般来说可以考虑以下三个原则.

(1) 函数原则:使内层积分能够积出的原则.例如,$f(x,y) = g(x)e^{y^2}$ 一定应先对 x 积分后对 y 积分;$f(x,y) = \cos\dfrac{y}{x} \cdot g(y)$ 一定应先对 y 积分后对 x 积分.

(2) 区域原则:对 y— 型区域应先 x 后 y 积分;x— 型区域应先 y 后 x 积分.若积分区域既是 x— 型区域又是 y— 型区域,在满足函数原则的前提下,先对 x 积分或先对 y 积分均可.

(3) 分块原则:对于既非 x— 型区域又非 y— 型区域,应将区域 D 分块,在满足函数原则的前提下,使分块最少.

3. 直角坐标系下化二重积分为二次积分时,确定积分限容易出现的错误

例 10.5.5 设积分区域 D 由 $y = \dfrac{1}{x}, y = 2, x = 1, x = 2$ 所围成,试将 $\iint\limits_D f(x,y) d\sigma$ 化为二次积分.

错解 (1) $\iint\limits_D f(x,y) d\sigma = \int_1^2 dx \int_2^{\frac{1}{x}} f(x,y) dy$.

(2) $\iint\limits_D f(x,y) d\sigma = \int_{\frac{1}{x}}^2 dy \int_1^2 f(x,y) dx$.

(3) $\iint\limits_D f(x,y) d\sigma = \int_{\frac{1}{2}}^2 dy \int_{\frac{1}{y}}^2 f(x,y) dx$.

直角坐标系下化二重积分为二次积分时,确定积分限有以下原则:

(1) 每层积分的下限都应小于上限;

(2) 内层积分限可以是外层积分变量的函数,但外层积分限必定是常数;

(3) 将积分区域投影到某坐标轴,在其投影区间内过任一点作垂直于该轴的直线,进入积分区域时如果遇到的是两个或两个以上的函数,则此二重积分必须利用积分区域可加性,将原积分区域分成两个或两个以上子区域,再在每个子区域上确定其积分的上、下限.

分析 例 10.5.5 的解中,(1) 的错误在于 $\dfrac{1}{x} < 2$;(2) 的错误在于外层的积分限有 x 的函数;(3) 中,应将 D 分为 D_1、D_2 两个子区域.而(3)的解法只将 D_1 化为了二次积分,漏掉了 D_2 部分(见图 10.26).

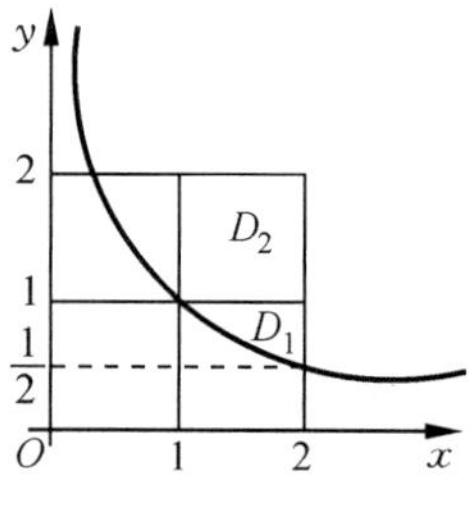

4. 被积函数中含有绝对值符号,有时会出现的错误

例 10.5.6 计算 $I = \iint\limits_D |y - x^2| d\sigma$,其中 $D: -1 \leqslant x \leqslant 1, 0 \leqslant y \leqslant 2$.

图 10.26

错解 当 $y \geqslant x^2$ 时,$I = \iint\limits_D (y - x^2) d\sigma = \int_{-1}^1 dx \int_0^2 (y - x^2) dx = \dfrac{8}{3}$;

当 $y < x^2$ 时,$I = \iint\limits_D (x^2 - y) d\sigma = \int_{-1}^1 dx \int_0^2 (x^2 - y) dy = -\dfrac{8}{3}$.

分析 二重积分的值是一个常数,这个数应由被积函数 $f(x,y) = |y - x^2|$ 及积分区域

D 完全确定,而不应是两个数值. 事实上,当二重积分的被积函数含有绝对值时,应将积分区域分块,将被积函数分段表示,以去掉绝对值符号.

正确的解答 是用曲线 $y=x^2$ 将 D 分为 D_1、D_2(见图10.27).

$$D_1: -1 \leqslant x \leqslant 1, 0 \leqslant y \leqslant x^2; \quad D_2: -1 \leqslant x \leqslant 1, x^2 \leqslant y \leqslant 2.$$

所以
$$I = \iint_D |y-x^2| \, d\sigma = \iint_{D_1} (x^2-y) d\sigma + \iint_{D_2} (y-x^2) d\sigma$$
$$= \int_{-1}^1 dx \int_0^{x^2} (x^2-y) dy + \int_{-1}^1 dx \int_{x^2}^2 (y-x^2) dy = 3\frac{1}{15}.$$

5. 抽象函数的重积分应注意的问题.

例10.5.7 将 $\iint_D f(x-y) d\sigma$ 化为二次积分,其 D 为圆环域:$1 \leqslant x^2+y^2 \leqslant 4$(见图10.28).

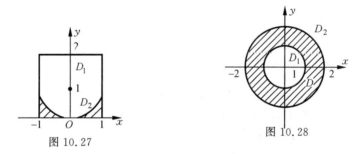

图 10.27   图 10.28

错解 设 D_1 为单位圆域:$x^2+y^2 \leqslant 1$. D_2 为圆域 $x^2+y^2 \leqslant 4$. 于是 $D_2 = D + D_1$,由二重积分性质有

$$\iint_D f(x,y) d\sigma = \iint_{D_2} f(x,y) d\sigma - \iint_{D_1} f(x,y) d\sigma$$
$$= \int_{-2}^2 dx \int_{-\sqrt{4-x^2}}^{\sqrt{4-x^2}} f(x,y) dy - \int_{-1}^1 dx \int_{-\sqrt{1-x^2}}^{\sqrt{1-x^2}} f(x,y) dy.$$

分析 上述解法是把积分区域 D 看做两个圆域之差 $D = D_2 - D_1$,这种做法就是默认被积函数 $f(x,y)$ 在 D_1 上有定义,且二重积分存在.

事实上,题目要求计算 $\iint_D f(x,y) d\sigma$,只能说明 $f(x,y)$ 在 D 上满足二重积分存在条件,至于在 D 外面(如 D_1)$f(x,y)$ 是否满足二重积分存在条件就不知道了. 例如,函数 $f(x,y) = \dfrac{1}{x^2+y^2}$,在原点 $(0,0)$ 没有定义,且二重积分 $\iint_{D_1} \dfrac{1}{x^2+y^2} d\sigma$ 不存在,若按上面方法求解就错了.

正确的解答 是利用极坐标计算,于是
$$\iint_D f(x,y) d\sigma = \int_0^{2\pi} d\theta \int_1^2 f(\rho\cos\theta, \rho\sin\theta) \rho d\rho.$$

6. 重积分中,积分变量取值容易出现的错误.

例10.5.8 计算 $\iint_D \sin\sqrt{x^2+y^2} \, d\sigma$,其中 D 为由 $x^2+y^2=4$ 所围成的闭区域.

错解 $\iint\limits_{D}\sin\sqrt{x^2+y^2}\,\mathrm{d}\sigma = \sin 2 \cdot \iint\limits_{D}\mathrm{d}\sigma = 4\pi \cdot \sin 2.$

例 10.5.9 计算 $\iiint\limits_{\Omega}f(x,y,z)\mathrm{d}v$，其中 Ω 由 $x^2+y^2+z^2=4$ 所围成，所以

$$f(x,y,z) = (x^2+y^2+z^2)^2.$$

错解 $\iiint\limits_{\Omega}f(x,y,z)\mathrm{d}v = \iiint\limits_{\Omega}(x^2+y^2+z^2)^2\mathrm{d}v = \iiint\limits_{\Omega}4^2\mathrm{d}v = 16\iiint\limits_{\Omega}\mathrm{d}v$

$$= 16 \times \frac{4\pi}{3} \times 2^3 = \frac{512}{3}\pi.$$

分析 例 10.5.8、例 10.5.9 的错误在于积分变量的取值发生了错误. 被积函数中积分变量的取值应在整个区域上，而不是仅仅在区域的边界上. 如例 10.5.8 积分变量的取值应在 $x^2+y^2\leqslant 4$，而不是 $x^2+y^2=4$；例 10.5.9 积分变量的取值应在 $x^2+y^2+z^2\leqslant 4$，而不是其边界曲面 $x^2+y^2+z^2=4$ 上.

7. 交换积分次序时，积分限容易出现错误.

例 10.5.10 设二次积分 $\int_0^\pi \mathrm{d}x \int_0^{\sin x} f(x,y)\mathrm{d}y$，试绘制出相应的积分区域 D 的图形，并改变积分次序（这里假设 $f(x,y)$ 是 D 上的连续函数）

错解 积分区域如图 10.29 所示，

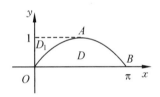

图 10.29

$$\int_0^\pi \mathrm{d}x \int_0^{\sin x} f(x,y)\mathrm{d}y = \int_0^1 \mathrm{d}y \int_0^{\arcsin y} f(x,y)\mathrm{d}x.$$

分析 解决"改变积分次序"的问题，通常是先根据给定的二次积分作出相应的二重积分区域，再按所得积分区域写出另一个二次积分，原二次积分相应的积分区域 D 可以表示为 $0\leqslant y\leqslant \sin x, 0\leqslant x\leqslant \pi$
即 D 是由 $y=\sin x$ 及 x 轴围成的区域，其图形如图 10.29 所示. 由题设，要把原二次积分化为先对 x 后对 y 的二次积分. 由图 10.29 所示，D 可以表示为

$$\arcsin y \leqslant x \leqslant \pi-\arcsin y, \quad 0\leqslant y\leqslant 1$$

当先对 x 积分时，积分下限是 $\arcsin y$，积分上限是 $\pi-\arcsin y$，可见上述解法中积分限定错了，它所表示的是由直线 $y=1, y$ 轴及 $y=\sin x$ 所围区域 D_1 上的二重积分.

正确解答 根据以上分析，有

$$\int_0^\pi \mathrm{d}x \int_0^{\sin x} f(x,y)\mathrm{d}y = \int_0^1 \mathrm{d}y \int_{\arcsin y}^{\pi-\arcsin y} f(x,y)\mathrm{d}x.$$

8. 利用极坐标计算二重积分容易出现的错误.

例 10.5.11 求由 $\theta=0, \rho=3, \rho=4, \rho=5\sin 2\theta$，在第一象限所围的平面区域 D，如图

10.30 所示的面积.

错解 先对 ρ 后对 θ 积分,得 D 的面积
$$A = \iint_D d\sigma = \iint_D \rho d\rho d\theta = \int_0^{\frac{1}{2}\arcsin\frac{4}{5}} d\theta \int_3^4 \rho d\rho = \frac{7}{4}\arcsin\frac{4}{5}$$

分析 根据本题积分区域 D 的形状,是很适合于极坐标来计算的.

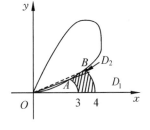

图 10.30

先对 ρ 后对 θ 积分,则应过点 O 与点 A 作射线,将 D 分成两个区域 D_1 及 D_2:

由 $\begin{cases} \rho = 3 \\ \rho = 5\sin 2\theta \end{cases}$ 得点 $A\left(3, \frac{1}{2}\arcsin\frac{3}{5}\right)$

由 $\begin{cases} \rho = 4 \\ \rho = 5\sin 2\theta \end{cases}$ 得点 $B\left(4, \frac{1}{2}\arcsin\frac{4}{5}\right)$

因此 $D_1: 3 \leqslant \rho \leqslant 4, 0 \leqslant \theta \leqslant \frac{1}{2}\arcsin\frac{3}{5}$,

$D_2: 5\sin 2\theta \leqslant \rho \leqslant 4, \frac{1}{2}\arcsin\frac{3}{5} \leqslant \theta \leqslant \frac{1}{2}\arcsin\frac{4}{5}$,

$$A = \iint_{D_1} d\sigma + \iint_{D_2} d\sigma$$

而上述解法计算的是区域 $3 \leqslant \rho \leqslant 4, 0 \leqslant \theta \leqslant \frac{1}{2}\arcsin\frac{4}{5}$ 的面积,该区域由圆 $\rho = 3, \rho = 4$ 及射线 $\theta = 0, \theta = \frac{1}{2}\arcsin\frac{4}{5}$ 所围成,积分区域 D 的面积多了 $\rho = 3, \rho = 5\sin 2\theta, \theta = \frac{1}{2}\arcsin\frac{4}{5}$ 围成的部分面积.

正确解答 根据以上分析,可得
$$A = \iint_{D_1} d\sigma + \iint_{D_2} d\sigma = \int_0^{\frac{1}{2}\arcsin\frac{3}{5}} d\theta \int_3^4 \rho d\rho + \int_{\frac{1}{2}\arcsin\frac{3}{5}}^{\frac{1}{2}\arcsin\frac{4}{5}} d\theta \int_{5\sin 2\theta}^4 \rho d\rho$$
$$= \frac{7}{4}\arcsin\frac{3}{5} + \frac{1}{2}\int_{\frac{1}{2}\arcsin\frac{3}{5}}^{\frac{1}{2}\arcsin\frac{4}{5}} (16 - 25\sin^2 2\theta) d\theta = \frac{7}{16}\pi.$$

10.6 考研真题选解

例 10.6.1 交换积分次序 $\int_0^{\frac{1}{4}} dy \int_y^{\sqrt{y}} f(x,y) dx + \int_{\frac{1}{4}}^{\frac{1}{2}} dy \int_y^{\frac{1}{2}} f(x,y) dx = $ _____.

(2002 年考研数学试题)

解 由题设知,$D_1: \begin{cases} 0 \leqslant y \leqslant \frac{1}{4} \\ y \leqslant x \leqslant \sqrt{y} \end{cases}$, $D_2: \begin{cases} \frac{1}{4} \leqslant y \leqslant \frac{1}{2} \\ y \leqslant x \leqslant \frac{1}{2} \end{cases}$

绘制出积分区域 D 如图 10.31 所示,得

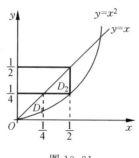

图 10.31

$$D:\begin{cases} 0 \leqslant x \leqslant \dfrac{1}{2} \\ x^2 \leqslant y \leqslant x \end{cases}$$

于是 $\displaystyle\int_0^{\frac{1}{4}} \mathrm{d}y \int_y^{\sqrt{y}} f(x,y)\mathrm{d}x + \int_{\frac{1}{4}}^{\frac{1}{2}} \mathrm{d}y \int_y^{\frac{1}{2}} f(x,y)\mathrm{d}x = \int_0^{\frac{1}{2}} \mathrm{d}x \int_{x^2}^{x} f(x,y)\mathrm{d}y.$

例 10.6.2 计算二重积分 $\displaystyle\iint_D \dfrac{\sqrt{x^2+y^2}}{\sqrt{4a^2-x^2-y^2}}\mathrm{d}\sigma$，其中 D 是由曲线 $y = -a + \sqrt{a^2-x^2}$ ($a>0$) 和直线 $y = -x$ 围成的区域. (2002 年考研数学试题)

解 区域 D 如图 10.32 所示. 在极坐标系下的积分区域为

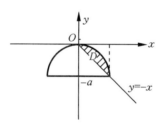

图 10.32

$$D = \left\{(r,\theta) \mid -\dfrac{\pi}{4} \leqslant \theta \leqslant 0, 0 \leqslant \rho \leqslant -2a\sin\theta\right\}$$

于是 $I = \displaystyle\iint_D \dfrac{\sqrt{x^2+y^2}}{\sqrt{4a^2-x^2-y^2}}\mathrm{d}\sigma = \int_{-\frac{\pi}{4}}^{0} \mathrm{d}\theta \int_0^{-2a\sin\theta} \dfrac{\rho^2}{\sqrt{4a^2-\rho^2}} \mathrm{d}\rho$

令 $\rho = 2a\sin t$，有

$$I = \int_{-\frac{\pi}{4}}^{0} \mathrm{d}\theta \int_0^{-\theta} 2a^2[1-\cos(2t)]\mathrm{d}t = 2a^2 \int_{-\frac{\pi}{4}}^{0} \left[-\theta + \dfrac{1}{2}\sin(2\theta)\right]\mathrm{d}\theta = a^2\left(\dfrac{\pi^2}{16} - \dfrac{1}{2}\right).$$

例 10.6.3 设 $f(x,y) = \begin{cases} x^2 y, & 1 \leqslant x \leqslant 2, 0 \leqslant y \leqslant x, \\ 0, & \text{其他}, \end{cases}$ 求 $\displaystyle\iint_D f(x,y)\mathrm{d}x\mathrm{d}y$，其中 $D = \{(x,y) \mid x^2 + y^2 \geqslant 2x\}$. (2000 年考研数学试题)

解 如图 10.33 所示，记

$$D_1 = \{(x,y) \mid 1 \leqslant x \leqslant 2, \sqrt{2x-x^2} \leqslant y \leqslant x\}$$

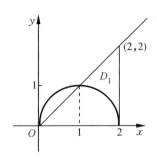

图 10.33

所以
$$\iint\limits_D f(x,y)\mathrm{d}x\mathrm{d}y = \iint\limits_{D_1} x^2 y \mathrm{d}x\mathrm{d}y = \int_1^2 \mathrm{d}x \int_{\sqrt{2x-x^2}}^x x^2 y \mathrm{d}y$$
$$= \int_1^2 x^2 \cdot \frac{y^2}{2}\bigg|_{\sqrt{2x-x^2}}^x \mathrm{d}x = \int_1^2 (x^4 - x^3)\mathrm{d}x = \frac{49}{20}.$$

例 10.6.4 计算二重积分 $\iint\limits_D \mathrm{e}^{\max(x^2,y^2)}\mathrm{d}x\mathrm{d}y$,其中

$$D = \{(x,y) \mid 0 \leqslant x \leqslant 1, 0 \leqslant y \leqslant 1\}.$$

解 记
$$D_1 = \{(x,y) \mid 0 \leqslant x \leqslant 1, 0 \leqslant y \leqslant x\}$$
$$D_2 = \{(x,y) \mid 0 \leqslant x \leqslant 1, x \leqslant y \leqslant 1\}$$

则
$$\iint\limits_D \mathrm{e}^{\max(x^2,y^2)}\mathrm{d}x\mathrm{d}y = \iint\limits_{D_1} \mathrm{e}^{\max(x^2,y^2)}\mathrm{d}x\mathrm{d}y + \iint\limits_{D_2} \mathrm{e}^{\max(x^2,y^2)}\mathrm{d}x\mathrm{d}y$$
$$= \iint\limits_{D_1} \mathrm{e}^{x^2}\mathrm{d}x\mathrm{d}y + \iint\limits_{D_2} \mathrm{e}^{y^2}\mathrm{d}x\mathrm{d}y = \int_0^1 \mathrm{d}x \int_0^x \mathrm{e}^{x^2}\mathrm{d}y + \int_0^1 \mathrm{d}y \int_0^y \mathrm{e}^{y^2}\mathrm{d}x$$
$$= \int_0^1 x\mathrm{e}^{x^2}\mathrm{d}x + \int_0^1 y\mathrm{e}^{y^2}\mathrm{d}y = \mathrm{e} - 1.$$

例 10.6.5 设有一半径为 R 的球体,P_0 是该球的表面上的一个定点,球体上任一点的密度与该点到点 P_0 距离的平方成正比(比例常数 $k > 0$),求球体的重心位置.

(2000 年考研数学试题)

解 设所考虑的球体为 Ω. 以 Ω 的球心为原点 O,射线 OP_0 为正 x 轴,则点 P_0 的坐标为 $(R,0,0)$. 球面方程为 $x^2 + y^2 + z^2 = R^2$. 密度 $\rho(x,y,z) = k[(x-R)^2 + y^2 + z^2]$.

设球的重心位置为 $(\bar{x}, \bar{y}, \bar{z})$,由对称性知 $\bar{y} = 0, \bar{z} = 0$. 而

$$\bar{x} = \frac{\iiint\limits_\Omega x \cdot k[(x-R)^2 + y^2 + z^2]\mathrm{d}v}{\iiint\limits_\Omega k[(x-R)^2 + y^2 + z^2]\mathrm{d}v}$$

又
$$\iiint\limits_\Omega [(x-R)^2 + y^2 + z^2]\mathrm{d}v = \iiint\limits_\Omega (x^2 + y^2 + z^2)\mathrm{d}v + \iiint\limits_\Omega R^2 \mathrm{d}v$$
$$= 8 \int_0^{\frac{\pi}{2}} \mathrm{d}\theta \int_0^{\frac{\pi}{2}} \mathrm{d}\varphi \int_0^R r^2 \cdot r^2 \sin\varphi \mathrm{d}r + \frac{4\pi}{3}R^5 = \frac{32}{15}\pi R^5,$$

于是 $\iiint\limits_\Omega x[(x-R)^2 + y^2 + z^2]\mathrm{d}v = -2R\iiint\limits_\Omega x^2 \mathrm{d}v = -\frac{2R}{3}\iiint\limits_\Omega (x^2 + y^2 + z^2)\mathrm{d}v = -\frac{8}{15}\pi R^6.$

故 $\bar{x} = -\dfrac{R}{4}$. 因此,球体 Ω 的重心位置为 $\left(-\dfrac{R}{4}, 0, 0\right)$.

例 10.6.6 设函数 $f(x,y)$ 连续,则二次积分 $\int_{\frac{\pi}{2}}^{\pi} dx \int_{\sin x}^{1} f(x,y) dy$ 等于( ).

(2007 年考研数学试题)

(A) $\int_{0}^{1} dy \int_{\pi+\arcsin y}^{\pi} f(x,y) dx$ (B) $\int_{0}^{1} dy \int_{\pi-\arcsin y}^{\pi} f(x,y) dx$

(C) $\int_{0}^{1} dy \int_{\frac{\pi}{2}}^{\pi+\arcsin y} f(x,y) dx$ (D) $\int_{0}^{1} dy \int_{\frac{\pi}{2}}^{\pi-\arcsin y} f(x,y) dx$

解 该二次积分对应的积分区域 D 如图 10.34,则

$$D: \begin{cases} 0 \leqslant y \leqslant 1 \\ \pi - \arcsin y \leqslant x \leqslant \pi \end{cases}$$

故 $\int_{\frac{\pi}{2}}^{\pi} dx \int_{\sin x}^{1} f(x,y) dy = \int_{0}^{1} dy \int_{\pi-\arcsin y}^{\pi} f(x,y) dx$ 选(B).

例 10.6.7 二元函数

$$f(x,y) = \begin{cases} x^2, & |x|+|y| \leqslant 1, \\ \dfrac{1}{\sqrt{x^2+y^2}}, & 1 \leqslant |x|+|y| \leqslant 2, \end{cases}$$

例 10.6.7 计算二重积分 $\iint_D f(x,y) d\sigma$,其中 $D = \{(x,y) \mid |x|+|y| \leqslant 2\}$.

(2007 年考研数学试题)

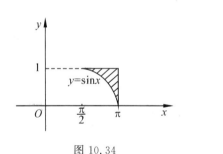

图 10.34   图 10.35

解 由区域的对称性和被积函数的奇偶性,有

$$\iint_D f(x,y) d\sigma = 4 \iint_{D_1} f(x,y) d\sigma$$

其中 D_1 为 D 在第一象限部分. 而

$$\iint_{D_1} f(x,y) d\sigma = \iint_{D_{11}} f(x,y) d\sigma + \iint_{D_{12}} f(x,y) d\sigma$$

其中 $D_{11} = \{(x,y) \mid 0 \leqslant x \leqslant 1, 0 \leqslant y \leqslant 1-x\}$,$D_{12} = \{(x,y) \mid 1 \leqslant x+y \leqslant 2, x \geqslant 0, y \geqslant 0\}$,如图 10.35 所示.

因为

$$\iint_{D_{11}} f(x,y) d\sigma = \iint_{D_{11}} x^2 dx dy = \int_0^1 x^2 dx \int_0^{1-x} dy$$

$$= \int_0^1 x^2(1-x) dx = \dfrac{1}{12}$$

$$\iint_{D_{12}} f(x,y)\mathrm{d}\sigma = \iint_{D_{12}} \frac{1}{\sqrt{x^2+y^2}}\mathrm{d}\sigma = \int_0^{\frac{\pi}{2}} \mathrm{d}\theta \int_{\frac{1}{\sin\theta+\cos\theta}}^{\frac{2}{\sin\theta+\cos\theta}} \mathrm{d}\rho$$

$$= \int_0^{\frac{\pi}{2}} \frac{1}{\sin\theta+\cos\theta}\mathrm{d}\theta = \sqrt{2}\ln(\sqrt{2}+1)$$

所以
$$\iint_D f(x,y)\mathrm{d}\sigma = 4\left[\frac{1}{12} + \sqrt{2}\ln(\sqrt{2}+1)\right]$$
$$= \frac{1}{3} + 4\sqrt{2}\ln(\sqrt{2}+1).$$

例 10.6.8 设 $f(x)$ 为连续函数,$F(t) = \int_1^t \mathrm{d}y \int_y^t f(x)\mathrm{d}x$. 则 $F'(2)$ 等于( ).

(2004 年考研数学试题)

(A)$2f(2)$ (B)$f(2)$ (C)$-f(2)$ (D)0

解 交换积分次序,得
$$F(t) = \int_1^t \mathrm{d}y \int_y^t f(x)\mathrm{d}x = \int_1^t \left[\int_1^x f(x)\mathrm{d}y\right]\mathrm{d}x = \int_1^t f(x)(x-1)\mathrm{d}x$$

于是 $F'(t) = f(t)(t-1)$,从而有 $F'(2) = f(2)$. 故选(B).

例 10.6.9 计算二重积分 $\iint_D |x^2+y^2-1|\mathrm{d}\sigma$,其中 $D = \{(x,y) \mid 0 \leqslant x \leqslant 1, 0 \leqslant y \leqslant 1\}$.

(2005 年考研数学试题)

解 记 $D_1 = \{(x,y) \mid x^2+y^2 \leqslant 1, (x,y) \in D\}$

$D_2 = \{(x,y) \mid x^2+y^2 > 1, (x,y) \in D\}$

于是
$$\iint_D |x^2+y^2-1|\mathrm{d}\sigma = -\iint_{D_1}(x^2+y^2-1)\mathrm{d}x\mathrm{d}y + \iint_{D_2}(x^2+y^2-1)\mathrm{d}x\mathrm{d}y$$
$$= -\int_0^{\frac{\pi}{2}}\mathrm{d}\theta\int_0^1(r^2-1)r\mathrm{d}r + \iint_D(x^2+y^2-1)\mathrm{d}x\mathrm{d}y$$
$$-\iint_{D_1}(x^2+y^2-1)\mathrm{d}x\mathrm{d}y$$
$$= \frac{\pi}{8} + \int_0^1\mathrm{d}x\int_0^1(x^2+y^2-1)\mathrm{d}y - \int_0^{\frac{\pi}{2}}\mathrm{d}\theta\int_0^1(\rho^2-1)\rho\mathrm{d}\rho$$
$$= \frac{\pi}{4} - \frac{1}{3}.$$

例 10.6.10 如图 10.36 所示,正方形 $\{(x,y) \mid |x| \leqslant 1, |y| \leqslant 1\}$,被其对角线划分为四个区域 $D_k(k=1,2,3,4)$,$I_k = \iint_{D_k} y\cos x\mathrm{d}x\mathrm{d}y$,则 $\max_{1\leqslant k\leqslant 4}\{I_k\} = ($).

(2009 年考研数学试题)

(A)I_1 (B)I_2 (C)I_3 (D)I_4

解 令 $f(x,y) = y\cos x$,$D_k(k=2,3)$ 关于 x 轴对称,当 $(x,y) \in D_k(k=2,4)$ 时,因 $f(x,y)$ 为关于 y 的奇函数即
$$f(x,-y) = -y\cos x = -f(x,y)$$

故
$$I_2 = I_4 = 0$$

区域 $D_k(k=1,3)$ 关于 y 轴对称,当 $(x,y) \in D_k(k=1,3)$ 时 $f(x,y)$ 关于 x 为偶函数,即

$$f(-x,y) = y\cos(-x) = y\cos x = f(x,y)$$

故 $I_1 = z\iint\limits_{\substack{0 \leqslant x \leqslant 1 \\ x \leqslant y \leqslant 1}} y\cos x \mathrm{d}x\mathrm{d}y \geqslant 0, \quad I_2 = z\iint\limits_{\substack{0 \leqslant x \leqslant 1 \\ -1 \leqslant y \leqslant -x}} y\cos x \mathrm{d}x\mathrm{d}y \leqslant 0$

故选(A).

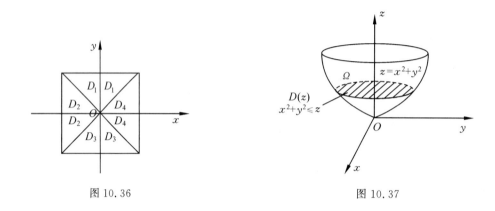

图 10.36　　　　　　　　　　　　图 10.37

例 10.6.11　设 $\Omega = \{(x,y,z) \mid x^2 + y^2 \leqslant z \leqslant 1\}$,则 Ω 的形心竖坐标为 $\bar{z} = $ _____.

(2010 年考研数学试题)

解法 1　设空间物体 Ω 的体密度为 $\mu(x,y,z)$,为方便计算设体密度 $\mu = 1$,则其形心竖坐标为

$$\bar{z} = \frac{\iiint\limits_{\Omega} z \mathrm{d}v}{M} = \frac{\iiint\limits_{\Omega} z \mathrm{d}v}{\iiint\limits_{\Omega} \mathrm{d}v}$$

其中积分区域为如图 10.37 所示.

用 $z=z$ 平面截积分区域 Ω 得截面 $D(z)$,则 $D(z)$ 为一圆域 $x^2 + y^2 \leqslant (\sqrt{z})^2 = z$. 于是

$$\iiint\limits_{\Omega} z \mathrm{d}v = \int_0^1 \mathrm{d}z \iint\limits_{D(z)} z \mathrm{d}x \mathrm{d}y = \int_0^1 z \mathrm{d}z \iint\limits_{D(z)} \mathrm{d}x \mathrm{d}y = \int_0^1 z \pi(\sqrt{z})^2 \mathrm{d}z = \pi \int_0^1 z^2 \mathrm{d}z = \frac{\pi}{3} z^3 \Big|_0^1 = \frac{\pi}{3}$$

$$\iiint\limits_{\Omega} \mathrm{d}v = \int_0^1 \mathrm{d}z \iint\limits_{D(z)} \mathrm{d}x \mathrm{d}y = \int_0^1 \pi(\sqrt{z})^2 \mathrm{d}z = \frac{\pi}{2} z^2 \Big|_0^1 = \frac{\pi}{2}$$

故 $$\bar{z} = \frac{\pi/3}{\pi/2} = \frac{2}{3}$$

解法 2　因 Ω 为一锥体(旋转抛物面).可以用柱坐标系计算三重积分,即

$$V = \iiint\limits_{\Omega} \mathrm{d}x\mathrm{d}y\mathrm{d}z = \iiint\limits_{\Omega} \rho \mathrm{d}\theta \mathrm{d}\rho \mathrm{d}z = \int_0^{2\pi} \mathrm{d}\theta \int_0^1 \rho \mathrm{d}\rho \int_{\rho^2}^1 \mathrm{d}z$$

$$= \int_0^{2\pi} \mathrm{d}\theta \int_0^1 \rho(1-\rho^2) \mathrm{d}\rho = \int_0^{2\pi} \left(\frac{\rho^2}{2} - \frac{\rho^4}{2}\right)\Big|_0^1 \mathrm{d}\theta = \frac{1}{4} \int_0^{2\pi} \mathrm{d}\theta = \frac{\pi}{2}$$

$$\iiint\limits_{\Omega} z\,dxdydz = \int_0^{2\pi} d\theta \int_0^1 \rho d\rho \int_{\rho^2}^1 z\,dz = 2\pi \int_0^1 \rho\left(\frac{1}{2} - \frac{\rho^4}{2}\right) d\rho$$

$$= 2\pi \left(\frac{\rho^4}{2} - \frac{\rho^6}{12}\right)\Big|_0^1 = 2\pi \times \frac{1}{6} = \frac{\pi}{3}$$

故

$$\bar{z} = \frac{\iiint\limits_{\Omega} z\,dxdydz}{\iiint\limits_{\Omega} dxdydz} = \frac{\dfrac{\pi}{3}}{\dfrac{\pi}{2}} = \frac{2}{3}$$

例 10.6.12 已知 $f(x,y)$ 具有二阶连续偏导数，且 $f(1,y) = 0, f(x,1) = 0$，$\iint\limits_{D} f(x,y)\,dxdy = a$，其中 $D = \{(x,y) \mid 0 \leqslant x \leqslant 1, 0 \leqslant y \leqslant 1\}$，计算二重积分.

(2011 年考研数学试题)

$$I = \iint\limits_{D} xy f''_{xy}(x,y)\,dxdy.$$

解法 1 注意到 $f(x,y)$ 的二阶偏导数连续，有 $f''_{yx}(x,y)$，故有

$$I = \int_0^1 x\,dx \int_0^1 y f''_{xy}(x,y)\,dy = \int_0^1 x\,dx \int_0^1 y\,df'_x(x,y)$$

$$= \int_0^1 \left[y f'_x(x,y)\Big|_0^1 - \int_0^1 f'_x(x,y)\,dy\right] x\,dx$$

$$= \int_0^1 f'_x(x,1) x\,dx - \int_0^1 x\,dx \int_0^1 f'_x(x,y)\,dy$$

$$= 0 - \int_0^1 dy \int_0^1 x f'_x(x,y)\,dx (因 f(x,1) = 0, 故 f'_x(x,1) = 0)$$

$$= -\int_0^1 dy \int_0^1 x\,df(x,y) = -\int_0^1 \left[x f(x,y)\Big|_0^1 - \int_0^1 f(x,y)\,dx\right] dy$$

$$= -\int_0^1 dy \int_0^1 f(x,y)\,dx = \iint\limits_{D} f(x,y)\,dxdy = a.$$

解法 2 $I = \int_0^1 y\,dy \int_0^1 x f''_{xy}(x,y)\,dx = \int_0^1 y\,dy \int_0^1 x\,df'_y(x,y)$

$$= \int_0^1 \left[x f'_y(x,y)\Big|_0^1 - \int_0^1 f'_y(x,y)\,dx\right] y\,dy$$

$$= \int_0^1 f'_y(1,y) y\,dy - \int_0^1 dy \int_0^1 y f'_y(x,y)\,dx$$

$$= -\int_0^1 dx \int_0^1 y f'_y(x,y)\,dy (因 f(1,y) = 0, 故 f'_y(1,y) = 0)$$

$$= -\int_0^1 \left[\int_0^1 y\,df(x,y)\right] dx = -\int_0^1 \left[y f(x,y)\Big|_0^1 - \int_0^1 f(x,y)\,dy\right] dx$$

$$= \int_0^1 dx \int_0^1 f(x,y)\,dy = \iint\limits_{D} f(x,y)\,dxdy = a$$

例 10.6.13 计算二重积分 $\iint\limits_{D} e^x xy\,dxdy$，其中 D 是以曲线 $y = \sqrt{x}, y = \dfrac{1}{\sqrt{x}}$ 及 y 轴为边界的无界区域.

(2012 年考研数学试题)

解 曲线 $y = \sqrt{x}$ 与 $y = \dfrac{1}{\sqrt{x}}$ 的交点为 $(1,1)$，所以积分区域为

$$D = \left\{(x,y) \mid 0 < x < 1, \sqrt{x} < y < \frac{1}{\sqrt{x}}\right\}$$

故
$$\iint_D xy e^x dx dy = \int_0^1 x e^x dx \int_{\sqrt{x}}^{\frac{1}{\sqrt{x}}} y dx = \int_0^1 x e^x \cdot \frac{1}{2}\left(\frac{1}{x} - x\right) dx$$
$$= \frac{1}{2}\int_0^1 (e^x - x^2 e^x) dx = \frac{1}{2}\int_0^1 e^x dx - \frac{1}{2} x^2 e^x dx$$
$$= \frac{1}{2}(e-1) - \frac{1}{2} e + x e^x \Big|_0^1 - e^x \Big|_0^1 = \frac{1}{2}.$$

例 10.6.14 设平面区域 $D = \{(x,y) \mid 1 \leqslant x^2 \leqslant y^2 \leqslant 4, x \geqslant 0, y \geqslant 0\}$,计算二重积分

$$\iint_D \frac{x \sin(\pi\sqrt{x^2+y^2})}{x+y} dx dy. \qquad \text{(2014 年考研数学试题)}$$

解 由对称性可知
$$\iint_D \frac{x \sin(\pi\sqrt{x^2+y^2})}{x+y} dx dy = \iint_D \frac{y \sin(\pi\sqrt{x^2+y^2})}{x+y} dx dy$$
$$= \frac{1}{2}\iint_D \frac{(x+y) \sin(\pi\sqrt{x^2+y^2})}{x+y} dx dy$$
$$= \frac{1}{2}\iint_D \sin(\pi\sqrt{x^2+y^2}) dx dy$$
$$= \frac{1}{2}\int_0^{\frac{\pi}{2}} d\theta \int_1^2 \rho \sin(\pi\rho) d\rho = -\frac{3}{4}.$$

10.7 自 测 题

1. 判断题

(1) 设 $f(x,y), g(x,y)$ 在 D 上连续且 $f(x,y) \leqslant g(x,y)$,则必有
$$\iint_D [f(x,y)]^2 d\sigma \leqslant \iint_D [g(x,y)]^2 d\sigma. \qquad (\quad)$$

(2) 设 $f(x,y)$ 在 $D: a \leqslant x \leqslant b, c \leqslant y \leqslant d$ 有定义,则必有
$$\int_a^b dx \int_c^d f(x,y) dy = \int_c^d dy \int_a^b f(x,y) dx.$$

3. 设 $f(x,y)$ 在 $D: 1 \leqslant x^2 + y^2 \leqslant 2$ 连续,则有
$$\iint_D f(x,y) d\sigma = \int_0^{2\pi} d\theta \int_0^{\sqrt{2}} f(\rho\cos\theta, \rho\sin\theta) \rho d\rho - \int_0^{2\pi} d\theta \int_0^1 f(\rho\cos\theta, \rho\sin\theta) \rho d\rho \qquad (\quad)$$

4. 设 $f(t)$ 是连续的奇函数且 Ω 对称于 $ax + by + cz + p = 0$,则必有
$$\iiint_\Omega f(ax+by+cz+p) dv = 0 \qquad (\quad)$$

2. 选择题

(1) 比较 $I_1 = \iint_D (x+y)^2 d\sigma$ 与 $I_2 = \iint_D (x+y)^3 d\sigma$ 的大小,其中 $D: (x-2)^2 + (y-1)^2$

= 1,则( ).

(A)$I_1 = I_2$ (B)$I_1 > I_2$ (C)$I_1 \leqslant I_2$ (D)无法比较

(2) 改变 $\int_1^2 dx \int_{2-x}^{x^2} f(x,y) dy$ 的积分次序得( ).

(A)$\int_0^1 dy \int_{2-y}^2 f(x,y) dx$ (B)$\int_0^1 dy \int_{2-y}^2 f(x,y) dx + \int_1^4 dy \int_{\sqrt{2}}^2 f(x,y) dx$

(C)$\int_0^4 dy \int_{2-y}^{5y} f(x,y) dx$ (D)$\int_0^1 dy \int_2^{2-y} f(x,y) dx + \int_1^4 dy \int_2^{5y} f(x,y) dx$

(3) $I = \iiint\limits_{\Omega} (x^2 + y^2 + z^2) dv$, $\Omega: x^2 + y^2 + z^2 = 1$ 球面内部,则 $I = ($).

(A)$\iiint\limits_{\Omega} dv = \Omega$ 的体积 (B)$\int_0^{2\pi} d\varphi \int_0^{2\pi} d\theta \int_0^1 r^4 \sin\theta dr$

(C)$\int_0^{2\pi} d\theta \int_0^{\pi} d\varphi \int_0^1 r^4 \sin\varphi dr$ (D)$\int_0^{\pi} d\varphi \int_0^{2\pi} d\theta \int_0^1 r^4 \sin\theta dr$

(4) Ω 是曲面 $z = x^2 + y^2, y = x, y = 0, z = 1$ 所围区域,$f(x,y,z)$ 在 Ω 上连续,则 $\iiint\limits_{\Omega} f(x,y,z) dv = ($).

(A)$\int_0^1 dy \int_y^{\sqrt{1-y^2}} dx \int_{x^2+y^2}^1 f(x,y,z) dz$ (B)$\int_0^{\frac{\sqrt{2}}{2}} dx \int_y^{\sqrt{1-y^2}} dy \int_{x^2+y^2}^1 f(x,y,z) dz$

(C)$\int_0^{\frac{\sqrt{2}}{2}} dy \int_y^{\sqrt{1-y^2}} dx \int_{x^2+y^2}^1 f(x,y,z) dz$ (D)$\int_0^{\frac{\sqrt{2}}{2}} dy \int_y^{\sqrt{1-y^2}} dx \int_0^1 f(x,y,z) dz$

3. 填空题

(1) 交换积分次序:$\int_0^1 dy \int_{\sqrt{y}}^{\sqrt{2-y^2}} f(x,y) dx = $ _____.

(2) 交换积分次序:

$\int_{-1}^0 dx \int_{-x}^1 f(x,y) dy + \int_0^1 dx \int_{1-\sqrt{1-x^2}}^1 f(x,y) dy = $ _____.

(3) 将下列积分化为极坐标下的二次积分:$\int_0^{2a} dy \int_0^{\sqrt{2ay-y^2}} f(x^2 + y^2) dx = $ _____.

(4) 设 $D: |x| \leqslant 3, |y| \leqslant 1$,则 $\iint\limits_D x(1+y) d\sigma = $ _____.

(5) 设 $D: x^2 + y^2 \leqslant 16$,则 $\iint\limits_D |x^2 + y^2 - 4| d\sigma = $ _____.

(6) 三重积分 $\iiint\limits_{x^2+y^2+z^2 \leqslant 1} f(x) dv$ 的球坐标下的三次积分为_____.

(7) 设 $\Omega: 0 \leqslant x \leqslant 1, |y| \leqslant 1, |z| \leqslant 1$,则 $\iiint\limits_{\Omega} (x+y+z) dx dy dz = $ _____.

(8) 设 $\Omega: x^2 + y^2 + z^2 \leqslant a^2$,则 $\iiint\limits_{\Omega} (x+y+z)^2 dv = $ _____.

(9) 设 Ω 由 $0 \leqslant z \leqslant 1 - \sqrt{x^2 + y^2}$ 确定,则 $\iiint\limits_{\Omega} f(x^2 + y^2) dx dy dz$ 在柱面坐标系下,可以

化为定积分_____.

(10) 将三次积分化为柱面坐标系下的三次积分 $\int_{-1}^{1} dx \int_{-\sqrt{1-x^2}}^{\sqrt{1-x^2}} dy \int_{0}^{x^2+y^2} f(x,y,z) dz =$
_____.

4. 计算题

(1) 计算 $\iint_D \dfrac{x^2}{y^2} dxdy$,其中 D 由直线 $x=2, y=x$ 及 $xy=1$ 所围成.

(2) 计算 $\iint_D |y| dxdy$,其中 $D: \dfrac{x^2}{a^2} + \dfrac{y^2}{b^2} \leqslant 1$.

(3) 计算 $\int_{-1}^{1} dx \int_{-1}^{x} x\sqrt{1-x^2-y^2} dy$.

(4) 计算 $\iint_D (x^2+y^2) dxdy$,其中 $D: \dfrac{x^2}{a^2} + \dfrac{y^2}{b^2} \leqslant 1$.

(5) 计算 $\iint_D (|x-y|+2) dxdy$,其中 $D: x^2+y^2 \leqslant 1, x \geqslant 0, y \geqslant 0$.

(6) 计算 $\iint_D x^2 y dxdy$,其中 D 是由双曲线 $x^2-y^2=1$ 及直线 $y=0, y=1$ 所围成的平面区域.

(7) 计算 $\iint_D \sqrt{x^2+y^2} dxdy$,其中 $D = \{(x,y) | 0 \leqslant y \leqslant x, x^2+y^2 \leqslant 2x\}$.

(8) 计算 $\int_0^a dx \int_{-x}^{-a+\sqrt{a^2-x^2}} \dfrac{dy}{\sqrt{(x^2+y^2)(4a^2-x^2-y^2)}}$.

(9) 求 $\lim\limits_{t \to 0} \dfrac{1}{t^2} \int_0^t dx \int_x^t e^{-(y-x)^2} dy$.

(10) 计算 $\iint_{x^2+y^2 \leqslant x+y} (x+y) dxdy$.

(11) 计算 $\iint_D \sqrt{\left(1-\dfrac{x^2}{a^2}-\dfrac{y^2}{b^2}\right) \Big/ \left(1+\dfrac{x^2}{a^2}+\dfrac{y^2}{b^2}\right)} dxdy$,其中 $D: \dfrac{x^2}{a^2}+\dfrac{y^2}{b^2} \leqslant 1$.

(12) 设 $F(t) = \iint_D f(|x|) dxdy$,其中 $f(t)$ 在 $[0,+\infty)$ 上连续,$D: |y| \leqslant |x| \leqslant t$. 求 $F'(t)$.

(13) 计算 $\iiint_\Omega e^{x+y+z} dxdydz$,其中 Ω 由平面 $x=0, x=1, y=-x, z=0, z=-x$ 所围成.

(14) 计算 $\iiint_\Omega y^2 dxdydz$,其中 Ω 为上半椭球 $\dfrac{x^2}{a^2}+\dfrac{y^2}{b^2}+\dfrac{z^2}{c^2} \leqslant 1, z \geqslant 0$.

(15) 计算 $I = \iiint_\Omega (x^2+y^2) dv$,其中 Ω 为平面曲线 $\begin{cases} y^2=2z \\ x=0 \end{cases}$ 绕 z 轴旋转一周形成的曲面与平面 $z=8$ 所围成的区域.

(16) 计算 $\int_0^1 dx \int_0^x dy \int_0^y \dfrac{1-x}{1-z} \sin z dz$.

(17) 计算 $\int_{-1}^{1} dx \int_0^{\sqrt{1-x^2}} dy \int_1^{1+\sqrt{1-x^2-y^2}} \dfrac{1}{\sqrt{x^2+y^2+z^2}} dz$.

(18) 计算 $\iiint_\Omega \left(\dfrac{x^2}{a^2}+\dfrac{y^2}{b^2}+\dfrac{z^2}{c^2}\right)\mathrm{d}x\mathrm{d}y\mathrm{d}z$,其中 Ω 是由曲面 $\dfrac{x^2}{a^2}+\dfrac{y^2}{b^2}+\dfrac{z^2}{c^2}=1$ 所围成的区域.

(19) 计算 $\iiint_\Omega |z-\sqrt{x^2+y^2}|\,\mathrm{d}x\mathrm{d}y\mathrm{d}z$,其中 Ω 由平面 $z=0, z=1$ 及曲面 $x^2+y^2=2$ 所围成的区域.

(20) 设函数 $f(u)$ 具有连续的导数,且 $f(0)=0$. 试求 $\lim\limits_{t\to 0}\dfrac{1}{\pi t^4}\iiint_\Omega f(\sqrt{x^2+y^2+z^2})\mathrm{d}v$,其中 Ω 为 $x^2+y^2+z^2\leqslant t^2$.

5．证明题

(1) 证明 $\int_0^1 \mathrm{e}^{f(x)}\mathrm{d}x \cdot \int_0^1 \mathrm{e}^{-f(x)}\mathrm{d}x \geqslant 1$.

(2) 证明 $\int_a^b \mathrm{d}x \int_a^x (x-y)^{n-2}f(y)\mathrm{d}y = \dfrac{1}{n-1}\int_a^b (b-y)^{n-1}f(y)\mathrm{d}y$. 其中 n 为大于 1 的正整数.

(3) 设 $f(x)$ 在 $[a,b]$ 上连续且 $f(x)>0$,证明

$$\iint_D \dfrac{f(x)}{f(y)}\mathrm{d}x\mathrm{d}y \geqslant (b-a)^2,$$

其中 $D: a\leqslant x\leqslant b, a\leqslant y\leqslant b$.

(4) 设 $f(x)$ 在 $[a,b]$ 上连续,试用二重积分说明

$$\left[\int_a^b f(x)\mathrm{d}x\right]^2 \leqslant (b-a)\int_a^b f^2(x)\mathrm{d}x.$$

(5) 证明 $\int_1^2 \mathrm{d}x \int_{\sqrt{x}}^x \sin\dfrac{\pi x}{2y}\mathrm{d}y + \int_4^2 \mathrm{d}x \int_{\sqrt{x}}^2 \sin\dfrac{\pi x}{2y}\mathrm{d}y = \dfrac{4(\pi-2)}{\pi^3}$.

(6) 证明 $\iint_{x^2+y^2\leqslant 1} f(x+y)\mathrm{d}x\mathrm{d}y = \int_{-\sqrt{2}}^{\sqrt{2}} f(t)\sqrt{2-t^2}\mathrm{d}t$.

(7) 证明 $\int_0^1 \mathrm{d}x \int_x^1 \mathrm{d}y \int_x^y f(x)f(y)f(z)\mathrm{d}z = \dfrac{1}{6}\left[\int_0^1 f(t)\mathrm{d}t\right]^2$,其中 $f(t)$ 在 $[0,1]$ 上连续.

6．应用题

(1) 求由 $x^2+y^2\leqslant 1, x^2+y^2+z^2\leqslant 4z$ 及 $\sqrt{x^2+y^2}\leqslant z$ 所确定的空间闭区域的体积.

(2) 求锥面 $z=\sqrt{x^2+y^2}$ 被平面 $x+2z=3$ 所截下的有限部分的面积.

(3) 求由柱面 $x^2+y^2=a^2, y^2+z^2=a^2(z>0)$ 及平面 $z=0$ 所围的密度均匀的立体的重心(设 $\rho=1$).

(4) 求球面 $x^2+y^2+(z-a)^2=t^2 (0<t\leqslant 2a)$ 位于球面 $x^2+y^2+z^2=a^2$ 内部的面积.试问当 t 取何值时该面积最大?并求出最大值.

自测题参考答案

1. (1)(×); (2)(×); (3)(×); (4)(×);

2. (5)(C); (6)(B); (7)(C); (8)(C).

3. (1) $\int_0^1 dx \int_0^{x^2} f(x,y)dy + \int_1^{\sqrt{2}} dx \int_0^{\sqrt{2-x^2}} f(x,y)dy$; (2) $\int_0^1 dy \int_{-y}^{\sqrt{2y-y^2}} f(x,y)dx$;

(3) $\int_0^{\frac{\pi}{2}} d\theta \int_0^{2a\sin\theta} f(\rho^2)\rho d\rho$; (4) 0; (5) 80π; (6) $\int_0^{2\pi} d\theta \int_0^{\pi} \sin\varphi d\varphi \int_0^1 f(\rho\sin\varphi\cos\theta)\rho^2 d\rho$;

(7) 2;

(8) $\frac{4}{5}\pi a^5$; (9) $2\pi \int_0^1 r(1-r)f(r^2)dr$; (10) $\int_0^{2\pi} d\theta \int_0^1 \rho d\rho \int_0^{\rho^2} f(\rho\cos\theta, \rho\sin\theta, z)dz$.

4. (1) $\frac{9}{4}$.

(2) 提示:利用对称性去掉绝对值. $\frac{4}{3}\pi ab^2$.

(3) 提示:交换积分次序. $\frac{2}{3}$.

(4) 提示:作变换 $x = a\rho\cos\theta, y = b\rho\sin\theta, \frac{\pi}{4}ab(a^2+b^2)$.

(5) 提示:去掉绝对值,分块计算. $\frac{2}{3}(\sqrt{2}-1) + \frac{\pi}{2}$.

(6) $\frac{2}{15}(4\sqrt{2}-1)$.

(7) $\frac{10}{9}\sqrt{2}$.

(8) 提示:极坐标计算法. $\frac{\pi^2}{32}$.

(9) 提示:交换积分次序.洛必达法则. $\frac{1}{2}$.

(10) 提示:利用极坐标或作变量替换. $\frac{\pi}{2}$.

(11) 提示:作变量代换. $\pi ab\left(\frac{\pi}{2} - 1\right)$.

(12) 提示:利用对称性,积分上限 t 的函数. $4tf(t)$.

(13) 提示:利用直角坐标计算. $3 - e$.

(14) 提示:直角坐标"先二后一"法. $\frac{2}{15}\pi ab^3 c$.

(15) $\frac{512}{3}\pi$.

(16) 提示:改变积分次序. $\frac{1}{6}(2\cos 1 - 1)$.

(17) 提示:利用球坐标计算. $\frac{1}{6}(7 - 4\sqrt{2})\pi$.

(18) 提示:"先二后一"法或变量代换. $\frac{4}{5}\pi$.

(19) 提示:令 $z - \sqrt{x^2+y^2} = 0$ 去绝对值.利用柱坐标计算. $\frac{1}{6}(8\sqrt{2}-5)\pi$.

(20) 提示:利用球坐标计算. $f'(0)$.

5. (1) 提示:利用对称性和估值不等式.

(2) 提示:交换积分次序.

(3) 提示:利用对称性和估值不等式.

(4) 提示:利用估值不等式.

(5) 提示:交换积分次序.

(6) 提示:作变量代换,令 $x = \dfrac{1}{2}(t+u), y = \dfrac{1}{2}(t-u)$.

(7) 提示:设 $F(x) = \displaystyle\int_0^x f(t)\mathrm{d}t$.

6. (1) $\dfrac{2}{3}(10 - 3\sqrt{3})\pi$.

(2) $\sqrt{6}\pi$.

(3) $\left(0, 0, \dfrac{3}{8}a\right)$.

(4) $S(t) = \dfrac{\pi}{a} t^2 (2a - t)$, $s_{\max} = S\left(\dfrac{4}{3}a\right) = \dfrac{32}{27} a^2 \pi$.

第 11 章 曲线积分与曲面积分

11.1 大纲基本要求

(1) 理解两类曲线积分的概念,了解两类曲线积分的性质及两类曲线积分的关系.
(2) 掌握计算两类曲线积分的方法.
(3) 掌握格林公式并会运用平面曲线积分与路径无关的条件,会求全微分的原函数.
(4) 了解两类曲面积分的概念、性质及两类曲面积分的关系,掌握计算两类曲面积分的方法,了解高斯公式,斯托克斯公式,会用高斯公式计算曲面积分.
(5) 了解散度与旋度的概念,并会计算.

11.2 内 容 提 要

11.2.1 对弧长的曲线积分(第一类曲线积分)

1. 定义

$$\int_L f(x,y)\mathrm{d}s = \lim_{\lambda \to 0} \sum_{i=1}^{n} f(\xi_i, \eta_i)\Delta s_i \tag{11.1}$$

其中,L 为 xOy 平面上的光滑(或分段光滑)曲线,$f(x,y)$ 在 L 上有界,$\lambda = \max_{1 \leqslant i \leqslant n}\{\Delta s_i\}$,$\Delta s_i$ 为小弧段的长度,(ξ_i, η_i) 为 Δs_i 上任取的一点,$f(x,y)$ 称为被积函数,L 称为积分曲线,$\mathrm{d}s$ 称为弧长元素,推广到空间曲线 Γ 可得

$$\int_\Gamma f(x,y,z)\mathrm{d}s = \lim_{\lambda \to 0} \sum_{i=1}^{n} f(\xi_i, \eta_i, \zeta_i)\Delta s_i \tag{11.2}$$

2. 可积性

(1) 若函数 $f(x,y)$ 在 L 上连续,则 $\int_L f(x,y)\mathrm{d}s$ 存在.

(2) 若函数 $f(x,y,z)$ 在 Γ 上连续,则 $\int_\Gamma f(x,y,z)\mathrm{d}s$ 存在.

3. 性质

(1) 设 α、β 为常数,则

$$\int_L [\alpha f(x,y) + \beta g(x,y)]\mathrm{d}s = \alpha \int_L f(x,y)\mathrm{d}s + \beta \int_L g(x,y)\mathrm{d}s \tag{11.3}$$

(2) 若积分弧段 L 可以分成两段光滑曲线弧 L_1 和 L_2,则

$$\int_L f(x,y)\mathrm{d}s = \int_{L_1} f(x,y)\mathrm{d}s + \int_{L_2} f(x,y)\mathrm{d}s \tag{11.4}$$

(3) 设在 L 上 $f(x,y) \leqslant g(x,y)$，则

$$\int_L f(x,y)\mathrm{d}s \leqslant \int_L g(x,y)\mathrm{d}s \tag{11.5}$$

特别地，有

$$\left|\int_L f(x,y)\mathrm{d}s\right| \leqslant \int_L |f(x,y)|\mathrm{d}s \tag{11.6}$$

4. 计算方法

根据弧微分的计算公式 $\mathrm{d}s = \sqrt{(\mathrm{d}x)^2 + (\mathrm{d}y)^2}$ 或 $\mathrm{d}s = \sqrt{(\mathrm{d}x)^2 + (\mathrm{d}y)^2 + (\mathrm{d}z)^2}$ 可以将曲线积分化为定积分计算，具体方法如下：

(1) 若平面曲线 L 由 $x = \varphi(t), y = \psi(t) (\alpha \leqslant t \leqslant \beta)$ 给出，其中 $\varphi(t), \psi(t)$ 在区间 $[\alpha,\beta]$ 上具有一阶连续导数，且 $\varphi'^2(t) + \psi'^2(t) \neq 0$，则

$$\int_L f(x,y)\mathrm{d}s = \int_\alpha^\beta f[\varphi(t),\psi(t)]\sqrt{\varphi'^2(t) + \psi'^2(t)} \quad (\alpha < \beta) \tag{11.7}$$

(2) 如果曲线 L 由 $y = \psi(x)(x_0 \leqslant x \leqslant X)$ 给出，其中 $\psi(x)$ 在 $[x_0, X]$ 上有连续导数，则

$$\int_L f(x,y)\mathrm{d}s = \int_{x_0}^X f[x,\psi(x)]\sqrt{1 + \psi'^2_{(x)}}\mathrm{d}x \quad (x_0 < X) \tag{11.8}$$

(3) 如果曲线 L 由 $x = \varphi(y)(y_0 \leqslant y \leqslant Y)$ 给出，其中 $\varphi(y)$ 在 $[y_0, Y]$ 区间上有连续导数，则

$$\int_L f(x,y)\mathrm{d}s = \int_{y_0}^Y f[\varphi(y),y]\sqrt{1 + \varphi'^2(y)}\mathrm{d}y \quad (y_0 < Y) \tag{11.9}$$

(4) 如果曲线 L 由极坐标方程 $\rho = \rho(\theta)(\alpha \leqslant \theta \leqslant \beta)$ 给出，其中 $\rho(\theta)$ 在区间 $[\alpha,\beta]$ 上有连续导数，则

$$\int_L f(x,y)\mathrm{d}s = \int_\alpha^\beta f(\rho\cos\theta,\rho\sin\theta)]\sqrt{\rho^2 + \rho'^2}\mathrm{d}\theta \tag{11.10}$$

(5) 如果空间曲线弧 Γ 由参数方程 $x = \varphi(t), y = \psi(t), z = \omega(t)(\alpha \leqslant t \leqslant \beta)$ 给出，其中 $\varphi(t)、\psi(t)、\omega(t)$ 在区间 $[\alpha,\beta]$ 上有连续导数，则

$$\int_L f(x,y,z)\mathrm{d}s = \int_\alpha^\beta f[\varphi(t),\psi(t),\omega(t)]\sqrt{\varphi'^2(t) + \psi'^2(t) + \omega'^2(t)}\mathrm{d}t \quad (\alpha \leqslant t \leqslant \beta) \tag{11.11}$$

5. 应用

(1) 求曲线 L 的弧长 s，$s = \int_L \mathrm{d}s$.

(2) 求曲线弧的质量与重心，若 $\rho = \rho(x,y,z)$ 为光滑曲线 L 在点 (x,y,z) 处的线密度，则曲线 L 的质量 m 为

$$m = \int_L \rho(x,y,z)\mathrm{d}s \tag{11.12}$$

设曲线 L 的重心坐标为 $(\bar{x},\bar{y},\bar{z})$，则

$$\bar{x} = \frac{1}{m}\int_L x\rho\mathrm{d}s, \quad \bar{y} = \frac{1}{m}\int_L y\rho\mathrm{d}s, \quad \bar{z} = \frac{1}{m}\int_L z\rho\mathrm{d}s \tag{11.13}$$

(3) 类似重积分,还可以写出求曲线的转动惯量公式及曲线对质点的引力公式.

11.2.2 对坐标的曲线积分(第二类曲线积分)

1. 定义

设 L 为 xOy 平面内从点 A 到点 B 的一条有向光滑曲线弧,函数 $P(x,y)$、$Q(x,y)$ 在 L 上有界. 用 L 上的点 $M_i(x_i,y_i)(i=1,2,\cdots,n)$ 把 L 分成 n 个有向小弧段 $\widehat{M_{i-1}M_i}$. 设 $\Delta x_i = x_i - x_{i-1}$,$\Delta y_i = y_i - y_{i-1}$ 表示 $\widehat{M_{i-1}M_i}$ 在坐标轴上的投影,点 (ξ_i,η_i) 为 $\widehat{M_{i-1}M_i}$ 上任意取定的点,λ 表示 n 个有向弧段的最大长度. 若 $\lim\limits_{\lambda \to 0}\sum\limits_{i=1}^{n}P(\xi_i,\eta_i)\Delta x_i$ 存在,则称该极限值为函数 $P(x,y)$ 在有向弧段 L 上对坐标 x 的曲线积分,或称 $P(x,y)$ 在有向曲线弧 L 上的第二类曲线积分,记为 $\int_L P(x,y)\mathrm{d}x$,即

$$\int_L P(x,y)\mathrm{d}x = \lim_{\lambda \to 0}\sum_{i=1}^{n}P(\xi_i,\eta_i)\Delta x_i \tag{11.14}$$

类似地,若极限 $\lim\limits_{\lambda \to 0}\sum\limits_{i=1}^{n}Q(\xi_i,\eta_i)\Delta y_i$ 存在,则称该极限值为函数 $Q(x,y)$ 在有向曲线 L 上对坐标 y 的曲线积分,或 $Q(x,y)$ 在有向曲线 L 上的第二类曲线积分,记为 $\int_L Q(x,y)\mathrm{d}y$,即

$$\int_L Q(x,y)\mathrm{d}y = \lim_{\lambda \to 0}\sum_{i=1}^{n}Q(\xi_i,\eta_i)\Delta y_i \tag{11.15}$$

其中,$P(x,y)$、$Q(x,y)$ 称为被积函数,L 称为积分曲线.

推广到空间有向曲线 Γ 的情形,即

$$\int_\Gamma P(x,y,z)\mathrm{d}x = \lim_{\lambda \to 0}\sum_{i=1}^{n}P(\xi_i,\eta_i,\zeta_i)\Delta x_i \tag{11.16}$$

$$\int_\Gamma Q(x,y,z)\mathrm{d}y = \lim_{\lambda \to 0}\sum_{i=1}^{n}Q(\xi_i,\eta_i,\zeta_i)\Delta y_i \tag{11.17}$$

$$\int_\Gamma R(x,y,z)\mathrm{d}z = \lim_{\lambda \to 0}\sum_{i=1}^{n}R(\xi_i,\eta_i,\zeta_i)\Delta z_i \tag{11.18}$$

经常出现的是以下的合并形式:

$$\int_L P(x,y)\mathrm{d}x + \int_L Q(x,y)\mathrm{d}y = \int_L P(x,y)\mathrm{d}x + Q(x,y)\mathrm{d}y \tag{11.19}$$

$$\int_\Gamma P(x,y,z)\mathrm{d}x + \int_\Gamma Q(x,y,z)\mathrm{d}y + \int_\Gamma R(x,y,z)\mathrm{d}z$$

$$= \int_\Gamma P(x,y,z)\mathrm{d}x + Q(x,y,z)\mathrm{d}y + R(x,y,z)\mathrm{d}z \tag{11.20}$$

也可以写成向量形式

$$\int_L P(x,y)\mathrm{d}x + Q(x,y)\mathrm{d}y = \int_L \boldsymbol{F}(x,y) \cdot \mathrm{d}\boldsymbol{r} \tag{11.21}$$

其中 $\boldsymbol{F}(x,y) = P(x,y)\boldsymbol{i} + Q(x,y)\boldsymbol{j}$ 为向量值函数,$\mathrm{d}\boldsymbol{r} = \mathrm{d}x\boldsymbol{i} + \mathrm{d}y\boldsymbol{j}$

$$\int_\Gamma P(x,y,z)\mathrm{d}x + Q(x,y,z)\mathrm{d}y + R(x,y,z)\mathrm{d}z = \int_\Gamma A(x,y,z)\cdot \mathrm{d}\boldsymbol{r} \quad (11.22)$$

其中 $A(x,y,z) = P(x,y,z)\boldsymbol{i} + Q(x,y,z)\boldsymbol{j} + R(x,y,z)\boldsymbol{k}, \mathrm{d}\boldsymbol{r} = \mathrm{d}x\boldsymbol{i} + \mathrm{d}y\boldsymbol{j} + \mathrm{d}z\boldsymbol{k}$.

2. 可积性

$P(x,y), Q(x,y)$ 在 L 上连续，$\int_L P(x,y)\mathrm{d}x$ 与 $\int_L Q(x,y)\mathrm{d}y$ 存在.

3. 性质

(1) 设 α、β 为常数，则

$$\int_L [\alpha F_1(x,y) + \beta F_2(x,y)]\cdot \mathrm{d}\boldsymbol{r} = \alpha\int_L F_1(x,y)\cdot \mathrm{d}\boldsymbol{r} + \beta\int_L F_2(x,y)\cdot \mathrm{d}\boldsymbol{r} \quad (11.23)$$

(2) 若有向曲线弧 L 可以分成两段光滑的有向曲线弧 L_1 和 L_2，则

$$\int_L F(x,y)\cdot \mathrm{d}\boldsymbol{r} = \int_{L_1} F(x,y)\cdot \mathrm{d}\boldsymbol{r} + \int_{L_2} F(x,y)\cdot \mathrm{d}\boldsymbol{r} \quad (11.24)$$

(3) 设 L 是有向光滑曲线弧，L^- 是 L 的反向曲线弧，则

$$\int_{L^-} F(x,y)\cdot \mathrm{d}\boldsymbol{r} = -\int_L F(x,y)\cdot \mathrm{d}\boldsymbol{r} \quad (11.25)$$

4. 计算方法

(1) 关于平面对坐标的曲线积分的计算方法.

① 参数法：若平面有向光滑曲线 L 的参数方程为 $x = \varphi(t), y = \psi(t)$，$L$ 的起点对应 $t = \alpha$，终点对应 $t = \beta$，则

$$\int_L P(x,y)\mathrm{d}x + Q(x,y)\mathrm{d}y = \int_\beta^\alpha \{P[\varphi(t),\psi(t)]\varphi'(t) + Q[\varphi(t),\psi(t)]\psi'(t)\}\mathrm{d}t \quad (11.26)$$

② 直角坐标法：若平面有向光滑曲线 L 由 $y = \psi(x)$ 给出，L 的起点对应 $x = a$，终点对应 $x = b$，则

$$\int_L P(x,y)\mathrm{d}x + Q(x,y)\mathrm{d}y = \int_a^b \{P[x,\psi(x)] + Q[x,\psi(x)]\psi'(x)\}\mathrm{d}x \quad (11.27)$$

类似地，若 L 由 $x = \varphi(y)$ 给出，L 的起点对应 $y = c$，终点对应 $y = d$，则

$$\int_L P(x,y)\mathrm{d}x + Q(x,y)\mathrm{d}y = \int_c^d \{P[\varphi(y),y]\varphi'(y) + Q[\varphi(y),y]\}\mathrm{d}y \quad (11.28)$$

(2) 设空间分段光滑有向曲线 Γ 由参数方程 $x = \varphi(t), y = \psi(t), z = \omega(t)$ 给出，L 的起点对应 $t = \alpha$，终点对应 $t = \beta$，则

$$\int_\Gamma P(x,y,z)\mathrm{d}x + Q(x,y,z)\mathrm{d}y + R(x,y,z)\mathrm{d}z$$
$$= \int_\alpha^\beta \{P[\varphi(t),\psi(t),\omega(t)]\varphi'(t) + Q[\varphi(t),\psi(t),\omega(t)]\psi'(t) +$$
$$R[\varphi(t),\psi(t),\omega(t)]\omega'(t)\}\mathrm{d}t \quad (11.29)$$

5. 应用

质点沿有向曲线 Γ 从起点运动到终点时，变力

$$F = P(x,y,z)\boldsymbol{i} + Q(x,y,z)\boldsymbol{j} + R(x,y,z)\boldsymbol{k}$$

所做的功 W 为

$$W = \int_\Gamma F\cdot \mathrm{d}\boldsymbol{r} = \int_\Gamma P(x,y,z)\mathrm{d}x + Q(x,y,z)\mathrm{d}y + R(x,y,z)\mathrm{d}z \quad (11.30)$$

6. 格林(Green)公式

设平面闭区域 D 的边界是分段光滑曲线 L，函数 $P(x,y)$、$Q(x,y)$ 在 D 上有一阶连续偏导数，则有

$$\oint_L P(x,y)\mathrm{d}x + Q(x,y)\mathrm{d}y = \iint_D \left(\frac{\partial Q}{\partial x} - \frac{\partial P}{\partial y}\right)\mathrm{d}x\mathrm{d}y \tag{11.31}$$

其中，L 是 D 的取正向的边界曲线.

7. 平面曲线积分与路径无关的条件

设 G 是平面单连通域，函数 $P(x,y)$、$Q(x,y)$ 在 G 内有连续的一阶偏导数，则以下四个条件互相等价.

(1) 对 G 中任一分段光滑曲线 L，积分 $\int_L P\mathrm{d}x + Q\mathrm{d}y$ 与路径无关，只与 L 的起点和终点有关.

(2) 沿 G 中任一分段光滑封闭曲线 L，有

$$\oint_L P(x,y)\mathrm{d}x + Q(x,y)\mathrm{d}y = 0 \tag{11.32}$$

(3) 在 G 内每一点处有 $\dfrac{\partial Q}{\partial x} = \dfrac{\partial P}{\partial y}$.

(4) 在 G 内存在 $u(x,y)$，使 $\mathrm{d}u = P(x,y)\mathrm{d}x + Q(x,y)\mathrm{d}y$，且

$$\begin{aligned}u(x,y) &= \int_{(x_0,y_0)}^{(x,y)} P(x,y)\mathrm{d}x + Q(x,y)\mathrm{d}y = \int_{x_0}^{x} P(x,y_0)\mathrm{d}x + \int_{y_0}^{y} Q(x,y)\mathrm{d}y \\ &= \int_{x_0}^{x} P(x,y)\mathrm{d}x + \int_{y_0}^{y} Q(x_0,y)\mathrm{d}y\end{aligned} \tag{11.33}$$

其中 (x_0,y_0) 是指 G 内的任意一定点.

8. 两类曲线积分之间的联系

$$\int_L P(x,y)\mathrm{d}x + Q(x,y)\mathrm{d}y = \int_L (P\cos\alpha + Q\cos\beta)\mathrm{d}s \tag{11.34}$$

$$\int_\Gamma P(x,y,z)\mathrm{d}x + Q(x,y,z)\mathrm{d}y + R(x,y,z)\mathrm{d}z = \int_\Gamma (P\cos\alpha + Q\cos\beta + R\cos\gamma)\mathrm{d}s \tag{11.35}$$

其中，$(\cos\alpha,\cos\beta,\cos\gamma)$ 为有向曲线 Γ 在点 (x,y,z) 处的单位切线向量.

11.2.3 对面积的曲面积分(第一类曲面积分)

1. 定义

$$\iint_\Sigma f(x,y,z)\mathrm{d}S = \lim_{\lambda\to 0}\sum_{i=1}^{n} f(\xi_i,\eta_i,\zeta_i)\Delta S_i \tag{11.36}$$

其中，Σ 是空间分片光滑的曲面，$f(x,y,z)$ 是定义在 Σ 上的有界函数，$\Delta S_1,\Delta S_2,\cdots,\Delta S_n$ 是将 Σ 任意划分成的 n 个小曲面，$(\xi_i,\eta_i,\zeta_i)(i=1,2,\cdots,n)$ 为小曲面 ΔS_i 上任意一点，ΔS_i 也表示其面积，$\lambda = \max\limits_{1\leqslant i\leqslant n}\{\Delta S_i \text{ 的直径}\}$.

2. 可积性

若 $f(x,y,z)$ 在光滑曲面 Σ 上连续，则 $\iint_\Sigma f(x,y,z)\mathrm{d}S$ 存在.

3. 性质

与第一类曲线积分性质相同.

4. 计算法则

化为二重积分进行计算.

(1) 设曲面 Σ 由方程 $z = z(x,y)$ 给出,该曲面在 xOy 平面上投影区域为 D_{xy},则

$$\iint_{\Sigma} f(x,y,z) \mathrm{d}S = \iint_{D_{xy}} f[x,y,z(x,y)] \sqrt{1 + z_x^2 + z_y^2} \mathrm{d}x \mathrm{d}z \tag{11.37}$$

(2) 设曲面 Σ 由方程 $y = y(x,z)$ 给出,该曲面在 xOz 平面上投影区域为 D_{xz},则

$$\iint_{\Sigma} f(x,y,z) \mathrm{d}S = \iint_{D_{xz}} f[x,y(x,z),z] \sqrt{1 + y_x^2 + y_z^2} \mathrm{d}x \mathrm{d}z \tag{11.38}$$

(3) 设曲面 Σ 由方程 $x = x(y,z)$ 给出,该曲面在 xOz 平面上投影区域为 D_{yz},则

$$\iint_{\Sigma} f(x,y,z) \mathrm{d}S = \iint_{D_{yz}} f[x(y,z),y,z] \sqrt{1 + x_y^2 + x_z^2} \mathrm{d}y \mathrm{d}z \tag{11.39}$$

5. 应用

(1) 计算曲面面积: $S = \iint_{\Sigma} \mathrm{d}S$.

(2) 计算曲面的质量: $m = \iint_{\Sigma} \rho(x,y,z) \mathrm{d}S$,其中 $\rho(x,y,z)$ 为曲面 Σ 在点 (x,y,z) 处的面密度.

(3) 计算曲面的重心 $(\bar{x}, \bar{y}, \bar{z})$

$$\begin{cases} \bar{x} = \dfrac{1}{m} \iint_{\Sigma} x \rho(x,y,z) \mathrm{d}S \\ \bar{y} = \dfrac{1}{m} \iint_{\Sigma} y \rho(x,y,z) \mathrm{d}S \\ \bar{z} = \dfrac{1}{m} \iint_{\Sigma} z \rho(x,y,z) \mathrm{d}S \end{cases} \tag{11.40}$$

(4) 计算曲面的转动惯量

$$\begin{cases} I_x = \iint_{\Sigma} (y^2 + z^2) \rho(x,y,z) \mathrm{d}S, \\ I_y = \iint_{\Sigma} (x^2 + z^2) \rho(x,y,z) \mathrm{d}S, \\ I_z = \iint_{\Sigma} (x^2 + y^2) \rho(x,y,z) \mathrm{d}S, \\ I_O = \iint_{\Sigma} (x^2 + y^2 + z^2) \rho(x,y,z) \mathrm{d}S \end{cases} \tag{11.41}$$

(5) 类似三重积分计算曲面对质点的引力.

11.2.4 对坐标的曲面积分（第二类曲面积分）

1. 定义

设 Σ 为光滑的有向曲面，函数 $R(x,y,z)$ 在 Σ 上有界，把 Σ 任意分成 n 块小曲面 ΔS_i（ΔS_i 同时又表示第 i 块小曲面的面积），ΔS_i 在 xOy 面上的投影为 $(\Delta S_i)_{xy}$，(ξ_i, η_i, ζ_i) 是 ΔS_i 上任意取定的一点，如果当各小块曲面的直径的最大值 $\lambda \to 0$ 时

$$\lim_{\lambda \to 0} \sum_{i=1}^{n} R(\xi_i, \eta_i, \zeta_i)(\Delta S_i)_{xy} = \iint_{\Sigma} R(x,y,z)\mathrm{d}x\mathrm{d}y \tag{11.42}$$

称 $\iint_{\Sigma} R(x,y,z)\mathrm{d}x\mathrm{d}y$ 为函数 $R(x,y,z)$ 在有向曲面 Σ 上对坐标 x,y 的曲面积分.

类似地可以定义函数 $P(x,y,z)$ 在有向曲面 Σ 上对坐标 y,z 的曲面积分 $\iint_{\Sigma} P(x,y,z)\mathrm{d}y\mathrm{d}z$ 及函数 $Q(x,y,z)$ 在有向曲面 Σ 上对坐标 z,x 的曲面积分 $\iint_{\Sigma} Q(x,y,z)\mathrm{d}z\mathrm{d}x$，即

$$\iint_{\Sigma} P(x,y,z)\mathrm{d}y\mathrm{d}z = \lim_{\lambda \to 0} \sum_{i=1}^{n} P(\xi_i, \eta_i, \zeta_i)(\Delta S_i)_{yz} \tag{11.43}$$

$$\iint_{\Sigma} P(x,y,z)\mathrm{d}z\mathrm{d}x = \lim_{\lambda \to 0} \sum_{i=1}^{n} Q(\xi_i, \eta_i, \zeta_i)(\Delta S_i)_{zx} \tag{11.44}$$

设 $P(x,y,z)$、$Q(x,y,z)$、$R(x,y,z)$ 是定义在有向曲面 Σ 上的函数，记 $\boldsymbol{F} = (P,Q,R)$，$\boldsymbol{n} = (\cos\alpha, \cos\beta, \cos\gamma)$ 为有向曲面 Σ 指定一侧在点 (x,y,z) 处的单位法线矢量. 若 $\iint_{\Sigma} \boldsymbol{F} \cdot \boldsymbol{n} \mathrm{d}S$ 存在，则称这种积分为矢量函数 $\boldsymbol{F}$（或函数组 P、Q、R）在有向曲面 Σ 上的第二类曲面积分.

记 $\cos\alpha \mathrm{d}S = \mathrm{d}y\mathrm{d}z$，$\cos\beta \mathrm{d}S = \mathrm{d}z\mathrm{d}x$，$\cos\gamma \mathrm{d}S = \mathrm{d}x\mathrm{d}y$ 分别表示曲面 $\mathrm{d}S$ 在 yOz、zOx、xOy 平面上的有向投影，则

$$\iint_{\Sigma} \boldsymbol{F} \cdot \boldsymbol{n} \mathrm{d}S = \iint_{\Sigma} (P\cos\alpha + Q\cos\beta + R\cos\gamma) \mathrm{d}S$$

$$= \iint_{\Sigma} P(x,y,z)\mathrm{d}y\mathrm{d}z + Q(x,y,z)\mathrm{d}z\mathrm{d}x + R(x,y,z)\mathrm{d}x\mathrm{d}y \tag{11.45}$$

因此，第二类曲面积分也称为对坐标的曲面积分.

2. 可积性

若 $P(x,y,z)$、$Q(x,y,z)$、$R(x,y,z)$ 在光滑有向曲面 Σ 上连续，则

$$\iint_{\Sigma} P(x,y,z)\mathrm{d}y\mathrm{d}z + Q(x,y,z)\mathrm{d}z\mathrm{d}x + R(x,y,z)\mathrm{d}x\mathrm{d}y \text{ 存在}.$$

3. 性质

(1) 若记 Σ^- 是与 Σ 相反一侧的有向曲面，则

$$\iint_{\Sigma^-} P(x,y,z)\mathrm{d}y\mathrm{d}z + Q(x,y,z)\mathrm{d}z\mathrm{d}x + R(x,y,z)\mathrm{d}x\mathrm{d}y$$

$$= -\iint_{\Sigma} P(x,y,z)\mathrm{d}y\mathrm{d}z + Q(x,y,z)\mathrm{d}z\mathrm{d}x + R(x,y,z)\mathrm{d}x\mathrm{d}y \tag{11.46}$$

(2) 若有向曲面 Σ 由 Σ_1 和 Σ_2 两部分组成，则

$$\iint_\Sigma P(x,y,z)\mathrm{d}y\mathrm{d}z + Q(x,y,z)\mathrm{d}z\mathrm{d}x + R(x,y,z)\mathrm{d}x\mathrm{d}y$$
$$= \iint_{\Sigma_1} P(x,y,z)\mathrm{d}y\mathrm{d}z + Q(x,y,z)\mathrm{d}z\mathrm{d}x + R(x,y,z)\mathrm{d}x\mathrm{d}y +$$
$$\iint_{\Sigma_2} P(x,y,z)\mathrm{d}y\mathrm{d}z + Q(x,y,z)\mathrm{d}z\mathrm{d}x + R(x,y,z)\mathrm{d}x\mathrm{d}y \tag{11.47}$$

(3) $$\iint_\Sigma (\alpha \boldsymbol{F} + \beta \boldsymbol{G}) \cdot \boldsymbol{n} \mathrm{d}S = \alpha \iint_\Sigma \boldsymbol{F} \cdot \boldsymbol{n} \mathrm{d}S + \beta \iint_\Sigma \boldsymbol{G} \cdot \boldsymbol{n} \mathrm{d}S, \tag{11.48}$$

其中 α、β 为常数.

(4) 当有向曲面 Σ 的法线矢量垂直于 z 轴时,$\iint_\Sigma R(x,y,z)\mathrm{d}x\mathrm{d}y = 0$;

当有向曲面 Σ 的法线矢量垂直于 x 轴时,$\iint_\Sigma R(x,y,z)\mathrm{d}y\mathrm{d}z = 0$;

当有向曲面 Σ 的法线矢量垂直于 y 轴时,$\iint_\Sigma Q(x,y,z)\mathrm{d}z\mathrm{d}x = 0$;

当有向曲面 Σ 的法线矢量平行于 z 轴时,$\iint_\Sigma P(x,y,z)\mathrm{d}y\mathrm{d}z = \iint_\Sigma Q(x,y,z)\mathrm{d}z\mathrm{d}y = 0$;

当有向曲面 Σ 的法线矢量平行于 x 轴时,$\iint_\Sigma Q(x,y,z)\mathrm{d}z\mathrm{d}x = \iint_\Sigma R(x,y,z)\mathrm{d}x\mathrm{d}y = 0$;

当有向曲面 Σ 的法线矢量平行于 y 轴时,$\iint_\Sigma R(x,y,z)\mathrm{d}x\mathrm{d}y = \iint_\Sigma P(x,y,z)\mathrm{d}y\mathrm{d}z = 0$.

4. 计算法则

(1) 由 $$\iint_\Sigma P(x,y,z)\mathrm{d}y\mathrm{d}z + Q(x,y,z)\mathrm{d}z\mathrm{d}x + R(x,y,z)\mathrm{d}x\mathrm{d}y =$$
$$\iint_\Sigma P(x,y,z)\mathrm{d}y\mathrm{d}z + \iint_\Sigma Q(x,y,z)\mathrm{d}z\mathrm{d}x + \iint_\Sigma R(x,y,z)\mathrm{d}x\mathrm{d}y,$$

再将右式三个积分分别化为二重积分计算.以下均假定 z 轴正向朝上.

① 设有向曲面 Σ 由方程 $z = z(x,y)$ 给出,Σ 在 xOy 平面上的投影区域为 D_{xy},则有
$$\iint_\Sigma R(x,y,z)\mathrm{d}x\mathrm{d}y = \pm \iint_{D_{xy}} R[x,y,z(x,y)]\mathrm{d}x\mathrm{d}y \tag{11.49}$$

当左端有向曲面 Σ 取上侧时,右端积分应取"$+$"号;

当左端有向曲面 Σ 取下侧时,右端积分应取"$-$"号.

② 设有向曲面 Σ 由方程 $y = y(x,z)$ 给出,Σ 在 xOz 平面上的投影区域为 D_{xz},则有
$$\iint_\Sigma Q(x,y,z)\mathrm{d}z\mathrm{d}x = \pm \iint_{D_{xz}} Q[x,y(x,z),z]\mathrm{d}z\mathrm{d}x \tag{11.50}$$

当左端有向曲面 Σ 取右侧时,右端积分应取"$+$"号;

当左端有向曲面 Σ 取左侧时,右端积分应取"$-$"号.

③ 设有向曲面 Σ 由方程 $x = x(x,y)$ 给出,Σ 在 yOz 平面上的投影区域为 D_{yz},则有
$$\iint_\Sigma P(x,y,z)\mathrm{d}y\mathrm{d}z = \pm \iint_{D_{yz}} P[x(y,z),y,z]\mathrm{d}y\mathrm{d}z \tag{11.51}$$

当左边有向曲面 Σ 取前侧时,右边积分应取"+"号;

当左边有向曲面 Σ 取后侧时,右边积分应取"−"号.

(2) 由
$$\iint\limits_{\Sigma} P(x,y,z)\mathrm{d}y\mathrm{d}z + Q(x,y,z)\mathrm{d}z\mathrm{d}x + R(x,y,z)\mathrm{d}x\mathrm{d}y$$
$$= \iint\limits_{\Sigma}(P\cos\alpha + Q\cos\beta + R\cos\gamma)\mathrm{d}S = \iint\limits_{\Sigma} \boldsymbol{F}\cdot\boldsymbol{n}\mathrm{d}S$$

可先求出有向曲面 Σ 的单位法线矢量 $\boldsymbol{n}$,求出 $\boldsymbol{F}\cdot\boldsymbol{n}$,再按第一类曲面积分的计算方法化为一个二重积分求之.

5. 两类曲面积分的联系

$$\iint\limits_{\Sigma} P(x,y,z)\mathrm{d}y\mathrm{d}z + Q(x,y,z)\mathrm{d}z\mathrm{d}x + R(x,y,z)\mathrm{d}x\mathrm{d}y = \iint\limits_{\Sigma}(P\cos\alpha + Q\cos\beta + R\cos\gamma)\mathrm{d}S \tag{11.52}$$

其中,$(\cos\alpha,\cos\beta,\cos\gamma)$ 是有向曲面 Σ 在点 (x,y,z) 处的单位法线矢量.

6. 高斯(Gauss)公式(通量与散度)

(1) 设函数 $P(x,y,z)$、$Q(x,y,z)$、$R(x,y,z)$ 在空间有界闭区域 Ω 上有一阶连续偏导数,S 是 Ω 的分片光滑边界曲面外侧,则有

$$\oiint\limits_{\Sigma} P(x,y,z)\mathrm{d}y\mathrm{d}z + Q(x,y,z)\mathrm{d}z\mathrm{d}x + R(x,y,z)\mathrm{d}x\mathrm{d}y = \iiint\limits_{\Omega}\left(\frac{\partial P}{\partial x} + \frac{\partial Q}{\partial y} + \frac{\partial R}{\partial z}\right)\mathrm{d}x\mathrm{d}y\mathrm{d}z \tag{11.53}$$

*(2) 设 G 是空间二维单连通区域,$P(x,y,z)$,$Q(x,y,z)$,$R(x,y,z)$ 在 G 内具有一阶连续偏导数,则曲面积分

$$\iint\limits_{\Sigma} P\mathrm{d}y\mathrm{d}z + Q\mathrm{d}z\mathrm{d}x + R\mathrm{d}x\mathrm{d}y$$

在 G 内与所取曲面 Σ 无关,而只取决于 Σ 的边界曲线(或沿 G 内任一闭曲面的曲面积分为零)的充分必要条件是

$$\frac{\partial P}{\partial x} + \frac{\partial Q}{\partial y} + \frac{\partial R}{\partial z} = 0 \tag{11.54}$$

在 G 内恒成立

*(3) 通量:设有向量场

$$\boldsymbol{A}(x,y,z) = P(x,y,z)\boldsymbol{i} + Q(x,y,z)\boldsymbol{j} + R(x,y,z)\boldsymbol{k}$$

其中函数 $P(x,y,z)$、$Q(x,y,z)$、$R(x,y,z)$ 均具有一阶连续偏导数,Σ 是场内的一片有向曲面,$\boldsymbol{n}$ 是 Σ 在点 (x,y,z) 处的单位法向量,则积分

$$\iint\limits_{\Sigma} \boldsymbol{A}\cdot\boldsymbol{n}\mathrm{d}S \tag{11.55}$$

称为向量场 $\boldsymbol{A}$ 通过曲面 Σ 向着指定侧的通量(或流量)

散度:对于一般的向量场

$$\boldsymbol{A}(x,y,z) = P(x,y,z)\boldsymbol{i} + Q(x,y,z)\boldsymbol{j} + R(x,y,z)\boldsymbol{k}$$

$\frac{\partial P}{\partial x} + \frac{\partial Q}{\partial y} + \frac{\partial R}{\partial z}$ 称为向量场 $\boldsymbol{A}$ 的散度,记为 $\mathrm{div}\boldsymbol{A}$,即

$$\mathrm{div}\boldsymbol{A} = \frac{\partial P}{\partial x} + \frac{\partial Q}{\partial y} + \frac{\partial R}{\partial z} \tag{11.56}$$

7. 斯托克斯公式(环流量与旋度)

(1) 斯托克斯公式.

设 Γ 为分段光滑的空间有向闭曲线,Σ 是 Γ 为边界的分片光滑的有向曲面,Γ 的正向与 Σ 的侧符合右手规则(当右手除拇指外的四指依 Γ 的绕行方向时,拇指所指的方向与 Σ 上法向量的指向相同),函数 $P(x,y,z)$、$Q(x,y,z)$、$R(x,y,z)$ 在曲面 Σ(连同边界 Γ)上具有一阶连续偏导数,则有

$$\iint_\Sigma \left(\frac{\partial R}{\partial y} - \frac{\partial Q}{\partial z}\right)\mathrm{d}y\mathrm{d}z + \left(\frac{\partial P}{\partial z} - \frac{\partial R}{\partial z}\right)\mathrm{d}z\mathrm{d}x + \left(\frac{\partial Q}{\partial x} - \frac{\partial P}{\partial y}\right)\mathrm{d}x\mathrm{d}y$$
$$= \oint_\Gamma P(x,y,z)\mathrm{d}x + Q(x,y,z)\mathrm{d}y + R(x,y,z)\mathrm{d}z \tag{11.57}$$

*(2) 设空间区域 G 是一维单连通域,函数 $P(x,y,z)$、$Q(x,y,z)$、$R(x,y,z)$ 在 G 内具有一阶连续偏导数,则空间曲线积分 $\int_L P(x,y,z)\mathrm{d}x + Q(x,y,z)\mathrm{d}y + R(x,y,z)\mathrm{d}z$ 在 G 内与路径无关(或沿 G 内任意闭曲线的曲线积分为零) 的充分必要条件是

$$\frac{\partial P}{\partial y} = \frac{\partial Q}{\partial x}, \quad \frac{\partial Q}{\partial z} = \frac{\partial R}{\partial z}, \quad \frac{\partial R}{\partial x} = \frac{\partial P}{\partial z}$$

在 G 内恒成立

(3) 环流量: 设有向量场

$$A(x,y,z) = P(x,y,z)\boldsymbol{i} + Q(x,y,z)\boldsymbol{j} + R(x,y,z)\boldsymbol{k}$$

其中函数 $P(x,y,z)$、$Q(x,y,z)$、$R(x,y,z)$ 均连续. Γ 是 A 的定义域内的一条分段光滑的有向闭曲线,τ 是 Γ 在点 (x,y,z) 处的单位法向量,则积分

$$\oint_\Gamma A \cdot \boldsymbol{\tau} \mathrm{d}s$$

称为向量场 A 沿有向闭曲线 Γ 的环流量.

*(3) **旋度:** 设有一向量场

$$A(x,y,z) = P(x,y,z)\boldsymbol{i} + Q(x,y,z)\boldsymbol{j} + R(x,y,z)\boldsymbol{k}$$

其中函数 $P(x,y,z)$、$Q(x,y,z)$、$R(x,y,z)$ 均具有一阶连续偏导数,则向量

$$\left(\frac{\partial R}{\partial y} - \frac{\partial P}{\partial z}\right)\boldsymbol{i} + \left(\frac{\partial P}{\partial z} - \frac{\partial R}{\partial x}\right)\boldsymbol{j} + \left(\frac{\partial Q}{\partial x} - \frac{\partial P}{\partial y}\right)\boldsymbol{k}$$

称为向量场 A 的旋度,记为 **rotA**,即

$$\mathbf{rotA} = \left(\frac{\partial R}{\partial y} - \frac{\partial Q}{\partial z}\right)\boldsymbol{i} + \left(\frac{\partial P}{\partial z} - \frac{\partial R}{\partial x}\right)\boldsymbol{j} + \left(\frac{\partial Q}{\partial x} - \frac{\partial P}{\partial y}\right)\boldsymbol{k} \tag{11.58}$$

11.3 解 难 释 疑

(1) 两类曲线积分、两类曲面积分都是具有实际物理背景的,它们的定义都可以从计算相关物理量抽象出来,例如,计算质量、功、流量等问题.因此要把两类曲线积分、两类曲面积分与这些物理量的计算联系起来学习.

(2) 第一类曲线积分、第一类曲面积分与二重积分、三重积分可以统一定义为几何形体上的积分,即

$$I = \lim_{\lambda \to 0} \sum_{i=1}^{n} f(M_i) \Delta K_i = \int_K f(M) \mathrm{d}K \tag{11.59}$$

其中，K 是有界、可度量的几何体(曲线段、一平面区域、一块曲面、空间立体)，$f(M)$ 为 K 上的有界函数，$M \in K$，$\Delta K_i (i=1,2,\cdots,n)$ 是将 K 任意划分成的 n 个小部分，它们的度量大小仍记 ΔK_i，M_i 为 ΔK_i 上任意一点，d_i 为 ΔK_i 的直径，$\lambda = \max_{1 \leqslant i \leqslant n} \{d_i\}$。

按 K 的不同形态给出 K 上积分的具体表示形式及名称，如表 11.1 所示。

表 11.1　　　　　　　　　K 的形态、表示形式和名称

K 的形态	表示形式	名　称
K 是平面区域 D	$I = \iint\limits_D f(x,y) \mathrm{d}\sigma$	二重积分
K 是空间立体 Ω	$I = \iiint\limits_\Omega f(x,y,z) \mathrm{d}v$	三重积分
K 是曲线段 L	$I = \int_L f(x,y,z) \mathrm{d}s$	第一类曲线积分
K 是一块曲面 S	$I = \iint\limits_\Sigma f(x,y,z) \mathrm{d}S$	第一类曲面积分

(3) 利用积分的统一定义，可以将重积分的全部性质一一推广到第一类曲线积分和第一类曲面积分。

由两类曲线积分之间的联系和两类曲面积分之间的联系可知，第二类曲线积分和第二类曲面积分同样具有线性性质和对积分区域的可加性。

但是特别要注意的是第一类曲线积分、曲面积分分别与曲线方向及曲面的方向无关，而第二类曲线积分、曲面积分分别与曲线方向及曲面的方向有关。

(4) 曲线积分的计算，其基本原则是转化为定积分的计算，定积分的上、下限要依给定的方程及路径的两个端点来确定，但必须注意两类曲线积分转化为定积分时上、下限的不同处理原则。

(5) 平面上第二类曲线积分的计算方法。

① 对于封闭曲线上的曲线积分，首先应考虑利用格林公式计算。

② 对于非闭曲线上的积分，其途径有二：一是若满足恰当条件，可以考虑利用曲线积分与路径无关性质简化计算，选择便于计算的路线；二是添加辅助线"封闭化"，再应用格林公式计算。

③ 上述各种方法在计算中不便采用时，则考虑直接化为定积分计算。

(6) 曲面积分的计算，其基本原则是转化为二重积分的计算，但必须注意的是，第二类曲面积分的值与曲面的侧有关。

(7) 对于第二类曲面积分的计算，若 Σ 为封闭曲面，则应先考虑用高斯公式化为三重积分计算。

对于一些非封闭曲面，常采用加补法，即加补曲面 Σ_1，使 $\Sigma + \Sigma_1$ 成为封闭曲面，然后应用高斯公式，但在 Σ_1 上曲面积分必须易于计算。

对于第二类曲面积分的计算也可以考虑先化成第一类曲面积分,再化成曲面在某一坐标面上投影区域上的二重积分(适用于曲面在有的坐标面上的投影区域不易表示的情形),其关键是按曲面方程求出其单位法线矢量 $\boldsymbol{n}$.

若曲面方程为 $\varphi(x,y,z)=0$,则

$$\boldsymbol{n}=\pm\frac{\varphi_x\boldsymbol{i}+\varphi_y\boldsymbol{j}+\varphi_z\boldsymbol{k}}{\sqrt{(\varphi_x)^2+(\varphi_y)^2+(\varphi_z)^2}}$$

正、负号由 Σ 的侧决定.

11.4 典型例题选讲

例 11.4.1 计算 $\int_L(x^3+y^3)\mathrm{d}s$ 的值,曲线 L 是 $y=\sqrt{a^2-x^2}$,$|x|\leqslant a$.

解 曲线 L 的参数方程为 $\begin{cases}x=a\cos t\\y=a\sin t\end{cases}$ $0\leqslant t\leqslant\pi$,则

$$\int_L(x^3+y^3)\mathrm{d}s=\int_L x^3\mathrm{d}s+\int_L y^3\mathrm{d}s$$
$$=0+\int_0^\pi(a\sin t)^3\sqrt{(-a\sin t)^2+(a\cos t)^2}\mathrm{d}t$$
$$=a^4\int_0^\pi\sin^3 t\,\mathrm{d}t=\frac{3}{4}a^4.$$

例 11.4.2 计算曲线积分 $\int_L x\mathrm{d}s$,其中曲线 L 为圆 $x^2+y^2=a^2$ 上点 $A(0,a)$ 与点 $B\left(\dfrac{a}{\sqrt{2}},-\dfrac{a}{\sqrt{2}}\right)$ 之间的一段弧(见图 11.1),$a>0$.

解法 1 $L=\widehat{AC}+\widehat{CB}$,其中点 C 为 $(a,0)$.

$\widehat{AC}:y=\sqrt{a^2-x^2}$ $(0\leqslant x\leqslant a)$,所以

$$\int_{\widehat{AC}}x\mathrm{d}s=\int_0^a x\sqrt{1+\left(\frac{\mathrm{d}y}{\mathrm{d}x}\right)^2}=\int_0^a x\sqrt{1+\left(\frac{-x}{\sqrt{a^2-x^2}}\right)^2}\mathrm{d}x$$
$$=\int_0^a\frac{ax}{\sqrt{a^2-x^2}}\mathrm{d}x=a^2.$$

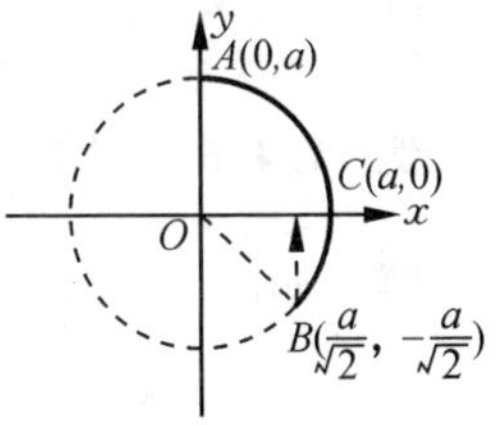

图 11.1

$\widehat{CB}:y=-\sqrt{a^2-x^2}$ $\left(\dfrac{a}{\sqrt{2}}\leqslant x\leqslant a\right)$,所以

$$\int_{\widehat{CB}}x\mathrm{d}s=\int_{\frac{a}{\sqrt{2}}}^a x\sqrt{1+\left(\frac{\mathrm{d}y}{\mathrm{d}x}\right)^2}\mathrm{d}x=\int_{\frac{a}{\sqrt{2}}}^a x\sqrt{1+\left(\frac{x}{\sqrt{a^2-x^2}}\right)^2}\mathrm{d}x$$
$$=\int_{\frac{a}{\sqrt{2}}}^a\frac{ax}{\sqrt{a^2-x^2}}\mathrm{d}x=\frac{a^2}{\sqrt{2}}.$$

综上所述, $\int_L x\mathrm{d}s=\int_{\widehat{AC}}x\mathrm{d}s+\int_{\widehat{CB}}x\mathrm{d}s=a^2+\frac{a^2}{\sqrt{2}}=\left(1+\frac{\sqrt{2}}{2}\right)a^2.$

解法 2 $L:x=\sqrt{a^2-y^2}$ $\left(-\dfrac{a}{\sqrt{2}}\leqslant y\leqslant a\right)$,所以

$$\int_L x\,\mathrm{d}s = \int_{-\frac{a}{\sqrt{2}}}^{a} \sqrt{a^2-y^2} \cdot \sqrt{1+\left(\frac{\mathrm{d}x}{\mathrm{d}y}\right)^2}\,\mathrm{d}y = \int_{-\frac{a}{\sqrt{2}}}^{a} \sqrt{a^2-y^2} \cdot \sqrt{1+\left(\frac{-y}{\sqrt{a^2-y^2}}\right)^2}\,\mathrm{d}y$$

$$= \int_{-\frac{a}{\sqrt{2}}}^{a} a\,\mathrm{d}y = a\left[a-\left(-\frac{a}{\sqrt{2}}\right)\right] = \left(1+\frac{\sqrt{2}}{2}\right)a^2.$$

解法 3 曲线 L 的参数方程为 $\begin{cases} x = a\cos t \\ y = a\sin t \end{cases}\left(-\frac{\pi}{4}\leqslant t \leqslant \frac{\pi}{2}\right)$,所以

$$\int_L \mathrm{d}s = \int_{-\frac{\pi}{4}}^{\frac{\pi}{2}} a\cos t\sqrt{[x'(t)]^2+[y'(t)]^2}\,\mathrm{d}t = \int_{-\frac{\pi}{4}}^{\frac{\pi}{2}} a\cos t\sqrt{(-a\sin t)^2+(a\cos t)^2}\,\mathrm{d}t$$

$$= \int_{-\frac{\pi}{4}}^{\frac{\pi}{2}} a^2\cos t\,\mathrm{d}t = \left(1+\frac{\sqrt{2}}{2}\right)a^2.$$

注意 上述例题中任何一种方法将第一类曲线积分化为定积分时,积分下限一定要小于上限,而不去管它的哪一个值是对应起点和终点,这是在计算第一类曲线积分时要特别注意的.

例 11.4.3 计算 $\oint_L (x+y^3)\,\mathrm{d}s$,其中曲线 L 是圆周 $x^2+y^2=R^2$.

解 由于 $x^2+y^2=R^2$ 对称于 $x=0$,也对称于 $y=0$,而 x,y^3 都分别是 x,y 的奇函数,故

$$\oint_L (x+y^3)\,\mathrm{d}s = \oint_L x\,\mathrm{d}s + \oint_L y^3\,\mathrm{d}s = 0+0 = 0.$$

例 11.4.4 计算 $\oint_L (x^2+y^2)\,\mathrm{d}s$,其中曲线 L 是圆周 $x^2+y^2=ax$.

解 把曲线方程化为极坐标 $\rho = a\cos t\left(-\frac{\pi}{2}\leqslant t \leqslant \frac{\pi}{2}\right)$

$$\mathrm{d}s = \sqrt{\rho'^2+\rho^2}\,\mathrm{d}t = a\,\mathrm{d}t$$

$$\oint_L (x^2+y^2)\,\mathrm{d}s = \int_{-\frac{\pi}{2}}^{\frac{\pi}{2}} \rho^2 \cdot a\,\mathrm{d}t = \int_{-\frac{\pi}{2}}^{\frac{\pi}{2}} a(a\cos t)^2\,\mathrm{d}t = \int_{-\frac{\pi}{2}}^{\frac{\pi}{2}} a^3\cos^2 t\,\mathrm{d}t = \frac{1}{2}a^3\pi.$$

例 11.4.5 计算 $\oint_C xy\,\mathrm{d}s$,其中曲线 C 是 $|x|+|y|=a(a>0)$.

解 如图 11.2 所示,$C = C_1+C_2+C_3+C_4$.

$$\oint_C xy\,\mathrm{d}s = \int_{C_1} xy\,\mathrm{d}s + \int_{C_2} xy\,\mathrm{d}s + \int_{C_3} xy\,\mathrm{d}s + \int_{C_4} xy\,\mathrm{d}s$$

$$= \sqrt{2}\left[\int_0^a x(a-x)\,\mathrm{d}x + \int_{-a}^0 x(x+a)\,\mathrm{d}x - \int_{-a}^0 x(a+x)\,\mathrm{d}x - \int_0^a x(a-x)\,\mathrm{d}x\right] = 0.$$

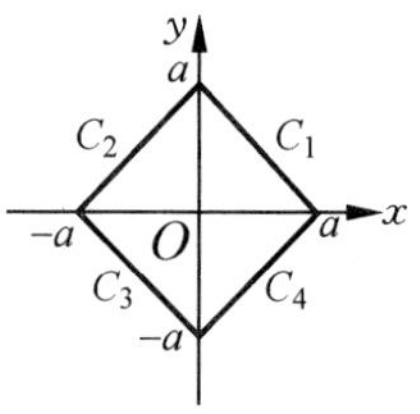

图 11.2

此题说明,当积分曲线 C 由 n 个不同弧段构成时,要把曲线分成 n 个子弧段,利用曲线积分路径可分的性质,不同弧段要注意选择不同方法求解.

例 11.4.6 计算 $\int_L \sqrt{2y^2+z^2}\,\mathrm{d}s$,其中曲线 L 为 $x^2+y^2+z^2=R^2$ 与 $x=y$ 的交线.

解 先从 $\begin{cases} x^2+y^2+z^2=R^2 \\ x=y \end{cases}$ 消去 x 得

$$\frac{y^2}{\left(\frac{R}{\sqrt{2}}\right)^2}+\frac{z^2}{R^2}=1$$

其参数方程 $x=\frac{R}{\sqrt{2}}\sin t, \quad y=\frac{R}{\sqrt{2}}\sin t, \quad z=R\cos t \quad (0\leqslant t\leqslant 2\pi)$

这时 $\int_L \sqrt{2y^2+z^2}\,ds=\int_0^{2\pi} R\cdot\sqrt{x'^2(t)+y'^2(t)+z'^2(t)}\,dt=\int_0^{2\pi} R\cdot R\,dt=2\pi R^2.$

故 $\int_L \sqrt{2y^2+z^2}\,ds=2\pi R^2.$

例 11.4.7 设有一段铁丝成半圆形 $y=\sqrt{a^2-x^2}$,其上任一点处的线密度的大小等于该点的纵坐标,求其质量.

解 线密度 $\rho=y$,故所求质量为

$$M=\int_L y\,ds, \quad 其中 L: \sqrt{a^2-x^2}$$

$$y'=-\frac{x}{\sqrt{a^2-x^2}}, \quad ds=\frac{a\,dx}{\sqrt{a^2-x^2}}$$

$$M=\int_{-a}^{a}\frac{a\,dx}{\sqrt{a^2-x^2}}=a\arcsin\frac{x}{a}\Big|_{-a}^{a}=a\pi.$$

例 11.4.8 计算 $\oint_L x^2\,ds$,其中 L 为圆周 $\begin{cases} x^2+y^2+z^2=R^2 \\ x+y+z=0 \end{cases}$

解法 1 直接化为定积分,先将 L 用参数方程表示,将 $z=-(x+y)$ 代入 $x^2+y^2+z^2=R^2$,有

$$x^2+xy+y^2=\frac{R^2}{2}, \quad 即 \quad \left(\frac{\sqrt{3}x}{2}\right)^2+\left(\frac{x}{2}+y\right)^2=\left(\frac{R}{\sqrt{2}}\right)^2$$

令 $\frac{\sqrt{3}x}{2}=\frac{R}{\sqrt{2}}\cos\theta$,得 $x=\sqrt{\frac{2}{3}}R\cos\theta$;令 $\frac{x}{2}+y=\frac{R}{\sqrt{2}}\sin\theta$,得 $y=\frac{R}{\sqrt{2}}\sin\theta-\frac{R}{\sqrt{6}}\cos\theta$,代入 $x+y+z=0$,得 $z=-\frac{R}{\sqrt{6}}\cos\theta-\frac{R}{\sqrt{2}}\sin\theta$,所以 L 的参数方程为

$$\begin{cases} x=\sqrt{\frac{2}{3}}R\cos\theta \\ y=\frac{R}{\sqrt{2}}\sin\theta-\frac{R}{\sqrt{6}}\cos\theta, \quad 0\leqslant\theta\leqslant 2\pi \\ z=-\frac{R}{\sqrt{6}}\cos\theta-\frac{R}{\sqrt{2}}\sin\theta \end{cases}$$

故 $ds=R\sqrt{\frac{2}{3}\sin^2\theta+\left(\frac{\cos\theta}{\sqrt{2}}+\frac{\sin\theta}{\sqrt{6}}\right)^2+\left(\frac{\sin\theta}{\sqrt{6}}-\frac{\cos\theta}{\sqrt{2}}\right)^2}\,d\theta=R\,d\theta$

于是 $\oint_L x^2\,ds=\int_0^{2\pi}\frac{2}{3}R^2\cos^2\theta\cdot R\,d\theta=\frac{2}{3}R^3\int_0^{2\pi}\cos^2\theta\,d\theta=\frac{2}{3}\pi R^3.$

解法 2 用球坐标计算.

$$\begin{cases} x = R\sin\varphi\cos\theta \\ y = R\sin\varphi\sin\theta \\ z = R\cos\varphi \end{cases}$$

$$ds = \sqrt{(dx)^2 + (dy)^2 + (dz)^2} = R\sqrt{\sin^2\varphi(d\theta)^2 + (d\varphi)^2}$$

从方程

$$x + y + z = R(\sin\varphi\cos\theta + \sin\varphi\sin\theta + \cos\varphi) = 0$$

中消去 φ 后可以得到以 θ 为参数的参数方程,但不必写出该方程,只需消去积分中出现的 φ 即可. 由

$$\sin\theta + \cos\theta = -\cot\varphi$$

得

$$(\cos\theta - \sin\theta)d\theta = \frac{1}{\sin^2\varphi}d\varphi$$

$$\frac{1}{\sin^2\varphi} = 1 + \cot^2\varphi = 1 + (\sin\theta + \cos\theta)^2 = 2 + \sin(2\theta)$$

于是

$$ds = R\sqrt{\sin^2\varphi + \sin^4\varphi(\cos\theta - \sin\theta)^2}\,d\theta = R\sqrt{\frac{1}{2+\sin(2\theta)} + \frac{1-\sin(2\theta)}{[2+\sin(2\theta)]^2}}\,d\theta$$

$$= \frac{\sqrt{3}R}{2+\sin(2\theta)}d\theta$$

所以
$$\oint x^2 ds = \int_0^{2\pi} R^2 \sin^2\varphi\cos^2\theta \cdot \frac{\sqrt{3}R}{2+\sin(2\theta)}d\theta = \sqrt{3}R^3\int_0^{2\pi}\frac{\cos^2\theta}{[2+\sin(2\theta)]^2}d\theta$$

$$= 2\sqrt{3}R^3\int_0^{\pi}\frac{\cos^2\theta}{[2+\sin(2\theta)]^2}d\theta$$

$$= 2\sqrt{3}R^3\left\{\int_0^{\frac{\pi}{2}}\frac{\cos^2\theta}{[2+\sin(2\theta)]^2}d\theta + \int_{\frac{\pi}{2}}^{\pi}\frac{\cos^2\theta}{[2+\sin(2\theta)]^2}d\theta\right\}$$

其中

$$\int_0^{\frac{\pi}{2}}\frac{\cos^2\theta}{[2+\sin(2\theta)]^2}d\theta \xrightarrow{t=\tan\theta} \frac{1}{4}\int_0^{+\infty}\frac{dt}{(t^2+t+1)^2}$$

$$= \frac{1}{4}\int_0^{+\infty}\frac{d\left(t+\frac{1}{2}\right)}{\left[\left(t+\frac{1}{2}\right)^2 + \left(\frac{\sqrt{3}}{2}\right)^2\right]^2}$$

$$= \frac{1}{4}\int_{\frac{1}{2}}^{+\infty}\frac{du}{(u^2+a^2)^2} \quad \left(u = t + \frac{1}{2}, a = \frac{\sqrt{3}}{2}\right)$$

$$= \frac{1}{4}\left[\frac{u}{2a^2(u^2+a^2)}\bigg|_{\frac{1}{2}}^{+\infty} + \frac{1}{2a^3}\arctan\frac{u}{a}\bigg|_{\frac{1}{2}}^{+\infty}\right]$$

$$= -\frac{1}{12} + \frac{\pi}{9\sqrt{3}}$$

同理,可得
$$\int_{\frac{\pi}{2}}^{\pi}\frac{\cos^2\theta}{[2+\sin(2\theta)]^2}d\theta = \frac{1}{4}\int_{-\infty}^0\frac{dt}{(t^2+t+1)^2} = \frac{1}{4}\int_{-\infty}^{\frac{1}{2}}\frac{du}{(u^2+a^2)^2}$$

$$= \frac{1}{4}\left[\frac{u}{2a^2(u^2+a^2)}\bigg|_{-\infty}^{\frac{1}{2}} + \frac{1}{2a^3}\arctan\frac{u}{a}\bigg|_{-\infty}^{\frac{1}{2}}\right]$$

$$= \frac{1}{12} + \frac{2\pi}{9\sqrt{3}}.$$

因此 $\oint_L x^2 \mathrm{d}s = 2\sqrt{3}R^3\left(-\frac{1}{12} + \frac{\pi}{9\sqrt{3}} + \frac{1}{12} + \frac{2\pi}{9\sqrt{3}}\right) = \frac{2}{3}\pi R^3.$

解法 3 利用对称性. 由于积分曲线方程中的变量 x、y、z 具有轮换对称性,即三个变量轮换位置方程不变,故有

$$\oint_L x^2 \mathrm{d}s = \oint_L y^2 \mathrm{d}s = \oint_L z^2 \mathrm{d}s = \frac{1}{3}\oint_L (x^2 + y^2 + z^2) \mathrm{d}s$$
$$= \frac{1}{3}R^2 \oint_L \mathrm{d}s = \frac{2}{3}\pi R^3.$$

例 11.4.9 计算 $\int_L y \mathrm{d}x$,其中 L 是由直线 $x = 0, y = 0, x = 2, y = 4$ 所围成的正向矩形回路.

解 如图 11.3 所示有
$$\int_L y \mathrm{d}x = \int_{L_1} y \mathrm{d}x + \int_{L_2} y \mathrm{d}x + \int_{L_3} y \mathrm{d}x + \int_{L_4} y \mathrm{d}x = 0 + 0 + \int_2^0 4 \mathrm{d}x + 0 = -8.$$

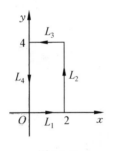

图 11.3

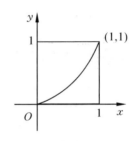

图 11.4

例 11.4.10 计算 $\int_{(0,0)}^{(1,1)} xy \mathrm{d}x + (y - x) \mathrm{d}y$,沿曲线 $y = x^2$.

解法 1 作出积分曲线的图形并标出方向,如图 11.4 所示.
化成对 x 的定积分计算. 由 $y = x^2$ 得 $\mathrm{d}y = 2x\mathrm{d}x$,故
$$\int_{(0,0)}^{(1,1)} xy \mathrm{d}x + (y - x) \mathrm{d}y = \int_0^1 x^3 \mathrm{d}x + (x^2 - x) \cdot 2x \mathrm{d}x$$
$$= \int_0^1 (3x^3 - 2x^2) \mathrm{d}x = \frac{1}{12}.$$

解法 2 化成对 y 的定积分计算
由 $y = x^2$ 得 $x = \sqrt{y}(x = -\sqrt{y}$ 舍去$)$,$\mathrm{d}x = \frac{1}{2\sqrt{y}}\mathrm{d}y$,故
$$\int_{(0,0)}^{(1,1)} xy \mathrm{d}x + (y - x) \mathrm{d}y = \int_0^1 \sqrt{y} \cdot y \cdot \frac{1}{2\sqrt{y}}\mathrm{d}y + (y - \sqrt{y})\mathrm{d}y$$
$$= \int_0^1 \left(\frac{3}{2}y - \sqrt{y}\right) \mathrm{d}y = \frac{1}{12}.$$

例 11.4.11 设 L 是以点 $A(1,1)$、$B(-1,1)$ 和 $C(-1,-1)$ 为顶点的三角形周边,逆时

针方向为正,计算 $\int_L y^2 \mathrm{d}x - x^2 \mathrm{d}y$.

解法 1 如图 11.5 所示,令 $L_1 = \overrightarrow{AB}, L_2 = \overrightarrow{BC}, L_3 = \overrightarrow{CA}$,则
$$\int_L y^2 \mathrm{d}x - x^2 \mathrm{d}y = \int_{L_1} + \int_{L_2} + \int_{L_3}$$

而
$$\int_{L_1} y^2 \mathrm{d}x - x^2 \mathrm{d}y = \int_1^{-1} \mathrm{d}x - 0 = -2$$

$$\int_{L_2} y^2 \mathrm{d}x - x^2 \mathrm{d}y = \int_{-1}^1 x^2 \mathrm{d}x - x^2 \cdot (-1)\mathrm{d}x = \int_{-1}^1 2x^2 \mathrm{d}x = \frac{4}{3}$$

$$\int_{L_3} y^2 \mathrm{d}x - x^2 \mathrm{d}y = \int_{-1}^1 (-1)\mathrm{d}y = -2$$

故
$$\int_L y^2 \mathrm{d}x - x^2 \mathrm{d}y = -\frac{8}{3}$$

解法 2 利用格林公式化为二重积分,设 L 所围三角形区域为 D,则
$$\int_L y^2 \mathrm{d}x - x^2 \mathrm{d}y = \iint_D \left[\frac{\partial(-x^2)}{\partial x} - \frac{\partial(y^2)}{\partial y}\right] \mathrm{d}x \mathrm{d}y = \iint_D (-2x - 2y)\mathrm{d}x\mathrm{d}y$$
$$= -2\iint_D x+y \mathrm{d}x\mathrm{d}y = -2\int_{-1}^1 \mathrm{d}x \int_{-x}^1 (x+y)\mathrm{d}y$$
$$= -2\int_{-1}^1 \left(x + x^2 + \frac{1}{2} - \frac{1}{2}x^2\right)\mathrm{d}x$$
$$= -2\int_{-1}^1 \left(\frac{1}{2}x^2 + x + \frac{1}{2}\right)\mathrm{d}x = -\frac{8}{3}.$$

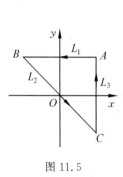

图 11.5

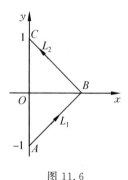

图 11.6

例 11.4.12 计算 $\int_L \frac{\mathrm{d}x + \mathrm{d}y}{|x| + |y|}$,其中 L 为从点 $A(0,-1)$ 到点 $B(1,0)$ 再到点 $C(0,1)$ 的折线段.

解 如图 11.6 所示,$L = L_1 + L_2$
$$L_1: x - y = 1, \quad y = x - 1, \quad x: 0 \to 1$$
$$L_2: x + y = 1, \quad y = 1 - x, \quad x: 1 \to 0$$

故
$$\int_L \frac{\mathrm{d}x + \mathrm{d}y}{|x| + |y|} = \int_{L_1} \frac{\mathrm{d}x + \mathrm{d}y}{|x| + |y|} + \int_{L_2} \frac{\mathrm{d}x + \mathrm{d}y}{|x| + |y|}$$
$$= \int_0^1 \mathrm{d}x + \mathrm{d}x + \int_1^0 \mathrm{d}x - \mathrm{d}x = z.$$

例 11.4.13 验证表达式 $(2x+2y-1)\mathrm{d}x+(2x-3y^2)\mathrm{d}y$ 为一个全微分,并求出其原函数 $u(x,y)$.

解 记 $P(x,y)=2x+2y-1, Q(x,y)=2x-3y$,因为
$$\frac{\partial Q}{\partial x}=2=\frac{\partial P}{\partial y}$$
所以 $(2x+2y-1)\mathrm{d}x+(2x-3y^2)\mathrm{d}y$ 是某函数的全微分.

注 求其原函数 $u(x,y)$ 的方法有下面三种.

(1) 用曲线积分求,其原函数为
$$u(x,y)=\int_{(0,0)}^{(x,y)}(2x+2y-1)\mathrm{d}x+(2x-3y^2)\mathrm{d}y+C$$
其中 $(0,0)$ 为取定的一点.

由于积分与路径无关,故可以选取折线路径 $O(0,0)\to N(x,0)\to M(x,y)$,如图 11.7 所示. 在 $\overline{ON}$ 上 $y=0$ 不变,$\mathrm{d}y=0$;在 $\overline{NM}$ 上 x 不变,$\mathrm{d}x=0$,故
$$u(x,y)=\int_0^x(2x+0-1)\mathrm{d}x+\int_0^y(2x-3y^2)\mathrm{d}y+C=x^2-x+2xy-y^3+C.$$

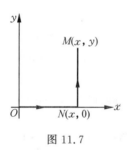

图 11.7

(2) 用 $\mathrm{d}u=\dfrac{\partial u}{\partial x}\mathrm{d}x+\dfrac{\partial u}{\partial y}\mathrm{d}y$ 的唯一形式求解.

由 $\mathrm{d}u=(2x+2y-1)\mathrm{d}x+(2x-3y^2)\mathrm{d}y$ 得
$$\frac{\partial u}{\partial x}=2x+2y-1,\quad \frac{\partial u}{\partial y}=2x-3y^2.$$

由 $\dfrac{\partial u}{\partial x}=2x+2y-1$ 知 $u=x^2+2xy-x+\varphi(y)$,从而 $\dfrac{\partial u}{\partial y}=2x+\varphi'(y)$.又 $\dfrac{\partial u}{\partial y}=2x-3y^2$,故 $\varphi'(y)=-3y^2$,因此 $\varphi(y)=-y^3+C$.所以
$$u=x^2-x+2xy-y^3+C.$$

(3) 用凑微分方法求原函数.
$$\mathrm{d}u=(2x+2y-1)\mathrm{d}x+(2x-3y^2)\mathrm{d}y=(2x-1)\mathrm{d}x+2y\mathrm{d}x+2x\mathrm{d}y-3y^2\mathrm{d}x$$
$$=\mathrm{d}(x^2-x)+2\mathrm{d}(xy)-\mathrm{d}y^3=\mathrm{d}(x^2-x+2xy-y^3),$$
故
$$u=x^2-x+2xy-y^3+C.$$

例 11.4.14 计算 $\displaystyle\int_L\frac{(x-y)\mathrm{d}x+(x+y)\mathrm{d}y}{x^2+y^2}$,其中 L 为摆线,L 是 $x=t-\sin t-\pi$,$y=1-\cos t$,从 $t=0$ 到 $t=2\pi$ 的一段弧.

分析 L 上 $t=0$ 对应于起点 $A(-\pi,0)$,$t=2\pi$ 对应于终点 $B(\pi,0)$.记

有
$$P = \frac{x-y}{x^2+y^2}, \quad Q = \frac{x+y}{x^2+y^2}$$

$$\frac{\partial Q}{\partial x} = \frac{y^2 - x^2 - 2xy}{(x^2+y^2)} = \frac{\partial P}{\partial y}$$

所以该曲线积分在上半平面内与路径无关,可以在上半平面内任取以 A 为起点、B 为终点的积分路径,如图 11.8 所示.

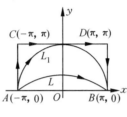

图 11.8

解法 1 取积分路径为 L_1:从 $A(-\pi,0)$ 到 $B(\pi,0)$ 的上半圆 $x^2 + y^2 = \pi^2(y \geq 0)$ 的弧,即

$$L_1: \begin{cases} x = \pi\cos\theta \\ y = \pi\sin\theta \end{cases}$$

A 对应 $\theta = \pi$,B 对应 $\theta = 0$,有

$$原式 = \int_\pi^0 \frac{(\pi\cos\theta - \pi\sin\theta)(-\pi\sin\theta) + (\pi\cos\theta + \pi\sin\theta)\pi\cos\theta}{\pi^2} d\theta = \int_\pi^0 d\theta = -\pi.$$

解法 2 取上半平面内的折线路径 $A(-\pi,0) \to C(-\pi,\pi) \to D(\pi,\pi) \to B(\pi,0)$,则

$$原式 = \left(\int_{\overline{AC}} + \int_{\overline{CD}} + \int_{\overline{DB}}\right) \frac{(x-y)dx + (x+y)dy}{x^2+y^2}$$

$$= \int_0^\pi \frac{(-\pi+y)}{(-\pi)^2+y^2} dy + \int_{-\pi}^\pi \frac{x-\pi}{x^2+\pi^2} dx + \int_\pi^0 \frac{\pi+y}{\pi^2+y^2} dy$$

而 $\int_{-\pi}^\pi \frac{x-\pi}{x^2+\pi^2} dx = \int_{-\pi}^\pi \frac{x dx}{x^2+\pi^2} - \int_{-\pi}^\pi \frac{\pi}{x^2+\pi^2} dx = 0 - 2\int_0^\pi \frac{\pi}{x^2+\pi^2} dx = -\int_0^\pi \frac{2\pi}{\pi^2+y^2} dy$

$$\int_\pi^0 \frac{\pi+y}{\pi^2+y^2} dy = -\int_0^\pi \frac{\pi+y}{\pi^2+y^2} dy$$

故

$$原式 = \int_0^\pi \frac{(-\pi+y)}{\pi^2+y^2} dy - \int_0^\pi \frac{2\pi}{\pi^2+y^2} dy - \int_0^\pi \frac{\pi+y}{\pi^2+y^2} dy$$

$$= -4\pi \int_0^\pi \frac{1}{\pi^2+y^2} dy = 4\pi \cdot \frac{1}{\pi} \arctan\frac{y}{\pi}\bigg|_0^\pi = -4 \times \frac{\pi}{4} = -\pi.$$

注意 例 11.4.14 一定不能取下面的积分路径.

(1) 不可取线段 $\overline{AB}$ 为积分路径.因为线段 $\overline{AB}$ 经过原点,而 $P(x,y)$、$Q(x,y)$ 在原点不存在连续偏导数,不符合曲线积分与路径无关的条件.

(2) 不可在下半平面内取连接 A、B 的路径为积分路径,因为该路径与原曲线 L 所构成的封闭曲线所围成的平面区域内包含原点,而 $P(x,y)$、$Q(x,y)$ 在原点不存在连续偏导数,也不符合积分与路径无关的条件.

只有在所给积分曲线 L 与所取积分路径 $\overline{AB}$ 所构成的封闭曲线所围的平面区域(包括边界)上,$P(x,y)$、$Q(x,y)$ 有连续偏导数,且该区域为单连通域时,才可以利用曲线积分与路径无关的条件,沿新取的积分路径 $\overline{AB}$ 计算曲线积分(如例 11.4.14 中所取两种路径).

例 11.4.15 计算 $\int_L y^2 dx + z^2 dy + x^2 dz$,其中 L 为维安尼曲线 $x^2 + y^2 + z^2 = a^2$,$x^2 + y^2 = ax(z \geqslant 0, a > 0)$,若从 x 轴正方向($x > 0$)看去,该曲线是沿逆时针方向进行的.

解 柱面方程 $x^2 + y^2 = ax$ 可以改写为 $\left(x - \dfrac{a}{2}\right)^2 + y^2 = \left(\dfrac{a}{2}\right)^2$

令 $x - \dfrac{a}{2} = \dfrac{a}{2}\cos t, y = \dfrac{a}{2}\sin t (0 \leqslant t \leqslant 2\pi)$,则 $z = \sqrt{a^2 - (x^2 + y^2)} = a\sin\dfrac{t}{2}$

从而,曲线的参数方程为

$$x = \frac{a(1 + \cos t)}{2}, \quad y = \frac{a\sin t}{2}, \quad z = a\sin\frac{t}{2} \quad (0 \leqslant t \leqslant 2\pi)(0 \leqslant t \leqslant 2\pi)$$

所以 $\displaystyle\int_L y^2 dx + z^2 dy + x^2 dz = \int_0^{2\pi}\left[-\dfrac{a^3\sin^3 t}{8} + \dfrac{a^3\sin\dfrac{t}{2}\cos t}{2} + \dfrac{a^3\cos^3\dfrac{t}{2}}{2}\right]dt$

$= \displaystyle\int_0^{2\pi}\dfrac{a^3}{8}(1 - \cos^2 t)d(\cos t) + \dfrac{a^3}{2}\int_0^{2\pi}\dfrac{1-\cos t}{2}\cos t dt + a^3\int_0^{2\pi}\left(1 - \sin^2\dfrac{t}{2}\right)d\sin\dfrac{t}{2}$

$= \dfrac{a^3}{8}\left[\cos t - \dfrac{1}{3}\cos^3 t\right]\Big|_0^{2\pi} + \dfrac{a^3}{4}\left[\sin t - \left(\dfrac{t}{2} + \dfrac{1}{4}\sin^2 t\right)\right]\Big|_0^{2\pi} + a^3\left[\sin\dfrac{t}{2} - \dfrac{1}{3}\sin^3\dfrac{t}{2}\right]\Big|_0^{2\pi}$

$= -\dfrac{\pi}{4}a^3.$

例 11.4.16 计算 $\displaystyle\iint_\Sigma x dS$,其中 Σ 为 $x^2 + y^2 + z^2 = R^2$ 在第一卦限的部分.

解 曲面 $\Sigma : z = \sqrt{R^2 - x^2 - y^2}, x \geqslant 0, y \geqslant 0, z \geqslant 0$

$$dS = \sqrt{1 + z_x^2 + z_y^2}dxdy = \dfrac{R}{\sqrt{R^2 - x^2 - y^2}}dxdy$$

又 Σ 在 xOy 平面上的投影区域为 $D: x^2 + y^2 \leqslant R^2, x \geqslant 0, y \geqslant 0$. 故

$$\iint_\Sigma x dS = \iint_D \frac{Rx}{\sqrt{R^2 - x^2 - y^2}}dxdy = \int_0^{\frac{\pi}{2}}\cos\theta d\theta \int_0^R \frac{\rho^2}{\sqrt{R^2 - \rho^2}}d\rho = \frac{\pi}{4}R^3.$$

例 11.4.17 计算 $\displaystyle\oiint_\Sigma (x^2 + y^2)dS$,其中 Σ 为曲面 $z = \sqrt{x^2 + y^2}$ 及平面 $z = 1$ 所围成立体的表面.

解 设 $\Sigma = \Sigma_1 + \Sigma_2$,其中 $\Sigma_1 : z = \sqrt{x^2 + y^2}$,$\Sigma_2 : z = 1$,它们的交线在 xOy 平面上的投影区域是 $D_{xy} : x^2 + y^2 \leqslant 1$.

对于 Σ_1,有 $dS = \sqrt{1 + \dfrac{x^2}{x^2 + y^2} + \dfrac{y^2}{x^2 + y^2}}dxdy = \sqrt{2}dxdy$

对于 Σ_2 有 $dS = 1 \cdot dxdy$

故有 $\displaystyle\oiint_\Sigma (x^2 + y^2)dS = \iint_{\Sigma_1}(x^2 + y^2)dS + \iint_{\Sigma_2}(x^2 + y^2)dS$

$= (\sqrt{2} + 1)\displaystyle\iint_{D_{xy}}(x^2 + y^2)dxdy = (\sqrt{2} + 1)\int_0^{2\pi}d\theta\int_0^1 \rho^3 d\rho = \dfrac{\pi}{2}(\sqrt{2} + 1).$

例 11.4.18 计算 $\iint\limits_{\Sigma}(xy+yz+zx)\mathrm{d}S$,其中 Σ 为圆锥面 $z=\sqrt{x^2+y^2}$ 被曲面 $x^2+y^2=2ax$ 所割下的部分.

解 设 Σ 在 xOy 平面上的投影区域为 D_{xy},则 D_{xy} 是由圆 $x^2+y^2=2ax$ 所围成的区域. 又 $\mathrm{d}S=\sqrt{1+z_x^2+z_y^2}\mathrm{d}x\mathrm{d}y=\sqrt{2}\mathrm{d}x\mathrm{d}y$. 故

$$\iint\limits_{\Sigma}(xy+yz+zx)\mathrm{d}S=\sqrt{2}\iint\limits_{D_{xy}}[xy+(x+y)\sqrt{x^2+y^2}]\mathrm{d}x\mathrm{d}y$$

利用极坐标,D_{xy} 即为圆 $r=2a\cos\theta$ 所围成的区域,于是

$$\iint\limits_{\Sigma}(xy+yz+zx)\mathrm{d}S=\sqrt{2}\int_{-\frac{\pi}{2}}^{\frac{\pi}{2}}\mathrm{d}\theta\int_0^{2a\cos\theta}[\rho^2\sin\theta\cos\theta+\rho^2(\sin\theta+\cos\theta)]\rho\mathrm{d}\rho$$

$$=\sqrt{2}\int_{-\frac{\pi}{2}}^{\frac{\pi}{2}}(\sin\theta\cos\theta+\sin\theta+\cos\theta)\mathrm{d}\theta\int_0^{2a\cos\theta}\rho^3\mathrm{d}\rho$$

$$=4\sqrt{2}a^4\int_{-\frac{\pi}{2}}^{\frac{\pi}{2}}(\sin\theta\cos^5\theta+\sin\cos^4\theta+\cos^5\theta)\mathrm{d}\theta$$

因为 $(\sin\theta\cos^5\theta+\sin\theta\cos^4\theta)$ 是奇函数,而 $\cos^5\theta$ 是偶函数,所以

$$\int_{-\frac{\pi}{2}}^{\frac{\pi}{2}}(\sin\theta\cos^5\theta+\sin\cos^4\theta)\mathrm{d}\theta=0$$

$$\int_{-\frac{\pi}{2}}^{\frac{\pi}{2}}\cos^5\theta\mathrm{d}\theta=2\int_{-\frac{\pi}{2}}^{\frac{\pi}{2}}\cos^5\theta\mathrm{d}\theta=2\times\frac{4}{5}\times\frac{2}{3}\times1=\frac{16}{15}.$$

因此 $\iint\limits_{\Sigma}(xy+yz+zx)\mathrm{d}s=\frac{16}{15}\sqrt{2}a^4.$

例 11.4.19 设 Σ 为椭球面 $\frac{x^2}{2}+\frac{y^2}{2}+z^2=1$ 的上半部分,$P(x,y,z)\in S$,π 为 Σ 上点 P 处的切平面,$\rho(x,y,z)$ 为点 $O(0,0,0)$ 到平面 π 的距离,求 $\iint\limits_{\Sigma}\frac{z}{\rho(x,y,z)}\mathrm{d}S$.

解 设 (X,Y,Z) 为平面 π 上任意一点,则 π 的方程为

$$\frac{x}{2}X+\frac{y}{2}Y+zZ=1$$

从而知 $\rho(x,y,z)=\left(\frac{x^2}{4}+\frac{y^2}{4}+z^2\right)^{-\frac{1}{2}}$

由 $\Sigma: z=\sqrt{1-\left(\frac{x^2}{2}+\frac{y^2}{2}\right)}$ 得 Σ 在 xOy 平面上的投影 $D_{xy}: x^2+y^2\leqslant 2$,则

$$\mathrm{d}S=\sqrt{1+z_x^2+z_y^2}\mathrm{d}x\mathrm{d}y=\frac{\sqrt{4-x^2-y^2}}{2\sqrt{1-\left(\frac{x^2}{2}+\frac{y^2}{2}\right)}}\mathrm{d}x\mathrm{d}y$$

所以

$$\iint\limits_{\Sigma}\frac{z\mathrm{d}S}{\rho(x,y,z)}=\frac{1}{4}\iint\limits_{D_{xy}}(4-x^2-y^2)\mathrm{d}x\mathrm{d}y=\frac{1}{4}\int_0^{2\pi}\mathrm{d}\theta\int_0^{\sqrt{2}}(4-\rho^2)\rho\mathrm{d}r=\frac{3}{2}\pi.$$

例 11.4.20 计算曲面积分 $I=\iint\limits_{\Sigma}(2x+z)\mathrm{d}y\mathrm{d}z+z\mathrm{d}x\mathrm{d}y$,其中 S 为有向曲面 $z=x^2+y^2(0\leqslant z\leqslant 1)$,其法线矢量与 z 轴的正向夹角为锐角.

解法 1 直接化成 Σ 在坐标面上的投影区域上的二重积分计算.

设 D_{yz}、D_{xy} 分别表示 Σ 在 yOz、xOy 平面上的投影区域,则

$$I = \iint_{D_{yz}}(2\sqrt{z-y^2}+z)(-\mathrm{d}y\mathrm{d}z) + \iint_{D_{yz}}(-2\sqrt{z-y^2}+z)\mathrm{d}y\mathrm{d}z + \iint_{D_{xy}}(x^2+y^2)\mathrm{d}x\mathrm{d}y$$

$$= -4\iint_{D_{yz}}\sqrt{z-y^2}\mathrm{d}y\mathrm{d}z + \iint_{D_{xy}}(x^2+y^2)\mathrm{d}x\mathrm{d}y,$$

其中

$$\iint_{D_{yz}}\sqrt{z-y^2}\mathrm{d}y\mathrm{d}z = \int_{-1}^{1}\mathrm{d}y\int_{y^2}^{1}\sqrt{z-y^2}\mathrm{d}z = \frac{4}{3}\int_{0}^{1}(1-y^2)^{\frac{3}{2}}\mathrm{d}y$$

$$\xlongequal{y=\sin t} \frac{4}{3}\int_{0}^{\frac{\pi}{2}}\cos^4 t = \frac{4}{3}\times\frac{3}{4}\times\frac{1}{2}\times\frac{\pi}{2} = \frac{\pi}{4}$$

$$\iint_{D_{xy}}(x^2+y^2)\mathrm{d}x\mathrm{d}y = \int_{0}^{2\pi}\mathrm{d}\theta\int_{0}^{1}\rho^2 \cdot \rho\mathrm{d}r = \frac{\pi}{2}$$

所以
$$I = -4\times\frac{\pi}{4} + \frac{\pi}{2} = -\frac{\pi}{2}.$$

解法 2 先转化为第一类曲面积分,再化成 Σ 在一个坐标面上投影区域上的二重积分.

由于 $\Sigma: z = x^2+y^2(0\leqslant z\leqslant 1)$ 位于上侧,则其单位法线矢量

$$\boldsymbol{n} = \frac{-2x\boldsymbol{i} - 2y\boldsymbol{j} + \boldsymbol{k}}{\sqrt{1+4x^2+4y^2}}$$

记 $\boldsymbol{F} = (2x+z)\boldsymbol{i} + z\boldsymbol{k}$,则

$$I = \iint_{\Sigma}\boldsymbol{F}\cdot\boldsymbol{n}\mathrm{d}S = \iint_{\Sigma}\frac{-4x^2-2xz+z}{\sqrt{1+4x^2+4y^2}}\mathrm{d}S$$

Σ 在 xOy 平面上的投影区域为 $D_{xy}: x^2+y^2\leqslant 1$,则

$$\mathrm{d}S = \sqrt{1+z_x^2+z_y^2}\mathrm{d}x\mathrm{d}y = \sqrt{1+4x^2+4y^2}\mathrm{d}x\mathrm{d}y, \quad z = x^2+y^2$$

$$I = \iint_{D_{xy}}[-4x^2-2x(x^2+y^2)+x^2+y^2]\mathrm{d}x\mathrm{d}y$$

$$= -2\iint_{D_{xy}}x(x^2+y^2)\mathrm{d}x\mathrm{d}y + \iint_{D_{xy}}(y^2-3x^2)\mathrm{d}x\mathrm{d}y$$

由对称性知
$$-2\iint_{D_{xy}}x(x^2+y^2)\mathrm{d}x\mathrm{d}y = 0$$

$$I = \iint_{D_{xy}}(y^2-3x^2)\mathrm{d}x\mathrm{d}y = \int_{0}^{2\pi}\mathrm{d}\theta\int_{0}^{1}(r^2\sin^2\theta - 3r^2\cos^2\theta)r\mathrm{d}r$$

$$= \int_{0}^{2\pi}(1-4\cos^2\theta)\mathrm{d}\theta\int_{0}^{1}r^3\mathrm{d}r = \int_{0}^{2\pi}\{1-2[1+\cos(2\theta)]\}\mathrm{d}\theta\int_{0}^{1}r^3\mathrm{d}r$$

$$= -2\pi\times\frac{1}{4} = -\frac{\pi}{2}.$$

解法 3 利用高斯公式计算.

设 Σ_1 表示法线矢量指向 z 轴负向的有向平面 $z = 1(x^2+y^2\leqslant 1)$,$D$ 为 Σ_1 在 xOy 平面上的投影区域.再设 Ω 表示由 Σ 和 Σ_1 所围成的空间区域,则由高斯公式知

$$I = \oiint_{S+S_1}(2x+z)\mathrm{d}y\mathrm{d}z + z\mathrm{d}x\mathrm{d}y - \iint_{\Sigma_1}(2x+z)\mathrm{d}y\mathrm{d}z + z\mathrm{d}x\mathrm{d}y$$

$$= -\iiint_{\Omega}(2+1)\mathrm{d}x\mathrm{d}y\mathrm{d}z - \iint_{\Sigma_1}(2x+z)\mathrm{d}y\mathrm{d}z - \iint_{\Sigma_1}z\mathrm{d}x\mathrm{d}y$$

其中
$$\iiint_{\Omega}(2+1)\mathrm{d}x\mathrm{d}y\mathrm{d}z = 3\int_0^{2\pi}\mathrm{d}\theta\int_0^1 r\mathrm{d}r\int_{r^2}^1\mathrm{d}z = \frac{3}{2}\pi$$

$$\iint_{\Sigma_1}(2x+z)\mathrm{d}y\mathrm{d}z = 0, \quad \iint_{\Sigma_1}z\mathrm{d}x\mathrm{d}y = \iint_D(-\mathrm{d}x\mathrm{d}y) = -\pi$$

所以
$$I = -\frac{3}{2}\pi - (-\pi) = -\frac{\pi}{2}.$$

例 11.4.21 计算 $I = \iint_{\Sigma}yz\mathrm{d}x\mathrm{d}y + zx\mathrm{d}y\mathrm{d}z + xy\mathrm{d}z\mathrm{d}x$, 其中 Σ 为圆柱面 $x^2 + y^2 = R^2$ ($x \geqslant 0, y \geqslant 0$), 平面 $x + 2y = R, z = H, z = 0$ 和 $x = 0$ 所构成的封闭曲面的外侧表面, 如图 11.10 所示.

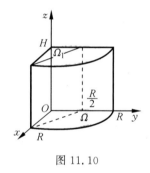

图 11.10

解 设由 Σ 所围空间区域为 Ω, 由平面 $x+2y=R, x=0, y=0, z=0, z=H$ 所围区域为 Ω_1, 则由高斯公式有

$$I = \iiint_{\Omega}(x+y+z)\mathrm{d}v = \iiint_{\Omega+\Omega_1}(x+y+z)\mathrm{d}v - \iiint_{\Omega_1}(x+y+z)\mathrm{d}v$$

注意到 $\Omega + \Omega_1$ 的形心为 $\left(\dfrac{4R}{3\pi}, \dfrac{4R}{3\pi}, \dfrac{H}{2}\right)$, Ω_1 的形心为 $\left(\dfrac{R}{3}, \dfrac{R}{6}, \dfrac{H}{2}\right)$, 故

$$I = \left(\frac{4R}{3\pi} + \frac{4R}{3\pi} + \frac{H}{2}\right)\iiint_{\Omega+\Omega_1}\mathrm{d}v - \left(\frac{R}{3} + \frac{R}{6} + \frac{H}{2}\right)\iiint_{\Omega_1}\mathrm{d}v$$

$$= \left(\frac{8R}{3\pi} + \frac{H}{2}\right)\frac{\pi R^2}{4}H - \left(\frac{R}{2} + \frac{H}{2}\right)\frac{R^2 H}{4}$$

$$= \frac{13}{24}HR^3 + \frac{\pi-1}{8}H^2R^2.$$

例 11.4.22 计算 $\iint_{\Sigma}x\mathrm{d}y\mathrm{d}z + y\mathrm{d}z\mathrm{d}x + (x+z)\mathrm{d}x\mathrm{d}y$, 其中 Σ 是平面 $2x+2y+z=z$ 在第一卦限部分的上侧.

解法 1 直接用对坐标的曲面积分计算

由于 Σ 取上侧, 所以 Σ 在 yOz, zOx, xOy 平面上的投影都是正的, 且投影区域分别为

第 11 章 曲线积分与曲面积分

$$D_{yz}: 0 \leqslant z \leqslant 2-2y, 0 \leqslant y \leqslant 1$$
$$D_{zx}: 0 \leqslant z \leqslant 2-2y, 0 \leqslant x \leqslant 1$$
$$D_{xy}: 0 \leqslant y \leqslant 1-x, 0 \leqslant x \leqslant 1$$

故 $\iint\limits_{\Sigma} x\,\mathrm{d}y\mathrm{d}z + y\,\mathrm{d}z\mathrm{d}x + (x+z)\,\mathrm{d}x\mathrm{d}y$

$$= \int_0^1 \mathrm{d}y \int_0^{2-2y} \left(1-y-\frac{2}{3}\right)\mathrm{d}z + \int_0^1 \mathrm{d}x \int_0^{2-2x} \left(1-x-\frac{\pi}{2}\right)\mathrm{d}z + \int_0^1 \mathrm{d}x \int_0^{1-x} (2-2x-2y+x)\,\mathrm{d}y$$

$$= \frac{1}{3} + \frac{1}{3} + \frac{1}{2} = \frac{7}{6}.$$

解法 2 因为 Σ 取上侧，因此法向量 $\boldsymbol{n}$ 与 z 轴正向夹角为锐角，其方向余弦是 $\cos\alpha = \dfrac{2}{3}$，$\cos\beta = \dfrac{2}{3}$，$\cos\gamma = \dfrac{1}{3}$，则

$$\iint\limits_{\Sigma} x\,\mathrm{d}y\mathrm{d}z + y\,\mathrm{d}z\mathrm{d}x + (x+z)\,\mathrm{d}x\mathrm{d}y = \iint\limits_{\Sigma} \left(\frac{2}{3}x + \frac{2}{3}y + \frac{1}{3}x + \frac{1}{3}z\right)\mathrm{d}S$$

$$= \frac{1}{3}\iint\limits_{\Sigma}(3x+2y+2)\,\mathrm{d}S$$

计算 $\dfrac{1}{3}\iint\limits_{\Sigma}(3x+2y+2)\,\mathrm{d}S$，$\Sigma$ 的方程为 $z = 2-2x-2y$，其在 xOy 平面的投影区域 $D_{xy}: 0 \leqslant y \leqslant 1-x, 0 \leqslant x \leqslant 1$，又曲面的面积元素为

$$\mathrm{d}S = \sqrt{1+z_x^2+z_y^2}\,\mathrm{d}x\mathrm{d}y = 3\mathrm{d}x\mathrm{d}y$$

所以 $\iint\limits_{\Sigma} x\,\mathrm{d}y\mathrm{d}z + y\,\mathrm{d}z\mathrm{d}x + (x+z)\,\mathrm{d}x\mathrm{d}y = \dfrac{1}{3}\iint\limits_{D_{xy}} (3x+2y+2-2x-2y)\cdot 3\mathrm{d}x\mathrm{d}y$

$$= \int_0^1 \mathrm{d}x \int_0^{1-x}(x+2)\,\mathrm{d}y = \frac{7}{6}.$$

例 11.4.23 计算 $\oiint\limits_{\Sigma} x^3\,\mathrm{d}y\mathrm{d}z + y^3\,\mathrm{d}z\mathrm{d}x + z^3\,\mathrm{d}x\mathrm{d}y$，其中 Σ 为球面 $x^2+y^2+z^2 = a^2$ 外侧.

解 由高斯公式，有

$$\oiint\limits_{\Sigma} x^3\,\mathrm{d}y\mathrm{d}z + y^3\,\mathrm{d}z\mathrm{d}x + z^3\,\mathrm{d}x\mathrm{d}y = 3\iiint\limits_{\Omega}(x^2+y^2+z^2)\,\mathrm{d}x\mathrm{d}y\mathrm{d}z$$

$$= 3\int_0^{2\pi}\mathrm{d}\theta \int_0^{\pi}\sin\varphi\,\mathrm{d}\varphi \int_0^a r^4\,\mathrm{d}r = \frac{12}{5}\pi a^5.$$

例 11.4.24 计算 $\int_{AmB}(x^2-yz)\,\mathrm{d}x + (y^2-xz)\,\mathrm{d}y + (z^2-xy)\,\mathrm{d}z$，其中 AmB 是从点 $A(a,0,0)$ 到点 $B(a,0,h)$ 的螺旋线.

$$x = a\cos\varphi, \quad y = a\sin\varphi, \quad z = \frac{h}{2\pi}\varphi.$$

解 连接直线段 AB，则得曲线 $AmBA$，设张在这条闭曲线上的曲面为 Σ，应用斯托克斯公式，得

$$\oint_{AmBA}(x^2-yz)\,\mathrm{d}x + (y^2-xz)\,\mathrm{d}y + (z^2-xy)\,\mathrm{d}z$$

$$= \iint_\Sigma \begin{vmatrix} \cos\alpha & \cos\beta & \cos\gamma \\ \dfrac{\partial}{\partial x} & \dfrac{\partial}{\partial y} & \dfrac{\partial}{\partial z} \\ x^2-yz & y^2-xz & z^2-xy \end{vmatrix} ds = \iint_\Sigma 0 dS = 0$$

又因直线 AB 的方程为 $x=a, y=0, 0 \leqslant z \leqslant h$,故

$$\int_{AB}(x^2-yz)dx+(y^2-xz)dy+(z^2-xy)dz = \int_0^h z^2 dz = \frac{h^3}{3}$$

于是有

$$\int_{\widehat{AmB}}(x^2-yz)dx+(y^2-xz)dy+(z^2-xy)dz = \frac{h^3}{3}.$$

11.5 错 解 分 析

1. 将第一类、第二类曲线积分化为定积分计算时,上、下限写错.

例 11.5.1 计算曲线积分 $\int_{\widehat{AB}} xy ds$, $\widehat{AB}$ 为圆 $x^2+y^2=1$ 在第一象限部分.

错解 选 x 为参数,$\widehat{AB}$ 的参数方程为 $\begin{cases} x=x \\ y=\sqrt{1-x^2} \end{cases}$, $A \leftrightarrow x=1, B \leftrightarrow x=0$.

$$ds = \sqrt{(dx)^2+(dy)^2} = \sqrt{1+y'^2}dx = \frac{1}{\sqrt{1-x^2}}dx$$

所以 $\int_{\widehat{AB}} xy ds = \int_1^0 x\sqrt{1-x^2} \cdot \frac{1}{\sqrt{1-x^2}}dx = \dfrac{x^2}{2}\bigg|_1^0 = -\dfrac{1}{2}$.

分析 以上计算错在化成定积分时上、下限弄反了.因为第一类曲线积分是与曲线方向无关的,在转化为定积分计算时,其下限总是不超过上限的.

正确解答 $\int_{\widehat{AB}} xy ds = \int_0^1 x\sqrt{1-x^2} \cdot \dfrac{1}{\sqrt{1-x^2}}dx = \dfrac{x^2}{2}\bigg|_0^1 = \dfrac{1}{2}$.

例 11.5.2 计算 $\int_{\widehat{AnO}}(e^x \sin y - y)dx + (e^x \cos y - 1)dy$,其中 $\widehat{AnO}$ 是由点 $A(1,1)$ 沿着抛物线 $y=\sqrt{x}$ 到原点 $O(0,0)$ 的一段弧.

错解 将所求积分化为对 y 的定积分来计算,因为曲线方程为 $x=y^2 (0 \leqslant y \leqslant 1)$ 故
$$\int_{\widehat{AnO}}(e^x \sin y - y)dx + (e^x \cos y - 1)dy = \int_0^1 [(e^{y^2}\sin y - y) \cdot 2y + (e^{y^2}\cos -1)]dy$$
$$= e\sin 1 - \frac{5}{3}.$$

分析 本题为对坐标的曲线积分,计算方法是依据积分路径 L 的方程适当选定一个变量或参变量.把曲线积分化为定积分,但必须注意定积分的下限对应起点的参数值,积分上限对应终点的参数值.上述解法以 y 为参变量,把曲线积分化为定积分时,被积表达式是对的,错在上、下限颠倒了.

正确解答 $\int_{\widehat{AnO}}(e^x \sin y - y)dx + (e^x \cos y - 1)dy$

$$= \int_1^0 [(e^{y^2}\sin y - y)2y + (e^{y^2}\cos y - 1)]dy$$

$$= \int_1^0 (2ye^{y^2}\sin y + e^{y^2}\cos y - 2y^2 - 1)dy$$

$$= \left[e^{y^2}\sin y - \frac{2}{3}y^3 - y\right]\Big|_1^0 = \frac{5}{3} - e\sin 1.$$

2. 在利用格林公式计算第二类曲线积分时,积分路径不是封闭曲线,不能用格林公式.

例 11.5.3 计算 $\int_{\widehat{AB}}(1-y^3)dx + x^3 dy$,其中 $\widehat{AB}$ 为上半圆周 $x^2 + y^2 = 1$ ($y \geqslant 0$) 从点 $A(1,0)$ 到点 $B(-1,0)$.

错解 记上半圆周 $x^2 + y^2 \leqslant 1 (y \geqslant 0)$ 为 D,则

$$原式 = \iint_D \left[\frac{\partial x^3}{\partial x} - \frac{\partial}{\partial y}(1-y^3)\right]dxdy = \iint_D 3(x^2 + y^2)dxdy$$

$$= 3\int_0^\pi d\theta \int_0^1 \rho^2 \cdot \rho d\rho = \frac{3\pi}{4}.$$

分析 以上错误的原因是曲线 $\widehat{AB}$ 不是封闭曲线,不能直接用格林公式,应该先连上线段 $\overline{AB}$,将曲线封闭起来后再用格林公式.

正确解答 连 $\overline{AB}$,记 $\widehat{AB}$ 与 $\overline{AB}$ 所围半圆周为 $D: x^2 + y^2 \leqslant 1, y \geqslant 0$,则

$$原式 = \oint_{\widehat{AB}+\overline{BA}}(1-y^3)dx + x^3 dy - \int_{\overline{BA}}(1-y^3)dx + x^3 dy$$

$$= \iint_D (3x^2 + 3y^2)dxdy - \int_{-1}^1 (1-0)dx$$

$$= 3\int_0^\pi d\theta \int_0^1 \rho^3 d\rho - x\Big|_{-1}^1 = \frac{3\pi}{4} - 2.$$

3. 在利用格林公式计算第二类曲线积分时,当积分路径不是所围区域的边界正向而是负向时,不能直接用格林公式.

例 11.5.4 计算 $I = \oint_C (1-y)dx + xdy$,其中 C 是以 $A(1,0)$、$B(0,1)$、$O(0,0)$ 为顶点的三角形围线,其方向为顺时针方向.

错解 C 所围三角形区域为 D,则

$$I = \iint_D [1-(-1)]dxdy = 2 \times \frac{1}{2} \times 1 \times 1 = 1.$$

分析 产生错误的原因是 C 是 D 的边界的负向,不能直接用格林公式.

正确解答 $I = -\oint_{ABOA}(1-y)dx + xdy = -\iint_D 2dxdy = -1.$

4. 在将对坐标的曲线积分化为对弧长的曲线积分时,应该注意方向余弦的取值.

例 11.5.5 把对坐标的曲线积分

$$\int_L P(x,y)dx + Q(x,y)dy$$

化成对弧长的曲线积分,其沿上半圆周 $x^2 + y^2 = 2x$ 从点 $(2,0)$ 到点 $(0,0)$.

错解 $\int_L P(x,y)dx + Q(x,y)dy = \int_L (P\cos\alpha + Q\cos\beta)ds.$

由方程
$$x^2+y^2=2x$$
得
$$\frac{dy}{dx}=\frac{1-x}{y}$$

因此圆周的切线向量为 $\left(1,\dfrac{1-x}{y}\right)$,方向余弦为

$$\cos\alpha=\frac{1}{\sqrt{1^2+\left(\dfrac{1-x}{y}\right)^2}}=\sqrt{2x-x^2},\quad \cos\beta=\frac{\dfrac{1-x}{y}}{\sqrt{1^2+\left(\dfrac{1-x}{y}\right)^2}}=1-x$$

于是
$$\int_L P\,dx+Q\,dy=\int_L \left[\sqrt{2x-x^2}\,P+(1-x)Q\right]ds.$$

分析 平面曲线 L 上的两类曲线积分之间有以下关系
$$\int_L P(x,y)\,dx+Q(x,y)\,dy=\int_L (P\cos\alpha+Q\cos\beta)\,ds$$

其中 $\cos\alpha,\cos\beta$ 是有向曲线 L 的切线向量的方向余弦.

必须注意:切线向量的方向与有向曲线 L 的方向一致. 如果有向曲线 L 的参数方程为: $x=x(t),y=y(t)$,那么切线向量的方向余弦为

$$\cos\alpha=\frac{\dfrac{dx}{dt}}{\pm\sqrt{\left(\dfrac{dx}{dt}\right)^2+\left(\dfrac{dx}{dt}\right)^2}}\quad \cos\beta=\frac{\dfrac{dy}{dt}}{\pm\sqrt{\left(\dfrac{dx}{dt}\right)^2+\left(\dfrac{dy}{dt}\right)^2}}$$

式中的正、负号按 L 的方向确定.

本题中,有向曲线 L 为沿上半圆周 $x^2+y^2=2x$ 从点 $(2,0)$ 到点 $(0,0)$ 切线向量的方向余弦为

$$\cos\alpha=\frac{1}{-\sqrt{1+\left(\dfrac{dy}{dx}\right)^2}},\quad \cos\beta=\frac{\dfrac{dy}{dx}}{\sqrt{1+\left(\dfrac{dy}{dx}\right)^2}}$$

上述解法中,切线方向余弦取

$$\cos\alpha=\frac{1}{\sqrt{1+\left(\dfrac{dy}{dx}\right)^2}},\quad \cos\beta=\frac{\dfrac{dy}{dx}}{\sqrt{1+\left(\dfrac{dy}{dx}\right)^2}}$$

使切线向量的方向与有向曲线 L 的方向不相适应,产生错误.

正确解答 曲线 L 方程 $x^2+y^2=2x,y\geqslant 0$,以 x 为参数,则 L 的切线向量为 $\left(1,\dfrac{dy}{dx}\right)$,由 $x^2+y^2=2x$ 得 $\dfrac{dy}{dx}=\dfrac{1-x}{y}$.

因此切线向量为 $\left(1,\dfrac{1-y}{y}\right)$. 因为 L 沿上半圆周从点 $(2,0)$ 到点 $(0,0)$,故切线方向余弦取

$$\cos\alpha=\frac{1}{-\sqrt{1+\left(\dfrac{1-x}{y}\right)^2}}=-\sqrt{2x-x^2},\quad \cos\beta=\frac{\dfrac{1-x}{y}}{\sqrt{1+\left(\dfrac{1-x}{y}\right)^2}}=1-x.$$

这里,因为(x,y)满足$x^2+y^2=2x(0\leqslant y\leqslant 1)$,求$\cos\alpha,\cos\beta$时,用到此关系式化简,于是

$$\int_L P\mathrm{d}x+Q\mathrm{d}y=\int_L[-\sqrt{2x-x^2}P+(1-x)Q]\mathrm{d}s$$

5. 对沿非封闭曲面的第二类曲面积分,错误地引用高斯公式.

例 11.5.6 求 $I=\iint\limits_{\Sigma}x^3\mathrm{d}y\mathrm{d}z+y^3\mathrm{d}z\mathrm{d}x+(z^3+a^3)\mathrm{d}x\mathrm{d}y$,其中 Σ 是上半球 $z=\sqrt{a^2-x^2-y^2}\ (a>0)$ 的上侧.

错解 利用高斯公式,记上半球体为 Ω,则

$$I=\iiint\limits_{\Omega}\left[\frac{\partial x^3}{\partial x}+\frac{\partial y^3}{\partial y}+\frac{\partial}{\partial z}(z^3+a^3)\right]\mathrm{d}x\mathrm{d}y\mathrm{d}z$$

$$=3\iiint\limits_{\Omega}(x^2+y^2+z^2)\mathrm{d}x\mathrm{d}y\mathrm{d}z\ (\text{用球面坐标系计算})$$

$$=3\int_0^{2\pi}\mathrm{d}\theta\int_0^{\frac{\pi}{2}}\sin\varphi\mathrm{d}\varphi\int_0^a r^4\mathrm{d}r=\frac{6\pi}{5}a^5.$$

分析 产生错误的原因是,当 Σ 为非封闭曲面时,不满足高斯公式所需要的条件,错误地采用高斯公式.

正确解答 先作辅助曲面使其封闭起来后再用高斯公式.

设 Σ_1 为 $z=0(x^2+y^2\leqslant a^2)$ 的下侧,则 Σ_1^- 为其上侧,有

$$I=\oiint\limits_{\Sigma+\Sigma_1}x^3\mathrm{d}y\mathrm{d}z+y^3\mathrm{d}z\mathrm{d}x+(z^3+a^3)\mathrm{d}x\mathrm{d}y-\iint\limits_{\Sigma_1}x^3\mathrm{d}y\mathrm{d}z+y^3\mathrm{d}z\mathrm{d}x+(z^3+a^3)\mathrm{d}x\mathrm{d}y$$

记 Σ 与 Σ_1 所围半球体为 Ω,则

$$\oiint\limits_{\Sigma+\Sigma_1}x^3\mathrm{d}y\mathrm{d}z+y^3\mathrm{d}z\mathrm{d}x+(z^3+a^3)\mathrm{d}x\mathrm{d}y$$

$$=\iiint\limits_{\Omega}3(x^2+y^2+z^2)\mathrm{d}x\mathrm{d}y\mathrm{d}z=3\int_0^{2\pi}\mathrm{d}\theta\int_0^{\frac{\pi}{2}}\sin\varphi\mathrm{d}\varphi\int_0^a r^4\mathrm{d}r=\frac{6\pi}{5}a^5$$

而

$$-\iint\limits_{\Sigma_1}x^3\mathrm{d}y\mathrm{d}z+y^3\mathrm{d}z\mathrm{d}x+(z^3+a^3)\mathrm{d}x\mathrm{d}y$$

$$=\iint\limits_{\Sigma_1^-}x^3\mathrm{d}y\mathrm{d}z+y^3\mathrm{d}z\mathrm{d}x+(z^3+a^3)\mathrm{d}x\mathrm{d}y=\iint\limits_{x^2+y^2\leqslant a^2}a^3\mathrm{d}x\mathrm{d}y=\pi a^5,$$

故

$$I=\frac{6\pi}{5}a^5+\pi a^5=\frac{11\pi}{5}a^5.$$

6. 对沿封闭曲面内侧的第二类曲面积分错误地采用高斯公式.

例 11.5.7 求 $I=\oiint\limits_{\Sigma}xy^2\mathrm{d}y\mathrm{d}z+yz^2\mathrm{d}z\mathrm{d}x+x^2z\mathrm{d}x\mathrm{d}y$,其中 Σ 为球面 $x^2+y^2+z^2=a^2$ 的内侧.

错解 记 Σ 所围球体为 Ω,则由高斯公式得

$$I=\iiint\limits_{\Omega}(y^2+z^2+x^2)\mathrm{d}x\mathrm{d}y\mathrm{d}z=\int_0^{2\pi}\mathrm{d}\theta\int_0^{\pi}\sin\varphi\mathrm{d}\varphi\int_0^a r^4\mathrm{d}r=\frac{4\pi a^5}{5}.$$

分析 以上错误的原因是 Σ 为封闭曲面的内侧,不能直接采用高斯公式,只能先将 S 反

向,再用高斯公式.

正确解答 记 Σ^- 为球面 $x^2+y^2+z^2=a^2$ 的外侧,则
$$I = -\oiint_{\Sigma^-} xy^2 \mathrm{d}y\mathrm{d}z + yz^2 \mathrm{d}z\mathrm{d}x + x^2 z \mathrm{d}x\mathrm{d}y = -\iiint_\Omega (x^2+y^2+z^2)\mathrm{d}x\mathrm{d}y\mathrm{d}z$$
$$= -\int_0^{2\pi}\mathrm{d}\theta\int_0^\pi \sin\varphi \int_0^a r^4 \mathrm{d}r = \frac{-4\pi a^5}{5}.$$

11.6 考研真题选解

例 11.6.1 已知平面区域 $D = \{(x,y) \mid 0 \leqslant x \leqslant \pi, 0 \leqslant y \leqslant \pi\}$,$L$ 为 D 的正向边界,试证:

(1) $\oint_L x\mathrm{e}^{\sin y}\mathrm{d}y - y\mathrm{e}^{-\sin x}\mathrm{d}x = \oint_L x\mathrm{e}^{-\sin y}\mathrm{d}y - y\mathrm{e}^{\sin x}\mathrm{d}x$

(2) $\oint_L x\mathrm{e}^{\sin y}\mathrm{d}y - y\mathrm{e}^{\sin x}\mathrm{d}x \geqslant 2\pi^2$

(2003 年考研数学试题)

证明 (1) 左边 $= \int_0^\pi \pi\mathrm{e}^{\sin y}\mathrm{d}y - \int_\pi^0 \pi\mathrm{e}^{\sin x}\mathrm{d}x = \pi\int_0^\pi (\mathrm{e}^{\sin x} + \mathrm{e}^{\sin x})\mathrm{d}x$

右边 $= \int_0^\pi \pi\mathrm{e}^{-\sin y}\mathrm{d}y - \int_\pi^0 \pi\mathrm{e}^{\sin x}\mathrm{d}x = \pi\int_0^\pi (\mathrm{e}^{\sin x} + \mathrm{e}^{-\sin x}\mathrm{d}x)$

所以有 $\oint_L x\mathrm{e}^{\sin y}\mathrm{d}y - y\mathrm{e}^{-\sin x}\mathrm{d}x = \oint_L x\mathrm{e}^{-\sin y}\mathrm{d}y - y\mathrm{e}^{\sin x}\mathrm{d}x.$

(2) 由于 $\mathrm{e}^{\sin x} + \mathrm{e}^{-\sin x} \geqslant 2$. 故由(1)得
$$\oint_L x\mathrm{e}^{\sin y}\mathrm{d}y - y\mathrm{e}^{-\sin x}\mathrm{d}x = \pi\int_0^\pi (\mathrm{e}^{\sin x} + \mathrm{e}^{-\sin x})\mathrm{d}x \geqslant 2\pi^2.$$

例 11.6.2 计算曲面积分 $I = \iint_\Sigma 2x^3\mathrm{d}y\mathrm{d}z + 2y^3\mathrm{d}z\mathrm{d}x + 3(z^2-1)\mathrm{d}x\mathrm{d}y$,其中 Σ 是曲面 $z = 1-x^2-y^2 (z \geqslant 0)$ 的上侧.

(2004 年考研数学试题)

解 取 Σ_1 为 xOy 平面上被圆 $x^2+y^2=1$ 所围部分的下侧,记 Ω 为由 Σ 与 Σ_1 围成的空间闭区域则
$$I = \iint_{\Sigma+\Sigma_1} 2x^3\mathrm{d}y\mathrm{d}z + 2y^3\mathrm{d}z\mathrm{d}x + 3(z^2-1)\mathrm{d}x\mathrm{d}y -$$
$$\iint_{\Sigma_1} 2x^3\mathrm{d}y\mathrm{d}z + 2y^3\mathrm{d}z\mathrm{d}x + 3(z^2-1)\mathrm{d}x\mathrm{d}y$$

由高斯公式知 $\iint_{\Sigma+\Sigma_1} 2x^3\mathrm{d}y\mathrm{d}z + 2y^3\mathrm{d}z\mathrm{d}x + 3(z^2-1)\mathrm{d}x\mathrm{d}y$
$$= \iiint_\Omega 6(x^2+y^2+z)\mathrm{d}x\mathrm{d}y\mathrm{d}z = 6\int_0^{2\pi}\mathrm{d}\theta\int_0^1 \mathrm{d}r\int_0^{1-r^2}(z+r^2)r\mathrm{d}z$$
$$= 12\pi\int_0^1 \left[\frac{1}{2}r(1-r^2)^2 + r^3(1-r^2)\right]\mathrm{d}r = 2\pi$$

而 $\iint_{\Sigma_1} 2x^3\mathrm{d}y\mathrm{d}z + 2y^3\mathrm{d}z\mathrm{d}x + 3(z^2-1)\mathrm{d}x\mathrm{d}y = -\iint_{x^2+y^2\leqslant 1} -3\mathrm{d}x\mathrm{d}y = 3\pi$

故 $I = 2\pi - 3\pi = -\pi.$

第 11 章　曲线积分与曲面积分

例 11.6.3　设 L 为正向圆周 $x^2 + y^2 = 2$ 在第一象限中的部分，则曲线积分 $\int_L x\,dy - 2y\,dx$ 的值为 _____．

（2004 年考研数学试题）

解　正向圆周 $x^2 + y^2 = 2$ 在第一象限中的部分，可以表示为

$$\begin{cases} x = \sqrt{2}\cos\theta \\ y = \sqrt{2}\sin\theta \end{cases} \theta : 0 \to \frac{\pi}{2}$$

于是

$$\int_L x\,dy - 2y\,dx = \int_0^{\frac{\pi}{2}} [\sqrt{2}\cos\theta \cdot \sqrt{2}\cos\theta + 2\sqrt{2}\sin\theta \cdot \sqrt{2}\sin\theta]\,d\theta$$

$$= \pi + \int_0^{\frac{\pi}{2}} 2\sin^2\theta\,d\theta = \frac{3\pi}{2}.$$

例 11.6.4　设 Ω 是由锥面 $z = \sqrt{x^2 + y^2}$ 与半球面 $z = \sqrt{R^2 - x^2 - y^2}$ 围成的空间区域，Σ 是 Ω 的整个边界的外侧，则 $\iint\limits_{\Sigma} x\,dy\,dz + y\,dz\,dx + z\,dx\,dy =$ _____．

（2005 年考研数学试题）

解　$\iint\limits_{\Sigma} x\,dy\,dz + y\,dz\,dx + z\,dx\,dy = \iiint\limits_{\Omega} 3\,dx\,dy\,dz$

$$= 3\int_0^R r^2\,dr \int_0^{\frac{\pi}{4}} \sin\varphi\,d\varphi \int_0^{2\pi} d\theta = 2\pi\left(1 - \frac{\sqrt{2}}{2}\right)R^3.$$

例 11.6.5　设 Σ 是锥面 $z = \sqrt{x^2 + y^2}\,(0 \leqslant z \leqslant 1)$ 的下侧，则 $\iint\limits_{\Sigma} x\,dy\,dz + 2y\,dz\,dx + 3(z-1)\,dx\,dy =$ _____．

（2006 年考研数学试题）

解　补充一个曲面 $\Sigma_1 : \begin{cases} x^2 + y^2 \leqslant 1 \\ z = 1 \end{cases}$ 上侧，则

$$\iint\limits_{\Sigma} x\,dy\,dz + 2y\,dz\,dx + 3(z-1)\,dx\,dy$$

$$= \iint\limits_{\Sigma + \Sigma_1} x\,dy\,dz + 2y\,dz\,dx + 3(z-1)\,dx\,dy - \iint\limits_{\Sigma_1} x\,dy\,dz + 2y\,dz\,dx + 3(z-1)\,dx\,dy$$

$$= \iiint\limits_{\Omega} 6\,dx\,dy\,dz \quad (\Omega \text{ 为锥面 } \Sigma \text{ 与曲面 } \Sigma_1 \text{ 所围区域})$$

$$= 6 \times \frac{\pi}{3} = 2\pi.$$

例 11.6.6　已知曲线 $L : y = x^2\,(0 \leqslant x \leqslant \sqrt{2})$，则 $\int_L x\,ds =$ _____．

（2009 年考研数学试题）

解　因 L 的方程为 $y = x^2\,(0 \leqslant x \leqslant \sqrt{2})$，视 x 为参数，则

$$ds = \sqrt{1 + [y'(x)]^2}\,dx = \sqrt{1 + 4x^2}\,dx$$

由弧长的平面曲线积分 $\int_L f(x, y)\,ds$ 的计算公式得

$$\int_L x\,ds = \int_0^{\sqrt{2}} x\sqrt{1 + 4x^2}\,dx = \frac{1}{8}\int_0^{\sqrt{2}} \sqrt{1 + 4x^2}\,d(4x^2) = \frac{1}{8}\int_0^{\sqrt{2}} \sqrt{1 + 4x^2}\,d(1 + 4x^2)$$

$$= \frac{1}{8} \times \frac{2}{3}(1+4x^2)^{\frac{3}{2}}\bigg|_0^{\sqrt{2}} = \frac{1}{12}(27-1) = \frac{13}{6}.$$

例 11.6.7 设曲线 $L: f(x,y) = 1$($f(x,y)$ 具有一阶连续偏导数) 过第二象限内的点 M 和第四象限内的点 N,Γ 为 L 上从点 M 到 N 的一段弧,则下列积分小于零的是_____.

(2007 年考研数学试题)

(A) $\int_\Gamma f(x,y) \mathrm{d}x$ (B) $\int_\Gamma f(x,y) \mathrm{d}y$

(C) $\int_\Gamma f(x,y) \mathrm{d}s$ (D) $\int_\Gamma f'_x(x,y) \mathrm{d}x + f'_y(x,y) \mathrm{d}y$

解 直接计算求出四个积分值,从而确定正确选项,选点 M、N 的坐标分别为 $M(x_1, y_1), N(x_2, y_2)$ 则由题设知,$x_1 < x_2, y_1 < y_2$,如图 11.11 所示.

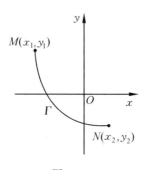

图 11.11

先将曲线方程代入积分表达式,经计算得

$$\int_\Gamma f(x,y) \mathrm{d}x = \int_\Gamma \mathrm{d}x = x_2 - x_1 > 0$$

$$\int_\Gamma f(x,y) \mathrm{d}y = \int_\Gamma \mathrm{d}x = y_2 - y_1 < 0$$

$$\int_\Gamma f(x,y) \mathrm{d}s = \int_\Gamma \mathrm{d}s = s > 0$$

$$\int_\Gamma f'_x(x,y) \mathrm{d}x + f'_y(x,y) \mathrm{d}y = \int_\Gamma \mathrm{d}f(x,y) = 0.$$

故选(B)

例 11.6.8 计算曲线积分 $\int_L \sin 2x \mathrm{d}x + 2(x^2-1)y \mathrm{d}y$. 其中 L 是曲线 $y = \sin x$ 上从点 $(0,0)$ 到点 $(\pi, 0)$ 的一段.

(2008 年考研数学试题)

解 利用曲线 L 的参数方程 $y = \sin x, x = x$ 转化为定积分计算. 设所求曲线积分为 I,则

$$I = \int_0^\pi [\sin 2x + 2(x^2-1)\sin x \cos x] \mathrm{d}x = \int_0^\pi [\sin 2x + (x^2-1)\sin 2x] \mathrm{d}x$$

$$= \int_0^\pi x^2 \sin 2x \mathrm{d}x = -\frac{1}{2} \int_0^\pi x^2 \mathrm{d}\cos 2x = -\frac{1}{2} x^2 \cos 2x \bigg|_0^\pi + \frac{1}{2} \int_0^\pi 2x \cos 2x \mathrm{d}x$$

$$= -\frac{1}{2}(\pi^2 \cos 2\pi - 0) + \frac{1}{2} \int_0^\pi 2x \cos 2x \mathrm{d}x = -\frac{\pi^2}{2} + \frac{1}{2} \int_0^\pi 2x \cos 2x \mathrm{d}x$$

$$= -\frac{\pi^2}{2} + \frac{1}{2}x\sin 2x \Big|_0^\pi - \int_0^\pi \sin 2x \mathrm{d}x \Big) = -\frac{\pi^2}{2}.$$

例 11.6.9 已知曲线 L 的方程为 $y = 1 - |x|, x \in [-1,1]$,起点是 $(-1,0)$,终点是 $(1,0)$,则曲线积分 $\int_L xy\mathrm{d}x + x^2\mathrm{d}y = $ _____.

(2010 年考研数学试题)

解 对坐标的平面曲线积分,即利用格林公式将其转化为二重积分计算,这时,二重积分的积分区域 D 为闭区域,且其边界线 L 取的是正向.

如图 11.12 所示,$L = \overline{AB} + \overline{BC}$. 记 $L_1 = \overline{CA}$. 则 $L + L_1$ 为闭曲线,其所围区域记为 D,其中 D 的边界线取负向. 此时,由格林公式得

$$\oint_{L+L_1} xy\mathrm{d}x + x^2\mathrm{d}y = -\iint_D \left(\frac{\partial Q}{\partial x} - \frac{\partial P}{\partial y}\right)\mathrm{d}x\mathrm{d}y = -\iint_D x\mathrm{d}x\mathrm{d}y = 0(对称性)$$

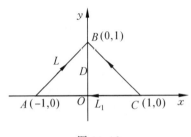

图 11.12

于是
$$\int_L xy\mathrm{d}x + x^2\mathrm{d}y = \oint_{L+L_1} xy\mathrm{d}x + x^2\mathrm{d}y + \int_{-L_1} xy\mathrm{d}x + x^2\mathrm{d}y$$
$$= 0 + \int_{-L_1} xy\mathrm{d}x + x^2\mathrm{d}y = \int_{-1}^1 (x,0)\mathrm{d}x + \int_{-L_1} x^2 \cdot 0\mathrm{d}y = 0.$$

例 11.6.10 设 L 是柱面 $x^2 + y^2 = 1$ 与平面 $z = x + y$ 的交线,从 z 轴正向往 z 轴负向看去为逆时针方向,则曲线积分 $\oint_L xz\mathrm{d}x + x\mathrm{d}y + \frac{y^2}{2}\mathrm{d}z = $ _____.

(2011 年考研数学试题)

解法 1 曲线 L 的方程用参数方程可表示为 $x = \cos t, y = \sin t, z = \cos t + \sin t (0 \leqslant t \leqslant 2\pi)$. 由曲线 L 的方向可知,起点对应于参数 $t = 0$,终点对应于参数 $t = 2\pi$,因而

$$\oint_L xz\mathrm{d}x + x\mathrm{d}y + \frac{y^2}{2}\mathrm{d}z = \int_0^{2\pi}\left(-\cos^2 t \cdot \sin t - \frac{1}{2}\sin^2 t \cdot \cos t + \cos^2 t - \frac{1}{2}\sin^3 t\right)\mathrm{d}t$$
$$= \int_0^{2\pi}\cos^2 t\mathrm{d}\cos t - \frac{1}{2}\int_0^{2\pi}\sin^2 t\mathrm{d}\sin t + \int_0^{2\pi}\frac{1+\cos 2t}{2}\mathrm{d}t - \frac{1}{2}\int_{-\pi}^{\pi}\sin^3 t\mathrm{d}t$$
$$= 0 - 0 + \int_0^{2\pi}\frac{1}{2}\mathrm{d}t + 0 - 0 = \pi.$$

解法 2 先用斯托克斯公式将第二类曲线积分化为第二类曲面积分

$$\oint_L xz\mathrm{d}x + x\mathrm{d}y + \frac{y^2}{2}\mathrm{d}z = \iint_\Sigma \left(\frac{\partial R}{\partial y} - \frac{\partial Q}{\partial z}\right)\mathrm{d}y\mathrm{d}z + \left(\frac{\partial P}{\partial z} - \frac{\partial R}{\partial x}\right)\mathrm{d}x\mathrm{d}z + \left(\frac{\partial Q}{\partial x} - \frac{\partial P}{\partial y}\right)\mathrm{d}x\mathrm{d}y$$
$$= \iint_\Sigma (y - 0)\mathrm{d}y\mathrm{d}z + (x - 0)\mathrm{d}x\mathrm{d}z + (1 - 0)\mathrm{d}x\mathrm{d}y$$

$$= \iint_\Sigma y\mathrm{d}y\mathrm{d}z + x\mathrm{d}x\mathrm{d}z + \mathrm{d}x\mathrm{d}y$$

其中 Σ 是位于柱面 $x^2 + y^2 = 1$ 内的平面 $z = x + y$,取上侧,因

$$\iint_\Sigma y\mathrm{d}y\mathrm{d}z = 0, \quad \iint_\Sigma x\mathrm{d}x\mathrm{d}z = 0, \quad \iint_\Sigma \mathrm{d}x\mathrm{d}y = \iint_{D_{xy}} 1\mathrm{d}x\mathrm{d}y = \pi$$

其中 D_{xy} 是 Σ 在 xOy 平面上的投影,因此

$$\oint_L xz\mathrm{d}x + x\mathrm{d}y + \frac{y^2}{2}\mathrm{d}z = \pi.$$

例 11.6.11 设 $\Sigma = \{(x,y,z) \mid x+y+z=1, x \geqslant 0, y \geqslant 0, z \geqslant 0\}$,则 $\iint_\Sigma y^2 \mathrm{d}S =$ _____.

(2012 年考研数学试题)

解 曲面 Σ 在 xOy 平面上的投影区域为 $D = \{(x,y) \mid 0 \leqslant x \leqslant 1, 0 \leqslant y \leqslant 1-x\}$,由 $z = 1 - x - y$,得 $z'_x = -1, z'_y = -1$,则

$$\iint_\Sigma y^2\mathrm{d}S = \iint_D y^2 \sqrt{1 + z'^2_x + z'^2_y}\mathrm{d}x\mathrm{d}y = \sqrt{3}\iint_D y^2 \mathrm{d}\sigma = \sqrt{3}\int_0^1 \mathrm{d}x \int_0^{1-x} y^2 \mathrm{d}y = \frac{\sqrt{3}}{12}.$$

例 11.6.12 设 $L_1 : x^2 + y^2 = 1, L_2 = x^2 + y^2 = 2, L_3 : x^2 + 2y^2 = 2, L_4 = 2x^2 + y^2 = 2$. 为四条逆时针方向的平面曲线,记 $I_i = \oint_{L_i} \left(y + \frac{y^3}{6}\right)\mathrm{d}x + \left(2x - \frac{x^3}{3}\right)\mathrm{d}y (i = 1,2,3,4)$,则 $\max\{I_1, I_2, I_3, I_4\} = (\quad)$.

(2013 年考研数学试题)

(A) I_1 (B) I_2 (C) I_3 (D) I_4

解 由格林公式 $I_i = \oint_{L_i} \left(y + \frac{y^3}{6}\right)\mathrm{d}x + \left(2x - \frac{x^3}{3}\right)\mathrm{d}y = \iint_{D_i} \left(1 - x^2 - \frac{y^2}{2}\right)\mathrm{d}x\mathrm{d}y$

$$= S(D_i) - \iint_{D_i} \left(x^2 + \frac{y^2}{2}\right)\mathrm{d}x\mathrm{d}y$$

$$\iint_{x^2+y^2 \leqslant R^2} \left(x^2 + \frac{y^2}{2}\right)\mathrm{d}x\mathrm{d}y = \frac{3}{4}\iint_{x^2+y^2 \leqslant R^2}(x^2 + y^2)\mathrm{d}x\mathrm{d}y = \frac{3}{4}\int_0^{2\pi}\mathrm{d}\theta\int_0^R r^3 \mathrm{d}r = \frac{3}{8}\pi R^4$$

故 $I_1 = \pi - \frac{3}{8}\pi = \frac{5}{8}, \quad I_2 = 2\pi - \frac{3}{8}\pi \cdot 4 = \frac{\pi}{2}$

在椭圆 $D : \frac{x^2}{a^2} + \frac{y^2}{b^2} \leqslant 1$ 上,二重积分最好使用广义极坐标计算,即

$$\iint_{\frac{x^2}{a^2}+\frac{y^2}{b^2}\leqslant 1}\left(x^2 + \frac{y^2}{2}\right)\mathrm{d}x\mathrm{d}y = \int_0^{2\pi}\mathrm{d}\theta\int_0^1 \left(a^2\rho^2\cos^2\theta + \frac{1}{2}b^2\rho^2\sin^2\theta\right)ab\rho\mathrm{d}\rho$$

$$= \frac{ab}{4}\int_0^{2\pi}\left(a^2\cos^2\theta + \frac{b^2}{2}\sin^2\theta\right) = \frac{ab(a^2+b^2)}{4}\int_0^{2\pi}\cos^2\theta\mathrm{d}\theta$$

$$= \frac{ab\left(a^2 + \frac{b^2}{2}\right)}{4}\pi$$

故 $I_3 = \sqrt{2}\pi - \frac{5\sqrt{2}}{8}\pi, \quad I_4 = \sqrt{2}\pi - \frac{\sqrt{2}}{2}\pi = \frac{\sqrt{2}}{2}\pi$

显然 $I_4 = \frac{\sqrt{2}}{2}\pi$ 最大,故选 (D)

第 11 章 曲线积分与曲面积分

例 11.6.13 设 L 是柱面 $x^2+y^2=1$ 和平面 $y+z=0$ 的交线，从 z 轴正方向往负方向看是逆时针方向，则曲线积分 $\oint_L z\mathrm{d}x+y\mathrm{d}z=$ _____.

(2014 年考研数学试题)

解 由斯托克斯公式 $\oint_L P\mathrm{d}x+Q\mathrm{d}y+R\mathrm{d}z = \iint_\Sigma \begin{vmatrix} \mathrm{d}y\mathrm{d}z & \mathrm{d}z\mathrm{d}x & \mathrm{d}x\mathrm{d}y \\ \dfrac{\partial}{\partial x} & \dfrac{\partial}{\partial y} & \dfrac{\partial}{\partial z} \\ P & Q & R \end{vmatrix}$

知 $\oint_L z\mathrm{d}x+y\mathrm{d}z = \iint_\Sigma \mathrm{d}y\mathrm{d}z+\mathrm{d}z\mathrm{d}x = \iint_\Sigma \mathrm{d}x\mathrm{d}y = \iint_{D_{xy}}\mathrm{d}x\mathrm{d}y = \pi$

其中 $\Sigma:\begin{cases} x+z=0 \\ x^2+y^2\leqslant 1\end{cases}$ 取上侧，$D_{xy}=\{(x,y)\mid x^2+y^2\leqslant 1\}$.

例 11.6.14 设曲面 $\Sigma:z=x^2+y^2(z\leqslant 1)$ 的上侧，计算曲面积分：

$$\iint_\Sigma (x-1)^3\mathrm{d}y\mathrm{d}z+(y-1)^3\mathrm{d}z\mathrm{d}x+(z-1)\mathrm{d}x\mathrm{d}y.$$

(2014 年考研数学试题)

解 设 $\Sigma_1:\begin{cases} z=1 \\ x^2+y^2\leqslant 1\end{cases}$ 取下侧，记由 Σ,Σ_1 所围立体为 Ω，则由高斯公式，可得

$$\iint_{\Sigma+\Sigma_1}(x-1)^3\mathrm{d}y\mathrm{d}z+(y-1)^3\mathrm{d}z\mathrm{d}x+(z-1)\mathrm{d}x\mathrm{d}y$$

$$=-\iiint_\Omega (3-(x-1)^2+3(y-1)^2+1)\mathrm{d}x\mathrm{d}y\mathrm{d}z$$

$$=-\iiint_\Omega (3x^2+3y^2+7-6x-6y)\mathrm{d}x\mathrm{d}y\mathrm{d}z$$

$$=-\iiint_\Omega (3x^2+3y^2+7)\mathrm{d}x\mathrm{d}y\mathrm{d}z$$

$$=-\int_0^{2\pi}\mathrm{d}\theta\int_0^1 r\mathrm{d}r\int_{r^2}^1 (3r^2+7)\mathrm{d}z=-4\pi$$

在 $\Sigma_1:\begin{cases} z=1 \\ x^2+y^2\leqslant 1\end{cases}$ 取下侧，则

$$\iint_{\Sigma_1}(x-1)^2\mathrm{d}y\mathrm{d}z+(y-1)^3\mathrm{d}z\mathrm{d}x+(z-1)\mathrm{d}x\mathrm{d}y=\iint_{\Sigma_1}(1-1)\mathrm{d}x\mathrm{d}y=0$$

所以 $\iint_\Sigma (x-1)^3\mathrm{d}y\mathrm{d}z+(y-1)^3\mathrm{d}z\mathrm{d}x+(2-1)\mathrm{d}x\mathrm{d}y$

$$=\iint_{\Sigma+\Sigma_1}(x-1)^3\mathrm{d}y\mathrm{d}z+(y-1)^3\mathrm{d}z\mathrm{d}x+(z-1)\mathrm{d}x\mathrm{d}y=-4\pi.$$

11.7 自 测 题

1. 填空题

(1) 曲线 l 是_____，$P(x,y)$、$Q(x,y)$ 满足_____，则有格林公式_____.

(2) 空间区域 V 的边界曲面是 _____，$P(x,y,z)$、$Q(x,y,z)$、$R(x,y,z)$ 满足 _____，则有高斯公式 _____．

(3) 逐段光滑平面闭曲线 l 所围平面区域 D 的面积为 A，且 l 为 D 的边界的正方向，则 $\dfrac{1}{2}\oint_L x\mathrm{d}y - y\mathrm{d}x =$ _____．

(4) 逐片光滑的闭曲面 Σ 外侧所围空间区域 Ω 的体积为 V，则有
$$\frac{1}{3}\oiint_\Sigma x\mathrm{d}y\mathrm{d}z + y\mathrm{d}z\mathrm{d}x + z\mathrm{d}x\mathrm{d}y = \underline{\qquad}.$$

(5) 函数 $P(x,y)$、$Q(x,y)$ 在单连通域 D 内满足 _____，则在 D 内 $\int_{\overset{\frown}{AB}} P(x,y)\mathrm{d}x + Q(x,y)\mathrm{d}y$ 与路径无关的充要条件是 _____．

(6) 设 $P(x,y)$、$Q(x,y)$ 在单连通域 D 内有一阶连续导数，则 $P(x,y)\mathrm{d}x + Q(x,y)\mathrm{d}y$ 为某一函数 $U(x,y)$ 的全微分的充要条件是 _____．

(7) 线密度为 $\rho = f(x,y,z)$ 的曲线弧 l 的质量 m 用曲线积分表示为 $M =$ _____．

(8) 变力 $\boldsymbol{F} = P(x,y)\boldsymbol{i} + Q(x,y)\boldsymbol{j}$ 沿平面路线 l 所做的功 W 用曲线积分表示为 $W =$ _____．

(9) 矢量 $\boldsymbol{A} = P(x,y,z)\boldsymbol{i} + Q(x,y,z)\boldsymbol{j} + R(x,y,z)\boldsymbol{k}$ 通过有向曲面 S 的通量 $\Phi =$ _____．

(10) 设 l 是圆周 $x^2 + y^2 = 3^2$ 的逆时针方向，则曲线积分 $\int_l \dfrac{-y\mathrm{d}x + x\mathrm{d}y}{x^2 + y^2} =$ _____．

2. 选择题

(1) $I = \oint_L \dfrac{-y}{x^2+y^2}\mathrm{d}x + \dfrac{x}{x^2+y^2}\mathrm{d}y$，因 $\dfrac{\partial P}{\partial y} = \dfrac{\partial Q}{\partial x} = \dfrac{y^2-x^2}{(x^2+y^2)^2}$，所以（   ）．

(A) 对任意闭曲线 L，$I = 0$

(B) 在 L 不含原点时 $I = 0$

(C) 因 $\dfrac{\partial P}{\partial y}$ 与 $\dfrac{\partial Q}{\partial x}$ 在原点不存在，故对任意 L，$I \neq 0$

(D) 在 L 含原点时 $I = 0$，不含原点时 $I \neq 0$．

(2) 设曲线段 $\overset{\frown}{AB}$ 是从点 $A(-1,0)$ 沿 $y = -\sqrt{1-x^2}\cos\left(\dfrac{\pi}{2}x\right)$ 到点 $B(0,-1)$，令 $E(-1,-1)$，则 $\int_{\overset{\frown}{AB}}\left(\dfrac{y}{x^2+y^2} - \sqrt{2-3y^2}\right)\mathrm{d}x - \dfrac{x}{x^2+y^2}\mathrm{d}y = $（   ）．

(A) $\int_{\overset{\frown}{AO}} + \int_{\overset{\frown}{BO}}$ (B) $\int_{\overset{\frown}{AE}} + \int_{\overset{\frown}{EB}}$ (C) $\int_{\overset{\frown}{AB}}$ (D)(A),(B),(C) 都不对

(3) Σ 是 $x^2 + y^2 + z^2 = a^2$ 在第二卦限部分的下侧，S 在三个坐标面的投影域各为 D_{yz}，D_{yx} 及 D_{zx}，则 $\iint_\Sigma P(x^2)\mathrm{d}y\mathrm{d}z + Q(y^2)\mathrm{d}z\mathrm{d}x = $（   ）

(A) $\iint_{D_{yz}} P(a^2-y^2-z^2)\mathrm{d}y\mathrm{d}z + \iint_{D_{zx}} Q(a^2-z^2-x^2)\mathrm{d}z\mathrm{d}x$

(B) $\iint\limits_{D_{yz}} P(a^2 - y^2 - z^2)\mathrm{d}y\mathrm{d}z - \iint\limits_{D_{zx}} Q(a^2 - x^2 - z^2)\mathrm{d}z\mathrm{d}x$

(C) $-\iint\limits_{D_{yz}} P(a^2 - y^2 - z^2)\mathrm{d}y\mathrm{d}z - \iint\limits_{D_{zx}} Q(a^2 - x^2 - z^2)\mathrm{d}z\mathrm{d}x$

(D) $-\iint\limits_{D_{yz}} P(a^2 - y^2 - z^2)\mathrm{d}y\mathrm{d}z + \iint\limits_{D_{zx}} Q(a^2 - x^2 - z^2)\mathrm{d}z\mathrm{d}x$

(4) Σ 是在第五卦限且通过点 $E(1,0,0), F(0,1,0)$ 及 $G(0,0,-1)$ 的上侧光滑曲面,Σ 的方程为 $f(x,y,z) = 0$ 且 $f(x,y,z)$ 的一阶偏导数不为零,则有等式

$$\iint\limits_{\Sigma} P(x,y,z)\mathrm{d}y\mathrm{d}z + Q(x,y,z)\mathrm{d}z\mathrm{d}x + R(x,y,z)\mathrm{d}x\mathrm{d}y - \iint\limits_{\Sigma}(P\cos\alpha + Q\cos\beta + R\cos\gamma)\mathrm{d}S$$

其中 $\cos\beta = ($)

(A) $f_x(x,y,z)$ (B) $f_y(x,y,z)$

(C) $-\dfrac{|f_y|}{\sqrt{f_x^2 + f_y^2 + f_z^2}}$ (D) $\dfrac{f_y}{\sqrt{f_x^2 + f_y^2 + f_z^2}}$

3. 计算题

(1) 求 $\int\limits_{C} \sqrt{2y^2 + z^2}\mathrm{d}s$,其中 C 是球 $x^2 + y^2 + z^2 = a^2$ 与平面 $x = y$ 的交线.

(2) 计算 $\int\limits_{L} (x^2 + y)\mathrm{d}x - (x + y^2)\mathrm{d}y$,其中 L 是椭圆 $x = 2\cos t, y = \sin t$ 的 $\dfrac{1}{4}$ 从点 $(2,0)$ 到点 $(0,1)$.

(3) 证明 $\int\limits_{L} \dfrac{y\mathrm{d}x - x\mathrm{d}y}{x^2}$ 在 $x > 0$ 的右半平面内积分与路径无关,并求 $\int_{(2,1)}^{(1,2)} \dfrac{y\mathrm{d}x - x\mathrm{d}y}{x^2}$ 的值.

(4) 求抛物面 $Z = \dfrac{1}{2}(x^2 + y^2)(0 \leqslant z \leqslant 1)$ 的质量 M,其上每点 (x,y,z) 处的面密度是 $\rho(x,y,z) = z$.

(5) 计算曲面积分

$$I = \iint\limits_{\Sigma} xy^2\mathrm{d}x\mathrm{d}y + xz\mathrm{d}y\mathrm{d}z - x^2y\mathrm{d}x\mathrm{d}z$$

其中 Σ 是旋转抛物面 $z = x^2 + y^2 (0 \leqslant z \leqslant 1)$ 的外侧.

(6) 计算 $\oint\limits_{L} y\mathrm{d}x + z\mathrm{d}y + x\mathrm{d}z$,其中 L 为圆周 $x^2 + y^2 + z^2 = a^2, x + y + z = 0$,从 Ox 轴的正方向看时,圆周是依逆时针方向进行的.

自测题参考答案

1.(1) 平面闭区域 D 的边界的正向曲线,在 D 上具有一阶连续偏导数,

$$\int\limits_{L} P(x,y)\mathrm{d}x + Q(x,y)\mathrm{d}y = \iint\limits_{D}\left(\dfrac{\partial Q}{\partial x} - \dfrac{\partial P}{\partial y}\right)\mathrm{d}x\mathrm{d}y;$$

(2) 分片光滑曲面 Σ 其法线矢量朝外, 在 V 上具有一阶连续偏导数,则

$$\oiint_{\Sigma} P(x,y,z)\mathrm{d}y\mathrm{d}z + Q(x,y,z)\mathrm{d}z\mathrm{d}x + R(x,y,z)\mathrm{d}x\mathrm{d}y = \iiint_{V}\left(\frac{\partial P}{\partial x}+\frac{\partial Q}{\partial y}+\frac{\partial R}{\partial z}\right)\mathrm{d}x\mathrm{d}y\mathrm{d}z;$$

(3) A; (4) V;

(5) 有连续偏导数;

(6) $\frac{\partial Q}{\partial x} = \frac{\partial P}{\partial y}(x,y) \in D$;

(7) $M = \int_{l} f(x,y,z)\mathrm{d}s$;

(8) $W = \int_{l}(P(x,y)\mathrm{d}x + Q(x,y)\mathrm{d}y)$;

(9) $\Phi = \iint_{\Sigma} P(x,y,z)\mathrm{d}y\mathrm{d}z + Q(x,y,z)\mathrm{d}z\mathrm{d}x + R(x,y,z)\mathrm{d}x\mathrm{d}y$;

(10) 2π.

2. (1) D (2) B (3) C (4) B

3. (1) $C: \begin{cases} x^2+y^2+z^2=a^2 \\ x=y \end{cases}$, 即 $\begin{cases} 2y^2+z^2=a^2 \\ x=y \end{cases}$ C 是经过球心 $(0,0,0)$ 的平面 $x=y$ 与球面 $x^2+y^2+z^2=a^2$ 的交线,是一个大圆,其周长为 $2\pi a$. 故

$$\int_{C} \sqrt{2y^2+z^2}\mathrm{d}s = \int_{C} a\mathrm{d}S = a \cdot 2\pi a = 2\pi a^2.$$

(2) 原式 $= -\frac{10}{3} - \pi$.

(3) 记 $P = \frac{y}{x^2}, Q = -\frac{x}{x^2} = -\frac{1}{x}$, 有 $\frac{\partial Q}{\partial x} = \frac{1}{x^2} = \frac{\partial P}{\partial y}(x>0)$, 故 $\int_{L}\frac{y\mathrm{d}x-x\mathrm{d}y}{x^2}$ 积分与路径无关,取从 $(2,1) \xrightarrow{x=2} (2,2) \xrightarrow{y=2} (1,2)$ 折线路径,有

$$\int_{(2,1)}^{(1,2)}\frac{y\mathrm{d}x-x\mathrm{d}y}{x^2} = \int_{1}^{2}\frac{0-2\mathrm{d}y}{2^2} + \int_{2}^{1}\frac{2\mathrm{d}x-0}{x^2} = -\frac{3}{2}.$$

(4) $m = \iint_{\Sigma} Z\mathrm{d}s = \iint_{D}\frac{1}{2}(x^2+y^2)\sqrt{1+z_x^2+z_y^2}\mathrm{d}x\mathrm{d}y$, 其中 D 是 $\frac{1}{2}(x^2+y^2) \leqslant 1$, 即

$$x^2+y^2 \leqslant 2, \quad z_x = x, \quad z_y = y,$$

故

$$m = \frac{1}{2}\iint_{D}(x^2+y^2)\sqrt{1+x^2+y^2}\mathrm{d}x\mathrm{d}y = \frac{1}{2}\int_{0}^{2\pi}\mathrm{d}\theta\int_{0}^{\sqrt{2}}r^2\sqrt{1+r^2}\cdot r\mathrm{d}r$$

$$= \sqrt{\pi}\int_{0}^{\sqrt{2}}r^2\sqrt{1+r^2}r\mathrm{d}r.$$

令 $u = \sqrt{1+r^2}$, 则 $u^2 = 1+r^2, u\mathrm{d}u = r\mathrm{d}r.$

当 $r=0$ 时, $u=1$, 当 $r=\sqrt{2}$ 时, $u=\sqrt{3}$.

故

$$m = \pi\int_{1}^{\sqrt{3}}(u^2-1)u\cdot u\mathrm{d}u = \pi\int_{1}^{\sqrt{3}}(u^4-u^2)\mathrm{d}u = \frac{2\sqrt{\pi}(6\sqrt{3}+1)}{15}.$$

(5) 设 Σ_1 为 $z=0(x^2+y^2 \leqslant 1)$ 上侧, 记 Σ 与 Σ_1 所围立体为 Ω, 则

$$I = \oiint_{\Sigma+\Sigma_1} - \iint_{\Sigma_1},$$

而
$$\oiint_{\Sigma+\Sigma_1} = \iiint_{\Omega}(0+z-x^2)\mathrm{d}x\mathrm{d}y\mathrm{d}z = \iiint_{\Omega}z\mathrm{d}x\mathrm{d}y\mathrm{d}z - \iiint_{\Omega}x^2\mathrm{d}x\mathrm{d}y\mathrm{d}z$$
$$= \int_0^{2\pi}\mathrm{d}\theta\int_0^1 r\mathrm{d}r\int_{r^2}^1 z\mathrm{d}z - \int_0^{2\pi}\mathrm{d}\theta\int_0^1 r\mathrm{d}r\int_{r^2}^1 r^2\cos^2\theta\mathrm{d}z = \frac{\pi}{3}-\frac{\pi}{12}=\frac{\pi}{4}.$$

又 $\iint_{\Sigma_1} = \iint_{x^2+y^2\leqslant 1} xy^2\mathrm{d}x\mathrm{d}y = 0$（$x^2+y^2\leqslant 1$ 关于 y 轴对称，$f(x,y)=xy^2$ 对 x 为奇函数），故

$$I = \frac{\pi}{4} - 0 = \frac{\pi}{4}.$$

(6) 由斯托克斯公式

$$\oint_L \mathrm{d}yx+z\mathrm{d}y+x\mathrm{d}z = \iint_S \begin{vmatrix} \cos\alpha & \cos\beta & \cos\gamma \\ \dfrac{\partial}{\partial x} & \dfrac{\partial}{\partial y} & \dfrac{\partial}{\partial z} \\ y & z & x \end{vmatrix} \mathrm{d}S$$

其中 S 为圆周 L 所围成的区域，由 L 和 S 的对应关系可知，S 取在平面 $x+y+z=0$ 的上侧，所以

$$\cos\alpha = \cos\beta = \cos\gamma = \frac{1}{\sqrt{3}}$$

于是有

$$\oint_L y\mathrm{d}x+y\mathrm{d}y+x\mathrm{d}z = -\sqrt{3}\iint_S \mathrm{d}S = -\sqrt{3}\pi a^2.$$

第12章 无穷级数

12.1 大纲基本要求

（1）理解无穷级数收敛、发散及收敛级数的和的概念，了解无穷级数的基本性质及收敛的必要条件．

（2）掌握正项级数的比较审敛法及几何级数与 p 级数的敛散性，掌握正项级数的比值审敛法、根值审敛法．

（3）掌握交错级数的莱布尼兹定理，会估计交错级数的截断误差．了解绝对收敛与条件收敛的概念及两者的关系．

（4）了解函数项级数的收敛域与和函数的概念，掌握简单幂级数收敛区间的求法（区间端点的收敛性不作要求）．了解幂级数在其收敛区间内的一些基本性质（对求幂级数的和函数只要求作简单训练）．

（5）会利用 e^x、$\sin x$、$\cos x$、$\ln(1+x)$ 与 $(1+x)^a$ 的麦克劳林展开式将一些简单的函数展开成幂级数．

（6）了解将函数展开为幂级数进行近似计算的思想．

（7）了解用三角函数逼近周期函数的思想，了解函数展开为傅里叶级数，会将定义在 $(0,l)$ 上的函数展开为傅里叶正弦级数或余弦级数．

12.2 内容提要

12.2.1 常数项级数

1. 级数的定义

设有数列 $u_1, u_2, \cdots, u_n, \cdots$，表达式 $\sum_{n=1}^{\infty} u_n = u_1 + u_2 + \cdots + u_n + \cdots$ 称为（无穷）级数，$s_n = u_1 + u_2 + \cdots + u_n$ 称为该级数的（前 n 项）部分和．

2. 级数的收敛与发散

如果级数 $\sum_{n=1}^{\infty} u_n$ 的部分和数列 $\{s_n\}$ 的极限存在，即 $\lim_{n \to \infty} s_n = s$，则称级数 $\sum_{n=1}^{\infty} u_n$ 是收敛的，且其和为 s，记为 $s = \sum_{n=1}^{\infty} u_n$，否则，就称级数 $\sum_{n=1}^{\infty} u_n$ 是发散的．

3. 级数的性质

(1) 若 $\sum_{n=1}^{\infty} u_n = s$, k 为常数, 则 $\sum_{n=1}^{\infty} k u_n = ks$.

(2) 若 $\sum_{n=1}^{\infty} u_n = s$, $\sum_{n=1}^{\infty} v_n = \sigma$, 则 $\sum_{n=1}^{\infty} (u_n \pm v_n) = s \pm \sigma$.

(3) 一个级数, 增加或减少有限项, 不影响其敛散性.

(4) 收敛级数可以任意添加括号, 且其和不变.

4. 级数收敛的必要条件

如果级数 $\sum_{n=1}^{\infty} u_n$ 收敛, 则 $\lim_{n \to \infty} u_n = 0$.

(实际中经常用这一定理的逆否定理来判断级数发散, 即若 $\lim_{n \to \infty} u_n \neq 0$, 则 $\sum_{n=1}^{\infty} u_n$ 必发散)

5. 正项级数敛散性的判别法

(1) 比较判别法.

设 $0 \leqslant u_n \leqslant v_n$, 则:

① 若 $\sum_{n=1}^{\infty} v_n$ 收敛, 则 $\sum_{n=1}^{\infty} u_n$ 也收敛;

② 若 $\sum_{n=1}^{\infty} u_n$ 发散, 则 $\sum_{n=1}^{\infty} v_n$ 也发散.

(2) 比较判别法的极限形式.

若 $u_n > 0$, $v_n > 0$, 且 $\lim_{n \to \infty} \dfrac{u_n}{v_n} = l$ $(0 \leqslant l \leqslant +\infty)$, 则:

① 若 $0 < l < +\infty$, 则 $\sum_{n=1}^{\infty} u_n$ 和 $\sum_{n=1}^{\infty} v_n$ 同时收敛或发散;

② 若 $l = 0$, 则 $\sum_{n=1}^{\infty} v_n$ 收敛时, $\sum_{n=1}^{\infty} u_n$ 必收敛;

③ 若 $l = +\infty$, 则 $\sum_{n=1}^{\infty} v_n$ 发散时, $\sum_{n=1}^{\infty} u_n$ 必发散.

(3) 比值判别法.

若 $u_n > 0$, 且 $\lim_{n \to \infty} \dfrac{u_{n+1}}{u_n} = \rho$, 则:

① 当 $\rho < 1$ 时, $\sum_{n=1}^{\infty} u_n$ 收敛;

② 当 $\rho > 1$ 时, $\sum_{n=1}^{\infty} u_n$ 发散;

③ 当 $\rho = 1$ 时, $\sum_{n=1}^{\infty} u_n$ 可能收敛, 也可能发散.

(4) 根值判别法.

若 $u_n \geqslant 0$, 且 $\lim_{n \to \infty} \sqrt[n]{u_n} = \rho$, 则:

① 当 $\rho < 1$ 时, $\sum_{n=1}^{\infty} u_n$ 收敛;

② 当 $\rho > 1$ 时,$\sum_{n=1}^{\infty} u_n$ 发散;

③ 当 $\rho = 1$ 时,$\sum_{n=1}^{\infty} u_n$ 可能收敛,也可能发散.

6. 交错级数的莱布尼兹判别法

如果交错级数 $\sum_{n=1}^{\infty} (-1)^{n-1} u_n (u_n > 0)$ 满足条件:

(1) $u_n \geqslant u_{n+1} (n = 1, 2, \cdots)$;

(2) $\lim_{n \to \infty} u_n = 0$.

则该级数收敛.

7. 任意项级数的绝对收敛与条件收敛

设 $\sum_{n=1}^{\infty} u_n$ 为任意项级数,则

(1) 如果级数 $\sum_{n=1}^{\infty} |u_n|$ 收敛,则级数 $\sum_{n=1}^{\infty} u_n$ 也收敛;

(2) 如果级数 $\sum_{n=1}^{\infty} |u_n|$ 收敛,则称级数 $\sum_{n=1}^{\infty} u_n$ 绝对收敛;

(3) 如果级数 $\sum_{n=1}^{\infty} |u_n|$ 发散,而级数 $\sum_{n=1}^{\infty} u_n$ 收敛,则称级数 $\sum_{n=1}^{\infty} u_n$ 条件收敛.

12.2.2 幂级数

1. 函数项级数

设 $\{u_n(x)\} (n = 1, 2, \cdots)$ 是定义在区间 I 上的函数项数列,称表达式 $\sum_{n=1}^{\infty} u_n(x)$ 为函数项级数.

若数项级数 $\sum_{n=1}^{\infty} u_n(x_0)$ 收敛,则称 x_0 为函数项级数 $\sum_{n=1}^{\infty} u_n(x)$ 的收敛点,否则称 x_0 为级数 $\sum_{n=1}^{\infty} u_n(x)$ 的发散点.

函数项级数 $\sum_{n=1}^{\infty} u_n(x)$ 的所有收敛点构成的集合称为其收敛域.

对 $\sum_{n=1}^{\infty} u_n(x)$ 的收敛域内的任意 x,数项级数 $\sum_{n=1}^{\infty} u_n(x)$ 都有确定的和 $s(x)$.

这样,在收敛域内定义了一个新函数,称它为函数项级数 $\sum_{n=1}^{\infty} u_n(x)$ 的和函数,记为 $s(x)$.

2. 幂级数的定义

形如 $\sum_{n=0}^{\infty} a_n (x - x_0)^n = a_0 + a_1 (x - x_0) + \cdots + a_n (x - x_0)^n + \cdots$ 的函数项级数称为

$x-x_0$ 的幂级数. 特别地, 当 $x_0=0$ 时, $\sum\limits_{n=0}^{\infty}a_nx^n$ 称为 x 的幂级数.

若 $R>0$, 当 $|x|<R$ 时, 幂级数 $\sum\limits_{n=0}^{\infty}a_nx^n$ 绝对收敛; 当 $|x|>R$ 时, 幂级数 $\sum\limits_{n=0}^{\infty}a_nx^n$ 发散, 则称 R 为该幂级数的收敛半径, 并称 $(-R,R)$ 为该幂级数的收敛区间.

3. 幂级数收敛半径的求法

若在幂级数 $\sum\limits_{n=0}^{\infty}a_nx^n$ 中, $\lim\limits_{n\to\infty}\left|\dfrac{a_{n+1}}{a_n}\right|=\rho$ (或 $\lim\limits_{n\to\infty}\sqrt[n]{|a_n|}=\rho$), 则收敛半径

$$R=\begin{cases}\dfrac{1}{\rho}, & 0<\rho<+\infty \\ +\infty, & \rho=0 \\ 0, & \rho=+\infty\end{cases}.$$

4. 幂级数的性质

设幂级数 $\sum\limits_{n=0}^{\infty}a_nx^n=s(x)$, 且收敛半径为 R, 则:

(1) $s(x)$ 在 $(-R,R)$ 上连续;

(2) $\sum\limits_{n=0}^{\infty}a_nx^n$ 在 $(-R,R)$ 内可以逐项微分, 即

$$s'(x)=\left(\sum_{n=0}^{\infty}a_nx^n\right)'=\sum_{n=0}^{\infty}(a_nx^n)'=\sum_{n=1}^{\infty}na_nx^{n-1} \tag{12.1}$$

(3) $\sum\limits_{n=0}^{\infty}a_nx^n$ 在 $(-R,R)$ 内可以逐项积分, 即

$$\int_0^x s(x)\mathrm{d}x=\int_0^x\left(\sum_{n=0}^{\infty}a_nx^n\right)\mathrm{d}x=\sum_{n=0}^{\infty}\int_0^x a_nx^n\mathrm{d}x=\sum_{n=0}^{\infty}\frac{a_n}{n+1}x^{n+1} \tag{12.2}$$

(4) 若 $\sum\limits_{n=0}^{\infty}b_nx^n$ 的收敛半径为 R', 则有

$$\sum_{n=0}^{\infty}a_nx^n\pm\sum_{n=0}^{\infty}b_nx^n=\sum_{n=0}^{\infty}(a_n\pm b_n)x^n \tag{12.3}$$

且代数和级数的收敛半径 $R''=\min\{R',R\}$.

5. 几个常见函数的幂级数展开式

$$\frac{1}{1-x}=1+x+x^2+\cdots+x^n+\cdots=\sum_{n=0}^{\infty}x^n \quad(-1<x<1) \tag{12.4}$$

$$\frac{1}{1+x}=1-x+x^2-x^3+\cdots+(-1)^nx^n+\cdots=\sum_{n=0}^{\infty}(-1)^nx^n \; (-1<x<1) \tag{12.5}$$

$$\mathrm{e}^x=1+x+\frac{x^2}{2!}+\cdots+\frac{x^n}{n!}+\cdots=\sum_{n=0}^{\infty}\frac{x^n}{n!} \; (-\infty<x<+\infty) \tag{12.6}$$

$$\sin x=x-\frac{x^3}{3!}+\frac{x^5}{5!}+\cdots+(-1)^n\frac{x^{2n+1}}{(2n+1)!}+\cdots=\sum_{n=0}^{\infty}(-1)^n\frac{x^{2n+1}}{(2n+1)!}$$
$$(-\infty<x<+\infty) \tag{12.7}$$

$$\cos x = 1 - \frac{x^2}{2!} + \frac{x^4}{4!} + \cdots + (-1)^n \frac{x^{2n}}{(2n)!} + \cdots = \sum_{n=0}^{\infty}(-1)^n \frac{x^{2n}}{(2n)!}$$
$$(-\infty < x < +\infty) \quad (12.8)$$

$$\ln(1+x) = x - \frac{x^2}{2} + \frac{x^3}{3} - \frac{x^4}{4} + \cdots + (-1)^n \frac{x^{n+1}}{n+1} + \cdots = \sum_{n=0}^{\infty}(-1)^n \frac{x^{n+1}}{n+1}$$
$$(-1 < x \leqslant 1) \quad (12.9)$$

$$(1+x)^m = 1 + mx + \frac{m(m-1)}{2!}x^2 + \cdots + \frac{m(m-1)\cdots(m-n+1)}{n!}x^n + \cdots$$
$$(-1 < x < 1) \quad (12.10)$$

12.2.3 傅里叶级数

(1) 设 $f(x)$ 是以 2π 为周期的周期函数，并且 $f(x)$ 在区间 $[-\pi,\pi]$ 上可积，则称形如

$$\frac{a_0}{2} + \sum_{n=1}^{\infty}[a_n\cos(nx) + b_n\sin(nx)]$$

的三角级数为函数 $f(x)$ 的傅里叶级数，其中

$$a_n = \frac{1}{\pi}\int_{-\pi}^{\pi}f(x)\cos(nx)\mathrm{d}x \quad (n=0,1,2,\cdots) \quad (12.11)$$

$$b_n = \frac{1}{\pi}\int_{-\pi}^{\pi}f(x)\sin(nx)\mathrm{d}x \quad (n=1,2,\cdots) \quad (12.12)$$

a_n、b_n 称为 $f(x)$ 的傅里叶系数.

特别地，若 $f(x)$ 是周期为 2π 的奇函数，则

$$f(x) = \sum_{n=1}^{\infty}b_n\sin(nx) \quad (12.13)$$

其中

$$b_n = \frac{2}{\pi}\int_{0}^{\pi}f(x)\sin(nx)\mathrm{d}x \quad (n=1,2,\cdots) \quad (12.14)$$

若 $f(x)$ 是周期为 2π 的偶函数，则

$$f(x) = \frac{a_0}{2} + \sum_{n=1}^{\infty}a_n\cos(nx) \quad (12.15)$$

其中

$$a_n = \frac{2}{\pi}\int_{0}^{\pi}f(x)\cos(nx)\mathrm{d}x \quad (n=0,1,2,\cdots) \quad (12.16)$$

式(12.13)称为正弦级数，式(12.15)称为余弦级数.

(2) 以 $2l$ 为周期的函数 $f(x)$ 展开为傅里叶级数，即

$$f(x) = \frac{a_0}{2} + \sum_{n=1}^{\infty}\left(a_n\cos\frac{n\pi x}{l} + b_n\sin\frac{n\pi x}{l}\right) \quad (12.17)$$

其中

$$a_n = \frac{1}{l}\int_{-l}^{l}f(x)\cos\frac{n\pi x}{l}\mathrm{d}x \quad (n=0,1,2,\cdots) \quad (12.18)$$

$$b_n = \frac{1}{l}\int_{-l}^{l}f(x)\sin\frac{n\pi x}{l}\mathrm{d}x \quad (n=1,2,\cdots) \quad (12.19)$$

(3) 收敛定理.

若函数 $f(x)$ 在 $[-l,l]$ 上满足狄利克雷条件，即：

(1) 在一个周期内连续或只有有限个第一类间断点.

(2) 在一个周期内至多有有限个极值点，则 $f(x)$ 的傅里叶级数在 $[-l,l]$ 上收敛，且收

敛于

$$\begin{cases} f(x), & x \text{ 为 } f(x) \text{ 的连续点} \\ \dfrac{f(x^+)+f(x^-)}{2}, & x \text{ 为 } f(x) \text{ 的间断点} \\ \dfrac{f(-l^+)+f(l^-)}{2}, & x=\pm l \end{cases}$$

12.3 解 难 释 疑

1. 级数的收敛与发散等价于其部分和数列的收敛与发散,但具体考虑一个级数的敛散性时,仅靠定义讨论是很困难的,因此要掌握一些审敛的方法.

2. 应记住的两个特殊级数的敛散性.

(1) 几何级数(等比级数)$\sum\limits_{n=0}^{\infty} aq^n \ (a \neq 0)$.

当 $|q| < 1$ 时,级数收敛,其收敛和为 $\dfrac{a}{1-q}$;

当 $|q| \geqslant 1$ 时,级数发散.

(2) p-级数 $\sum\limits_{n=1}^{\infty} \dfrac{1}{n^p}$.

当 $p > 1$ 时,收敛;当 $p \leqslant 1$ 时,发散.

3. 数项级数中正项级数的审敛相对来说是较容易的. 由于其部分和数列是单调增加的,因此正项级数收敛的充要条件是部分和数列有上界. 由此收敛准则便可以给出正项级数的比较判别法及其极限形式、比值判别法和根值判别法. 正项级数审敛的一般程序如下:

(1) 检查一般项,若 $\lim\limits_{n \to \infty} u_n \neq 0$,可以判定级数 $\sum\limits_{n=1}^{\infty} u_n$ 发散;

(2) 若 $\lim\limits_{n \to \infty} u_n = 0$,再用比值判别法或根值判别法;

(3) 若 $\lim\limits_{n \to \infty} \dfrac{u_{n+1}}{u_n} = 1$ 或 $\lim\limits_{n \to \infty} \sqrt[n]{u_n} = 1$ 或其极限不存在,则用比较判别法.

4. 用比较判别法判别级数的敛散性是一个难点,所谓比较,必须有两个以上的级数才能比较,而往往判别级数敛散性时是针对某一个具体级数的. 这就是寻找另外一个级数,而这个级数又是已经会判别或已熟知敛散性的级数,这里面就有一定的技巧.

首先,选择用来比较的级数是调和级数 $\sum\limits_{n=1}^{\infty} \dfrac{1}{n}$、几何级数 $\sum\limits_{n=0}^{\infty} aq^n \ (a \neq 0)$、$p$-级数 $\sum\limits_{n=1}^{\infty} \dfrac{1}{n^p}$.

其次,要估计 $\sum\limits_{n=0}^{\infty} u_n$ 是收敛还是发散的,比如 $\sum\limits_{n=1}^{\infty} \dfrac{n}{n^2+1}$ 估计是发散的,因为分母与分子多项式次数的差为 1,而级数 $\sum\limits_{n=1}^{\infty} \dfrac{1}{n^2+1}$ 估计是收敛的. 对于前者,因为

$$u_n = \dfrac{n}{n^2+1} \geqslant \dfrac{n}{n^2+n} = \dfrac{1}{n+1},$$

而级数 $\sum\limits_{n=1}^{\infty} \dfrac{1}{n+1}$ 发散,所以原级数发散. 对于后者,因为 $u_n = \dfrac{1}{n^2+1} < \dfrac{1}{n^2}$,$\sum\limits_{n=1}^{\infty} \dfrac{1}{n^2}$ 收敛,所

以原级数收敛.

5. 任意项级数的敛散性应细分为绝对收敛与条件收敛及发散. 只有级数绝对收敛时, 多项式所具有的结合律、交换律及乘法对加法的分配律等性质才能推广到无穷项相加的级数上, 而条件收敛的级数仅具有结合律. 一个绝对收敛的级数, 各项重排后仍收敛且其和不变. 而一个条件收敛的级数可以通过重排, 使其和为事先给定的任何数, 或者使其发散.

6. 把函数展开成幂级数的优点和用途是明显的, 也易于被读者接受, 如同幂级数一样, 由于正弦、余弦函数也是我们熟悉的基本初等函数, 并且有很好的分析性质, 在示波器中也很容易显示出来. 如果能把一个函数展开成三角级数, 就会化难为易, 给我们对该函数的研究带来便利.

12.4 典型例题选讲

例 12.4.1 判别下列级数的收敛性, 并求其和.

(1) $\sum\limits_{n=1}^{\infty} \dfrac{1}{(2n-1)(2n+1)}$;

(2) $\sum\limits_{n=1}^{\infty} (\sqrt{n+2} - 2\sqrt{n+1} + \sqrt{n})$;

(3) $\sum\limits_{n=1}^{\infty} \dfrac{1}{n(n+1)(n+2)}$.

解 (1) 因为 $\dfrac{1}{(2n-1)(2n+1)} = \dfrac{1}{2}\left(\dfrac{1}{2n-1} - \dfrac{1}{2n+1}\right)$, 所以

$$s_n = \dfrac{1}{1\times 3} + \dfrac{1}{3\times 5} + \cdots + \dfrac{1}{(2n-1)(2n+1)}$$

$$= \dfrac{1}{2}\left[\left(1 - \dfrac{1}{3}\right) + \left(\dfrac{1}{3} - \dfrac{1}{5}\right) + \cdots + \left(\dfrac{1}{2n-1} - \dfrac{1}{2n+1}\right)\right]$$

$$= \dfrac{1}{2}\left(1 - \dfrac{1}{2n+1}\right),$$

则

$$s = \lim_{n\to\infty} s_n = \lim_{n\to\infty} \dfrac{1}{2}\left(1 - \dfrac{1}{2n+1}\right) = \dfrac{1}{2}.$$

故 $\sum\limits_{n=1}^{\infty} \dfrac{1}{(2n-1)(2n+1)}$ 收敛, 且其和为 $\dfrac{1}{2}$.

(2) 因为 $\sqrt{n+2} - 2\sqrt{n+1} + \sqrt{n} = (\sqrt{n+2} - \sqrt{n+1}) - (\sqrt{n+1} - \sqrt{n})$, 所以

$$s_n = \sum_{k=1}^{n}(\sqrt{k+2} - 2\sqrt{k+1} + \sqrt{k}) = (\sqrt{n+2} - \sqrt{n+1}) - (\sqrt{2} - 1),$$

则

$$s = \lim_{n\to\infty} s_n = \lim_{n\to\infty}[(\sqrt{n+2} - \sqrt{n+1}) - (\sqrt{2} - 1)]$$

$$= \lim_{n\to\infty}\left[\dfrac{1}{\sqrt{n+2} + \sqrt{n+1}} - (\sqrt{2} - 1)\right]$$

$$= 1 - \sqrt{2}.$$

故 $\sum\limits_{n=1}^{\infty}(\sqrt{n+2} - 2\sqrt{n+1} + \sqrt{n})$ 收敛, 且其和为 $1 - \sqrt{2}$.

(3) 因为 $\dfrac{1}{n(n+1)(n+2)} = \dfrac{1}{2}\dfrac{(n+2)-n}{n(n+1)(n+2)} = \dfrac{1}{2}\left[\dfrac{1}{n(n+1)} - \dfrac{1}{(n+1)(n+2)}\right]$

所以 $s_n = \sum\limits_{k=1}^{n} \dfrac{1}{k(k+1)(k+2)} = \dfrac{1}{2}\sum\limits_{k=1}^{n}\left(\dfrac{1}{k(k+1)} - \dfrac{1}{(k+1)(k+2)}\right)$

$= \dfrac{1}{2}\left(\dfrac{1}{1\times 2} - \dfrac{1}{(n+1)(n+2)}\right)$

则 $s = \lim\limits_{n\to\infty}s_n = \lim\limits_{n\to\infty}\dfrac{1}{2}\left(\dfrac{1}{2} - \dfrac{1}{(n+1)(n+2)}\right) = \dfrac{1}{4}.$

故 $\sum\limits_{n=1}^{\infty} \dfrac{1}{n(n+1)(n+2)}$ 收敛，且其和为 $\dfrac{1}{4}$.

注意 这里用定义证明级数的敛散性，常用拆项消去中间项的方法求得部分和 s_n，由 s_n 的极限是否存在得到结论.

例 12.4.2 判别下列级数的敛散性.

(1) $\sum\limits_{n=1}^{\infty} \dfrac{n}{2n+1}$； (2) $\sum\limits_{n=1}^{\infty}\left(\dfrac{n}{n+1}\right)^n$； (3) $\sum\limits_{n=1}^{\infty}\dfrac{1}{\sqrt[n]{3}}.$

解 (1) 因为 $u_n = \dfrac{n}{2n+1}$，且 $\lim\limits_{n\to\infty}u_n = \dfrac{1}{2} \neq 0$，所以 $\sum\limits_{n=1}^{\infty}\dfrac{n}{2n+1}$ 是发散的.

(2) 因为 $u_n = \left(\dfrac{n}{n+1}\right)^n$，且 $\lim\limits_{n\to\infty}u_n = \lim\limits_{n\to\infty}\left(\dfrac{n}{n+1}\right)^n = \dfrac{1}{e} \neq 0$，所以 $\sum\limits_{n=1}^{\infty}\left(\dfrac{n}{n+1}\right)^n$ 是发散的.

(3) 因为 $u_n = \dfrac{1}{\sqrt[n]{3}}$，且 $\lim\limits_{n\to\infty}u_n = \lim\limits_{n\to\infty}\dfrac{1}{\sqrt[n]{3}} = 1 \neq 0$，所以 $\sum\limits_{n=1}^{\infty}\dfrac{1}{\sqrt[n]{3}}$ 是发散的.

注意 判别级数的敛散性，首先要看级数的一般项是否趋于 0，若不趋于 0，则级数发散；若趋于 0，再用其他方法判别.

例 12.4.3 判别下列级数的敛散性.

(1) $\sum\limits_{n=1}^{\infty}\dfrac{1+n}{1+n^2}$； (2) $\sum\limits_{n=1}^{\infty}\dfrac{1}{1+n}\sin\dfrac{1}{n}$；

(3) $\sum\limits_{n=1}^{\infty}\dfrac{1}{n\sqrt{n+1}}$； (4) $\sum\limits_{n=1}^{\infty}\dfrac{1}{2n}(\sqrt{n+1}-\sqrt{n-1}).$

解 (1) $u_n = \dfrac{1+n}{1+n^2} > \dfrac{1+n}{(1+n)^2} = \dfrac{1}{1+n}$

而 $\sum\limits_{n=1}^{\infty}\dfrac{1}{1+n}$ 发散，由比较判别法知 $\sum\limits_{n=1}^{\infty}\dfrac{1+n}{1+n^2}$ 发散.

(2) $u_n = \dfrac{1}{n+1}\sin\dfrac{1}{n} < \dfrac{1}{n}\cdot\dfrac{1}{n} = \dfrac{1}{n^2}$

而 $\sum\limits_{n=1}^{\infty}\dfrac{1}{n^2}$ 收敛，由比较判别法知 $\sum\limits_{n=1}^{\infty}\dfrac{1}{n+1}\sin\dfrac{1}{n}$ 收敛.

(3) $u_n = \dfrac{1}{n\sqrt{n+1}} < \dfrac{1}{n\sqrt{n}} = \dfrac{1}{n^{\frac{3}{2}}}$

而 $\sum\limits_{n=1}^{\infty}\dfrac{1}{n^{\frac{3}{2}}}$ 收敛，由比较判别法知 $\sum\limits_{n=1}^{\infty}\dfrac{1}{n\sqrt{n+1}}$ 收敛.

(4) $u_n = \dfrac{1}{2n}(\sqrt{n+1}-\sqrt{n-1}) = \dfrac{2}{2n(\sqrt{n+1}+\sqrt{n-1})} \leqslant \dfrac{1}{n\sqrt{n}}$

而 $\sum\limits_{n=1}^{\infty}\dfrac{1}{n\sqrt{n}}$ 收敛,由比较判别法知 $\sum\limits_{n=1}^{\infty}\dfrac{1}{2n}(\sqrt{n+1}-\sqrt{n-1})$ 收敛.

例 12.4.4 判别下列级数的敛散性.

(1) $\sum\limits_{n=1}^{\infty}\dfrac{n^2}{3^n}$; (2) $\sum\limits_{n=1}^{\infty}\dfrac{2^n\cdot n!}{n^n}$;

(3) $\sum\limits_{n=1}^{\infty}n\tan\dfrac{\pi}{2^{n+1}}$; (4) $\sum\limits_{n=1}^{\infty}\arctan\dfrac{1}{n^2+n+1}$.

解 (1) 因 $\lim\limits_{n\to\infty}\dfrac{u_{n+1}}{u_n} = \lim\limits_{n\to\infty}\dfrac{\dfrac{(n+1)^2}{3^{n+1}}}{\dfrac{n^2}{3^n}} = \lim\limits_{n\to\infty}\dfrac{1}{3}\cdot\dfrac{(n+1)^2}{n^2} = \dfrac{1}{3} < 1$,故级数收敛.

(2) 因 $\lim\limits_{n\to\infty}\dfrac{u_{n+1}}{u_n} = \lim\limits_{n\to\infty}\dfrac{\dfrac{2^{(n+1)}!}{(n+1)^{n+1}}}{\dfrac{2^n n!}{n^n}} = \lim\limits_{n\to\infty}2\left(\dfrac{n}{1+n}\right)^n = \dfrac{2}{e} < 1$,故级数收敛.

(3) 因 $\lim\limits_{n\to\infty}\dfrac{u_{n+1}}{u_n} = \lim\limits_{n\to\infty}\dfrac{(n+1)\tan\dfrac{\pi}{2^{n+2}}}{n\tan\dfrac{\pi}{2^{n+1}}} = \lim\limits_{n\to\infty}\dfrac{n+1}{n}\cdot\dfrac{\dfrac{\pi}{2^{n+2}}}{\dfrac{\pi}{2^{n+1}}} = \lim\limits_{n\to\infty}\dfrac{n+1}{n}\cdot\dfrac{1}{2} = \dfrac{1}{2} < 1$. 故级数收敛.

(4) 因 $x\to 0$ 时 $\arctan x \sim x$

故 $n\to\infty$ 时 $\arctan\dfrac{1}{n^2+n+1} \sim \dfrac{1}{n^2+n+1}$

又因为 $\dfrac{1}{n^2+n+1} < \dfrac{1}{n^2}$

$\sum\limits_{n=1}^{\infty}\dfrac{1}{n^2}$ 收敛,则 $\sum\limits_{n=1}^{\infty}\dfrac{1}{n^2+n+1}$ 收敛,且 $\lim\limits_{n\to\infty}\dfrac{\arctan\dfrac{1}{n^2+n+1}}{\dfrac{1}{n^2+n+1}} = 1$.

故由极限形式的比较审敛法知该级数收敛.

注意 运用比较判别法的极限形式时,应多考虑用无穷小的等价、洛必达法则、泰勒公式来确定比较的对象.

例 12.4.5 用比较判别法判定级数 $\sum\limits_{n=1}^{\infty}\dfrac{1}{1+a^n}(a>0)$ 的敛散性.

解 因 $u_n = \dfrac{1}{1+a^n} < \dfrac{1}{a^n} = \left(\dfrac{1}{a}\right)^n$

当 $\dfrac{1}{a} < 1$,即 $a > 1$ 时,级数 $\sum\limits_{n=1}^{\infty}\left(\dfrac{1}{a}\right)^n$ 收敛,所以级数 $\sum\limits_{n=1}^{\infty}\dfrac{1}{1+a^n}$ 收敛.

当 $0 < a \leqslant 1$ 时,$0 < a^n \leqslant 1$,故

$$u_n = \dfrac{1}{1+a^n} > \dfrac{1}{1+1} = \dfrac{1}{2},$$

第 12 章　无穷级数

则 $\lim\limits_{n\to\infty} u_n \neq 0$. 所以,当 $0 < a \leqslant 1$ 时,级数 $\sum\limits_{n=1}^{\infty} \dfrac{1}{1+a^n}$ 发散.

综上所述,当 $a > 1$ 时,级数 $\sum\limits_{n=1}^{\infty} \dfrac{1}{1+a^n}$ 收敛;当 $0 < a \leqslant 1$ 时,级数 $\sum\limits_{n=1}^{\infty} \dfrac{1}{1+a^n}$ 发散.

注意　当通项中含参数时,往往需对参数的不同取值讨论级数的敛散性.

例 12.4.6　若正项数列 $\{x_n\}$ 单调上升且有上界,试证级数 $\sum\limits_{n=1}^{\infty}\left(1-\dfrac{x_n}{x_{n+1}}\right)$ 收敛.

证明　由于数列 $\{x_n\}$ 单调上升,则 $1-\dfrac{x_n}{x_{n+1}} \geqslant 0$,从而 $\sum\limits_{n=1}^{\infty}\left(1-\dfrac{x_n}{x_{n+1}}\right)$ 为正项级数,

而
$$s_n = \left(1-\dfrac{x_1}{x_2}\right)+\left(1-\dfrac{x_2}{x_3}\right)+\cdots+\left(1-\dfrac{x_n}{x_{n+1}}\right)$$
$$= \dfrac{x_2-x_1}{x_2}+\dfrac{x_3-x_2}{x_3}+\cdots+\dfrac{x_{n+1}-x_n}{x_{n+1}}$$
$$\leqslant \dfrac{(x_2-x_1)+(x_3-x_2)+\cdots+(x_{n+1}-x_n)}{x_2} = \dfrac{x_{n+1}-x_1}{x_2}$$

而 $\{x_n\}$ 有界,所以 s_n 有上界,由单调有界收敛定理可知级数 $\sum\limits_{n=1}^{\infty}\left(1-\dfrac{x_n}{x_{n+1}}\right)$ 收敛.

例 12.4.7　讨论 $x > 0$ 取何值时,下列级数收敛.

(1) $\sum\limits_{n=1}^{\infty}\dfrac{x^n}{3^n}$;　　　(2) $\sum\limits_{n=1}^{\infty} n!\left(\dfrac{x}{n}\right)^n$

解　(1) $\lim\limits_{n\to\infty}\sqrt[n]{u_n} = \lim\limits_{n\to\infty}\sqrt[n]{\left(\dfrac{x}{3}\right)^n} = \dfrac{x}{3}$

由根值审敛法可知,当 $\dfrac{x}{3} < 1$,即 $0 < x < 3$ 时,级数 $\sum\limits_{n=1}^{\infty}\dfrac{x^n}{3^n}$ 收敛.

(2) $\lim\limits_{n\to\infty}\dfrac{u_{n+1}}{u_n} = \lim\limits_{n\to\infty}\dfrac{(n+1)!\left(\dfrac{x}{n+1}\right)^{n+1}}{n!\left(\dfrac{x}{n}\right)^n} = \lim\limits_{n\to\infty}\left(x\dfrac{1}{\left(1+\dfrac{1}{n}\right)^n}\right) = x\lim\limits_{n\to\infty}\dfrac{1}{\left(1+\dfrac{1}{n}\right)^n} = \dfrac{x}{e}$

由比值审敛法知,当 $0 < x < e$ 时,级数 $\sum\limits_{n=1}^{\infty} n!\left(\dfrac{x}{n}\right)^n$ 收敛.

例 12.4.8　判别级数 $\sum\limits_{n=2}^{\infty}(-1)^n\dfrac{1}{\ln n}$ 的敛散性.

解　因为 $u_{n+1} = \dfrac{1}{\ln(n+1)} < \dfrac{1}{\ln n} = u_n$,且 $\lim\limits_{n\to\infty}\dfrac{1}{\ln n} = 0$,由莱布尼兹判别法知,级数 $\sum\limits_{n=2}^{\infty}\dfrac{1}{\ln n}$ 收敛.

又因为 $\sum\limits_{n=2}^{\infty}\left|(-1)^n\dfrac{1}{\ln n}\right| = \sum\limits_{n=2}^{\infty}\dfrac{1}{\ln n}$ 发散,所以此级数为条件收敛.

例 12.4.9　试讨论级数 $\sum\limits_{n=1}^{\infty}\dfrac{(-1)^n}{n}\cdot\dfrac{a}{1+a^n}(a>0)$ 的敛散性.

解　先考查其绝对值级数 $\sum\limits_{n=1}^{\infty}\dfrac{1}{n}\cdot\dfrac{a}{1+a^n}$.

当 $a>1$ 时,$\dfrac{1}{n}\cdot\dfrac{a}{1+a^n}<\dfrac{a}{a^n}$,而级数 $\sum\limits_{n=1}^{\infty}\dfrac{1}{a^{n-1}}$ 收敛,所以此时原级数绝对收敛.

当 $a\leqslant 1$ 时,$\dfrac{1}{n}\cdot\dfrac{a}{1+a^n}>\dfrac{1}{n}\cdot\dfrac{a}{2}$,而 $\sum\limits_{n=1}^{\infty}\left(\dfrac{a}{2}\cdot\dfrac{1}{n}\right)$ 发散. 所以,级数 $\sum\limits_{n=1}^{\infty}\dfrac{1}{n}\cdot\dfrac{a}{1+a^n}$ 发散.

此时,令 $f(x)=x(1+a^x)$,则 $f'(x)=1+a^x+xa^x\ln a$,从而当 x 充分大时,$f'(x)>0$,$f(x)$ 单调增加,那么

当 n 充分大时,$\dfrac{a}{n(1+a^n)}$ 单调减少且 $\lim\limits_{n\to\infty}\dfrac{a}{n(1+a^n)}=0$.

故原级数 $\sum\limits_{n=1}^{\infty}\dfrac{(-1)^n}{n}\cdot\dfrac{a}{1+a^n}$ 收敛,即原级数条件收敛.

例 12.4.10 求下列级数的收敛半径与收敛区间.

(1) $\sum\limits_{n=0}^{\infty}\dfrac{1}{3^n}x^n$; (2) $\sum\limits_{n=1}^{\infty}\dfrac{n^2}{n^3+1}x^n$.

解 (1) 记 $u_n=\dfrac{1}{3^n}$,则

$$\rho=\lim_{n\to\infty}\left|\dfrac{u_{n+1}}{u_n}\right|=\lim_{n\to\infty}\dfrac{\frac{1}{3^{n+1}}}{\frac{1}{3^n}}=\dfrac{1}{3}$$

所以级数 $\sum\limits_{n=0}^{\infty}\dfrac{1}{3^n}x^n$ 的收敛半径为 $R=\dfrac{1}{\rho}=3$,其收敛区间为 $(-3,3)$.

(2) 记 $u_n=\dfrac{n^2}{n^3+1}$,则

$$\rho=\lim_{n\to\infty}\left|\dfrac{u_{n+1}}{u_n}\right|=\lim_{n\to\infty}\dfrac{(n+1)^2}{(n+1)^3+1}\cdot\dfrac{n^3+1}{n^2}=1$$

所以级数 $\sum\limits_{n=1}^{\infty}\dfrac{n^2}{n^3+1}x^n$ 的收敛半径为 $R=\dfrac{1}{\rho}=1$,其收敛区间为 $(-1,1)$.

例 12.4.11 求下列幂级数的收敛区间

(1) $\sum\limits_{n=1}^{\infty}(-1)^n\dfrac{x^{2n+1}}{2n+1}$; (2) $\sum\limits_{n=1}^{\infty}\dfrac{2n-1}{2^n}x^{2n-2}$ (3) $\sum\limits_{n=1}^{\infty}\dfrac{(x-5)^n}{\sqrt{n}}$.

解 (1) 这是缺(偶次幂)项的级数,把 $(-1)^n\dfrac{x^{2n+1}}{2n+1}$ 视为数项级数的一般项 u_n,由于

$$\lim_{n\to\infty}\dfrac{|u_{n+1}|}{|u_n|}=\lim_{n\to\infty}\dfrac{2n+1}{2n+3}|x|^2=|x|^2$$

当 $|x|<1$ 时,级数绝对收敛,当 $|x|>1$ 时,因一般项 $u_n\not\to 0(n\to\infty)$,级数发散,故原级数收敛半径为 1,收敛区间为 $(-1,1)$.

(2) 这是缺(奇次幂)项的级数. 令 $t=x^2$,先讨论 $\sum\limits_{n=1}^{\infty}\dfrac{2n-1}{2^n}t^{n-1}$ 的收敛区间.

$$\lim_{n\to\infty}\dfrac{|a_{n+1}|}{|a_n|}=\lim_{n\to\infty}\dfrac{1}{2}\cdot\dfrac{2n+1}{2n-1}=\dfrac{1}{2}$$

故该级数的收敛半径为 2,因此原级数的收敛半径为 $\sqrt{2}$,收敛区间为 $(-\sqrt{2},\sqrt{2})$.

(3) $\lim\limits_{n\to\infty}\dfrac{|u_{n+1}|}{|u_n|}=\lim\limits_{n\to\infty}\dfrac{\sqrt{n}}{\sqrt{n+1}}=1$,故收敛半径为 1.

当 $|x-5|<1$ 时,级数收敛,当 $|x-5|>1$ 时,级数发散.
故级数的收敛区间为 $(4,6)$.

例 12.4.12 求级数 $\sum\limits_{n=0}^{\infty}\dfrac{x^n}{1-x}$ 的收敛域及其和函数 $s(x)$.

解 因为
$$\lim\limits_{n\to\infty}\left|\dfrac{u_{n+1}(x)}{u_n(x)}\right|=\lim\limits_{n\to\infty}\left|\dfrac{x^{n+1}}{1-x}\cdot\dfrac{1-x}{x^n}\right|=|x|$$

所以当 $|x|<1$ 时,级数 $\sum\limits_{n=0}^{\infty}\dfrac{x^n}{1-x}$ 收敛;当 $x=-1$ 时,级数为 $\dfrac{1}{2}\sum\limits_{n=0}^{\infty}(-1)^n$ 是发散的;当 $x=1$ 时,级数无定义.

故其收敛域为 $(-1,1)$. 在 $(-1,1)$ 内,设
$$s(x)=\sum\limits_{n=0}^{\infty}\dfrac{x^n}{1-x}$$

则 $s(x)=\sum\limits_{n=0}^{\infty}\dfrac{x^n}{1-x}=\dfrac{1}{1-x}\sum\limits_{n=0}^{\infty}x^n=\dfrac{1}{1-x}\cdot\dfrac{1}{1-x}=\dfrac{1}{(1-x)^2}$,$x\in(-1,1)$.

例 12.4.13 求级数 $\sum\limits_{n=1}^{\infty}\dfrac{x^n}{n\cdot 2^n}$ 的和函数.

解 因为 $R=\lim\limits_{n\to\infty}\left|\dfrac{a_n}{a_{n+1}}\right|=\lim\limits_{n\to\infty}\dfrac{1}{n\cdot 2^n}\cdot\dfrac{(n+1)\cdot 2^{n+1}}{1}=2$

故其收敛区间为 $(-2,2)$.

当 $x=-2$ 时,级数为 $\sum\limits_{n=1}^{\infty}\dfrac{(-1)^n}{n}$,是收敛的;当 $x=2$ 时,级数为 $\sum\limits_{n=1}^{\infty}\dfrac{1}{n}$,是发散的. 所以,此级数的收敛域为 $[-2,2)$.

设 $s(x)=\sum\limits_{n=1}^{\infty}\dfrac{x^n}{n\cdot 2^n}$,$x\in[-2,2)$,则 $s(0)=0$

$$s'(x)=\dfrac{1}{2}\sum\limits_{n=1}^{\infty}\left(\dfrac{x}{2}\right)^{n-1}=\dfrac{1}{2}\dfrac{1}{1-\dfrac{x}{2}}=\dfrac{1}{2-x}$$

故 $$s(x)=\int_0^x s'(t)\mathrm{d}t=\ln\dfrac{2}{2-x},\quad x\in[-2,2).$$

例 12.4.14 求级数 $\sum\limits_{n=1}^{\infty}(n+1)nx^n$ 的和函数.

解 易知 $R=1$,当 $x=\pm 1$ 时级数发散,故收敛域为 $(-1,1)$.

故 $$s(x)=\sum\limits_{n=1}^{\infty}(n+1)nx^n=x\sum\limits_{n=1}^{\infty}(n+1)nx^{n-1}=x\left(\sum\limits_{n=1}^{\infty}x^{n+1}\right)''$$
$$=x\left(\dfrac{1}{1-x}-1-x\right)''=\dfrac{2x}{(1-x)^3},\quad x\in(-1,1).$$

注意 求幂级数的和一般有两种方法:一种是利用常见的初等函数的幂级数展开式;另一种是利用幂级数的性质,先对幂级数逐项求导或逐项积分. 一般通项形如 $\dfrac{x^n}{n}$,常是"先求

导后积分"；通项形如 nx^{n-1}，常是"先积分后求导".

例 12.4.15 已知级数 $\sum_{n=1}^{\infty}\dfrac{x^{4n+1}}{4n+1}$，求其和函数.

解 不难求出该级数的收敛半径为 1. 当 $-1<x<1$ 时

$$\left(\sum_{n=1}^{\infty}\dfrac{x^{4n+1}}{4n+1}\right)'=\sum_{n=1}^{\infty}\left(\dfrac{x^{4n+1}}{4n+1}\right)'=\sum_{n=1}^{\infty}x^{4n}=\dfrac{x^4}{1-x^4}$$

在上式两端分别从 0 至 x 积分，且由于 $\sum_{n=1}^{\infty}\dfrac{x^{4n+1}}{4n+1}$ 在 $x=0$ 处收敛于 0，故得

$$\sum_{n=1}^{\infty}\dfrac{x^{4n+1}}{4n+1}=\int_0^x\dfrac{x^4}{1-x^4}\mathrm{d}x=\int_0^x\left(-1+\dfrac{1}{2}\cdot\dfrac{1}{1+x^2}+\dfrac{1}{2}\cdot\dfrac{1}{1-x^2}\right)\mathrm{d}x$$
$$=\dfrac{1}{4}\ln\dfrac{1+x}{1-x}+\dfrac{1}{2}\arctan x-x$$

又原级数在 $x=\pm 1$ 处均发散，故其和函数为

$$s(x)=\dfrac{1}{4}\ln\dfrac{1+x}{1-x}+\dfrac{1}{2}\arctan x-x \quad (-1<x<1).$$

例 12.4.16 将下列函数展开成 x 的幂级数，并求展开式成立的区间.

(1) $\dfrac{\mathrm{e}^x-\mathrm{e}^{-x}}{2}$； (2) $\sin^2 x$.

解 (1) 由于 $\mathrm{e}^x=\sum_{n=0}^{\infty}\dfrac{x^n}{n!}$, $x\in(-\infty,+\infty)$，故

$$\mathrm{e}^{-x}=\sum_{n=0}^{\infty}\dfrac{(-1)^n}{n!}x^n,\quad x\in(-\infty,+\infty)$$

所以 $\dfrac{\mathrm{e}^x-\mathrm{e}^{-x}}{2}=\dfrac{1}{2}\sum_{n=0}^{\infty}\dfrac{1-(-1)^n}{n!}x^n=\sum_{n=1}^{\infty}\dfrac{x^{2n-1}}{(2n-1)!},\quad x\in(-\infty,+\infty).$

(2) **解法 1** 利用

$$\cos x=\sum_{n=1}^{\infty}\dfrac{(-1)^n}{(2n)!}x^{2n},\quad x\in(-\infty,+\infty)$$

得 $\sin^2 x=\dfrac{1}{2}-\dfrac{1}{2}\cos 2x=\dfrac{1}{2}-\dfrac{1}{2}\sum_{n=1}^{\infty}\dfrac{(-1)^n(2x)^{2n}}{(2n)!}$

$$=\sum_{n=1}^{\infty}\dfrac{(-1)^{n-1}(2x)^{2n}}{2(2n)!},\quad x\in(-\infty,+\infty).$$

解法 2 $(\sin^2 x)'=2\sin x\cos x=\sin 2x$

$$=\sum_{n=1}^{\infty}\dfrac{(-1)^{n-1}(2x)^{2n-1}}{(2n-1)!},\quad x\in(-\infty,+\infty)$$

将上式两端从 0 至 x 积分并逐项积分，得

$$\sin^2 x=\int_0^x(\sin^2 x)'\mathrm{d}x=\int_0^x\sum_{n=1}^{\infty}\dfrac{(-1)^{n-1}(2x)^{2n-1}}{(2n-1)!}\mathrm{d}x$$
$$=\sum_{n=1}^{\infty}\dfrac{(-1)^{n-1}2^{2n-1}}{(2n)!}x^{2n},\quad x\in(-\infty,+\infty).$$

例 12.4.17 将函数 $f(x)=\cos x$ 展开成 $\left(x+\dfrac{\pi}{3}\right)$ 的幂级数.

解 $\cos x=\cos\left[\left(x+\dfrac{\pi}{3}\right)-\dfrac{\pi}{3}\right]=\dfrac{1}{2}\cos\left(x+\dfrac{\pi}{3}\right)+\dfrac{\sqrt{3}}{2}\sin\left(x+\dfrac{\pi}{3}\right)$

将 $x+\dfrac{\pi}{3}$ 替换以下两式

$$\cos x = \sum_{n=0}^{\infty} \frac{(-1)^n}{(2n)!} x^{2n}$$

$$\sin x = \sum_{n=0}^{\infty} \frac{(-1)^n}{(2n+1)!} x^{2n+1}$$

中的 x,得

$$\cos x = \frac{1}{2}\sum_{n=0}^{\infty} \frac{(-1)^n}{(2n)!}\left(x+\frac{\pi}{3}\right)^{2n} + \frac{\sqrt{3}}{2}\sum_{n=0}^{\infty} \frac{(-1)^n}{(2n+1)!}\left(x+\frac{\pi}{3}\right)^{2n+1}$$

$$= \frac{1}{2}\sum_{n=0}^{\infty} (-1)^n\left[\frac{1}{(2n)!}\left(x+\frac{\pi}{3}\right)^{2n} + \frac{\sqrt{3}}{(2n+1)!}\left(x+\frac{\pi}{3}\right)^{2n+1}\right]$$

$$x \in (-\infty, +\infty).$$

例 12.4.18 将函数 $f(x) = \ln\dfrac{x}{1+x}$ 在 $x=1$ 处展开成泰勒级数.

解 因为 $\ln(1+x) = \sum_{n=0}^{\infty} (-1)^n \dfrac{x^{n+1}}{n+1}(-1 < x \leqslant 1)$,则

$$f(x) = \ln\frac{x}{1+x} = \ln x - \ln(1+x) = \ln[1+(x-1)] - \ln[2+(x-1)]$$

$$= \ln[1+(x-1)] - \ln\left(1+\frac{x-1}{2}\right) - \ln 2$$

$$= -\ln 2 + \sum_{n=1}^{\infty}(-1)^{n-1}\frac{(x-1)^n}{n} - \sum_{n=1}^{\infty}(-1)^{n-1}\cdot\frac{1}{n}\cdot\left(\frac{x-1}{2}\right)^n \quad (-1 < x-1 \leqslant 1)$$

$$= -\ln 2 + \sum_{n=1}^{\infty}(-1)^{n-1}\frac{1}{n}\left(1-\frac{1}{2^n}\right)(x-1)^n, \quad x \in (0,2].$$

例 12.4.19 将函数 $f(x) = \dfrac{1}{x}$ 展开成 $(x-3)$ 的幂级数.

解 利用 $\dfrac{1}{1-x} = \sum_{n=0}^{\infty} x^n, x \in (-1,1)$ 得

$$\frac{1}{x} = \frac{1}{3+x-3} = \frac{1}{3}\cdot\frac{1}{1+\frac{x-3}{3}} = \frac{1}{3}\cdot\frac{1}{1-\left(-\frac{x-3}{3}\right)}$$

$$= \frac{1}{3}\cdot\sum_{n=0}^{\infty}\left(-\frac{x-3}{3}\right)^n, \quad \frac{3-x}{3} \in (-1,1)$$

即

$$\frac{1}{x} = \sum_{n=0}^{\infty}\frac{(-1)^n}{3^{n+1}}(x-3)^n, \quad x \in (0,6).$$

例 12.4.20 设函数 $f(x) = \begin{cases} x^2, & -1 \leqslant x < 0 \\ 1+x, & 0 \leqslant x < 1 \end{cases}$ 求该函数以 2 为周期的傅里叶级数在 $x=-1, x=-\dfrac{1}{2}$ 及 $x=1$ 的值.

解 函数 $f(x)$ 在 $x \in [-1,1)$ 上满足收敛定理的条件,故

$$s(-1) = \frac{f(-1^+) + f(1^-)}{2} = \frac{1+2}{2} = \frac{3}{2}$$

$$s\left(-\frac{1}{2}\right) = f\left(-\frac{1}{2}\right) = \frac{1}{4}, \quad s(1) = s(-1) = \frac{3}{2}.$$

注意 函数 $f(x)$ 在 $x=1$ 处没有定义,但却有 $s(1) = \frac{3}{2}$.

例 12.4.21 将函数 $f(x) = \sin\frac{x}{2}$ 在区间 $[0,\pi]$ 上展开成余弦级数,并讨论其收敛情况.

解 将函数 $f(x)$ 作偶延拓,令

$$g(x) = \begin{cases} \sin\dfrac{x}{2}, & 0 \leqslant x \leqslant \pi \\ -\sin\dfrac{x}{2}, & -\pi \leqslant x < 0 \end{cases}$$

对 $g(x)$ 展开,有

$$b_n = 0 \quad (n = 1, 2, \cdots), \quad a_0 = \frac{2}{\pi}\int_0^\pi \sin\frac{x}{2}\mathrm{d}x = \frac{4}{\pi}$$

$$a_n = \frac{2}{\pi}\int_0^\pi \sin\frac{x}{2}\cos(nx)\mathrm{d}x$$

$$= \frac{1}{\pi}\int_0^\pi \left[\sin\left(n+\frac{1}{2}\right)x - \sin\left(n-\frac{1}{2}\right)x\right]\mathrm{d}x = \frac{1}{\pi}\left(\frac{1}{n+\frac{1}{2}} - \frac{1}{n-\frac{1}{2}}\right)$$

$$= -\frac{4}{\pi(4n^2-1)} \quad (n = 1, 2, \cdots)$$

又

$$\frac{g(-\pi^+) + g(\pi^-)}{2} = 1 = g(\pm\pi)$$

故

$$g(x) = \frac{2}{\pi} - \frac{4}{\pi}\sum_{n=1}^\infty \frac{1}{4n^2-1}\cos(nx), \quad x \in [-\pi, \pi],$$

从而

$$\sin\frac{x}{2} = \frac{2}{\pi} - \frac{4}{\pi}\sum_{n=1}^\infty \frac{1}{4n^2-1}\cos(nx), \quad x \in [0, \pi].$$

其中,级数的和函数图形如图 12.1 所示.

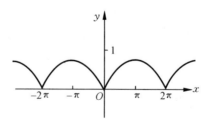

图 12.1

例 12.4.22 设函数 $f(x) = x - 1$ $(0 \leqslant x \leqslant 2)$,将函数 $f(x)$ 展开成周期为 4 的正弦级数,并讨论其收敛性.

解 将函数 $f(x)$ 作奇延拓,令

$$g(x) = \begin{cases} x-1, & 0 < x \leqslant 2 \\ 0, & x = 0 \\ x+1, & -2 < x < 0 \end{cases}$$

$$a_n = 0 \quad (n = 0, 1, 2, \cdots),$$

对 $g(x)$ 展开,有

$$b_n = \frac{2}{2}\int_0^2 f(x)\sin\frac{n\pi x}{2}dx = \int_0^2 (x-1)\sin\frac{n\pi x}{2}dx$$

$$= \frac{-2}{n\pi}(x-1)\cos\frac{n\pi x}{2}\Big|_0^2 - \frac{2}{n\pi}\int_0^2 \cos\frac{n\pi x}{2}dx$$

$$= \frac{-2}{n\pi}(1 + (-1)^n)$$

$$= \begin{cases} -\dfrac{2}{k\pi}, & n = 2k, \\ 0, & n = 2k-1, \end{cases} \quad k = 1, 2, \cdots$$

故

$$g(x) \sim \sum_{k=1}^{\infty} \frac{2}{k\pi}\sin(k\pi x).$$

12.5 错 解 分 析

例 12.5.1 讨论级数 $\sum_{n=1}^{\infty}\dfrac{2n+1}{n^2}$ 的敛散性.

错解 因为 $\lim\limits_{n\to\infty}u_n = \lim\limits_{n\to\infty}\dfrac{2n+1}{n^2} = 0$,故该级数收敛.

分析 $\lim\limits_{n\to\infty}u_n = 0$ 是级数收敛的必要条件,并不是充分条件,比如 $\sum\limits_{n=1}^{\infty}\dfrac{1}{n}$ 满足 $\lim\limits_{n\to\infty}\dfrac{1}{n} = 0$,但我们知道 $\sum\limits_{n=1}^{\infty}\dfrac{1}{n}$ 是发散的.

正确解答 设 $\sum\limits_{n=1}^{\infty}v_n = \sum\limits_{n=1}^{\infty}\dfrac{1}{n}$,则

$$\lim_{n\to\infty}\frac{u_n}{v_n} = \lim_{n\to\infty}\frac{2n+1}{n^2}\cdot\frac{n}{1} = 2.$$

可见级数 $\sum\limits_{n=1}^{\infty}\dfrac{2n+1}{n^2}$ 与 $\sum\limits_{n=1}^{\infty}\dfrac{1}{n}$ 有相同的敛散性,由 $\sum\limits_{n=1}^{\infty}\dfrac{1}{n}$ 发散,从而级数 $\sum\limits_{n=1}^{\infty}\dfrac{2n+1}{n^2}$ 为发散级数.

例 12.5.2 设 $a_n > 0, b_n > 0, \dfrac{a_{n+1}}{a_n} \leqslant \dfrac{b_{n+1}}{b_n}(n=1,2,\cdots)$,且正项级数 $\sum\limits_{n=1}^{\infty}b_n$ 收敛,证明级数 $\sum\limits_{n=1}^{\infty}a_n$ 收敛.

错解 因级数 $\sum\limits_{n=1}^{\infty}b_n$ 收敛,则由比值判别法知 $\lim\limits_{n\to\infty}\dfrac{b_{n+1}}{b_n} = \rho < 1$. 又因为 $\dfrac{a_{n+1}}{a_n} \leqslant \dfrac{b_{n+1}}{b_n}$,所以 $\lim\limits_{n\to\infty}\dfrac{a_{n+1}}{a_n} \leqslant \lim\limits_{n\to\infty}\dfrac{b_{n+1}}{b_n} = \rho < 1$. 再由比值判别法知,正项级数 $\sum\limits_{n=1}^{\infty}a_n$ 收敛.

分析 比值判别法的逆命题是不成立的,即对于正项级数 $\sum\limits_{n=1}^{\infty}b_n$,若 $\lim\limits_{n\to\infty}\dfrac{b_{n+1}}{b_n}=\rho<1$,则级数 $\sum\limits_{n=1}^{\infty}b_n$ 必收敛. 但级数 $\sum\limits_{n=1}^{\infty}b_n$ 收敛,却未必有极限 $\lim\limits_{n\to\infty}\dfrac{b_{n+1}}{b_n}<1$,因为当极限 $\lim\limits_{n\to\infty}\dfrac{b_{n+1}}{b_n}=1$ 或 $\lim\limits_{n\to\infty}\dfrac{b_{n+1}}{b_n}$ 不存在时,级数 $\sum\limits_{n=1}^{\infty}b_n$ 均可能收敛.

正确解答 因为 $\dfrac{a_{n+1}}{a_n}\leqslant\dfrac{b_{n+1}}{b_n}$,应有

$$\dfrac{a_{n+1}}{b_{n+1}}\leqslant\dfrac{a_n}{b_n}\leqslant\dfrac{a_{n-1}}{b_{n-1}}\leqslant\cdots\leqslant\dfrac{a_1}{b_1}$$

于是
$$a_{n+1}\leqslant\dfrac{a_1}{b_1}b_{n+1}\quad (n=0,1,2,\cdots)$$

由于级数 $\sum\limits_{n=1}^{\infty}b_n$ 收敛,所以级数 $\sum\limits_{n=0}^{\infty}\dfrac{a_1}{b_1}b_{n+1}=\dfrac{a_1}{b_1}\sum\limits_{n=1}^{\infty}b_n$ 为收敛级数. 由正项级数的比较判别法知,级数 $\sum\limits_{n=0}^{\infty}a_{n+1}=\sum\limits_{n=1}^{\infty}a_n$ 收敛.

例 12.5.3 已知任意项级数 $\sum\limits_{n=1}^{\infty}u_n$,试用比值审敛法计算 $\lim\limits_{n\to\infty}\left|\dfrac{u_{n+1}}{u_n}\right|=\rho$,对于 ρ 的不同值关于 $\sum\limits_{n=1}^{\infty}u_n$ 的敛散性可得到什么结论?

错解 当 $\rho<1$ 时,知 $\sum\limits_{n=1}^{\infty}|u_n|$ 绝对收敛;当 $\rho>1$ 时,知 $\sum\limits_{n=1}^{\infty}|u_n|$ 发散,但 $\sum\limits_{n=1}^{\infty}|u_n|$ 的敛散性却无法判断;当 $\rho=1$ 时,知 $\sum\limits_{n=1}^{\infty}|u_n|$ 及 $\sum\limits_{n=1}^{\infty}u_n$ 的敛散性均无法判断.

分析 当 $\rho>1$ 时,由 $\lim\limits_{n\to\infty}\left|\dfrac{u_{n+1}}{u_n}\right|=\rho$, 由极限定义推知 $\exists N$,当 $n>N$ 时,成立

$$\left|\dfrac{u_{n+1}}{u_n}\right|>\rho-\dfrac{1}{2}(\rho-1)=\dfrac{1}{2}(\rho+1)>1$$

即 $|u_{n+1}|>|u_n|,(n>N)$ 由此推知当 $n\to\infty$ 时,$|u_n|\not\to 0$,从而知 $\lim\limits_{n\to\infty}u_n\neq 0$,由级数收敛的必要条件知,$\sum\limits_{n=1}^{\infty}u_n$ 发散.

正确解答 用比值审敛法计算得

$$\lim\limits_{n\to\infty}\left|\dfrac{u_n+1}{u_n}\right|=\rho$$

可以得以下两条结论:

(1) 当 $\rho<1$ 时,级数 $\sum\limits_{n=1}^{\infty}u_n$ 绝对收敛;

(2) 当 $\rho>1$ 时,级数 $\sum\limits_{n=1}^{\infty}u_n$ 发散.

例 12.5.4 若级数 $\sum\limits_{n=1}^{\infty}a_n$ 收敛,判断级数 $\sum\limits_{n=1}^{\infty}a_n^2$ 是否收敛.

错解 已知级数 $\sum\limits_{n=1}^{\infty}a_n$ 收敛,则级数 $\sum\limits_{n=1}^{\infty}a_n^2$ 必定也收敛. 因为 $\sum\limits_{n=1}^{\infty}a_n$ 收敛,则 $\lim\limits_{n\to\infty}a_n=0$,即

a_n 为当 $n\to\infty$ 时的无穷小. 又因为 $\lim\limits_{n\to\infty}\dfrac{a_n^2}{a_n}=\lim\limits_{n\to\infty}a_n=0$,即当 $n\to\infty$ 时, a_n^2 是较 a_n 高阶的无穷小,于是当 n 充分大时,有 $a_n^2<a_n$,故 $\sum\limits_{n=1}^{\infty}a_n^2$ 必收敛.

分析 比较审敛法只适用于正项级数,这里级数 $\sum\limits_{n=1}^{\infty}a_n$ 仅为收敛级数,未必是正项级数,例如, $\sum\limits_{n=1}^{\infty}a_n=\sum\limits_{n=1}^{\infty}\dfrac{(-1)^n}{\sqrt{n}}$ 收敛,但 $\sum\limits_{n=1}^{\infty}a_n^2=\sum\limits_{n=1}^{\infty}\dfrac{1}{n}$ 发散.

正确解答 当 $\sum\limits_{n=1}^{\infty}a_n$ 为正项级数时,由其收敛可得级数 $\sum\limits_{n=1}^{\infty}a_n^2$ 收敛;当 $\sum\limits_{n=1}^{\infty}a_n$ 为非正项级数时,则无法判定.

例 12.5.5 已知两个正项级数 $\sum\limits_{n=1}^{\infty}u_n$ 及 $\sum\limits_{n=1}^{\infty}v_n$,当 $n\geqslant N$ 后,若成立 $\dfrac{u_{n+1}}{u_n}\leqslant\dfrac{v_{n+1}}{v_n}$(当 $n\geqslant N$)

试证当 $\sum\limits_{n=1}^{\infty}v_n$ 收敛时必有 $\sum\limits_{n=1}^{\infty}u_n$ 也收敛.

错证 因为当 $n\geqslant N$ 时,有 $\dfrac{u_{n+1}}{u_n}\leqslant\dfrac{v_{n+1}}{v_n}$

故
$$\lim_{n\to\infty}\dfrac{u_{n+1}}{u_n}\leqslant\lim_{n\to\infty}\dfrac{v_{n+1}}{v_n}$$

又由于 $\sum\limits_{n=1}^{\infty}v_n$ 收敛,由比较审敛法知 $\lim\limits_{n\to\infty}\dfrac{v_{n+1}}{v_n}=\rho_1<1$,从而有
$$\lim_{n\to\infty}\dfrac{u_{n+1}}{u_n}=\rho_2\leqslant\rho_1<1$$

再使用比值审敛法推知 $\sum\limits_{n=1}^{\infty}u_n$ 收敛.

分析 上段证明中有两处基本概念错误:

(1) 仅知 $\dfrac{u_{n+1}}{u_n}\leqslant\dfrac{v_{n+1}}{v_n}$ 不能保证不等式两边当 $n\to\infty$ 时存在极限;

(2) 即使 $\lim\limits_{n\to\infty}\dfrac{v_{n+1}}{v_n}=\rho$ 存在,因为比值审敛法给出的是判断正项级数敛散性的一种充分条件而不是充要条件,当 $\lim\limits_{n\to\infty}\dfrac{v_{n+1}}{v_n}=\rho_1<1$(*)时,可知 $\sum\limits_{n=1}^{\infty}v_n$ 收敛,但若已知 $\sum\limits_{n=1}^{\infty}v_n$ 收敛,并不能推知式(*)成立,因为可能出现 $\rho_1=1$ 或 ρ_1 不存在的情形.

正确证明 因为当 $n\geqslant N$ 后有 $\dfrac{u_{n+1}}{u_n}\leqslant\dfrac{v_{n+1}}{v_n}$,可以推知

$$\dfrac{u_{N+1}}{u_N}\cdot\dfrac{u_{N+2}}{u_{N+1}}\cdots\cdots\dfrac{u_n}{u_{n-1}}\leqslant\dfrac{v_{N+1}}{v_N}\cdot\dfrac{v_{N+2}}{v_{N+1}}\cdots\cdots\dfrac{v_n}{v_{n-1}},$$

即
$$\dfrac{u_n}{u_N}\leqslant\dfrac{v_n}{v_N} \text{ 或 } u_n\leqslant\dfrac{u_N}{v_N}v_n=kv_n \quad \left(k=\dfrac{u_N}{v_N}\right)$$

再由已知条件级数 $\sum\limits_{n=1}^{\infty}v_n$ 收敛及比较审敛法可知级数 $\sum\limits_{n=1}^{\infty}u_n$ 收敛.

例 12.5.6 已知级数
$$\sum_{n=1}^{\infty} u_n = 1 + \frac{-1}{\ln 2} + \frac{1}{3^2} + \frac{-1}{\ln 4} + \frac{1}{5^2} + \frac{-1}{\ln 6} + \cdots$$
判断该级数的敛散性.

错解 考虑级数
$$\sum_{n=1}^{\infty} v_n = 1 + \frac{-1}{2} + \frac{1}{3^2} + \frac{-1}{4} + \frac{1}{5^2} + \frac{-1}{6} + \cdots$$

由交错级数的莱布尼兹审敛法知级数 $\sum_{n=1}^{\infty} v_n$ 收敛,

又因 $u_n \leqslant v_n$,再由比较审敛法知级数 $\sum_{n=1}^{\infty} u_n$ 收敛.

分析 比较审敛法是对正项级数而言的,对任意项级数不能使用.

正确解答
$$s_{2n} = \left(1 + \frac{1}{3^2} + \frac{1}{5^2} + \cdots + \frac{1}{(2n-1)^2}\right) - \left(\frac{1}{\ln 2} + \frac{1}{\ln 4} + \cdots + \frac{1}{\ln(2n)}\right)$$
$$\triangleq s_{2n}^{(1)} - s_{2n}^{(2)}$$

易知 $\lim_{n \to \infty} s_{2n}^{(1)} = s_1$ 为有限数,$\lim_{n \to \infty} s_{2n}^{(2)} = +\infty$,故 $\lim_{n \to \infty} s_{2n} = -\infty$.

又因 $s_{2n+1} = s_{2n} + \frac{1}{(2n+1)^2}$ 则
$$\lim_{n \to \infty} s_{2n+1} = -\infty$$

由级数的敛散性知,级数 $\sum_{n=1}^{\infty} u_n$ 发散.

例 12.5.7 判断级数 $\sum_{n=1}^{\infty} \sqrt[n]{2} \cos(n\pi)$ 的敛散性.

错解 由于
$$\frac{u_{n+1}}{u_n} = \frac{\sqrt[n+1]{2} \cos(n+1)\pi}{\sqrt[n]{2} \cos n\pi} = \frac{\sqrt[n+1]{2}}{\sqrt[n]{2}} \cdot \frac{\cos n\pi \cos \pi - \sin n\pi \sin \pi}{\cos n\pi}$$
$$= \frac{\sqrt[n+1]{2}}{\sqrt[n]{2}} \cdot \cos \pi = (-1) \frac{\sqrt[n+1]{2}}{\sqrt[n]{2}}$$

从而
$$\lim_{n \to \infty} \frac{u_{n+1}}{u_n} = -1 = \rho < 1$$

由比值审敛法知级数 $\sum_{n=1}^{\infty} \sqrt[n]{2} \cos(n\pi)$ 收敛.

分析 比值审敛法的应用对象是正项级数,本题所给级数并非正项级数,实际上是交错级数,所以不能使用比值审敛法.

正确解答 $\lim_{n \to \infty} u_n = \lim_{n \to \infty} \sqrt[n]{2} \cos(n\pi) = \lim_{n \to \infty} \sqrt[n]{2} (-1)^n \neq 0$,由级数收敛的必要条件知,级数 $\sum_{n=1}^{\infty} \sqrt[n]{2} \cos(n\pi)$ 发散.

例 12.5.8 求函数 $y = \frac{x}{1-x}$ 关于 x 的幂级数展开式.

错解
$$y = \frac{x}{1-x} = \frac{1}{\frac{1}{x}-1} = \frac{-1}{1-\frac{1}{x}}$$

由于
$$\sum_{n=0}^{\infty} x^n = \frac{1}{1-x}$$

所以
$$y = \frac{x}{1-x} = -\sum_{n=0}^{\infty} \left(\frac{1}{x}\right)^n = -\sum_{n=0}^{\infty} x^{-n}.$$

分析 幂级数的各项 $a_n x^n$ 中,幂指数均应是自然数,故函数项级数 $-\sum_{n=0}^{\infty} x^{-n}$ 不是关于 x 的幂级数,所以这样的展开式不符合要求.

正确解答 当 $|x|<1$ 时,有
$$\frac{x}{1-x} = x \cdot \frac{1}{1-x} = x(1+x+x^2+\cdots+x^n+\cdots) = \sum_{n=0}^{\infty} x^{n+1} \quad (-1<x<1).$$

例 12.5.9 已知级数
$$\cos\pi - \cos 2\pi + \cos\frac{\pi}{2} - \cos\frac{2\pi}{2} + \cos\frac{\pi}{3} - \cos\frac{2\pi}{3} + \cdots$$
判断该级数的敛散性.

错解 将级数的每两项加上括号,级数的一般项可以记为
$$u_n = \cos\frac{\pi}{n} - \cos\frac{2\pi}{n}$$

又有
$$u_n = 2\sin\frac{3\pi}{2n} \cdot \sin\frac{\pi}{2n} \leqslant 2 \cdot \frac{3\pi}{2n} \cdot \frac{\pi}{2n} = \frac{3\pi^2}{2} \cdot \frac{1}{n^2}$$

由 p-级数的敛散性讨论及正项级数的比较审敛法知,级数 $\sum_{n=1}^{\infty} u_n$ 收敛,从而知原级数亦收敛.

分析 关于任意项级数加括号问题有以下基本性质:

收敛级数加括号后所成级数仍收敛,但加括号后所成级数收敛并不能推断原来的级数是否收敛.

本题正好给出了这样的例子,加括号后所成级数是收敛的,而原级数却发散.

正确解答 由于
$$\lim_{n\to\infty}\cos\frac{\pi}{n} = 1, \quad \lim_{n\to\infty}\cos\frac{2\pi}{n} = 1$$
故原级数的一般项不趋于零(当 $n\to\infty$),该级数是发散的.

12.6 考研真题选解

例 12.6.1 设函数 $f(x)$ 在点 $x=0$ 的某一邻域内具有二阶连续导数,且 $\lim_{x\to 0}\frac{f(x)}{x} = 0$,证明级数 $\sum_{n=1}^{\infty} f\left(\frac{1}{n}\right)$ 绝对收敛.

(1994 年考研数学试题)

分析 题设条件函数 $f(x)$ 二阶可导,自然想到利用二阶泰勒展开公式,而 $\lim_{x\to 0}\frac{f(x)}{x} = 0$ 的隐含条件为 $\lim_{x\to 0}\frac{f(x)}{x} = 0 \Leftrightarrow f(0) = 0, f'(0) = 0.$

解 由题设 $\lim\limits_{x\to 0}\dfrac{f(x)}{x}=0$ 知,$f(0)=0$,$f'(0)=0$. 将函数 $f(x)$ 在 $x=0$ 处展开为二阶泰勒公式.

$$f(x)=f(0)+f'(0)x+\frac{1}{2!}f''(\theta x)x^2=\frac{1}{2}f''(\theta x)x^2 \quad (0<\theta<1).$$

再由题设知,$f''(x)$ 在包含原点的某一小闭区间上连续,因此存在 $M>0$,使 $|f''(\theta x)|\leqslant M$,于是 $|f(x)|\leqslant \dfrac{M}{2}x^2$. 令 $x=\dfrac{1}{n}$,当 n 充分大时,有

$$\left|f\left(\frac{1}{n}\right)\right|\leqslant \frac{M}{2}\cdot\frac{1}{n^2}$$

因为 $\sum\limits_{n=1}^{\infty}\dfrac{1}{n^2}$ 收敛,所以级数 $\sum\limits_{n=1}^{\infty}f\left(\dfrac{1}{n}\right)$ 绝对收敛.

注意 一般地,若函数 $f(x)$ 在点 $x=x_0$ 处二阶可导,则 $\lim\limits_{x\to x_0}\dfrac{f(x)}{x-x_0}=0 \Leftrightarrow f(x_0)=0$,$f'(x_0)=0$.

例 12.6.2 设 $a_1=2$,$a_{n+1}=\dfrac{1}{2}\left(a_n+\dfrac{1}{a_n}\right)(n=1,2,\cdots)$,证明:

(1) $\lim\limits_{n\to\infty}a_n$ 存在; (2) 级数 $\sum\limits_{n=1}^{\infty}\left(\dfrac{a_n}{a_{n+1}}-1\right)$ 收敛. (1997 年考研数学试题)

分析 (1) 由递推公式给出的数列,一般考虑用单调有界数列必有极限证明;(2) 可以考虑用正项级数的比较法、比值法等进行判断.

解 (1) 因为

$$a_{n+1}-a_n=\frac{1}{2}\left(a_n+\frac{1}{a_n}\right)-a_n=\frac{1-a_n^2}{2a_n}$$

而

$$a_{n+1}=\frac{1}{2}\left(a_n+\frac{1}{a_n}\right)\geqslant\sqrt{a_n\cdot\frac{1}{a_n}}=1$$

于是有 $a_{n+1}-a_n\leqslant 0$,故数列 $\{a_n\}$ 单调减少有下界,所以 $\lim\limits_{n\to\infty}a_n$ 存在.

(2) **解法 1** 由(1)知,$0\leqslant\dfrac{a_n}{a_{n+1}}-1=\dfrac{a_n-a_{n+1}}{a_{n+1}}\leqslant a_n-a_{n+1}$. 由于级数 $\sum\limits_{n=1}^{\infty}(a_n-a_{n+1})$ 的部分和函数为

$$s_n=\sum_{k=1}^{\infty}(a_k-a_{k+1})=a_1-a_{n+1}$$

所以 $\lim\limits_{n\to\infty}s_n$ 存在. 可见,级数 $\sum\limits_{n=1}^{\infty}(a_n-a_{n+1})$ 收敛.

由比较判别法知,级数 $\sum\limits_{n=1}^{\infty}\left(\dfrac{a_n}{a_{n+1}}-1\right)$ 也收敛.

解法 2 由于 $\lim a_n$ 存在,以及 $a_{n+1}=\dfrac{1}{2}\left(a_n+\dfrac{1}{a_n}\right)$,得 $\lim\limits_{n\to\infty}a_n=1$.

令 $b_n=\dfrac{a_n}{a_{n+1}}-1$,利用递推公式,有

$$\rho=\lim_{n\to\infty}\frac{b_{n+1}}{b_n}=\lim_{n\to\infty}\frac{1}{4}\cdot\frac{a_n^2+1}{a_{n+1}^2+1}\cdot\frac{a_n^2-1}{a_n^2}=0<1$$

由比值判别法知,级数 $\sum\limits_{n=1}^{\infty}\left(\dfrac{a_n}{a_{n+1}}-1\right)$ 收敛.

注意 在确定数列的有界性时,往往可以由 $a_{n+1}-a_n$ 定号进行反推,本题由 $a_{n+1}-a_n = \dfrac{1-a_n^2}{2a_n}$ 提示我们证明 $a_n \leqslant 1$ 或 $a_n \geqslant 1$ 即可.

例 12.6.3 设正项数列 $\{a_n\}$ 单调减少,且 $\sum\limits_{n=1}^{\infty}(-1)^n a_n$ 发散.试问级数 $\sum\limits_{n=1}^{\infty}\left(\dfrac{1}{a_n+1}\right)^n$ 是否收敛?并说明其理由.

(1998 年考研数学试题)

分析 根据单调有界数列必有极限知,极限 $\lim\limits_{n\to\infty} a_n = a$ 存在,而正项级数 $\sum\limits_{n=1}^{\infty}\left(\dfrac{1}{a_n+1}\right)^n$ 的敛散性可以用比较法、比值法或根值法等进行判定,这样一来问题的关键转化为判断 a 是否大于零,而这一点可以通过 $\sum\limits_{n=1}^{\infty}(-1)^n a_n$ 发散确定 $a>0$.

解法 1 由正项数列 $\{a_n\}$ 单调减少知,极限 $\lim\limits_{n\to\infty} a_n$ 存在,记为 a,则 $a_n \geqslant a$,且 $a \geqslant 0$.

又 $\sum\limits_{n=1}^{\infty}(-1)^n a_n$ 发散,由莱布尼兹判别法知,必有 $a > 0$(否则 $\sum\limits_{n=1}^{\infty}(-1)^n a_n$ 收敛).

又正项数列 $\{a_n\}$ 单调减少,有

$$\left(\dfrac{1}{a_n+1}\right)^n \leqslant \left(\dfrac{1}{a+1}\right)^n$$

而 $\dfrac{1}{a+1} < 1$,所以级数 $\sum\limits_{n=1}^{\infty}\left(\dfrac{1}{a+1}\right)^n$ 收敛.

根据比较判别法知,级数 $\sum\limits_{n=1}^{\infty}\left(\dfrac{1}{a_n+1}\right)^n$ 也收敛.

解法 2 同解法 1,可证明 $\lim\limits_{n\to\infty} a_n = a > 0$.

令 $b_n = \left(\dfrac{1}{a_n+1}\right)^n$,则

$$\lim_{n\to\infty} \sqrt[n]{b_n} = \lim_{n\to\infty} \dfrac{1}{a_n+1} = \dfrac{1}{a+1} < 1.$$

根据根值判别法知,级数 $\sum\limits_{n=1}^{\infty}\left(\dfrac{1}{a_n+1}\right)^n$ 收敛.

例 12.6.4 求幂级数 $\sum\limits_{n=1}^{\infty} \dfrac{1}{3^n+(-2)^n} \cdot \dfrac{x^n}{n}$ 的收敛区间,并讨论该区间端点处的收敛性.

(2000 年考研数学试题)

分析 求出收敛半径后即可得收敛区间,难点在于区间端点处收敛性的讨论,并注意利用级数的性质进行判定.

解 因为

$$\lim_{n\to\infty}\left|\dfrac{a_{n+1}}{a_n}\right| = \lim_{n\to\infty}\dfrac{[3^n+(-2)^n]n}{[3^{n+1}+(-2)^{n+1}](n+1)}$$

$$= \lim_{n\to\infty}\dfrac{\left[1+\left(-\dfrac{2}{3}\right)^n\right]n}{3\left[1+\left(-\dfrac{2}{3}\right)^{n+1}\right](n+1)} = \dfrac{1}{3}$$

所以收敛半径为 $R=3$,相应的收敛区间为 $(-3,3)$.

当 $x=3$ 时,因为 $\dfrac{3^n}{3^n+(-2)^n}\cdot\dfrac{1}{n} > \dfrac{1}{2n}$,且 $\sum\limits_{n=1}^{\infty}\dfrac{1}{n}$ 发散,所以原级数在点 $x=3$ 处发散.

当 $x=-3$ 时，由于

$$\frac{(-3)^n}{3^n+(-2)^n} \cdot \frac{1}{n} = (-1)^n \cdot \frac{1}{n} - \frac{2^n}{3^n+(-2)^n} \cdot \frac{1}{n}$$

且 $\sum_{n=1}^{\infty} \frac{(-1)^n}{n}$ 与 $\sum_{n=1}^{\infty} \frac{2^n}{3^n+(-2)^n} \cdot \frac{1}{n}$ 都收敛，所以原级数在点 $x=-3$ 处收敛.

注意 当 $x=-3$ 时，无穷级数 $\sum_{n=1}^{\infty} \frac{(-3)^n}{3^n+(-2)^n} \cdot \frac{1}{n}$ 是交错级数，但不满足莱布尼兹判别法中的两个条件. 本题将该级数转化为两个简单级数的代数和，然后利用无穷级数的运算性质进行判断，这种处理技巧值得注意.

例 12.6.5 将函数 $f(x) = \arctan \frac{1-2x}{1+2x}$ 展开成 x 的幂级数，并求级数 $\sum_{n=0}^{\infty} \frac{(-1)^n}{2n+1}$ 的和.

(2003 年考研数学试题)

分析 幂级数展开有直接法和间接法，一般考虑采用间接法展开，即通过适当的恒等变形，求导或积分等方法，将问题转化为可以利用已知幂级数展开的情形.

解 因为

$$f'(x) = -\frac{2}{1+4x^2} = -2\sum_{n=0}^{\infty}(-1)^n 4^n x^{2n}, \quad x \in \left(-\frac{1}{2}, \frac{1}{2}\right)$$

又 $f(0) = \frac{\pi}{4}$，所以

$$f(x) = f(0) + \int_0^x f'(t)\,dt = \frac{\pi}{4} - 2\int_0^x \left[\sum_{n=0}^{\infty}(-1)^n 4^n t^{2n}\right]dt$$

$$= \frac{\pi}{4} - 2\sum_{n=0}^{\infty} \frac{(-1)^n 4^n}{2n+1} \cdot x^{2n+1}, \quad x \in \left(-\frac{1}{2}, \frac{1}{2}\right)$$

因为级数 $\sum_{n=0}^{\infty} \frac{(-1)^n}{2n+1}$ 收敛，函数 $f(x)$ 在 $x=\frac{1}{2}$ 处连续，所以

$$f(x) = \frac{\pi}{4} - 2\sum_{n=0}^{\infty} \frac{(-1)^n \cdot 4^n}{2n+1} x^{2n+1}, \quad x \in \left(-\frac{1}{2}, \frac{1}{2}\right]$$

令 $x = \frac{1}{2}$，得

$$f\left(\frac{1}{2}\right) = \frac{\pi}{4} - 2\sum_{n=0}^{\infty}\left[\frac{(-1)^n \cdot 4^n}{2n+1} \cdot \frac{1}{2^{2n+1}}\right] = \frac{\pi}{4} - \sum_{n=0}^{\infty} \frac{(-1)^n}{2n+1}$$

再由 $f\left(\frac{1}{2}\right) = 0$，得

$$\sum_{n=0}^{\infty} \frac{(-1)^n}{2n+1} = \frac{\pi}{4} - f\left(\frac{1}{2}\right) = \frac{\pi}{4}.$$

注意 一个函数的幂级数展开式在其收敛区间（开区间）内可以逐项求导、逐项积分，但应注意在端点处逐项积分后，原级数是不收敛的可能变成收敛，因此应对端点处的敛散性进行讨论.

例 12.6.6 求幂级数 $\sum_{n=1}^{\infty} \frac{(-1)^{n-1} x^{2n+1}}{n(2n-1)}$ 的收敛域及和函数 $s(x)$.

(2006 年考研数学试题)

分析 因为幂级数缺项,所以可以按函数项级数收敛域的方法计算. 利用逐项求导或逐项积分并结合已知函数的幂级数展开式计算和函数.

解 记 $u_n(x) = \dfrac{(-1)^{n-1} x^{2n+1}}{n(2n-1)}$,则

$$\lim_{n\to\infty} \left| \dfrac{u_{n+1}(x)}{u_n(x)} \right| = \lim_{n\to\infty} \left| \dfrac{\dfrac{(-1)^n x^{2n+3}}{(n+1)(2n+1)}}{\dfrac{(-1)^n x^{2n+1}}{n(2n-1)}} \right| = |x|^2$$

所以当 $|x|^2 < 1$,即 $|x| < 1$ 时,所给幂级数收敛;当 $|x|^2 > 1$,即 $|x| > 1$ 时,所给幂级数发散.

当 $x = \pm 1$ 时,所给幂级数为 $\dfrac{(-1)^{n-1}}{n(2n-1)}, \dfrac{(-1)^n}{n(2n-1)}$ 均收敛.

故所给幂级数的收敛域为 $[-1, 1]$.

在 $[-1, 1]$ 内,$s(x) = \sum_{n=1}^{\infty} \dfrac{(-1)^{n-1} x^{2n+1}}{n(2n-1)} = 2 \sum_{n=1}^{\infty} \dfrac{(-1)^{n-1} x^{2n}}{(2n-1) \cdot 2n} = 2 s_1(x)$

而 $s_1'(x) = \sum_{n=1}^{\infty} \dfrac{(-1)^{n-1} x^{2n-1}}{2n-1}, \quad s_1''(x) = \sum_{n=1}^{\infty} (-1)^{n-1} x^{2n-2} = \dfrac{1}{1+x^2}$

所以 $s_1'(x) = \int_0^x s_1''(t) dt = \int_0^x \dfrac{1}{1+t^2} dt = \arctan x$

$s_1(x) = \int_0^x s_1'(t) dt = \int_0^x \arctan t \, dt = x \arctan x - \dfrac{1}{2} \ln(1+x^2)$

则 $s(x) = 2x^2 - x \ln(1+x^2), \quad x \in [-1, 1]$.

例 12.6.7 设函数 $f(x) = 1 - x^2$,用余弦级数展开,并求级数 $\sum_{n=1}^{\infty} \dfrac{(-1)^{n+1}}{n^2}$ 的和.

(2008 年考研数学试题)

解 由于 $f(x)$ 为偶函数,则 $b_n = 0 \quad (n = 1, 2, \cdots)$.

$$a_0 = \dfrac{2}{\pi} \int_0^{\pi} (1 - x^2) dx = 2 \left(1 - \dfrac{\pi^2}{3}\right)$$

$$a_n = \dfrac{2}{\pi} \int_0^{\pi} f(x) \cos nx \, dx = \dfrac{2}{\pi} \left(\int_0^{\pi} \cos nx \, dx - \int_0^{\pi} x^2 \cos nx \, dx \right)$$

$$= \dfrac{2}{\pi} \left(0 - \int_0^{\pi} x^2 \cos nx \, dx \right)$$

$$= \dfrac{-2}{\pi} \left(\dfrac{x^2 \sin nx}{n} \bigg|_0^{\pi} - \int_0^{\pi} \dfrac{2x \sin nx}{n} dx \right)$$

$$= \dfrac{2}{\pi} \cdot \dfrac{2\pi \cdot (-1)^n}{n^2} = \dfrac{4 \cdot (-1)^n}{n^2} \quad (n = 1, 2, \cdots)$$

所以 $1 - x^2 = \dfrac{a_0}{2} + \sum_{n=1}^{\infty} a_n \cos nx = 1 - \dfrac{\pi^2}{3} + \sum_{n=1}^{\infty} \dfrac{4(-1)^n}{n^2} \cos nx$.

取 $x = 0$,得 $1 = 1 - \dfrac{\pi^2}{3} + \sum_{n=1}^{\infty} \dfrac{4 \cdot (-1)^n}{n^2}$,所以

$$\sum_{n=1}^{\infty} \dfrac{(-1)^n}{n^2} = \dfrac{\pi^2}{12}, \quad \sum_{n=1}^{\infty} \dfrac{(-1)^{n+1}}{n^2} = -\dfrac{\pi^2}{12}$$

例 12.6.8 设函数 $f(x)$ 在区间 $(-\infty,+\infty)$ 内单调有界，$\{x_n\}$ 为数列，下列命题正确的是（　　）.　　　　　　　　　　　　　　　　　　　　　　　　（2008 年考研数学试题）

(A) 若 $\{x_n\}$ 收敛，则 $\{f(x_n)\}$ 收敛　　　　(B) 若 $\{x_n\}$ 单调，则 $\{f(x_n)\}$ 收敛

(C) 若 $\{f(x_n)\}$ 收敛，则 $\{x_n\}$ 收敛　　　　(D) 若 $\{f(x_n)\}$ 单调，则 $\{x_n\}$ 收敛

解 应选(B).

因为函数 $f(x)$ 在区间 $(-\infty,+\infty)$ 内单调有界，且 $\{x_n\}$ 单调. 所以 $\{f(x_n)\}$ 单调且有界. 故 $\{f(x_n)\}$ 一定存在极限.

例 12.6.9 设 a_n 为曲线 $y=x^n$ 与 $y=x^{n+1}(n=1,2,\cdots)$ 所围成区域的面积，记 $s_1=\sum\limits_{n=1}^{\infty}a_n$，$s_2=\sum\limits_{n=1}^{\infty}a_{2n-1}$，求 s_1 与 s_2 的值.　　　　　　　　　　　　（2009 年考研数学试题）

解 由题意知，$y=x^n$ 与 $y=x^{n+1}$ 在点 $x=0$ 和 $x=1$ 处相交，所以

$$a_n=\int_0^1(x^n-x^{n+1})\mathrm{d}x=\frac{1}{n+1}-\frac{1}{n+2}$$

从而　　$s_1=\sum\limits_{n=1}^{\infty}a_n=\lim\limits_{N\to\infty}\sum\limits_{n=1}^{N}a_n=\lim\limits_{N\to\infty}\left(\frac{1}{2}-\frac{1}{3}+\cdots+\frac{1}{N+1}-\frac{1}{N+2}\right)$

$$=\lim_{N\to\infty}\left(\frac{1}{2}-\frac{1}{N+2}\right)=\frac{1}{2}$$

$$s_2=\sum_{n=1}^{\infty}a_{2n-1}=\sum_{n=1}^{\infty}\left(\frac{1}{2n}-\frac{1}{2n+1}\right)=\frac{1}{2}-\frac{1}{3}+\frac{1}{4}-\frac{1}{5}+\frac{1}{6}-\frac{1}{7}+\cdots$$

由于 $\ln(1+x)=x-\frac{1}{2}x^2+\cdots+(-1)^{n-1}\frac{x^n}{n}+\cdots$，取 $x=1$，得

$$\ln 2=1-\left(\frac{1}{2}-\frac{1}{3}+\frac{1}{4}-\cdots\right),$$

所以 $s_2=1-\ln 2$.

例 12.6.10 求幂级数 $\sum\limits_{n=1}^{\infty}\frac{(-1)^{n-1}}{2n-1}x^{2n}$ 的收敛域及和函数.　　（2010 年考研数学试题）

解 （1）令

$$\lim_{n\to\infty}\left|\frac{\frac{(-1)^{(n+1)-1}}{2(n+1)-1}x^{2(n+1)}}{\frac{(-1)^{n-1}}{2n-1}x^{2n}}\right|=\lim_{n\to\infty}\left|\frac{2n-1}{2n+1}x^2\right|=x^2<1$$

所以当 $-1<x<1$ 时级数收敛.

当 $x=\pm 1$ 时，$\sum\limits_{n=1}^{\infty}\frac{(-1)^{n-1}}{2n-1}x^{2n}=\sum\limits_{n=1}^{\infty}\frac{(-1)^{n-1}}{2n-1}$，由莱布尼兹判别法知，该级数收敛，故原级数的收敛域为 $[-1,1]$.

（2）设　　$s(x)=\sum\limits_{n=1}^{\infty}\frac{(-1)^{n-1}}{2n-1}x^{2n}=x\left(\sum\limits_{n=1}^{\infty}\frac{(-1)^{n-1}}{2n-1}x^{2n-1}\right)=xs_1(x)$

所以　　$s_1'(x)=\sum\limits_{n=1}^{\infty}(-1)^{n-1}x^{2n-2}=\sum\limits_{n=1}^{\infty}(-x^2)^{n-1}=\frac{1}{1+x^2}$，$x\in(-1,1)$

则　　$s_1(x)=\int_0^x\frac{1}{1+t^2}\mathrm{d}t=\arctan x$，$x\in(-1,1)$.

又因 $s_1(x)$ 在 $x=-1,1$ 是连续的，所以 $s(x)$ 在收敛域 $[-1,1]$ 上是连续的.

综上所述，$s(x) = x\arctan x, x \in [-1,1]$，即原幂级数的和函数为 $x\arctan x, x \in [-1,1]$.

例 12.6.11 （1）证明：对任意的正整数 n，都有 $\dfrac{1}{n+1} < \ln\left(1+\dfrac{1}{n}\right) < \dfrac{1}{n}$ 成立.

（2）设 $a_n = 1 + \dfrac{1}{2} + \cdots + \dfrac{1}{n} - \ln n (n=1,2,\cdots)$，证明数列 $\{a_n\}$ 收敛.

(2011 年考研数学试题)

解 （1）$f(x) = \ln(1+x)$ 在 $\left[0, \dfrac{1}{n}\right]$ 应用中值定理，则

$$\ln\left(1+\dfrac{1}{n}\right) = \ln\left(1+\dfrac{1}{n}\right) - \ln 1 = \dfrac{1}{1+\xi}\dfrac{1}{n} \quad 0 < \xi < \dfrac{1}{n},$$

$$\dfrac{1}{1+\dfrac{1}{n}}\dfrac{1}{1+\xi} < 1, \text{即} \dfrac{1}{1+\dfrac{1}{n}}\dfrac{1}{n} < \ln\left(1+\dfrac{1}{n}\right) < \dfrac{1}{n}$$

（2）
$$a_{n+1} = 1 + 1/2 + \cdots + \dfrac{1}{n+1} - \ln(n+1)$$

$$a_{n+1} - a_n = \dfrac{1}{n+1} - \ln(n+1) + \ln n = \dfrac{1}{n+1} - \dfrac{1}{\xi}, \quad n < \xi < n+1$$

其中 $a_{n+1} - a_n < 0, a_{n+1} < a_n$ 即 $\{a_n\}$ 单调递减

$$a_n = 1 + \dfrac{1}{2} + \cdots + \dfrac{1}{n} > \ln\left(1+\dfrac{1}{1}\right) + \left(1+\dfrac{1}{2}\right) + \cdots + \ln\left(1+\dfrac{1}{n}\right) - \ln n$$

$$= \ln 2 - \ln\dfrac{3}{2} + \cdots + \ln\dfrac{n+1}{n} - \ln n$$

$$= \ln(n+1) - \ln n = \ln\dfrac{n+1}{n} > 0$$

故 $\{a_n\}$ 单调递减有界，故收敛.

例 12.6.12 设 $a_n > 0 (n=1,2,3,\cdots), s_n = a_1 + a_2 + a_3 + \cdots + a_n$，则数列 $\{s_n\}$ 有界是数列 $\{a_n\}$ 收敛的（　）.

(2012 年考研数学试题)

(A) 充分必要条件　　　　(B) 充分非必要条件
(C) 必要非充分条件　　　(D) 非充分也非必要

解 由于 $a_n > 0, \{s_n\}$ 是单调递增的，可知当数列 $\{s_n\}$ 有界时，$\{s_n\}$ 收敛，亦即 $\lim\limits_{n\to\infty} s_n$ 是存在的，此时有 $\lim\limits_{n\to\infty} a_n = \lim\limits_{n\to\infty}(s_n - s_{n-1}) = \lim\limits_{n\to\infty} s_n - \lim\limits_{n\to\infty} s_{n-1} = 0$，亦即 $\{a_n\}$ 收敛.

反之，$\{a_n\}$ 收敛，$\{s_n\}$ 却不一定有界，例如令 $a_n = 1$，显然有 $\{a_n\}$ 收敛，但 $s_n = n$ 是无界的. 故数列 $\{s_n\}$ 有界是数列 $\{a_n\}$ 收敛的充分非必要条件，选(B).

例 12.6.13 求幂级数 $\sum\limits_{n=0}^{\infty} \dfrac{4n^2+4n+3}{2n+1} x^{2n}$ 的收敛域及和函数.

(2012 年考研数学试题)

分析与求解 （1）先求收敛域. 这是缺项幂级数(有无穷多项系数为 0).

解法 1 令 $t = x^2$，原级数变成 $\sum\limits_{n=0}^{\infty} \dfrac{4n^2+4n+3}{2n+1} t^n \xlongequal{\text{记}} \sum\limits_{n=0}^{\infty} a_n t^n$. 由

$$\lim_{n\to\infty}\left|\frac{a_{n+1}}{a_n}\right|=\lim_{n\to\infty}\left[\frac{\dfrac{4(n+1)^2+4(n+1)+3}{2(n+1)+1}}{\dfrac{4n^2+4n+3}{2n+1}}\right]$$

$$=\lim_{n\to\infty}\left[\frac{4(n+1)^2+4(n+1)+3}{4n^2+4n+3}\cdot\frac{2n+1}{2n+3}\right]=1.$$

故收敛半径 $R=1$. 回到原幂级数, 其收敛半径 $R=1$.

解法 2 $\sum_{n=1}^{\infty}\dfrac{4n^2+4n+3}{2n+1}x^{2n}\xlongequal{\text{记}}\sum_{n=1}^{\infty}u_n(x)$. 与解法 1 类似可求得

$$\lim_{n\to\infty}\left|\frac{u_{n+1}(x)}{u_n(x)}\right|=x^2.$$

当 $x^2<1$ 即 $|x|<1$ 时, 幂级数收敛, 当 $|x|>1$ 时幂级数发散, 所以收敛半径 $R=1$. 收敛区间为 $(-1,1)$.

当 $x=\pm 1$ 时原幂级数发散(一般项为无穷大量), 因此收敛域为 $(-1,1)$.

(2) 求和函数. 先作分解

$$s(x)=\sum_{n=0}^{\infty}\frac{4n^2+4n+3}{2n+1}x^{2n}=\sum_{n=0}^{\infty}\frac{(2n+1)^2+2}{2n+1}x^{2n}$$

$$=\sum_{n=0}^{\infty}(2n+1)x^{2n}+\sum_{n=0}^{\infty}\frac{2}{2n+1}x^{2n}.$$

分别求 $s_1(x)=\sum_{n=0}^{\infty}(2n+1)x^{2n}$ 与 $S_2(x)=\sum_{n=0}^{\infty}\dfrac{2}{2n+1}x^{2n}$.

$$s_1(x)=\sum_{n=0}^{\infty}(x^{2n+1})'=\left(\sum_{n=0}^{\infty}x^{2n+1}\right)'=\left(\frac{x}{1-x^2}\right)'=\frac{1+x^2}{(1-x^2)^2}(|x|<1).$$

由 $\quad xs_2(x)=2\sum_{n=0}^{\infty}\dfrac{x^{2n+1}}{2n+1}$

$\Rightarrow \quad [xs_2(x)]'=2\sum_{n=0}^{\infty}x^{2n}=\dfrac{2}{1-x^2}$

$\Rightarrow \quad xs_2(x)=\int_0^x\dfrac{2}{1-t^2}\mathrm{d}t=\int_0^x\left(\dfrac{1}{1+t}+\dfrac{1}{1-t}\right)\mathrm{d}t=\ln\left|\dfrac{1+t}{1-t}\right|\bigg|_0^x=\ln\left|\dfrac{1+x}{1-x}\right|$

$\Rightarrow \quad s_2(x)=\dfrac{1}{x}\ln\left|\dfrac{1+x}{1-x}\right|=\dfrac{1}{x}\ln\dfrac{1+x}{1-x}\quad(x\neq 0,|x|<1),$

$s_2(0)=2.$

又 $s_1(0)=1$, 因此

$$s(x)=s_1(x)+s_2(x)=\begin{cases}\dfrac{1+x^2}{(1-x^2)^2}+\dfrac{1}{x}\ln\dfrac{1+x}{1-x}, & |x|<1,x\neq 0\\ 3, & x=0\end{cases}.$$

评注 ① 由逐项积分或逐项求导保持收敛半径不变, 不必先求收敛半径就可知

$$\sum_{n=0}^{\infty}(2n+1)x^{2n} \text{ 与 } \sum_{n=0}^{\infty}\frac{2}{2n+1}x^{2n}$$

的收敛半径均为 1, 它们相等, 所以不能保证

$$\sum_{n=0}^{\infty}(2n+1)x^{2n}+\sum_{n=0}^{\infty}\frac{2}{2n+1}x^{2n}=\sum_{n=0}^{\infty}\left[(2n+1)+\frac{2}{2n+1}\right]x^{2n}$$

的收敛半径也是 1.因此先求收敛域是必要的步骤.

② 该级数在 $x=0$ 处的和要单独求解.

例 12.6.14 设 $f(x)=\left|x-\dfrac{1}{2}\right|, b_n=2\displaystyle\int_0^1 f(x)\sin n\pi x \mathrm{d}x(n=1,2,\cdots)$. 令 $s(x)=\displaystyle\sum_{n=1}^{\infty}b_n\sin n\pi x$, 则 $s\left(-\dfrac{9}{4}\right)=(\quad)$.

(2013 年考研数学试题)

(A) $\dfrac{3}{4}$ (B) $\dfrac{1}{4}$ (C) $-\dfrac{1}{4}$ (D) $-\dfrac{3}{4}$

分析 由于 $s(x)=\displaystyle\sum_{n=1}^{\infty}b_n\sin n\pi x$ 以 2 为周期且为奇函数,所以

$$s\left(-\dfrac{9}{4}\right)=s\left(-\dfrac{9}{4}+2\right)=s\left(-\dfrac{1}{4}\right)=-s\left(\dfrac{1}{4}\right)=-f\left(\dfrac{1}{4}\right)=-\left|\dfrac{1}{4}-\dfrac{1}{2}\right|=-\dfrac{1}{4}.$$

故选(C).

评注 实际上只给出 $f(x)$ 在 $[0,1]$ 上的表达式,要求的是 $x=-\dfrac{9}{4}$ 时傅里叶级数的和,不仅要利用 $s(x)$ 的奇偶性,还要用 $s(x)$ 的周期性,把求 $s\left(-\dfrac{9}{4}\right)$ 转化为求 $s\left(\dfrac{1}{4}\right)$, $\dfrac{1}{4}$ 是 $[-1,1]$ 内部的点且是 $f(x)$ 的连续点.

例 12.6.15 设数列 $\{a_n\}$ 满足条件: $a_0=3, a_1=1, a_{n-2}-n(n-1)a_n=0(n\geqslant 2), s(x)$ 是幂级数 $\displaystyle\sum_{n=0}^{\infty}a_n x^n$ 的和函数.

(1) 证明: $s''(x)-s(x)=0$;

(2) 求 $s(x)$ 的表达式.

(2013 年考研数学试题)

分析与求解 (1) $s(x)=\displaystyle\sum_{n=0}^{\infty}a_n x^n$, 逐项求导得

$$s'(x)=\sum_{n=1}^{\infty}na_n x^{n-1},$$
$$s''(x)=\sum_{n=2}^{\infty}n(n-1)a_n x^{n-2}. \qquad ①$$

将 $s(x)$ 的表达式改写为

$$s(x)=\sum_{n=0}^{\infty}a_n x^n \xrightarrow{n=m-2} \sum_{n=2}^{\infty}a_{m-2}x^{m-2}=\sum_{n=2}^{\infty}a_{n-2}x^{n-2}, \qquad ②$$

再将式①,式② 相减得

$$s''(x)-s(x)=\sum_{n=2}^{\infty}[n(n-1)a_n-a_{n-2}]x^{n-2}=0.$$

(2) 注意 $s(0)=a_0=3, s'(0)=a_1=1$,求和函数归结为求解初值问题

$$\begin{cases} s''(x)-s(x)=0 \\ s(0)=3, s'(0)=1 \end{cases}$$

特征方程 $\lambda^2-1=0$,特征根 $\lambda=\pm 1$,于是方程的通解为 $s(x)=C_1\mathrm{e}^x+C_2\mathrm{e}^{-x}$,再由初值定出 $C_1=2, C_2=1$,因此 $s(x)=2\mathrm{e}^x+\mathrm{e}^{-x}$.

12.7 自测题

1. 选择题

(1) 对于正项级数 $\sum\limits_{n=1}^{\infty} a_n$，则 $\lim\limits_{n\to 0} \dfrac{a_{n+1}}{a_n} = q < 1$，是该正项级数收敛的（   ）.

    (A) 充分条件，但非必要条件   (B) 必要条件，但非充分条件

    (C) 充分必要条件   (D) 既非充分条件，又非必要条件

(2) 若级数 $\sum\limits_{n=1}^{\infty} a_n$ 发散，级数 $\sum\limits_{n=1}^{\infty} b_n$ 收敛，则（   ）.

    (A) $\sum\limits_{n=1}^{\infty} (a_n + b_n)$ 发散   (B) $\sum\limits_{n=1}^{\infty} a_n b_n$ 发散

    (C) $\sum\limits_{n=1}^{\infty} (a_n + b_n)$ 既可能发散，也可能收敛

    (D) $\sum\limits_{n=1}^{\infty} (a_n^2 + b_n^2)$ 发散

(3) 设 $u_n \geqslant 0, v_n > 0$，且 $\lim\limits_{n\to\infty} \dfrac{u_n}{v_n} = 0$，则（   ）.

    (A) 若 $\sum\limits_{n=1}^{\infty} v_n$ 收敛，则 $\sum\limits_{n=1}^{\infty} u_n$ 收敛   (B) 若 $\sum\limits_{n=1}^{\infty} v_n$ 收敛，则 $\sum\limits_{n=1}^{\infty} u_n$ 发散

    (C) 若 $\sum\limits_{n=1}^{\infty} v_n$ 发散，则 $\sum\limits_{n=1}^{\infty} u_n$ 发散   (D) 若 $\sum\limits_{n=1}^{\infty} v_n$ 发散，则 $\sum\limits_{n=1}^{\infty} u_n$ 收敛

(4) 若级数 $\sum\limits_{n=1}^{\infty} a_n(x+2)^n$ 在 $x = -4$ 处是收敛的，则该级数在 $x = 1$ 处（   ）.

    (A) 发散   (B) 条件收敛

    (C) 绝对收敛   (D) 敛散性不能确定

(5) 级数 $\sum\limits_{n=1}^{\infty} \dfrac{x^n}{n}$ 在 $|x| < 1$ 的和函数是（   ）.

    (A) $\ln(1-x)$ (B) $\ln \dfrac{1}{1-x}$

    (C) $\ln(x-1)$ (D) $-\ln(x-1)$

2. 填空题

(1) 已知级数 $\sum\limits_{n=1}^{\infty} u_n = s$，则级数 $\sum\limits_{n=1}^{\infty} (u_n + u_{n+1})$ 的和是 _____.

(2) 级数 $\sum\limits_{n=1}^{\infty} \dfrac{x^n}{n!}$ 的收敛半径 $R = $ _____，收敛区间为 _____.

(3) 级数 $\sum\limits_{n=1}^{\infty} \dfrac{(x-1)^n}{2n}$ 的收敛区间为 _____.

(4) 级数 $\dfrac{1}{1 \cdot 4} + \dfrac{1}{4 \cdot 7} + \dfrac{1}{7 \cdot 10} + \cdots$ 的一般项 $u_n = $ _____,部分和 $s_n = $ _____,和 $s = $ _____.

(5) 幂级数 $\sum\limits_{n=0}^{\infty} \dfrac{1}{a^n + b^n} x^n$ ($a > 0, b > 0$) 的收敛半径 $R = $ _____.

3. 计算题

(1) 讨论级数 $\sum\limits_{n=1}^{\infty} (-1)^n \dfrac{1+n}{n^2}$ 是绝对收敛还是条件收敛或发散.

(2) 将函数 $f(x) = \dfrac{1}{(2-x)^2}$ 展开成 x 的幂级数.

(3) 求数项级数 $\sum\limits_{n=1}^{\infty} \dfrac{n^2}{n!}$ 的和.

(4) 求幂级数 $\sum\limits_{n=1}^{\infty} \dfrac{(-1)^{n-1}}{2n-1} x^{2n}$ 的收敛域与和函数 $s(x)$.

(5) 将函数 $f(x) = \ln(1 + x - 2x^2)$ 展开成 x 的幂级数.

(6) 设函数 $f(x) = \begin{cases} 0, & -\pi < x \leqslant 0 \\ \pi^2, & 0 < x \leqslant \pi \end{cases}$ 是以 2π 为周期的函数,将函数 $f(x)$ 展开成傅里叶级数.

自测题参考答案

1. (1)(A); (2)(A); (3)(A); (4)(D); (5)(B).

2. (1) $2s - u_1$; (2) $R = +\infty, (-\infty, +\infty)$; (3) $(0, 2)$;

(4) $\dfrac{1}{(3n-2)(3n+1)}, \dfrac{1}{3}\left(1 - \dfrac{1}{3n+1}\right), \dfrac{1}{3}$; (5) $\max\{a, b\}$.

3. (1) 条件收敛.

提示:对于 $\sum\limits_{n=1}^{\infty} \dfrac{n+1}{n^2}$,由于 $\dfrac{n+1}{n^2} > \dfrac{n}{n^2} = \dfrac{1}{n}$,所以 $\sum\limits_{n=1}^{\infty} \dfrac{n+1}{n^2}$ 发散.

设 $f(x) = \dfrac{x+1}{x^2}$,当 $x > 0$ 时,$f'(x) = \dfrac{-2-x}{x^3} < 0$,从而 $f(n) > f(n+1)$. 又 $\lim\limits_{n \to \infty} \dfrac{n+1}{n^2} = 0$,

由莱布尼兹判别法知,$\sum\limits_{n=1}^{\infty} (-1)^n \dfrac{n+1}{n^2}$ 收敛,且为条件收敛.

(2) 因为 $\dfrac{1}{(2-x)^2} = \left(\dfrac{1}{2-x}\right)', x \neq 2.$

而 $\dfrac{1}{2-x} = \dfrac{1}{2} \cdot \dfrac{1}{1 - \dfrac{x}{2}} = \dfrac{1}{2} \sum\limits_{n=0}^{\infty} \left(\dfrac{x}{2}\right)^n = \sum\limits_{n=0}^{\infty} \dfrac{1}{2^{n+1}} x^n, x \in (-2, 2)$

故 $\left(\dfrac{1}{2-x}\right)^2 = \left(\dfrac{1}{2-x}\right)' = \left(\sum\limits_{n=0}^{\infty} \dfrac{1}{2^{n+1}} x^n\right)'$

$$= \left(\frac{1}{2} + \sum_{n=1}^{\infty} \frac{1}{2^{n+1}} x^n\right)'$$
$$= \sum_{n=1}^{\infty} \frac{n}{2^{n+1}} x^{n-1}, x \in (-2,2)$$

(3) 利用 $\sum_{n=0}^{\infty} \frac{x^n}{n!} = e^x, x \in (-\infty, +\infty)$，取 $x = 1$，

有 $\sum_{n=0}^{\infty} \frac{1}{n!} = e$. 又

$$\sum_{n=1}^{\infty} \frac{n^2}{n!} = \sum_{n=1}^{\infty} \frac{n}{(n-1)!} = \sum_{n=0}^{\infty} \frac{n+1}{n!} = \sum_{n=0}^{\infty} \frac{n}{n!} + \sum_{n=0}^{\infty} \frac{1}{n!},$$

其中 $\sum_{n=0}^{\infty} \frac{n}{n!} = \sum_{n=1}^{\infty} \frac{n}{n!} = \sum_{n=1}^{\infty} \frac{1}{(n-1)!} = \sum_{n=0}^{\infty} \frac{1}{n!}$,

故 $\sum_{n=1}^{\infty} \frac{n^2}{n!} = 2\sum_{n=0}^{\infty} \frac{1}{n!} = 2e$

(4) $[-1,1], s(x) = x\arctan x$.

提示：
$$\lim_{n \to \infty} \left|\frac{u_{n+1}}{u_n}\right| = \lim_{n \to \infty} \left|\frac{x^{2n+2}}{2n+1} \cdot \frac{2n-1}{x^{2n}}\right| = |x^2|.$$

当 $|x^2| < 1$，即 $|x| < 1$ 时，级数收敛；

当 $x = \pm 1$ 时，级数为 $\sum_{n=1}^{\infty} \frac{(-1)^{n-1}}{2n-1}$ 也收敛.

所以收敛域为 $[-1,1]$.

令
$$s(x) = \sum_{n=1}^{\infty} \frac{(-1)^{n-1}}{2n-1} x^{2n} = x\sum_{n=1}^{\infty} \frac{(-1)^{n-1}}{2n-1} x^{2n-1},$$
$$s_1(x) = \sum_{n=1}^{\infty} \frac{(-1)^{n-1}}{2n-1} x^{2n-1},$$

则
$$s_1'(x) = \sum_{n=1}^{\infty} (-1)^{n-1} x^{2n-2} = \frac{1}{1+x^2}, \quad s_1(x) = \arctan x,$$

所以 $s(x) = x\arctan x$.

(5) $f(x) = \ln[(1+2x)(1-x)] = \ln(1+2x) + \ln(1-x)$
$$= -\sum_{n=1}^{\infty} \left[\frac{(-1)^n 2^n - 1}{n}\right] x^n, |x| < \frac{1}{2}.$$

(6) $f(x) = \frac{\pi^2}{6} + \sum_{n=1}^{\infty} \left\{\frac{2(-1)^n}{n^2}\cos(nx) + \left[\frac{\pi(-1)^n}{n} + \frac{2}{n^2\pi}((-1)^n - 1)\right]\sin(nx)\right\}$

$(-\infty < x < +\infty, x \neq k\pi, k = 0, \pm 1, \pm 2, \cdots)$.

参 考 文 献

[1] 同济大学数学系.高等数学习题全解指南(上、下册)第6版.北京:高等教育出版社,2010.

[2] 毛纲源.考研数学(一)历年真题分题型精解.武汉:华中科技大学出版社,2012.

[3] 阎国辉,张宏志.高等数学教与学参考(上、下).第二版.西安:西北工业大学出版社,2011.

[4] 刘国钧等.微积分学习指导.第二版.武汉:华中科技大学出版社,2009.

[5] 王丽燕,秦禹春.高等数学全程学习指导.第三版.大连:大连理工大学出版社,2002.

[6] 西北工业大学高等数学教研室.高等数学学习辅导——问题、解法、常见错误剖析.北京:科学出版社,2007.

[7] 龚漫奇.高等数学习题课教程.北京:科学出版社,2003.

[8] 韩云瑞.高等数学典型题精讲.大连:大连理工大学出版社,2001.

[9] 毛纲源.考研数学(二)历年真题分题型精解.武汉:华中科技大学出版社,2012.

[10] 毛纲源.考研数学(三)历年真题分题型精解.武汉:华中科技大学出版社,2012.